# MATLAB 전산화학공학

CHEMICAL ENGINEERING COMPUTATION *with* MATLAB

# MATLAB 전산화학공학

CHEMICAL ENGINEERING COMPUTATION *with* MATLAB

한양대학교 화학공학과 교수 **여영구** 지음

# CHEMICAL ENGINEERING COMPUTATION with MATLAB



1 2 3 4 5 6 7 8 9 0 MHE-KOREA 20 15

**Korean ISBN** 979-11-321-0081-2 93550

**Printed in Korea**

# MATLAB
# 전산화학공학

발 행 일 | 2015년 6월 30일 초판발행
저　　자 | 여영구
발 행 처 | 맥그로힐에듀케이션코리아 유한회사
발 행 인 | 신디존스(CINDY JONES)
등록번호 | 제 2013-000122호(2012.12.28.)
주　　소 | 서울시 마포구 동교로 18길 38, 2-3층(서교동, 지우빌딩)
전　　화 | (02)325-2351

I S B N 979-11-321-0081-2

판 매 처 | 사이플러스
문　　의 | 02)332-6171
정　　가 | 39,000원

# 머리말

화학공학에서 다루는 분야는 매우 다양하고 복잡합니다. 그러므로 단순한 휴대용 계산기만으로 화학공학 문제들을 다루고 결과를 표현하는 것은 거의 불가능한 일이며 따라서 화학공학 문제의 처리를 위해서는 컴퓨터의 활용이 필수적입니다. 이 책은 현재 세계적으로 널리 이용되고 있는 MATLAB을 이용하여 다양한 화학공학 문제들을 처리하는 방법을 제시하고 있습니다. 이 책의 목적은 화학공학을 전공하는 학생들이나 화학공학 분야의 연구자 및 엔지니어들이 복잡한 계산에 시간과 노력을 낭비하지 않고 원하는 결과를 신속하고 정확하게 얻을 수 있는 능력을 갖추도록 하는 데에 있습니다.

이 책은 열역학, 유체역학, 반응공학, 물질전달, 열전달, 공정제어와 같은 화학공학의 주요 분야에 있어서 주요 원리와 핵심 사항들을 정리하고 이와 관련되는 문제들을 MATLAB을 이용하여 처리하는 과정을 소개하고 있습니다. 이 책에서는 독자들이 화학공학에 대한 기본적인 지식을 지니고 있는 것으로 간주하고 있기 때문에 화학공학 각 분야의 주요 핵심 원리와 문제들을 MATLAB 프로그램으로 구현하여 해결하는 방법의 제시에 초점을 맞추고 있습니다. 화학공학 문제들은 대부분 비선형이며 다수의 방정식들을 포함하기 때문에 MATLAB에 내장된 함수들을 이용하는 수치해석 기법에 익숙해지는 것이 필요합니다. 따라서 이 책의 앞부분에서 MATLAB 내장함수들을 이용하는 수치해석 방법들을 간략하게 소개하였습니다.

대부분의 대학교와 기업에서 MATLAB 교육이 보편화되어 있으므로 이 책의 독자들은 MATLAB에 어느 정도 익숙할 것으로 기대하고 있습니다. 그러나 MATLAB을 잘 알지 못하거나 사용에 익숙하지 않은 독자들은 이 책의 부록에 수록된 MATLAB 입문부분을 학습하는 것만으로 이 책에 소개된 MATLAB 프로그램들을 충분히 다룰 수 있습니다. MATLAB은 특정 분야의 문제 해결에 유용하게 사용될 수 있는 다양한 툴박스들을 많이 포함하고 있으나 이 책에서는 꼭 필요한 경우가 아니면 툴박스의 사용을 가급적 배제하고 기본적인 MATLAB 내장함수들만을 이용하여 문제를 해결하도록 하였습니다. 이 책에서 이용된 MATLAB은 2014a/b 및 2015a 버전이지만 그 이전의 버전들에서도 이 책의 프로그램들의 사용이 가능합니다. 이 책에 소개된 많은 화학공학 문제들은 국내외에서 널리 이용되는 대학교재 및 잘 알려진 참고문헌들에 소개된 것들입니다. 독자들은 인용된 문제나 내용에 붙여진 각주를 참고하여 다루는 문제에 대한 보다 상세한 정보를 얻을 수 있을 것입니다.

이 책에서 화학공학의 모든 분야의 핵심 사항들을 모두 다룰 수는 없습니다. 또한 이 책에 소개된 MATLAB 프로그램이 최적의 프로그램일 수는 없습니다. 독자들은 이 책에서 다룬 프로그램들을 바탕으로 보다 효율적인 자신만의 프로그램을 작성할 수 있을 것입니다. 이를 위하여 가급적 다양한 MATLAB 프로그램 기법을 소개하도록 노력하였습니다. 추가적으로 다루어지기를 원하는 화학공학 각 분야의 내용이나 개선된 프로그램을 저자에게 보내주신다면 추후 보완하여 좀 더 유익한 책으로 거듭나는 데에 큰 도움이 될 것입니다.

2015년 6월

저자 여 영 구
ykyeo@hanyang.ac.kr

# 추천사

MATLAB은 세계적으로 학계 및 산업계에서 가장 널리 이용되고 있는 테크니컬 컴퓨팅용 프로그램 언어로서 각종 알고리듬 개발, 데이터 제시, 데이터 분석, 그리고 수치계산을 위한 대화식 환경입니다. 이미 우리나라를 포함한 세계 각국의 많은 대학교에서는 MATLAB을 기반으로 하는 텍스트들을 채택하고 있으며 여러 분야의 회사와 연구소들에서도 기본적인 테크니컬 컴퓨팅용 프로그램 언어로서 MATLAB을 선택하여 활용하고 있습니다.

다른 공학분야에 비하여 화학공학은 다루는 대상이 대부분 비선형 다변수 공정들이어서 공장의 조업이나 연구 활동에 수반되는 계산이 매우 복잡한 경우가 일반적입니다. 그러므로 단순한 휴대용 계산기만으로 화학공학 문제들을 다루고 결과를 표현하는 것은 거의 불가능한 일이며 따라서 화학공학 문제의 처리를 위해서는 테크니컬 컴퓨팅 기법의 활용이 필수적입니다. 이에 따라 이미 오래 전부터 화학공학을 전공하는 학생들이나 화학공학 분야의 연구자 및 엔지니어들이 복잡한 계산에 시간과 노력을 낭비하지 않고 원하는 결과를 신속하고 정확하게 얻을 수 있도록 하여 주는 지침서 및 텍스트의 필요성이 대두되어 왔습니다.

다행히 이번에 오랜 MATLAB 교육 및 활용경험과 MATLAB 관련서적들의 보급 및 번역출판에 많은 기여를 해 온 한양대학교 화학공학과 여영구 교수와 한국 McGraw-Hill 출판사의 많은 수고로 테크니컬 컴퓨팅용 언어로서 가장 강력한 MATLAB에 근거하여 다양한 수요자들의 요구에 잘 부합하는 화학공학 계산 지침서가 출간되게 된 것을 진심으로 기쁘게 생각합니다.

이 책은 MATLAB의 핵심적인 활용기법들을 간결하고 명료하게 소개함과 아울러 MATLAB을 이용하여 다양한 화학공학 분야의 문제들을 능률적으로 처리할 수 있는 방법들을 다루고 있습니다. 특히 이 책은 MATLAB의 활용에 있어서 화학공학의 이론적인 측면이나 배경이 되는 내용들을 필요에 따라 과감히 생략하고 화학공학 문제들의 해결을 위한 MATLAB의 실제적인 활용 측면을 강조함으로써 학교에서의 화학공학 교육 및 활용과 MATLAB을 통한 학생들의 공학문제 해결 실습, 그리고 화학공학 분야의 산업체와 연구소에 종사하는 많은 분들에게 큰 도움이 될 것으로 기대합니다. 이 책을 통하여 MATLAB이 화학공학 분야의 문제 해결을 위한 효율적인 도구로 널리 활용될 수 있게 되기를 진심으로 기원합니다.

2015년 6월

매스웍스코리아(유) 대표이사 이 종 민

# 목 차

머리말 • v
추천사 • vii

CHAPTER 01 MATLAB 수치해석 ........ 1

1.1 선형 시스템 ........ 1
1.2 비선형 방정식의 풀이 ........ 7
1.3 회귀분석 ........ 16
1.4 안짐작(Interpolation) ........ 32
1.5 최적화 방법 ........ 42
1.6 미분과 적분 ........ 44
1.7 상미분 방정식의 풀이 ........ 49
1.8 미분 방정식 ........ 63
■ 연습문제 / 68

CHAPTER 02 물성치 ........ 81

2.1 물과 수증기 ........ 81
2.2 습도 ........ 94
2.3 포화액체의 밀도 ........ 96
2.4 점도 ........ 101
2.5 열용량(Heat capacity) ........ 105
2.6 열 전도도 ........ 109
2.7 표면장력 ........ 114
2.8 증기압 ........ 118
2.9 증발 엔탈피 ........ 124
2.10 이상기체의 표준 생성열 ........ 129
2.11 Gibbs 자유에너지 ........ 131
2.12 확산계수 ........ 133
2.13 천연가스의 압축인자 Z ........ 135
■ 연습문제 / 138

CHAPTER 03 열역학 ........ 141

3.1 상태방정식 ........ 141
3.2 유체의 열역학적 성질 ........ 149
3.3 퓨개시티(Fugacity) 계수 ........ 164
3.4 증기압 ........ 171
3.5 활동도 계수 ........ 175
3.6 기-액 상평형 ........ 187
3.7 기-액-액 평형 ........ 212
■ 연습문제 / 218

CHAPTER 04 유체역학 ........ 223

4.1 층류흐름(Laminar flow) ........ 223
4.2 마찰인자 ........ 232
4.3 파이프를 통한 유체의 유동 ........ 237
4.4 탱크를 통한 흐름 ........ 260
4.5 비뉴턴 유체의 흐름 ........ 264
4.6 압축성 유체 ........ 270
4.7 2상(Two phase) 흐름 ........ 276
4.8 충전탑을 통한 흐름 ........ 286
■ 연습문제 / 289

CHAPTER 05 반응공학 ........ 293

5.1 반응속도식 ........ 293
5.2 연속교반 반응기 ........ 303
5.3 회분식 반응기 ........ 313
5.4 관형 반응기 ........ 319
5.5 촉매충진 반응기 ........ 329
5.6 막(Membrane) 반응기 ........ 343
5.7 생물반응기 ........ 350
5.8 비등온 반응 ........ 354
■ 연습문제 / 375

**CHAPTER 06 물질전달** ········ 375

6.1 확산 ········ 375
6.2 비정상상태 물질전달 ········ 393
6.3 증발 ········ 401
6.4 흡수(Absorption) ········ 410
6.5 이성분계 증류(Binary distillation) ········ 415
6.6 단순 증류계산 ········ 425
6.7 정상상태 엄밀 증류계산 ········ 431
6.8 차등(혹은 미분)증류(differential distillation) ········ 453
6.9 막(Membrane) 분리 ········ 457
■ 연습문제 / 465

**CHAPTER 07 열전달** ········ 471

7.1 1차원 열전달 ········ 471
7.2 다차원 열전도 ········ 485
7.3 열 교환기 ········ 502
7.4 파이프 라인의 열 추적 ········ 530
7.5 공기 냉각기 ········ 533
■ 연습문제 / 537

**CHAPTER 08 공정제어** ········ 541

8.1 라플라스 변환과 전달함수 ········ 541
8.2 블록선도 ········ 545
8.3 상태공간 표현 ········ 547
8.4 공정의 동특성 ········ 549
8.5 Feedback 제어루프의 동특성 ········ 561
8.6 Feedback 제어시스템의 안정성 ········ 573
8.7 제어시스템의 진동응답 ········ 576
■ 연습문제 / 585

APPENDIX A MATLAB 입문 ········· 589

APPENDIX B 프로그램 자료 ········· 645

B.1 물과 수증기의 물성치 계산 프로그램 ········· 645
B.2 다중효용 증발공정 계산(영국 공학단위계) ········· 650

APPENDIX C 프로그램 목록 ········· 653

제1장 MATLAB 수치해석 ········· 653
제2장 물성치 ········· 654
제3장 열역학 ········· 655
제4장 유체역학 ········· 656
제5장 반응공학 ········· 657
제6장 물질전달 ········· 658
제7장 열전달 ········· 659
제8장 공정제어 ········· 660

APPENDIX E 연습문제 풀이 ········· 661

제1장 MATLAB 수치해석 ········· 661
제2장 물성치 ········· 674
제3장 열역학 ········· 679
제4장 유체역학 ········· 684
제5장 반응공학 ········· 688
제6장 물질전달 ········· 701
제7장 열전달 ········· 713
제8장 공정제어 ········· 715

찾아보기 ········· 725

# 1 MATLAB 수치해석

## 1.1 선형 시스템

$n$개의 미지수 $x_1$, $x_2$, $\cdots$, $x_n$과 $n$개의 선형대수 방정식들로 이루어진 시스템을 고려하여 보자.

$$
\begin{aligned}
a_{11}x_1 + a_{12}x_2 + \cdots + a_{1n}x_n &= b_1 \\
a_{21}x_1 + a_{22}x_2 + \cdots + a_{2n}x_n &= b_2 \\
&\vdots \\
a_{n1}x_1 + a_{n2}x_2 + \cdots + a_{nn}x_n &= b_n
\end{aligned}
$$

이는 벡터와 행렬을 이용하여

$$Ax = b$$

로 나타낼 수 있다.

앞에서

$$A=\begin{bmatrix} a_{11} & a_{12} & \cdots & a_{1n} \\ a_{21} & a_{22} & \cdots & a_{2n} \\ \vdots & \vdots & \vdots & \vdots \\ a_{n1} & a_{n2} & \cdots & a_{nn} \end{bmatrix}, \quad x=\begin{bmatrix} x_1 \\ x_2 \\ \vdots \\ x_n \end{bmatrix}, \quad b=\begin{bmatrix} b_1 \\ b_2 \\ \vdots \\ b_n \end{bmatrix}$$

선형방정식 시스템

$$Ax=b$$

에서 행렬 $A$가 정방행렬로서 비특이 행렬이면(즉 $A$의 역행렬이 존재한다면) 해는 다음과 같이 구할 수 있다.

$$x=A^{-1}b$$

$A$가 정방행렬이 아닌 경우(즉 $A \in R^{m \times n}$, $m>n$)에는 $A^{-1}$를 계산할 수 없으므로 $x=A^{-1}b$로부터 해를 얻을 수 없다. 선형 시스템의 양변에 $A^T$를 곱하면

$$A^TAx=A^Tb$$

$A^TA$는 정방행렬이므로 해는

$$x=(A^TA)^{-1}A^Tb$$

이제

$$A^+=(A^TA)^{-1}A^T$$

로 두면 $x=A^+b$

$A^+$는 $A$의 Moore-Penrose 의사 역행렬(pseudo-inverse)이라고 칭한다.

$A$의 Moore-Penrose 의사 역행렬 $A^+=(A^TA)^{-1}A^T$의 계산은 MATLAB의 내장함수 pinv를 이용한다.

선형 시스템의 해는 MATLAB의 백슬래시 연산자( \ )를 이용하여 쉽게 해를 구할 수 있다. 백슬래시 연산자는 $A$의 역행렬이 존재하지 않을 때에도 해를 제공하므로 일반적으로 널리 이용된다.

## 보기 1 의사 역행렬(pseudo-inverse)의 계산

내장함수 pinv를 이용하여 행렬 $A = \begin{bmatrix} 1 & -2 & 3 \\ -4 & 5 & 8 \\ 6 & 5 & 7 \\ 3 & 2 & -1 \end{bmatrix}$의 의사 역행렬 $A^+ = (A^T A)^{-1} A^T$를 구하여라.

**풀이**

```
>> A = [1 -2 3;-4 5 8; 6 5 7;3 2 -1]
A =
    1   -2    3
   -4    5    8
    6    5    7
    3    2   -1
>> B = pinv(A)
B =
    0.0381  -0.0849   0.0858   0.0358
   -0.1842   0.0636   0.0211   0.1041
    0.1216   0.0373   0.0385  -0.0677
```

## 보기 2 백슬래시 연산자에 의한 선형방정식의 풀이

백슬래시 연산자를 이용하여 다음 시스템의 해를 구하여라.

$$\begin{aligned} 3x_1 + 18x_2 + 9x_3 &= 18 \\ 2x_1 + 3x_2 + 3x_3 &= 117 \\ 4x_1 + x_2 + 2x_3 &= 283 \end{aligned}$$

**풀이**

백슬래시(\) 연산자를 이용하는 경우 방정식 Ax = c의 해는 x = A \c로부터 구할 수 있다. $A$가 비특이 행렬(rank = 3)이므로 $A$의 역행렬을 이용하여도 된다.

**수행결과:**

```
>> A = [3 18 9;2 3 3;4 1 2];
>> c = [18; 117; 283];
>> x = A\c          % Backslash 연산자를 이용
x =
        72.0000
```

```
         -13.0000
           4.0000
>> x = inv(A)*c         % A의 역행렬을 이용
x =
          72.0000
         -13.0000
           4.0000
```

## 보기 3 열전달 계산

다음 그림은 열전도가 이루어지는 슬랩(slab)의 단면을 보인 것이다. $x_1$, $x_2$, $x_3$, $x_4$에서의 온도를 구하여라. 작은 원은 노드를 나타내며 노드 $x_1$, $x_2$, $x_3$, $x_4$에서의 온도는 주위 노드들의 온도의 평균으로 주어진다고 간주한다.

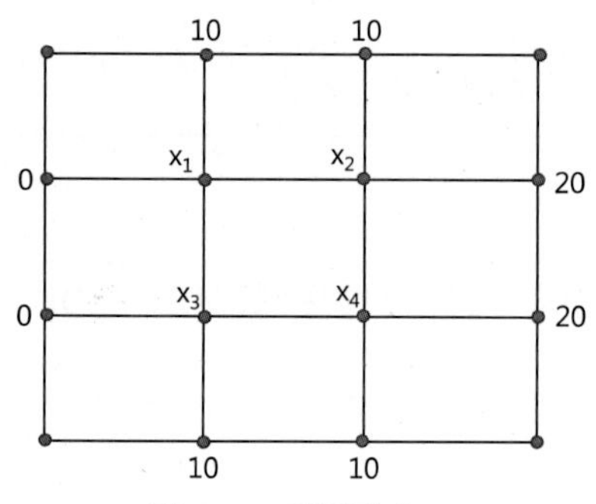


**그림 1.1 열전달 노드**

**풀이**

$$x_1 = \frac{1}{4}(0+10+x_2+x_3),\ x_2 = \frac{1}{4}(x_1+10+20+x_4),\ x_3 = \frac{1}{4}(0+x_1+x_4+10),$$
$$x_4 = \frac{1}{4}(x_3+x_2+20+10)$$

이를 정리하면

$$4x_1 - x_2 - x_3 = 10,\ -x_1 + 4x_2 - x_4 = 30,\ -x_1 + 4x_3 - x_4 = 10,\ -x_2 - x_3 + 4x_4 = 30$$

혹은

$$\begin{bmatrix} 4 & -1 & -1 & 0 \\ -1 & 4 & 0 & -1 \\ -1 & 0 & 4 & -1 \\ 0 & -1 & -1 & 4 \end{bmatrix} \begin{bmatrix} x_1 \\ x_2 \\ x_3 \\ x_4 \end{bmatrix} = \begin{bmatrix} 10 \\ 30 \\ 10 \\ 30 \end{bmatrix}$$

백슬래시 연산자를 이용한다.

```
>> A = [4 -1 -1 0; -1 4 0 -1; -1 0 4 -1; 0 -1 -1 4];
>> b = [10 30 10 30]';
>> x = A\b
x =
    7.5000
   12.5000
    7.5000
   12.5000
```

## 보기 4 2차원 열전달 계산

다음 그림에 보인 바와 같이 x 및 y축을 따라 일정한 열전도가 일어나는 긴 사각형 굴뚝을 고려하여 보자.[1] 사각형 굴뚝의 양 끝부분은 대칭이므로 그림에 보인 굴뚝 단면의 1/4 부분만을 고려하면 된다. 이 부분에 대하여 그림에 보인 바와 같이 작은 정사각형들로 이루어진 노드 망을 구성할 수 있다.

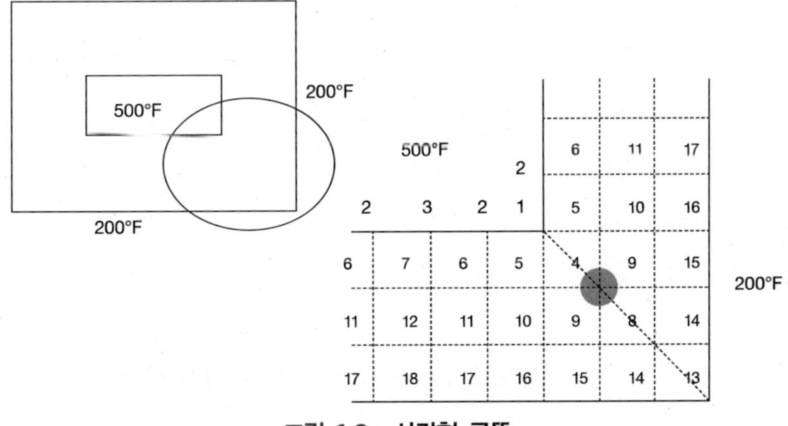


**그림 1.2 사각형 굴뚝**

1 Raul Raymond A. Kapuno, Programming for Chemical Engineers, p. 122, Infinity Science Press, 2008.

예로서 노드 4에 대한 열수지로부터

$$q_4 = \frac{kA}{\Delta x}(T_5 - T_4) + \frac{kA}{\Delta x}(T_9 - T_4) + \frac{kA}{\Delta y}(T_5 - T_4) + \frac{kA}{\Delta y}(T_9 - T_4)$$

를 얻는다. $\Delta x = \Delta y$이므로 위의 식을 다시 쓰면

$$\frac{q_4 \Delta x}{kA} = 2T_5 + 2T_9 - 4T_4$$

가 된다. 정상상태에서 $\frac{q_4}{kA}$는 0으로 간주한다. 노드 4에서부터 노드 12까지의 각 노드에서의 온도 $T_4$, $T_5$, $\cdots$, $T_{12}$를 구하여라.

**풀이**

주어진 조건과 각 노드에 대한 열 수지식으로부터 다음 관계들을 얻는다.

$$T_1 = T_2 = T_3 = 500°\text{F}$$

$$T_{13} = T_{14} = T_{15} = T_{16} = T_{17} = T_{18} = 200°\text{F}$$

**노드 4**: $-4T_4 + 2T_5 + 2T_9 = 0$

**노드 5**: $T_4 - 4T_5 + T_6 + T_{10} = -500$

**노드 6**: $T_5 - 4T_6 + T_7 + T_{11} = -500$

**노드 7**: $2T_6 - 4T_7 + T_{12} = -500$

**노드 8**: $-4T_8 + 2T_9 = -400$

**노드 9**: $T_4 + T_8 - 4T_9 + T_{10} = -200$

**노드 10**: $T_5 + T_9 - 4T_{10} + T_{11} = -200$

**노드 11**: $T_6 + T_{10} - 4T_{11} + T_{12} = -200$

**노드 12**: $T_7 + 2T_{11} - 4T_{12} = -200$

이 선형방정식 시스템은 백슬래시 연산자를 이용하여 쉽게 풀 수 있다.

```
>> A = [-4 2 0 0 0 2 0 0 0;1 -4 1 0 0 0 1 0 0;0 1 -4 1 0 0 0 1 0;...
0 0 2 -4 0 0 0 0 1;0 0 0 0 -4 2 0 0 0;1 0 0 0 1 -4 1 0 0;...
0 1 0 0 0 1 -4 1 0;0 0 1 0 0 0 1 -4 1;0 0 1 0 0 0 0 2 -4];
>> b = [0 -500 -500 -500 -400 -200 -200 -200 -200]';
>> x = A\b
x =
  311.9011
  369.4600
  387.6418
  391.7217
  227.1712
  254.3423
  278.2969
  289.3855
  291.6032
```

즉 각 노드에서의 온도는 다음과 같다.

$$T_4 = 311.9011°\mathrm{F},\ T_5 = 369.4600°\mathrm{F},\ T_6 = 387.6418°\mathrm{F},\ T_7 = 391.7217°\mathrm{F},$$
$$T_8 = 227.1712°\mathrm{F},\ T_9 = 254.3423°\mathrm{F},\ T_{10} = 278.2969°\mathrm{F},\ T_{11} = 289.3855°\mathrm{F},$$
$$T_{12} = 291.6032°\mathrm{F}$$

## 1.2 비선형 방정식의 풀이

### 다항식 방정식의 풀이

MATLAB에서 다항식은 각 항의 계수들을 내림차순으로 정렬한 행벡터로 나타낸다. 다항식 방정식

$$f(x) = a_n x^n + a_{n-1} x^{n-1} + \cdots + a_1 x + a_0 = 0$$

의 해는 함수 roots에 의해 계산된다. 즉 계수벡터를 $p = [a_n\ a_{n-1} \cdots\ a_1\, a_0]$와 같이 내림차순의 계수들로 정의하면 해는

$$\mathrm{x\ =\ roots(p)}$$

로부터 얻어진다.

## 보기 5 다항식의 풀이

방정식

$$f(x) = x^5 - 3.5x^4 + 2.75x^3 + 2.125x^2 - 3.875x + 1.25 = 0$$

의 해를 구하여라.

**풀이**

함수 roots를 이용한다. 다항식의 계수들을 내림차순으로 정렬하여 계수벡터를 구성한다.

```
>> c = [1 -3.5 2.75 2.125 -3.875 1.25];
>> x = roots(c)
x =
   2.0000 + 0.0000i
  -1.0000 + 0.0000i
   1.0000 + 0.5000i
   1.0000 - 0.5000i
   0.5000 + 0.0000i
```

## 보기 6 몰 부피 계산

van der Waals 상태방정식은 $\left(p+\frac{a}{v^2}\right)(v-b)= RT$와 같이 주어진다. 이 식에서 $v = \frac{V}{n}$ ($n$: 몰 수)이며 $R = 0.082054\ \ell \cdot atm/(mol \cdot K)$이고 $CO_2$의 경우 $a = 3.592$, $b = 0.04267$이다. $P = 10\ atm$, $T = 300\ K$일 때 몰 부피 $v$를 구하여라.

**풀이**

주어진 상태방정식을 다시 쓰면

$$Pv^3 - (bP + RT)v^2 + av - ab = 0$$

이는 $v$에 대한 3차 다항식이다. 해는 다음과 같이 얻어진다.

```
>> P = 10; T = 300; R = 0.08205; a = 3.592; b = 0.04267;
>> roots([P -(b*P+R*T) a -a*b])
ans =
```

```
2.3544 + 0.0000i
0.0749 + 0.0300i
0.0749 - 0.0300i
```

몰 부피는 실수이어야 하므로 $v = 2.3544\ \ell/mol$임을 알 수 있다.

## 비선형 방정식의 풀이

비선형 방정식

$$f(x) = 0$$

의 해는 내장함수인 fzero 함수를 이용하여 구할 수 있다. 이 함수는

x = fzero(@fun, x0)

와 같이 사용한다. 위에서 fun은 비선형 방정식 $f(x)$이며 x0는 해 x의 초기치이다.

비선형 방정식들로 이루어지는 비선형 시스템의 해는 내장함수 fsolve 함수를 이용하여 구할 수 있다. 이 함수 역시

x = fsolve(@fun, x0) 혹은 [x, fval] = fsolve(@fun, x0)

와 같이 사용한다. fun은 비선형 방정식 시스템을 정의하는 함수이며 fval은 해 x에서의 함수값이다.

### 보기 7 비선형 방정식의 풀이

방정식 $f(x) = x^3 - x\sin x + 1 = 0$의 해를 구하여라.

**풀이**

fzero 함수를 이용:

```
>> fzero(@(x) x^3-x*sin(x)+1, -1)
ans =
   -0.7725
```

## 보기 8 Colebrook 방정식의 풀이

Colebrook 식

$$\frac{1}{\sqrt{f}} = -0.86 \ln\left\{\frac{\epsilon/D}{3.7} + \frac{2.51}{N_{Re}\sqrt{f}}\right)$$

에서 $N_{Re} = 8 \times 10^4$, $\epsilon/D = 0.00015$일 때 마찰인자 $f$를 구하여라. 초기값은 $f_0 = 0.1$로 한다.

**풀이**

fzero 함수를 이용:

```
>> e = 1.5e-4; Re = 8e4;
>> CBf = @(f) 1/sqrt(f)+0.86*log(e/3.7+2.51/Re/sqrt(f));
>> f0 = 0.1;
>> f = fzero(@CBeqnf,f0)
f =
    0.0199
```

## 보기 9 SRK 상태방정식의 풀이

Soave-Redlich-Kwong(SRK) 상태방정식은

$$P = \frac{RT}{(V-b)} - \frac{a}{V(V+b)\sqrt{T}}$$

와 같이 나타낼 수 있다. 위에서 $a = 0.42748\frac{R^2 T_c^{5/2}}{P_c}$, $b = 0.08664\frac{RT_c}{P_c}$이며 $T_c$와 $P_c$는 각각 임계온도($K$) 및 임계압력($atm$)이고, $V$는 몰 부피($\ell/mol$)이다. 400 $K$, 20 $MPa$에서 1-butene의 몰 부피를 구하여라. $R = 0.082054\ \ell \cdot atm/(mol \cdot K)$이며 1-butene의 임계온도는 419.6 $K$, 임계압력은 40.2 $MPa$이다.

**풀이**

SRK 식을 다음과 같은 비선형 방정식으로 다시 나타낸다.

$$f(V)=\frac{RT}{(V-b)}-\frac{a}{V(V+b)\sqrt{T}}-P=0$$

$1\ MPa=9.86923\ atm$이므로 $P=197.3846\ atm$, $P_c=396.743\ atm$이다. $V$의 초기값을 0.1로 가정한 경우 수행결과는 다음과 같다.

```
>> R = 0.082054; Tc = 419.6; Pc = 396.743; T = 400; P = 197.3846;
>> a = 0.42748*R^2*Tc^2.5/Pc; b = 0.08664*R*Tc/Pc;
>> f = @(V) R*T./(V-b) - a./(V.*(V+b)*sqrt(T)) - P;
>> V0 = 0.1; V = fzero(f,V0)
V =
    0.1277
```

즉 몰 부피는 $V=0.1277\ \ell/mol$이다.

---

## 보기 10 비선형 방정식 시스템의 풀이

함수 fsolve를 이용하여 방정식

$$\sin(x)+y^2+\ln z=7$$
$$3x+2y-z^3=-1$$
$$x+y+z=5$$

의 해를 구하여 보라.

**풀이**

계산과정은 다음과 같다.

```
>> fun = @(x) [sin(x(1))+x(2)^2+log(x(3))-7; 3*x(1)+2*x(2)-x(3)^3+1;
              x(1)+x(2)+x(3)-5];
>>  x0 = [0 2 2]';
>> x = fsolve(fun,x0)
Equation solved.
fsolve completed because the vector of function values is near zero
as measured by the default value of the function tolerance, and
the problem appears regular as measured by the gradient.
<stopping criteria details>
x =
```

```
0.6331
2.3934
1.9735
```

## 보기 11 평형 혼합물의 조성

$T = 1000\ K$와 $P = 1$기압에서 에탄은 촉매 존재하에 수증기와 반응하여 수소를 생성한다. 원료는 에탄 1몰당 수증기 4몰의 비율로 공급된다. 평형에 도달한 상태에서 혼합물에 존재하는 성분들은 다음 표에 보인 바와 같다.[2] 표에는 또한 이 성분들의 $T = 1000\ K$에서의 Gibbs 생성에너지($kcal/gmol$)와 각 성분의 조성에 대한 초기 가정값들이 나타나 있다. 반응기로부터 유출되는 평형 혼합물의 조성을 구하고자 한다.

**표 1.1 에탄-수증기 반응평형 혼합물 성분**

| $i$ | 성분 | Gibbs 생성에너지 (kcal/gmol) | 원료 (gmol) | 유출물 조성의 초기 가정치 |
|---|---|---|---|---|
| 1 | $CH_4$ | 4.61 | | 0.001 |
| 2 | $C_2H_4$ | 28.249 | | 0.001 |
| 3 | $C_2H_2$ | 40.604 | | 0.001 |
| 4 | $CO_2$ | −94.61 | | 0.993 |
| 5 | $CO$ | −47.942 | | 1 |
| 6 | $O_2$ | 0 | | 0.0001 |
| 7 | $H_2$ | 0 | | 5.992 |
| 8 | $H_2O$ | −46.03 | 4 | 1 |
| 9 | $C_2H_6$ | 26.13 | 1 | 0.001 |

이 문제는 총 Gibbs 에너지의 최소화에 따른 최적화 문제로 간주될 수 있는데 이 경우 목적함수는

$$\min_{n_i} \frac{G}{RT} = \sum_{i=1}^{c} n_i \left( \frac{G_i^0}{RT} + \ln \frac{n_i}{\sum n_i} \right)$$

2 Cutlip, M. B. and M. Shacham, Problem Solving in Chemical and Biochemical Engineering with POLYMATH, Excel, and MATLAB, 2nd ed., p. 144, Prentice-Hall, 2008.

로 주어진다. $n_i$는 성분 $i$의 몰 수이며 c는 총 성분 수, $G_i^0$는 온도 T에서 순수한 $i$ 성분의 Gibbs 에너지이다. $n_i$를 구하기 위하여 산소, 수소, 그리고 탄소원자에 대한 수지식을 세워 보면

**산소:** $f_1 = 2n_4 + n_5 + 2n_6 + n_8 - 4 = 0$

**수소:** $f_2 = 4n_1 + 4n_2 + 2n_3 + 2n_7 + 2n_8 + 6n_9 - 14 = 0$

**탄소:** $f_3 = n_1 + 2n_2 + 2n_3 + n_4 + n_5 + 2n_9 - 2 = 0$

이들 각 수지식은 제약조건이 된다. Lagrange 곱셈자 $\lambda_1$, $\lambda_2$, $\lambda_3$를 도입하여 목적함수를 새로 구성하면

$$\min_{n_i, \lambda_j} F = \sum_{i=1}^{c} n_i \left( \frac{G_i^0}{RT} + \ln \frac{n_i}{\sum n_i} \right) + \sum_{j=1}^{3} \lambda_j f_j$$

최적점에서 $n_i$ 및 $\lambda_j$에 의한 함수 $F$의 미분은 0이 된다. 즉

$$\frac{\partial F}{\partial n_i} = \frac{G_i^0}{RT} + \ln \frac{n_i}{\sum_{k=1}^{c} n_k} + 1 - \frac{n_i}{\sum_{k=1}^{c} n_k} + \sum_{j=1}^{3} \lambda_j \left( \frac{\partial f_j}{\partial n_i} \right) = 0 \quad (i = 1, 2, \cdots, c)$$

$$f_j = 0 \ \ (j = 1, 2, 3)$$

**풀이**

$f_j = 0 \ (j = 1, 2, 3)$으로부터

$$f_1 = 2n_4 + n_5 + 2n_6 + n_8 - 4 = 0$$

$$f_2 = 4n_1 + 4n_2 + 2n_3 + 2n_7 + 2n_8 + 6n_9 - 14 = 0$$

$$f_3 = n_1 + 2n_2 + 2n_3 + n_4 + n_5 + 2n_9 - 2 = 0$$

$\dfrac{\partial F}{\partial n_i} = 0 \ (i = 1, 2, \cdots, c)$으로부터 $n_s = \sum_{k=1}^{c} n_k$로 두고 아주 작은 값의 로그를 취하는 경우를 피하기 위하여 로그를 지수함수로 변형시킨다. Gibbs 에너지 데이터를 적용하면 다음과 같은 관계들을 얻는다.

$$n_1 - n_s \exp\left[-\left(\frac{4.61\times 10^3}{RT} + 1 - \frac{n_1}{n_s} + 4\lambda_2 + \lambda_3\right)\right] = 0,$$

$$n_2 - n_s \exp\left[-\left(\frac{28.249\times 10^3}{RT} + 1 - \frac{n_2}{n_s} + 4\lambda_2 + 2\lambda_3\right)\right] = 0,$$

$$n_3 - n_s \exp\left[-\left(\frac{40.604\times 10^3}{RT} + 1 - \frac{n_3}{n_s} + 2\lambda_2 + 2\lambda_3\right)\right] = 0,$$

$$n_4 - n_s \exp\left[-\left(\frac{-94.61\times 10^3}{RT} + 1 - \frac{n_4}{n_s} + 2\lambda_1 + \lambda_3\right)\right] = 0,$$

$$n_5 - n_s \exp\left[-\left(\frac{-47.942\times 10^3}{RT} + 1 - \frac{n_5}{n_s} + \lambda_1 + \lambda_3\right)\right] = 0,$$

$$n_6 - n_s \exp\left[-\left(1 - \frac{n_6}{n_s} + 2\lambda_1\right)\right] = 0,$$

$$n_7 - n_s \exp\left[-\left(1 - \frac{n_7}{n_s} + 2\lambda_2\right)\right] = 0,$$

$$n_8 - n_s \exp\left[-\left(\frac{-46.03\times 10^3}{RT} + 1 - \frac{n_8}{n_s} + \lambda_1 + 2\lambda_2\right)\right] = 0,$$

$$n_9 - n_s \exp\left[-\left(\frac{26.13\times 10^3}{RT} + 1 - \frac{n_9}{n_s} + 6\lambda_2 + 2\lambda_3\right)\right] = 0,$$

$$R = 1.9872(cal/(gmol \cdot K))$$

즉 미지변수가 12개($n_i(i=1,2,\cdots,9)$, $\lambda_j(j=1,2,3)$)이고 식의 수가 12개인 비선형방정식 시스템을 얻는다. 먼저 미지변수를 $x_i(i=1,2,\cdots,12)$ (즉 $x_i = n_i(i=1,2,\cdots,9)$, $x_i=\lambda_i$ $(i=10,11,12)$)로 두고 다음과 같이 방정식 시스템을 정의하는 함수 rxnfun을 작성한다.

```
function f = rxnfun(x,T)
R = 1.9872; ns = sum(x(1:9));
f(1,1) = 2*x(4)+x(5)+2*x(6)+x(8)-4;
f(2,1) = 4*x(1)+4*x(2)+2*x(3)+2*x(7)+2*x(8)+6*x(9)-14;
f(3,1) = x(1)+2*x(2)+2*x(3)+x(4)+x(5)+2*x(9)-2;
f(4,1) = x(1)-ns*exp(-(4.61e3/(R*T)+1-x(1)/ns+4*x(11)+x(12)));
f(5,1) = x(2)-ns*exp(-(28.249e3/(R*T)+1-x(2)/ns+4*x(11)+2*x(12)));
f(6,1) = x(3)-ns*exp(-(40.604e3/(R*T)+1-x(3)/ns+2*x(11)+2*x(12)));
f(7,1) = x(4)-ns*exp(-(-94.61e3/(R*T)+1-x(4)/ns+2*x(10)+x(12)));
f(8,1) = x(5)-ns*exp(-(-47.942e3/(R*T)+1-x(5)/ns+x(10)+x(12)));
f(9,1) = x(6)-ns*exp(-(1-x(6)/ns+2*x(10)));
f(10,1) = x(7)-ns*exp(-(1-x(7)/ns+2*x(11)));
f(11,1) = x(8)-ns*exp(-(-46.03e3/(R*T)+1-x(8)/ns+x(10)+2*x(11)));
f(12,1) = x(9)-ns*exp(-(26.13e3/(R*T)+1-x(9)/ns+6*x(11)+2*x(12)));
end
```

초기 가정값을 $x_0$ = [0.001 0.001 0.001 0.993 1 0.0001 5.992 1 0.001 10 10 10]로 설정한 다음 내장함수 fsolve를 호출하여 위의 비선형방정식 시스템의 해를 구한다. 이러한 과정은 다음과 같은 스크립트 파일 ethanrxn.m에 의해 수행된다.

```
% ethanrxn.m: 에탄의 수증기 분해반응
x0 = [0.001 0.001 0.001 0.993 1 0.0001 5.992 1 0.001 10 10 10]';
T = 1000;
[x, fval] = fsolve(@rxnfun, x0,[],T);
comp = {'CH4','C2H4','C2H2','CO2','CO','O2','H2','H2O','C2H6'};
lamda = {'lambda1','lambda2','lambda3'};
fprintf('\n i\tComp.  \t  Initial Val.\t\tFInal val.\n');
for k = 1:length(x)-3
    fprintf('%d\t%s  \t%12.9f\t%12.9f\n',k,comp{k},x0(k),x(k));
end
fprintf('\n i\tLambda\tInitial Val.\tFinal val.\n');
for i = k+1:length(x)
   fprintf('%g\t%s\t\t%4.1f\t%15.9f\n',i,lamda{i-length(comp)},x0(i),x(i));
end
```

수행결과는 다음과 같다.

```
>> ethanrxn
Equation solved.
fsolve completed because the vector of function values is near zero
as measured by the default value of the function tolerance, and
```

```
the problem appears regular as measured by the gradient.
<stopping criteria details>

 i       Comp.   Initial Val.      Final val.
 --      -----   -----------      -----------
 1       CH4      0.001000000     0.081717614
 2       C2H4     0.001000000     0.000000172
 3       C2H2     0.001000000     0.000000000
 4       CO2      0.993000000     0.664820888
 5       CO       1.000000000     1.253460254
 6       O2       0.000100000     0.000000000
 7       H2       5.992000000     5.419665106
 8       H2O      1.000000000     1.416897971
 9       C2H6     0.001000000     0.000000450

 i       Lambda      Initial Val.      FInal val.
 --      -------     ---------      ------------
 10      lambda1          10.0       24.051830977
 11      lambda2          10.0        0.051093350
 12      lambda3          10.0        1.168410847
```

## 1.3 회귀분석

### 통계입문

$N$을 총 개체 수, $n$을 개체들로부터 취한 샘플에 포함된 항목들의 수($0 \le n \le N$), $x_j$의 값이 나타나는 횟수를 $m_j(j=1,2,\cdots,M)$라고 할 때 발생확률(probability of occurrence)은 $x_j$의 발생 횟수를 총 관찰 횟수로 나눈 값으로서

$$\Pr(X=x_j)=\lim_{n\to N}\frac{m_j}{m}=p(x_j)$$

로 정의된다.

이산 랜덤변수의 경우 $p(x_j)$는 확률함수라고 불린다.

$$0 \le p(x_j) \le 1, \quad \sum_{j=1}^{M} p(x_j)=1$$

이산 랜덤변수의 기댓값은

$$\mu = E[X] = \sum_{j=1}^{M} x_j p(x_j)$$

로 정의된다. 기댓값은 x축에 따른 확률밀도 분포의 무게중심에 해당된다. 전체 개체 수에 대해서는 이산변수의 경우

$$\mu = E[X] = \frac{1}{N}\sum_{i=1}^{N} x_i$$

로 주어진다.

샘플의 모드(mode)는 가장 빈번히 나타나는 값이며 샘플의 평균, 혹은 산술평균은 관찰된 값들의 합을 총 관찰 수로 나눈 값이다. 즉

$$\bar{x} = \frac{1}{n}\sum_{i=1}^{n} x_i$$

따라서 샘플 평균의 기댓값은

$$E[\bar{x}] = E\left[\frac{1}{n}\sum_{i=1}^{n} x_i\right] = \frac{1}{n}\sum_{i=1}^{n} E[x_i] = \frac{1}{n}\sum_{i=1}^{n} \mu = \mu$$

분산(variance)은 랜덤변수 $X$와 그 기댓값 사이의 편차의 제곱의 기댓값으로 정의된다. 즉

$$\sigma^2 = E[(X - E[X])^2] = E[(X-\mu)^2]$$

이산 랜덤변수의 경우

$$\sigma^2 = \sum_{j=1}^{M} (x_j - \mu)^2 p(x_j) = \frac{1}{N}\sum_{i=1}^{N} (x_i - \mu)^2$$

분산의 제곱근은 표준편차라고 부른다:

$$\sigma = \sqrt{\sigma^2}$$

샘플의 분산 $s^2$은 평균 $\mu$로부터의 $x_i$의 편차의 제곱의 산술평균으로서

$$s^2 = \frac{1}{n}\sum_{i=1}^{n} (x_i - \mu)^2$$

로 정의된다. 아울러

$$E[s^2] = \sigma^2$$

이며 샘플의 표준편차는

$$s = \sqrt{s^2} = \sqrt{\frac{1}{n-1}\sum_{i=1}^{n}(x_i - \bar{x})^2}$$

로 주어진다.

MATLAB에서 평균은 함수 mean, 메디안은 median, 모드는 mode, 분산은 var, 표준편차는 std로 계산된다.

## 보기 12 기초 통계

다음 표는 어떤 금속의 열팽창 계수를 측정한 결과이다. 이 측정결과로부터 평균, 메디안, 모드, 분산, 그리고 표준편차를 각각 구하여라.

**표 1.2 열팽창 계수 데이터**

| 측정순서 | 열팽창계수 | 측정순서 | 열팽창계수 | 측정순서 | 열팽창계수 |
|---|---|---|---|---|---|
| 1 | 5.394 | 9 | 5.514 | 17 | 5.384 |
| 2 | 5.564 | 10 | 5.335 | 18 | 5.614 |
| 3 | 5.654 | 11 | 5.614 | 19 | 5.554 |
| 4 | 5.465 | 12 | 5.455 | 20 | 5.675 |
| 5 | 5.495 | 13 | 5.534 | 21 | 5.455 |
| 6 | 5.404 | 14 | 5.524 | 22 | 5.554 |
| 7 | 5.524 | 15 | 5.475 | 23 | 5.504 |
| 8 | 5.414 | 16 | 5.295 | 24 | 5.584 |

**풀이**

```
>> tc = [5.394 5.564 5.654 5.465 5.495 5.404 5.524 5.414...
    5.514 5.335 5.614 5.455 5.534 5.524 5.475 5.295...
    5.384 5.614 5.554 5.675 5.455 5.554 5.504 5.584];
>> fprintf('평균 = %9.6f', mean(tc))
>> fprintf('\n메디안 = %9.6f', median(tc))
>> fprintf('\n모드 = %9.6f', mode(tc))
>> fprintf('\n분산 = %9.6f', var(tc))
>> fprintf('\n표준편차 = %9.6f\n', std(tc))
```

```
평균 =  5.499333
메디안 =  5.509000
모드 =  5.455000
분산 =  0.009405
표준편차 =  0.096977
```

## 랜덤수(Random number)의 생성

MATLAB은 랜덤수 생성을 위한 세 가지의 함수를 제공한다. 함수 rand는 균일하게 분포된 랜덤수를 생성하여 주며 함수 randn은 정규분포를 갖는 랜덤수를 생성하여 준다. 즉

```
x = rand(m,n)
x = randn(m,n)
```

으로부터 $m \times n$ 랜덤수의 행렬 $x$가 얻어진다. 구간 $[x_a x_b]$ 내의 랜덤수 $x$를 생성하려면(즉 $x_a < x < x_b$)

$$x = x_a + (x_b - x_a)*\mathrm{rand(m,n)}$$

을 이용한다. 평균이 $\overline{x}$이고 표준편차가 $s$인 $m \times n$ 정규분포 행렬 $x$는

$$x = \overline{x} + s*\mathrm{randn(m,n)}$$

에 의해 생성될 수 있다.

정수 랜덤수의 생성은 함수 randi를 이용한다. 1부터 30까지의 랜덤정수들로 이루어지는 2 × 3행렬을 구성하여 보자.

```
>> M = randi([1 30], 2, 3)
M =
    25     4    19
    28    28     3
```

### 보기 13 랜덤수의 생성

(1) 0과 1 사이에서 균일하게 분포된 랜덤수의 $2 \times 3$ 행렬 $x$를 생성하여라.

(2) 정규분포를 갖는 랜덤수의 $2 \times 3$ 행렬 $y$를 생성하여라.

(3) 각 원소값이 3과 5 사이에서 균일하게 분포된 $3 \times 3$ 행렬 $z$를 생성하여라.

**풀이**

(1)

```
>> x = rand(2,3)
x =
    0.9572    0.8003    0.4218
    0.4854    0.1419    0.9157
```

(2)

```
>> y = randn(2,3)
y =
    1.4090    0.6715    0.7172
    1.4172   -1.2075    1.6302
```

(3)

```
>> z = 3+(5-3)*rand(3,3)
z =
    3.0637    3.1943    3.6342
    3.5538    4.6469    4.9004
    3.0923    4.3897    3.0689
```

## 선형 회귀분석(Linear Regression Analysis)

실제 종속변수 값을 $y^*$, 독립변수 값을 $x$라 하면 이들 사이에 선형관계가 존재하는 경우

$$y^* = a_0 + a_1 x$$

로 나타낼 수 있다. $X$를 관찰된 독립변수들의 벡터, $y$를 관찰된 종속변수들의 벡터라 하고 $u$를 교란값들의 벡터라 하면

$$y = \alpha + X\beta + u$$

독립변수가 하나 이상인 경우에는

$$y = X_1\beta_1 + X_2\beta_2 + \cdots + X_k\beta_k + u$$

위에서 $X_1, X_2, \cdots, X_k$들은 관찰된 $k$ 독립변수들의 벡터들이다. 벡터 $X_1$의 원소들을 모두 1로 설정하면 $\beta_1$은 $y$-절편이 된다. 위의 관계를 벡터-행렬 형태로 다시 쓰면

$$y = X\beta + u$$

위에서 $y \in R^{n \times 1}$, $X \in R^{n \times k}$, $\beta \in R^{k \times 1}$, $u \in R^{n \times 1}$이며 $n$은 관찰횟수(측정횟수)이다.

## 다항식 회귀방법

$$y = X\beta + u$$

$b$를 파라미터 벡터 $\beta$에 대한 $k$-원소 추정치 벡터라고 하면

$$\epsilon = y - Xb = y - \hat{y}$$

$\epsilon$는 실험 측정치 $y$와 추정된 벡터 $b$를 이용하여 계산된 $\hat{y}$ 사이의 차이이다. 잔류오차의 제곱의 합을 $\Phi$라고 하면

$$\Phi = \epsilon^T \epsilon = (y - Xb)^T (y - Xb)$$

이로부터

$$\frac{\partial \Phi}{\partial b} = (-X)^T (y - Xb) + (y - Xb)^T (-X) = -2X^T (y - Xb) = 0 \quad \Rightarrow \quad (X^T X) b = X^T y$$

따라서

$$b = (X^T X)^{-1} X^T y$$

이는 목적함수

$$J = (Xb - y)^T (Xb - y)$$

를 최소화시킨다. 한편

$$E[b] = E[\beta] + (X^T X)^{-1} X^T E[u] = E[\beta] = \beta$$

로부터 $b$는 $\beta$의 unbiased 추정치임을 알 수 있다.

다항식 회귀의 경우

$$y = b_1 + b_2 x + b_3 x^2 + \cdots + b_k x^{k-1}$$

로 쓸 수 있으며 행렬 $X$는 다음과 같이 정의된다.

$$X = \begin{bmatrix} 1 & x_1 & x_1^2 & \cdots & x_1^{k-1} \\ 1 & x_2 & x_2^2 & \cdots & x_2^{k-1} \\ \vdots & \vdots & \vdots & \cdots & \vdots \\ 1 & x_n & x_n^2 & \cdots & x_n^{k-1} \end{bmatrix}$$

$W$를 가중행렬이라고 하면 가중 최소자승은

$$b_W = (X^T WX)^{-1} X^T Wy$$

로 주어진다. 이는 목적함수

$$J = (Xb - y)^T W(Xb - y)$$

를 최소화시킨다.

함수 polyfit은 n차의 다항식에 대한 최소자승 접합을 수행한다.

p = polyfit(x, y, n)

은 독립변수 벡터 x와 종속변수 벡터 y 사이의 관계를 n차의 다항식으로 접합시켜 주며 p에는 다항식의 계수가 내림차순으로 저장된다.

함수 lscov는 가중 최소자승 계산을 수행한다.

b = lscov(X, y, v)

는 식 $Xb = y$에 대한 가중 최소자승을 수행한다. v는 $W^{-1}$과 같다.

## 보기 14 반응기 온도곡선

다음은 시간에 따른 어떤 반응기의 온도측정 결과를 보인 것이다. 이 측정결과를 가장 잘 나타내어 주는 1차, 2차 및 4차 곡선의 식을 구하여라.

**표 1.3 반응온도 측정 데이터**

| $t(hr)$ | 1 | 2 | 3 | 4 | 5 | 6 | 7 | 8 |
|---|---|---|---|---|---|---|---|---|
| $T$(℃) | 50.8 | 56.4 | 55.1 | 60.6 | 61.5 | 59.5 | 54.1 | 53.8 |

**풀이**

polyfit 함수를 이용하여 다항식 접합계산을 수행한다. 수행결과는 다음과 같다. 결과 그래프로부터 4차 다항식

$$T(t) = 0.0481t^4 - 0.8684t^3 + 4.5996t^2 - 5.8696t + 53.5357$$

이 온도변화를 가장 잘 나타냄을 알 수 있다.

```
>> t = [1 2 3 4 5 6 7 8]; tp = 1:0.1:8;
>> T = [50.8 56.4 55.1 60.6 61.5 59.5 54.1 53.8];
>> p1 = polyfit(t,T,1), p2 = polyfit(t,T,2), p4 = polyfit(t,T,4)
>> T1 = polyval(p1,tp); % 1차식에 따른 온도
>> T2 = polyval(p2,tp); % 2차식에 따른 온도
>> T4 = polyval(p4,tp); % 4차식에 따른 온도
>> plot(t,T,'o',tp,T1,':',tp,T2,'.-',tp,T4,'-')
>> title('반응온도'), legend('데이터','1차식','2차식','4차식')
>> xlabel('시간(hr)'), ylabel('온도(C)')

p1 =
    0.2810   55.2107
p2 =
   -0.6643    6.2595   45.2464
p4 =
    0.0481   -0.8684    4.5996   -5.8696   53.5357
```

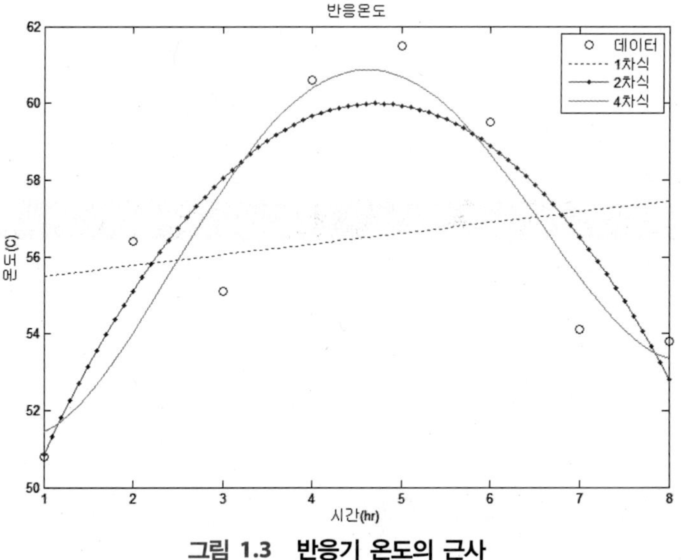


그림 1.3 반응기 온도의 근사

## 비선형 관계의 선형관계로의 전환

비선형 모델은 적절한 변형을 가하여 선형모델 형식으로 전환시킬 수 있다. 이 경우 선형 회귀분석 방법의 적용이 가능해진다.

**표 1.4 비선형 모델의 변환**

| 비선형 모델의 형태 | 변환방식 | 얻어지는 선형모델 |
|---|---|---|
| $y = ae^{bx}$ | 양변에 자연로그를 취한다. | $\ln y = \ln a + bx$ |
| $y = ax^b$ | 양변에 십진로그를 취한다. | $\log y = \log a + b\log x$ |
| $y = \dfrac{ax}{b+x}$ | 역을 취한다. | $\dfrac{1}{y} = \dfrac{1}{a} + \left(\dfrac{1}{b}\right)\dfrac{1}{x}$ |

### 보기 15 효소반응특성

효소는 생체세포 내에서 촉매 역할을 수행한다. 효소반응을 나타내는 식으로 Michaelis-Menten 식이 잘 알려져 있다:

$$r = \frac{a[S]}{b+[S]}$$

위에서 $r$은 반응속도, $[S]$는 기질(substrate) 농도이며 $a$는 최대 초기반응 속도를 나타내는 상수이고 $b$는 상수이다. 실험결과 기질 농도에 따른 다음과 같은 속도 측정값을 얻었다. 이 데이터를 가장 잘 나타내어 주는 Michaelis-Menten 반응식을 구하여라.

**표 1.5 효소반응속도**

| $[S]$ | 1.2 | 1.6 | 3.2 | 4.3 | 5.8 | 7.6 | 8.8 |
|---|---|---|---|---|---|---|---|
| $r$ | 0.06 | 0.12 | 0.24 | 0.27 | 0.33 | 0.34 | 0.34 |

**풀이**

Michaelis-Menten 식 $r = \dfrac{a[S]}{b+[S]}$의 역을 취하면

$$\frac{1}{r} = \frac{1}{a} + \frac{b}{a}\frac{1}{S} \quad \Rightarrow \quad y = p_1 x + p_0$$

함수 linreg로부터 $p_0$, $p_1$이 얻어지며 $p_0 = \dfrac{1}{a}$, $p_1 = \dfrac{b}{a}$인 관계로부터 Michaelis-Menten

식의 파라미터 $a = \frac{1}{p_0}$, $b = p_1 a = \frac{p_1}{p_0}$ 를 얻는다.

```
>> S = [1.2 1.6 3.2 4.3 5.8 7.6 8.8]; r = [0.06 0.12 0.24 0.27 0.33 0.34 0.34];
>> p = polyfit(1./S,1./r,1);  % p(1)=p1, p(2)=p0
>> a = 1/p(2), b = p(1)*a
>> Sv = S(1):0.1:S(end);
>> rv = a*Sv./(b + Sv);  % Michaelis-Menten 모델식에 의한 r 계산값
>> plot(Sv,rv,S,r,'o')
>> title('Michaelis-Menten 모델'), xlabel('[S]'), ylabel('r')
>> legend('Michaelis-Menten 모델','실험 데이터')

a =
  -10.6918
b =
 -187.4149
```

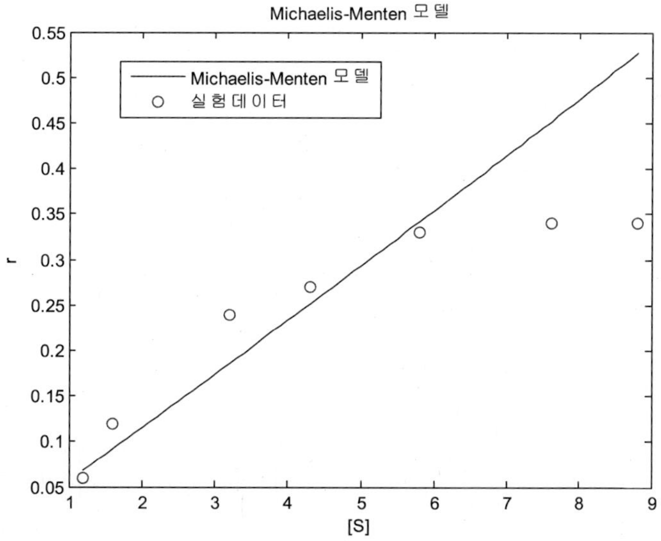


**그림 1.4 Michaelis–Menten 식**

즉 위의 효소반응 모델식은 근사적으로 $r = \frac{-10.6918[S]}{[S] - 187.4149}$ 로 나타낼 수 있다.

## 보기 16 Antoine 증기압 방정식[3]

증기압과 온도 사이의 관계를 나타내는 Antoine 식은

$$\log P_v = A + \frac{B}{T+C}$$

로 주어진다. $P_v$와 $T$는 각각 증기압(mmHg) 및 온도(℃)이며 $A$, $B$, $C$는 파라미터들이다. 위의 식을 선형관계로 변환시키고 다음에 주어진 증기압 데이터를 이용하여 $A$, $B$, $C$를 구하여 보라.

**표 1.6 증기압 데이터**

| $T$(℃) | 17 | 18 | 19 | 21 | 25 | 27 | 28 |
|---|---|---|---|---|---|---|---|
| $P_v(mmHg)$ | 13.6 | 22.21 | 35.54 | 85.98 | 413.23 | 832.62 | 1160.23 |

**풀이**

Antoine식의 양변에 $(T+C)$를 곱하면

$$(T+C)\log P_v = A(T+C) + B$$

이를 다시 쓰면

$$T\log P_v = AT + (AC+B) - C\log P_v$$

양변을 $T$로 나누고 정리하면

$$\log P_v = A + (AC+B)\left(\frac{1}{T}\right) - C\left(\frac{\log P_v}{T}\right) = \begin{bmatrix} 1 & \frac{1}{T} & \frac{\log P_v}{T} \end{bmatrix} \begin{bmatrix} A \\ AC+B \\ -C \end{bmatrix}$$

$$y = \begin{bmatrix} \log P_{v1} \\ \log P_{v2} \\ \vdots \\ \log P_{vn} \end{bmatrix},\quad X = \begin{bmatrix} 1 & 1/T_1 & \log P_{v1}/T_1 \\ 1 & 1/T_2 & \log P_{v2}/T_2 \\ \vdots & \vdots & \vdots \\ 1 & 1/T_n & \log P_{vn}/T_n \end{bmatrix},\quad b = \begin{bmatrix} A \\ AC+B \\ -C \end{bmatrix}$$ 로 두고

$b = (X^TX)^{-1}X^Ty$를 이용한다.

---

3 Cutlip, M. B. and M. Shacham, Problem Solving in Chemical and Biochemical Engineering with POLYMATH, Excel, and MATLAB, 2nd ed., p. 36-37, Prentice-Hall, 2008.

```
>> T = [17 18 19 21 25 27 28];
>> Pv = [13.6 22.21 35.54 85.98 413.23 832.62 1160.23];
>> X = [ones(1,length(T)); 1./T; log10(Pv)./T]';
>> b = inv(X'*X)*X'*log10(Pv)'; A = b(1), C = -b(3), B = b(2)-A*C
>> Ti = T(1):0.1:T(end); Pvi = 10.^(A + B./(Ti+C));
>>    plot(Ti,Pvi,T,Pv,'o'),    xlabel('T(C)'),    ylabel('Pv(mmHg)'),
legend('Fitting','Data')
A =
   11.1068
C =
   28.8127
B =
 -456.9043
```

즉 $\log P_v = 11.1068 - \dfrac{456.9043}{T+28.8127}$ 를 얻는다.

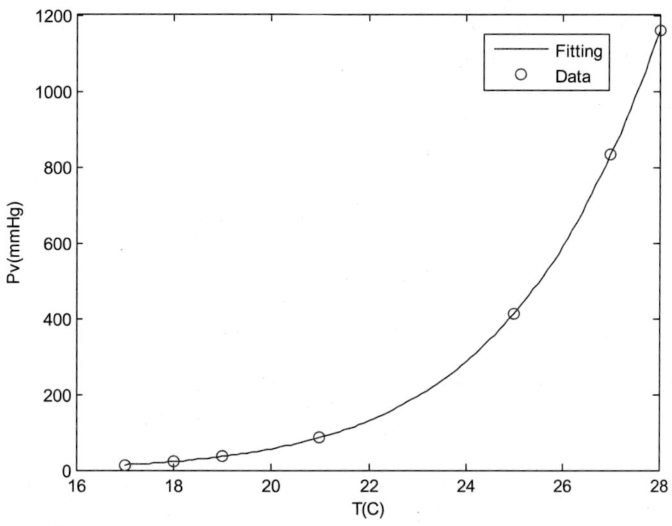


그림 1.5 Antoine 증기압 근사식

## 보기 17 액체 프로판의 점도

다음은 온도 $T(K)$에 따른 액체 프로판의 상압에서의 점도($Pa \cdot s$) 데이터이다.[4] 액체 프로판의 점도 $\nu$는 온도 $T(K)$의 비선형 함수로서

$$\log(\nu) = A + \frac{B}{T} + C\log T + DT^2$$

와 같은 추정식으로 나타낼 수 있는 것으로 알려져 있다. 파라미터 $A$, $B$, $C$ 및 $D$의 값을 추정하여 보라.

**표 1.7 프로판의 점도**

| $T$ | $10^4\nu(Pa \cdot s)$ | $T$ | $10^4\nu(Pa \cdot s)$ |
|---|---|---|---|
| 100 | 38.2 | 190 | 3.36 |
| 110 | 22.9 | 200 | 2.87 |
| 120 | 15.3 | 220 | 2.24 |
| 130 | 10.8 | 240 | 1.80 |
| 140 | 8.32 | 260 | 1.44 |
| 150 | 6.59 | 270 | 1.30 |
| 160 | 5.46 | 280 | 1.17 |
| 170 | 4.53 | 290 | 1.05 |
| 180 | 3.82 | 300 | 0.959 |

### 풀이

$$\log(\nu) = A + \frac{B}{T} + C\log T + DT^2 = \begin{bmatrix} 1 & \frac{1}{T} & \log T & T^2 \end{bmatrix} \begin{bmatrix} A \\ B \\ C \\ D \end{bmatrix}$$

$$y = \begin{bmatrix} \log\nu_1 \\ \log\nu_2 \\ \vdots \\ \log\nu_n \end{bmatrix}, \quad X = \begin{bmatrix} 1 & 1/T_1 & \log T_1 & T_1^2 \\ 1 & 1/T_2 & \log T_2 & T_2^2 \\ \vdots & \vdots & \vdots & \vdots \\ 1 & 1/T_n & \log T_n & T_n^2 \end{bmatrix}, \quad b = \begin{bmatrix} A \\ B \\ C \\ D \end{bmatrix}$$ 로 두고

$b = (X^T X)^{-1} X^T y$를 이용한다.

---

4 Cutlip, M. B. and M. Shacham, Problem Solving in Chemical and Biochemical Engineering with POLYMATH, Excel, and MATLAB, 2nd ed., p. 686, Prentice-Hall, 2008.

```
>> T = [100 110 120 130 140 150 160 170 180 190 200 220 240 ...
260 270 280 290 300];
>> nu = 1e-4*[38.2 22.9 15.3 10.8 8.32 6.59 5.46 4.53 3.82 3.36 ...
 2.87 2.24 1.80 1.44 1.30 1.17 1.05 0.959];
>> X = [ones(1,length(T)); 1./T; log10(T); T.^2]';
>> b = inv(X'*X)*X'*log10(nu)'; A = b(1), B = b(2), C = b(3), D = b(4)
>> Tv = T(1):1:T(end); nuv = 10.^(A + B./Tv + C*log10(Tv) + D*Tv.^2);
>> plot(Tv,nuv,T,nu,'o'), xlabel('T(K)'), ylabel('nu(Pa*s)'),
   legend('Fitting','Data')
A =
  -12.6800
B =
  369.3248
C =
   3.3279
D =
  -9.1004e-06
```

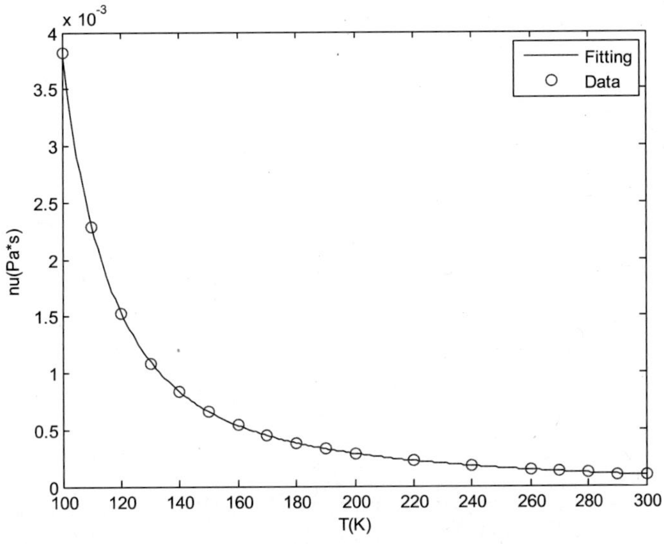


**그림 1.6 액체 프로판의 점도 근사식**

---

## 보기 18 촉매반응 모델

다음은 어떤 촉매반응 $A \rightarrow B$에 대한 반응속도 자료이다. 이 반응의 반응속도를 나타내는 모델식으로

$$r = \frac{k_1 P_A}{(1 + K_A P_A + K_B P_B)^2}$$

와 같은 형태가 제안되었다.[5] 주어진 데이터를 이용하여 파라미터 $k_1$, $K_A$ 및 $K_B$를 추정하고 모델식에 의한 반응속도와 주어진 반응속도 데이터를 그래프 상에 나타내어 보라.

**표 1.8 반응 속도와 분압**

| n | $r \times 10^3$ | 분압(atm) | |
|---|---|---|---|
| | | $P_A$ | $P_B$ |
| 1 | 5.11 | 1.00 | 0.00 |
| 2 | 5.42 | 0.91 | 0.09 |
| 3 | 5.55 | 0.82 | 0.18 |
| 4 | 5.85 | 0.69 | 0.31 |
| 5 | 6.02 | 0.61 | 0.39 |
| 6 | 6.15 | 0.52 | 0.48 |
| 7 | 6.31 | 0.41 | 0.59 |
| 8 | 6.45 | 0.29 | 0.71 |

**풀이**

주어진 반응속도식으로부터

$$\frac{P_A}{r} = \frac{(1 + K_A P_A + K_B P_B)^2}{k_1}.$$

이를 다시 쓰면

$$\left(\frac{P_A}{r}\right)^{1/2} = \frac{1}{\sqrt{k_1}} + \frac{K_A}{\sqrt{k_1}} P_A + \frac{K_B}{\sqrt{k_1}} P_B = [1 \;\; P_A \, P_B] \begin{bmatrix} 1/\sqrt{k_1} \\ K_A/\sqrt{k_1} \\ K_B/\sqrt{k_1} \end{bmatrix}$$

계수벡터는 백슬래시 연산자( \ )를 이용하여 쉽게 구할 수 있다.

```
>> r = 1e-3*[5.11 5.42 5.55 5.85 6.02 6.15 6.31 6.45];
>> pA = [1.00 0.91 0.82 0.69 0.61 0.52 0.41 0.29];
```

5 Cutlip, M. B. and M. Shacham, Problem Solving in Chemical and Biochemical Engineering with POLYMATH, Excel, and MATLAB, 2nd ed., p. 93, Prentice-Hall, 2008.

```
>> pB = 1-pA; n = length(r); ni = 1:n;
>> A = [ones(1,n); pA; pB]'; g = sqrt(pA./r)'; b = A\g;
>> k1 = 1/b(1)^2, kA = b(2)/b(1), kB = b(3)/b(1)
>> ri = k1*pA./((1 + kA*pA + kB*pB).^2);
>> plot(ni,r,'o',ni,ri,'*'), legend('data','model'), xlabel('n'),
   ylabel('r')
경고: 랭크 부족, rank = 2, tol =  1.776357e-15.
k1 =
    0.0051
kA =
     0
kB =
   -0.7219
```

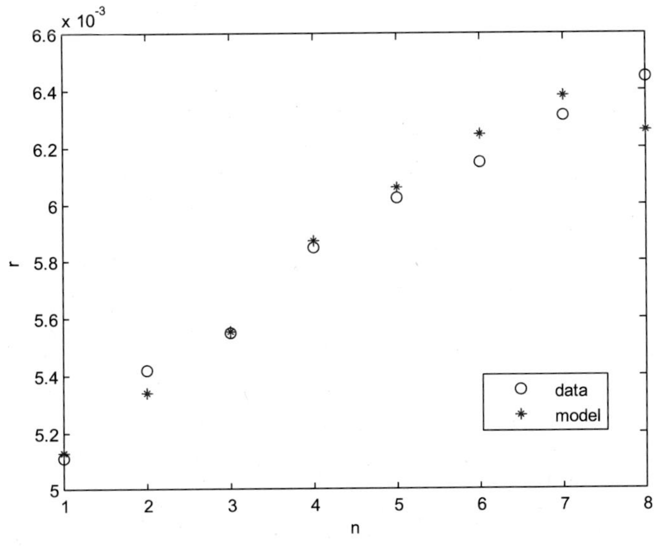


**그림 1.7 반응 데이터와 모델의 비교**

주어진 압력 데이터에 의해 구성되는 행렬은 랭크(rank)결핍 행렬로서 이로부터 얻어지는 결과는 수학적으로 완벽하게 신뢰할 수는 없지만 그래프에서 알 수 있듯이 모델은 실험 데이터를 비교적 잘 나타내고 있다.

# 1.4 안짐작(Interpolation)

## 다항식 안짐작

안짐작은 주어진 데이터들 사이의 값을 추정하는 것을 말하며 다항식을 이용한 안짐작이 가장 일반적이다. 일련의 독립변수 $x_i$에 대하여 함수값 $f(x_i)$를 알고 있다고 가정하자.

**표 1.9 함수값**

| $x_i$ | $f(x_i)$ |
|---|---|
| $x_1$ | $f(x_1)$ |
| $x_2$ | $f(x_2)$ |
| $\vdots$ | $\vdots$ |
| $x_n$ | $f(x_n)$ |

먼저 주어진 데이터들을 가장 잘 나타내는 다항식 $P_n(x)$를 규명한다.

$$P_n(x) = a_0 + a_1 x + \cdots + a_n x^n$$

즉 $x_i (i = 0, 1, \cdots, n)$에 대하여

$$P_n(x_i) = f(x_i)\,(i = 0, 1, \cdots, n)$$

을 만족하는 $P_n(x)$를 구한다. 다음에 $P_n(x)$를 이용하여 주어진 데이터 점들 사이의 값을 추정한다.

### 보기 19 2차 다항식의 규명

다음은 세 온도에서의 포화증기의 엔트로피들이다. 이 점들을 지나는 2차식을 구하여라(즉 엔트로피를 온도의 2차함수로 나타내어라). 이를 이용하여 $T = 373.15K$에서의 엔트로피 값을 추정하여 보라.

**표 1.10 포화증기의 엔트로피**

| 온도(K) | 엔트로피 ($kJ/kg/K$) |
|---|---|
| 313.15 | 8.2583 |
| 363.15 | 7.4799 |
| 413.15 | 6.9284 |

**풀이**

$$f(x) = a_2 x^2 + a_1 x + a_0$$

**표 1.11 다항식에 의한 엔트로피 계산**

| $i$ | $x_i$ | $f(x_i) = f_i = a_2 x_i^2 + a_1 x_i + a_0$ |
|---|---|---|
| 1 | 313.15 | $8.2583 = a_2(313.15)^2 + a_1(313.15) + a_0$ |
| 2 | 363.15 | $7.4799 = a_2(363.15)^2 + a_1(363.15) + a_0$ |
| 3 | 413.15 | $6.9284 = a_2(413.15)^2 + a_1(413.15) + a_0$ |

이를 다시 쓰면

$$\begin{bmatrix} 313.15^2 & 313.15 & 1 \\ 363.15^2 & 363.15 & 1 \\ 413.15^2 & 413.15 & 1 \end{bmatrix} \begin{bmatrix} a_2 \\ a_1 \\ a_0 \end{bmatrix} = \begin{bmatrix} 8.2583 \\ 7.4799 \\ 6.9284 \end{bmatrix}$$

해는 다음과 같이 구할 수 있다.

```
>> format long
>>  T = [313.15 363.15 413.15]';
>> A = [T.^2 T ones(3,1)];
>> b = [8.2583 7.4799 6.9284]';
>> x = A\b
x =
   0.000045380000000
  -0.046258494000000
  18.294051973049942
```

즉 $a_2 = 0.00004538$, $a_1 = -0.0462585$, $a_0 = 18.294052$. 따라서

$$S(T) = 0.00004538\,T^2 - 0.0462585\,T + 18.294052$$

$T = 373.15K$에서의 엔트로피를 구해보면

```
>> s = x(1)*373.15^2 + x(2)*373.15+x(3)
s =
   7.351448
```

수증기표(Steam table)로부터 $T = 373.15K$에서의 포화증기의 엔트로피는 7.3554 $kJ/kg/K$로서 위에서 얻은 값과 큰 차이가 없음을 알 수 있다.

---

## 함수 polyfit의 이용

함수 polyfit은 다음과 같은 형태로 이용한다:

p = polyfit(x, y, n)

위에서 p는 내림차순으로 정돈된 다항식의 계수벡터, x는 독립변수 벡터, y는 종속변수 벡터, 그리고 n은 다항식의 차수이다. 함수 polyfit을 이용하는 경우 데이터의 수가 구하고자 하는 다항식 계수들의 수보다 커야 한다.

데이터에 없는 다른 독립변수에서의 함수값은 함수 polyval을 이용하여 구할 수 있다. polyfit을 이용하여 얻은 다항식을 이용하여 데이터에 없는 독립변수 z에서의 종속변수 값을 구하려면

f = polyval(p, z)

와 같이 입력한다.

### 보기 20 polyfit 함수를 이용한 다항식의 규명

다음은 온도에 따른 포화 수증기의 엔탈피를 나타낸 표이다. 엔탈피를 가장 잘 나타내어 주는 2차 다항식을 구하여라. 이 결과를 이용하여 $T = 350.15\ K$에서의 포화증기의 엔탈피를 계산하고 수증기표와 대조하여 보라.

**표 1.12 포화수증기의 엔탈피**

| 온도(K) | 엔탈피 ($kJ/kg$) |
|---|---|
| 283.15 | 2519.9 |
| 303.15 | 2556.4 |
| 323.15 | 2592.2 |
| 363.15 | 2660.1 |
| 393.15 | 2706.0 |
| 413.15 | 2733.1 |

**풀이**

```
>> format long
>> T = [283.15 303.15 323.15 363.15 393.15 413.15];
>> H = [2519.9 2556.4 2592.2 2660.1 2706.0 2733.1];
>> p = polyfit(T, H, 2)
>> Tv = 280:0.1:415; Hv = polyval(p,Tv);
>> plot(Tv,Hv,T,H,'o'), legend('2차식 안짐작','수증기표 데이터')
>> xlabel('T(K)'), ylabel('H(kJ/kg)')
p =
   1.0e+03 *
  -0.000002096326670   0.003108694505382   1.807163153926139
```

이로부터 엔탈피를 나타내는 2차식은

$$H(T) = -0.002096327\,T^2 + 3.108695\,T + 1807.163154$$

로 주어짐을 알 수 있다.

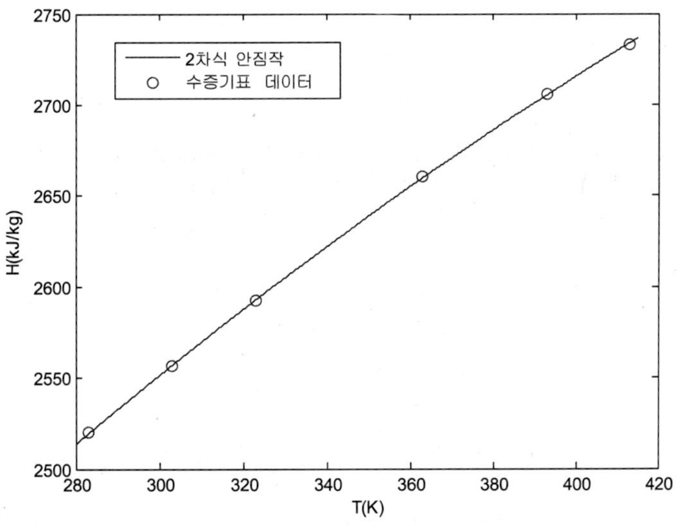


**그림 1.8 2차 다항식에 의한 수증기 엔탈피의 안짐작**

$T = 350.15\ K$에서의 포화증기의 엔탈피는 다음과 같이 얻어진다.

```
>> f = polyval(p, 350.15)
f =
    2.638652356432598e+03
```

즉 엔탈피는 2638.65 $kJ/kg$이다. 수증기표로부터 $T = 350.15\ K$에서 2638.7 $kJ/kg$임을 알 수 있는데 이는 위의 2차식으로부터 얻은 값과 거의 일치한다.

---

## Cubic spline 안짐작: spline

MATLAB은 cubic spline을 계산하는 함수 spline을 지니고 있다. 이 함수는

yi = spline(x, y, xi)

와 같이 사용한다. x와 y는 각각 독립변수 및 종속변수 데이터이며 xi와 yi는 각각 안짐작할 독립변수와 이 점들에서 안짐작 계산된 종속변수 벡터이다.

### 보기 21 Cubic spline 안짐작

어떤 여과장치에서 유량($l/s$)에 따른 압력강하($kPa$)의 측정결과는 다음 표와 같다. 함수 spline을 이용하여 3차 안짐작을 수행하여라.

**표 1.13 여과장치의 유량에 따른 압력강하**

| 유량($l/s$) | 압력강하($kPa$) | 유량($l/s$) | 압력강하($kPa$) |
|---|---|---|---|
| 0 | 0 | 31.7 | 1.695 |
| 9.7 | 0.28 | 35.2 | 2.306 |
| 15.6 | 0.524 | 38.4 | 2.781 |
| 21.3 | 0.998 | 42.9 | 3.205 |

**풀이**

풀이과정은 다음과 같다.

```
>> x = [0 9.7 15.6 21.3 31.7 35.2 38.4 42.9];
>> y = [0 0.28 0.524 0.998 1.695 2.306 2.781 3.205];
>> xi = min(x):0.1:max(x); yi = spline(x,y,xi);
>> plot(xi,yi,x,y,'o'), xlabel('유량'), ylabel('압력강하')
>> legend('Cubic spline 안짐작','데이터','Location','Best')
```

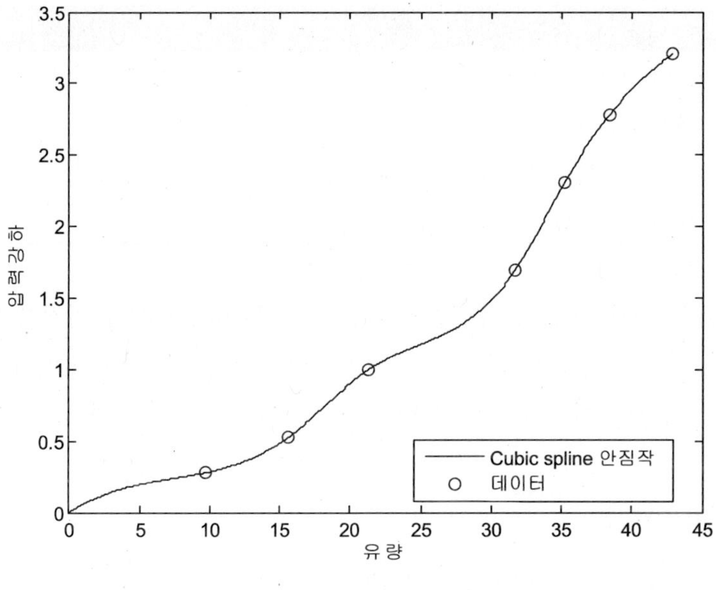


그림 1.9 Cubic spline 안짐작

## 1차원 안짐작 : interp1

데이터의 그래프를 작성할 때 가장 초보적인 그래프에서는 기본적으로 인접한 두 점 사이를 직선으로 연결한다. 이러한 선형 안짐작에서는 주어진 두 데이터 점들 사이의 값은 인접한 이들 두 점을 이어주는 직선상에 위치한다고 간주한다. 데이터 수가 증가함에 따라 그래프는 더 정확해진다. MATLAB은 다양한 형태의 1차원 안짐작을 수행하는 내장함수 interp1을 지니고 있다. 이 함수는

yi = interp1(x, y, xi, 'method')

와 같이 사용한다. x와 y는 각각 독립변수 및 종속변수 데이터이며 xi와 yi는 각각 안짐작할 독립변수와 이 점들에서 안짐작 계산된 종속변수 벡터이다. 'method'는 원하는 안짐작 방법으로서 다음과 같은 옵션을 이용할 수 있다. pchip 옵션을 제외한 나머지 옵션들은 2차원 및 3차원 안짐작에서도 마찬가지로 이용된다.

**표 1.14 함수 interp1에서 사용 가능한 method 옵션**

| method | 기 능 |
|---|---|
| nearest | 가장 근접한 이웃 안짐작. 안짐작 점을 가장 가까이 존재하는 데이터 점으로 취한다. |
| linear | 선형 안짐작을 수행. 인접한 두 점을 잇는 직선의 식을 규명 |
| spline | Cubic spline을 수행. spline 함수와 동일 |
| pchip | 3차 Hermite 안짐작을 수행 |

입력인수로서 'method'를 생략하면 interp1 함수는 linear(선형 안짐작 방법) 옵션을 사용한다. pchip 옵션은 spline과 마찬가지로 인접한 데이터 점들의 구간에서 3차 다항식을 이용하지만 2차 미분이 반드시 연속일 필요는 없다는 것이 spline과 다른 점이다.

## 보기 22 1차원 안짐작

다음에 주어진 벤젠-톨루엔 평형데이터를 이용하여 $x$가 0.45일 때 $y$의 값을 안짐작으로 구하여라. 여러 가지 안짐작 옵션들을 시도하여 보라.

**표 1.15 벤젠-톨루엔 평형데이터**

| $x$ | 0.0 | 0.1 | 0.2 | 0.3 | 0.4 | 0.5 | 0.6 | 0.7 | 0.8 | 0.9 | 1.0 |
|---|---|---|---|---|---|---|---|---|---|---|---|
| $y$ | 0.000 | 0.211 | 0.378 | 0.512 | 0.623 | 0.714 | 0.791 | 0.856 | 0.911 | 0.959 | 1.000 |

### 풀이

```
>> x = [0 .1 .2 .3 .4 .5 .6 .7 .8 .9 1.0];
>> y = [0 0.211 0.378 0.512 0.623 0.714 0.791 0.856 0.911 0.959 1.0];
>> lv = interp1(x,y,0.45,'linear');
>> pv = interp1(x,y,0.45,'pchip');
>> sv = interp1(x,y,0.45,'spline');
>> nv = interp1(x,y,0.45,'nearest');
>> fprintf('\nlinear: %6.4f\npchip: %6.4f\nspline: %6.4f\nnearest: %6.4f\n',
        lv,pv,sv,nv);

linear: 0.6685
pchip: 0.6706
spline: 0.6706
nearest: 0.7140
```

## 보기 23 1차원 데이터의 접합

다음은 어떤 반응기에서 시간에 따른 온도변화를 측정한 데이터이다. interp1 함수를 이용하여 이 데이터를 접합시켜 보라. interp1 함수의 pchip 옵션을 사용하여 보자.

**표 1.16 반응온도**

| 시간(min) | 0 | 18 | 42 | 55 | 70 | 82 | 86 | 95 | 102 | 115 |
|---|---|---|---|---|---|---|---|---|---|---|
| 온도(℃) | 15 | 23 | 24 | 36 | 78 | 80 | 98 | 96 | 127 | 126 |

### 풀이

```
>> tm = [0 18 42 55 70 82 86 95 102 115];
>> TC = [15 23 24 36 78 80 98 96 127 126];
>> tinv = linspace(0,115);
>> yp = interp1(tm, TC, tinv, 'pchip');
>> plot(tm,TC,'o',tinv,yp)
>> axis([0 115 0 130]), title('cubic Hermite')
```

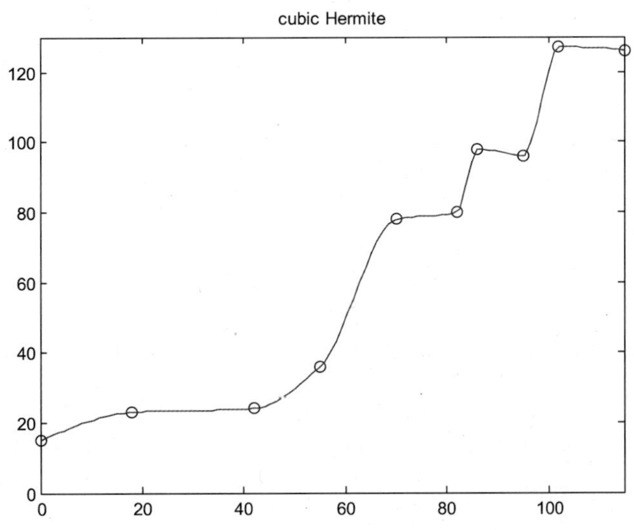


그림 1.10 1차원 안짐작(함수 interp1의 이용)

## 다차원 안짐작: interp2, interp3

2차원 안짐작에서는 두 독립변수들의 함수 $z=f(x_i,y_i)$에 대한 안짐작을 수행한다. 4개의 점 $z_{11}=f(x_1,y_1)$, $z_{21}=f(x_2,y_1)$, $z_{12}=f(x_1,y_2)$, $z_{22}=f(x_2,y_2)$가 주어져 있다고 하자. 이 데이터들을 이용하여 점 $(x_i,y_i)$ $(x_1 \le x_i \le x_2,\ y_1 \le y_i \le y_2)$에서의 함수값 $z=f(x_i,y_i)$를 추정하여 보기로 한다. Lagrange 안짐작 방법을 이용하면

$$\text{점 } (x_i,y_1)\text{에서 } z_{i1}=f(x_i,y_1)=\frac{x_i-x_2}{x_1-x_2}z_{11}+\frac{x_i-x_1}{x_2-x_1}z_{21}$$

$$\text{점 } (x_i,y_2)\text{에서 } z_{i2}=f(x_i,y_1)=\frac{x_i-x_2}{x_1-x_2}z_{12}+\frac{x_i-x_1}{x_2-x_1}z_{22}$$

이 점들을 이용하여 $y$에 따라 선형 안짐작을 수행하여 다음을 얻는다.

$$\begin{aligned} z=f(x_i,y_i) &= \frac{y_i-y_2}{y_1-y_2}z_{i1}+\frac{y_i-y_1}{y_2-y_1}z_{i2} \\ &= \frac{x_i-x_2}{x_1-x_2}\frac{y_i-y_2}{y_1-y_2}z_{11}+\frac{x_i-x_1}{x_2-x_1}\frac{y_i-y_2}{y_1-y_2}z_{21} \\ &\quad +\frac{x_i-x_2}{x_1-x_2}\frac{y_i-y_1}{y_2-y_1}z_{12}+\frac{x_i-x_1}{x_2-x_1}\frac{y_i-y_1}{y_2-y_1}z_{22} \end{aligned}$$

함수 interp2는 2차원 안짐작을 수행한다. 이 함수는

zi = interp2(x, y, z, xi, yi, 'method')

와 같이 사용한다. x와 y는 독립변수 데이터이고 z는 종속변수 데이터이며 xi와 yi는 안짐작이 수행될 독립변수 벡터이다. 'method'는 원하는 안짐작 방법으로서 pchip 옵션을 제외하고는 interp1에서와 동일하다(즉 사용 가능한 옵션으로서 nearest, linear, spline들이 있다).

3차원 안짐작에서는 3변수 함수 $v=f(x,\ y,z)$를 안짐작한다. 3차원 안짐작은 내장함수 interp3에 의하여 수행되며 그 이상의 다차원 안짐작은 함수 interpn에 의하여 수행된다. 이를테면 Vi = interp3(X, Y, Z, V, Xi, Yi, Zi)는 배열 Xi, Yi, Zi에서 3차원 안짐작을 수행한다. V는 X, Y, Z에서의 데이터 값(혹은 함수값)이다.

### 보기 24 2차원 안짐작

다음은 열전달이 이루어지고 있는 어떤 사각형 금속판에서의 온도 측정값이다.

**표 1.17 온도 측정값**

| $x$ | $y$ | $T=f(x,y)$ |
|---|---|---|
| 2 | 1 | 80 |
| 2 | 8 | 75 |
| 10 | 1 | 78 |
| 10 | 8 | 90 |

2차원 안짐작을 이용하여 $x_i = 6.4$, $y_i = 5.2$에서의 온도를 추정하여 보라.

**풀이**

```
>> x = [2 10]; y = [1 8]; z = [80 78; 75 90];
>> zi = interp2(x, y, z, 6.4, 5.2, 'spline')
zi =
   81.5100
```

### 보기 25 습도와 이슬점 안짐작

다음은 절대습도(H)와 이슬점(DP) 데이터표를 보인 것이다. 적절한 안짐작 방법을 이용하여 RH = 58.4이고 온도가 46.8℃일 때 H와 DP의 근사값을 구하여라.

**표 1.18 절대습도(H)와 이슬점(DP)**

| 상대습도(%RH)<br>건구온도(°C) | | 10% | 30% | 50% | 70% | 90% |
|---|---|---|---|---|---|---|
| 51 | H, $g/m^3$ | 8.27 | 24.75 | 41.30 | 58.10 | 73.51 |
| | DP, ℃ | 10.10 | 26.89 | 37.01 | 43.21 | 47.80 |
| 44 | H, $g/m^3$ | 6.52 | 19.58 | 32.70 | 45.75 | 58.78 |
| | DP, ℃ | 6.40 | 23.34 | 32.18 | 38.32 | 42.81 |

**풀이**

spline 안짐작 방법을 이용한다면

```
>> RH = [10 30 50 70 90]; T = [51 44];
>> H = [8.27 24.75 41.30 58.10 73.51; 6.52 19.58 32.70 45.75 58.78];
>> DP = [10.10 26.89 37.01 43.21 47.80; 6.40 23.34 32.18 38.32 42.81];
>> Hv = interp2(RH,T,H,58.4,46.8,'spline')
>> DPv = interp2(RH,T,DP,58.4,46.8,'spline')
Hv =
   42.2701
DPv =
   36.9549
```

즉 상대습도가 58.4%이고 온도가 46.8℃ 일 때 절대습도는 42.27 $g/m^3$ 이고 이슬점은 36.95℃ 이다.

---

## 1.5 최적화 방법

MATLAB은 최적화 계산에 이용할 수 있는 두 가지의 함수 fminbnd와 fminsearch를 지니고 있다.

함수 fminbnd는 황금분할과 포물선 안짐작을 조합시킨 방법이다. 이 함수는 먼저 포물선 안짐작 방법을 적용해 나가다가 만족할 만한 결과가 얻어지지 않으면 황금분할 방법을 이용한다. 이 함수는 다음과 같이 사용한다.

$$[x,\ fval] = fminbnd(fun,\ x1,\ x2)$$

위에서 x1과 x2는 탐색범위이며 fun은 함수 이름이고 x는 최적점, fval은 x에서의 최적 함수값이다.

함수 fminsearch는 다차원 함수의 최적화 계산을 수행한다. 이 함수는 다음과 같이 사용한다.

$$[x,\ fval] = fminsearch(fun,\ x0)$$

위에서 x0은 독립변수의 초기 가정값(행벡터)이고 fun은 함수 이름이며 x는 최적점(벡터), fval은 x에서의 최적 함수값이다.

## 보기 26 함수 fminbnd의 이용

함수 fminbnd를 이용하여 구간 $0 \le x \le 5$에서 함수 $f(x) = -2.5\sin x + \frac{x^2}{11.8}$의 최소값을 구하여라.

**풀이**

계산단계는 다음과 같다.

```
>> f = @(x) -2.5*sin(x)+x.^2/11.8;
>> x1 = 0; x2 = 5;
>> [x, fval] = fminbnd(f, x1, x2)
x =
   1.4709
fval =
  -2.3042
```

## 보기 27 함수 fminsearch의 이용

함수 fminsearch를 이용하여 함수 $f(x_1, x_2) = 3 + 1.2x_1 - x_2 + 2.4x_1^2 + 3x_1x_2 + x_2^2$의 최소값을 구하여라. 초기 가정값은 $x_0 = [-1,\ 1]$로 한다.

**풀이**

계산단계는 다음과 같다.

```
>> f = @(x) 3+1.2*x(1)-x(2)+2.4*x(1).^2+3*x(1).*x(2)+x(2).^2;
>> x0 = [-1 1];
>> [xopt, fopt] = fminsearch(f, x0)
xopt =
  -9.0000   14.0000
fopt =
  -9.4000
```

# 1.6 미분과 적분

## 수치미분

함수 diff는 길이 n인 1차원 벡터에 대하여 두 인접원소들 간의 차분을 계산하고 그 결과(길이 n－1인 1차원 벡터)를 반환한다. diff(y)는 종속변수 데이터 y들 사이의 차분을, diff(x)는 독립변수 데이터 x 점들 사이의 차분을 계산하므로 각 데이터 점들에서의 미분은

$$d = \text{diff(y)./diff(x)}$$

로부터 얻을 수 있다.

함수 gradient는 두 점들 사이에서가 아닌 데이터 점 자체에서의 미분을 계산하여 반환한다. 미분은

$$df = \text{gradient(f, h)}$$

로부터 계산된다. 위에서 f는 길이 n인 1차원 데이터 벡터이며 h는 데이터 점들 사이의 간격(균일)이다.

### 보기 28 함수 diff를 이용한 미분

$0 \le x \le 1$의 범위에서 함수 $f(x) = 0.3 + 20x - 180x^2 + 650x^3 - 880x^4 + 360x^5$의 미분을 구하여라. 그 결과를 $f'(x) = 20 - 360x + 1950x^2 - 3520x^3 + 1800x^4$와 비교하여 보라.

**풀이**

```
>> x = 0:0.1:1.0;
>> f = @(x) 0.3+20*x-180*x.^2+650*x.^3-880*x.^4+360*x.^5;x = 0:0.1:1.0;
>> x = 0:0.1:1.0; n = length(x);
>> y = f(x);
>> dr = diff(y)./diff(x)
dr =
    7.6560   -0.5840    3.8960    8.6160    5.4160   -9.5440  -35.7840
  -68.5040  -98.5840 -112.5840
>> xm = (x(1:n-1) + x(2:n))/2;  % 각 구간의 중간위치
>> x1 = 0:0.01:1;
>> y1 =  20-360*x1+1950*x1.^2-3520*x1.^3+1800*x1.^4;
>> plot(x1, y1, xm, dr, 'o')
```

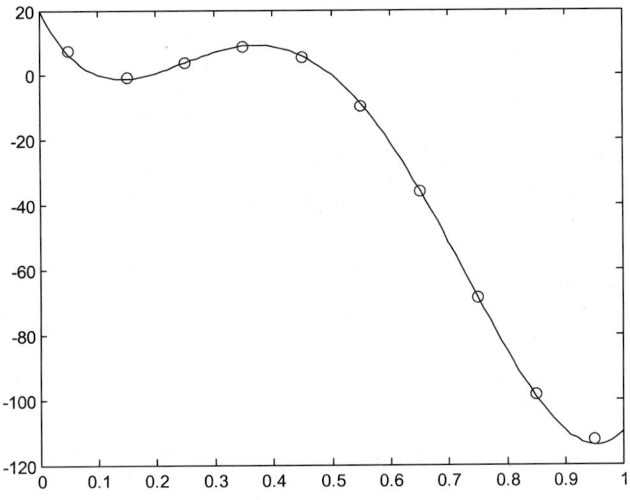


**그림 1.11 내장함수 diff를 이용한 미분**

## 보기 29 함수 gradient를 이용한 미분

$0 \le x \le 1$의 범위에서 함수 $f(x) = 0.3 + 20x - 180x^2 + 650x^3 - 880x^4 + 360x^5$의 미분을 구하여라. 내장함수 gradient를 이용한다. 미분 결과를 $f'(x) = 20 - 360x + 1950x^2 - 3520x^3 + 1800x^4$와 비교하여 보라.

### 풀이

```
>> f = @(x) 0.3+20*x-180*x.^2+650*x.^3-880*x.^4+360*x.^5;
>> df = @(x) 20-360*x+1950*x.^2-3520*x.^3+1800*x.^4;
>> x = 0:0.1:1.0; y = f(x); dy = df(x);
>> dr = gradient(y, 0.1), dy = df(x)
dr =
7.6560 3.5360 1.6560 6.2560 7.0160 -2.0640 -22.6640 -52.1440 -83.5440
-105.5840 -112.5840
dy =
20.000 0.1600 0.7200 7.0400 8.8000    0    -21.0400 -51.6800 -84.9600
-109.6000 -110.0000
```

## 수치적분

### 정적분 계산

MATLAB은 정적분을 수행하는 내장함수들을 지니고 있다.

함수 trapz는 간격이 균일하지 않은 경우의 Trapezoidal 적분규칙을 수행한다. 이 함수는

z = trapz(x, y)

와 같이 사용하는데 x는 독립변수, y는 종속변수이며 z는 계산된 적분결과이다.

함수 cumtrapz는 독립변수 x의 각 원소에 따른 누적 적분을 계산한다.

z = cumtrapz(x, y)

함수 quad는 적응 Simpson 구적법(quadrature)을 수행하며 함수 quadl은 Lobatto 구적법(quadrature)을 수행한다.

z = quad(fun, a, b, tol)
z = quadl(fun, a, b, tol)

위에서 fun은 피적분 함수의 이름, a와 b는 적분의 하한 및 상한이며 tol은 오차 허용한계로서 이를 지정하지 않으면 $1\times10^{-6}$으로 자동 설정된다.

### 보기 30 함수 trapz와 cumtrapz의 이용

낙하하는 어떤 물체의 속도를 시간에 따라 측정한 결과는 다음과 같다.

**표 1.19 속도 데이터**

| t(sec) | 0 | 0.5 | 1.2 | 1.6 | 2.5 | 3.1 | 4.8 | 6.9 |
|---|---|---|---|---|---|---|---|---|
| v(m/sec$^2$) | 0 | 5 | 12 | 15 | 23 | 28 | 38 | 47 |

$t=2.5$초일 때 낙하한 거리는 얼마인가? 매 시점에서 낙하한 거리를 구하여 보라.

**풀이**

어느 시점까지 낙하한 거리는 함수 trapz, 매 시점에서 낙하한 거리는 함수 cumtrapz를 이용한다.

```
>> t = [0 0.5 1.2 1.6 2.5 3.1 4.8 6.9]; t1 = [0 0.5 1.2 1.6 2.5];
>> v = [0 5 12 15 23 28 38 47]; v1 = [0 5 12 15 23];
>> z1 = trapz(t1,v1)
z1 =
  29.7000
>> z = cumtrapz(t,v)
z =
        0   1.2500   7.2000  12.6000  29.7000  45.0000 101.1000 190.3500
```

즉 매 시점에서의 낙하거리는 다음과 같다.

**표 1.20 낙하거리**

| t(sec) | 0 | 0.5 | 1.2 | 1.6 | 2.5 | 3.1 | 4.8 | 6.9 |
|---|---|---|---|---|---|---|---|---|
| v(m/sec$^2$) | 0 | 5 | 12 | 15 | 23 | 28 | 38 | 47 |
| 낙하거리(m) | 0 | 1.25 | 7.2 | 12.6 | 29.7 | 45.0 | 101.1 | 190.35 |

### 보기 31 함수 quad와 quadl의 이용

MATLAB은 예시용 함수로서 다음과 같이 정의되는 humps 함수를 지니고 있다.

$$f(x) = \frac{1}{(x-q)^2+0.01} + \frac{1}{(x-r)^2+0.04} + s$$

이제 $a=0,\ b=1,\ q=0.2,\ r=0.7,\ s=4$일 때 적분 $\int_a^b f(x)dx$를 구하여라. 내장함수 quad과 quadl을 이용하여 보고 결과를 비교하여 보라.

**풀이**

```
>> format long
>> q = 0.2; r = 0.7; s = 4;
>> hfun = @(x) 1./((x-q).^2+0.01)+1./((x-r).^2+0.04)-s;
>> quad(hfun,0,1)
ans =
  32.912352767792420
>> quadl(hfun,0,1)
ans =
  32.912352455611952
```

### 다중적분 계산

함수 dblquad는 이중적분

$$I=\int_a^b\int_c^d f(x,y)dydx=\int_a^b\left\{\int_c^d f(x,y)dy\right\}dx=\int_c^d\left\{\int_a^b f(x,y)dx\right\}dy$$

를 계산한다. 이 함수는

z = dblquad(fun, xa, xb, yc, yd, tol)

과 같이 사용한다. tol은 오차 허용한계로서 이를 지정하지 않으면 $1\times10^{-6}$으로 자동 설정된다. 이 함수를 이용하여 적분

$$I=\int_0^{0.8}\int_0^{0.8}\frac{1}{1-xy}dydx$$

를 구하여 보자.

```
>> I = dblquad(@(x,y) 1./(1-x.*y), 0, 0.8, 0, 0.8)
I =
   0.7900
```

이중적분은 또한 함수 quad2d를 이용하여 계산할 수 있다. 이 함수는 $y$의 적분한계가 $x$의 함수인 경우에도 이용할 수 있다. quad2d를 이용하여 적분

$$I=\int_1^2\int_{x^2}^{x^4}x^2ydydx$$

를 구하여 보자.

```
>> I = quad2d(@(x,y) x.^2.*y, 1, 2, @(x) x.^2, @(x) x.^4)
I =
  83.9740
```

함수 triplequad는 3중적분

$$I=\int_a^b\int_c^d\int_g^h f(x,y,z)dzdydx=\int_a^b\left\{\int_c^d\left\{\int_g^h f(x,y,z)dz\right\}dy\right\}dx$$

를 계산한다. 함수 triplequad를 이용하여 적분

$$I = \int_0^1 \int_0^1 \int_0^1 64xy(1-x)^2 z dz dy dx$$

를 구하여 보자.

```
>> I = triplequad(@(x,y,z) 64*x.*y.*(1-x).^2.*z, 0, 1, 0, 1, 0, 1)
I =
    1.3333
```

**보기 32** **이중적분**

함수 $f(x,y)$가

$$f(x,y) = 3xy + x - 1.2x^2 - 3y^2 + 25$$

와 같이 주어졌을 때 이중적분

$$I = \int_0^5 \int_0^7 f(x,y) dx dy$$

를 구하여라.

**풀이**

```
>> fxy = @(x,y) 3*x.^y+x-1.2*x.^2-3*y.^2+25;
>> z = dblquad(fxy, 0, 7, 0, 5)
z =
   3.2878e+04
```

# 1.7 상미분 방정식의 풀이

## 초기치 문제

상미분 방정식은 독립변수와 미분들이 1차원인 미분방정식을 말한다. 상미분 방정식의 일반적인 형태는

$$f\left(t,\ y,\ \frac{dy}{dt},\ \frac{d^2y}{dt^2},\ \cdots,\ \frac{d^{n-1}y}{dt^{n-1}}\right)= f\left(t,\ y,\ y',\ y'',\ \cdots,\ y^{(n-1)}\right)= \frac{d^ny}{dt^n}= y^{(n)}$$

와 같이 나타낼 수 있다.

상태함수를

$$s(t)=\begin{bmatrix} y(t) \\ y'(t) \\ y''(t) \\ \vdots \\ y^{(n-1)}(t) \end{bmatrix}=\begin{bmatrix} s_1(t) \\ s_2(t) \\ s_3(t) \\ \vdots \\ s_n(t) \end{bmatrix}$$

로 정의하면

$$\frac{ds(t)}{dt}=\begin{bmatrix} y'(t) \\ y''(t) \\ y^{(3)}(t) \\ \vdots \\ y^{(n)}(t) \end{bmatrix}=\begin{bmatrix} y'(t) \\ y''(t) \\ y^{(3)}(t) \\ \vdots \\ f\left(t,y,y',\cdots,y^{(n-1)}\right) \end{bmatrix}=\begin{bmatrix} s_2(t) \\ s_3(t) \\ s_4(t) \\ \vdots \\ f(t,s_1(t),s_2(t),\cdots,s_n(t)) \end{bmatrix}$$

를 얻는다.

n차의 상미분 방정식은 위의 관계를 이용하여 1차 미분방정식 시스템으로 전환시킬 수 있다. MATLAB의 상미분방정식 풀이함수를 이용하기 위해서는 주어진 미분방정식 시스템을 1차 미분방정식 시스템으로 전환시켜 주어야 한다.

MATLAB에서는 다양한 상미분방정식 풀이함수를 제공하고 있다. 화학공학 문제의 풀이에서는 보통 ode45 함수가 널리 이용된다.

**표 1.21 상미분방정식 풀이함수**

| 풀이함수 | 풀이방법 |
|---|---|
| ode23 | Runge-Kutta lower-order(2차 및 3차) |
| ode45 | Runge-Kutta higher-order(4차 및 5차) |
| ode113 | Adams-Bashforth-Moulton |

MATLAB의 상미분방정식 풀이함수(이름을 solver라 하자)들은 다음과 같이 사용한다.
[t, y] = solver(odefun, tspan, y0) 혹은 [t, y] = solver(odefun, tspan, y0, options)

앞에서 solver는 풀이함수 이름, odefun는 미분방정식, tspan은 독립변수(시간) 구간, 그리고 y0는 초기값이다. options은 MATLAB의 도움말을 참조한다.

## Stiff 시스템

Stiff 시스템은 급격하게 변하는 요소를 갖는 시스템으로서 시간에 따라 급격한 변화를 보이다가 다시 완만한 변화를 보이는 경우가 이에 해당된다. MATLAB에서는 stiff 시스템의 풀이를 위한 다양한 내장함수를 제공하고 있다. 이러한 함수 이름 끝에는 stiff를 의미하는 s가 붙어 있다.

**표 1.22 Stiff 시스템 풀이함수**

| 풀이함수 | 풀이방법 |
|---|---|
| ode23s | 수정된 2차 Rosenbrock |
| ode23t | Trapezoidal 규칙 |
| ode23tb | 암묵적(implicit) Runge-Kutta 방법 |
| ode15s | 가변차수의 암묵적 다단계 방법 |

### 보기 33 미분방정식의 풀이

방정식 $\dfrac{dy}{dt}=e^{-t}$, $y(0)=-1$의 해를 구하여라. 시간구간은 [0, 1]로 한다.

#### 풀이

먼저 미분방정식을 정의하는 함수파일을 작성한다.

```
function dy = expfn(t,y)
dy = exp(-t);
end
```

다음에 함수 ode45를 호출하여 $y(t)$를 구하고 그래프로 나타낸다.

```
>> tspan = [0 1]; y0 = -1;
>> [t y] = ode45(@expfn, tspan, y0);
>> plot(t,y), grid, xlabel('t'), ylabel('y(t)')
```

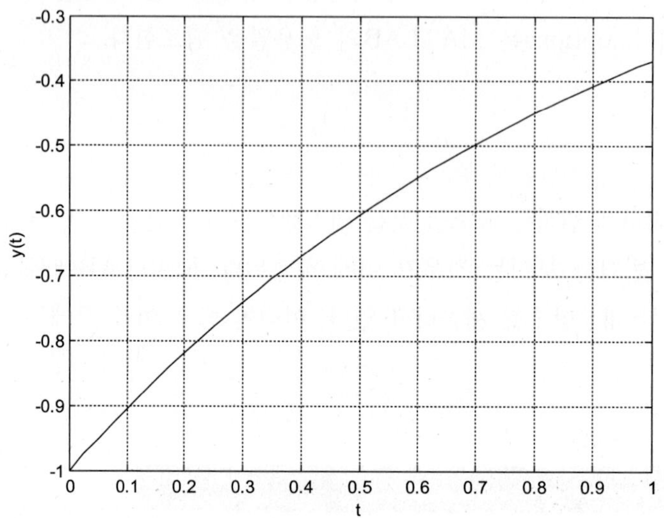


**그림 1.12 미분방정식 $\frac{dy}{dt} = e^{-t}$, $y(0) = -1$의 풀이**

---

## 보기 34 van der Pol 방정식

van der Pol 방정식은 다음과 같은 형태를 갖는다.

$$\frac{d^2y_1}{dt^2} - \mu(1-y_1^2)\frac{dy_1}{dt} + y_1 = 0$$

이를 MATLAB 함수를 이용하여 풀기 위해서는 다음과 같이 1차방정식 시스템으로 전환시켜야 한다.

$$\frac{dy_1}{dt} = y_2$$

$$\frac{dy_2}{dt} = -y_1 + \mu(1-y_1^2)y_2$$

$\mu = 1$일 때 $0 \le t \le 25$의 범위에서 시간에 따른 $y_1$, $y_2$의 변화를 그래프로 나타내어라. 초기조건은 $y_1(0) = y_2(0) = 1$로 한다.

**풀이**

van der Pol 방정식은 다음과 같이 설정할 수 있다.

```
function dy = vdpeqn(t,y, mu)
% y(1) = y1, y(2) = y2
dy = [y(2); -y(1) + mu*(1-y(1)^2)*y(2)];
end
```

ode45 함수를 이용한 수행결과는 다음과 같다.

```
>> mu = 1; tspan = [0 25]; y0 = [1 1];
>> [t y] = ode45(@vdpeqn, tspan, y0, [], mu);
>> plot(t,y(:,1),t,y(:,2),':'), legend('y_1','y_2'), xlabel('t'), ylabel('y')
```

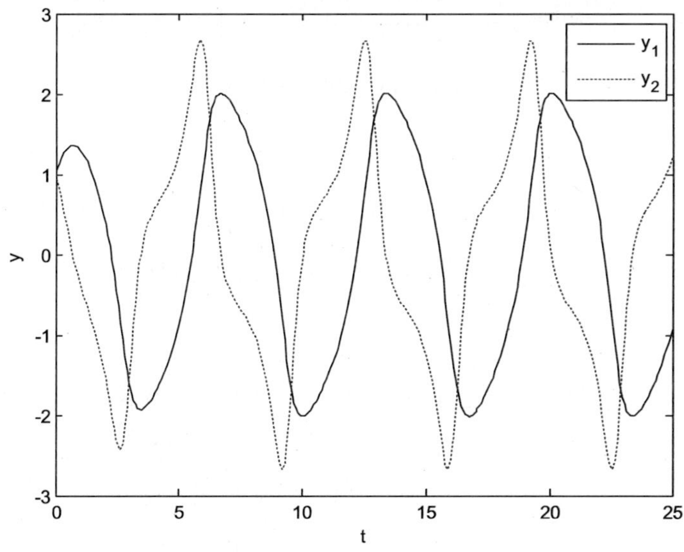


**그림 1.13 van der Pol 방정식의 풀이**

## 보기 35 혼합탱크

그림은 직렬로 연결된 3개의 혼합교반 탱크를 보인 것이다. 물질수지식으로부터

$$\frac{dV_1}{dt} = q_0 + m - q_1, \quad V_1\frac{dx_1}{dt} = q_0(x_0 - x_1) - mx_1,$$

$$V_2\frac{dx_2}{dt} = q_1(x_1 - x_2), \quad V_3\frac{dx_3}{dt} = q_2(x_2 - x_3)$$

를 얻는다. $x_i(i=1,2,3)$는 탱크 내의 용액의 농도$(mol/\ell)$이다. $m=0$으로 유지되다가 어느 순간에 12 $\ell/\text{min}$로 증가하였다. 펌프에 의해 $q_i(i=1,2,3)$는 모두 일정하게 유지된다고 할 때 시간구간 $0 \le t \le 2$에 따른 각 탱크의 농도의 변화를 그래프로 나타내어라. 그림에서 $x_0 = 0.15\ mol/\ell$, $q_0 = 15\ \ell/\text{min}$이며 각 탱크의 초기 부피는 모두 20 $\ell$이다.

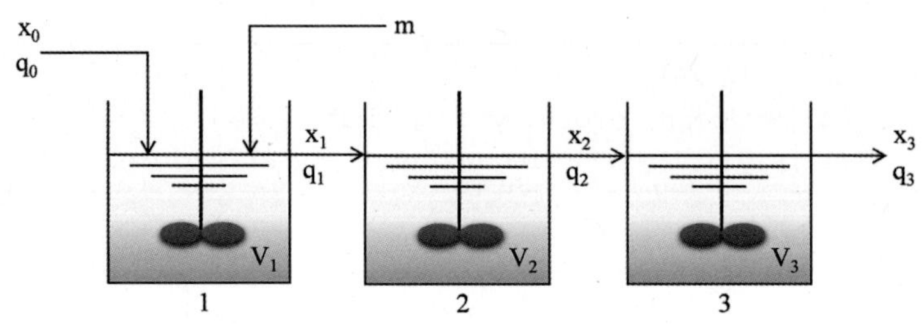


**그림 1.14 연속교반탱크**

**풀이**

$m=0$으로 유지되는 경우 $V_1 = V_2 = V_3 = 20\ \ell$이며 $q_i(i=1,2,3)$는 모두 일정하게 $(q_i = 15\ \ell/\text{min})$ 유지되므로 $m$이 변해도 $V_2$와 $V_2$는 시간과는 무관하게 일정한 값으로 유지된다. 주어진 데이터를 대입하면

$$\frac{dx_1}{dt} = \frac{2.25 - 27x_1}{V_1},\quad \frac{dx_2}{dt} = \frac{15}{20}(x_1 - x_2),\quad \frac{dx_3}{dt} = \frac{15}{20}(x_2 - x_3),\quad \frac{dV_1}{dt} = 12$$

를 얻는다. $y_1 = x_1$, $y_2 = x_2$, $y_3 = x_3$, $y_4 = V_1$로 두면 미분방정식 시스템은 다음과 같이 설정할 수 있다.

```
function dy = cstm(t,y)
dy = [(2.25-27*y(1))./y(4);
   15*(y(1)-y(2))/20;
   15*(y(2)-y(3))/20;
   12];
end
```

명령 창에서 다음과 같이 ode45를 호출하여 미분방정식 시스템을 푼다.

```
>> tspan = [0 2]; y0 = [0.15 0.15 0.15 20];
>> [t y] = ode45(@cstm, tspan, y0);
```

```
>> plot(t,y(:,1),t,y(:,2),'.-',t,y(:,3),':'), xlabel('t(min)'), ylabel('x(t)')
>> legend('x_1', 'x_2', 'x_3')
```

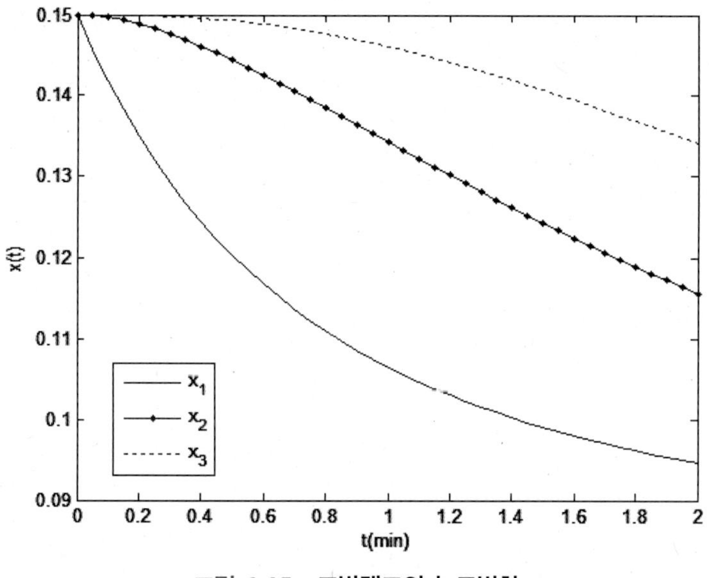


**그림 1.15 교반탱크의 농도변화**

각 탱크로부터의 유출유량이 일정하게 유지되므로 첫 번째 탱크의 액위가 계속 증가하며 따라서 각 탱크의 농도는 시간에 따라 점차적으로 작아진다.

---

## 보기 36 Stiff 미분방정식

기질에서 바이오매스의 성장은 다음과 같은 미분방정식으로 나타낼 수 있다.[6]

$$\frac{dB}{dt} = \frac{kBS}{K+S}, \quad \frac{dS}{dt} = -\frac{0.75kBS}{K+S}$$

위에서 $B$와 $S$는 각각 바이오매스와 기질의 농도이다. $t=0$에서 $S=5$, $B=0.05$일 때 $0 \le t \le 20$의 범위에서 위의 미분방정식 시스템에 대한 해를 구하고 그래프로 나타내어라. $k=0.3$, $K=0.000001$로 한다.

6 Cutlip, M. B. and M. Shacham, Problem Solving in Chemical and Biochemical Engineering with POLYMATH, Excel, and MATLAB, 2nd ed., p. 203, Prentice-Hall, 2008.

**풀이**

이 시스템은 전형적인 stiff 미분방정식 시스템의 보기로서 앞에서 언급한 stiff 미분방정식 풀이 함수들을 이용할 수 있다. 먼저 미분방정식 시스템을 다음과 같이 함수(biom.m)로 정의한다.

```
function dy = biom(t,y,k,K)
% y(1): B, y(2): S
dy = [k*y(1)*y(2)/(K + y(2));
    -0.75*k*y(1)*y(2)/(K + y(2))];
end
```

소모되는 기질($S$)의 농도가 음이 될 수는 없으므로 오차 허용한계를 줄여서($10^{-8}$) 풀이함수에 옵션으로 제공한다. 여기에서는 풀이함수로 ode15s를 이용하기로 한다. ode23s, ode23t, 혹은 ode23tb와 같은 다른 함수를 이용하여도 동일한 결과를 얻는다.

```
>> tspan = [0 20]; y0 = [0.05 5]; k = 0.3; K = 1e-6;
>> options = odeset('RelTol',1e-8,'AbsTol',[1e-8 1e-8]);
>> [t y] = ode15s(@biom, tspan, y0, options,k,K);
>> plot(t,y(:,1),t,y(:,2),':'), xlabel('t(min)'), ylabel('y(t)')
>> legend('B(t)', 'S(t)','location','best')
```

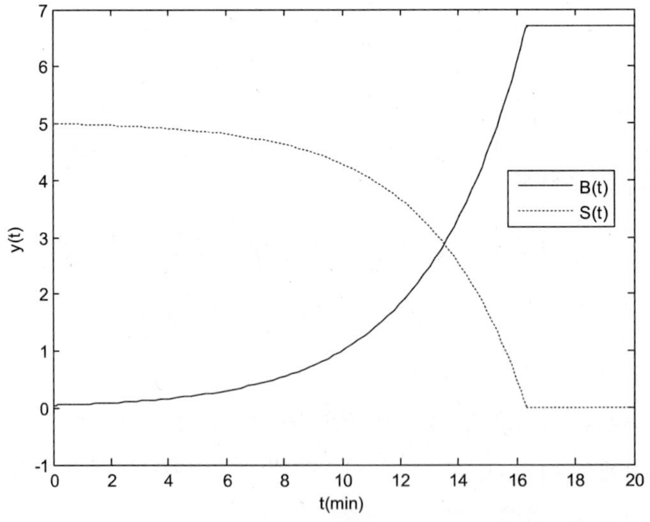


**그림 1.16 기질과 바이오매스의 농도변화**

## 보기 37 유동층 촉매반응기

유동층 촉매반응기에서 비가역 기상반응 $A \rightarrow B$가 진행되고 있다. 이 반응에 대한 물질 및 에너지 수지와 반응속도식은 다음과 같다.[7]

$$\frac{dP}{d\tau} = P_e - P + H_g(P_p - P)$$

$$\frac{dT}{d\tau} = T_e - T + H_T(T_p - T) + H_W(T_W - T)$$

$$\frac{dP_p}{d\tau} = \frac{H_g}{A}\{P - P_p(1+K)\}$$

$$\frac{dT_p}{d\tau} = \frac{H_T}{C}\{(T - T_p) + FKP_p\}$$

$$K = 6 \times 10^{-4} \exp\left(20.7 - \frac{1500}{T_p}\right)$$

위에서 $T$는 반응물의 절대온도($^\circ R$), $P$는 반응물의 분압(기압), $T_p$는 촉매 표면에서의 반응물 온도($^\circ R$), $P_p$는 촉매 표면에서의 반응물의 분압(기압), $K$는 반응속도 상수(무차원), $\tau$는 시간(무차원), 그리고 아래첨자 $e$는 반응기 유입부 조건을 의미한다. 모델식의 파라미터 및 상수들은 다음과 같다.

$$H_g = 320,\ T_e = 600,\ H_T = 266.67,\ H_W = 1.6,\ T_W = 720,\ F = 8000,$$
$$A = 0.17142,\ C = 205.74,\ P_e = 0.1$$

$0 \le \tau \le 1500$의 범위에서 위의 미분방정식 시스템의 해를 구하고 각 종속변수들의 시간에 따른 변화를 그래프로 나타내어라. 초기조건은 $P(0) = 0.1$, $T(0) = 600$, $P_p = 0$, $T_p = 761$이다.

**풀이**

먼저 다음과 같이 모델식을 정의하는 함수(catfb.m)를 작성한다.

---

7 Aiken, R. C. and Lapidus, L., "An Effective Integration Method for Typical Stiff Systems," *AIChE J.*, 20(2), p. 368 (1974).

```
function dy = catfb(t,y,g)
% catfb.m: 유동층 촉매반응기 모델
% y(1): P, y(2): T, y(3): Pp, y(4): Tp
A = g.A; C = g.C; F = g.F; Hg = g.Hg; Ht = g.Ht; Hw = g.Hw;
Pe = g.Pe; Te = g.Te; Tw = g.Tw;
K = 6e-4 * exp(20.7 - 15000/y(4));
dy = [Pe - y(1) + Hg*(y(3) - y(1));
    Te - y(2) + Ht*(y(4) - y(2)) + Hw*(Tw - y(2));
    Hg*(y(1) - y(3)*(1 + K))/A;
    Ht*((y(2) - y(4)) + F*K*y(3))/C];
end
```

이 시스템은 Stiff 시스템이며 따라서 내장함수 ode15s를 이용한다. 주어진 파라미터 및 상수들은 구조체(g)로 제공한다.

```
>> g.A=0.17142; g.C=205.74; g.F=8000; g.Hg=320; g.Ht=266.67; g.Hw=1.6;
>> g.Pe=0.1; g.Te=600; g.Tw=720;
>> tspan = [0 1500]; Yinit = [0.1 600 0 761];
>> options = odeset('RelTol',1e-8,'AbsTol',[1e-8 1e-8 1e-8 1e-8]);
>> [t Y] = ode15s(@catfb, tspan, Yinit,options,g);
>> figure(1), plot(t,Y(:,1),t,Y(:,3),':'), xlabel('\tau'),
   ylabel('Press.'), legend('P','P_p')
>> figure(2), plot(t,Y(:,2),t,Y(:,4),':'), xlabel('\tau'),
   ylabel('Temp.'), legend('T','T_p')
```

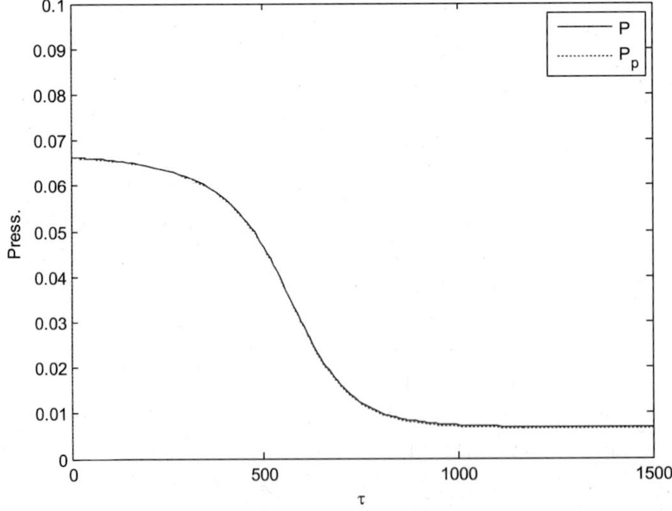


**그림 1.17 압력변화**

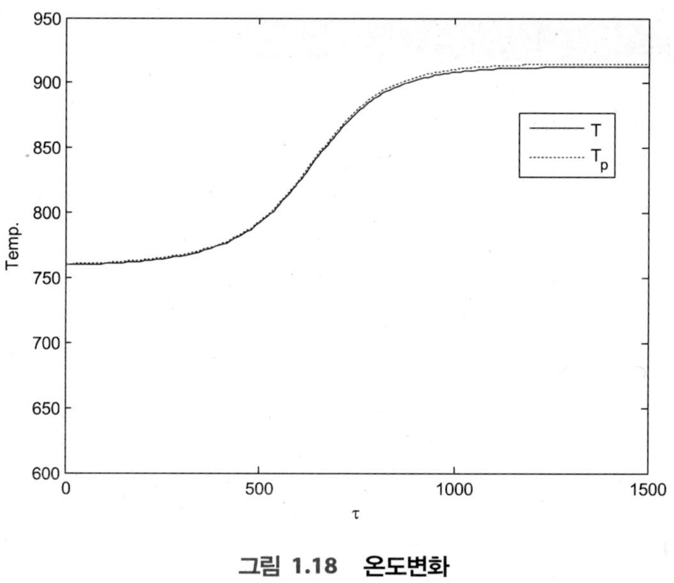


**그림 1.18 온도변화**

## 경계치 문제

함수 bvp4c를 이용하여 경계치 문제를 풀 수 있다. 이 함수를 이용하는 절차는 4단계로 구분할 수 있다. 종속변수를 $y$, 독립변수 $x$의 구간을 $[a\ b]$라고 하자.

**단계 1**: 미분방정식 시스템을 1차 미분방정식 시스템으로 변환시킨 다음 함수(예: bcprob.m)로 저장한다.

**단계 2**: 경계조건을 $f(y(a),\ y(b))=0$의 형태로 정리하고 함수(예: bcval.m)로 저장한다.

**단계 3**: 종속변수 $y$의 초기 가정값을 설정한다. 이 경우 독립변수 구간 $[a\ b]$ 내의 다수의 점들에서 $y$의 값을 가정한다(예: initsol).

**단계 4**: 위에서 정의한 함수들과 해의 가정값을 이용하여 함수 bvp4c를 호출한다.

함수 bvp4c를 호출하면 result=bvp4c(@bcprob, @bcval, initsol)와 같이 결과가 구조체 변수로 얻어지는데 이 구조체는 다음과 같은 필드를 갖는다.

**표 1.23 구조체 필드**

| 필드 | 의미 |
|---|---|
| result.x | bvp4c에서 선택한 독립변수 값 |
| result.y | x에서의 y값 |
| result.yp | x에서의 y의 1차미분 값 |
| result.stats | 계산부하 통계치 |
| result.solver | bvp4c를 의미 |

함수 bvp4c를 이용하는 예로서 경계치 문제

$$y'' + |y| = 0,\quad y(0) = 0,\ y(4) = -2$$

를 풀어보기로 한다.[8]

**단계 1**: 먼저 2차미분 방정식을 1차미분방정식 시스템으로 변환시킨다. 이를 위하여 $z_1 = y,\ z_2 = y'$로 두면

$$z_1' = y' = z_2,\quad z_2' = y'' = -|y| = -|z_1|$$

이를 함수(zode.m)로 작성한다.

```
function dz = zode(x,z)
dz = [z(2); -abs(z(1))];
```

**단계 2**: 경계조건을 다시 쓰면 $y(0) = 0,\ y(4) + 2 = 0$, 혹은 $z_1(0) = 0,\ z_1(4) + 2 = 0$와 같다. 정리한 경계조건을 함수(zobc.m)로 작성한다.

```
function res = zobc(za,zb)
res = [za(1); zb(1)+2];
```

**단계 3**: 독립변수 x의 구간은 $x = [a\ \ b] = [0\ \ 4]$이다. 이 구간을 10등분하고 각 점에서 종속변수 $y$의 초기 가정값을 설정한다. 여기에서는 $z_1(x) = y(x) = 1$, $z_2(x) = y'(x) = 0$이라고 하자(즉 $[z_1\, z_2] = [1\ \ 0]$). 이는 다음과 같이 나타낼 수 있다.

```
zinit = bvpinit(linspace(0,4,10),[1 0]);
```

8 http://www.mathworks.co.kr/kr/help/matlab/ref/bvp4c.html.

**단계 4**: 다음과 같이 함수 bvp4c를 호출한다.

```
sol = bvp4c(@zode,@zobc,zinit);
```

얻어진 결과는 다음과 같이 그래프로 나타내어 볼 수 있다.

```
x=linspace(0,4,100);  y=deval(sol,x);  plot(x,y(1,:))
```

얻어진 해 sol은 다음과 같은 구조체이다.

```
sol =
    solver: 'bvp4c'
         x: [1x20 double]
         y: [2x20 double]
        yp: [2x20 double]
     stats: [1x1 struct]
```

## 보기 38 경계치 문제의 풀이

다음 방정식의 해를 구하여 보자.

$$x^2\frac{d^2y}{dx^2}-6y=0$$

$x$의 범위는 $1 \le x \le 2$이며 경계조건은 $y(1)=1,\ y(2)=1$이다.

**풀이**

주어진 방정식은 $\frac{d^2y}{dx^2}-\frac{6y}{x^2}=0$와 같이 쓸 수 있다. 따라서 $z_1=y,\ z_2=\frac{dy}{dx}$로 두면

$$\frac{dz_1}{dx}=z_2,\quad \frac{dz_2}{dx}=\frac{6z_1}{x^2}$$

$z_1(1)=y(1)=1,\ z_1(2)=y(2)=1$임을 알 수 있다.

**단계 1**: $z_1{}'=z_2,\ z_2{}'=\frac{6z_1}{x}$를 정의하는 함수를 작성한다(함수 이름을 bcprob라고 하자).

```
function deset = bcprob(x,z)
deset = [z(2); 6*z(1)./x.^2];
end
```

**단계 2**: 경계조건을 다시 정리한다. $y(1)=1$, $y(2)=1$로부터 $y(1)-1=0$, $y(2)-1=0$. 즉 $z_1(1)-1=0$, $z_1(2)-1=0$. $a=1$에서의 경계조건 값을 $z_1(1)=z_1(a)=za$, $b=2$에서의 경계조건 값을 $z_1(2)=z_1(b)=zb$라고 두면 경계조건 함수는 다음과 같이 작성할 수 있다.

```
function bcset = bcval(za,zb)
bcset = [za(1)-1; zb(1)-1];
end
```

**단계 3**: 먼저 구간 $[a\ b]=[1\ 2]$를 10등분하였다고 하고 모든 구간점에서 종속변수 $y$는 1로서 일정하다고 가정한다. 즉 구간 $[1\ 2]$에서 $z_1(x)=1$, $z_2(x)=z_1'=0$이므로 가정한 초기 해는 $[z_1(x)\ z_2(x)]=[1\ 0]$로 쓸 수 있다. 이를 다음과 같이 나타낸다.

```
>> initsol = bvpinit(linspace(1,2,10), [1 0]);
```

**단계 4**: 함수 bvp4c를 다음과 같이 호출한다.

```
>> res = bvp4c(@bcprob, @bcval, initsol);
```

bvp4c 함수의 수행결과는 다음과 같다.

```
>> initsol = bvpinit(linspace(1,2,10), [1 0]);
>> res = bvp4c(@bcprob, @bcval, initsol);
>> x = linspace(1,2);
>> y = deval(res,x);
>> plot(x,y(1,:))
```

위에서 deval(res,x)는 얻어진 해 res의 x에서의 값을 계산하여 준다. 해를 나타내는 구조체 res는 다음과 같다.

```
>> res
res =
   solver: 'bvp4c'
        x: [1 1.1111 1.2222 1.3333 1.4444 1.5556 1.6667 1.7778 1.8889 2]
        y: [2x10 double]
       yp: [2x10 double]
    stats: [1x1 struct]
```

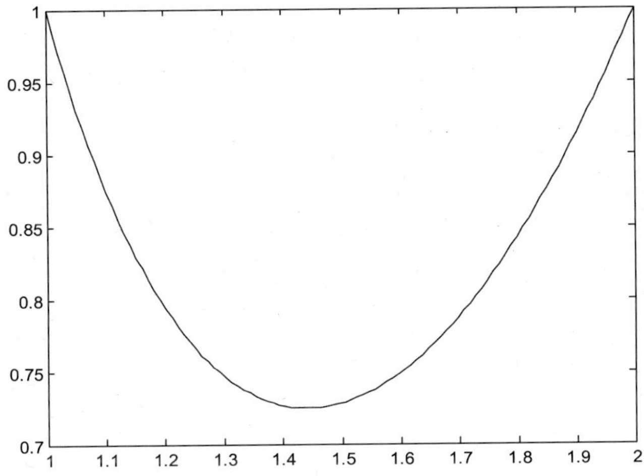


**그림 1.19 bvp4c 함수를 이용한 경계치 문제의 풀이**

# 1.8 편미분 방정식

## 편미분 방정식의 분류

편미분 방정식들은 차수, 선형성, 그리고 경계조건들에 따라 분류할 수 있다.

**차수에 따른 분류:**

**1차**: $\dfrac{\partial u}{\partial x} - \alpha \dfrac{\partial u}{\partial y} = 0$

**2차**: $\dfrac{\partial^2 u}{\partial x^2} + u \dfrac{\partial u}{\partial y} = 0$

**3차**: $\left( \dfrac{\partial^3 u}{\partial x^3} \right)^2 + \dfrac{\partial^2 u}{\partial x \partial y} + \dfrac{\partial u}{\partial y} = 0$

**선형성에 따른 분류**: $a(\cdot)\dfrac{\partial^2 u}{\partial y^2} + 2b(\cdot)\dfrac{\partial^2 u}{\partial x \partial y} + c(\cdot)\dfrac{\partial^2 u}{\partial x^2} + d(\cdot) = 0$ 에서

**linear**: 계수들이 상수이거나 독립변수만의 함수인 경우

**quasilinear**: 계수들이 종속변수의 함수

**nonlinear**: 계수들이 식의 차수와 같은 미분항들의 함수

**선형2차 편미분 방정식의 분류**: $a\dfrac{\partial^2 u}{\partial y^2}+2b\dfrac{\partial^2 u}{\partial x\partial y}+c\dfrac{\partial^2 u}{\partial x^2}+d\dfrac{\partial u}{\partial x}+e\dfrac{\partial u}{\partial y}+fu+g=0$에서

**elliptic**: $b^2-ac<0$ (보기: Laplace 방정식 $\dfrac{\partial^2 u}{\partial x^2}+\dfrac{\partial^2 u}{\partial y^2}=0$)

**parabolic**: $b^2-ac=0$ (보기: 열전도, 혹은 확산식 $\alpha\dfrac{\partial^2 u}{\partial x^2}=\dfrac{\partial u}{\partial t}$)

**hyperbolic**: $b^2-ac>0$ (보기: 파동(wave) 방정식 $a^2\dfrac{\partial^2 u}{\partial x^2}=\dfrac{\partial^2 u}{\partial t^2}$)

## 초기 및 경계조건

1차원 비정상상태 열전도는

$$\alpha\frac{\partial^2 T}{\partial x^2}=\frac{\partial T}{\partial t}$$

로 주어진다. 초기 및 경계조건들은 3가지로 분류할 수 있다.

**Dirichlet 조건(1st kind)**: 고정된 독립변수에서 종속변수 값이 주어지는 경우이다. 예를 들면

$$T=f(x)\quad (t=0,\ 0\le x\le 1)$$

혹은

$$T=T_0\quad (t=0,\ 0\le x\le 1)$$

경계조건은

$$T=f(t)\quad (x=0,\ t>0),\qquad T=T_1\quad (x=1,\ t>0)$$

**Neumann 조건(2nd kind)**: 종속변수의 미분이 상수, 혹은 독립변수의 함수로 주어진다. 예를 들면

$$\frac{\partial T}{\partial x}=0\quad (x=1,\ t\ge 0)$$

**Cauchy 조건**: Dirichlet 조건과 Neumann 조건이 조합된 형태이다.

**Robbins 조건(3rd kind)**: 종속변수의 미분이 종속변수 자체의 함수로 주어지는 경우이다. 예를 들면

$$k\frac{\partial T}{\partial x}=h(T-T_f)\quad (x=0,\ t\ge 0)$$

## pdepe 함수를 이용한 1차 parabolic/elliptic 편미분 방정식의 풀이

함수 pdepe는 $t_0 \le t \le t_f,\ a \le x \le b$ 범위에서

$$g\left(x,t,u,\frac{\partial u}{\partial x}\right)\frac{\partial u}{\partial t}=x^{-m}\frac{\partial}{\partial x}\left(x^m f\left(x,t,u,\frac{\partial u}{\partial x}\right)\right)+r\left(x,t,u,\frac{\partial u}{\partial x}\right)$$

형태의 1차 parabolic/elliptic 편미분 방정식의 해를 구하여 준다.

위에서 $f\left(x,t,u,\frac{\partial u}{\partial x}\right)$는 플럭스 항이고 $r\left(x,t,u,\frac{\partial u}{\partial x}\right)$은 소스 항이며 $g\left(x,t,u,\frac{\partial u}{\partial x}\right)$는 대각행렬이다. $m$은 대칭을 이루는 형태를 나타내는데 $m=0$이면 슬랩(slab) 형태, $m=1$이면 실린더 형태, 그리고 $m=2$이면 구형을 의미한다.

초기조건은 $t=t_0$에서

$$u(x,t_0)=u_0(x)$$

로 주어지며 경계조건은 $x=a$, 혹은 $x=b$에서

$$p(x,t,u)+q(x,t)f\left(x,t,u,\frac{\partial u}{\partial x}\right)=0$$

으로 주어진다.

함수 pdepe를 이용한 방정식의 풀이는 주어진 문제에 적합한 방정식 형태와 초기조건 및 경계조건의 형태를 결정하는 4가지 단계들로 이루어진다.

**단계 1**: 편미분 방정식 시스템을 설정한다. 주어진 문제로부터 $m$, $g$, $f$, 그리고 $r$의 형태를 결정하여 함수로 정의한다(함수 이름을 pdeeq.m이라고 하자).

**단계 2**: 초기조건을 설정한다. 주어진 조건에 따라 $t=t_0$에서 $u(x,t_0)=u_0(x)$의 형태를 설정하고 함수로 정의한다(함수 이름을 pdeic.m이라고 하자).

**단계 3**: 경계조건을 설정한다. 주어진 조건에 따라 $x=a$, 혹은 $x=b$에서 $p(x,t,u)+$

$q(x,t)f\left(x,t,u,\dfrac{\partial u}{\partial x}\right)=0$에서의 $p$, $q$ 및 $f$의 형태를 설정하고 함수로 정의한다 (함수 이름을 pdebc.m이라고 하자).

**단계 4**: 다음과 같이 함수 pdepe를 호출한다.

```
sol = pdepe(m, @pdeeq, @pdeic, @pdebc, x ,t)
```

## 보기 39 1차원 parabolic PDE

시간에 따른 벽의 온도분포 $u(x,t)$는

$$\frac{\partial u}{\partial t}=\alpha\frac{\partial^2 u}{\partial x^2}$$

로 나타낼 수 있다. 벽돌로 이루어진 벽의 두께는 1 m이고 $t=0$일 때 벽의 온도는 90℃로 균일하게 유지되고 있다. 어느 순간에 벽 양 쪽면의 온도가 15℃로 떨어졌다. 앞으로 6시간(21,600초) 동안의 온도분포를 구하고 그래프로 나타내어 보라. 벽돌의 경우 $\alpha=4.8\times10^{-7}\ m/s^2$이다.

### 풀이

**단계 1**: 주어진 식으로부터 $\dfrac{1}{\alpha}\dfrac{\partial u}{\partial t}=\dfrac{\partial^2 u}{\partial x^2}$. 따라서 $m=0$, $g=\dfrac{1}{\alpha}$, $f=\dfrac{\partial u}{\partial x}$, $r=0$임을 알 수 있다. 다음과 같이 $g$, $f$, $r$을 함수로 정의한다.

```
function [g,f,r] = pdeTde(x,t,u,DuDx)
alpha = 4.8e-7;
g = 1/alpha;
f = DuDx;
r = 0;
end
```

**단계 2**: 초기조건을 설정한다. $t=0$일 때 벽의 온도는 90℃이므로 $u(x,t_0)=u(x,0)=u_0(x)=90$. 이를 다음과 같이 함수로 정의한다.

```
function u0 = pdeTic(x)
u0 = 90;
```

```
end
```

**단계 3**: 경계조건 $p(x,t,u)+q(x,t)f\left(x,t,u,\dfrac{\partial u}{\partial x}\right)=0$을 설정한다. 벽의 양 쪽 경계면에서의 온도는 15℃로 일정하므로 $x=0$에서 $p=pl=ul-15$, $q=ql=0$이며 $x=1$에서는 $p=pr=ur-15$, $q=qr=0$이다. 이를 다음과 같이 함수로 정의한다.

```
function [pl,ql,pr,qr] = pdeTbc(xl,ul,xr,ur,t)
pl = ul-15;
ql = 0;
pr = ur-15;
qr = 0;
end
```

**단계 4**: $x$와 $t$의 구간을 설정하고 함수 pdepe를 호출한다. $x$는 20개의 소구간으로 나누고 시간 $t$는 108개의 구간으로 나누었다고 하자. 수행결과는 다음과 같다.

```
>> m = 0; x = linspace(0,1,20);
>> t = linspace(0,21600,54);
>> sol = pdepe(m,@pdeTde,@pdeTic,@pdeTbc,x,t);
>> T = sol(:,:,1);
>> surf(x,t,T)
>> xlabel('x'), ylabel('t(sec)'), zlabel('T(deg C)')
```

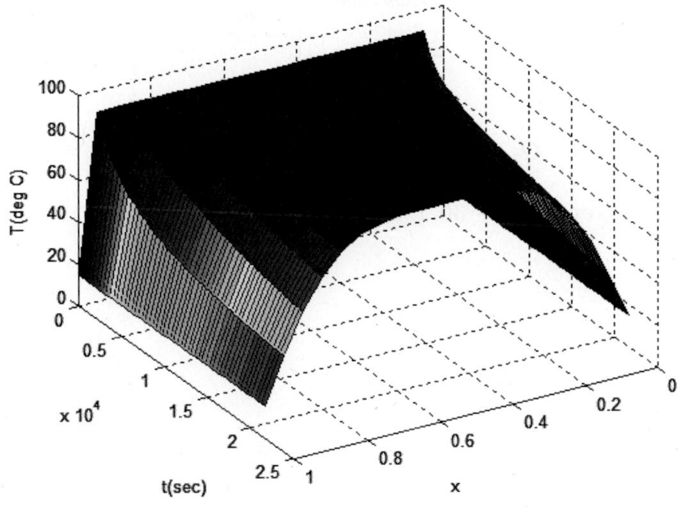


**그림 1.20 벽의 시간에 따른 1차원 온도분포**

## 연습문제

1. 광합성 반응에서는 물과 이산화탄소가 반응하여 산소와 포도당이 생성된다. 이 반응은

$$x_1 CO_2 + x_2 H_2O \rightarrow x_3 O_2 + x_4 C_6H_{12}O_6$$

로 나타낼 수 있다. 반응식의 계수 $x_1$, $x_2$, $x_3$, $x_4$를 구하고자 한다. 계수의 계산을 위해서는 각 원자들에 대한 수지를 고려한다.

탄소, 수소, 산소 원자들에 대한 수지 식을 세워보라. 계수 $x_1$, $x_2$, $x_3$, $x_4$를 구할 수 있는가? 해를 얻을 수 없는 경우 어떤 조건에서 해가 존재할 수 있는가?

2. 그림에 보인 4개의 반응기들은 파이프들로 연결되어 있으며 흐름의 방향은 화살표로 나타내어져 있다. 반응탱크에서 유체의 전달속도는 유량(Q, $\ell/\mathrm{sec}$)과 농도(C, $g/\ell$)의 곱으로 주어진다. 유입유량이 유출유량과 같을 때 물질수지식을 세우고 각 반응탱크에서의 유체의 농도를 구하여라.

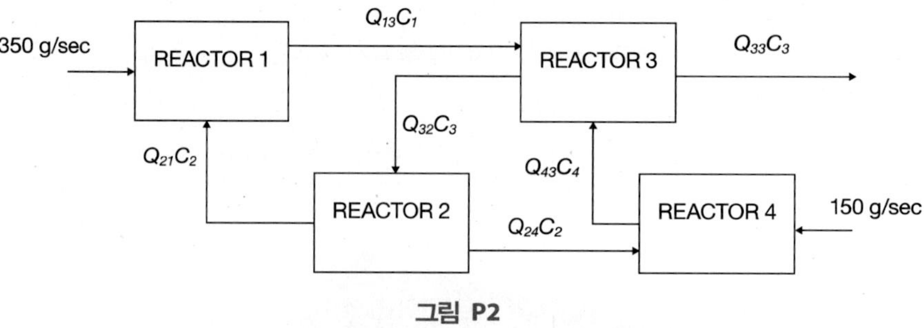


그림 P2

$Q_{13} = 75\ l/\mathrm{sec}$, $Q_{24} = 20\ l/\mathrm{sec}$, $Q_{33} = 60\ l/\mathrm{sec}$, $Q_{21} = 25\ l/\mathrm{sec}$,

$Q_{32} = 45\ l/\mathrm{sec}$, $Q_{43} = 30\ l/\mathrm{sec}$

**3.** 그림에 보인 증류공정[9]으로부터 벤젠과 톨루엔, 스티렌, 그리고 p-크실렌이 분리된다. 그림에서 $D_1$, $D_2$, $B_1$, 그리고 $B_2$는 각각 몇 $kg\,mol/\mathrm{min}$인가?

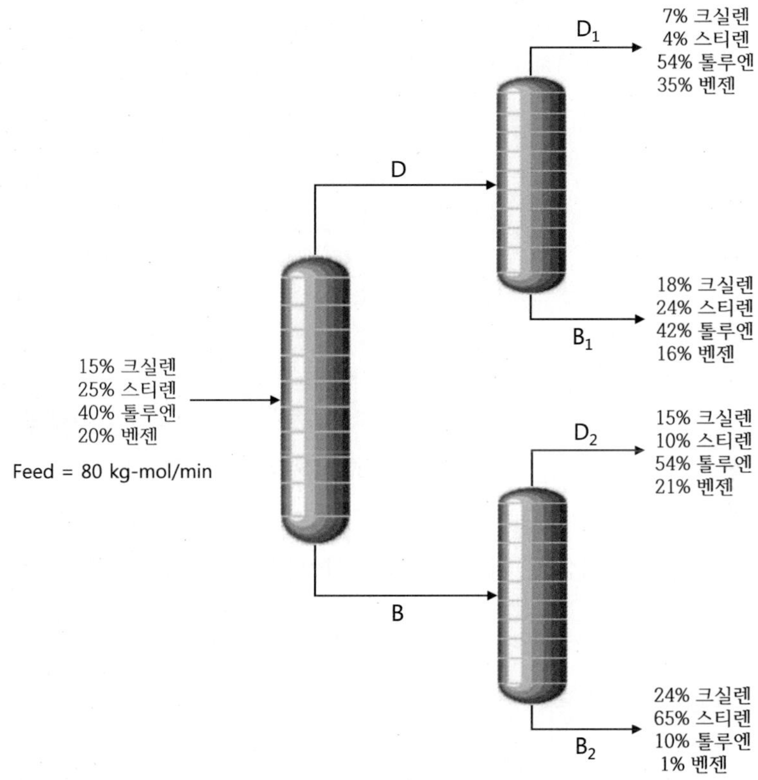


**그림 P3**

9 Cutlip, M. B. and M. Shacham, Problem Solving in Chemical and Biochemical Engineering with POLYMATH, Excel, and MATLAB, 2nd ed., p. 23-24, Prentice-Hall, 2008.

**4.** 그림에 보인 평평한 정사각형 판에서 각 변들은 200℃ 및 500℃의 일정한 온도로 유지되고 있다. 각 내부 노드들의 온도(즉 $T_7 - T_9$, $T_{12} - T_{14}$, $T_{17} - T_{19}$)를 구하여라.

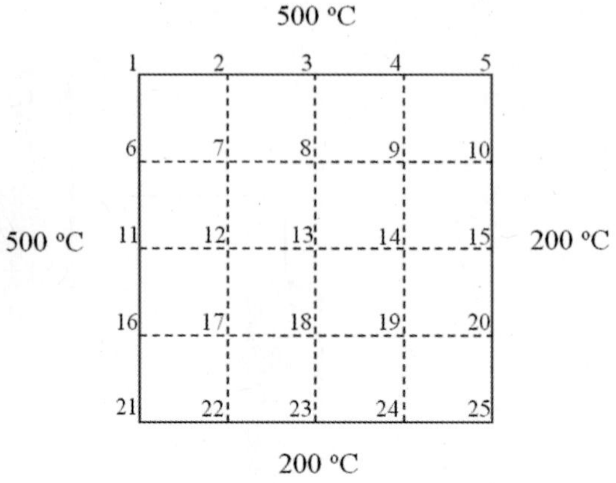


**그림 P4 평평한 정사각형 금속판의 온도**

**5.** n-펜탄(A)과 n-헥산(B)의 증기압(mmHg)은 각각 다음과 같은 Antoine 식으로부터 얻을 수 있다(T:℃)[10]:

$$\log P_A = 6.85221 - \frac{1064.63}{T + 232.0}, \quad \log P_B = 6.87776 - \frac{1171.53}{T + 224.366}$$

(1) 1 기압에서 10 mol % n-펜탄과 90 mol % n-헥산 혼합물의 액상 조성의 기포점 온도와 기상 평형조성을 구하여라.

(2) n-펜탄의 조성이 0 mol %에서 100 mol %까지 변할 때 기포점 온도 및 기상 평형조성을 n-펜탄의 mol %의 함수에 따른 그래프로 나타내어라.

**6.** 다음은 어느 온도와 압력에서 기상과 액상에서의 벤젠의 몰분율이다. 이로부터 벤젠-톨루엔 평형관계를 가장 잘 나타내어 주는 다항식 곡선을 구하여라.

**표 P6 벤젠의 몰분율**

| $x$ | 0.0 | 0.1 | 0.2 | 0.3 | 0.4 | 0.5 | 0.6 | 0.7 | 0.8 | 0.9 | 1.0 |
|---|---|---|---|---|---|---|---|---|---|---|---|
| $y$ | 0.000 | 0.211 | 0.378 | 0.512 | 0.623 | 0.714 | 0.791 | 0.856 | 0.911 | 0.959 | 1.000 |

10 Cutlip, M. B. and M. Shacham, Problem Solving in Chemical and Biochemical Engineering with POLYMATH, Excel, and MATLAB, 2nd ed., p. 41, Prentice-Hall, 2008.

**7.** 다음은 온도 $T(K)$에 따른 프로판 기체의 열용량 $C_p(kJ/(kg \cdot mol \cdot K))$이다.[11] $C_p$를 $T$의 다항식으로 접합시켜 보라. 몇 차의 다항식이 프로판의 $C_p$를 가장 잘 나타내어 주는가?

**표 P7 프로판 기체의 열용량**

| $T$ | $C_p$ | $T$ | $C_p$ |
|---|---|---|---|
| 50 | 34.06 | 600 | 128.70 |
| 100 | 41.30 | 700 | 142.67 |
| 150 | 48.79 | 800 | 154.77 |
| 200 | 56.07 | 900 | 163.35 |
| 273.15 | 68.74 | 1000 | 174.60 |
| 298.15 | 73.60 | 1100 | 182.67 |
| 300 | 73.93 | 1200 | 189.74 |
| 400 | 94.01 | 1300 | 195.85 |
| 500 | 112.59 | 1400 | 201.21 |

**8.** 2성분계의 활동도 계수를 나타내는 Margules 식은

$$\ln\gamma_1 = x_2^2(2B-A) + 2x_2^3(A-B), \quad \ln\gamma_2 = x_1^2(2A-B) + 2x_1^3(B-A)$$

와 같다. 특정 2성분계 혼합물에서 파라미터 $A$와 $B$는 일정하다. 다음 표에 주어진 벤젠(1)과 n-헵탄(2) 2성분계의 활동도 계수를 이용하여 파라미터 $A$와 $B$를 추정하여라.

**표 P8 벤젠과 n-헵탄 2성분계의 활동도 계수**

| $x_1$ | $\gamma_1$ | $\gamma_2$ |
|---|---|---|
| 0.0464 | 1.2968 | 0.9985 |
| 0.0861 | 1.2798 | 0.9998 |
| 0.2004 | 1.2358 | 1.0068 |
| 0.2792 | 1.1988 | 1.0159 |
| 0.3842 | 1.1598 | 1.0359 |
| 0.4857 | 1.1196 | 1.0676 |
| 0.5824 | 1.0838 | 1.1096 |
| 0.6904 | 1.0538 | 1.1664 |
| 0.7842 | 1.0311 | 1.2401 |
| 0.8972 | 1.0078 | 1.4038 |

11 Cutlip, M. B. and M. Shacham, Problem Solving in Chemical and Biochemical Engineering with POLYMATH, Excel, and MATLAB, 2nd ed., p. 685, Prentice-Hall, 2008.

**9.** 2성분계의 활동도 계수를 나타내는 Van Laar식은

$$\ln\gamma_1 = \frac{A}{\left(1+\dfrac{x_1}{x_2}\dfrac{A}{B}\right)^2}, \quad \ln\gamma_2 = \frac{B}{\left(1+\dfrac{x_2}{x_1}\dfrac{B}{A}\right)^2}$$

와 같다. 이들 관계로부터 Gibbs 에너지는 다음과 같이 나타낼 수 있다.

$$g = \frac{G_E}{RT} = x_1\ln\gamma_1 + x_2\ln\gamma_2 = \frac{ABx_1x_2}{Ax_1 + Bx_2}$$

특정 2성분계 혼합물에서 파라미터 $A$와 $B$는 일정하다. 연습문제 8의 표 P8에 주어진 벤젠 (1)과 n-헵탄 (2) 2성분계의 활동도 계수를 이용하여 파라미터 $A$와 $B$를 추정하여라.

**10.** 다음은 온도 $T(K)$에 따른 벤젠의 증기압 $P(Pa)$를 나타낸 표[12]이다. 벤젠의 증기압을 Clapeyron식

$$\log P = A + \frac{B}{T}$$

로 나타낼 수 있다고 할 때 주어진 데이터로부터 $A$와 $B$를 구하여라.

**표 P10 벤젠의 증기압**

| $T(K)$ | $P(Pa)$ |
|---|---|
| 302.39 | 15388.0 |
| 318.69 | 30464.0 |
| 330.54 | 47571.0 |
| 338.94 | 63815.0 |
| 346.24 | 81275.0 |
| 353.47 | 102040.0 |
| 358.87 | 120140.0 |

12 Cutlip, M. B. and M. Shacham, Problem Solving in Chemical and Biochemical Engineering with POLYMATH, Excel, and MATLAB, 2nd ed., p. 25, Prentice-Hall, 2008.

**11.** 다음과 같은 Wagner 식은 삼중점과 임계점 사이에서 증기압을 근사하는 식으로 널리 이용된다.

$$\ln P_r = \frac{1}{T_r}\left(a_1\tau + a_2\tau^{1.5} + a_3\tau^3 + a_4\tau^6\right)$$

위에서 $T_r = \frac{T}{T_c}$, $P_r = \frac{P}{P_c}$, $\tau = 1 - T_r$이며 에탄의 경우 $T_c = 305.32K$, $P_c = 4.872 \times 10^6 Pa$이다. 다음 표는 온도(K)에 따른 에탄의 증기압을 보인 것이다.[13] 에탄의 증기압을 근사하는 Wagner 식을 구하여 보라.

**표 P11 에탄의 증기압**

| $T(K)$ | $10^{-4}P(Pa)$ | $T(K)$ | $10^{-4}P(Pa)$ |
|---|---|---|---|
| 92 | 0.00017 | 230 | 70.0000 |
| 100 | 0.0011 | 240 | 96.7000 |
| 110 | 0.0075 | 250 | 130.1000 |
| 120 | 0.0350 | 260 | 171.2000 |
| 130 | 0.1300 | 270 | 221.0000 |
| 140 | 0.3800 | 276 | 255.5000 |
| 150 | 0.9700 | 280 | 280.6000 |
| 158 | 1.8000 | 284 | 307.5000 |
| 170 | 4.3000 | 288 | 336.3000 |
| 180 | 7.9000 | 290 | 351.4000 |
| 192 | 14.9000 | 294 | 383.4000 |
| 200 | 21.7000 | 298 | 417.6000 |
| 210 | 33.4000 | 300 | 435.6000 |
| 220 | 49.2000 | 302 | 454.3000 |

13 Cutlip, M. B. and M. Shacham, Problem Solving in Chemical and Biochemical Engineering with POLYMATH, Excel, and MATLAB, 2nd ed., p. 707, Prentice-Hall, 2008.

**12.** 다음은 온도 $T(K)$에 따른 프로판 기체의 열 전도도 $k(W/(m \cdot K))$이다.[14] $k$는 온도 $T(K)$의 비선형 함수로서 $k = cT^n$ ($c$, $n$: 파라미터)로 나타낼 수 있는 것으로 알려져 있다. $c$와 $n$의 값을 추정하여 보라.

**표 P12 프로판 기체의 열 전도도**

| $T$ | $k$ | $T$ | $k$ |
|---|---|---|---|
| 231.07 | 0.0114 | 400 | 0.0306 |
| 240 | 0.0121 | 420 | 0.0334 |
| 260 | 0.0139 | 440 | 0.0363 |
| 280 | 0.0159 | 460 | 0.0393 |
| 300 | 0.0180 | 480 | 0.0424 |
| 320 | 0.0202 | 500 | 0.0455 |
| 340 | 0.0226 | 520 | 0.0487 |
| 360 | 0.0252 | 540 | 0.0520 |
| 380 | 0.0278 | 560 | 0.0553 |

**13.** 다음은 온도 $T(K)$에 따른 프로판의 기화열 $\Delta H_v(J/kmol)$ 자료이다.[15] $\Delta H_v$는 온도 $T(K)$의 비선형 함수로서 $\Delta H_v = A(T_c - T)^n$ (프로판의 경우 $T_c = 369.83K$, $A$: 파라미터)로 나타낼 수 있는 것으로 알려져 있다. $A$와 $n$의 값을 추정하여 보라.

**표 P13. 프로판의 기화열**

| $T$ | $10^{-7}\Delta H_v$ | $T$ | $10^{-7}\Delta H_v$ |
|---|---|---|---|
| 90 | 2.46 | 220 | 1.93 |
| 100 | 2.42 | 231.07 | 1.88 |
| 110 | 2.37 | 240 | 1.83 |
| 120 | 2.33 | 250 | 1.78 |
| 130 | 2.29 | 260 | 1.73 |
| 140 | 2.25 | 270 | 1.67 |
| 150 | 2.21 | 280 | 1.61 |
| 160 | 2.17 | 290 | 1.54 |
| 170 | 2.13 | 300 | 1.46 |
| 180 | 2.09 | 310 | 1.38 |
| 190 | 2.05 | 320 | 1.28 |
| 200 | 2.01 | 330 | 1.18 |
| 210 | 1.97 | 340 | 1.05 |

14 Cutlip, M. B. and M. Shacham, Problem Solving in Chemical and Biochemical Engineering with POLYMATH, Excel, and MATLAB, 2nd ed., p. 685, Prentice-Hall, 2008.

15 Cutlip, M. B. and M. Shacham, Problem Solving in Chemical and Biochemical Engineering with POLYMATH, Excel, and MATLAB, 2nd ed., p. 686, Prentice-Hall, 2008.

**14.** 메탄과 수증기의 가역 촉매개질 반응의 반응속도를 나타내는 모델식으로서 촉매 표면에 메탄이 흡착되는 경우를 감안한 모델(모델 1)과 촉매에서의 흡착을 고려하지 않은 간단한 모델(모델 2)이 제안되었다.[16]

$$CH_4 + 2H_2O \leftrightarrow CO_2 + 4H_2$$

모델 1: $r_{CO_2} = k_s K_{CH_4}\left(P_{CH_4}P_{H_2O}^2 - \dfrac{P_{CO_2}P_{H_2}^4}{K_P}\right)\dfrac{1}{1+K_{CH_4}P_{CH_4}}$

모델 2: $r_{CO_2} = k_1\left(P_{CH_4}P_{H_2O}^2 - \dfrac{P_{CO_2}P_{H_2}^4}{K_P}\right)$

위에서 $K_P = 5.051\times 10^{-5} atm^2$ 이다. 350℃ 에서의 반응실험 데이터는 다음 표에 보인 바와 같다.

(1) 모델 1과 2의 파라미터 $k_s$, $K_{CH_4}$ 및 $k_1$을 추정하여 보라.

(2) 어느 모델이 실험 데이터를 더 잘 나타내는지 그래프를 통하여 비교하여 보라.

**표 P14. 메탄과 수증기의 반응실험 데이터**

| n | $r_{CO_2}\times 10^3$ $(gmol/hr/gr)$ | 분압(atm) | | | |
|---|---|---|---|---|---|
| | | $CH_4$ | $H_2O$ | $CO_2$ | $H_2$ |
| 1 | 0.13717 | 0.06298 | 0.23818 | 0.00420 | 0.01669 |
| 2 | 0.15584 | 0.03748 | 0.26315 | 0.00467 | 0.01686 |
| 3 | 0.20028 | 0.05178 | 0.29557 | 0.00542 | 0.02079 |
| 4 | 0.05700 | 0.04978 | 0.23239 | 0.00177 | 0.07865 |
| 5 | 0.20150 | 0.04809 | 0.29491 | 0.00655 | 0.02464 |
| 6 | 0.07887 | 0.03849 | 0.24171 | 0.00184 | 0.06873 |
| 7 | 0.14983 | 0.03886 | 0.26048 | 0.00381 | 0.01480 |
| 8 | 0.15988 | 0.05230 | 0.26286 | 0.05719 | 0.01635 |
| 9 | 0.26194 | 0.05185 | 0.33529 | 0.00718 | 0.02820 |
| 10 | 0.14426 | 0.06432 | 0.24787 | 0.00509 | 0.02055 |
| 11 | 0.20195 | 0.09609 | 0.28457 | 0.00652 | 0.02627 |

16 Cutlip, M. B. and M. Shacham, Problem Solving in Chemical and Biochemical Engineering with POLYMATH, Excel, and MATLAB, 2nd ed., p. 87-88, Prentice-Hall, 2008.

**15.** 가로($x$) 4 km, 세로($y$) 5 km인 산악지역의 해발 높이($z$) 데이터를 다음과 같이 나타낼 수 있다고 하자.

```
>> x = 0:0.5:4;
>> y = 0:0.5:5;
>> z = [95 93 96 94 97 94 93 94 96;
        96 94 93 94 97 93 96 94 94;
        93 94 92 91 96 93 97 96 98;
        95 93 92 91 93 95 96 96 93;
        97 96 93 92 95 98 99 97 98;
        97 98 97 96 98 99 98 96 95;
        93 97 95 96 98 02 01 00 98;
        91 94 95 96 98 01 02 01 95;
        95 97 98 96 97 98 97 95 94;
        98 99 01 98 96 95 96 94 93;
        94 95 96 96 95 94 93 94 95];
```

원점($x = 0,\ y = 0$)으로부터 $x = 1.7$ km, $y = 3.6$ km 떨어진 위치의 높이를 구하여라.

**16.** 다음은 가로($x$) 11 ft, 세로($y$) 11 ft인 굴뚝 단면의 온도분포 데이터[17]이다(이 데이터는 이 책과 수반되는 파일들에 Tdist.xlsx라는 이름의 엑셀 파일로 저장되어 있다).

| | | | | | | | | | | | |
|---|---|---|---|---|---|---|---|---|---|---|---|
| 200 | 200 | 200 | 200 | 200 | 200 | 200 | 200 | 200 | 200 | 200 | 200 |
| 200 | 227.2 | 254.4 | 279.5 | 289.8 | 293 | 293 | 289.8 | 279.5 | 254.4 | 227.2 | 200 |
| 200 | 254.4 | 312 | 369.6 | 387.9 | 392.2 | 392.2 | 387.9 | 369.6 | 312 | 254.4 | 200 |
| 200 | 279.5 | 369.6 | 500 | 500 | 500 | 500 | 500 | 500 | 369.6 | 279.5 | 200 |
| 200 | 289.8 | 387.9 | 500 | 500 | 500 | 500 | 500 | 500 | 387.9 | 289.8 | 200 |
| 200 | 293 | 392.2 | 500 | 500 | 500 | 500 | 500 | 500 | 392.2 | 293 | 200 |
| 200 | 293 | 392.2 | 500 | 500 | 500 | 500 | 500 | 500 | 392.2 | 293 | 200 |
| 200 | 289.8 | 387.9 | 500 | 500 | 500 | 500 | 500 | 500 | 387.9 | 289.8 | 200 |
| 200 | 279.5 | 369.6 | 500 | 500 | 500 | 500 | 500 | 500 | 369.6 | 279.5 | 200 |
| 200 | 254.4 | 312 | 369.6 | 387.9 | 392.2 | 392.2 | 387.9 | 369.6 | 312 | 254.4 | 200 |
| 200 | 227.2 | 254.4 | 279.5 | 289.8 | 293 | 293 | 289.8 | 279.5 | 254.4 | 227.2 | 200 |
| 200 | 200 | 200 | 200 | 200 | 200 | 200 | 200 | 200 | 200 | 200 | 200 |

이 데이터로부터 0.2 ft 간격의 점들에서의 온도값을 구하고 이를 그래프로 나타내어 보라.

17 Raul Raymond A. Kapuno, Programming for Chemical Engineers, p. 240-241, Infinity Science Press, 2008.

**17.** 다음과 같이 종속변수가 3개인 Lorenz 방정식 시스템의 해를 구하여라.

$$\frac{d}{dt}y_1(t) = 10(y_2(t) - y_1(t))$$

$$\frac{d}{dt}y_2(t) = 28y_1(t) - y_2(t) - y_1(t)y_3(t)$$

$$\frac{d}{dt}y_3(t) = y_1(t)y_2(t) - \frac{8}{3}y_3(t)$$

초기조건은 $y(0) = \begin{bmatrix} 0 \\ 1 \\ 0 \end{bmatrix}$ 으로 하며 풀이구간은 $0 \le t \le 50$으로 한다.

**18.** 그림은 직렬로 연결된 3개의 동일한 연속교반 가열탱크를 보인 것이다. 이들 가열탱크에서는 수증기를 이용하여 용액을 가열시키고 있다. 각 탱크로부터의 질량유량 $w_i(i = 0,1,2,3)$는 모두 $w$ kg/min로서 일정하며 각 탱크에서의 열전달 면적이 $A$로서 모두 동일하다고 가정하면 수증기가 흐르는 파이프로부터 각 탱크의 용액 중으로 전달되는 열량은

$$Q_i = UA(T_s - T_i) \ (i = 1,2,3)$$

로 나타낼 수 있다. 수증기가 도입되기 전 각 탱크의 온도는 $T_0$로서 일정하다. 주어진 데이터를 이용하여 각 탱크에서의 시간에 따른 온도변화를 그래프로 나타내어라. 세 번째 탱크의 최종 온도(정상상태 온도)는 얼마인가?

**데이터**: 용액의 비열 $C_p = 1.75kJ/(kg \cdot ℃)$, $UA = 12kJ/(\text{min} \cdot ℃)$, $T_0 = 25℃$, 탱크 내 용액의 질량(각 탱크 모두 동일) $M = 1400kg$, 수증기 온도 $T_s = 200℃$, 용액 유량 $w = 120\ kg/\text{min}$, 시간구간 $t = [0\ 200]$.

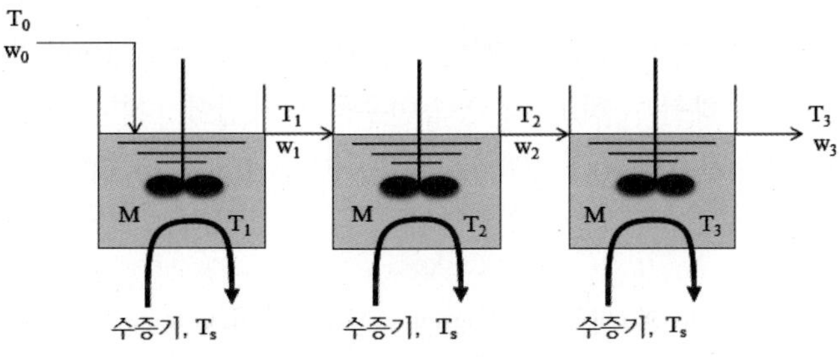


**그림 P18 연속교반 반응기**

**19.** 다음과 같은 Robertson 상미분 방정식 시스템은 3가지 화학물질들 간의 반응을 나타낸다.[18]

$$\frac{dy_1(t)}{dt} = -0.04y_1(t) + 10^4 y_2(t)y_3(t)$$

$$\frac{dy_2(t)}{dt} = 0.04y_1(t) - 10^4 y_2(t)y_3(t) - 3\times 10^7 y_2(t)^2$$

$$\frac{dy_3(t)}{dt} = 3\times 10^7 y_2(t)^2$$

Robertson 반응모델은 경성(stiffness) 문제의 대표적인 보기이다. 구간 $0 \le t \le 3$에서 위의 미분방정식을 풀어보고 $y_2(t)$를 그래프로 나타내어 보라. 초기조건은 $y_1(0) = 1$, $y_2(0) = y_3(0) = 0$으로 한다.

**20.** 유동층 촉매 반응기에서 비가역 기상반응 $A \rightarrow B$가 진행되고 있다. 이 반응에 대한 물질 및 에너지 수지와 반응속도식은 다음과 같다.[19, 20]

$$\frac{dP}{d\tau} = 0.1 + 320P_p - 321P,\quad \frac{dT}{d\tau} = 1752 - 269T + 267T_p,$$

$$\frac{dP_p}{d\tau} = 1.88\times 10^3\{P - P_p(1+K)\},$$

$$\frac{dT_p}{d\tau} = 1.3(T - T_p) + 1.04\times 10^4 KP_p,$$

$$K = 6\times 10^{-4}\exp\left(20.7 - \frac{1500}{T_p}\right)$$

위에서 $T$는 반응물의 절대온도($^\circ R$), $P$는 반응물의 분압(기압), $T_p$는 촉매 표면에서의 반응물 온도($^\circ R$), $P_p$는 촉매 표면에서의 반응물의 분압(기압), $K$는 반응속도 상수(무차원), 그리고 $\tau$는 시간(무차원)을 나타낸다. $0 \le \tau \le 1500$의 범위에서 위의 미분방정식 시스템의 해를 구하고 각 종속변수들의 시간에 따른 변화를 그래프로 나타내어라. 초기조건은 $P(0) = 0.1$, $T(0) = 600$, $P_p = 0$, $T_p = 761$이다.

---

18 Desmond J. Higham and Nicholas J. Higham, MATLABGuide, 2nd ed., p. 184-187, SIAM, 2005.

19 Aiken, R. C. and Lapidus, L., "An Effective Integration Method for Typical Stiff Systems," *AIChE J.*, 20(2), p. 368 (1974).

20 Cutlip, M. B. and M. Shacham, Problem Solving in Chemical and Biochemical Engineering with POLYMATH, Excel, and MATLAB, 2nd ed., p. 208, Prentice-Hall, 2008.

**21.** 1기압에서 프로판 1그램몰을 200℃ 로부터 700℃ 로 가열하는 데에 소요되는 열량(cal)을 구하여라. 프로판의 열용량은 $C_p = 2.41 + 0.057195\,T - 4.3 \times 10^{-6}\,T^2\,(T: K)$로 주어진다.

# 물성치

# 2

## 2.1 물과 수증기

물과 수증기의 열역학적 물성들에 대하여 많은 연구들이 수행되어 왔으며 수증기 및 물의 물성치들을 근사하는 다양한 관계식들이 소개되어 왔다. 여기에서는 2007년 개정되어 배포된 IAPWS-IF97(International Association for Properties of Water and Steam Formulation for Industrial Use) 공식[1]을 바탕으로 물과 수증기의 물성치 계산과정을 알아보기로 한다. IAPWS-IF9 공식에서 다루는 온도 및 압력범위는

$$273.15\ K \leq\ T \leq\ 1073.15\ K:\quad P \leq\ 100\ MPa$$
$$1073.15\ K <\ T \leq\ 2273.15\ K:\quad P \leq\ 50\ MPa$$

이다.

### *P−T* 영역의 구분

IAPWS에서는 물-수증기의 $P-T$ 도표를 그림에 보인 바와 같이 5개 구역으로 나누고 각 구역에 대하여 물성치 공식을 제공하고 있다.

1 Revised Release of the IAPWS Industrial Formulation 1997 for the Thermodynamic Properties of Water and Steam, August 2007, IAPWS, Lucerne, Switzerland(http://www.iapws.org).

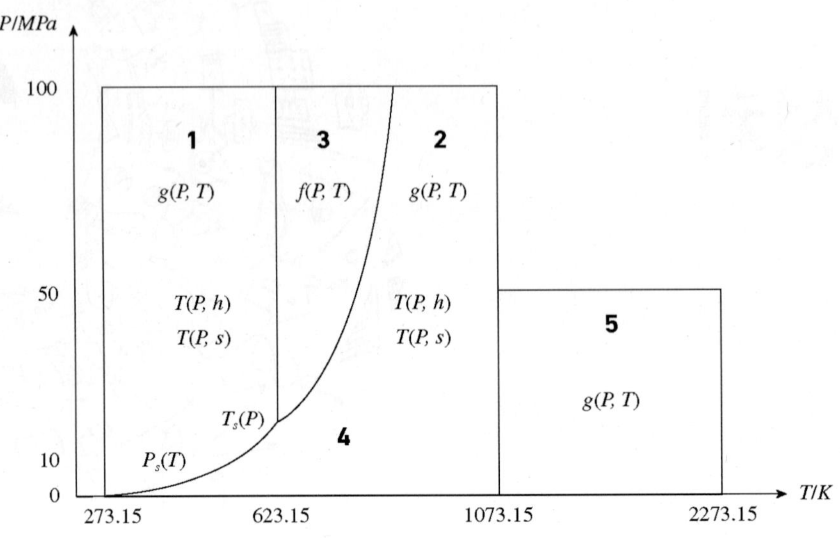


**그림 2.1 5개 구역으로 구분된 $P-T$ 도표**

각 구역은 다음과 같이 구분된다.

**구역 1**: 온도 623.15 K 이하의 과냉액체 영역

**구역 2**: 1073.15 K 이하의 과열증기 영역

**구역 3**: 구역 1과 구역 2 사이의 과냉액체 및 과열증기 영역

**구역 4**: 포화상태 영역

**구역 5**: 1073.15 K와 2273.15 K 사이의 과열증기 영역

구역 1, 2 및 3의 최대 압력은 100 MPa이고 구역 5의 최대 압력은 50 MPa이다.

## 물성치 계산식

### 기준상수 및 보조관계식

IAPWS-IF97 공식에서 기준으로 이용하는 상수들은 다음과 같다.

기체상수 : $R = 0.461526\ kJ/(kg \cdot K)$

임계온도 : $T_c = 647.096\ K$

임계압력 : $P_c = 22.064\ MPa$

임계밀도 : $\rho_c = 322\ kg/m^3$

물의 삼중점은 포화액체의 내부에너지와 엔트로피가 0이 되는 점으로서 삼중점의 온도와 압력 및 엔탈피는 각각 $T_t = 273.16\ K,\ P_t = 611.657\ Pa,\ H_t = 0.611783\ J/kg$이다.

그림에 보인 구역들에서 구역 2와 3 사이의 경계는

$$\pi = n_1 + n_2\theta + n_3\theta^2$$

와 같은 2차식으로 정의된다. 위에서 $\pi = \frac{P}{P^*},\ \theta = \frac{T}{T^*},\ P^* = 1MPa,\ T^* = 1K$이며, $n_1$, $n_2$, 그리고 $n_3$는 상수들이다(IAPWS-IF97 공식에 수반되는 상수들은 매우 많으며 이들은 해당되는 MATLAB 프로그램 내에 나타나 있으므로 여기에서는 제시하지 않기로 한다). 위의 2차식은 근사적으로 등엔트로피 선을 나타낸다.

### 구역 1 기본관계식

Gibbs 자유에너지 $g$를 나타내는 기본식은 다음과 같은 무차원 식으로 주어진다.

$$\frac{g(P,T)}{RT} = \gamma(\pi,\tau) = \sum_{i=1}^{34} n_i(7.1-\pi)^{I_i}(\tau-1.222)^{J_i}$$

여기에서 $\pi = \frac{P}{P^*},\ \tau = \frac{T^*}{T},\ P^* = 16.53MPa,\ T^* = 1386K$ 이며 $n_i$, $I_i$ 및 $J_i$들은 상수들이다. 다른 열역학적 물성치들은 위의 식과 이 식의 미분을 적절히 조합시킨 형태로부터 얻을 수 있다. 이를테면

$$\left.\frac{\partial\gamma}{\partial\pi}\right|_\tau = -\sum_{i=1}^{34} n_i I_i(7.1-\pi)^{I_i-1}(\tau-1.222)^{J_i},\quad \left.\frac{\partial\gamma}{\partial\tau}\right|_\pi = \sum_{i=1}^{34} n_i(7.1-\pi)^{I_i}J_i(\tau-1.222)^{J_i-1}$$

와 같은 미분식들이 이용된다.

### 구역 2 기본관계식

구역 2에서 Gibbs 자유에너지 $g$를 나타내는 기본식은 이상기체 부분 $\gamma^o$와 잔류부분 $\gamma^r$의 합으로 나타낼 수 있다.

$$\frac{g(P,T)}{RT} = \gamma(\pi,\tau) = \gamma^o(\pi,\tau) + \gamma^r(\pi,\tau)$$

$$\gamma^o = \ln\pi + \sum_{i=1}^{9} n_i^o \tau^{J_i^o}, \quad \gamma^r = \sum_{i=1}^{43} n_i \pi^{I_i} (\tau - 0.5)^{J_i}, \; \gamma_\pi^o = \frac{1}{\pi}, \quad \gamma_\tau^o = \sum_{i=1}^{9} n_i^o J_i^o \tau^{J_i^o - 1}$$

여기에서 $\pi = \dfrac{P}{P^*}$, $\tau = \dfrac{T^*}{T}$, $P^* = 1\ MPa$, $T^* = 540\ K$이며 $n_i$, $I_i$ 및 $J_i$들은 상수들이다. 물성치 계산에서는 또한

$$\left.\frac{\partial \gamma^r}{\partial \pi}\right|_\tau = \sum_{i=1}^{43} n_i I_i \pi^{I_i - 1} (\tau - 0.5)^{J_i}, \quad \left.\frac{\partial \gamma^r}{\partial \tau}\right|_\pi = \sum_{i=1}^{43} n_i \pi^{I_i} J_i (\tau - 0.5)^{J_i - 1}$$

와 같은 미분식들이 이용된다.

### 구역 3 기본관계식

구역 3의 기본관계식은 Helmholtz 자유에너지 $f$에 대한 식으로서 다음과 같은 무차원 식으로 나타낼 수 있다.

$$\frac{f(\rho, T)}{RT} = \phi(\delta, \tau) = n_1 \ln\sigma + \sum_{i=2}^{40} n_i \delta^{I_i} \tau^{J_i}$$

위에서 $\delta = \dfrac{\rho}{\rho^*}$, $\tau = \dfrac{T^*}{T}$, $\rho^* = \rho_c$, $T^* = T_c$이다.

### 구역 4 기본관계식

포화선을 나타내는 식은 다음과 같은 2차식으로서 포화압력 $P_s$와 포화온도 $T_s$에 대하여 풀 수 있다.

$$\beta^2 \vartheta^2 + n_1 \beta^2 \vartheta + n_2 \beta^2 + n_3 \beta \vartheta^2 + n_4 \beta \vartheta + n_5 \beta + n_6 \vartheta^2 + n_7 \vartheta + n_8 = 0$$

위에서

$$\beta = \left(\frac{P_s}{P}\right)^{1/4}, \quad \vartheta = \frac{T_s}{T^*} + \frac{n_9}{(T_s/T^*) - n_{10}}, \quad P^* = 1MPa, \; T^* = 1K$$

이다. 위의 식을 포화압력에 대하여 풀면

$$\frac{P_s}{P^*} = \left[\frac{2C}{-B + \sqrt{B^2 - 4AC}}\right]^4$$

앞에서

$$A=\vartheta^2+n_1\vartheta+n_2,\quad B=n_3\vartheta^2+n_4\vartheta+n_5,\quad C=n_6\vartheta^2+n_7\vartheta+n_8$$

이다. 아울러 앞의 식을 포화온도에 대하여 풀면

$$\frac{T_s}{T^*}=\frac{n_{10}+D-\sqrt{(n_{10}+D)^2-4(n_9+n_{10}D)}}{2}$$

위에서

$$D=\frac{2G}{-F-\sqrt{F^2-4EG}},\quad E=\beta^2+n_3\beta+n_6,\quad F=n_1\beta^2+n_4\beta+n_7,$$

$$G=n_2\beta^2+n_5\beta+n_8$$

로 주어진다.

**구역 5 기본관계식**

구역 5의 고온 영역에 대한 기본식은 무차원 Gibbs 자유에너지로 나타낼 수 있다.

$$\frac{g(P,T)}{RT}=\gamma(\pi,\tau)=\gamma^o(\pi,\tau)+\gamma^r(\pi,\tau)$$

$$\gamma^o=\ln\pi+\sum_{i=1}^{6}n_i^o\tau^{J_i^o},\quad \gamma^r=\sum_{i=1}^{6}n_i\pi^{I_i}\tau^{J_i}$$

여기에서 $\pi=\frac{P}{P^*}$, $\tau=\frac{T^*}{T}$, $P^*=1\ MPa$, $T^*=1000\ K$이며 $n_i$, $I_i$ 및 $J_i$들은 상수들이다.

물과 수증기의 물성치 계산은 MATLAB 함수 H2OPT에 의해 수행된다. 이 함수는

wprop = H2OPT(P, T)

와 같이 사용한다. 이 함수는 주어진 온도 T(℃)와 압력 P(kPa)에서 $H_2O$의 열역학적 물성치를 계산하고 그 결과를 구조체 wprop에 저장한다. 물성치는 2007년 개정 IAPWS-97 공식을 이용하며 구역 1, 2, 그리고 4에 대해서만 계산이 가능하다. 구조체 wprop에 포함되는 필드는 P(압력, kPa), T(온도, ℃), 비부피($m^3/kg$), u(내부에너지, kJ/kg), h(엔탈피, kJ/kg), 그리고 s(엔트로피, kJ/kg/K) 및 상태를 알려주는 메시지들이다.

```
function [wprop] = H2OPT(P,T)
% 주어진 온도(C)와 압력(kPa)에서의 H2O의 열역학적 물성치 계산
% 2007년 개정 IAPWS-97 공식을 이용(구역 1, 2, 4)
% inputs
%   P: kPa, T: C
% output:
%   wprop: 다음과 같은 필드를 포함하는 구조체
%   P(압력, kPa), T(온도, C), v(비부피, m^3/kg), u(내부에너지, kJ/kg),
%   h(엔탈피, kJ/kg), s(엔트로피, kJ/kg/K)

% 초기화
crit = 1e-4;
Pg = 0; Tg = 0; vg = 0; ug = 0; sg = 0; hg = 0; % 증기상태
Pf = 0; Tf = 0; vf = 0; uf = 0; sf = 0; hf = 0; % 액체상태
stateH2O = '';  % 상태정보 메시지
warnmsg = '';   % 경고 메시지
% 온도와 압력단위의 변환
T = T+273.15; % 온도 단위를 C에서 K로 변환
P = P/1000;   % 압력 단위를 kpa에서 MPa로 변환
% 구역(rg)의 구분
if T <= 623.15  % 구역 4
   Ts = rg4eqn(P);
   if (Ts-T) > crit

      rg = 1;  % 과냉각 액체상태
   elseif (T-Ts) > crit
      rg = 2;  % 과열증기 상태
   else
      rg = 3;  % 포화상태
   end
end
% 구역 2,3 사이 경계에서의 보조식
if T > 623.15   % 구역 2와 3 사이의 경계
   rg = 2;  % 포화증기 상태이거나 구역 바깥임
   n1 = 348.05185628969; n2 = -1.1671859879975; n3 = 0.0010192970039326;
   Ps23 = n1 + n2*T + n3*T^2; % 구역 2-3 사이 경계에서의 보조식
   if P > Ps23
      rg = 5;
   end
end
if P < 1e-4 || T < 273.15
   rg = 4;
end
% 구역 1: 과냉액체 상태
if rg == 1 % T < Ts: 과냉각 액체상태
```

```
    stateH2O = '과냉각 액체상태';
    if T > 623.15 || P >100
       warnmsg = '정의되지 않은 영역: P > 100 MPa'; rg = 6;
    else
       [Pf,Tf,vf,uf,sf,hf] = propPT(P,T,1); % 구역 1
    end
end
% 구역 2: 과열증기 상태
if rg == 2  % T > Ts: 과열증기 상태
    stateH2O = '과열증기 상태';
    if T > 1073.15 || P > 100
       warnmsg = '정의되지 않은 영역: T > 800 C 혹은 P > 100 000 kPa';
       rg = 6;
    else
       [Pg,Tg,vg,ug,sg,hg] = propPT(P,T,2); % 구역 2
    end
end
% 구역 3: 포화증기+포화액체
if rg == 3  % 포화상태
    stateH2O = '포화상태';
    warnmsg = '상태를 결정하기 위해서는 2개의 독립변수가 필요';
    [Pg,Tg,vg,ug,sg,hg] = propPT(P,Ts,2); % 증기는 구역 2
    [Pf,Tf,vf,uf,sf,hf] = propPT(P,Ts,1); % 과냉액체는 구역 1
end
% 구역 4
if rg == 4
    stateH2O = '부정확한 데이터'; warnmsg = 'P 혹은 T < 0';
end
% 구역 5
if rg == 5  % 구역 3 바깥영역
    stateH2O = 'IAPWS-97에 의한 구역 3 계산은 아직 수행할 수 없음';
    warnmsg = '압력이 100 MPa 이상인지를 확인';
end
% 온도와 압력단위를 환원(K->C, MPa->kPa)
Tg = Tg - 273.15; Tf = Tf - 273.15; Pg = Pg*1000; Pf = Pf*1000;
% 출력 구조체 필드변수의 할당
if rg == 1  % 구역 1
    wprop.Pf = Pf; wprop.Tf = Tf; wprop.vf = vf;
    wprop.uf = uf; wprop.hf = hf; wprop.sf = sf;
elseif rg == 2  % 구역 2
    wprop.Pg = Pg; wprop.Tg = Tg; wprop.vg = vg;
    wprop.ug = ug; wprop.hg = hg; wprop.sg = sg;
elseif rg == 3  % 구역 3
    wprop.Pf = Pf; wprop.Tf = Tf; wprop.vf = vf;
    wprop.uf = uf; wprop.hf = hf; wprop.sf = sf;
```

```
    wprop.Pg = Pg; wprop.Tg = Tg; wprop.vg = vg;
    wprop.ug = ug; wprop.hg = hg; wprop.sg = sg;
end
wprop.stateH2O = stateH2O;
wprop.warnmsg = warnmsg;
fprintf('온도: %g C, 압력: %g kPa\n', T-273.15, P*1000);
if rg == 1
    fprintf('액체압력 = %g kPa\n', Pf);  fprintf('액체온도 = %g C\n', Tf);
    fprintf('부피 = %g m^3/kg\n', vf);  fprintf('내부에너지 = %g kJ/kg\n', uf);
    fprintf('엔탈피 = %g kJ/kg\n', hf); fprintf('엔트로피 = %g kJ/kg*K\n', sf);
    fprintf('상태 = %s\n', stateH2O);
elseif rg == 2
    fprintf('증기압력 = %g kPa\n', Pg);  fprintf('증기온도 = %g C\n', Tg);
    fprintf('부피 = %g m^3/kg\n', vg);  fprintf('내부에너지 = %g kJ/kg\n', ug);
    fprintf('엔탈피 = %g kJ/kg\n', hg); fprintf('엔트로피 = %g kJ/kg*K\n', sg);
    fprintf('상태 = %s\n', stateH2O);
elseif rg == 3
    fprintf('액체압력 = %g kPa\n', Pf);  fprintf('액체온도 = %g C\n', Tf);
    fprintf('증기압력 = %g kPa\n', Pg);  fprintf('증기온도 = %g C\n', Tg);
    fprintf('액체부피 = %g m^3/kg\n', vf);
    fprintf('액체내부에너지 = %g kJ/kg\n', uf);
    fprintf('액체엔탈피 = %g kJ/kg\n', hf);
    fprintf('액체엔트로피 = %g kJ/kg*K\n', sf);
    fprintf('증기부피 = %g m^3/kg\n', vg);
    fprintf('증기내부에너지 = %g kJ/kg\n', ug);
    fprintf('증기엔탈피 = %g kJ/kg\n', hg);
    fprintf('증기엔트로피 = %g kJ/kg*K\n', sg);
    fprintf('상태 = %s\n', stateH2O);
end
```

## 보기 1 $H_2O$의 물성치 계산

다음 각각의 조건에서 $H_2O$의 부피, 내부에너지, 엔탈피, 엔트로피를 구하고 일반 열역학 교과서들의 부록에 수록된 수증기표(steam table)의 값들과 비교하여 보라.

(1) 750 kPa, 167.76℃

(2) 2100 kPa, 214.85℃

**풀이**

H2OPT 함수의 수행결과는 다음과 같다. 얻은 값들은 수증기표의 값들과 잘 일치한다.

```
>> wp = H2OPT(750,167.76);
온도: 167.76 C, 압력: 750 kPa
증기압력 = 750 kPa
증기온도 = 167.76 C
부피 = 0.255506 m^3/kg
내부에너지 = 2574.02 kJ/kg
엔탈피 = 2765.65 kJ/kg
엔트로피 = 6.68356 kJ/kg*K

>> wp = H2OPT(2100,214.85);
온도: 214.85 C, 압력: 2100 kPa
액체압력 = 2100 kPa
액체온도 = 214.85 C
부피 = 0.001181 m^3/kg
내부에너지 = 917.44 kJ/kg
엔탈피 = 919.92 kJ/kg
엔트로피 = 2.46999 kJ/kg*K
```

함수 H2OPT에서는 함수 propPT를 호출하며 propPT 함수는 다시 다른 함수들을 호출한다. 수반되는 각 함수들의 기능은 다음과 같다.

**표 2.1 온도 및 압력에 따른 $H_2O$의 물성치 계산 함수**

| 함수 | 기능 |
|---|---|
| H2OPT | 메인 함수로서 물성치 계산결과를 구조체 출력변수에 저장 |
| propPT | 구역 1, 2, 4에서의 물성치 계산 |
| rg1IJn | 구역 1 기본식의 계수들(34개)을 정의 |
| rg2IJn | 구역 2 기본식의 계수들($\gamma^o$: 9개, $\gamma^r$: 43개)을 정의 |
| rg1eqn | 구역 1의 기본식 계산 |
| rg2eqn | 구역 2의 기본식 계산 |
| rg4eqn | 구역 4의 기본식 계산 |
| rg1dgdp | $\left.\frac{\partial \gamma}{\partial \pi}\right\|_{\tau}$ 를 계산 |
| rg1dgdT | $\left.\frac{\partial \gamma}{\partial \tau}\right\|_{\pi}$ 를 계산 |

### 포화수증기의 물성치

포화수증기의 경우 온도가 주어지면 포화증기압을 근사적으로 구할 수 있으므로 보다 간편하게 물성치를 계산할 수 있다. 다음은 $273.15 \le T(K) \le 647.15$의 온도범위에서 유효한 근사관계들이다. 온도 $T$(K)에서 포화증기압은 근사적으로 다음과 같이 주어진다.

$$p = p_c \exp\left[\frac{T_c}{T}\left(a_1\tau + a_2\tau^{1.5} + a_3\tau^3 + a_4\tau^{3.5} + a_5\tau^4 + a_6\tau^{7.5}\right)\right]$$

위에서 $\tau = 1 - \dfrac{T}{T_c}$ 이며 $p_c$, $T_c$는 각각 임계압력 및 임계온도이고 $a_i(i = 1,2,\cdots,6)$는 상수들이다.

이를 온도에 대하여 미분하면

$$\frac{dp}{dT} = \left(-\frac{p}{T}\right)\left[7.5a_6\tau^{6.5} + 4a_5\tau^3 + 3.5a_4\tau^{2.5} + 3a_3\tau^2 + 1.5a_2\tau^{0.5} + a_1 + \ln\left(\frac{p}{p_c}\right)\right]$$

가 된다.

만일 포화압력이 주어지고 포화온도를 구할 필요가 있을 경우에는 압력에 대한 식을 변환시킨 비선형 방정식을 푼다. 즉 앞의 압력식으로부터

$$\begin{aligned}\ln\left(\frac{p}{p_c}\right) &= \frac{T_c}{T}\left(a_1\tau + a_2\tau^{1.5} + a_3\tau^3 + a_4\tau^{3.5} + a_5\tau^4 + a_6\tau^{7.5}\right) \\ &= \frac{1}{1-\tau}\left(a_1\tau + a_2\tau^{1.5} + a_3\tau^3 + a_4\tau^{3.5} + a_5\tau^4 + a_6\tau^{7.5}\right)\end{aligned}$$

이로부터 비선형 방정식

$$f(\tau) = a_1\tau + a_2\tau^{1.5} + a_3\tau^3 + a_4\tau^{3.5} + a_5\tau^4 + a_6\tau^{7.5} - (1-\tau)\ln\left(\frac{p}{p_c}\right) = 0$$

을 얻는다.

온도 $T$(K)에서 포화액체와 포화수증기의 밀도는 각각 다음 관계로 나타낼 수 있다.

$$\rho_L = \rho_c\left[1 + b_1\tau^{1/3} + b_2\tau^{2/3} + b_3\tau^{5/3} + b_4\tau^{16/3} + b_5\tau^{43/3} + b_6\tau^{110/3}\right]$$

$$\rho_G = \rho_c \exp\left(c_1\tau^{1/3} + c_2\tau^{2/3} + c_3\tau^{4/3} + c_4\tau^3 + c_5\tau^{37/6} + c_6\tau^{71/6}\right)$$

위에서 $c_i(i = 1,2,\cdots,6)$은 상수들이다.

한편 주어진 온도 T에서 포화액체 및 포화수증기의 엔탈피는 각각 다음 관계로부터 구할 수 있다.

$$h_L = \alpha + \frac{T}{\rho_L}\frac{dp}{dT}, \quad h_G = \alpha + \frac{T}{\rho_G}\frac{dp}{dT}$$

$$\alpha = \alpha_0 \left[ d_\alpha + d_1 \theta^{-19} + d_2 \theta + d_3 \theta^{4.5} + d_4 \theta^5 + d_5 \theta^{54.5} \right]$$

위에서 $d_i(i = \alpha,\ 1,\ 2,\ \cdots,\ 5)$은 상수들이다.

주어진 온도 T에서 포화액체 및 포화수증기의 엔트로피는 각각 다음 관계로부터 얻을 수 있다.

$$s_L = \phi + \frac{1}{\rho_L}\frac{dp}{dT}, \quad s_G = \phi + \frac{1}{\rho_G}\frac{dp}{dT}$$

$$\phi = \phi_0 \left[ d_\phi + \frac{19}{20} d_1 \theta^{-20} + d_2 \ln\theta + \frac{9}{7} d_3 \theta^{3.5} + \frac{5}{4} d_4 \theta^4 + \frac{109}{107} d_5 \theta^{53.5} \right]$$

포화수증기 물성치의 계산은 함수 satsteam에 의해 수행된다. 이 함수는 다음과 같이 사용한다.

stpr = satsteam(Ts)

이 함수는 주어진 온도 Ts(℃)에서 포화수증기의 물성치 계산을 수행하며 그 결과를 구조체 stpr에 저장한다. stpr 구조체의 각 필드는 다음과 같다.

stpr.T = 포화수증기 온도(K), stpr.P = 압력(Pa), stpr.vL = 액체 부피($m^3/kg$),
stpr.vV = 수증기 부피($m^3/kg$), stpr.hL = 액체 엔탈피(J/kg), stpr.hV
= 수증기 엔탈피(J/kg),
stpr.sL = 액체 엔트로피(J/kg*K), stpr.sV = 수증기 엔트로피(J/kg*K)

```
function stpr = satsteam(Ts)
% 주어진 온도 Ts(C)에서 포화수증기의 물성치 계산
% stpr: 물성치 계산결과를 포함하는 구조체

% 임계 물성치
Tc = 647.096;   % 임계온도(K)
Pc = 22064000;  % 임계압력(Pa)
rhoc = 322;     % 임계밀도(kg/m^3)

% 상수 및 파라미터의 정의
Ts = Ts + 273.15;
alpha0 = 1000; % alpha_0(J/kg)
phi0 = 1000/647.096;
a = [-7.85951783 1.84408259 -11.7866497 22.6807411...
    -15.9618719 1.80122502];
```

```
b = [1.99274064 1.09965342 -0.510839303 -1.75493479...
    -45.5170352 -674694.45];
c = [-2.03150240 -2.68302940 -5.38626492 -17.2991605...
    -44.7586581 -63.9201063];
d = [-5.65134998e-8 2690.66631 127.287297 -135.003439 0.981825814];
alphad = -1135.905627715;
phid = 2319.5246;
theta = Ts/Tc;
tau = 1 - theta;

% 포화 증기압
tw = (Tc/Ts)*(a(1)*tau + a(2)*tau^1.5 + a(3)*tau^3+...
          a(4)*tau^3.5 + a(5)*tau^4 + a(6)*tau^7.5);
Ps = Pc*exp(tw);
% 포화액체 밀도
rhoL =rhoc*(1 + b(1)*tau^(1/3) + b(2)*tau^(2/3) + b(3)*tau^(5/3) +...
    b(4)*tau^(16/3) + b(5)*tau^(43/3) + b(6)*tau^(110/3));
% 포화증기 밀도
vw = c(1)*tau^(1/3) + c(2)*tau^(2/3) + c(3)*tau^(4/3) +...
    c(4)*tau^3 + c(5)*tau^(37/6) + c(6)*tau^(71/6);
rhoV = rhoc*exp(vw);
% 비부피
vL = 1/rhoL;   % 포화액체
vV = 1/rhoV;   % 포화수증기
% alpha
alpha = alpha0*(alphad + d(1)*theta^(-19) + d(2)*theta +...
    d(3)*theta^4.5 + d(4)*theta^5 + d(5)*theta^54.5);
% phi
phi = phi0*(phid + (19/20)*d(1)*theta^(-20) + d(2)*log(theta) +...
    (9/7)*d(3)*theta^3.5 + (5/4)*d(4)*theta^4 +...
    (109/117)*d(5)*theta^53.5);
% dp/dT
tv = 7.5*a(6)*tau^6.5 + 4*a(5)*tau^3 + 3.5*a(4)*tau^2.5 +...
    3*a(3)*tau^2 + 1.5*a(2)*tau^0.5 + a(1) + log(Ps/Pc);
dpdT = (-Ps/Ts)*tv;
% 엔탈피
hL = alpha + (Ts/rhoL)*dpdT; % 포화액체
hV = alpha + (Ts/rhoV)*dpdT; % 포화수증기
% 엔트로피
sL = phi + (1/rhoL)*dpdT;  % 포화액체
sV = phi + (1/rhoV)*dpdT; % 포화수증기
% result structure
stpr.T = Ts; stpr.P = Ps; stpr.vL = vL; stpr.vV = vV; stpr.hL = hL;
stpr.hV = hV; stpr.sL = sL; stpr.sV = sV;
end
```

### 보기 2 포화수증기의 물성치 계산

150℃ 에서 포화수증기의 부피, 엔탈피, 엔트로피를 구하고 일반 열역학 교과서들의 부록에 수록된 수증기표(steam table)의 값들과 비교하여 보라.

**풀이**

satsteam 함수의 수행결과는 다음과 같다. 얻은 값들은 수증기표의 값들과 잘 일치한다.

```
>> stpr = satsteam(150);
>> fprintf('포화수증기 온도: %g C\n', stpr.T-273.15);
>> fprintf('압력 = %g kPa\n', stpr.P/1000);
>> fprintf('액체부피 = %g cm^3/g\n', stpr.vL*1000);
>> fprintf('수증기부피 = %g cm^3/g\n', stpr.vV*1000);
>> fprintf('액체엔탈피 = %g kJ/kg\n', stpr.hL/1000);
>> fprintf('수증기엔탈피 = %g kJ/kg\n', stpr.hV/1000);
>> fprintf('액체엔트로피 = %g kJ/kg*K\n', stpr.sL/1000);
>> fprintf('수증기엔트로피 = %g kJ/kg*K\n', stpr.sV/1000);

포화수증기 온도: 150 C
압력 = 476.159 kPa
액체부피 = 1.0905 cm^3/g
수증기부피 = 392.48 cm^3/g
액체엔탈피 = 632.147 kJ/kg
수증기엔탈피 = 2746.05 kJ/kg
액체엔트로피 = 1.84172 kJ/kg*K
수증기엔트로피 = 6.83735 kJ/kg*K
```

**표 2.2 포화증기의 물성치 계산**

| | 압력 (kPa) | 액체부피 ($cm^3/g$) | 수증기부피 ($cm^3/g$) | 액체 엔탈피 (kJ/kg) | 수증기 엔탈피 (kJ/kg) | 액체 엔트로피 (kJ/kg*K) | 수증기 엔트로피 (kJ/kg*K) |
|---|---|---|---|---|---|---|---|
| 근사식 | 476.159 | 1.0905 | 392.48 | 632.147 | 2746.05 | 1.84172 | 6.83735 |
| 수증기표[2] | 476 | 1.091 | 392.4 | 632.1 | 2745.4 | 1.8416 | 6.8358 |

2 Smith, J. M., H. C. Van Ness and M. M. Abbott, Introduction to Chemical Engineering Thermodynamics, p. 719, 7th ed., McGraw-Hill, 2005.

# 2.2 습도

## 상대습도

상대습도($H_R$)는 주어진 온도에서의 물의 증기압에 대한 수증기 압력의 비로 정의된다. 일반적으로 상대습도는 퍼센트(%)로 나타낸다.

$$H_R = \frac{100p_v}{P_w}(\%)$$

위에서 $p_v$는 수증기의 분압이며 $P_w$는 주어진 온도에서 물의 증기압이다. 이 관계는 또한

$$H_R = \frac{100P_a}{P_s}$$

로 나타낼 수도 있다. 위에서 $P_a$는 실제 증기압이고 $P_s$는 주어진 온도에서의 포화 증기압이다. 온도 $T$(K)에서 포화증기압 $P_s$는 근사적으로 다음과 같이 계산할 수 있다.

$$P_s = P_c \exp\left[\frac{T_c}{T}\left(a_1\tau + a_2\tau^{1.5} + a_3\tau^3 + a_4\tau^{3.5} + a_5\tau^4 + a_6\tau^{7.5}\right)\right]$$

위에서 $\tau = 1 - \frac{T}{T_c}$이며 $P_c$, $T_c$는 각각 임계압력 및 임계온도이고 $a_i(i=1,\ 2,\ \cdots,\ 6)$는 상수들이다.

## 절대습도

절대습도($H_A$)는 수증기가 없는 공기 단위질량당 포함된 수증기의 질량으로 정의된다. 전압(수증기의 분압과 공기 분압의 합)이 일정할 경우 절대습도는 수증기-공기 혼합물에서 수증기에 의하여 가해지는 압력에만 의존한다.

$$H_A = \frac{M_w p_a}{M_a p_w} = \frac{M_w p_a}{M_a(P_T - p_a)}$$

위에서 $M_a$와 $M_w$는 각각 공기와 수증기의 몰분율이며 $p_a$와 $p_w$는 각각 공기와 수증기의 분압이다. $P_T$는 전압으로서 대기압으로 취할 수 있다.

$H_A$는 근사적으로 이상기체 방정식을 이용하여 추정할 수 있다. $H_A$는 공기중의 수증기

밀도로 나타낼 수 있으므로 이상기체 방정식으로부터

$$H_A = \frac{p_a}{R_w T}$$

로 나타낼 수 있다. 여기에서 $R_w = 461.512244565 \ J/(kg \cdot K)$이다.

위의 계산은 함수 humidest에 의해 수행된다. 이 함수는 상대습도 $H_R$(%)과 건구온도 $T_d$(℃) 데이터를 이용하여 절대습도와 증기압을 계산하여 준다.

$$\text{hum} = \text{humidest(Hr, Td)}$$

위에서 Hr은 상대습도(%), Td는 건구온도(℃)이다. hum은 결과값을 포함하는 구조체로서 실제 증기압(hum.pres, Pa)과 절대습도(hum.Ha, $g/m^3$)를 제시하여 준다.

```
function hum = humidest(Hr,Td)
% Hr: 상대습도
% Td: 건구온도

% 임계 물성치
Tc = 647.096;   % 임계온도(K)
Pc = 22064000;  % 임계압력(Pa)
% 상수
Rw = 461.512244565;
a = [-7.85951783 1.84408259 -11.7866497 22.6807411...
    -15.9618719 1.80122502];
% 온도 파라미터
Td = Td+273.15; theta = Td/Tc; tau = 1 - theta;
% 포화 증기압
tw = (Tc/Td)*(a(1)*tau + a(2)*tau^1.5 + a(3)*tau^3+...
          a(4)*tau^3.5 + a(5)*tau^4 + a(6)*tau^7.5);
Ps = Pc*exp(tw);
% 결과
hum.pres  =(Hr/100)*Ps;   % 실제 증기압
hum.Ha = hum.pres*1000/((Td)*Rw);  % 절대습도
fprintf('실제 증기압: %g Pa\n', hum.pres);
fprintf('절대습도 = %g g/m^3\n', hum.Ha);
end
```

### 보기 3 포화수증기의 물성치 계산

건구온도가 40℃ 이고 상대습도가 50%일 때 실제 증기압(Pa)과 절대습도($g/m^3$)를 구하여라.

**풀이**

humidest 함수의 수행결과는 다음과 같다.

```
>> hum = humidest(50,40);
실제 증기압: 3692.56 Pa
절대습도 = 25.55 g/m^3
```

## 2.3 포화액체의 밀도

임의의 온도에서의 포화액체의 밀도는 다음 관계에 의해 주어진다.[3]

$$\rho_L = AB^{-(1-T_r)^{2/7}}$$

위에서 $\rho_L$은 포화액체의 밀도($g/cm^3$), A와 B는 물질에 따른 상수이며 $T_c$는 임계온도(℃), $T_r = \dfrac{T}{T_c}$이다. 다음 표에 보인 대표적인 몇 가지 물질들에 대한 상수 $A$와 $B$ 및 임계온도가 알려져 있다. 표에 보인 물질들은 함수 compID에 의해 고유번호가 부여된다.

**표 2.3 파라미터가 알려진 대표적인 화학물질**[4]

| | | | | | |
|---|---|---|---|---|---|
| 1 | 불소($F_2$) | 10 | 수소($H_2$) | 19 | 아닐린($C_6H_7N$) |
| 2 | 염소($Cl_2$) | 11 | 질소($N_2$) | 20 | 페놀($C_6H_6O$) |
| 3 | 이산화황($SO_2$) | 12 | 산소($O_2$) | 21 | 사이클로프로판($C_3H_6$) |
| 4 | 일산화탄소(CO) | 13 | 에틸렌($C_2H_4$) | 22 | 사이클로헥산($C_6H_{12}$) |
| 5 | 이산화탄소($CO_2$) | 14 | 메탄($CH_4$) | 23 | 1,3 부타디엔($C_4H_6$) |
| 6 | 염화수소(HCl) | 15 | 에탄($C_2H_6$) | 24 | 메탄올($CH_4O$) |
| 7 | 암모니아($NH_3$) | 16 | 프로판($C_3H_8$) | 25 | 클로로포름($CHCl_3$) |
| 8 | 물($H_2O$) | 17 | 벤젠($C_6H_6$) | 26 | 사염화탄소($CCl_4$) |
| 9 | 과산화수소($H_2O_2$) | 18 | 톨루엔($C_7H_8$) | | |

3 C.L. Yaws et al., Physical Properties, A Chemical Engineering publication, McGraw-Hill New York, 1977.
4 C.L. Yaws et al., Physical Properties, A Chemical Engineering publication, McGraw-Hill New York, 1977.

```
function ind = compID(cname)
% 성분의 id 번호 설정
cname = upper(cname);
switch cname
   case {'불소','F2'}, ind = 1;
   case {'염소','Cl2'}, ind = 2;
   case {'이산화황','SO2'}, ind = 3;
   case {'일산화탄소','CO'}, ind = 4;
   case {'이산화탄소','CO2'}, ind = 5;
   case {'염화수소','HCl'}, ind = 6;
   case {'암모니아','NH3'}, ind = 7;
   case {'물','H2O'}, ind = 8;
   case {'과산화수소','H2O2'}, ind = 9;
   case {'수소','H2'}, ind = 10;
   case {'질소','N2'}, ind = 11;
   case {'산소','O2'}, ind = 12;
   case {'에틸렌','C2H4'}, ind = 13;
   case {'메탄','CH4'}, ind = 14;
   case {'에탄','C2H6'}, ind = 15;
   case {'프로판','C3H8'}, ind = 16;
   case {'벤젠','C6H6'}, ind = 17;
   case {'톨루엔','C7H8'}, ind = 18;
   case {'아닐린','C6H7N'}, ind = 19;
   case {'페놀','C6H6O'}, ind = 20;
   case {'사이클로프로판','C3H6'}, ind = 21;
   case {'사이클로헥산','C6H12'}, ind = 22;
   case {'1,3부타디엔','C4H6'}, ind = 23;
   case {'메탄올','CH4O'}, ind = 24;
   case {'클로로포름','CHCl3'}, ind = 25;
   case {'사염화탄소','CCl4'}, ind = 26;
end
```

포화액체 밀도의 계산은 함수 denL에 의해 수행되는데 이 함수에서는 표에 보인 물질에 대한 상수 $A$와 $B$ 및 임계온도가 데이터로 설정되어 있다. 함수 denL은 다음과 같이 사용한다.

$$\text{rhoL} = \text{denL(T, cname)}$$

위에서 T는 밀도를 구하고자 하는 온도(℃), 혹은 온도 범위로서 스칼라이거나 행벡터(온도범위)이며 cname은 물질의 이름으로서 인용부호로 둘러싸인 화학식(예: 'C6H6O', 대소문자 모두 가능)이나 한글이름(예: '페놀')으로 입력할 수 있다. 한글이름은 숫자나 콤마 외에 다른 어떤 기호나 빈 칸을 두지 않는다(예: '1, 3부타디엔'). rhoL은 계산된 포화액체의 밀도($g/cm^3$)이다. 함수 denL은 먼저 cname을 이용하여 함수 compID를 호출한다. 이로부터 해당 물질에 대한 고유번호가 설정되며 이 번호에 상응하는 파라미터들에 의해 계산이 수행된다.

```
function rhoL = denL(T,cname)
% 포화액체의 밀도
% input
%   T: 온도(C) (스칼라, 혹은 벡터)
%   Tc: 물질의 임계온도(C)
%   cname: 물질의 화학식(예: C6H6O)
% output
%   rhoL: 포화액체의 밀도(g/cm^3)

% 밀도 추정식의 계수(A, B, Tc)
coefAB = [0.5649   0.2828 -129.0000
          0.5615   0.2720   144.0000
          0.5164   0.2554   157.6000
          0.2931   0.2706  -140.1000
          0.4576   0.2590    31.1000
          0.4183   0.2619    51.5000
          0.2312   0.2471   132.4000
          0.3471   0.2740   374.2000
          0.0      0.0        0.0    % 누락물질(H2O2)
          0.0315   0.3473  -240.2000
          0.3026   0.2763  -146.8000
          0.4227   0.2797  -118.5000
          0.2118   0.2784     9.9000
          0.1611   0.2877   -82.6000
          0.2202   0.3041    32.3000
          0.2204   0.2753    96.7000
          0.3051   0.2714   288.9400
          0.2883   0.2624   318.8000
          0.3392   0.2761   426.0000
          0.4094   0.3246   420.0000
          0.2614   0.2826   124.9000
          0.2729   0.2727   280.3000
          0.2444   0.2710   152.0000
          0.2928   0.2760   239.4000
          0.5165   0.2666   263.4000
          0.5591   0.2736   283.2000 ];
ind = compID(cname);  % 물질의 id 번호
% 밀도계산
Tr = T./coefAB(ind,3); epn = -(1 - Tr).^(2/7);
rhoL = coefAB(ind,1) * coefAB(ind,2).^epn;
```

### 보기 4 물의 밀도

150℃ 에서 물의 밀도를 구하여라.

**풀이**

```
>> rw = denL(150,'물')
rw =
   1.0621
```

## COSTALD 밀도추정 방법

$0.25 < T_r < 1$의 범위에서 다음과 같은 COSTALD 방법이 이용될 수 있다.[5]

$$v_s = \frac{1}{\rho} = v_c \cdot V_R^{(0)}\left(1 - w V_R^{(\delta)}\right)$$

$$V_R^{(0)} = 1 + a(1 - T_r)^{1/3} + b(1 - T_r)^{2/3} + c(1 - T_r) + d(1 - T_r)^{4/3}$$

$$V_R^{(\delta)} = \frac{e + f T_r + g T_r^2 + h T_r^3}{T_r - 1.00001}$$

위에서

a=−1.52816, b=1.43907, c=−0.81446, d=0.190454, e=−0.296123, f=0.386914, g=−0.0427458, h=−0.0480645

이며 $v_s$는 비부피($cm^3/mol$), $v_c$는 임계부피($cm^3/mol$)이다.

함수 costald.m은 COSTALD 방법을 수행한다. 이 함수는

rhoL = costald(T, Tc, vc, w, Mw)

와 같이 사용한다. 여기에서 T 및 Tc는 온도 및 임계온도(K), vc는 임계부피, w는 이심인자, Mw는 분자량(g/mol)이며 rhoL는 추정된 밀도($kg/m^3$)이다.

5 J. Gmehling, B. Kolbe, M. Kleiber and J. Rarey, Chemical Thermodynamics for Process Simulation, p. 95-96, Wiley-VCHVerlag GmbH & Co., 2012.

```
function rhoL = costald(T,Tc,vc,w,Mw)
% COSTALD 방법에 의한 액체밀도의 추정
% input:
%   T,Tc: 온도 및 임계온도(K)
%   vc: 임계부피
%   w: 이심인자
%   Mw: 분자량(g/mol)
% output
%   rhoL: 추정된 밀도(kg/m^3)

a = -1.52816; b = 1.43907; c = -0.81446; d = 0.190454;
e = -0.296123; f = 0.386914; g = -0.0427458; h = -0.0480645;
Tr = T./Tc;
Vr0 = 1+a.*(1-Tr).^(1/3)+b.*(1-Tr).^(2/3)+c.*(1-Tr)+d.*(1-Tr).^(4/3);
Vrd = (e + f*Tr + g*Tr.^2 + h*Tr.^3)./(Tr - 1.00001);
spV  = vc.*Vr0.*(1 - w.*Vrd);  % 비부피(cm^3/mol)
rhoL = 1000*Mw/spV;   % 밀도(kg/m^3)
end
```

## 보기 5 n-헥산의 밀도[6]

COSTALD 방법을 이용하여 293.15K에서 n-헥산의 밀도를 추정하여라. n-헥산의 경우 $T_c = 507.8$ K, $v_c = 386.8\ cm^3/mol$, $w = 0.3002$, 분자량 $M_w = 86.178\ g/mol$이다.

### 풀이

```
>> T=293.15; Tc=507.8; vc=386.8; w=0.3002; Mw = 86.178;
>> rhoL = costald(T,Tc,vc,w,Mw)
rhoL =
  629.6425
```

실험 측정값은 659.4 $kg/m^3$이다.

6 J. Gmehling, B. Kolbe, M. Kleiber and J. Rarey, Chemical Thermodynamics for Process Simulation, p. 96, Wiley-VCHVerlag GmbH & Co., 2012.

# 2.4 점도

## 액체의 점도

포화액체의 점도는 온도의 함수로서 다음과 같이 주어진다:

$$\log \mu_L = A + \frac{B}{T} + CT + DT^2$$

위에서 $\mu_L$은 포화액체의 점도(cP)이고 $A$, $B$, $C$ 및 $D$는 상수이며 $T$는 온도(K)이다. 점도는 온도가 증가함에 따라 감소한다. 어는점에서 끓는점에 이르는 온도구간에서 점도의 변화는 거의 선형이며 다음과 같은 Andrade 식[7]으로 나타낼 수 있다:

$$\ln \mu_L = \ln A + \frac{B}{T}$$

앞의 표에 보인 물질들에 대한 포화액체 점도의 계산은 함수 visL에 의해 수행되는데 몇 가지 물질에 대한 상수 $A$, $B$, $C$ 및 $D$의 값들이 이 함수에 제시되어 있다. 이 함수는 다음과 같이 사용한다.

mu = visL(T, cname)

위에서 T는 온도(K)로서 스칼라, 혹은 벡터이며 cname은 물질의 이름으로서 인용부호로 둘러싸인 화학식(예: 'C6H6O')이나 한글이름(예: '페놀')으로 입력할 수 있다. mu는 계산된 포화액체의 점도(cP)이다.

```
function mu = visL(T,cname)
% 포화액체의 점도(cP)
% input
%   T: 온도(K) (스칼라, 혹은 벡터)
%   cname: 물질의 화학식(예: C6H6O)
% output
%   mu: 포화액체의 점도(cP)

% 점도 추정식의 계수(A, B, C, D)
wv = 1.0e+03 * [-0.001576  0.085630  -0.0000004073  -0.000000002725
      -0.0007681  0.151400  -0.00000080650  0.000000000407500
```

7 Andrade, E. N. da C., phil. Mag., Vol.17, p. 497, p. 698 (1934).

```
        -0.0026700  0.406700   0.00000614100  -0.000000012540000
        -0.0023460  0.105200   0.00000461300  -0.000000019640000
        -0.0013450  0.021220   0.00001034000  -0.000000034050000
        -0.0015150  0.194600   0.00000306700  -0.000000013760000
        -0.0085910  0.876400   0.00002681000  -0.000000036120000
        -0.0107300  1.82800    0.00001966000  -0.000000014660000
         0.0        0.0        0.0              0.0  % 누락(H2O2)
        -0.0048570  0.025130   0.00014090000  -0.000002773000000
        -0.0121400  0.376100   0.00012000000  -0.000000470900000
        -0.0020720  0.093220   0.00000603100  -0.000000027210000
        -0.0077060  0.468100   0.00003725000  -0.000000076330000
        -0.0116700  0.499300   0.00008125000  -0.000000226300000
        -0.0044440  0.290100   0.00001905000  -0.000000041640000
        -0.0033720  0.313500   0.00001034000  -0.000000020260000
         0.0020030  0.064660  -0.00001105000   0.000000009648000
         0.0        0.0        0.0              0.0  % 누락(C6H6)
         0.0        0.0        0.0              0.0  % 누락(C6H6O)
        -0.0080390  1.889000   0.00001055000  -0.000000006718000
        -0.0013350  0.1162000  0.0000001108   -0.000000000038360
        -0.0019100  0.5992000 -0.0000006749    0.000000000502600
        -0.0026370  0.4345000  0.0000019370   -0.000000002907000
        -0.0026970  0.7009000  0.0000026820   -0.000000004917000
        -0.0018120  0.3975000  0.0000011740   -0.000000001784000
        -0.0056580  0.9945000  0.0000101600   -0.000000008733000];
ind = compID(cname); % 물질의 id 번호
% 점도계산
pn = wv(ind,1) + wv(ind,2)./T + wv(ind,3).*T + wv(ind,4).*T.^2;
mu = 10.^pn;
end
```

## 기체의 점도

저압에서의 기체의 점도 $\mu_G$는 다음 식으로 나타낼 수 있다:

$$\mu_G = 0.0001*(A + BT + CT^2)$$

위에서 $\mu_G$는 저압에서의 기체의 점도(cP)이며 $T$는 온도(K)이고 $A$, $B$ 및 $C$는 물질에 따른 상수이다. 저압의 기체 혼합물의 점도의 계산에는 다음과 같은 Herning-Zipperer 식[8]을 이용한다:

8 B.E. Poling, J. M. Prausnitz and J. P. O'Connell, The Properties of Gases and Liquids, 5th ed., p. 9-22, McGraw-Hill, 2001.

$$\mu_m = \frac{\sum y_i \mu_i (MW_i)^{0.5}}{\sum y_i (MW_i)^{0.5}}$$

위에서 $\mu_m$은 기체 혼합물의 점도(cP)이고 $y_i$는 $i$ 성분의 몰분율이며 $\mu_i$는 $i$ 성분의 점도, 그리고 $MW_i$는 $i$ 성분의 분자량이다.

앞의 표에 보인 물질들에 대한 기체 점도의 계산은 함수 visG에 의해 수행되는데 몇 가지 물질들에 대한 상수 $A$, $B$ 및 $C$의 값들이 이 함수에 제시되어 있다. 이 함수는 다음과 같이 사용한다.

$$\text{mu} = \text{visG(T, cname)}$$

위에서 T는 온도(K)로서 스칼라, 혹은 벡터이며 cname은 물질의 이름으로서 인용부호로 둘러싸인 화학식(예: 'CO2')이나 한글이름(예: '이산화탄소')으로 입력할 수 있다. mu는 계산된 기체의 점도(cP)이다.

```
function mu = visG(T,cname)
% 기체의 점도(cP)
% input
%   T: 온도(K) (스칼라, 혹은 벡터)
%   cname: 물질의 화학식(예: C6H6O)
% output
%   mu: 기체의 점도(cP)

% 점도 추정식의 계수(A, B, C)
cv = [22.0900   76.9000 -211.6000
     5.1750    45.6900    -88.5400
    -3.7930    46.4500    -72.7600
    32.2800    47.4700    -96.4800
    25.4500    45.4900    -86.4900
    -9.5540    54.4500    -96.5600
    -9.3720    38.9900    -44.0500
   -31.8900    41.4500     -8.2720
     5.3810    28.9800     38.4000
    21.8700    22.2000    -37.5100
    30.4300    49.8900   -109.3000
    18.1100    66.3200   -187.9000
     3.5860    35.1300    -80.5500
    15.9600    34.3900    -81.4000
     5.5760    30.6400    -53.0700
     4.9120    27.1200    -38.0600
```

```
  -15.7600   32.4500   -72.3200
   -8.4210   27.1100   -40.1800
  -14.9800   29.0300    -1.1160
  -16.4100   32.0000         0
   -7.7870   34.7800   -81.3000
   -4.7050   26.3200   -44.1000
  -10.6700   34.3200   -80.8000
   -5.6360   34.4500    -3.3400
   -6.6880   37.2600   -50.8700
    5.6980   32.7300   -40.2800];
wv = [cv(:,1) cv(:,2)*1e-2 cv(:,3)*1e-6];
ind = compID(cname);  % 물질의 id 번호
% 점도계산
pn = wv(ind,1) + wv(ind,2).*T + wv(ind,3).*T.^2;
mu = pn*1e-4;
end
```

### 보기 6 페놀의 점도

150℃ 에서 페놀의 점도를 구하여라.

**풀이**

```
>> T = 150+273.15;
>> mu = visL(T,'C6H6O')
mu =
   0.4858
```

### 보기 7 메탄의 점도

100℃ 에서 메탄의 점도를 구하여라.

**풀이**

```
>> T = 100+273.15; cname = '메탄';
>> mu = visG(T,cname)
mu =
   0.0133
```

# 2.5 열용량(Heat capacity)

## 액체의 열용량

### 다항식 추정방법

액체의 열용량은 일반적으로 다음과 같이 온도의 멱급수 형태로 주어진다:

$$C_p^L = A + BT + CT^2 + DT^3$$

위에서 $C_p^L$는 포화액체의 열용량(cal/g℃)이며 $A$, $B$, $C$ 및 $D$는 물질에 따른 상수이고 $T$는 온도(K)이다. 액체의 열용량은 $T_r$ =0.7~0.8인 범위를 제외하고는 온도에 크게 영향을 받지는 않으나 $T_r$이 큰 경우에는 온도에 따라 크게 좌우된다. 끓는점에서 대부분의 유기화합물들의 열용량은 0.4~0.5 cal/(g · K) 정도이다.

이전의 표에 보인 물질들에 대한 액체의 열용량 계산은 함수 hcapL에 의해 수행되는데 몇 가지 물질들에 대한 상수 $A$, $B$, $C$ 및 $D$의 값들이 이 함수에 제시되어 있다. 이 함수는 다음과 같이 사용한다.

hcp = hcapL(T, cname)

위에서 T는 온도(K)로서 스칼라, 혹은 벡터이며 cname은 물질의 이름으로서 인용부호로 둘러싸인 화학식(예: 'C6H6O')이나 한글이름(예: '페놀')으로 입력할 수 있다. hcp는 계산된 액체의 열용량(cal/g/C)이다.

```
function hcp = hcapL(T,cname)
% 액체의 열용량(cal/g/C) 계산
% input
%   T: 온도(K) (스칼라, 혹은 벡터)
%   cname: 물질의 화학식(예: C6H6O)
% output
%   hcp: 액체의 열용량(cal/g/C)

% 열용량 추정식의 계수(A, B, C, D)
cv = 1.0e+04 * [-0.0000288   0.02528   -0.0331 0.1464
  -0.000013220   0.0004720  -0.0020370   0.002894000
  -0.000057370   0.0010340  -0.0040280   0.005285000
   0.000056450   0.0004798  -0.0143700   0.091195000
  -0.001930000   0.0254600  -0.1095500   0.157330000
```

```
  -0.000011210   0.0007048  -0.0035310   0.006621000
  -0.000192300   0.0031100  -0.0110900   0.013760000
   0.000067410   0.0002825  -0.0008371   0.000860100
   0.000044400   0.0001199  -0.0002738   0.000261500
   0.000379000  -0.0329800   1.2170900  -0.243480000
  -0.000106400   0.0059470  -0.0768700   0.335730000
  -0.000045870   0.0032340  -0.0395100   0.157570000
  -0.000034020   0.0006218  -0.0050120   0.012630000
   0.000123000  -0.0010330   0.0072000  -0.010730000
   0.000013880   0.0008481  -0.0056540   0.012610000
   0.000033260   0.0002332  -0.0013360   0.003016000
  -0.000148100   0.0015460  -0.0043700   0.004409000
  -0.000014610   0.0004584  -0.0013460   0.001425000
   0.000014070   0.0002467  -0.0006085   0.000592700
  -0.000068960   0.0008218  -0.0018420   0.001447000
  -0.000002618   0.0006913  -0.0034770   0.005990000
  -0.000128400   0.0013390  -0.0035100   0.003227000
   0.000037850   0.0001049  -0.0005761   0.001374000
   0.000083820  -0.0003231   0.0008296  -0.000016890
  -0.000009154   0.0003149  -0.0010640   0.001240000
  -0.000001228   0.0002058  -0.0007040   0.000861000];
wv = [cv(:,1) cv(:,2)*1e-3 cv(:,3)*1e-6 cv(:,4)*1e-9];
ind = compID(cname); % 물질의 id 번호
% 열용량 계산
hcp = wv(ind,1) + wv(ind,2).*T + wv(ind,3).*T.^2 + wv(ind,4).*T.^3;
end
```

### Rowlinson/Bondi 추정방법

이상기체 열용량과 대응상태 원리를 바탕으로 하는 Rowlinson/Bondi 액체 열용량 추정식은 다음과 같다.[9]

$$C_p^L = C_p^{id} + 1.45R + \frac{0.45R}{1-T_r} + 0.25wR\left(17.11 + \frac{25.2(1-T_r)^{1/3}}{T_r} + \frac{1.742}{1-T_r}\right)$$

위에서 $C_p^{id}$는 이상기체 열용량이다. Rowlinson/Bondi 액체 열용량 추정식을 이용하는 액체 열용량 계산은 함수 hcRB에 의해 수행된다. 이 함수는

cpL = hcRB(T,Tc,w,Cpi)

와 같이 사용한다. T 및 Tc는 온도 및 임계온도(K), w는 이심인자, Cpi는 이상기체 열용량

9 J. Gmehling, B. Kolbe, M. Kleiber and J. Rarey, Chemical Thermodynamics for Process Simulation, p. 111, Wiley-VCHVerlag GmbH & Co., 2012.

(J/mol/K), 그리고 cpL는 추정된 액체 열용량(J/mol/K)이다.

```
function cpL = hcRB(T,Tc,w,Cpi)
% Rowlinson/Bondi 추정식을 이용한 액체 열용량의 추정
% input:
%   T,Tc: 온도 및 임계온도(K)
%   w: 이심인자
%   Cpi: 이상기체 열용량(J/mol/K)
% output
%   cpL: 추정된 액체 열용량(J/mol/K)

Tr = T./Tc; R = 8.3143;
cpL = Cpi + 1.45*R + 0.45*R./(1-Tr) + 0.25*w*R*(17.11 +...
    25.2*(1-Tr).^1/3 ./ Tr + 1.742./(1-Tr));   % (J/mol/K)
end
```

### 보기 8 MEK의 열용량

Rowlinson/Bondi 액체 열용량 추정식을 이용하여 100℃에서 액상 메틸에틸케톤(MEK)의 열용량을 구하여라. MEK의 경우 $C_p^{id}=1.671$ J/(gK) = 120.496/(molK), $T_c=535.55$ K, $w=0.323$, $M_w=$ 72.11 g/mol이며 R = 8.3143 J/(molK)이다.

**풀이**

```
>> >> T = 373.15; Tc = 535.55; w = 0.323; Cpi = 120.496;
>> cpL = hcRB(T,Tc,w,Cpi)
cpL =
  162.6885
```

#### 기체의 열용량

저압에서의 이상기체의 열용량 $C_p^0$는 다음과 같은 3차 멱급수 형태로 나타낼 수 있다:

$$C_p^0 = A + BT + CT^2 + DT^3$$

위에서 $C_p^0$는 저압에서의 이상기체의 열용량(cal/gmol-K)이고 $T$는 온도(K)이며 $A$, $B$, $C$ 및 $D$는 물질에 따른 상수이다. 이전의 표에 보인 물질들에 대한 기체의 열용량 계산은 함수 hcapG에 의해 수행되는데 298~1500 K의 온도범위에서 몇 가지 물질들에 대한 상수

$A$, $B$, $C$ 및 $D$의 값들이 이 함수에 제시되어 있다. 이 함수는 다음과 같이 사용한다.

hcp = hcapG(T,cname)

위에서 T는 온도(K)로서 스칼라, 혹은 벡터이며 cname은 물질의 이름으로서 인용부호로 둘러싸인 화학식(예: 'CO2')이나 한글이름(예: '이산화탄소')으로 입력할 수 있다. hcp는 계산된 기체의 열용량(cal/gmol/K)이다.

```
function hcp = hcapG(T,cname)
% 기체의 열용량(cal/g/C) 계산
% input
%   T: 온도(K) (스칼라, 혹은 벡터)
%   cname: 물질의 화학식(예: C6H6O)
% output
%   hcp: 기체의 열용량(cal/g/K)

% 열용량 추정식의 계수(A, B, C, D)
cv = [5.8900    6.9400   -5.4800    1.5200
   7.0000    5.0500   -4.3900   1.3000
   5.8500   15.4000  -11.1000   2.9100
   6.9200   -0.6500    2.8000  -1.1400
   5.1400   15.4000   -9.9400   2.4200
   7.2400   -1.7600    3.0700  -1.0000
   6.0700    8.2300   -0.1600  -0.6600
   8.1000   -0.7200    3.6300  -1.1600
   5.5200   19.8000  -13.9000   3.7400
   6.8800   -0.0220    0.2100   0.1300
   7.0700   -1.3200    3.3100  -1.2600
   6.2200    2.7100   -0.3700  -0.2200
   0.9340   36.9000  -19.3000   4.0100
   5.0400    9.3200    8.8700  -5.3700
   2.4600   36.1000   -7.0000  -0.4600
  -0.5800   69.9000  -32.9000   6.5400
  -8.7900  116.0000  -76.1000  18.9000
  -9.3400  138.5000  -87.2000  20.6000
  -8.1100  143.4000 -107.0000  30.7000
  -5.6800  126.0000  -85.4000  20.5000
  -6.2800   79.8000  -50.5000  12.2000
   0.0       0.0       0.0      0.0    % 누락(C6H12)
  -0.5600   81.1000  -53.5000  13.6000
   3.6200   24.9000   -7.0500   0
   7.7100   34.3000  -26.4000   7.2900
  12.6000   33.2000  -29.3000   8.5800];
```

```
wv = [cv(:,1) cv(:,2)*1e-3 cv(:,3)*1e-6 cv(:,4)*1e-9];
ind = compID(cname); % 물질의 id 번호
% 열용량 계산
hcp = wv(ind,1) + wv(ind,2).*T + wv(ind,3).*T.^2 + wv(ind,4).*T.^3;
end
```

### 보기 9 물의 열용량

150℃ 에서 물의 열용량을 구하여라.

**풀이**

```
>> T = 150+273.15;
>> v = hcapL(T,'물')
v =
    1.0223
```

### 보기 10 이산화탄소의 열용량

300℃ 에서 이산화탄소의 열용량을 구하여라.

**풀이**

```
>> T = 300+273.15;
>> v = hcapG(T,'CO2')
v =
   11.1568
```

## 2.6 열 전도도

### 액체의 열 전도도

포화액체의 열 전도도는 다음 식으로 주어진다:

$$k_L = A + BT + CT^2$$

앞에서 $k_L$은 포화액체의 열 전도도($\mu$cal/($s$ · $cm$ · ℃))이고 $A$, $B$ 및 $C$는 상수이며 $T$는 온도(K)이다. 끓는점 이하에서 대부분의 유기액체들에 대한 $k_L$은 250~400 $\mu$cal/($s$ · $cm$ · ℃) 범위이다. 이전의 표에 보인 물질들에 대한 액체의 열 전도도 계산은 함수 condL에 의해 수행되는데 몇 가지 물질들에 대한 상수 $A$, $B$ 및 $C$의 값들이 이 함수에 제시되어 있다. 이 함수는 다음과 같이 사용한다.

k = condL(T,cname)

위에서 T는 온도(K)로서 스칼라, 혹은 벡터이며 cname은 물질의 이름으로서 인용부호로 둘러싸인 화학식(예: 'H2O')이나 한글이름(예: '물')으로 입력할 수 있다. k는 계산된 액체의 열 전도도($\mu$cal/($s$ · $cm$ · ℃)이다.

```
function k = condL(T,cname)
% 액체의 열전도도(microcal/cm/s/C) 계산
% input
%   T: 온도(K) (스칼라, 혹은 벡터)
%   cname: 물질의 화학식(예: C6H6O)
% output
%   k: 액체의 열전도도(microcal/cm/s/C)

% 열전도도 추정식의 계수(A, B, C)
cv = 1000*[0.6215  -0.1623  -0.1184
    0.5590   -0.0483   -0.0152
    2.1408   -0.7837    0.0714
    0.4755    0.0033   -0.2143
    0.9721   -0.2015   -0.0230
    1.0717   -0.0184   -0.0658
    2.5513   -0.3766   -0.0294
   -0.9166    1.2547   -0.1521
   -0.4666    0.8059   -0.0876
   -0.0201    2.4737   -5.3473
    0.6280   -0.3689   -0.0226
    0.5838   -0.2105   -0.0483
    0.8515   -0.2289   -0.0047
    0.7227   -0.1444   -0.0764
    0.6993   -0.1659   -0.0049
    0.6235   -0.1268   -0.0021
    0.4243    0.0011   -0.0090
    0.4851   -0.0538   -0.0006
    0.5375   -0.0304   -0.0015
    0.4409    0.0867   -0.0070
    0.3968   -0.0421   -0.0067
```

```
    0.3883   -0.0227   -0.0033
    0.7183   -0.1872    0.0117
    0.7701   -0.1142    0.0028
    0.3902   -0.0206   -0.0051];
wv = [cv(:,1) cv(:,2)*1e-2 cv(:,3)*1e-4];
ind = compID(cname); % 물질의 id 번호
% 열전도도 계산
k = wv(ind,1) + wv(ind,2).*T + wv(ind,3).*T.^2;
end
```

## 기체의 열 전도도

저압기체의 열 전도도 $k_G$는 온도에 따라 증가한다. 기체의 열 전도도 $k_G$는 다음과 같은 식으로 나타낼 수 있다:

$$k_G = A + BT + CT^2 + DT^3$$

위에서 $k_G$는 저압기체의 열 전도도($\mu$cal/cm·s·K)이며 $T$는 온도(K)이고 $A$, $B$, $C$ 및 $D$는 물질에 따른 상수이다.

이전의 표에 보인 물질들에 대한 기체의 열 전도도 계산은 함수 condG에 의해 수행되는데 몇 가지 물질들에 대한 상수 $A$, $B$, $C$ 및 $D$의 값들이 이 함수에 제시되어 있다. 이 함수는 다음과 같이 사용한다.

k = condG(T,cname)

위에서 T는 온도(K)로서 스칼라, 혹은 벡터이며 cname은 물질의 이름으로서 인용부호로 둘러싸인 화학식(예: 'H2O')이나 한글이름(예: '물')으로 입력할 수 있다. k는 계산된 기체의 열 전도도($\mu$cal/$(s \cdot cm \cdot$ ℃$)$)이다.

```
function k = condG(T,cname)
% 기체의 열전도도(microcal/cm/s/K) 계산
% input
%   T: 온도(K) (스칼라, 혹은 벡터)
%   cname: 물질의 명칭(예: '페놀', 혹은 'C6H6O')
% output
%   k: 기체의 열전도도(microcal/cm/s/K)

% 열전도도 추정식의 계수(A, B, C, D)
```

```
cv = [1.8654   19.7900   1.2400  -17.7700
    3.2500   5.8000   0.2100   -1.2500
  -19.3100  15.1500  -0.3300    0.5500
    1.2100  21.7900  -0.8416    1.9580
  -17.2300  19.1400   0.1308   -2.5140
   -0.2600  12.6700  -0.2500    0.1600
    0.9100  12.8700   2.9300   -8.6800
   17.5300  -2.4200   4.3000  -21.7300
  -21.0700  16.9700   0.1700   -1.5600
   19.3400 159.7400  -9.9300   37.2900
    0.9359  23.4400  -1.2100    3.5910
   -0.7816  23.8000  -0.8939    2.3240
  -42.0400  28.6500   0.7963   -3.2620
   -4.4630  20.8400   2.8150   -8.6310
  -75.8000  52.5700  -4.5930   39.7400
    4.4380  -1.1220   5.1980  -20.0800
  -20.1900   8.6400   2.3400   -9.6900
   18.1400  -9.5700   5.6600  -22.2200
  -26.3900  11.8900   1.5500   -4.3000
  -31.8700  15.2600   1.7400   -4.4000
  -20.4600   9.7400   3.7700  -16.2800
  -20.5700   4.4500   4.0700  -17.3100
  -67.9200  29.9600   1.7400  -12.2000
  -18.6200   9.9500   2.9000  -12.3800
   -5.7320   6.2900   0.5904   -3.3520
   -0.4161   4.0670   0.6115   -3.5660];
wv = [cv(:,1) cv(:,2)*1e-2 cv(:,3)*1e-4 cv(:,4)*1e-8];
ind = compID(cname); % 물질의 id 번호
% 열전도도 계산
k = wv(ind,1) + wv(ind,2)*T + wv(ind,3)*T.^2 + wv(ind,4)*T.^3;
end
```

## 보기 11 물의 열 전도도

0℃ $\leq T \leq$ 350℃ 의 온도범위에서 물의 열 전도도를 구하고 그래프로 나타내어 보라.

**풀이**

함수 condL을 이용한다.

```
>> T = [0:350]+273.15; k = condL(T,'물');
>> plot(T-273.15, k), xlabel('T(C)'), ylabel('물의 열전도도(\mucal/s/cm/C)'),
grid on
```

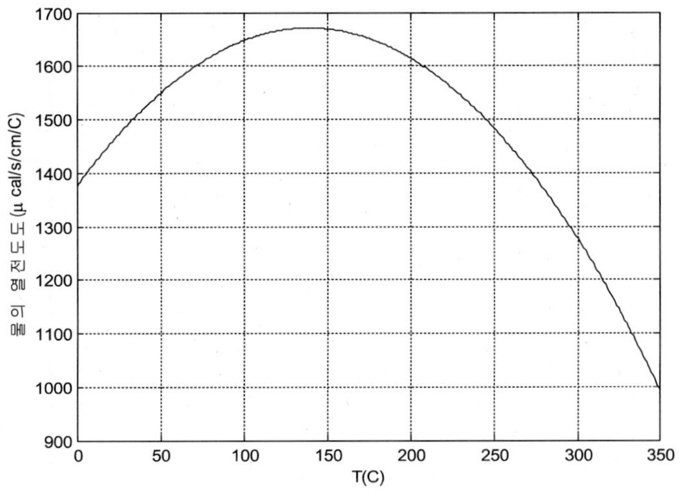


**그림 2.2 물의 열 전도도**

---

## 보기 12 프로판의 열 전도도

$25℃ \le T \le 900℃$ 의 온도범위에서 1℃ 간격으로 프로판의 열 전도도를 구하고 그래프로 나타내어 보라.

**풀이**

함수 condG를 이용한다.

```
>> T = [25:900]+273.15; k = condG(T,'프로판');
>> plot(T-273.15, k), xlabel('T(C)'), ylabel('프로판의 열 전도도(\mucal/s/cm/K)')
>> axis tight, grid on
```

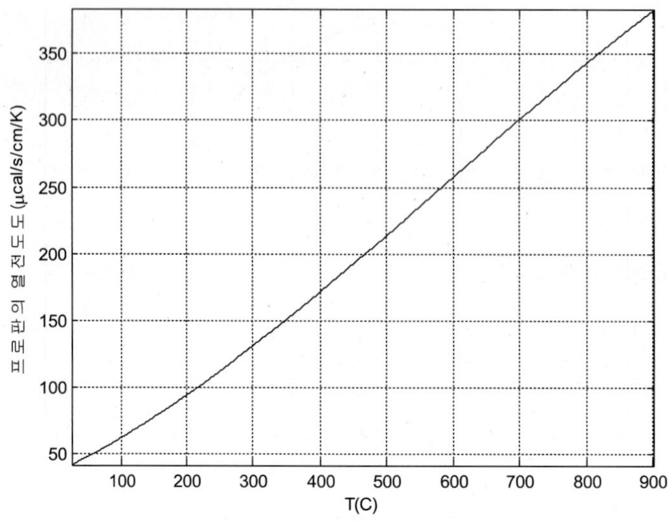


그림 2.3 프로판의 열 전도도

## 2.7 표면장력

액체의 표면장력은 다음 식으로 나타낼 수 있다:

$$\sigma = \sigma_1 \left( \frac{T_c - T}{T_c - T_1} \right)^r \quad \text{혹은} \quad \frac{\sigma}{\sigma_1} = \left( \frac{T_c - T}{T_c - T_1} \right)^r$$

위에서 $\sigma_1$은 $T_1$(K)에서의 표면장력(dynes/cm)이고 $T_c$는 임계온도(K)이며 $T$는 온도(K), $r$은 파라미터이다. 물의 경우

0℃~100℃ 범위에서 $T_1 = 298.16$ K, $r = 0.8105$, $\sigma_1 = 71.97$

100℃~374.2℃ 범위에서 $T_1 = 373.16$ K, $r = 1.1690$, $\sigma_1 = 58.91$

이다. 이전의 표에 보인 물질들에 대한 액체의 표면장력 계산은 함수 surtL에 의해 수행되는데 해당 물질들에 대한 $r$ 값들이 이 함수에 제시되어 있다. 이 함수는 다음과 같이 사용한다.

sg = surtL(T,cname)

앞에서 T는 온도(C)로서 스칼라, 혹은 벡터이며 cname은 물질의 이름으로서 인용부호로 둘러싸인 화학식(예: 'H2O')이나 한글이름(예: '물')으로 입력할 수 있다. sg는 $T_1$에서의 표면장력에 대한 $T$에서의 표면장력의 비율(즉 $sg = \sigma/\sigma_1$)이다. 그러나 물질이 물인 경우에는 sg는 물의 계산된 표면장력(dynes/cm) 값이다.

```
function sg = surtL(T,cname)
% 액체의 표면장력(dynes/cm) 계산
% input
%   T: 온도(C) (스칼라, 혹은 벡터)
%   cname: 물질의 명칭(예: '페놀', 혹은 'C6H6O')
% output
%   sg: T1에서의 표면장력에 대한 T에서의 표면장력의 비율(sg = sigma/sigma1)

% 표면장력 추정식의 데이터(T1, Tc, r)
wv = [ -200.0000 -129.0000    0.8811
   20.0000   144.0000    1.0508
   30.0000   157.6000    1.1768
 -193.0000  -140.1000    1.1441
   20.0000    31.1000    1.3015
  -93.0000    51.5000    1.0972
  -45.0000   132.4000    1.1548
   25.0000   374.2000    0.8105
   18.2000   455.0000    0.9141
 -256.0000  -240.2000    1.1012
 -203.0000  -146.8000    1.2123
 -202.0000  -118.5000    1.1933
 -120.0000     9.9000    1.2760
 -168.1600   -82.6000    1.3941
 -120.0000    32.3000    1.2060
  -90.0000    96.7000    1.1982
   20.0000   288.9400    1.2243
   20.0000   318.8000    1.2364
   20.0000   426.0000    1.1022
   60.0000   420.0000    1.0725
   10.0000   124.9000    1.3201
   20.0000   280.3000    1.4246
   40.0000   152.0000    1.2055
   20.0000   239.4000    0.8115
   25.0000   263.4000    1.1824
   30.0000   283.2000    1.2278];
ind = compID(cname);  % 물질의 id 번호
% 표면장력 비의 계산
```

```
TO = 273.15; T = T + T0; T1 = wv(ind,1) + T0; Tc = wv(ind,2) + T0;
if ind ~= 8
   sg = ((Tc - T)./(Tc-T1)).^(wv(ind,3));
else % ind=8: 물
   sg = [];
   for j = 1:length(T)
      if T(j) >= T0 && T(j)-T0 <= 100+T0 % 0<=T<=100 (C)
         sg1 = 71.97;
         sgv = sg1*((wv(ind,2) + T0 - T(j))./(wv(ind,2) +...
            T0-(wv(ind,1) + T0))).^(wv(ind,3));
      else % 100 <= T(C) <= 374.2
         wv(ind,:) = [100 374.2 1.169]; sg1 = 58.91;
         sgv = sg1*((wv(ind,2) + T0 - T(j))./(wv(ind,2) +...
            T0-(wv(ind,1) + T0))).^(wv(ind,3));
      end
      sg = [sg sgv];
   end
end
end
```

이를테면 60℃ 에서의 벤젠의 표면장력은

```
>> surtL(60,'벤젠')
ans =
   0.8211
```

로부터 구할 수 있다.

초저온 액체의 경우에는 다음과 같은 Sprows와 Prausnitz 식을 이용한다:[10]

$$\sigma = \sigma_0 (1 - T_r)^p$$

이 식에서 $\sigma_0$와 $p$는 측정데이터의 최소자승 분석에 의해 정할 수 있다.

비극성 유체의 경우 표면장력의 추정에는 또한 다음과 같은 대응상태 관계가 이용될 수 있다.[11]

$$\sigma = P_c^{2/3} T_c^{1/3} Q (1 - T_r)^{11/9}$$

10 A. Kayode Coker, Chemical Process Design, Analysis and Simulation, p. 111, Gulf Publishing Company, 1995.

11 B.E. Poling, J. M. Prausnitz and J. P. O'Connell, The Properties of Gases and Liquids, 5th ed., p. 12-3, McGraw-Hill, 2001.

$$Q = 0.1196\left(1 + \frac{T_{br}\ln(P_c/1.01325)}{1 - T_{br}}\right) - 0.279$$

위에서 $P_c$는 임계압력(bar), $T_c$는 임계온도(K), $T_b$는 상압에서의 비등점(K), 그리고 $T_{br} = \frac{T_b}{T_c}$이다.

Pitzer는 표면장력의 추정을 위한 다음과 같은 대응상태 관계를 제안하였다.[12]

$$\sigma = P_c^{2/3} T_c^{1/3} \frac{1.86 + 1.18w}{19.05}\left(\frac{3.75 + 0.91w}{0.291 - 0.08w}\right)^{2/3}(1 - T_r)^{11/9}$$

위에서 $w$는 이심인자이며 $P_c$는 임계압력(bar), $T_c$는 임계온도(K)이다.

대응상태 관계를 이용하는 표면장력 계산은 함수 corstsg에 의해, 그리고 Pitzer의 대응상태 관계식에 의한 표면장력 계산은 pitzersg에 의해 수행되는데 이 함수들은 다음과 같이 사용한다.

sg = corstsg(Pc, Tc, Tb, T)
sg = pitzersg(w, Pc, Tc, T)

위에서 Pc는 임계압력(bar), Tc는 임계온도(K), Tb는 상압에서의 비등점(K), w는 이심인자, T는 온도(K), 그리고 sg는 추정된 표면장력(dyne/cm) 값이다.

**corstsg.m**

```
function sg = corstsg(Pc,Tc,Tb,T)
% 표면장력의 추정을 위한 대응상태식의 계산
% input
%   Pc: 임계압력(bar)
%   Tc: 임계온도(K)
%   Tb: 상온에서의 비등점(K)
%   T: 온도(K)
% output
%   sg: 표면장력(dyne/cm)

Tr = T./Tc; Tbr = Tb./Tc;
Q = 0.1196*(1 + Tbr.*log(Pc/1.01325)./(1-Tbr)) - 0.279;
sg = Pc.^(2/3).*Tc.^(1/3).*Q.*(1-Tr).^(11/9);
end
```

12 B.E. Poling, J. M. Prausnitz and J. P. O'Connell, The Properties of Gases and Liquids, 5th ed., p. 12-8, McGraw-Hill, 2001.

```
pitzersg.m
function sg = pitzersg(w,Pc,Tc,T)
% 표면장력의 추정을 위한 Pitzer 대응상태식의 계산
% input
%   Pc: 임계압력(bar)
%   Tc: 임계온도(K)
%   w: 이심인자
%   T: 온도(K)
% output
%   sg: 표면장력(dyne/cm)

Tr = T./Tc;
sg = (Pc.^(2/3)).*(Tc.^(1/3)).*((1.86+1.18*w)/19.05).*((3.75+...
    0.91*w)./(0.291-0.08*w)).^(2/3).*(1-Tr).^(11/9);
end
```

**보기 13 에탄티올의 표면장력**

대응상태 관계를 이용하여 30℃에서 에탄티올($C_2H_6S$, 혹은 에틸 머캡탄)의 표면장력(dyne/cm)을 구하여라. 에탄티올의 경우 $P_c = 54.9$ bar, $T_c = 499$ K, 그리고 $T_b = 308.15$ K이다.

**풀이**

```
>> T = 303.15; Tc = 499; Tb = 308.15; Pc = 54.9;
>> sg = corstsg(Pc,Tc,Tb,T)
sg =
   22.3398
```

## 2.8 증기압

### Antoine 식

증기압 $P_v$의 추정에서는 다음과 같은 Antoine 식이 널리 사용된다.

$$\ln P_v = A - \frac{B}{T+C}$$

Antoine식은 10~1500 mmHg의 압력범위에서만 사용이 가능하다.

## 확장된 Antoine 식

포화액체의 증기압은 다음과 같은 온도의 함수로 나타낼 수 있다:

$$\log P_v = A + \frac{B}{T} + C\log T + DT + ET^2$$

위에서 $P_v$는 포화액체의 증기압(mmHg)이고 $T$는 온도(K)이며 $A$, $B$, $C$, $D$ 및 $E$는 화학물질에 따른 상수이다. 몇 가지 물질들에 대한 상수 $A$, $B$, $C$, $D$ 및 $E$의 값들이 부록에 제시되어 있다. 부록에 보인 물질들에 대한 포화액체의 증기압 계산은 함수 prVp에 의해 수행되는데 이 함수는 다음과 같이 사용한다.

pv = prVp(T,cname)

위에서 T는 온도(C)로서 스칼라, 혹은 벡터이며 cname은 물질의 이름으로서 인용부호로 둘러싸인 화학식(예: 'H2O')이나 한글이름(예: '물')으로 입력할 수 있다. pv는 계산된 포화액체의 T에서의 증기압(mmHg)이다.

```
function pv = prVp(T,cname)
% 포화액체의 증기압(mmHg) 추정
% input
%   T: 온도(C) (스칼라, 혹은 벡터)
%   cname: 물질의 명칭(예: '페놀', 혹은 'C6H6O')
% output
%   pv: T에서의 증기압(mmHg)

% 물질의 id 번호
ind = compID(cname);

% 증기압 추정식의 파라미터
cv = 1.0e+04 * [
    0.0021480   -0.051651  -0.00071218   0.00143550   0
    0.0042262   -0.20098   -0.001396300  0.00093705   0
    0.0046554   -0.24563   -0.001516900  0.00090026   0
    0.0032863   -0.06069   -0.001296900  0.00275510   0
    0.0047544   -0.17922   -0.001655900  0.00138330   0
    0.0136050   -0.30473   -0.005841600  0.00954960  -0.0058507
    0.0038440   -0.20662   -0.001210500  0.00077768   0
    0.0016373   -0.28186   -0.000169080 -0.00057546   0.0004007
    0.0044791   -0.40227   -0.001307600  0.00045627   0
    0.0005237   -0.00463   -0.000044809  0.00252900   0
    0.0021623   -0.04556   -0.000751070  0.00172140   0
```

```
   0.0005648  -0.04113    0.000181180 -0.00250420   0.0062610
   0.0030895  -0.11968   -0.001015300  0.00099351   0
   0.0022573  -0.06562   -0.000739420  0.00118960   0
   0.0016316  -0.10748   -0.000314340  0.00045534   0.0010373
   0.0036007  -0.17372   -0.001166600  0.00085187   0
   0.0051204  -0.32457   -0.001640300  0.00075400   0
   0.0115210  -0.49181   -0.004346700  0.00385480  -0.0013496
   0.0018893  -0.31040   -0.000347140  0.00000274   0
   0.0672710  -2.21973   -0.026667000  0.02264300  -0.0073731
   0.0038450  -0.18652   -0.001257800  0.00089375   0
   0.0064753  -0.36192   -0.002175300  0.00107420   0
   0.0041401  -0.21812   -0.001345100  0.00084524   0
  -0.0042629  -0.11862    0.002327900 -0.00350820   0.00175780
   0.0026828  -0.22926   -0.000718600  0.00031365   0
   0.0050612  -0.31357   -0.001631300  0.00078036   0     ];
wv = [cv(:,1) cv(:,2) cv(:,3) cv(:,4)*1e-3 cv(:,5)*1e-6];

% 증기압의 계산
T0 = 273.15; T = T + T0;
logp = wv(ind,1) + wv(ind,2)./T + wv(ind,3).*log10(T) +...
   wv(ind,4).*T + wv(ind,5).*T.^2;
pv = 10.^logp;
end
```

확장된 Antoine 식은 Antoine 식과 Kirchhoff 식을 결합한 형태로서 다음과 같이 나타낼 수 있다.

$$\ln\frac{P^v}{P_0} = A + \frac{B}{T+C} + DT + E\ln T + FT^G$$

위에서 $A$, $B$, $C$, $D$, $E$, $F$ 및 $G$는 화학물질에 따른 상수이다.

## 보기 14 물의 증기압

0℃ $\leq T \leq$ 350℃ 의 온도범위에서 물의 증기압을 구하고 그래프로 나타내어 보라.

**풀이**

```
>> T = 0:350;
>> pv = prVp(T,'H2O');
>> plot(T,pv), xlabel('T(C)'), ylabel('물의 증기압(mmHg)'), grid on
```

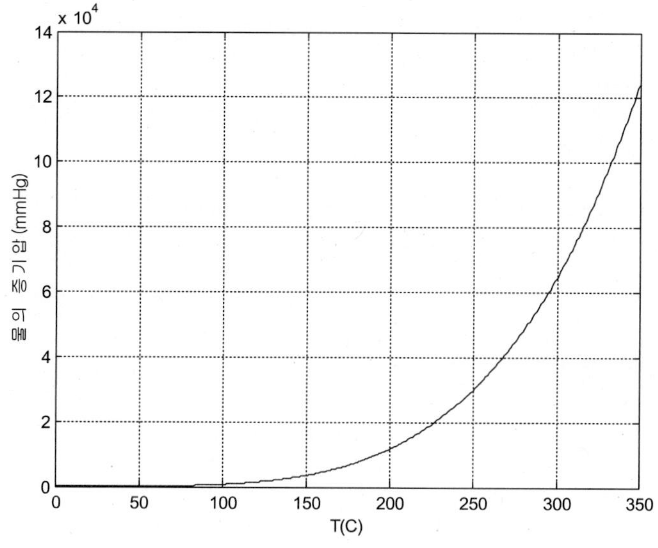


그림 2.4 물의 증기압

## Wagner 추정식

유용한 증기압 추정식으로서 다음과 같은 Wagner 식이 많이 이용된다.

$$\ln\frac{P_v}{P_c} = \frac{1}{T_r}\left[A(1-T_r) + B(1-T_r)^{1.5} + C(1-T_r)^{2.5} + D(1-T_r)^5\right]$$

위에서 $T_r = \dfrac{T}{T_c}$이며 각 파라미터의 유효한 범위는 $-9 \le A \le -5$, $-10 \le B \le 10$, $-10 \le C \le 10$, $-20 \le D \le 20$이다. Wagner 식을 이용하는 증기압 추정은 함수 vpwagner에 의해 수행된다. 이 함수는

Pv = vpwagner(T,Tc,Pc,C)

와 같이 사용한다. 여기에서 T 및 Tc는 온도 및 임계온도(K), Pc는 임계압력(MPa), C는 Wagner식 파라미터 벡터이며 Pv는 추정된 증기압(MPa)이다.

```
function Pv = vpwagner(T,Tc,Pc,C)
% Wagner 식을 이용하는 증기압 추정
% input:
```

```
%   T,Tc: 온도 및 임계온도(K)
%   Pc: 임계압력(MPa)
%   C: Wagner식 파라미터 벡터
% output
%   Pv: 추정된 증기압(MPa)

Tr = T./Tc; a = C(1); b = C(2); c = C(3); d = C(4);
Pv = Pc.*exp((a*(1-Tr) + b*(1-Tr).^1.5 + c*(1-Tr).^2.5 + d*(1-Tr).^5)/Tr);
end
```

### 보기 15 아세톤의 증기압 추정

273.15 K에서 아세톤의 증기압(MPa)을 추정하여라. 아세톤의 경우 $T_c = 508.1\ K$, $P_c =$ 4.6924 MPa이며 Wagner 식 파라미터는 A = −7.670734, B = 1.965917, C = −2.445437, D = −2.899873이다.

**풀이**

```
>> C = [-7.670734 1.965917 -2.445437 -2.899873];
>> T=273.15; Tc=508.1; Pc=4.6924;
>> Pv = vpwagner(T,Tc,Pc,C)
Pv =
    0.0093
```

## Hoffmann-Florin 추정식

증기압 계산을 위한 Hoffmann-Florin 추정식은 두 개의 조정 가능한 파라미터 $\alpha$와 $\beta$를 갖는다.

$$\ln\frac{P_v}{P_0} = \alpha + \beta f(T)$$

위에서

$$f(T) = \frac{1}{T} - 7.9151\times 10^{-3} + 2.6726\times 10^{-3}\log(T) - 0.8625\times 10^{-6}T \qquad \text{(T: K)}$$

$$\alpha = \ln\frac{P_1^v}{P_0} - \ln\frac{P_1^v}{P_2^v}\cdot\frac{f(T_1)}{f(T_1)-f(T_2)},\ \beta = \frac{\ln(P_1^v/P_2^v)}{f(T_1)-f(T_2)}$$

## Rarey/Moller 추정식

정규 비등점을 이용하는 그룹기여 추정방법은 Antoine 추정식의 파라미터 C를 정규 비등점과 연관시키고 있다.

$$\ln P_v = B'\left(\frac{T-T_b}{T+2.65-\frac{T_b^{1.485}}{135}}\right)+D'\ln\frac{T}{T_b}$$

$$B' = 9.42208+\sum_i \nu_i \Delta B_i + n_A\sum_j \nu_j \Delta B_j + \sum_k \Delta B_k + \frac{1}{2}\sum_i\sum_j GI_{ij}$$

$$D' = D + \frac{1}{n_A}\sum_i \nu_i \Delta E_i$$

위에서 $P_v$는 증기압(bar), 온도($T$, $T_b$)는 절대온도(K)이며 $\Delta B_i$는 구조적 그룹들의 그룹기여도이고 $\nu_i$는 분자에서 $i$그룹의 빈도수이다. $GI_{ij}$는 그룹 간섭 기여도로서 $GI_{ij}=GI_{ji}$이다. $D'$은 지방족 알콜에 대한 보정항으로서 그룹 기여항 $\Delta E_i$와 상수 D로 주어진다. $n_A$는 수소를 제외한 원자들의 수이다.

Rarey/Moller 추정식을 이용한 증기압 추정은 함수 vpRM에 의해 계산된다. T와 Tb는 각각 온도 및 정규비등점(K)이며 nu는 그룹들의 빈도수, dB와 GI는 각 그룹의 $\Delta B_i$ 및 $GI_{ij}$, Dp는 $D'$, 그리고 Pv는 계산된 증기압(bar)이다.

```
function Pv = vpRM(T,Tb,nu,dB,GI,Dp)
% Rarey/Moller 추정식을 이용한 증기압 추정
% input
%   T,Tb: 온도 및 정규비등점(K)
%   nu: 그룹들의 빈도수
%   dB, GI: 각 그룹의 delta B 및 GIij
%   Dp: D prime
% output
%   Pv: 증기압(bar)
 sumdBi = sum(nu.*dB); sumGI = sum(sum(GI));
 Bp = 9.42208 + sumdBi + sumGI;
 Pv = exp(Bp*(T-Tb)./(T+2.65-(Tb.^1.485)/135) + Dp*log(T./Tb)); % bar
end
```

### 보기 16 n-프로필 벤젠의 증기압[13]

Rarey/Moller 추정식을 이용하여 100℃ 와 200℃ 에서 n-프로필 벤젠($C(CH)_5(CH_2)_2CH_3$)

13 J. Gmehling, B. Kolbe, M. Kleiber and J. Rarey, Chemical Thermodynamics for Process Simulation, p. 89-90, Wiley-VCHVerlag GmbH & Co., 2012.

의 증기압을 구하여라. n-프로필 벤젠의 정규 비등점은 $T_b = 159.22$℃ 이다. n-프로필 벤젠 분자의 각 그룹과 이들의 $\Delta B_i$ 및 빈도수는 다음과 같다.

**표 2.4 그룹과 빈도수**

| 그룹 이름 | $\nu_i$(빈도수) | $\Delta B_i$ |
|---|---|---|
| $CH_2$ | 2 | 0.07545 |
| $CH_3$ | 1 | −0.00227 |
| $C$ | 1 | 0.11192 |
| $CH$ | 5 | 0.01653 |

**풀이**

각 온도에 대하여 함수 vpRM의 수행결과는 다음과 같다.

```
>> Tb = 159.22+273.15; nu = [2 1 1 5]; Dp = 0; GI = [];
>> dB = [0.07545 -0.00227 0.11192 0.01653];
>> T = 100 + 273.15; Pv = vpRM(T,Tb,nu,dB,GI,Dp)
Pv =
    0.1595
>> T = 200 + 273.15; Pv = vpRM(T,Tb,nu,dB,GI,Dp)
Pv =
    2.6106
```

# 2.9 증발 엔탈피

## Watson 식

증발 엔탈피 $\Delta H_v$는 흔히 증발잠열이라고도 부른다. $\Delta H_v$는 같은 온도에서 포화증기와 포화액체의 엔탈피의 차이이다. 온도 $T$(K)에서의 $\Delta H_v$의 계산에는 다음과 같은 Watson 식이 널리 이용된다.[14]

$$\Delta H_v = \Delta H_{v1}\left(\frac{T_c - T}{T_c - T_1}\right)^r$$

14 B.E. Poling, J. M. Prausnitz and J. P. O'Connell, The Properties of Gases and Liquids, $5^{th}$ ed., p. 7-24, McGraw-Hill, 2001.

앞에서 $\Delta H_v$는 임의의 온도에서의 증발열(cal/g), $\Delta H_{v1}$은 온도 $T_1$(K)에서의 증발열(cal/g)이며 $T_c$는 임계온도(K)이고 $r$은 물질에 따른 특성상수로서 대개 0.38을 취한다. 몇 가지 물질들에 대한 $T_1$, $\Delta H_{v1}$ 및 $r$의 값들이 부록에 제시되어 있다.

이전의 표에 보인 물질들에 대한 증발열 계산은 함수 hvapn에 의해 수행되는데 이 함수는 다음과 같이 사용한다.

$$\text{hv} = \text{hvapn(T,cname)}$$

위에서 T는 온도(℃)로서 스칼라, 혹은 벡터이며 cname은 물질의 이름으로서 인용부호로 둘러싸인 화학식(예: 'H2O')이나 한글이름(예: '물')으로 입력할 수 있다. hv는 T에서 계산된 증발열(cal/g)이다.

```
function hv = hvapn(T,cname)
% 증발 엔탈피(cal/g) 추정
% input
%   T: 온도(C) (스칼라, 혹은 벡터)
%   cname: 물질의 명칭(예: '페놀', 혹은 'C6H6O')
% output
%   hv: T에서의 증발열(cal/g)

% 증발 엔탈피 추정식의 파라미터(dhv1, T1(C), Tc(C), r)
cv = [41.1000 -188.1000 -129.000  0.3800
   69.6000   -34.0600  144.0000   0.3800
   93.0000   -10.0000  157.6000   0.3800
   51.6000  -191.5000 -140.1000   0.3800
   56.1000      0        31.1000   0.3800
  105.8000   -85.0300   51.5000   0.3800
  327.4000   -33.4300  132.4000   0.3800
  538.7000   100.0000  374.2000   0.3800
  321.9000   150.2000  455.0000   0.3800
  107.0000  -252.8000 -240.2000   0.2370
   47.5000  -195.8000 -146.8000   0.3800
   50.9000  -183.0000 -118.5000   0.3800
  115.4000  -103.7000    9.9000   0.3800
  121.7000  -161.5000  -82.6000   0.3800
  116.7000   -88.2000   32.3000   0.3800
  101.8000   -42.1000   96.7000   0.3800
   94.1000    80.1000  288.9400   0.3800
   86.1000   110.6000  318.8000   0.3800
  112.4000   184.4000  426.0000   0.3800
  116.4000   181.8000  420.0000   0.3800
  113.8000   -32.8000  124.9000   0.3800
```

```
   0.0        0.0        0.0       0.0 % 누락(C6H12)
 100.2000   -4.4100  152.0000   0.3800
 260.1000   64.7000  239.4000   0.4000
  58.9000   61.3000  263.4000   0.3800
  46.5500   76.7000  283.2000   0.3800];
% 물질
ind = compID(cname); % 물질의 id
% 증발 엔탈피의 계산
T0 = 273.15;
T = T + T0; Tc = cv(ind,3) + T0; T1 = cv(ind,2) + T0;
hv = cv(ind,1)*((Tc - T )./(Tc - T1)).^(cv(ind,4));
end
```

## 보기 17 물의 증발 엔탈피

0℃ ≤ $T$ ≤ 350℃ 의 온도범위에서 물의 증발 엔탈피(cal/g)를 구하고 그래프로 나타내어 보라.

### 풀이

```
>> T = 0:350;
>> hv = hvapn(T,'H2O');
>> plot(T,hv), xlabel('T(C)'), ylabel('물의 증발엔탈피(cal/g)'), grid on
```

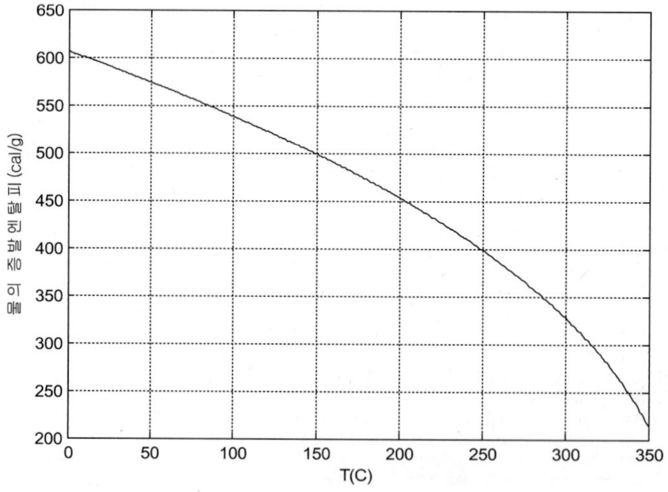


그림 2.5 물의 증발 엔탈피

## Pitzer 추정식

Pitzer 등[15]에 의하면 증발 엔탈피 $\Delta H_v$는 다음과 같이 추정할 수 있다.

$$\frac{\Delta H_v}{RT_c} = 7.08(1-T_r)^{0.354} + 10.95w(1-T_r)^{0.456}$$

위에서 ω는 이심인자이다.

## Clausius-Clapeyron 식의 이용

Clausius-Clapeyron 식

$$\Delta H_V = -R\frac{d\ln P_v}{d(1/T)} = T(v^V - v^L)\frac{dP_v}{dT} \quad (T_r < 0.75)$$

에서 온도에 대한 증기압의 미분항을 적절한 관계로 대체하여 증발 엔탈피를 추정한다.

**Antoine 식의 이용**: $\log P_v = A - \frac{B}{T+C}$를 이용하면 $\frac{d\ln P_v}{d(1/T)} = -\frac{2.3026B(T+273.15)^2}{(T+C)^2}$.
따라서

$$\Delta H_V = \frac{2.3026RB(T+273.15)^2}{(T+C)^2}$$

위에서 T는 온도(℃)이고 B와 C는 상용로그 증기압을 이용하는 Antoine식의 파라미터들이다.

**Wagner 증기압식의 이용:** 증기압의 미분 $dP_v/dT$의 계산에 Wagner 증기압 추정식을 이용한다. Wagner 식

$$\ln\frac{P_v}{P_c} = \frac{1}{T_r}\left[A(1-T_r) + B(1-T_r)^{1.5} + C(1-T_r)^{2.5} + D(1-T_r)^5\right]$$

의 미분으로부터

15 Pitzer, K. S., Lippman, D., Curl, R. F., Higgins, C. M. and Peterson, D. E., *J. American Chem. Soc.*, Vol.77, p. 3433 (1955).

$$\frac{dP_v}{dT} = -\frac{P_v}{T}\left[\ln\frac{P_v}{P_c} + A + 1.5B(1-T_r)^{0.5} + 2.5C(1-T_r)^{1.5} + 5D(1-T_r)^4\right]$$

임을 알 수 있다. 이로부터

$$\Delta H_V = -P_v(v^V - v^L)\left[\ln\frac{P_v}{P_c} + A + 1.5B(1-T_r)^{0.5} + 2.5C(1-T_r)^{1.5} + 5D(1-T_r)^4\right]$$

를 얻는다. Wagner 식을 이용하는 증발 엔탈피 추정계산은 함수 vhwagner.m에 의해 수행된다. 이 함수는

dHv = vhwagner(T, Tc, Pc, vL, vV, C)

와 같이 사용한다. T 및 Tc는 온도 및 임계온도(K), Pc는 임계압력(MPa), C는 Wagner식 파라미터 벡터이며 dHv는 추정된 증발 엔탈피(J/mol)이다.

```
function dHv = vhwagner(T,Tc,Pc,vL,vV,C)
% Wagner 식을 이용하는 증발 엔탈피 추정

% input:
%   T,Tc: 온도 및 임계온도(K)
%   Pc: 임계압력(MPa)
%   C: Wagner식 파라미터 벡터
% output
%   dHv: 추정된 증발 엔탈피(J/mol)

Tr = T./Tc; a = C(1); b = C(2); c = C(3); d = C(4);
Pv = Pc.*exp((a*(1-Tr) + b*(1-Tr).^1.5 + c*(1-Tr).^2.5 + d*(1-Tr).^5)/Tr);
wd = log(Pv./Pc) + a + 1.5*b*(1-Tr).^0.5 + 2.5*c*(1-Tr).^1.5 + 5*d*(1-Tr).^4;
dHv = -Pv*(vV - vL).*wd*1e6;  % J/mol
end
```

## 보기 18 아세톤의 증발 엔탈피

Wagner 식에 의한 증기압 미분관계를 이용하여 273.15 K(0℃)에서 아세톤의 증발 엔탈피를 추정하여라. 아세톤의 경우 $v^L = 7.145\times10^{-5}\,m^3/mol$, $v^V = 0.2453\ m^3/mol$, $T_c = 508.1\ K$, $P_c = 4.6924$ MPa, $M_w = 58.08$ g/mol이며 Wagner 식 파라미터는 A = −7.670734, B = 1.965917, C = −2.445437, D = −2.899873이다.

**풀이**

```
>> C = [-7.670734 1.965917 -2.445437 -2.899873];
>> T=273.15; Tc=508.1; Pc=4.6924; vL=7.145e-5; vV=0.2453;
>> dHv = vhwagner(T,Tc,Pc,vL,vV,C)
dHv =
   3.3015e+04
```

즉 $\Delta H_v$ =33,015 J/mol을 얻는다.

## 2.10 이상기체의 표준 생성열

저온에서의 이상기체에 대한 생성열 $\triangle H_f^0$는 다음 식으로 나타낼 수 있다:

$$\triangle H_f^0 = A + BT + CT^2$$

위에서 $\triangle H_f^0$는 저온에서의 이상기체에 대한 생성열(kcal/gmol)이고 $T$는 온도(K)이며 $A$, $B$ 및 $C$는 상수들이다. 이전의 표에 보인 기체들에 대한 생성열 계산은 함수 hform에 의해 수행되는데 298 ~ 1500 K의 온도범위에서 표의 물질들에 대한 상수 $A$, $B$ 및 $C$의 값들이 이 함수에 제시되어 있다. 이 함수는 다음과 같이 사용한다.

hf = hform(T, cname)

위에서 T는 온도(℃)로서 스칼라, 혹은 벡터이며 cname은 물질의 이름으로서 인용부호로 둘러싸인 화학식(예: ‘CH4’)이나 한글이름(예: ‘메탄’)으로 입력할 수 있다. hf는 T에서 계산된 생성열(kcal/gmol)이다.

```
function hf = hform(T,cname)
% 저온에서의 이상기체에 대한 생성열(kcal/gmol) 계산
% input
%   T: 온도(C) (스칼라, 혹은 벡터)
%   cname: 물질의 화학식(예: C6H6O)
% output
%   hf: 생성열(kcal/gmol)

% 생성열 추정식의 계수
```

```
cv = [0.0     0.0       0.0  % 누락(F2)
      0.0     0.0       0.0  % 누락(Cl2)
   -69.6000  -5.2900    0
   -26.5000   0.8400  -1.0500
   -93.9000  -0.4300    0
   -21.9000  -0.6100    0
    -9.3400  -6.2000    2.3600
   -57.4000  -1.7900    0
   -31.8000  -3.0400    1.1900
     0.0      0.0       0.0 %  누락(H2)
     0.0      0.0       0.0 %  누락(N2)
     0.0      0.0       0.0 %  누락(O2)
     0.0      0.0       0.0 %  누락(C2H4)
   -15.4000  -9.5900    3.5000
   -16.4000 -14.8000    6.1300
   -20.0000 -19.1000    8.1500
    23.7000 -15.3000    6.2700
    16.8000 -19.0000    7.8400
    25.2000 -17.6000    8.9800
   -19.3000 -14.6000    7.1800
    16.9000 -16.7000    7.9000
   -21.6000 -32.0000   15.8000
    29.0000 -10.1000    4.1300
   -44.9600 -11.9000    4.9800
   -24.7000   0.0334    0
   -24.0000   2.4200    0];
wv = [cv(:,1) cv(:,2)*1e-3 cv(:,3)*1e-6];
ind = compID(cname); % 물질의 id
% 생성열 계산
T0 = 273.15; T = T + T0;
if ind ~= 3
   hf = wv(ind,1) + wv(ind,2)*T + wv(ind,3)*T.^2;
else % ind = 3: 이산화황
   hf = [];
   for j = 1:length(T)
      if T(j) >= 298 && T(j) <= 717  % 이용가능 온도범위: 298K~717K
         ind = 1;
         hfv = wv(ind,1) + wv(ind,2)*T(j) + wv(ind,3)*T(j).^2;
      else  % 이용가능 온도범위: 717K~1500K
         wv(ind,:) = [-86.9 0.32*1e-3 0];
         hfv = wv(ind,1) + wv(ind,2)*T(j) + wv(ind,3)*T(j).^2;
      end
      hf = [hf hfv];
   end
end
end
```

**보기 19** **메탄의 표준 생성열**

500℃ 의 온도에서 메탄의 생성열(kcal/gmol)을 구하여 보라.

**풀이**

```
>> T = 500;
>> hf = hform(T,'메탄')
hf =
  -20.7223
```

## 2.11 Gibbs 자유에너지

Gibbs 자유에너지 $\Delta G_f^0$는 다음과 같이 정의된다:

$$\Delta G_f^0 = \Delta H_f^0 - T\Delta S_f^0$$

위에서 $\Delta S_f^0$는 생성 엔트로피이다. 저압에서의 이상기체에 대한 Gibbs 자유 생성에너지 $\Delta G_f^0$는 온도에 대한 선형관계로서 다음과 같이 나타낼 수 있다:

$$\Delta G_f^0 = A + BT$$

위에서 $\Delta G_f^0$는 저압에서의 이상기체의 Gibbs 자유 생성에너지(kcal/gmol)이고 $T$는 온도(K)이며 $A$와 $B$는 상수이다.

이전의 표에 보인 기체들에 대한 Gibbs 자유 생성에너지 계산은 함수 gfree에 의해 수행되는데 표의 물질들에 대한 상수 $A$와 $B$의 값들이 이 함수에 제시되어 있다. 이 함수는 다음과 같이 사용한다.

gf = gfree(T,cname)

위에서 T는 온도(K)로서 스칼라, 혹은 벡터이며 cname은 물질의 이름으로서 인용부호로 둘러싸인 화학식(예: 'CH4')이나 한글이름(예: '메탄')으로 입력할 수 있다. gf는 T에서 계산된 Gibbs 자유 생성에너지(kcal/gmol)이다.

```
function gf = gfree(T,cname)
% 저온에서의 이상기체에 대한 Gibbs free 생성열(kcal/gmol) 계산
% input
%   T: 온도(K) (스칼라, 혹은 벡터)
%   cname: 물질의 화학식이나 이름(예: 'C6H6O', 혹은 '페놀')
% output
%   gf: Gibbs free 생성열(kcal/gmol)

% 생성열 추정식의 계수(A, B)
cv = [ 0.0   0.0  % 누락(F2)
       0.0   0.0  % 누락(Cl2)
  -71.9000     0.2500
  -26.5000   -21.3000
  -94.2000    -0.4200
  -22.3000    -1.7200
  -12.3000    27.2000
  -58.6000    12.7000
  -33.2000    26.4000
    0.0         0.0 %   누락(H2)
    0.0         0.0 %   누락(N2)
    0.0         0.0 %   누락(O2)
    0.0         0.0 %   누락(C2H4)
  -20.1000    24.9000
  -23.3000    49.7000
  -28.8000    74.7000
   16.7000    45.9000
    7.8000    68.7000
   18.5000    70.6000
  -25.0000    56.5000
   10.3000    47.7000
  -35.1000   139.0000
   24.2000    38.6000
  -50.2000    36.5000
  -24.8000    26.9000
  -22.6000    32.1000];
wv = [cv(:,1) cv(:,2)*1e-3];
ind = compID(cname);  % 물질의 id
% 생성열 계산
if ind ~= 3
   gf = wv(ind,1) + wv(ind,2)*T;
else  % ind = 3: 이산화황
   gf = [];
   for j = 1:length(T)
      if T(j) >= 298 && T(j) <= 717  % 이용가능 온도범위: 298K~717K
         ind = 1;
```

```
            gfv = wv(ind,1) + wv(ind,2)*T(j);
        else  % 이용가능 온도범위: 717K~1500K
            wv(ind,:) = [-86.8 17.7*1e-3];
            gfv = wv(ind,1) + wv(ind,2)*T(j);
        end
        gf = [gf gfv];
    end
end
end
```

이를테면 60℃ 에서의 벤젠의 Gibbs 자유 생성에너지(kcal/gmol)는

```
>> gfree(60+273.15,'벤젠')
ans =
   31.9916
```

와 같이 구한다.

## 2.12 확산계수

### 액상 확산계수

액상에서의 확산계수는 농도에 따라 좌우되는데 10% 이하의 묽은 용액에 대해서만 유효하다. 용질 A가 용매 B에 녹아 있는 2성분계에서 A의 농도가 10 몰% 이내일 때 확산계수 $D_{AB}^0$는 다음과 같이 Wilke-Chang 방법으로 계산할 수 있다:[16]

$$D_{AB}^0 = \frac{7.4 \cdot 10^{-8} T\sqrt{\phi M_{wB}}}{\mu_B \cdot V_A^{0.6}}$$

위에서 $D_{AB}^0$는 소량의 용질 A가 용매 B에 녹아 있는 낮은 농도의 용액에서의 A의 확산계수 $(cm^2/s)$, $M_{wB}$는 용매 B의 분자량, $T$는 절대온도(K), $\mu_B$는 용매 B의 점도(cP), $V_A$는 끓는점에서의 용질 A의 몰 부피$(cm^3/gmol)$, 그리고 $\phi$는 용매 B의 결합인자로서 물의 경우 2.6, 메탄올의 경우 1.9, 에탄올의 경우 1.5, 비결합 용매의 경우 1.0이다.

16 B.E. Poling, J. M. Prausnitz and J. P. O'Connell, The Properties of Gases and Liquids, 5th ed., p. 11-22, McGraw-Hill, 2001.

액상에서의 확산계수 계산은 함수 gdiffc에 의해 수행되는데 이 함수는 다음과 같이 사용한다.

Df = gdiffc(T,M,phi,mu,v)

위에서 T는 온도(K) (스칼라, 혹은 벡터), M은 물질의 분자량, phi는 용매 B의 결합인자, mu는 용매 B의 점도(cP), v는 끓는점에서의 용질 A의 몰 부피($cm^3/gmol$), 그리고 Df는 액상에서의 확산계수($cm^2/s$)이다.

```
function Df = gdiffc(T,M,phi,mu,v)
% 액상에서의 확산계수
% input
%   T: 온도(K) (스칼라, 혹은 벡터)
%   M: 물질의 분자량
%   phi 용매 B의 결합인자(물:2.6, 메탄올:1.9, 에탄올:1.5, 비결합 용매:1)
%   mu: 용매 B의 점도(cP)
%   v: 끓는점에서의 용질 A의 몰 부피(cm^3/gmol)
% output
%   Df: 액상에서의 확산계수(cm^2/s)

Df = 7.4e-8*T.* sqrt(phi.*M)./(mu.*v.^0.6);
end
```

## 기상 확산계수

비극성 기체에 대한 확산계수는 Fuller, Schettler 및 Giddings의 방법에 따라 다음 관계로부터 추정할 수 있다:[17]

$$D_{AB}^0 = \frac{10^{-3} T^{1.75} \sqrt{\dfrac{M_{wA} + M_{wB}}{M_{wA} M_{wB}}}}{P\left[\left(\sum v\right)_A^{1/3} + \left(\sum v\right)_B^{1/3}\right]^2}$$

위에서 $D_{AB}^0$는 기체 A와 B의 2성분 기체혼합물에 대한 확산계수($cm^2/s$), $M_{wA}$와 $M_{wB}$는 각각 A와 B의 분자량, $v_A$와 $v_B$는 각각 원자확산부피, $T$는 온도(K), 그리고 $P$는 압력(기압)이다. 성분 A와 B에 대한 확산분자계수의 합 $\sum v$는 다음 표에 주어져 있다.

17 A. Kayode Coker, Chemical Process Design, Analysis and Simulation, p. 123, Gulf Publishing Company, 1995.

**표 2.5 Fuller, Schettler 및 Giddings 방법에 의한 DOAB계산에서의 원자확산부피**[18]

| 원자 및 구조 확산부피 증가, v | | | |
|---|---|---|---|
| C | 16.5 | Cl | 19.5 |
| H | 1.98 | S | 17.0 |
| O | 5.48 | 방향족 고리 | −20.2 |
| N | 5.69 | 헤테로사이클 고리 | −20.2 |
| 간단한 분자들에 대한 확산부피 $\sum v$ | | | |
| $H_2$ | 7.07 | CO | 18.9 |
| $D_2$ | 6.70 | $CO_2$ | 26.9 |
| He | 2.88 | $N_2O$ | 35.9 |
| $N_2$ | 17.9 | $NH_3$ | 14.9 |
| $O_2$ | 16.6 | $H_2O$ | 12.7 |
| 공기 | 20.1 | $CCl_2F_2$ | 114.8 |
| Ar | 16.1 | $SF_6$ | 69.7 |
| Kr | 22.8 | $Cl_2$ | 37.7 |
| Xe | 37.9 | $Br_2$ | 67.2 |
| $SO_2$ | 41.1 | | |

## 2.13 천연가스의 압축인자 Z

천연 탄화수소 기체의 압축인자 $Z$의 계산에는 다음과 같은 보정된 Awoseyin의 방법을 이용할 수 있다.[19]

$$Z = F_1 \left[ \frac{1}{1 + \dfrac{A_6 \cdot P \cdot 10^{1.785 S_g}}{T^{3.825}}} + F_2 \cdot F_3 \right] + F_4 + F_5$$

위에서 $T$는 온도($R$), $P$는 Kpsia(즉 $10^3$psia)이며

$$F_1 = P(0.251 S_g - 0.15) - 0.202 S_g + 1.106$$

18 A. Kayode Coker, Chemical Process Design, Analysis and Simulation, p. 124, Gulf Publishing Company, 1995.

19 A. Kayode Coker, Chemical Process Design, Analysis and Simulation, p. 125, Gulf Publishing Company, 1995.

$$F_2 = 1.4e^{-0.0054(T-460)}$$

$$F_3 = A_1P^5 + A_2P^4 + A_3P^3 + A_4P^2 + A_5P$$

$$F_4 = (0.154 - 0.152S_g)P^{(3.18S_g - 1.0)}e^{-0.5P} - 0.02$$

$$F_5 = 0.35(0.6 - S_g)e^{-1.039(P-1.8)^2}$$

이고 상수 $A_i$의 값은 다음과 같다.

$$A_1 = 0.001946,\ A_2 = -0.027635,\ A_3 = 0.136315,\ A_4 = -0.23849,$$
$$A_5 = 0.105168,\ A_6 = 3.44\times 10^8$$

천연가스의 비중 $S_g$는 밀도나 분자량으로부터 구할 수 있다. 즉

$$S_g = \frac{(\text{기체밀도})}{(\text{공기밀도})} = \frac{\rho_{gas,60°F}}{\rho_{air,60°F}} \quad \text{혹은} \quad S_g = \frac{(\text{기체분자량})}{(\text{공기분자량})} = \frac{M_{w,gas}}{M_{w,air}}$$

천연 탄화수소 기체의 압축인자 $Z$의 계산은 함수 ngasZ에 의해 수행되는데 이 함수는 다음과 같이 사용한다.

nz = ngasZ(T, P, Sg)

위에서 T는 온도(F)(스칼라, 혹은 벡터), P는 압력(psia)(스칼라, 혹은 벡터), Sg는 천연가스의 비중, 그리고 nz는 T와 P에서 계산된 천연가스의 압축인자이다. 입력되는 T와 P는 함수 ngasZ 내에서 단위가 각각 R과 Kpsia로 변환된다.

```
function nz = ngasZ(T,P,Sg)
% 천연가스의 압축인자 계산
% input
%   T: 온도(F) (스칼라, 혹은 벡터)
%   P: 압력(psia)
%   Sg: 비중
% output
%   nz: 천연가스의 압축인자

P = P/1000; T = T + 460;
A1 = 0.001946; A2 = -0.027635; A3 = 0.136315;
A4 = -0.23849; A5 = 0.105168;  A6 = 3.44e8;
F1 = P.*(0.251*Sg-0.15) - 0.202*Sg + 1.106;
den = 1 + A6*P.*10.^(1.785*Sg)./(T.^3.825);
```

```
F2 = 1.4*exp(-0.0054*(T-460));
F3 = A1*P.^5 + A2*P.^4 + A3*P.^3 + A4*P.^2 + A5*P;
F4 = (0.154-0.152*Sg).*P.^(3.18*Sg-1).*exp(-0.5*P) - 0.02;
F5 = 0.35*(0.6-Sg).*exp(-1.039*(P-1.8).^2);
nz =  F1.*(1./den + F2.*F3) + F4 + F5;
end
```

## 보기 20 천연가스의 압축인자

60°F 의 온도에서 100 psia $\leq P \leq$ 5000 psia의 범위에 걸쳐 비중이 0.5, 0.6, 0.7, 0.8일 때의 천연가스의 압축인자를 구하고 그래프로 나타내어라.

### 풀이

```
>> T=60; P=100:10:5000; nz=[];
>> for k = 1:4, Sg = 0.5+(k-1)*0.1; nzv = ngasZ(T,P,Sg); nz = [nz nzv']; end
>> plot(P,nz(:,1),P,nz(:,2),':',P,nz(:,3),'.-',P,nz(:,4),'--')
>> axis([100 5000 0 1.1]), legend('Sg=0.5','Sg=0.6','Sg=0.7','Sg=0.8',
   'location','best')
```

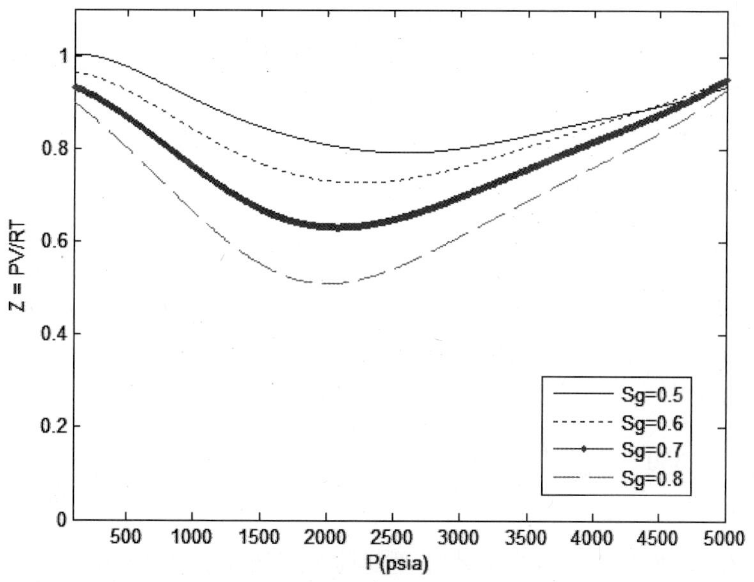


그림 2.6 천연가스의 압축인자

## 연습문제

**1.** 200℃ ≤ $T$ ≤ 300℃ 의 온도범위에서 20℃ 간격으로 포화수증기의 물성치를 계산하고 그 결과를 표로 만들어보라.

**2.** 건구온도가 10℃ ≤ $T_d$ ≤ 40℃ 인 범위에서 10℃ 씩 변하고 상대습도가 20% ≤ $H_R$ ≤ 80% 의 범위에서 20%씩 변할 때 절대습도($g/m^3$)를 구하고 표로 정리하여 보라.

**3.** 어떤 저장실 내의 최초 공기온도는 28℃ 이며 상대습도는 73%이다. 시간이 흐름에 따라 저장실 내의 공기는 16℃, 상대습도는 55%로 감소되었다. 저장실 문을 하루 종일 열지 않았다고 가정하고 내부의 총 공기량이 150 $m^3$라고 할 때 응축된 물의 양을 구하여라.

**4.** 0℃ ≤ $T$ ≤ 350℃ 의 온도범위에서 1℃ 간격으로 물의 밀도를 구하고 그래프로 나타내어 보라.

**5.** 0℃ ≤ $T$ ≤ 350℃ 의 온도범위에서 물의 점도를 구하고 그래프로 나타내어 보라.

**6.** 25℃ ≤ $T$ ≤ 900℃ 의 온도범위에서 1℃ 간격으로 에탄의 점도를 구하고 그래프로 나타내어 보라.

**7.** 0℃ ≤ $T$ ≤ 350℃ 의 온도범위에서 물의 열용량을 구하고 그래프로 나타내어 보라.

**8.** 300$K$ ≤ $T$ ≤ 1500 $K$의 온도범위에서 1 $K$ 간격으로 $CO_2$의 열용량을 구하고 그래프로 나타내어 보라.

**9.** 0℃ ≤ $T$ ≤ 350℃ 의 온도범위에서 1℃ 간격으로 페놀의 열 전도도를 구하고 그래프로 나타내어 보라.

**10.** 20℃ ≤ $T$ ≤ 500℃ 의 온도범위에서 $CO_2$와 메탄의 열 전도도를 구하고 그래프로 나타내어 보라.

**11.** 0℃ ≤ $T$ ≤ 350℃ 의 온도범위에서 물의 표면장력(dynes/cm)을 구하고 그래프로 나타내어 보라.

**12.** 0℃ ≤ $T$ ≤ 300℃ 의 온도범위에서 벤젠과 페놀의 증기압(mmHg)을 구하고 그래프로 나타내어 보라.

**13.** Rarey/Moller 추정식을 이용하여 50.3℃와 −45℃에서 RE-218($CF_3OCF_2CF_3$)의 증기압을 구하여라. RE-218의 정규 비등점은 $T_b = -23.7$℃이다. 계산된 증기압을 실험치 11.319 bar 및 0.372 bar와 비교하여라.[20] RE-218 분자의 각 그룹과 이들의 $\Delta B_i$ 및 빈도수는 다음과 같다.

**표 P13 그룹과 빈도수**

| 그룹 이름 | $\nu_i$(빈도수) | $\Delta B_i$ |
|---|---|---|
| $C$ | 3 | −0.0896 |
| $F_3$ | 2 | 0.09402 |
| $F_2$ | 1 | 0.1054 |
| $O$ | 1 | 0.15049 |
| no $H$ | 1 | −0.19373 |

**14.** Antoine 식에 의한 증기압 미분관계를 이용하여 273.15 K(0℃)에서 아세톤의 증발엔탈피를 추정하여라. 아세톤의 경우 상용로그 증기압을 이용하는 Antoine 식의 파라미터는 A = 7.11714, B = 1210.595, C = 229.664이다.

**15.** 25℃ ≤ $T$ ≤ 1,200℃의 온도범위에서 일산화탄소와 이산화탄소의 표준 생성열을 구하고 그래프로 나타내어 보라.

**16.** 300 $K$ ≤ $T$ ≤ 1,500 $K$의 온도범위에서 에탄의 Gibbs free 생성열(kcal/gmol)을 구하고 그래프로 나타내어 보라.

**17.** Wilke-Chang 추정식을 이용하여 0℃에서 클로로벤젠(B) 중의 프로판(A)의 무한희석 확산계수를 구하여라. 클로로벤젠의 분자량은 112.56, $\mu = 1.05$ cP이며 프로판의 몰부피 $V_A$는 74.5 $cm^3/gmol$, $T = 273.15$ K, 그리고 $\phi = 1.0$이다.

**18.** 1기압, 25℃에서 allyl chloride의 확산계수를 구하고 실험값인 0.0975 $cm^2/s$와 비교하여 보라.

20 J. Gmehling, B. Kolbe, M. Kleiber and J. Rarey, Chemical Thermodynamics for Process Simulation, p. 91, Wiley-VCHVerlag GmbH & Co., 2012.

# 열역학

## 3.1 상태방정식

### 비리얼(Virial) 상태방정식

비리얼(Virial) 상태방정식은

$$Z = \frac{PV}{RT} = 1 + \frac{BP}{RT}$$

의 형태로 주어진다. 여기에서 $P$는 압력(atm), $V$는 몰 부피($\ell/gmol$), $T$는 온도(K), R은 기체상수(0.08206 $atm \cdot \ell/(gmol \cdot K)$), B는 제 2 비리얼 계수($\ell/gmol$)이다. 제 2 비리얼 계수는 다음과 같이 주어진다.[1]

$$B = \frac{RT_c}{P_c}(B^0 + wB^1), \quad B^0 = 0.083 - \frac{0.422}{T_r^{1.6}}, \; B^1 = 0.139 - \frac{0.172}{T_r^{4.2}}$$

위에서 $T_c$는 임계온도(K), $P_c$는 임계압력(atm), 그리고 $w$는 이심인자(acentric factor)이며 $T_r = T/T_c$, $P_r = P/P_c$이다.

비리얼 상태방정식의 계산은 함수 virialEOS에 의해 수행된다. 이 함수는 주어진 온도

1 Smith, J. M., H. C. Van Ness and M. M. Abbott, Introduction to Chemical Engineering Thermodynamics, p. 102, 7th ed., McGraw-Hill, 2005.

(K)와 압력(atm)에서 압축인자와 몰부피($\ell/gmol$)를 계산하여 준다. 이 함수는

$$[Z\ V] = \text{virialEOS}(P,\ T,\ Pc,\ Tc,\ w)$$

와 같이 이용한다. P 및 Pc는 압력 및 임계압력(atm), T 및 Tc는 온도 및 임계온도(K), 그리고 w는 이심인자이며 Z와 V는 압축인자 및 몰부피이다.

```
function [Z V] = virialEOS(P,T,Pc,Tc,w)
% 비리얼 상태방정식: 주어진 온도와 압력에서 압축인자(Z)와 몰부피(V)를 계산
% P,Pc: 압력 및 임계압력(atm), T,Tc: 온도 및 임계온도(K), w: 이심인자
R = 0.08206; % atm-liter/(gmol-K)
Tr = T./Tc; Pr = P./Pc;
B0 = 0.083 - 0.422./(Tr.^1.6); B1 = 0.139 - 0.172./(Tr.^4.2);
B = R*Tc.*(B0 + w.*B1)./Pc;
Z = 1 + B.*P./(R*T); V = R*Z.*T./P;
end
```

### 보기 1 에탄의 압축인자(Z)와 부피[2]

에탄의 임계온도와 임계압력은 각각 $T_c = 305.3\ K$ 및 $P_c = 48.08\ atm$이며 이심인자는 $w = 0.1$이다. 비리얼 상태방정식을 이용하여 50℃, 15 bar에서 에탄의 압축인자와 몰부피를 구하여라.

**풀이**

1bar = 0.986923 atm이므로 $P = (15)(0.986923) = 14.8$ atm이다. 함수 virialEOS의 수행 결과는 다음과 같다.

```
>> P=14.8; T=323.15; Pc=48.08; Tc=305.3; w=0.1;
>> [Z V] = virialEOS(P,T,Pc,Tc,w)
Z =
   0.9122
V =
   1.6344
```

즉 압축인자 Z = 0.9122, 몰부피 V = 1.6344($\ell/gmol$)이다.

## Lee-Kesler 방정식

2 임경희, 과학도와 공학도를 위한 열역학, p. 340, 자유아카데미, 2011.

압축인자 Z가 $T_r$과 $P_r$의 함수로 표현된 상태방정식들은 모든 기체에 대하여 일반적으로 적용될 수 있기 때문에 일반화되었다고 말한다. Lee와 Kesler(1975)는 대응상태의 원리에 근간을 둔 Curl-Pitzer 방법을 더 낮은 온도범위로 확장하여 임의의 유체의 압축인자를 simple 유체의 압축인자 $Z^{(0)}$와 기준유체의 압축인자 $Z^{(r)}$로 나타내었으며 $Z^{(0)}$, $Z^{(r)}$ 각각을 보정된 BWR(Benedict-Webb-Rubin) 방정식으로 나타내었다.[3]

$$Z = Z^{(0)} + \frac{\omega}{\omega^{(r)}}(Z^{(r)} - Z^{(0)})$$

$$Z = \left(\frac{P_r V_r}{T_r}\right) = 1 + \frac{B}{V_r} + \frac{C}{V_r^2} + \frac{D}{V_r^5} + \frac{c_4}{T_r^3 V_r^2}\left(\beta + \frac{\gamma}{V_r^2}\right)\exp\left(-\frac{\gamma}{V_r^2}\right)$$

위에서

$$B = b_1 - \frac{b_2}{T_r} - \frac{b_3}{T_r^2} - \frac{b_4}{T_r^3}, \quad C = c_1 - \frac{c_2}{T_r} + \frac{c_3}{T_r^3}, \quad D = d_1 + \frac{d_2}{T_r}$$

위의 식에서 계수 $b_i$와 $c_i (i = 1,2,3,4)$ 및 $d_1$, $d_2$, $\beta$와 $\gamma$는 다음과 같다.

**표 3.1 Lee-Kesler 방정식의 파라미터**

| 파라미터 | Simple 유체 | 기준유체 |
|---|---|---|
| $b_1$ | 0.1181193 | 0.2026579 |
| $b_2$ | 0.265728 | 0.331511 |
| $b_3$ | 0.154790 | 0.027665 |
| $b_4$ | 0.030323 | 0.203488 |
| $c_1$ | 0.0236744 | 0.0313385 |
| $c_2$ | 0.0186984 | 0.0503618 |
| $c_3$ | 0.0 | 0.041577 |
| $c_4$ | 0.042724 | 0.041577 |
| $10^4 d_1$ | 0.155488 | 0.48736 |
| $10^4 d_2$ | 0.623689 | 0.0740336 |
| $\beta$ | 0.65392 | 1.226 |
| $\gamma$ | 0.060167 | 0.03754 |

3 Lee, B. I. and M. G. Kesler, *AIChE J.*, Vol. 21, No. 3, p. 510 (1975).

Lee-Kesler 방정식에 의한 압축인자 계산은 함수 zLK.m에 의해 수행된다. 온도 및 압력 조건과 데이터를 구조체 변수(g)로 입력하면 압축인자 Z가 출력으로 반환된다. 구조체 g의 필드는 압력(g.P, MPa) 온도(g.T, K), 임계압력(g.Pc, MPa), 임계온도(g.Tc, K), 그리고 이심인자(g.w)들이다.

```
function Z = zLK(g)
% zLK.m: Lee-Kesler 방정식에 의한 압축인자 z의 계산

% 상수 및 파라미터
b = [0.1181193   0.2657280   0.1547900   0.0303230;
     0.2026579   0.3315110   0.0276550   0.2034880];
c = [0.0236744   0.0186984   0.0000000   0.0427240;
     0.0313385   0.0503618   0.0169010   0.0415770];
d = 1e-4*[0.155488   0.623689; 0.487360 0.0740336];
beta = [0.653920 1.22600]; gam = [0.060167 0.03754]; wr = 0.3978;

% 압력(MPa), 온도(K), 임계압력(MPa), 임계온도(K), 이심인자 입력
P = g.P; T = g.T; Pc = g.Pc; Tc = g.Tc; w = g.w;
Pr = P/Pc; Tr = T/Tc;
h.c = c; h.Tr = Tr; h.Pr = Pr; h.gam = gam; h.beta = beta;

% Simple fluid의 Z0 계산(ind=1)
ind=1; [B C D] = compBCD(Tr, b, c, d, ind);
h.B = B; h.C = C; h.D = D; h.ind = ind; Vr0 = Tr./Pr;   % Vr의 초기값
Vr = fzero(@BWReq, Vr0, [], h);  Z0 = Pr*Vr./Tr;

% Reference fluid의 Zr 계산(ind=2)
ind = 2; [B C D] = compBCD(Tr, b, c, d, ind);
h.B = B; h.C = C; h.D = D; h.ind = ind;
Vr = fzero(@BWReq, Vr, [], h); Zr = Pr*Vr/Tr;
Z1 = 1/wr * (Zr - Z0);

% 실제 유체의 압축인자
Z = Z0 + w*Z1; sprintf('압축인자 Z = %f', Z);
end
```

함수 zLK에서는 먼저 다음과 같은 함수 compBCD를 이용하여 Lee-Kesler 방정식의 상수 B, C, D를 계산한 다음 BWR 방정식의 근을 구한다. BWR 방정식은 함수 BWReq에 의해 정의된다. 함수 BWReq에서 필요로 하는 데이터는 구조체 h에 의해 제공된다.

```
function [B C D] = compBCD(Tr, b, c, d, ind)
% ind 1: Simple fluids, ind 2: Reference fluids
B = b(ind,1) - b(ind,2)/Tr - b(ind,3)/Tr^2 - b(ind,4)/Tr^3;
C = c(ind,1) - c(ind,2)/Tr + c(ind,3)/Tr^3;
D = d(ind,1) + d(ind,2)/Tr;
end

function f = BWReq(Vr,h)
B=h.B; C=h.C; D=h.D; c=h.c; Tr=h.Tr; Pr=h.Pr; gam=h.gam;
beta=h.beta; ind=h.ind;
f = 1 + B/Vr + C/Vr^2 + D/Vr^5 + c(ind, 4)/(Tr^3*Vr^2)*(beta(ind)+...
   gam(ind)/Vr^2)*exp(-gam(ind)/Vr^2) - Pr*Vr/Tr;
end
```

### 보기 2 1-부텐(butene)의 압축인자 계산

400 K, 20 MPa에서 1-butene의 압축인자를 구하여라. 1-butene의 임계온도는 419.6 K, 임계압력은 40.2 MPa, 이심인자 $\omega$는 0.191이다.

**풀이**

구조체 g를 설정하고 함수 zLK를 호출한다. 수행결과는 다음과 같다.

```
>> g.P=20; g.T=400; g.Pc=40.2; g.Tc=419.6; g.w=0.191;
>> Z = zLK(g)
Z =
    0.7539
```

## 3차 상태방정식

3차 상태방정식은 기체의 경우

$$V=\frac{RT}{P}+b-\frac{a(T)}{P}\frac{V-b}{(V+\epsilon b)(V+\sigma b)}$$

액체의 경우

$$V=b+(V+\epsilon b)(V+\sigma b)\left[\frac{RT+bP-VP}{a(T)}\right]$$

로 주어진다. 위의 식들은 $V$에 대한 3차 방정식으로 정리할 수 있으므로 3차 상태방정식이라고 일컫는다. 위에서

$$a(T) = \Psi \frac{\alpha(T_r) R^2 T_c^2}{P_c}, \quad b = \Omega \frac{RT_c}{P_c}$$

이다. 3차 상태방정식은 다음과 같이 압축인자 $Z = \frac{PV}{RT}$를 이용하여 나타낼 수도 있다. 기체의 경우

$$Z = 1 + \beta - q\beta \frac{Z - \beta}{(Z + \epsilon\beta)(Z + \sigma\beta)}$$

액체의 경우

$$Z = \beta + (Z + \epsilon\beta)(Z + \sigma\beta)\left(\frac{1 + \beta - Z}{q\beta}\right)$$

위에서 $\beta = \frac{bP}{RT} = \Omega \frac{P_r}{T_r}$, $q = \frac{a(T)}{bRT} = \frac{\Psi\alpha(T_r)}{\Omega T_r}$이다. 위의 두 식을 3차 다항식 형태로 나타내면 다음과 같다(기체 및 액체에 대하여 동일한 식을 얻는다).

$$Z^3 + \{(\sigma + \epsilon)\beta - (1 + \beta)\} Z^2 + \beta\{q + \epsilon\sigma\beta - (1 + \beta)(\sigma + \epsilon)\} Z - \beta^2 \{q + (1 + \beta)\epsilon\sigma\} = 0$$

각 상태방정식 형태에 따른 파라미터들은 다음과 같다.

**표 3.2 상태방정식 형태에 따른 파라미터**[4]

| 상태방정식 | $\alpha(T_r)$ | $\sigma$ | $\epsilon$ | $\Omega$ | $\Psi$ |
|---|---|---|---|---|---|
| van der Waals | 1 | 0 | 0 | 0.12500 | 0.42188 |
| Redlich-Kwong | $Tr^{-1/2}$ | 1 | 0 | 0.08664 | 0.42748 |
| Soave-Redlich-Kwong | $\alpha_{SRK}$ | 1 | 0 | 0.08664 | 0.42748 |
| Peng-Robinson | $\alpha_{PR}$ | $1+\sqrt{2}$ | $1-\sqrt{2}$ | 0.07780 | 0.45724 |
| $\alpha_{SRK}(T_r) = \left[1 + (0.480 + 1.574w - 0.176w^2)(1 - \sqrt{T_r})\right]^2$ | | | | | |
| $\alpha_{PR}(T_r) = \left[1 + (0.37464 + 1.54226w - 0.26992w^2)(1 - \sqrt{T_r})\right]^2$ | | | | | |

3차 상태방정식은 아래에 보인 함수 cubicEOSZ에 의해 계산된다. 함수 cubicEOSZ는

4 Smith, J. M., H. C. Van Ness and M. M. Abbott, Introduction to Chemical Engineering Thermodynamics, p. 98, 7th ed., McGraw-Hill, 2005.

내장함수 fzero를 사용하여 압축인자와 몰 부피를 계산한다. 이 함수는 다음과 같이 사용한다.

[Z V] = cubicEOSZ(state, eos, T, P, Tc, Pc, w)

위에서 state는 유체의 상태로서 액체이면 'l'이나 'L', 기체이면 'v'나 'V'(대소문자 모두 허용된다)로 설정한다. eos는 계산하고자 하는 상태방정식 형태로서 van der Waals 식인 경우 'VDW', Redlich-Kwong 식인 경우 'RK', Soave-Redlich-Kwong 식인 경우 'SRK', 그리고 Peng-Robinson 식인 경우 'PR'(대소문자 모두 허용된다)로 설정한다. T와 P는 온도(K) 및 압력(bar)이며 Tc와 Pc는 임계온도(K) 및 임계압력(bar), 그리고 w는 이심인자이다. Z와 V는 각각 압축인자 및 몰 부피($cm^3/mol$)이다.

```
function [Z V] = cubicEOSZ(state,eos,T,P,Tc,Pc,w)
% 3차 상태방정식을 이용한 압축인자 Z와 부피 V의 계산
% input
%   state: 상태(액체: L, 기체: V)
%   eos: 상태방정식 형태(VDW, RK, SRK, PR)
%   T,P: 온도(K) 및 압력(bar)
%   Tc,Pc: 임계온도(K) 및 임계압력(bar)
%   w: 이심인자

% Tr 및 Pr의 계산(reduced T and P)
Tr = T/Tc; Pr = P/Pc; R = 83.14; % cm^3*bar/mol/K
nc = length(w);

% 파라미터의 설정
eos = upper(eos);
switch eos
    case {'VDW'}
        sm = 0; ep = 0; om = 0.125; ps = 0.42188; mx = [0];
    case{'RK'}
        ep = 0; sm = 1; om = 0.08664; ps  = 0.42748;
        al = 1./sqrt(Tr);
        mx = (Tr.^(-1/4) - 1)./(1 - sqrt(Tr));
    case{'SRK'}
        ep = 0; sm = 1; om = 0.08664; ps  = 0.42748;
        al = (1+(0.48+1.574*w-0.176*w.^2).*(1-sqrt(Tr))).^2;
        mc = [0.48 1.574 0.176];
        mx = [ones(nc,1) w -w.^2]*mc';
    case{'PR'}
        ep = 1 - sqrt(2); sm = 1 + sqrt(2); om = 0.07780; ps  = 0.45724;
        mc = [0.37464 1.54226 0.26992];
        mx = [ones(nc,1) w -w.^2]*mc';
```

```
end

% alpha, beta와 q의 계산
al = (1 + mx.*(1-sqrt(Tr))).^2;
beta = om*Pr./Tr; q = ps*al./(om*Tr);

% 압축인자(Z) 및 부피(V) 계산
state = upper(state);
c(1) = 1;
c(2) = (sm +ep)*beta - (1+beta);
c(3) = beta*(q + ep*sm*beta -(1+beta)*(sm+ep));
c(4) = -beta^2*(q +(1+beta)*ep*sm);

Z = roots(c);
switch state
   case 'V'
      Z = max(Z);
   case 'L'
      Z = min(Z);
end
V = Z*R*T/P;
end
```

## 보기 3 n−부탄의 몰 부피 계산[5]

350 $K$에서 n-부탄의 증기압은 9.4573 $bar$이다. 3차 상태방정식(vdW, RK, SRK, PR)을 이용하여 포화증기와 포화액체 상태에서의 n-부탄의 몰 부피를 구하여라. n-부탄의 임계온도와 임계압력은 각각 $T_c = 425.1\,K$, $P_c = 37.96\ bar$이며 이심인자는 $w = 0.2$이다.

### 풀이

포화증기 상태에서 van der Waals 식을 이용하는 경우의 수행과정은 다음과 같다.

```
>> T=350; P=9.4573; Tc=425.1; Pc=37.96; w=0.2;
>> state ='v'; eos = 'vdw';
>> [Z V] = cubicEOSZ(state,eos,T,P,Tc,Pc,w)
Z =
   0.8667
```

5 Smith, J. M., H. C. Van Ness and M. M. Abbott, Introduction to Chemical Engineering Thermodynamics, p. 98-99, 7th ed., McGraw-Hill, 2005.

```
V =
   2.6669e+03
```

포화액체 상태에서 Redlich-Kwong 식을 이용하는 경우의 수행과정은 다음과 같다.

```
>> state = 'L'; eos = 'rk';
>> [Z V] = cubicEOSZ(state,eos,T,P,Tc,Pc,w)
Z =
    0.0433
V =
  133.2663
```

위에서 eos 변수를 상태방정식 형태에 따라 달리 설정해 가면서 얻은 결과를 요약하면 다음과 같다.

**표 3.3 몰 부피($cm^3$/mol) 계산결과**

| 상태 | 실험값 | 상태방정식 | | | |
|---|---|---|---|---|---|
| | | vdW | RK | SRK | PR |
| 포화증기 | 2,482 | 2,666.9 | 2,555.3 | 2,520.3 | 2,486.4 |
| 포화액체 | 115.0 | 190.981 | 133.266 | 127.813 | 112.602 |

## 3.2 유체의 열역학적 성질

### 엔탈피 변화

열용량(heat capacity) $C_p$는 온도에 의존하며 다음과 같이 온도 T의 함수로 나타낼 수 있다.

$$\frac{C_p}{R} = A + BT + CT^2 + DT^{-2}$$

물질에 따라서 C나 D는 0일 수도 있다. 엔탈피 변화 $\Delta H$와 평균 열용량 $< C_p >_H$는

$$\Delta H = Q = \int_{T_1}^{T_2} C_p dT, \quad < C_p >_H = \frac{\Delta H}{T_2 - T_1}$$

으로 계산된다. 함수 delH.m은 입력인수로 주어지는 $C_p$ 관계식의 계수벡터와 적분온도 범위로부터 엔탈피 변화 $\Delta H$와 평균 열용량 $< C_p >_H$를 계산하여 준다.

```
function [Q, mc] = delH(C,T1,T2)
% delH.m: 순수물질의 delta H(Q) 및 평균열용량(mc)/R 계산
% input:
%   C: Cp 관계식의 계수(C=[A,B,C,D])
%   T1,T2: 적분온도범위(하한 및 상한온도)
% output:
%   Q: delta H

R = 8.314; % J/(mol-K)
fH = @(T) C(1) + C(2)*T + C(3)*T.^2 + C(4)*T.^(-2); %T(K)
intCp = quadl(fH,T1,T2); Q = R*intCp; % J
mc = intCp/(T2-T1); % (Cp)h/R
```

## 보기 4 메탄의 엔탈피 변화[6]

메탄 1몰을 260℃ 로부터 600℃ 로 가열시키는 데에 소요되는 열과 평균열용량 $\frac{< C_p >_H}{R}$를 구하여라. 압력은 충분히 낮아서 메탄은 이상기체로 간주할 수 있다고 가정한다. 메탄의 경우 $C_p = 1.702 + 9.081\times 10^{-3}T - 2.164\times 10^{-6}T^2$ 으로 주어진다.

**풀이**

다음과 같이 함수 delH.m을 호출한다.

```
>> [Q mc] = delH([1.702 9.081e-3 -2.164e-6 0], 533.15, 873.15)
Q =
   1.9778e+04
mc =
    6.9965
```

6 Smith, J. M., H. C. Van Ness and M. M. Abbott, Introduction to Chemical Engineering Thermodynamics, p. 131-132, $7^{th}$ ed., McGraw-Hill, 2005.

## 편차함수(Departure Function)

편차함수(departure function)를 이용하면 계산이 손쉬운 이상기체 관계를 초기 및 최종상태에 대한 편차값과 조합시켜 원하는 열역학적 성질을 정량적으로 구할 수 있다. 순수한 유체에 대한 편차함수는 열역학적 상태방정식으로부터 얻을 수 있다. 엔탈피의 경우

$$\Delta H = H_2 - H_1 = (H_2 - H_2^{ig}) + (H_2^{ig} - H_1^{ig}) - (H_1 - H_1^{ig})$$

위에서 $H_2 - H_2^{ig}$ 과 $H_1 - H_1^{ig}$는 편차함수에 의해 계산되며 $H_2^{ig} - H_1^{ig}$는

$$H_2^{ig} - H_1^{ig} = \int_{T_1}^{T_2} C_P dT = \int_{T_1}^{T_2} (A + BT + CT^2 + DT^3) dT$$

로 주어진다. 마찬가지로 엔트로피 변화는

$$\Delta S = S_2 - S_1 = (S_2 - S_2^{ig}) + (S_2^{ig} - S_1^{ig}) - (S_1 - S_1^{ig})$$

와 같이 주어진다. 위에서 $S_2^{ig} - S_1^{ig}$는

$$S_2^{ig} - S_1^{ig} = \int_{T_1}^{T_2} \frac{C_P}{T} dT + R\ln\frac{P_2}{P_1} = \int_{T_1}^{T_2} \left(\frac{A}{T} + B + CT + DT^2\right) dT + R\ln\frac{P_2}{P_1}$$

로 계산된다.

### 비리얼(VR, Virial) 상태방정식을 이용한 편차함수

비리얼 상태방정식을 이용하는 경우 엔탈피 편차함수와 엔트로피 편차함수는 각각 다음과 같이 주어진다.

$$\frac{H - H^{ig}}{RT} = -P_r\left[\frac{1.0972}{T_r^{2.6}} - \frac{0.083}{T_r} + w\left(\frac{0.8944}{T_r^{5.2}} - \frac{0.139}{T_r}\right)\right]$$

$$\frac{S - S^{ig}}{R} = -P_r\left(\frac{0.675}{T_r^{2.6}} + w\frac{0.722}{T_r^{5.2}}\right)$$

### VDW(van der Waals) 상태방정식을 이용한 편차함수

VDW(van der Waals) 상태방정식을 이용하는 경우 엔탈피 편차함수와 엔트로피 편차함수

는 각각 다음과 같이 주어진다.

$$\frac{H-H^{ig}}{RT}=Z-1-\frac{3.375\beta}{ZT_r}, \quad \frac{S-S^{ig}}{R}=\ln(Z-\beta)$$

위에서 $\beta=\frac{bP}{RT}$ 이다.

**RK(Redlich-Kwong) 상태방정식을 이용한 편차함수**

RK(Redlich-Kwong) 상태방정식을 이용하는 경우 엔탈피 편차함수와 엔트로피 편차함수는 각각 다음과 같이 주어진다.

$$\frac{H-H^{ig}}{RT}=(Z-1)-\frac{1.5\Psi}{\sigma T_r^{1.5}}\ln\left(1+\frac{b}{V}\right)$$

$$\frac{S-S^{ig}}{R}=\ln\left(Z-\frac{bP}{RT}\right)-\frac{\Psi}{2\sigma T_r^{1.5}}\ln\left(1+\frac{b}{V}\right)$$

**SRK(Soave-Redlich-Kwong) 상태방정식을 이용한 편차함수**

SRK(Soave-Redlich-Kwong) 상태방정식을 이용하는 경우 엔탈피 편차함수와 엔트로피 편차함수는 각각 다음과 같이 주어진다.

$$\frac{H-H^{ig}}{RT}=Z-1-\frac{A}{\beta}\left(\frac{\kappa\sqrt{T_r}}{1+\kappa(1-\sqrt{T_r})}+1\right)\ln\left(1+\frac{\beta}{Z}\right)$$

$$\frac{S-S^{ig}}{R}=\ln(Z-\beta)-\frac{A}{\beta}\left(\frac{\kappa\sqrt{T_r}}{1+\kappa(1-\sqrt{T_r})}\right)\ln\left(1+\frac{\beta}{Z}\right)$$

위에서 $A=\frac{aP}{R^2T^2}$ 이다.

**PR(Peng-Robinson) 상태방정식을 이용한 편차함수**

PR(Peng-Robinson) 상태방정식을 이용하는 경우 엔탈피 편차함수는

$$\frac{H-H^{ig}}{RT}=Z-1-\frac{A}{\beta\sqrt{8}}\left(1+\frac{\kappa\sqrt{T_r}}{\sqrt{\alpha}}\right)\ln\left[\frac{Z+(1+\sqrt{2})\beta}{Z+(1-\sqrt{2})\beta}\right]$$

엔트로피 편차함수는

$$\frac{S-S^{ig}}{R}=\ln(Z-\beta)-\frac{A}{\beta\sqrt{8}}\left(\frac{\kappa\sqrt{Tr}}{\sqrt{\alpha}}\right)\ln\left[\frac{Z+(1+\sqrt{2})\beta}{Z+(1-\sqrt{2})\beta}\right]$$

내부에너지 편차함수는

$$\frac{U-U^{ig}}{RT}=-\frac{A}{\beta\sqrt{8}}\frac{\kappa\sqrt{T_r}}{\sqrt{\alpha}}\ln\left[\frac{Z+(1+\sqrt{2})\beta}{Z+(1-\sqrt{2})\beta}\right]$$

Gibbs 에너지 편차함수는

$$\frac{G-G^{ig}}{RT}=Z-1-\ln(Z-\beta)-\frac{A}{\beta\sqrt{8}}\ln\left[\frac{Z+(1+\sqrt{2})\beta}{Z+(1-\sqrt{2})\beta}\right]$$

로 주어진다.

편차함수의 계산은 함수 deptfun에 의해 수행된다. 이 함수는 비리얼 및 3차 상태방정식을 이용하여 편차함수를 계산하며 다음과 같이 사용한다.

[Z V dH dS] = deptfun(state,eos,T,P,Tc,Pc,w)

위에서 state는 상태(액체: L, 기체: V), eos는 상태방정식의 형태(VR, VDW, RK, SRK, PR), T와 P는 각각 온도(K) 및 압력(bar), Tc와 Pc는 각각 임계온도(K) 및 임계압력(bar), w는 이심인자, Z는 압축인자, V는 부피($cm^3/mol$), dH는 편차 엔탈피(J/mol), 그리고 dS는 편차 엔트로피(J/mol/K)이다.

```
function [Z V dH dS] = deptfun(state,eos,T,P,Tc,Pc,w)
% 비리얼 및 3차 상태방정식을 이용한 편차함수 계산
% input
%   state: 상태(액체: L, 기체: V)
%   eos: 상태방정식 형태(VR, VDW, RK, SRK, PR)
%   T,P: 온도(K) 및 압력(bar)
%   Tc,Pc: 임계온도(K) 및 임계압력(bar)
%   w: 이심인자

% Tr 및 Pr의 계산(reduced T and P)
```

```
Tr = T/Tc; Pr = P/Pc; R = 83.14; % cm^3*bar/mol/K

% 파라미터의 설정
eos = upper(eos);
switch eos
    case 'VDW'
        al = 1; sm = 0; ep = 0; om = 0.125; ps = 0.42188; kappa = 0;
    case 'RK'
        al = 1./sqrt(Tr); sm = 1; ep = 0; om = 0.08664; ps = 0.42748;
    case 'SRK'
        kappa = 0.480 + 1.574*w - 0.176*w^2;
        al = (1 + kappa*(1-sqrt(Tr))).^2;
        sm = 1; ep = 0; om = 0.08664; ps = 0.42748;
    otherwise  % PR, 혹은 VR(비리얼)
        kappa = 0.37464 + 1.54226*w - 0.26992*w^2;
        al = (1 + kappa*(1-sqrt(Tr))).^2;
        sm = 1+sqrt(2); ep = 1-sqrt(2); om = 0.0778; ps = 0.45724;
end

% 압축인자(Z) 계산
state = upper(state);
beta = om*Pr./Tr; q = ps*al./(om*Tr); % beta와 q의 계산
if strcmp(eos,'VR') % 비리얼(VR) 상태방정식: vapor phase
    B0 = 0.083 - 0.422./(Tr.^1.6); B1 = 0.139 - 0.172./(Tr.^4.2);
    B = R*Tc.*(B0 + w.*B1)./Pc;
    Z = 1 + B.*P./(R*T);
else
    fV = @(Z) 1+beta-q*beta.*(Z-beta)./((Z+ep*beta).*(Z+sm*beta)) - Z;
    fL = @(Z) beta+(Z+ep*beta).*(Z+sm*beta).*(1+beta-Z)./(q.*beta) - Z;
    switch state
        case 'V'
            Z = fzero(fV, 1);
        case 'L'
            Z = fzero(fL, beta);
    end
end
V = Z*R*T/P;  % cm^3/mol

% 편차함수 계산
a = ps*al*R^2*Tc.^2/Pc; b = om*R*Tc./Pc; % a, b
Ad = a*P/(R^2*T^2); Bd = b*P/(R*T);  % A, B
```

```
if strcmp(eos,'VR') % 비리얼(VR) 상태방정식: vapor phase
   dH = -Pr*(1.0972/Tr^2.6-0.083/Tr+w*(0.8944/Tr^5.2-0.139/Tr))*R*T;
   dS = -Pr*(0.675/Tr^2.6 + w*0.722/Tr^5.2)*R;
elseif strcmp(eos,'RK')
   dH = (Z - 1 - 1.5*ps/(om*Tr^1.5) * log(1 + b/V))*R*T;
   dS = (log(Z-Bd) - 0.5*ps/(om*Tr^1.5) * log(1 + b/V))*R;
elseif strcmp(eos,'VDW')
   dH = (Z - 1 - 3.375*Bd/Tr/Z)*R*T;
   dS = R*log(Z-Bd);
elseif strcmp(eos,'SRK')
   dH = (Z - 1 + (-kappa*sqrt(Tr)/(1 + kappa*(1-sqrt(Tr))) - 1)*...
      (Ad/Bd)*log(1 + Bd/Z))*R*T;
   dS = (log(Z - Bd) - kappa*sqrt(Tr)/(1 + kappa*(1-sqrt(Tr)))*...
      (Ad/Bd)*log(1 + Bd/Z))*R;
else % PR
   dH = (Z-1 -(Ad/(Bd*sqrt(8)))*(1+ kappa*sqrt(Tr)/sqrt(al))*...
      log((Z + sm*Bd)/(Z + ep*Bd)))*R*T;
   dS = (log(Z-Bd) - (Ad/(Bd*sqrt(8)))*(kappa*sqrt(Tr)/sqrt(al))*...
      log((Z + sm*Bd)/(Z + ep*Bd)))*R;
end
% R = 83.14 cm^3*bar/mol/K = 8.314 J/mol/K
dH = dH/10; dS = dS/10; % dH:J/mol, dS:J/mol/K
end
```

순수물질의 상태변화에 따른 엔탈피 및 엔트로피 변화량은 함수 delHS.m에 의해 계산된다. 이 함수는 앞에서 정의한 함수 deptfun을 이용하여 편차함수를 계산한다. 함수 delHS.m은 다음과 같이 사용한다.

$$[dH\ \ dS] = \mathrm{delHS(state,eos,T1,P1,T2,P2,cmp)}$$

위에서 state는 상태(액체: L, 기체: V), eos는 상태방정식의 형태(VR, VDW, RK, SRK, PR), T1, T2와 P1, P2는 각각 상태 1과 상태 2의 온도(K) 및 압력(bar)이다. 순수물질의 물성은 구조체 cmp에 의해 전달된다. 구조체 cmp는 cmp.A, cmp.B, cmp.C, cmp.D, cmp.Tc, cmp.Pc, 그리고 cmp.w와 같은 6개의 필드를 가지는데 이들 필드에서 A, B, C, D는 Cp 관계식의 계수들이며 Tc와 Pc는 각각 임계온도(K) 및 임계압력(bar), 그리고 w는 이심인자이다. 출력으로 반환되는 dH는 편차 엔탈피(J/mol), 그리고 dS는 편차 엔트로피(J/mol/K)이다.

```
function [dH dS] = delHS(state,eos,T1,P1,T2,P2,cmp)
% delHS.m: 순수물질의 상태변화에 따른 H와 S 변화량 계산

% 순수물질 데이터
A = cmp.A; B = cmp.B; C = cmp.C; D = cmp.D;
Tc = cmp.Tc; Pc = cmp.Pc; w = cmp.w;

% 엔탈피 및 엔트로피 편차
[Z1 V1 dH1 dS1] = deptfun(state,eos,T1,P1,Tc,Pc,w);
[Z2 V2 dH2 dS2] = deptfun(state,eos,T2,P2,Tc,Pc,w);

% 이상기체 상태변화
R = 8.314;
fH = @(T) A + B*T + C*T.^2 + D*T.^3;
fS = @(T) A./T + B + C*T + D*T.^2;
dHi = quadl(fH,T1,T2); dSi = quadl(fS,T1,T2);
dSi = quadl(fS,T1,T2) - R*log(P2./P1);

% 상태변화에 따른 엔탈피 및 엔트로피 변화량
dH = dH2 + dHi - dH1;
dS = dS2 + dSi - dS1;
```

## 보기 5 n-부탄 기체의 편차엔탈피와 편차엔트로피[7, 8]

5 bar, 500 K의 n-부탄 기체에 대한 편차함수 $H^R = H - H^{ig}$와 $S^R = S - S^{ig}$를 계산하여라. n-부탄 기체의 경우 $T_c = 425.1$ K, $P_c = 37.96$ bar, $w = 0.2$이다.

**풀이**

기체이므로 state = 'v'로 설정한다. 스크립트 resbutane.m은 함수 deptfun를 호출하여 잔류물성을 계산하여 준다.

```
% resbutane.m: n-부탄의 잔류물성 계산
eosset = {'VR', 'VDW', 'RK', 'SRK', 'PR'};
Tc = 425.1; Pc = 37.96; w = 0.2; T = 500; P = 50; state = 'v';
for i = 1:length(eosset)
    eos = eosset{i};
    [Z V dH dS] = deptfun(state,eos,T,P,Tc,Pc,w);
```

7 Smith, J. M., H. C. Van Ness and M. M. Abbott, Introduction to Chemical Engineering Thermodynamics, p. 219-220, 7th ed., McGraw-Hill, 2005.

8 임경희, 과학도와 공학도를 위한 열역학, p. 389-393, 자유아카데미, 2011.

```
    fprintf('상태방정식 = %s : Z = %g H^R = %g S^R = %g\n', eos,Z,dH,dS);
end;
```

스크립트 resbutane.m의 수행결과는 다음과 같다.

```
>> resbutane
상태방정식 = VR : Z = 0.740084 H^R = -3845.11 S^R = -5.52747
상태방정식 = VDW : Z = 0.660991 H^R = -3935.39 S^R = -5.42065
상태방정식 = RK : Z = 0.685188 H^R = -4502.78 S^R = -6.54207
상태방정식 = SRK : Z = 0.722389 H^R = -4821.29 S^R = -7.40783
상태방정식 = PR : Z = 0.690914 H^R = -4984.72 S^R = -7.42094
```

## 보기 6 프로판 기체의 편차엔탈피와 편차엔트로피

프로판 기체가 5 bar, 105℃(상태 1)에서 25 bar, 190℃(상태 2)로 그 상태가 변하였다.

(1) Peng-Robinson 상태방정식을 이용하여 각 상태에서의 편차함수 $H-H^{ig}$와 $S-S^{ig}$를 계산하여라.

(2) 상태 1에서 상태 2로 변할 때 엔탈피 및 엔트로피 변화를 구하여라. 프로판 기체의 경우 $T_c=$ 369.8K, $P_c=$4.249MPa(=42.49bar), $w=$0.152, 그리고 $C_p$ 관계식의 계수들은 A = −4.224, B = 0.3063, C = $-1.586\times10^{-4}$, D = $3.215\times10^{-8}$이다.

### 풀이

(1) 기체이므로 state = 'v', Peng-Robinson 상태방정식을 이용하므로 eos = 'pr'로 설정한다. 각 상태에 대하여 함수 deptfun를 수행한 결과는 다음과 같다.

```
>> Tc = 369.8; Pc = 42.49; w = 0.152; T = 378.15; P = 5; eos = 'pr'; state = 'v';
>> T1 = 378.15; P1 = 5; T2 = 463.15; P2 = 25;
>> [Z1 V1 dH1 dS1] = deptfun(state,eos,T1,P1,Tc,Pc,w)
Z1 =
    0.9574
V1 =
   6.0199e+03
dH1 =
 -400.4959
dS1 =
   -0.7082
```

```
>> [Z2 V2 dH2 dS2] = deptfun(state,eos,T2,P2,Tc,Pc,w)
Z2 =
    0.8891
V2 =
   1.3694e+03
dH2 =
  -1.4898e+03
dS2 =
   -2.2923
```

참고문헌[9]의 결과와 비교하면 다음과 같다.

**표 3.4 편차함수 계산결과**

| | 상태 1 | | 상태 2 | |
|---|---|---|---|---|
| | $H-H^{ig}$(J/mol) | $S-S^{ig}$(J/mol/K) | $H-H^{ig}$(J/mol) | $S-S^{ig}$(J/mol/K) |
| 참고문헌 | −400.512 | −0.7083 | −1,489.9 | −2.2925 |
| 계산결과 | −400.496 | −0.7082 | −1,489.8 | −2.2923 |

(2) 다음과 같이 함수 delHS.m을 실행한다.

```
>> cmp.A=-4.224; cmp.B=0.3063; cmp.C=-1.586e-4; cmp.D=3.215e-8;
>> cmp.Tc=369.8; cmp.Pc=42.49; cmp.w=0.152;
>> eos = 'pr'; state = 'v'; T1 = 378.15; P1 = 5; T2 = 463.15; P2 = 25;
>> [dH dS] = delHS(state,eos,T1,P1,T2,P2,cmp)
dH =
   7.3155e+03
dS =
    5.0285
```

즉 $\Delta H = 7{,}315.5 J/mol$, $\Delta S = 5.0285 J/(mol \cdot K)$임을 알 수 있다.

---

9 J. Richard Elliott and Carl T. Lira, Introductory Chemical Engineering Thermodynamics, 2nd ed., p. 314, Prentice-Hall, 2012.

## 혼합물의 엔탈피 계산

A와 $\beta$의 계산에서 a와 b는 다음과 같은 혼합규칙(mixing rule)에 의해 얻어지는 값들을 이용한다.

$$a = \sum_i \sum_j x_i x_j a_{ij}, \quad a_{ij} = \sqrt{a_i a_j}(1 - k_{ij}), \; b = \sum_i x_i b_i$$

위에서 $k_{ij}$는 성분 $i$와 성분 $j$ 사이의 이성분 간섭 파라미터(binary interaction parameter)이다. 혼합물의 엔탈피는

$$H = H_{ig}^0 + \Delta H$$

로부터 구할 수 있다. 혼합물의 엔탈피 계산에서 $H_{ig}^0$는

$$H_{ig}^0 = \int_{T_0}^{T} C_{pV}^0 dT = \sum_{i=1}^{5} \frac{a_k}{k}(T^k - T_0^k)$$

에 의해 편리하게 구할 수 있다. 위에서 $a_i (i = 1, \cdots, 5)$는 참고문헌[10]에 나타나 있다.

함수 khmix는 혼합물의 엔탈피를 계산하여 준다. 이 함수에서는 RK, SRK, 그리고 PR의 3가지 상태방정식을 이용할 수 있다. 이 함수는

[Z H] = khmix(x,P,T,state,eos,mxp)

와 같이 사용한다. 여기에서 x는 각 성분의 몰분율(열벡터), P와 T는 압력(Pa) 및 온도(K), state는 상태('L': 액체, 'V': 기체), eos는 이용하고자 하는 상태방정식('RK', 'SRK',혹은 'PR'), mxp는 혼합물을 구성하는 각 성분의 물성치를 필드로 갖는 구조체로서 mxp.Pc 및 mxp.Tc는 각 성분의 임계압력(Pa) 및 임계온도(K)(각각 열벡터), mxp.w는 각 성분의 이심인자(열벡터), mxp.k는 이성분 간섭 파라미터 행렬(n × n 대칭행렬), mxp.Afi: 이상기체 열용량 적분계수(성분수 × 계수 수 행렬)(J/mol/K)를 나타낸다. 출력인수 Z는 압축인자, 그리고 H는 혼합물의 엔탈피(J/mol)이다.

10 Ernest J. Henley and J. D, Seader, Equilibrium-stage Separation Operations in Chemical Engineering, p. 720-724, John Wiley & Sons, 1981.

```
function [Z H] = khmix(x,P,T,state,eos,mxp)
% 혼합물의 엔탈피 계산
% Inputs:
%   x: 각 성분의 몰분율(열벡터)
%   P, T: 압력(Pa) 및 온도(K)
%   state: 상태('L': 액체, 'V': 기체)
%   eos: 상태방정식('RK', 'SRK',혹은 'PR')
%   mxp: 물성치를 필드로 갖는 구조체
%      mxp.Pc, mxp.Tc: 각 성분의 임계압력(Pa) 및 임계온도(K) (각각 열벡터)
%      mxp.w: 각 성분의 이심인자(열벡터)
%      mxp.k: 이성분 간섭 파라미터 행렬(n x n 대칭행렬)
%      mxp.Afi: 이상기체 열용량 적분계수(성분수x계수 수 행렬)(J/mol/K)
% Outputs:
%   Z: 압축인자
%   H: 혼합물의 엔탈피(J/mol)

Pc = mxp.Pc; Tc = mxp.Tc; w = mxp.w; k = mxp.k; % T,P: K, Pa
Afi = mxp.Afi; % btu/lbmole: 1btu/lbmole = 2.326 J/mol
R = 8.314; % 기체상수: m^3 Pa/(mol K) = J/mol-K
Tr = T./Tc; Pr = P./Pc; nc = length(x);
eos = upper(eos); state = upper(state);
switch eos
    case{'RK'}
        ai = sqrt(0.4278./(Pc.*Tr.^2.5)); bi = 0.0867./(Pc.*Tr);
        A = sum(x.*ai); B = sum(x.*bi);
        Z  = roots([1 -1 B*P*(A^2/B-B*P-1) -A^2*(B*P)^2/B]);
    case{'SRK'}
        mx = 0.48+1.574*w-0.176*w.^2;
        al = (1+mx.*(1-sqrt(Tr))).^2;
        ai = 0.42747*al.*Pr./(Tr.^2); bi = 0.08664*Pr./Tr;
        A = 0;
        for i = 1:nc;
            for j = 1:nc
                am(i,j) = sqrt(ai(i)*ai(j))*(1-k(i,j));
                A = A + x(i)*x(j)*am(i,j);
            end
        end
        B = sum(x.*bi);
        Z  = roots([1 -1 A-B-B^2 -A*B]);
    case{'PR'}
        mx = 0.37464+1.54226*w-0.26992*w.^2;
```

```
        al = (1+mx.*(1-sqrt(Tr))).^2;
        ai = 0.45723553*al.*Pr./(Tr.^2); bi = 0.0777961*Pr./Tr;
        A = 0;
        for i = 1:nc;
            for j = 1:nc
                am(i,j) = sqrt(ai(i)*ai(j))*(1-k(i,j));
                A = A + x(i)*x(j)*am(i,j);
            end
        end
        B = sum(x.*bi);
        Z  = roots([1 B-1 A-3*B^2-2*B B^3+B^2-A*B]);

end
iz = abs(imag(Z)); Z(and(iz>0,iz<=1e-6)) = real(Z(and(iz>0,iz<=1e-6)));
for i = 1:length(Z), zind(i) = isreal(Z(i)); end
Z = Z(zind);
if state == 'L'
    Z = min(Z);
else
    Z = max(Z);
end
V = R*T*Z/P;  % m^3/mol

% Hv0 = int(Cp)
Tf = (T-273.15)*1.8 + 32;  % T: K->F
Hv0 = x*(Afi(:,1)*Tf + Afi(:,2)*Tf^2/2 + Afi(:,3)*Tf^3/3 +...
    Afi(:,4)*Tf^4/4 + Afi(:,5)*Tf^5/5);
Hv0 = Hv0*2.326;  % Btu/lbmole -> J/mol

% 엔탈피 계산
switch eos
    case{'RK'}
        H = Hv0 + R*T*(Z - 1 - 3*(A^2)*log(1 + B*P/Z)/(2*B));
        phi = exp((Z-1)*bi/B - log(Z-B*P) - (A^2/B)*(2*ai/A -...
            bi/B)*log(1 + B*P/Z));
    case{'SRK'}
        hsum = 0;
        for i = 1:nc
            for j = 1:nc
                hsum = hsum + x(i)*x(j)*am(i,j)*(1 -...
                    mx(i)*sqrt(Tr(i))/(2*sqrt(al(i))) -...
```

```
                    mx(j)*sqrt(Tr(j))/(2*sqrt(al(j))));
                end
            end
            H = Hv0 + R*T*(Z - 1 - log((Z + B)/Z)*hsum/B);
            phi = exp((Z-1)*bi/B - log(Z-B) - (A/B)*(2*sqrt(ai)/sqrt(A) -...
                bi/B)*log((Z+B)/Z));
        case{'PR'}
            hsum = 0;
            for i = 1:nc
                for j = 1:nc
                    hsum = hsum + x(i)*x(j)*am(i,j)*(1 -...
                        mx(i)*sqrt(Tr(i))/(2*sqrt(al(i))) -...
                        mx(j)*sqrt(Tr(j))/(2*sqrt(al(j))));
                end
            end
            H = Hv0 + R*T*(Z - 1 - log((Z + B)/Z)*hsum/B);
            phi = exp((Z-1)*bi/B - log(Z-B) -...
                (A/B/sqrt(8))*(2*x(1:end)*am(1:end,:)/A -...
                bi/B)*log((Z+(1+sqrt(2))*B)/(Z+(1-sqrt(2))*B)));
    end
    end
```

## 보기 7 혼합물의 엔탈피

−158K, 6.8947bar에서 메탄(1)/에탄(2)/프로판(3) 혼합물의 액상 엔탈피를 구하여라. 각 성분의 액상 조성은 $x_1 = 0.419$, $x_2 = 0.3783$, $x_3 = 0.2027$이며 물성치는 다음 표와 같다[11]($\Delta H_f$, $\Delta G_f$: J/mol).

**표 3.5 혼합물 각 성분의 물성치**

| 성분 | $x$(몰분율) | $w$ | $T_c(K)$ | $P_c(bar)$ | $\Delta H_f$ | $\Delta G_f$ |
|---|---|---|---|---|---|---|
| 메탄 | 0.4190 | 0.012 | 190.6 | 45.99 | −74520 | −50460 |
| 에탄 | 0.3783 | 0.100 | 305.3 | 48.72 | −83820 | −31855 |
| 프로판 | 0.2027 | 0.152 | 369.8 | 42.48 | −104680 | −24290 |

아울러 위의 3가지 성분들의 열용량 적분계수 $a_i$는 다음과 같다.

11 Smith, J. M., H. C. Van Ness and M. M. Abbott, Introduction to Chemical Engineering Thermodynamics, p. 680-686, 7th ed., McGraw-Hill, 2005.

**표 3.6 혼합물 각 성분의 열용량 적분계수**

| 성분 | $a_1$ | $a_2 \times 10^2$ | $a_3 \times 10^5$ | $a_4 \times 10^8$ | $a_5 \times 10^{11}$ |
|---|---|---|---|---|---|
| 메탄 | 8.245223 | 0.380633 | 0.8864745 | −0.746115 | 0.182296 |
| 에탄 | 11.51606 | 1.40309 | 0.854034 | −1.106078 | 0.31622 |
| 프로판 | 15.58683 | 2.504953 | 1.404258 | −3.52626 | 1.864467 |

**풀이**

스크립트 usekhmix.m은 필요한 데이터를 설정한 다음 함수 khmix를 호출하여 계산을 수행한다.

```
% usekhmix.m
state = 'L'; nx = [0.419 0.3783 0.2027];
P = 6.8947e5; T = 158; eos = 'rk';
mxp.Pc = [45.99 48.72 42.48]*1e5; mxp.Tc = [190.6 305.3 369.8];
mxp.w = [0.012 0.1 0.152]; mxp.k = zeros(3,3);
mxp.Afi = [8.245223 0.3806333e-2 0.8864745e-5 -0.7461153e-8 0.182296e-11;
   11.51606 0.140309e-1 0.854034e-5 -0.1106078e-7 0.31622e-11;
   15.58683 0.2504953e-1 0.1404258e-4 -0.352626e-7 0.1864467e-10];
state = upper(state);
[Z H] = khmix(x,P,T,state,eos,mxp);
fprintf('\n압축인자 = %g, 엔탈피 = %g (J/mol)\n',Z,H,phi);
```

다음은 스크립트 usekhmix.m의 수행결과이다.

```
>> usekhmix
상태방정식: RK, 상태: L
압축인자 = 0.027695, 엔탈피 = -18474.5 (J/mol)
```

각 경우들을 요약하면 다음과 같다.

**표 3.7 엔탈피 계산결과**

| 상태방정식 | 압축인자 | 엔탈피 |
|---|---|---|
| RK | 0.0276950 | −18474.5 |
| SRK | 0.0276512 | −10664.5 |
| PR | 0.0245126 | −12089.2 |

## 3.3 퓨개시티(Fugacity) 계수

### 순수성분의 퓨개시티(Fugacity) 계수

퓨개시티(fugacity, 휘산도) $f$는

$$f = \phi P$$

로 정의된다. $f$는 직접 계산하지 않고 퓨개시티 계수 $\phi$를 구한 다음 압력을 곱하여 얻는다.

#### 비리얼(VR, Virial) 상태방정식을 이용한 퓨개시티 계수

비리얼 상태방정식을 이용하는 경우 $\ln\phi = \frac{BP}{RT}$로부터

$$\ln\phi = \frac{P_r}{T_r}(B^0 + wB^1)$$

로 주어진다.

#### van der Waals(VDW) 상태방정식을 이용한 퓨개시티 계수

van der Waals 상태방정식을 이용하는 경우 퓨개시티 계수는 다음과 같이 계산된다.

$$\ln\phi = Z - 1 - \ln\left\{Z\left(1 - \frac{b}{V}\right)\right\} - \frac{a}{RTV}$$

#### RK(Redlich-Kwong) 상태방정식을 이용한 퓨개시티 계수

RK(Redlich-Kwong) 상태방정식을 이용하는 경우 퓨개시티 계수는 다음과 같이 계산된다.

$$\ln\phi = Z - 1 - \ln\left\{Z\left(1 - \frac{b}{V}\right)\right\} - \frac{a}{bRT}\ln\left(1 + \frac{b}{V}\right)$$

#### SRK(Soave-Redlich-Kwong) 및 PR(Peng-Robinson) 상태방정식을 이용한 퓨개시티 계수

SRK(Soave-Redlich-Kwong) 및 PR(Peng-Robinson) 상태방정식을 이용하는 경우 퓨개시티 계수는 다음과 같이 계산된다.

$$\ln\phi = Z - 1 - \ln(Z - B) - \frac{a(T)}{bRT(\sigma - \epsilon)}\ln\left[\frac{Z + \sigma B}{Z + \epsilon B}\right]$$

앞에서 $B = \dfrac{bP}{RT}$ 이며 $\sigma$와 $\epsilon$은 상태방정식의 파라미터들이다.[12]

**실험 데이터를 이용한 퓨개시티 계수**

압축인자 Z와 압력 P에 대한 실험데이터가 주어진 경우 퓨개시티 계수는 다음과 같이 계산할 수 있다.

$$\ln\phi = \int_0^P \frac{Z-1}{P} dP$$

퓨개시티 계수의 계산은 함수 phigas에 의해 수행된다. 이 함수는 비리얼 및 3차 상태방정식을 이용하여 퓨개시티 계수를 계산하며 다음과 같이 사용한다.

[phig f] = phigas(state,eos,T,P,Tc,Pc,w)

위에서 state는 상태(액체: L, 기체: V), eos는 상태방정식의 형태(VR, VDW, RK, SRK, PR), T와 P는 각각 온도(K) 및 압력(bar), Tc와 Pc는 각각 임계온도(K) 및 임계압력(bar), w는 이심인자, phig는 퓨개시티 계수, 그리고 f는 퓨개시티(bar)이다.

```
function [phig f] = phigas(state,eos,T,P,Tc,Pc,w)
% 비리얼 및 3차 상태방정식을 이용한 퓨개시티 계수의 계산
% input
%   state: 상태(액체: L, 기체: V)
%   eos: 상태방정식 형태(VR, VDW, RK, SRK, PR)
%   T,P: 온도(K) 및 압력(bar)
%   Tc,Pc: 임계온도(K) 및 임계압력(bar)
%   w: 이심인자
% output:
%   phig: 퓨개시티 계수
%   f: 퓨개시티

% Tr 및 Pr의 계산(reduced T and P)
Tr = T/Tc; Pr = P/Pc; R = 83.14; % cm^3*bar/mol/K

% 파라미터의 설정
eos = upper(eos);
switch eos
    case 'VDW'
```

12 Smith, J. M., H. C. Van Ness and M. M. Abbott, Introduction to Chemical Engineering Thermodynamics, p. 98, 7th ed., McGraw-Hill, 2005.

```
        al = 1; sm = 0; ep = 0; om = 0.125; ps = 0.42188; kappa = 0;
    case 'RK'
        al = 1./sqrt(Tr); sm = 1; ep = 0; om = 0.08664; ps = 0.42748;
    case 'SRK'
        kappa = 0.480 + 1.574*w - 0.176*w^2;
        al = (1 + kappa*(1-sqrt(Tr))).^2;
        sm = 1; ep = 0; om = 0.08664; ps = 0.42748;
    otherwise  % PR, 혹은 VR(비리얼)
        kappa = 0.37464 + 1.54226*w - 0.26992*w^2;
        al = (1 + kappa*(1-sqrt(Tr))).^2;
        sm = 1+sqrt(2); ep = 1-sqrt(2); om = 0.0778; ps = 0.45724;
end

% 압축인자(Z) 계산
state = upper(state);
beta = om*Pr./Tr; q = ps*al./(om*Tr); % beta와 q의 계산
if strcmp(eos,'VR') % 비리얼(VR) 상태방정식: vapor phase
    B0 = 0.083 - 0.422./(Tr.^1.6); B1 = 0.139 - 0.172./(Tr.^4.2);
    B = R*Tc.*(B0 + w.*B1)./Pc;
    Z = 1 + B.*P./(R*T);
else
    fV = @(Z) 1+beta-q*beta.*(Z-beta)./((Z+ep*beta).*(Z+sm*beta)) - Z;
    fL = @(Z) beta+(Z+ep*beta).*(Z+sm*beta).*(1+beta-Z)./(q.*beta) - Z;
    switch state
        case 'V'
            Z = fzero(fV, 1);
        case 'L'
            Z = fzero(fL, beta);
    end
end
V = Z*R*T/P;  % cm^3/mol

% 퓨개시티 계수의 계산
a = ps*al*R^2*Tc.^2/Pc; b = om*R*Tc./Pc; % a, b
qi = a/(b*R*T); Bd = b*P/(R*T);  % A, B
if strcmp(eos,'VR') % 비리얼(VR) 상태방정식: vapor phase
    phig = exp(Pr*(B0 + w*B1)./Tr);
elseif strcmp(eos,'VDW')
    phig = exp(Z - 1 - log(Z.*(1 - b/V)) - a./(R*T*V));
elseif strcmp(eos,'RK')
    phig = exp(Z-1 - log(Z.*(1 - b/V)) - (a/(b*R*T)) * log(1+b/V));
else % SRK, 혹은 PR
    phig = exp(Z-1 - log(Z-Bd) - (qi/(sm-ep))*...
        log((Z + sm*Bd)/(Z + ep*Bd)));
end
```

```
f = phig*P;  % 퓨개시티(bar)
end
```

## 보기 8 아세틸렌 기체의 퓨개시티

259 K, 10 bar에서의 아세틸렌 기체의 퓨개시티를 구하여라. 아세틸렌의 경우 $T_c = 308.3$ K, $P_c = 6.139$ MPa(= 61.39 bar), 그리고 $w = 0.187$이다. 여러 상태방정식들을 이용하여 보라.

**풀이**

비리얼 상태방정식을 이용하는 경우 수행결과는 다음과 같다.

```
>> Tc = 308.3; Pc = 61.39; w = 0.187; T = 259; P = 10; eos = 'vr'; state = 'v';
>> [phig f] = phigas(state,eos,T,P,Tc,Pc,w)
phig =
    0.9049
f =
    9.0487
```

각 상태방정식에 따른 결과는 다음과 같다.

**표 3.8 퓨개시티 계산결과**

| 상태방정식 | 비리얼 | VDW | RK | SRK | PR | 참고문헌[13] |
|---|---|---|---|---|---|---|
| 퓨개시티계수 $\phi$ | 0.9049 | 0.9270 | 0.9100 | 0.9059 | 0.8994 | 0.8940 |
| 퓨개시티 $f$ (bar) | 9.0487 | 9.2704 | 9.1001 | 9.0593 | 8.9937 | 8.940 |

## 혼합물의 퓨개시티 계수

$i$ 성분의 퓨개시티 계수 $\hat{\phi}_i$는

$$\hat{\phi}_i = \frac{\hat{f}_i}{y_i P}$$

와 같이 정의된다.

13 J. Richard Elliott and Carl T. Lira, Introductory Chemical Engineering Thermodynamics, $2^{nd}$ ed., p. 352, Prentice-Hall, 2012.

**비리얼(VR, Virial) 상태방정식을 이용한 혼합물의 퓨개시티 계수**

비리얼 식을 이용하면 $k$성분의 퓨개시티 계수 $\hat{\phi}_k = \dfrac{\hat{f}_k}{y_k P}$는 다음과 같이 주어진다.[14]

$$\ln\hat{\phi}_k = \frac{P}{RT}\left(2\sum_j y_j B_{jk} - B\right),\ \ B = \sum_i \sum_j y_i y_j B_{ij}$$

2성분계의 경우

$$\ln\hat{\phi}_1 = \frac{P}{RT}(2y_1 B_{11} + 2y_2 B_{12} - B),\qquad \ln\hat{\phi}_2 = \frac{P}{RT}(2y_1 B_{12} + 2y_2 B_{22} - B)$$

**3차 상태방정식을 이용한 혼합물의 퓨개시티 계수**

$i$성분에 대하여

$$a_i(T) = \Psi\frac{\alpha(T_{ri})R^2 T_{ci}^2}{P_{ci}},\ \ b_i = \Omega\frac{RT_{ci}}{P_{ci}},\ \ \beta_i = \frac{b_i P}{RT},\ \ q_i = \frac{a_i(T)}{b_i RT}$$

로 두고 혼합규칙(mixing rule)에 의해 얻어지는 $a$와 $b$를 이용한다. 한편

$$I = \frac{1}{\sigma-\epsilon}\ln\left(\frac{Z+\sigma\beta}{Z+\epsilon\beta}\right),\ \ q = \frac{a}{bRT},\ \ \bar{q}_i = q\left(1+\frac{\bar{a}_i}{a} - \frac{b_i}{b}\right),\ \ \bar{a}_i = \left.\frac{\partial(na)}{\partial n_i}\right|_{T,n_j}$$

로 두면

$$\ln\hat{\phi}_i = \frac{b_i}{b}(Z-1) - \ln(Z-\beta) - \bar{q}_i I$$

로 주어진다.[15]

**van der Waals(VDW) 상태방정식을 이용한 혼합물의 퓨개시티 계수**

van der Waals 상태방정식을 이용하는 경우 $k$성분의 퓨개시티 계수는 다음과 같이 계산된다.

---

14 J. Richard Elliott and Carl T. Lira, Introductory Chemical Engineering Thermodynamics, 2nd ed., p. 591, Prentice-Hall, 2012.

15 Smith, J. M., H. C. Van Ness and M. M. Abbott, Introduction to Chemical Engineering Thermodynamics, p. 563, 7th ed., McGraw-Hill, 2005.

$$\ln\hat{\phi}_k = -\ln(Z-\beta) + \frac{\beta_k}{Z-\beta} - \frac{2}{Z}\sum_j x_j A_{kj}, \quad A_{kj} = \frac{a_{kj}P}{R^2T^2} = \frac{a_{kj}\beta}{bRT}$$

**PR(Peng-Robinson) 상태방정식을 이용한 혼합물의 퓨개시티 계수**

PR(Peng-Robinson) 상태방정식을 이용하는 경우 $k$성분의 퓨개시티 계수는 다음과 같이 계산된다.

$$\ln\hat{\phi}_k = -\ln(Z-\beta) + \frac{\beta_k}{\beta}(Z-1) - \frac{q}{\sqrt{8}}\left(\frac{2}{a}\sum_j x_j a_{kj} - \frac{\beta_k}{\beta}\right)\ln\left(\frac{Z+(1+\sqrt{2})\beta}{Z+(1-\sqrt{2})\beta}\right)$$

3차 상태방정식을 이용하는 혼합물의 퓨개시티 계수의 계산은 함수 phimix에 의해 수행된다. 이 함수는 다음과 같이 사용한다.

[Z,V,phi] = phimix(ni,P,T,Pc,Tc,w,k,state,eos)

입력인수 state는 상태로서 액체인 경우 'L', 기체인 경우 'V'(소문자도 가능)를 입력한다. T와 P는 각각 온도(K) 및 압력(Pa)이며 n은 성분 수, y는 각 성분의 몰분율 벡터이다. Tc와 Pc는 각각 각 성분들의 임계온도(K) 및 임계압력(Pa)을 나타내는 벡터이며 k는 이성분 간섭인자 행렬, w는 각 성분의 이심인자 벡터이다. 출력인수 Z는 압축인자, V는 몰 부피 ($m^3/mol$), phi는 주어진 조건에 따른 각 성분의 퓨개시티 계수 계산결과를 포함하는 벡터이다.

```
function [Z,V,phi] = phimix(ni,P,T,Pc,Tc,w,k,state,eos)
% Inputs:
%   ni: i성분의 몰 수(열 벡터)(mol)
%   P, T: 압력(Pa) 및 온도(K)
%   Pc, Tc: 각 성분의 임계압력(Pa) 및 임계온도(K) (각각 열 벡터)
%   w: 각 성분의 이심인자(열 벡터)
%   k: 이성분 간섭 파라미터 행렬(n x n 대칭행렬)
%   state: 상태('L': 액체, 'V': 기체)
%   eos: 상태방정식('RK', 'SRK',혹은 'PR')
% Outputs:
%   V: 몰 부피(m3/mol)
%   Z: 압축인자
%   phi: 퓨개시티 계수

ni = ni(:); Pc = Pc(:); Tc = Tc(:); w = w(:); % 항상 열벡터
x = ni/sum(ni); % 몰 분율
```

```
R = 8.314; % 기체상수: m^3 Pa/(mol K) = J/mol-K
Tref = 298.15; % 기준온도(K)
Pref = 1e5; % 기준압력(Pa)
Tr = T./Tc;
eos = upper(eos); state = upper(state);
switch eos
   case{'RK'}
      ep = 0; sm = 1; om = 0.08664; ps  = 0.42748;
      al = 1./sqrt(Tr);
   case{'SRK'}
      ep = 0; sm = 1; om = 0.08664; ps  = 0.42748;
      al = (1+(0.48+1.574*w-0.176*w.^2).*(1-sqrt(Tr))).^2;
   case{'PR'}
      ep = 1 - sqrt(2); sm = 1 + sqrt(2); om = 0.07780; ps  = 0.45724;
      al = (1+(0.37464+1.54226*w-0.26992*w.^2).*(1-sqrt(Tr))).^2;
end
ai = ps*(R^2).*al.*(Tc.^2)./Pc; am = sqrt(ai*ai').*(1 - k);  % nxn 행렬
a =  x'*am*x; bi = om*R*Tc./Pc; b =  x'*bi;
beta = b*P/R/T; q = a/(b*R*T);

% 압축인자(Z) 및 부피(V) 계산
state = upper(state);
c(1) = 1;
c(2) = (sm +ep)*beta - (1+beta);
c(3) = beta*(q + ep*sm*beta -(1+beta)*(sm+ep));
c(4) = -beta^2*(q +(1+beta)*ep*sm);

% 압축인자 계산
Z  = roots(c);
iz = abs(imag(Z)); Z(and(iz>0,iz<=1e-6)) = real(Z(and(iz>0,iz<=1e-6)));
for i = 1:length(Z), zind(i) = isreal(Z(i)); end
Z = Z(zind);
if state == 'L'
   Z = min(Z);
else
   Z = max(Z);
end
V = R*T*Z/P;

% 퓨개시티 계수
bara = (2*ni'*am - a*ones(1,length(ni)))'; barb = bi;
phi  = exp((Z - 1)*barb/b - log((V - b)*Z/V) + (a/(b*R*T))/(ep - sm)*log((V
+ sm*b)/(V + ep*b))*...
    (1 + bara/a - barb/b));
```

### 보기 9 혼합물의 퓨개시티

Peng-Robinson 상태방정식을 이용하여 100 K, 0.4119 MPa(4.119bar)에서 질소(1)/메탄(2) 혼합물 중의 각 성분의 퓨개시티 계수를 구하여라.[16] $y_1 = 0.958$이며 질소의 경우 $T_{c1} = 126.1\ K$, $P_{c1} = 3.394\ MPa$(33.94 bar), $w_1 = 0.04$이고 메탄의 경우 $T_{c2} = 190.6\ K$, $P_{c2} = 4.604\ MPa$(46.04 bar), $w_2 = 0.011$이다.

**풀이**

함수 phimix의 수행결과는 다음과 같다.

```
>> state = 'v'; k = zeros(2,2); eos='pr'; T = 100; P = 4.119e5; ni = [0.958
0.042];
>> Tc = [126.1 190.6]; Pc = [33.94 46.04]*1e5; w = [0.04 0.011];
>> [Z,V,phi] = phimix(ni,P,T,Pc,Tc,w,k,state,eos)
Z =
    0.9059
V =
    0.0018
phi =
    0.9162
    0.8473
```

## 3.4 증기압

**Antoine 식**

증기압과 온도 사이의 관계를 나타내는 Antoine 식은

$$\ln P_v = A - \frac{B}{T + C}$$

로 주어진다. $A$, $B$, $C$는 파라미터들이다. 이 식의 양 변에 $(T + C)$를 곱하여 선형관계로 변형시키고 정리하면

16 J. Richard Elliott and Carl T. Lira, Introductory Chemical Engineering Thermodynamics, $2^{nd}$ ed., p. 587, Prentice-Hall, 2012.

$$y = a_1 + a_2 x_1 + a_3 x_2$$

위에서 $y = \ln P_v$, $x_1 = \dfrac{1}{T}$, $x_2 = \dfrac{\ln P_v}{T}$, $a_1 = A$, $a_2 = AC - B$, $a_3 = -C$이다.

**Riedel 식**

증기압과 온도 사이의 관계를 나타내는 Reidel 식은

$$\ln P_v = A + \frac{B}{T} + C \ln T + D T^6$$

으로 주어진다. $A$, $B$, $C$, $D$는 파라미터들이다. 이 식은

$$y = A + B x_1 + C x_2 + D x_3$$

로 쓸 수 있다. 위에서 $y = \ln P_v$, $x_1 = \dfrac{1}{T}$, $x_2 = \ln T$, $x_3 = T^6$이다.

**Harlecher-Braun 식**

증기압과 온도 사이의 관계를 나타내는 Harlecher-Braun 식은

$$\ln P_v = A + \frac{B}{T} + C \ln T + D \frac{P_v}{T^2}$$

으로 주어진다. $A$, $B$, $C$, $D$는 파라미터들이다. 이 식은

$$y = A + B x_1 + C x_2 + D x_3$$

로 쓸 수 있다. 위에서 $y = \ln P_v$, $x_1 = \dfrac{1}{T}$, $x_2 = \ln T$, $x_3 = \dfrac{P_v}{T^2}$이다.

## 보기 10 2,2,4-트리메틸 펜탄의 증기압[17]

다음은 2,2,4-트리메틸 펜탄의 증기압 데이터이다. 이 데이터를 나타내는 Antoine 식, Reidel 식, 그리고 Harlecher-Braun 식을 구하여 보고 그래프를 통하여 서로 비교하여 보라.

---

17 Stanley I. Sandler, Chemical, Biochemical and Engineering Thermodynamics, 4th ed., p. 319, Wiley, 2006.

**표 3.9 2,2,4-트리메틸 펜탄의 증기압**

| $T$(℃) | −15 | −4.3 | 7.5 | 20.7 | 29.1 | 40.7 | 58.1 | 78.0 | 99.2 |
|---|---|---|---|---|---|---|---|---|---|
| $P_v(kPa)$ | 0.667 | 1.333 | 2.666 | 5.333 | 8.000 | 13.33 | 26.66 | 53.33 | 101.32 |

**풀이**

Antoine 식의 경우

$$y = \begin{bmatrix} \ln P_{v1} \\ \ln P_{v2} \\ \vdots \\ \ln P_{vn} \end{bmatrix},\quad X = \begin{bmatrix} 1 & 1/T_1 & \ln P_{v1}/T_1 \\ 1 & 1/T_2 & \ln P_{v2}/T_2 \\ \vdots & \vdots & \vdots \\ 1 & 1/T_n & \ln P_{vn}/T_n \end{bmatrix},\quad b = \begin{bmatrix} A \\ AC - B \\ -C \end{bmatrix}$$

로 두고 $b=(X^TX)^{-1}X^Ty$를 이용한다. 다른 두 식에서는 $b=[A\ \ B\ \ C\ \ D]^T$로 두고 $X$를 적절히 정의한다. 각 증기압 식의 파라미터들은 스크립트 compVPeqn.m에 의해 계산된다. 비교를 위한 증기압 계산에서 Harlecher-Braun 식의 경우 주어진 온도 $T$에서 비선형 방정식

$$A + \frac{B}{T} + C\ln T + \frac{Dx}{T^2} - \ln x = 0$$

을 풀어 $P_v$를 구한다.

```
% compVPeqn: 증기압 식들의 비교
clear all; clc;
T = [-15 -4.3 7.5 20.7 29.1 40.7 58.1 78.0 99.2] + 273.15;
Pv = [0.667 1.333 2.666 5.333 8.000 13.33 26.66 53.33 101.32];
Xa = [ones(1,length(T)); 1./T; log(Pv)./T]';
b = inv(Xa'*Xa)*Xa'*log(Pv)';
Aa = b(1); Ca = -b(3); Ba = Aa*Ca-b(2);  % Antoine 식의 계수
Xr = [ones(1,length(T)); 1./T; log(T); T.^6]';
b = inv(Xr'*Xr)*Xr'*log(Pv)';
Ar = b(1); Br = b(2); Cr = b(3); Dr = b(4); % Reidel 식의 계수
Xh = [ones(1,length(T)); 1./T; log(T); Pv./T.^2]';
b = inv(Xh'*Xh)*Xh'*log(Pv)';
Ah = b(1); Bh = b(2); Ch = b(3); Dh = b(4); % Harlecher-Braun 식의 계수
% plot
Ti = T(1):T(end);
Pa = exp(Aa - Ba./(Ti+Ca));
Pr = exp(Ar + Br./Ti + Cr*log(Ti) + Dr*Ti.^6);
```

```
Ph = [];
for k = 1:length(Ti)
   P0 = 100/length(Ti) * k;
   Phf = @(x) Ah + Bh/Ti(k) + Ch*log(Ti(k)) + Dh*x/Ti(k)^2 - log(x);
   Phv = fzero(Phf,P0);
   Ph = [Ph Phv];
end
plot(Ti,Pa,Ti,Pr,':',Ti,Ph,'.-',T,Pv,'o')
xlabel('T(C)'), ylabel('Pv(mmHg)')
legend('Antoine','Reidel','Harlecher-Braun','Data')
```

스크립트 compVPeqn의 수행결과는 다음과 같다. 3개의 식 모두 증기압을 잘 나타내고 있음을 알 수 있다.

```
>> compVPeqn
```

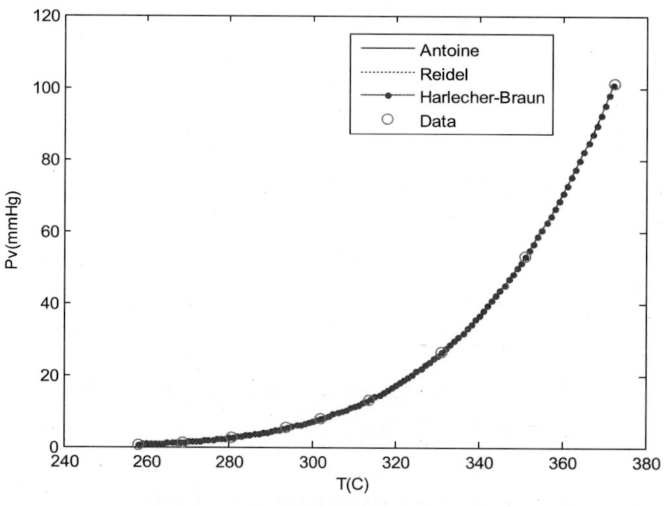


**그림 3.1 2,2,4-트리메틸 펜탄의 증기압**

## 3.5 활동도 계수

Gibbs-Duhem 방정식과 활동도 계수의 정의로부터 기상 조성과 활동도 계수를 계산할 수 있다. 2성분계의 경우 Gibbs-Duhem 방정식은

$$x_1\left(\frac{\partial \ln\gamma_1}{\partial x_1}\right)_{P,T}+x_2\left(\frac{\partial \ln\gamma_2}{\partial x_1}\right)_{P,T}=0$$

와 같이 쓸 수 있다. 활동도 계수는

$$\gamma_i=\frac{y_iP}{x_iP_i^v}$$

로 정의된다. $x_i$, $y_i$는 각각 $i$성분의 액상 및 기상 조성이며 $P_i^v$는 $i$성분의 증기압이다. 위의 두 관계로부터

$$\frac{dy_1}{dx_1}=\frac{y_1(1-y_1)}{y_1-x_1}\frac{d\ln P}{dx_1}$$

$P-x_1$ 데이터가 주어진다면 $P$를 $x_1$의 다항식으로 나타낸 다음 $d\ln P/dx_1$을 구하고 이를 위의 관계식에 대입하여 $y_1$을 계산할 수 있다. 그런데 위 미분방정식에서 초기조건 $x_1=0$, $y_1=0$에서는 분모가 0이 되어 계산이 수행될 수 없다. 따라서 l'Hopital의 정리 $\lim\limits_{x\to 0}\frac{f(x)}{g(x)}=\lim\limits_{x\to 0}\frac{f'(x)}{g'(x)}$를 도입하여 $\frac{dy_1}{dx_1}\approx\frac{\Delta y_1}{\Delta x_1}\approx\frac{\epsilon_{y_1}}{\epsilon_{x_1}}\approx(1-2y_1)(d\ln P/dx_1)|_{x_1=0,y_1=0}$의 관계를 이용한다. 이로부터 $\epsilon_{y_1}=(d\ln P/dx_1)|_{x_1=0}\cdot\epsilon_{x_1}$을 구한 다음 이를 $y_1$의 초기값으로 이용한다. $\epsilon_{x_1}$으로 매우 작은 값(예: $10^{-5}$)을 취한다.

### 보기 11 벤젠-아세트산 계의 기상조성

50℃ 에서 벤젠(1)-아세트산(2) 혼합물의 액상 조성에 따른 전압 데이터가 다음 표와 같이 주어져 있다. Gibbs-Duhem 방정식을 이용하여 기상조성과 활동도 계수를 구하여라.

표 3.10 벤젠(1)-아세트산(2) 혼합물의 액상 조성에 따른 전압($T=50°C$)[18]

| $x_1$ | P(mmHg) | $x_1$ | P(mmHg) |
|---|---|---|---|
| 0.0 | 57.52 | 0.8286 | 250.20 |
| 0.0069 | 58.2 | 0.8862 | 259.00 |
| 0.1565 | 126.00 | 0.9165 | 261.11 |
| 0.3396 | 175.30 | 0.9561 | 264.45 |
| 0.4666 | 189.50 | 0.9840 | 266.53 |
| 0.6004 | 224.30 | 1.0 | 271.00 |
| 0.7021 | 236.00 | | |

**풀이**

데이터로부터 벤젠의 증기압은 $P_1^v = 271mmHg$, 아세트산의 증기압은 $P_2^v = 57.52mmHg$ 임을 알 수 있다. 전압 데이터의 다항식 접합은 내장함수 polyfit를 이용한다. 다항식의 차수를 적절히 선택(3, 4, 혹은 5)하여 다항식 접합을 수행할 수 있다. 데이터는 4차 다항식

$$P(x_1) = -365.7643x_1^4 + 915.1596x_1^3 - 894.0699x_1^2 + 556.8470x_1 + 56.2570$$

으로 잘 나타낼 수 있음을 알 수 있다. 이로부터

$$P'(x_1) = -1463.0572x_1^3 + 2745.4788x_1^2 - 1788.1398x_1 + 556.8470$$

따라서

$$\frac{d\ln P}{dx_1} = \frac{1}{P}\frac{dP}{dx_1} = \frac{-1463.0572x_1^3 + 2745.4788x_1^2 - 1788.1398x_1 + 556.8470}{-365.7643x_1^4 + 915.1596x_1^3 - 894.0699x_1^2 + 556.8470x_1 + 56.2570}$$

이로부터

$$\frac{dy_1}{dx_1} = \frac{y_1(1-y_1)}{y_1 - x_1}\frac{-1463.0572x_1^3 + 2745.4788x_1^2 - 1788.1398x_1 + 556.8470}{-365.7643x_1^4 + 915.1596x_1^3 - 894.0699x_1^2 + 556.8470x_1 + 56.2570}$$

위의 미분방정식은 다음과 같이 함수 bzacfun.m에 의해 정의된다.

18 Cutlip, M. B. and M. Shacham, Problem Solving in Chemical and Biochemical Engineering with POLYMATH, Excel, and MATLAB, 2nd ed., p. 274, Prentice-Hall, 2008.

```
function dy = bzacfun(x,y)
% 벤젠-아세트산 계에서의 dy/dx 계산함수
dy = (y*(1-y)/(y-x)) * (-1463.0572*x^3 + 2745.4788*x^2 - 1788.1398*x ...
   + 556.8470)/(-365.7643*x^4 + 915.1596*x^3 - 894.0699*x^2 + ...
   556.8470*x + 56.2570);
end
```

데이터의 다항식 접합과 기상조성 및 $\gamma_1$과 $\gamma_2$의 계산은 스크립트 파일 bzacP.m에 의해 수행된다. 초기조건으로 $\epsilon_{x_1} = 10^{-5}$으로 하고 $y_1(0) = \epsilon_{y_1}$을 취한다.

```
% bzacP.m: 벤젠-아세트산 계의 기상조성과 활동도 계수
x1 = [0.0 0.0069 0.1565 0.3396 0.4666 0.6004 0.7021 0.8286 0.8862 ...
   0.9165 0.9561 0.9840 1.0];
P = [57.52 58.2 126.00 175.30 189.50 224.30 236.00 250.20 259.00 ...
   261.11 264.45 266.53 271.00];
c = polyfit(x1,P,4) % 접합 다항식(4차)
dc = polyder(c)  % 다항식의 미분
x10 = 1e-5; xinv = [x10 1]; y10 = x10*dc(end)/c(end);
[x,y] = ode45(@bzacfun,xinv,y10);
P1v = P(end); P2v = P(1); Px = polyval(c,x);
gam1 = y.*Px./x/P1v; gam2 = (1-y).*Px./(1-x)/P2v;
figure(1)
x1i = 0:0.01:1; Pv = polyval(c,x1i);
plot(x1i,Pv,x1,P,'o'), xlabel('x_1'), ylabel('P(mmHg)')
legend('Fitting','Data','Location','best')
figure(2)
plot(x,y),  xlabel('x_1'), ylabel('y_1')  % x1-y1 graph
figure(3)
plot(x,gam1,x,gam2,'.-'), xlabel('x_1'), ylabel('\gamma')
legend('\gamma_1','\gamma_2','Location','best'), axis([0 1 0 4])
```

스크립트 파일 bzacP.m의 수행결과는 다음과 같다.

```
>> bzacP
c =
 -365.7643  915.1596 -894.0699  556.8470   56.2570
dc =
   1.0e+03 *
   -1.4631    2.7455   -1.7881    0.5568
```

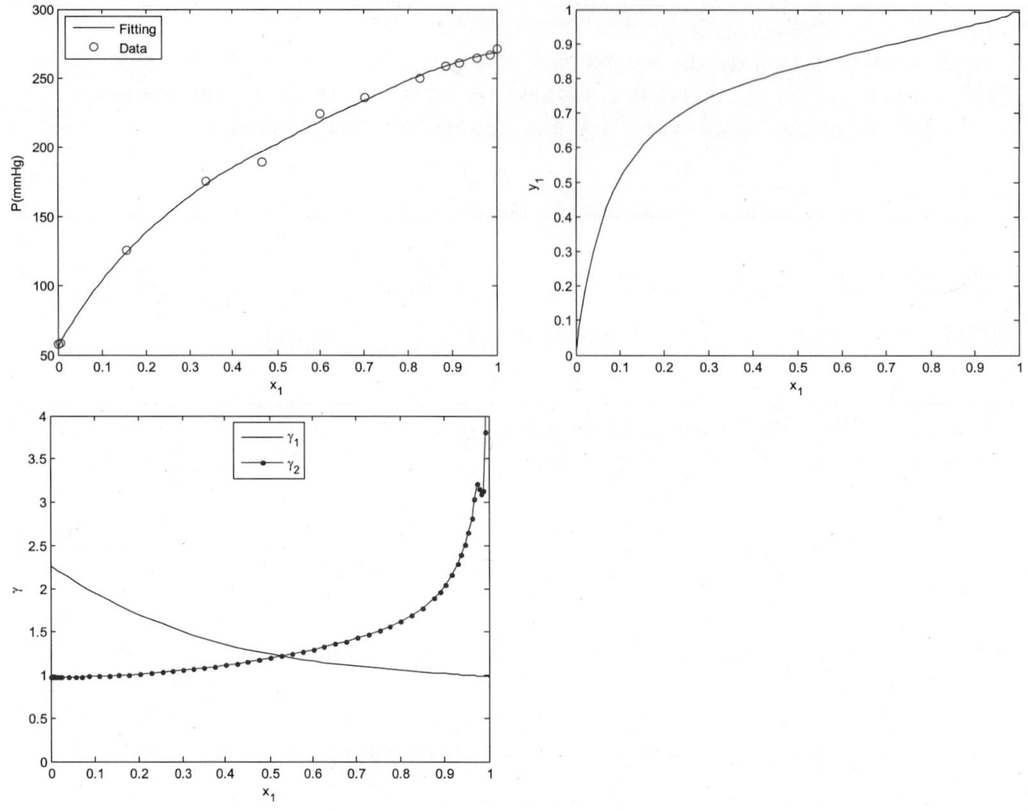


그림 3.2 벤젠(1)-아세트산(2) 혼합물의 증기압과 조성 및 활동도 계수

## 활동도 계수 계산모델

### Wilson 방정식

Wilson 방정식은 혼합이 가능한 비이상계의 활동도 계수 계산에 이용된다. 2성분계의 경우 Wilson 식에 의한 활동도 계수 $\gamma_1$과 $\gamma_2$는 각각 다음과 같이 주어진다.

$$\ln\gamma_1 = -\ln\theta_1 + \frac{(g_{12}\theta_2 - g_{21}\theta_1)x_2}{\theta_1\theta_2}, \quad \ln\gamma_2 = -\ln\theta_2 - \frac{(g_{12}\theta_2 - g_{21}\theta_1)x_1}{\theta_1\theta_2}$$

위에서 $\theta_1 = x_1 + g_{12}x_2$, $\theta_2 = x_2 + g_{21}x_1$이며 $g_{12}$와 $g_{21}$은 실험 데이터로부터 결정될 수 있는 파라미터들이고 $x_1$과 $x_2$는 각각 성분 1과 2의 몰분율이다.

### Wilson 방정식 파라미터의 계산: 공비점 데이터의 이용

공비점 데이터를 이용하여 Wilson 식의 파라미터들을 결정할 수 있다. 공비점에서는 $\gamma_i = \dfrac{P}{P_i}$ 이며 공비점 $T_a$에서의 증기압 $P_i$는 Antoine 식과 같은 적절한 증기압 관계식으로부터 얻을 수 있으므로 조성을 알고 있다면 파라미터 $g_{ij}$를 구할 수 있다. 2성분계의 경우 다음과 같은 2개의 비선형방정식을 얻는다.

$$f_1 = \ln\gamma_1 + \ln\theta_1 - \frac{(g_{12}\theta_2 - g_{21}\theta_1)x_2}{\theta_1\theta_2}, \quad f_2 = \ln\gamma_2 + \ln\theta_2 + \frac{(g_{12}\theta_2 - g_{21}\theta_1)x_1}{\theta_1\theta_2}$$

이는 다음과 같은 함수(wilact.m)로 나타낼 수 있다. 이 함수는 $x_1$과 $x_2$ 및 $\gamma_1$과 $\gamma_2$를 입력인수로 취한다.

```
function f = wilact(g,x1,x2,gam1,gam2)
t1 = x1 + g(1)*x2; t2 = x2 + g(2)*x1;
f = [log(gam1) + log(t1) - (g(1)*t2 - g(2)*t1)*x2/(t1*t2);
    log(gam2) + log(t2) + (g(1)*t2 - g(2)*t1)*x1/(t1*t2)];
end
```

### Van Laar 방정식

Van Laar 방정식은 비이상계의 활동도 계수 계산에 이용된다. 2성분계의 경우 Van Laar 식에 의한 활동도 계수 $\gamma_1$과 $\gamma_2$는 각각 다음과 같이 주어진다.

$$\log\gamma_1 = \frac{Ax_2^2}{\left(\dfrac{A}{B}x_1 + x_2\right)^2}, \quad \log\gamma_2 = \frac{Bx_1^2}{\left(x_1 + \dfrac{B}{A}x_2\right)^2}$$

위에서 A와 B는 실험 데이터로부터 결정될 수 있는 파라미터들이고 $x_1$과 $x_2$는 각각 성분 1과 2의 몰분율이다.

### 보기 12 Wilson 식 파라미터의 계산

전압 $P = 760mmHg$에서 에탄올(1)과 n-옥탄(2) 혼합물은 77℃에서 공비점을 형성하며 이때의 조성은 에탄올 78% 및 n-옥탄 22%(무게%)이다. 공비점 $T$에서 에탄올과 n-옥탄의 증기압은 Antoine 식 $\log P_i = A_i - \dfrac{B_i}{T + C_i}$ $(T: ℃,\ P_i: mmHg)$으로부터 얻을 수 있으며 에탄올의 경우 $A_1 = 8.04494$, $B_1 = 1554.3$, $C_1 = 222.65$, n-옥탄의 경우 $A_2 = 6.92374$, $B_2 = 1355.126$, $C_2 = 209.517$이다. 에탄올과 n-옥탄의 분자량은 각각 46.07 및 114이다. 이 시스템에 대한 Wilson 식의 파라미터들을 구하여라.

**풀이**

증기압을 구한 다음 이로부터 활동도 계수를 계산한다. 아울러 주어진 무게 조성비로부터 몰분율을 얻은 다음 비선형방정식 시스템을 구성하고 해를 구한다. 계산과정은 스크립트 파일 wilsonpar.m에 의해 수행된다. 이 파일은 함수 wilact로 정의되는 비선형방정식 시스템의 해를 구한다.

```
% wilsonpar.m: 2성분계 Wilson식 파라미터의 계산
w1 = 78; mw1 = 46.07; mw2 = 114; Ta = 77; P = 760;
A1 = 8.04494; B1 = 1554.3; C1 = 222.65;
A2 = 6.92374; B2 = 1355.126; C2 = 209.517;
% 몰분율
x1 = (w1/mw1)/(w1/mw1 + (100-w1)/mw2); x2 = 1 - x1;
% 증기압
P1 = 10^(A1 - B1/(Ta + C1)); P2 = 10^(A2 - B2/(Ta + C2));
% 활동도 계수
gam1 = P/P1; gam2 = P/P2;
% 비선형방정식 시스템의 풀이(g(1)=g12, g(2)=g21)
g0 = [0.1 0.1]; % 해의 초기 가정값
g = fsolve(@wilact,g0,[],x1,x2,gam1,gam2);
g12 = g(1), g21 = g(2)
```

스크립트 파일 wilsonpar.m의 수행결과는 다음과 같다.

```
>> wilsonpar
g12 =
    0.5713
g21 =
    0.0998
```

## 그룹 기여법(Group contribution method)에 의한 활동도 계산

분자는 기능성 그룹들의 조합으로 간주할 수 있다. 이러한 소그룹들의 기여에 의한 여러 활동도 계산방법들 가운데 UNIQUAC(Universal Quasi-Chemical Model) 방법과 UNIFAC

(Universal Quasi-Chemical Functional Group Activity Coefficient)방법이 널리 이용된다.

#### UNIQUAC 방법

활동도 계수는 분자의 크기와 모양의 차이를 감안하는 항(조합항)과 분자간 상호 간섭관계를 감안하여 주는 항(잔류항)의 합으로 나타낼 수 있다.[19] 즉

$$\ln\gamma_i = \ln\gamma_i^C + \ln\gamma_i^R$$

위에서

$$\ln\gamma_i^C = 1 - J_i + \ln J_i - 5q_i\left(1 - \frac{J_i}{L_i} + \ln\frac{J_i}{L_i}\right)$$

$$\ln\gamma_i^R = q_i\left(1 - \ln s_i - \sum_j \frac{\theta_j \tau_{ij}}{s_j}\right)$$

$$\tau_{ji} = \exp\left(-\frac{u_{ji} - u_{ii}}{RT}\right),\ J_i = \frac{r_i}{\sum_j r_j x_j},\ L_i = \frac{q_i}{\sum_j q_j x_j},$$

$$s_i = \sum_k \theta_k \tau_{ki},\ \theta_i = \frac{x_i q_i}{\sum_j x_j q_j},\ r_i = \sum_k \nu_k^{(i)} R_k,\ q_i = \sum_k \nu_k^{(i)} Q_k$$

여기에서 $r_i$는 $i$성분에 대한 부피 파라미터, $q_i$는 $i$성분에 대한 부피 파라미터로서 그 성분을 이루는 기능성 그룹들의 $R_k$와 $Q_k$ 파라미터들의 합으로 주어진다. $R_k$와 $Q_k$ 파라미터들은 참고문헌[20, 21]으로부터 찾아볼 수 있다.

#### UNIFAC 방법

이 방법은 UNIQUAC 방법에 근거하며 활동도 계수는 다음과 같이 조합항과 잔류항의 합으로 나타낼 수 있다.[22] 즉

$$\ln\gamma_i = \ln\gamma_i^C + \ln\gamma_i^R$$

19 Smith, J. M., H. C. Van Ness and M. M. Abbott, Introduction to Chemical Engineering Thermodynamics, p. 791-792, 7th ed., McGraw-Hill, 2005.

20 Bruce E. Poling, John M. Prausnitz and John P. O'Connell, The Properties of Gases and Liquids, 5th ed., p. 8.78-8.81, McGraw-Hill, 2001.

21 임경희, 과학도와 공학도를 위한 열역학, p. 832-833, 자유아카데미, 2011.

22 Smith, J. M., H. C. Van Ness and M. M. Abbott, Introduction to Chemical Engineering Thermodynamics, p. 793-795, 7th ed., McGraw-Hill, 2005.

앞에서

$$\ln\gamma_i^C = 1 - J_i + \ln J_i - 5q_i\left(1 - \frac{J_i}{L_i} + \ln\frac{J_i}{L_i}\right)$$

$$\ln\gamma_i^R = q_i\left(1 - \sum_k\left(\frac{\theta_k\beta_{ik}}{s_k} - e_{ki}\ln\frac{\beta_{ik}}{s_k}\right)\right)$$

$$e_{ki} = \frac{\nu_k^{(i)}Q_k}{q_i},\ \beta_{ik} = \sum_m e_{mi}\tau_{mk},\ \tau_{ij} = \exp\left(-\frac{a_{ij}}{T}\right),\ J_i = \frac{r_i}{\sum_j r_j x_j},$$

$$L_i = \frac{q_i}{\sum_j q_j x_j},\ \theta_k = \frac{x_i q_i e_{ki}}{\sum_j x_j q_j}$$

이며 $a_{mk}$는 그룹들 간의 상호간섭 파라미터로서 참고문헌[23]으로부터 찾아볼 수 있다. 다른 파라미터들은 UNIQUAC에서와 같다. UNIFAC 방법에 의한 활동도 계수의 계산은 함수 unifgam.m에 의해 수행된다. 이 함수는 다음과 같이 사용한다.

gam = unifgam(k,R,Q,nu,amn,Nc,x,T)

위에서 k는 기능성 그룹들의 수, R과 Q는 기능성 그룹들 각각에 대한 부피 및 표면적 벡터, nu는 각 성분에 포함된 기능성 그룹들의 수, amn은 그룹간 간섭 파라미터 행렬, Nc는 혼합물의 성분 수, x는 액상 몰분율 벡터, 그리고 T는 온도(K)이며 gam은 각 성분에 대한 활동도계수 벡터이다.

```
function gam = unifgam(k,R,Q,nu,amn,Nc,x,T)
% UNIFAC 식에 의한 활동도계수 계산
% input:
%   R,Q: k개의 기능성 그룹들 각각에 대한 부피 및 표면적 벡터
%   nu: 각 성분에 포함된 기능성 그룹들의 수(행: 기능성 그룹 k, 열: 성분 i)
%   amn: 그룹간 간섭파라미터 행렬
%   Nc: 혼합물의 성분 수
%   x: 액상 몰분율 벡터
%   T: 온도(K)
% output:
%   gam: 각 성분에 대한 활동도계수 벡터
```

23 Bruce E. Poling, John M. Prausnitz and John P. O'Connell, The Properties of Gases and Liquids, $5^{th}$ ed., p. 8.82-8.93, McGraw-Hill, 2001.

```
r = zeros(1,Nc); q = zeros(1,Nc); tau = zeros(k,k); ek = zeros(k,Nc);
theta = zeros(1,k); beta = zeros(Nc,k); s = zeros(1,k); z = 10;
for j = 1:Nc
   r(j) = sum(R.*nu(:,j)'); q(j) = sum(Q.*nu(:,j)');  % r 및 q 행벡터
end
for i = 1:k
   ek(i,:) = nu(i,:)*Q(i)./q;
end

tau = exp(-amn/T);
for i = 1:Nc
   for j = 1:k
      beta(i,j) = sum(ek(:,i).*tau(:,j));
   end
end
for i = 1:k
   theta(i) = sum(x.*q.*ek(i,:))/sum(x.*q);
end

for i = 1:k
   s(i) = sum(theta'.*tau(:,i));
end
J = r/sum(r.*x); L = q/sum(q.*x);
gamc = 1 - J + log(J) - 5*q.*(1 - J./L + log(J./L));
gamr = [];
for i = 1:Nc
   sumb = 0;
   for j = 1:k
      gamval = theta(j)*beta(i,j)/s(j) - ek(j,i)*log(beta(i,j)/s(j));
      sumb = sumb + gamval;
   end
   gamr = [gamr q(i)*(1 - sumb)];
end
gam = exp(gamc + gamr);
end
```

## 보기 13 UNIFAC 방법에 의한 활동도 계수[24]

디메틸아민(1)/n-헵탄(2) 혼합물에서 각 성분의 활동도 계수 $\gamma_1$과 $\gamma_2$를 계산하여라. 온도 T = 308.15 K이며 액상 조성은 $x_1 = 0.4$, $x_2 = 0.6$이다. 각 성분은 다음과 같은 기능성 그룹들로 구성된다.

24 Smith, J. M., H. C. Van Ness and M. M. Abbott, Introduction to Chemical Engineering Thermodynamics, p. 795-797, 7th ed., McGraw-Hill, 2005.

디메틸아민(1): $CH_3 - CH_2NH - CH_2 - CH_3$

n-헵탄(2): $CH_3 - (CH_2)_5 - CH_3$

**풀이**

기능성 그룹은 $CH_3$(k = 1), $CH_2$(k = 2), $CH_2NH$(k = 3)의 3개임을 알 수 있다. $i$성분에서 $j$그룹의 수를 $\nu_j^{(i)}$라고 하면 참고문헌[25]으로부터 다음을 얻는다.

**표 3.11 기능성 그룹 부피 및 표면적 파라미터**

| 기능성 그룹 | j | $R_k$ | $Q_k$ | $\nu_j^{(1)}$ | $\nu_j^{(2)}$ |
|---|---|---|---|---|---|
| $CH_3$ | 1 | 0.9011 | 0.8480 | 2 | 2 |
| $CH_2$ | 2 | 0.6744 | 0.5400 | 1 | 5 |
| $CH_2NH$ | 3 | 1.2070 | 0.9360 | 1 | 0 |

그룹 $CH_3$ 및 $CH_2$는 주 그룹(main group) 1에 속하며 $CH_2NH$는 주 그룹 15에 속하므로 $a_{mn}$ 행렬은 다음과 같다.

| | | 주그룹 1 | | 주그룹 15 |
|---|---|---|---|---|
| | | j = 1 | j = 2 | j = 3 |
| 주그룹 1 | j = 1 | 0 | 0 | 255.7 |
| | j = 2 | 0 | 0 | 255.7 |
| 주그룹 15 | j = 3 | 65.33 | 65.33 | 0 |

UNIFAC 방법의 계산은 앞에서 정의한 함수 unifgam.m에 의해 수행된다. 스크립트 useunifgam.m은 데이터를 설정한 다음 함수 unifgam.m을 호출하여 활동도 계수를 계산한다.

```
% useunifgam.m
Nc = 2; k = 3; % 성분 수(Nc) 및 기능성 그룹 수(k)
R = [0.9011 0.6744 1.2070]; % k개의 기능성 그룹들 각각에 대한 부피 벡터
Q = [0.8480 0.5400 0.9360]; % k개의 기능성 그룹들 각각에 대한 표면적 벡터
nu = [2 2; 1 5; 1 0]; % 기능성 그룹들의 수(행: 기능성 그룹 k, 열: 성분 i)
amn = [0 0 255.7; 0 0 255.7; 65.33 65.33 0];  % 그룹간 간섭파라미터 행렬
```

25 Bruce E. Poling, John M. Prausnitz and John P. O'Connell, The Properties of Gases and Liquids, 5th ed., p. 8.78-8.81, McGraw-Hill, 2001.

```
x = [0.4 0.6]; % 혼합물의 조성
T = 308.15; % T(K)
gam = unifgam(k,R,Q,nu,amn,Nc,x,T)
```

다음은 스크립트 useunifgam.m의 수행결과이다.

```
>> useunifgam
gam =
   1.1330   1.0470
```

## 보기 14 UNIFAC 방법에 의한 4성분 혼합물의 활동도 계수

n-헥산 (1)/에탄올 (2)/메틸시클로펜탄 (3)/벤젠 (4) 혼합물에서 각 성분의 활동도 계수 $\gamma_i (i=1,\cdots,4)$를 계산하여라. 온도 T = 334.82 K이며 액상 조성은 $x_1 = 0.162$, $x_2 = 0.068$, $x_3 = 0.656$, $x_4 = 0.114$이다. 각 성분은 다음과 같은 기능성 그룹들로 구성된다.

n-헥산 (1): $2CH_3 - 4CH_2$, 에탄올(2): $CH_3 - CH_2 - OH$,
메틸시클로펜탄 (3): $3CH_3 - CH_2 - CH - C$, 벤젠(4): $6ACH$.

**풀이**

기능성 그룹은 $CH_3$(j = 1), $CH_2$(j = 2), $CH$(j = 3), $C$(j = 4), $ACH$(j = 5), $OH$(j = 6)의 6개임을 알 수 있다. i 성분에서 j 그룹의 수를 $\nu_j^{(i)}$ 라고 하면 참고문헌[26]으로부터 다음을 얻는다.

**표 3.12 4성분 혼합물의 기능성 그룹 부피 및 표면적 파라미터**

| 기능성 그룹 | j | $R_k$ | $Q_k$ | $\nu_j^{(1)}$ | $\nu_j^{(2)}$ | $\nu_j^{(3)}$ | $\nu_j^{(4)}$ |
|---|---|---|---|---|---|---|---|
| $CH_3$ | 1 | 0.9011 | 0.848 | 2 | 1 | 3 | 0 |
| $CH_2$ | 2 | 0.6744 | 0.540 | 4 | 1 | 1 | 0 |
| $CH$ | 3 | 0.4469 | 0.228 | 0 | 0 | 1 | 0 |
| $C$ | 4 | 0.2195 | 0.000 | 0 | 0 | 1 | 0 |
| $ACH$ | 5 | 0.5313 | 0.400 | 0 | 0 | 0 | 6 |
| $OH$ | 6 | 1.0000 | 1.200 | 0 | 1 | 0 | 0 |

26 Bruce E. Poling, John M. Prausnitz and John P. O'Connell, The Properties og Gases and Liquids, $5^{th}$ ed., p. 8.78-8.81, McGraw-Hill, 2001.

그룹 $CH_3$, $CH_2$, $CH$, $C$는 주 그룹(main group) 1에 속하며 $ACH$는 주 그룹 3, $OH$는 주 그룹 5에 속하므로 참고문헌[27]으로부터 다음과 같은 $a_{mn}$ 행렬을 얻는다.

**표 3.13 4성분 혼합물 기능성 그룹에 대한 간섭인자 행렬**

| | | 주그룹 1 | | | | 주그룹 3 | 주그룹 5 |
|---|---|---|---|---|---|---|---|
| | | j=1 | j=2 | j=3 | j=4 | j=5 | j=6 |
| 주그룹 1 | j=1 | 0 | 0 | 0 | 0 | 61.13 | 986.5 |
| | j=2 | 0 | 0 | 0 | 0 | 61.13 | 986.5 |
| | j=3 | 0 | 0 | 0 | 0 | 61.13 | 986.5 |
| | j=4 | 0 | 0 | 0 | 0 | 61.13 | 986.5 |
| 주그룹 3 | j=5 | −11.12 | −11.12 | −11.12 | −11.12 | 0 | 636.1 |
| 주그룹 5 | j=6 | 156.4 | 156.4 | 156.4 | 156.4 | 89.60 | 0 |

UNIFAC 방법의 계산은 함수 unifgam.m에 의해 수행된다. 스크립트 useunifgam.m은 데이터를 설정한 다음 함수 unifgam.m을 호출하여 활동도 계수를 계산한다.

```
% useunifgam.m
Nc = 4; k = 6; % 성분 수(Nc) 및 기능성 그룹 수(k)
R = [0.9011 0.6744 0.4469 0.2195...
   0.5313 1.0000]; % k개의 기능성 그룹들 각각에 대한 부피 벡터
Q = [0.848 0.540 0.228 0.000 0.400...
   1.200]; % k개의 기능성 그룹들 각각에 대한 표면적 벡터
nu = [2 1 3 0; 4 1 1 0; 0 0 1 0; 0 0 1 0;...
   0 0 0 6; 0 1 0 0]; % 기능성 그룹들의 수(행: 기능성 그룹 k, 열: 성분 i)
amn = [0 0 0 0 61.13 986.5; 0 0 0 0 61.13 986.5; 0 0 0 0 61.13 986.5;...
     0 0 0 0 61.13 986.5; -11.12 -11.12 -11.12 -11.12 0 636.1;...
     156.4 156.4 156.4 156.4 89.60 0]; % 그룹간 간섭파라미터 행렬
x = [0.162 0.068 0.656 0.114]; % 혼합물의 조성
T = 334.82; % T(K)
gam = unifgam(k,R,Q,nu,amn,Nc,x,T
```

27 Bruce E. Poling, John M. Prausnitz and John P. O'Connell, The Properties og Gases and Liquids, 5th ed., p. 8.82-8.93, McGraw-Hill, 2001.

다음은 스크립트 useunifgam.m의 수행결과이다.

```
>> useunifgam
gam =
   1.0463   8.1079   1.0392   1.3088
```

## 3.6 기-액 상평형

### Raoult의 법칙

증기상은 이상기체이며 액상은 이상용액이라고 가정하면

$$y_i P = x_i P_i^{sat} \; (i = 1, 2, \cdots, N)$$

액상 몰분율에 대한 기상 몰분율의 비 $K_i$는

$$K_i = \frac{y_i}{x_i} = \frac{P_i^{sat}}{P}$$

로 정의된다. $K_i$는 근사적으로

$$K_i \approx \frac{P_{c,i}}{P} 10^{\frac{7}{3}(1+w)\left(1-\frac{1}{T_{r,i}}\right)}$$

에 의해 계산된다.[28]

### Raoult의 법칙을 이용한 기-액 평형계산

$P_j^{sat}$를 $j$성분의 증기압, $P$를 전체압력이라고 하면 비등점 계산의 경우 Raoult의 법칙에 따라 $y_j = \dfrac{x_j P_j^{sat}}{P}$이므로 $\sum_j y_j = 1$인 관계를 이용하면

28 J. Richard Elliott and Carl T. Lira, Introductory Chemical Engineering Thermodynamics, 2nd ed., p. 376, Prentice-Hall, 2012.

$$\sum_j y_j = 1 = \sum_j K_j x_j = \frac{1}{P}\sum_j x_j P_j^{sat}$$

위에서 $K_j = \dfrac{y_j}{x_j} = \dfrac{P_j^{sat}}{P}$ 이다. 이슬점 계산의 경우

$$\sum_j x_j = 1 = \sum_j \frac{y_j}{K_j} = P\sum_j \frac{y_j}{P_j^{sat}}$$

이다. 플래쉬 계산에 있어서 $F$, $V$, $L$을 각각 다성분 원료, 증기, 그리고 액상용액의 유량(lbmol/hr)이며 $z_j$, $y_j$, $x_j$는 각각 원료, 증기, 액상 흐름에서의 $j$성분의 몰분율이라 하고 혼합물의 총 성분 수를 $N$이라고 하자. 총괄 물질수지 및 성분수지 $F = V + L$, $Fz_j = Vy_j + Lx_j (j = 1, \cdots, N)$로부터

$$x_j = \frac{z_j}{1 + \alpha(K_j - 1)},\ y_j = K_j x_j = \frac{K_j z_j}{1 + \alpha(K_j - 1)}$$

위에서 $\alpha = \dfrac{V}{F}$ 이다. $\sum_{j=1}^{N} x_j = \sum_{j=1}^{N} y_j = 1$ (즉 $\sum_{j=1}^{N}(x_j - y_j) = 0$)을 이용하여 위의 관계로부터 다음과 같은 비선형방정식을 얻을 수 있다.

$$f(\alpha) = \sum_{j=1}^{N}(x_j - y_j) = \sum_{j=1}^{N} \frac{(1 - K_j)z_j}{1 + \alpha(K_j - 1)} = 0$$

## 보기 15 Raoult의 법칙[29]

아세토니트릴(1)/니트로메탄(2) 2성분계에서 각 성분의 증기압($kPa$)은 다음과 같은 Antoine 식으로 나타낼 수 있다.

$$\ln P_1 = A_1 - \frac{B_1}{T + C_1} = 14.2724 - \frac{2945.47}{T + 224.0},$$

$$\ln P_2 = A_2 - \frac{B_2}{T + C_2} = 14.2043 - \frac{2972.64}{T + 209.0}$$

29 Smith, J. M., H. C. Van Ness and M. M. Abbott, Introduction to Chemical Engineering Thermodynamics, 7th ed., p. 352, McGraw-Hill, 2005.

앞에서 $T$는 온도(℃)이다.

(1) 75℃에서 $x_1$, $y_1$에 대한 전압 $P$를 나타내는 그래프를 작성하여라.

(2) $P=70\ kPa$의 압력에서 $x_1$, $y_1$에 대한 온도 $T$를 나타내는 그래프를 작성하여라.

**풀이**

(1) 주어진 온도 $T$에서

$$P=\sum_i x_i P_i^{sat}=x_1P_1^{sat}+x_2P_2^{sat}=P_2^{sat}+(P_1^{sat}-P_2^{sat})x_1$$

$$=\exp\left(A_2-\frac{B_2}{T+C_2}\right)+\left\{\exp\left(A_1-\frac{B_1}{T+C_1}\right)-\exp\left(A_2-\frac{B_2}{T+C_2}\right)\right\}x_1$$

$$y_1=\frac{x_1P_1^{sat}}{P}=\frac{x_1}{P}\exp\left(A_1-\frac{B_1}{T+C_1}\right)$$

계산은 스크립트 파일 bubbp.m에 의해 수행된다.

```
% bubbp.m: bubble p 계산
clear all;
T = 75;
A1 = 14.2724; B1 = 2945.47; C1 = 224;
A2 = 14.2043; B2 = 2972.64; C2 = 209;
fp = @(x) exp(A2-B2/(T+C2)) + x*(exp(A1-B1/(T+C1)) - exp(A2-B2/(T+C2)));
x1 = 0:0.01:1; y1 = []; P = [];
for k = 1:length(x1)
   Ps = feval(fp,x1(k)); fy = @(x) x*(exp(A1-B1/(T+C1)))/Ps;
   y = feval(fy,x1(k)); y1 = [y1 y]; P = [P Ps];
end
plot(x1,P,y1,P,'.-'), xlabel('x_1, y_1'), ylabel('P')
legend('P-x_1','P-y_1','location','best')
```

스크립트 파일 bubbp.m의 수행결과는 다음과 같다.

```
>> bubbp
```

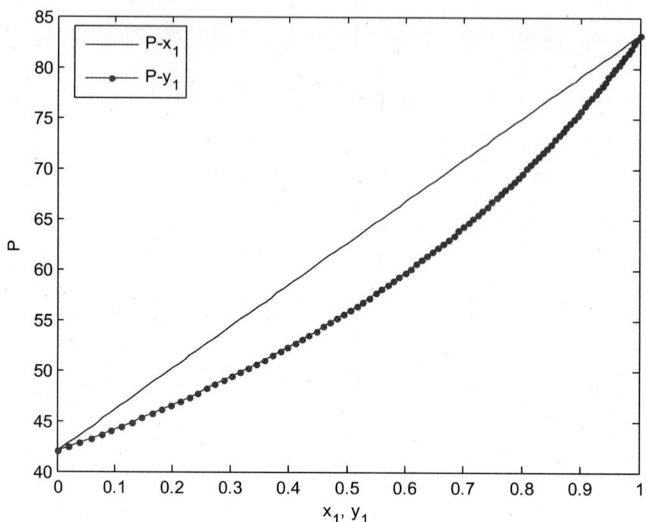


**그림 3.3 아세토니트릴 (1)/니트로메탄 (2) 혼합물의 증기압**

(2) 주어진 압력 $P$에서 비선형 방정식

$$\exp\left(A_2 - \frac{B_2}{T+C_2}\right) + \left\{\exp\left(A_1 - \frac{B_1}{T+C_1}\right) - \exp\left(A_2 - \frac{B_2}{T+C_2}\right)\right\}x_1 - P = 0$$

로부터 $T$를 구한다. 얻어진 온도를 이용하여

$$y_1 = \frac{x_1 P_1^{sat}}{P} = \frac{x_1}{P}\exp\left(A_1 - \frac{B_1}{T+C_1}\right)$$

로부터 기상 조성을 구한다. 계산은 스크립트 파일 dewpt.m에 의해 수행된다.

```
% dewpt.m: dew point 계산
clear all;
A1 = 14.2724; B1 = 2945.47; C1 = 224;
A2 = 14.2043; B2 = 2972.64; C2 = 209;
T0 = 60; P = 70;
x = 0:0.01:1; T = []; y = [];
for k = 1:length(x)
   x1 = x(k);
   fp = @(T) exp(A2-B2/(T+C2)) +...
          x1*(exp(A1-B1/(T+C1)) - exp(A2-B2/(T+C2)))-P;
```

```
    T1 = fzero(fp,T0); y1 = x1*exp(A1-B1/(T1+C1))/P;
    T = [T T1]; y = [y y1];
end
plot(x,T,y,T,'.-'), xlabel('x_1, y_1'), ylabel('T(C)')
legend('T-x_1','T-y_1','location','best')
```

스크립트 파일 dewpt.m의 수행결과는 다음과 같다.

```
>> dewpt
```

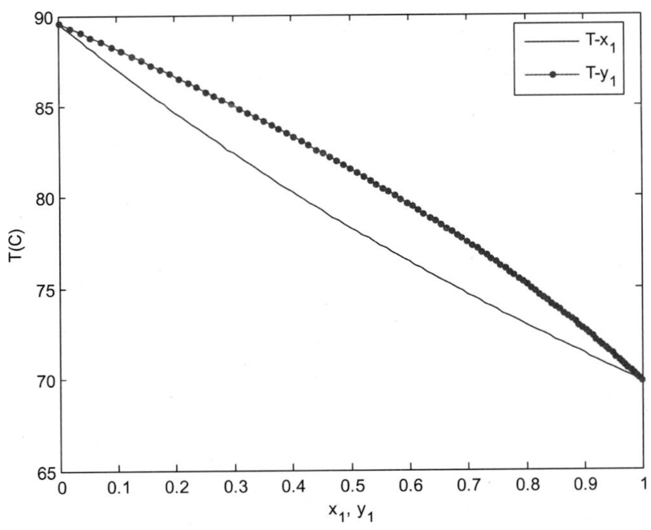


그림 3.4 아세토니트릴 (1)/니트로메탄 (2) 혼합물의 이슬점

## 수정된 Raoult의 법칙

Raoult의 법칙에 활동도 계수 $\gamma_i$를 도입하면

$$y_i P = x_i \gamma_i P_i^{sat} \, (i = 1, 2, \cdots, N)$$

평형비 K는 $K_i = \dfrac{y_i}{x_i} = \dfrac{\gamma_i P_i^{sat}}{P}$ 로 정의된다. 이로부터 $y_i = K_i x_i$, $x_i = \dfrac{y_i}{K_i}$ 이므로

$$\sum_{i=1}^{N} y_i = \sum_{i=1}^{N} K_i x_i = 1, \quad \sum_{i=1}^{N} x_i = \sum_{i=1}^{N} \frac{y_i}{K_i} = 1$$

을 얻는다.

## 수정된 Raoult의 법칙을 이용한 기-액 평형계산

기-액 평형계산에서는 다음 관계들이 이용된다.

$$P = \sum_{i=1}^{N} x_i \gamma_i P_i^{sat}, \quad y_i = \frac{x_i \gamma_i P_i^{sat}}{P} = K_i x_i \text{ 혹은 } x_i = \frac{y_i P}{\gamma_i P_i^{sat}} = \frac{y_i}{K_i}, \quad \sum_{i=1}^{N} y_i = 1, \quad \sum_{i=1}^{N} x_i = 1$$

(1) 비등점 압력 계산(Bubble P): 온도와 액상 조성$(T,\ x_i)$이 주어지며 전체압력과 기상조성$(P,\ y_i)$을 계산한다. 먼저 $P_i^{sat}$, $\gamma_i$를 계산하고 이로부터 $P = \sum_{i=1}^{N} x_i \gamma_i P_i^{sat}$, $y_i = \frac{x_i \gamma_i P_i^{sat}}{P}$에 의해 $P$, $y_i$를 얻는다.

(2) 이슬점 압력 계산(Dew P): 온도와 기상 조성$(T,\ y_i)$이 주어지며 전체압력과 액상조성$(P,\ x_i)$을 계산한다. 먼저 주어진 온도로부터 $P_i^{sat}$를 계산하고 비선형방정식 $P = \sum_{i=1}^{N} x_i \gamma_i P_i^{sat}$, $f(x) = 1 - \sum_{i=1}^{N} x_i = 1 - \sum_{i=1}^{N} \frac{y_i P}{\gamma_i P_i^{sat}} = 0$을 만족하는 조성 $x_i$를 구한다.

(3) 비등점 온도 계산(Bubble T): 전압과 액상조성$(P,\ x_i)$이 주어지며 온도와 기상조성$(T,\ y_i)$을 계산한다. 비선형방정식 $f(T) = P - \sum_{i=1}^{N} x_i \gamma_i P_i^{sat} = 0$의 해로부터 온도를 얻는다.

(4) 이슬점 온도 계산(Dew T): 전압과 기상조성$(P,\ y_i)$이 주어지며 온도와 액상조성$(T,\ x_i)$을 계산한다. 먼저 온도 T를 가정한 다음 증기압을 구하고 액상 몰분율 $x_i$의 초기값을 가정한다(보통 Raoult의 법칙으로부터 $x_i = P y_i / P_i^{sat}$으로 정한다). 이로부터 활동도계수 $\gamma_i$를 계산하고 비선형방정식 $f(T) = 1 - \sum_{i=1}^{N} \frac{y_i P}{\gamma_i P_i^{sat}} = 0$로부터 온도 T를 구한다. 구한 온도를 이용하여 $x_i = \frac{y_i P}{\gamma_i P_i^{sat}}$를 계산한 다음 초기 가정값과 비교한다. $x_i$가 변화가 없을 때까지 앞의 계산과정을 반복한다(보통 $i = 1$로 두고 계산을 수행한다). 각 계산형태에 따른 입력과 출력변수들은 다음과 같다.

**표 3.14 기-액 평형계산에서의 입력과 출력변수**

| 계산형태 | 데이터(입력) | 계산되는 양(출력) |
|---|---|---|
| 비등점 압력(Bubble P) | $T,\ x_i$ | $P,\ y_i$ |
| 이슬점 압력(Dew P) | $T,\ y_i$ | $P,\ x_i$ |
| 비등점 온도(Bubble T) | $P,\ x_i$ | $T,\ y_i$ |
| 이슬점 온도(Dew T) | $P,\ y_i$ | $T,\ x_i$ |

### 보기 16 수정된 Raoult의 법칙을 이용한 평형계산[30]

메탄올 (1)/메틸 아세테이트 (2) 2성분계에서 각 성분의 활동도 계수는

$$\ln\gamma_1 = Ax_2^2, \quad \ln\gamma_2 = Ax_1^2, \quad A = 2.771 - 0.00523\,T$$

로 주어지며 증기압($kPa$)은 다음과 같은 Antoine 식으로 나타낼 수 있다.

$$\ln P_1^{sat} = 16.59158 - \frac{3643.31}{T - 33.324}, \quad \ln P_2^{sat} = 14.25326 - \frac{2665.54}{T - 53.424}$$

위에서 $T$는 캘빈온도(K)이다.

(1) $T = 318.15\ K,\ x_1 = 0.25$일 때 $P,\ y_i$를 구하여라.

(2) $T = 318.15\ K,\ y_1 = 0.60$일 때 $P,\ x_i$를 구하여라.

(3) $P = 101.33\ kPa,\ x_1 = 0.85$일 때 $T,\ y_i$를 구하여라.

(4) $P = 101.33\ kPa,\ y_1 = 0.40$일 때 $T,\ x_i$를 구하여라.

**풀이**

(1) 온도와 액상 조성이 주어졌으므로 $P_i^{sat}$, $\gamma_i$를 계산하고 이로부터 $P = \sum_{i=1}^{N} x_i\gamma_i P_i^{sat}$, $y_i = \dfrac{x_i\gamma_i P_i^{sat}}{P}$에 의해 $P,\ y_i$를 얻는다.

(2) 주어진 온도로부터 $P_i^{sat}$를 계산하고 비선형방정식 $P = \sum_{i=1}^{N} x_i\gamma_i P_i^{sat}$, $f(x) = 1 - \sum_{i=1}^{N} x_i$

30 Smith, J. M., H. C. Van Ness and M. M. Abbott, Introduction to Chemical Engineering Thermodynamics, 7th ed., p. 359-363, McGraw-Hill, 2005.

$= 1 - \sum_{i=1}^{N} \frac{y_i P}{\gamma_i P_i^{sat}} = 0$을 만족하는 조성 x를 구한다. 비선형방정식은 함수 dewpf에 의해 정의된다.

```
function f = dewpf(x1,y,T,Psat)
x = [x1 1-x1]; gamma = gamma12(x1,T);
P = sum(x.*gamma.*Psat);
f = sum(y*P./(gamma.*Psat)) - 1;
end
```

(3) 비선형방정식 $f(T) = P - \sum_{i=1}^{N} x_i \gamma_i P_i^{sat} = 0$의 해로부터 온도를 얻는다. 비선형방정식은 함수 bubtf에 의해 정의된다.

```
function f = bubtf(T,x1,A,B,C,P)
x = [x1 1-x1]; gamma = gamma12(x1,T); Psat = vp12(A,B,C,T);
f = sum(x.*gamma.*Psat) - P;
end
```

(4) 먼저 온도 T를 가정한 다음 증기압을 구하고 액상 몰분율 $x_i$의 초기값을 가정한다(보통 Raoult의 법칙으로부터 $x_i = Py_i / P_i^{sat}$으로 정한다). 이로부터 활동도계수 $\gamma_i$를 계산하고 비선형방정식 $f(T) = 1 - \sum_{i=1}^{N} \frac{y_i P}{\gamma_i P_i^{sat}} = 0$로부터 온도 T를 구한다. 비선형방정식은 함수 dewtf2에 의해 정의된다. 이로부터 구한 온도를 이용하여 $x_i = \frac{y_i P}{\gamma_i P_i^{sat}}$를 계산한 다음 초기 가정값과 비교한다. $x_i$가 변화가 없을 때까지 앞의 계산과정을 반복한다(보통 $i = 1$로 두고 계산을 수행한다).

```
function fp = dewtf2(T,y1,x1,A,B,C,P)
y = [y1 1-y1]; Psat = vp12(A,B,C,T);
gamma = gamma12(x1,T);
fp = sum(y*P./(gamma.*Psat)) - 1;
end
```

계산과정은 다음과 같은 스크립트 binVLE.m에 의해 수행된다. 이 스크립트는 주어진 Antoine 증기압식 파라미터들을 이용하여 앞의 기-액 평형계산들((1)~(4))을 수행한다.

```
% binVLE.m: 수정 Raoult의 법칙을 이용한 2성분계 VLE 계산
% Antoine 증기압식 파라미터
A = [16.59158 14.25326]; B = [3643.31 2665.54]; C = [33.424 53.424];

% (1) Bubble P 계산
T = 318.15; x1 = 0.25; x = [x1 1-x1];   % data
gamma = gamma12(x1,T); Psat = vp12(A,B,C,T);
P = sum(x.*gamma.*Psat); y = (x.*gamma.*Psat)/P;
fprintf('(1) Bubble P: P = %g, y1 = %g, y2 = %g\n',P,y(1),y(2));
fprintf('           gamma1 = %g, gamma2 = %g\n',gamma(1),gamma(2));

% (2) Dew P 계산
T = 318.15; y1 = 0.60; y = [y1 1-y1]; Psat = vp12(A,B,C,T); % data
x10 = 0.7;  % 몰분율 x의 초기 가정값
[x1, fval] = fzero(@dewpf,x10,[],y,T,Psat); x = [x1 1-x1];
gamma = gamma12(x1,T); P = sum(x.*gamma.*Psat);
fprintf('(2) Dew P: P = %g, x1 = %g, x2 = %g\n',P,x(1),x(2));
fprintf('           gamma1 = %g, gamma2 = %g\n',gamma(1),gamma(2));

% (3) Bubble T 계산
P = 101.33; x1 = 0.85; x = [x1 1-x1];   % data
T0 = 300;   % 온도의 초기 가정값
[T, fval] = fzero(@bubtf,T0,[],x1,A,B,C,P);
gamma = gamma12(x1,T); Psat = vp12(A,B,C,T); y = (x.*gamma.*Psat)/P;
fprintf('(3) Bubble T: T = %g, y1 = %g, y2 = %g\n',T,y(1),y(2));
fprintf('           gamma1 = %g, gamma2 = %g\n',gamma(1),gamma(2));

% (4) Dew T 계산
P = 101.33; y1 = 0.40; y = [y1 1-y1];  % data
T0 = 330; % 온도의 초기 가정값
Psat0 = vp12(A,B,C,T0); x1 = y1*P/Psat0(1); % 조성 x의 초기가정값
crx = 1; cx = 1e-6;
while crx > cx
    [T, fval] = fzero(@dewtf2,T0,[],y1,x1,A,B,C,P);
    gamma = gamma12(x1,T); Psat = vp12(A,B,C,T);
    x = y*P./(gamma.*Psat);  % 새로운 x를 계산
    crx = abs(x - x1);
    x1 = x(1);
end
fprintf('(4) Dew T: T = %g, x1 = %g, x2 = %g\n',T,x(1),x(2));
fprintf('           gamma1 = %g, gamma2 = %g\n',gamma(1),gamma(2));
```

스크립트 binVLE.m의 수행결과는 다음과 같다.

```
>> binVLE
(1) Bubble P: P = 73.5003, y1 = 0.282205, y2 = 0.717795
        gamma1 = 1.86401, gamma2 = 1.07164
(2) Dew P: P = 62.8945, x1 = 0.816927, x2 = 0.183073
        gamma1 = 1.03780, gamma2 = 2.09348
(3) Bubble T: T = 331.201, y1 = 0.66967, y2 = 0.33033
        gamma1 = 1.02365, gamma2 = 2.11816
(4) Dew T: T = 326.697, x1 = 0.460197, x2 = 0.539803
        gamma1 = 1.36283, gamma2 = 1.25231
```

이를 요약하면 다음과 같다(이탤릭체 숫자들은 데이터로 주어진 양이다).

**표 3.15 평형계산 결과**

| 계산형태 | P(kPa) | T(K) | $x_1$ | $y_1$ | $\gamma_1$ | $\gamma_2$ |
|---|---|---|---|---|---|---|
| Bubble P | 73.5003 | *318.15* | *0.25* | 0.28221 | 1.86401 | 1.07164 |
| Dew P | 62.8945 | *318.15* | 0.81693 | *0.60* | 1.03780 | 2.09348 |
| Bubble T | *101.33* | 331.201 | *0.85* | 0.66967 | 1.02365 | 2.11816 |
| Dew T | *101.33* | 326.696 | 0.46019 | *0.40* | 1.36283 | 1.25231 |

## 플래쉬 드럼(Flash Drum)

이슬점(dew point)과 끓는점(bubble point) 계산방법은 그림에 보인 바와 같은 플래쉬 드럼에서의 이상용액 혼합물의 증발과정 계산에 이용할 수 있다.

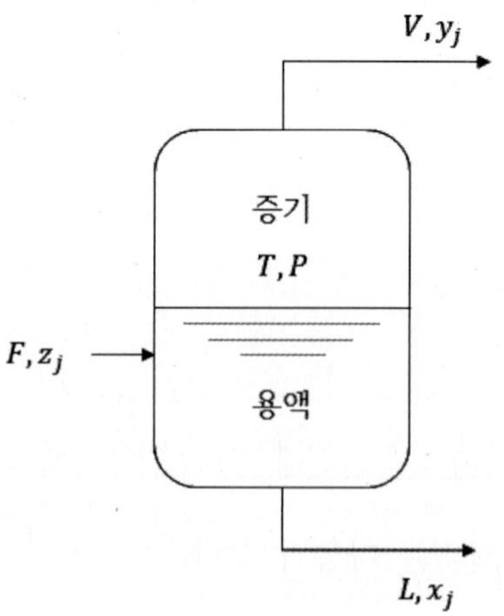


그림 3.5 플래쉬 드럼

그림에서 $F$, $V$, $L$은 각각 다성분 원료, 증기, 그리고 액상용액의 유량(lbmol/hr)이며 $z_j$, $y_j$, $x_j$는 각각 원료, 증기, 액상 흐름에서의 $j$성분의 몰분율이다. 혼합물의 총 성분 수는 N이라고 간주한다. 총괄 물질수지 및 성분수지 $F = V + L$, $Fz_j = Vy_j + Lx_j (j = 1, \cdots, N)$로부터 $y_j = K_j x_j$라 하면

$$x_j = \frac{z_j}{1+\alpha(K_j - 1)},\ y_j = K_j x_j = \frac{K_j z_j}{1+\alpha(K_j - 1)}$$

위에서 $\alpha = \frac{V}{F}$, $K_j = \frac{\gamma_j P_j^{sat}}{P}$이며 $P_j^{sat}$는 $j$성분의 증기압, 그리고 $P$는 전체압력이다. $\sum_{j=1}^{N} x_j = \sum_{j=1}^{N} y_j = 1$ (즉 $\sum_{j=1}^{N}(x_j - y_j) = 0$)을 이용하여 위의 관계로부터 다음과 같은 비선형 방정식을 얻을 수 있다.

$$f(\alpha) = \sum_{j=1}^{N}(x_j - y_j) = \sum_{j=1}^{N} \frac{(1-K_j)z_j}{1+\alpha(K_j - 1)} = 0$$

이슬점에서는 $\alpha = 1$(즉 모든 원료가 증발된 상태)이므로

$$f(T) = \sum_{j=1}^{N} \frac{z_j}{K_j} - 1 = 0$$

이며 끓는 점에서는 $\alpha = 0$(즉 원료가 증발되기 시작하는 상태)이므로

$$f(T) = \sum_{j=1}^{N} z_j K_j - 1 = 0$$

이다. $j$성분의 증기압 $P_j^{sat}$는 Antoine 식을 이용하여 나타낼 수 있다.

$$\log P_j = A_j - \frac{B_j}{C_j + T} \quad (P_j^{sat}\text{: mmHg, } T\text{: ℃})$$

## 보기 17 플래쉬 드럼 증발기[31]

혼합용액이 증발되는 플래쉬 드럼으로 4성분 원료 혼합물이 도입되고 있다. 원료 혼합물은 50℃ 에서 플래쉬 드럼으로 유입된다. 전압이 P = 16, 18, 20, 24기압일 때 드럼으로부터 유출되는 기상 및 액상 흐름에서의 각 성분의 몰분율과 증발되는 비율 $\alpha(=V/F)$를 구하여라. 아울러 원료 흐름의 이슬점 및 비등점을 구하여라.

각 성분의 조성과 Antoine 식의 파라미터들은 다음과 같다.

**표 3.16 Antoine 식 파라미터**

| 성분 | 원료조성($z_j$) | Antoine 식 파라미터 | | |
|---|---|---|---|---|
| | | A | B | C |
| 에틸렌 | 0.10 | 6.64380 | 395.74 | 266.681 |
| 에탄 | 0.25 | 6.82915 | 663.72 | 256.681 |
| 프로판 | 0.50 | 6.80338 | 804.00 | 247.040 |
| n-부탄 | 0.15 | 6.80776 | 935.77 | 238.789 |

### 풀이

이슬점 계산을 위한 비선형 방정식 $f(T)=\sum_{j=1}^{N}\frac{z_j}{K_j}-1=0$과 끓는점 계산을 위한 비선형 방정식 $f(T)=\sum_{j=1}^{N}z_jK_j-1=0$은 각각 다음과 같이 함수 falp1.m 및 falp0.m으로 정의된다.

**falp1.m**

```
function fv = falp1(T,g)
% 이슬점 계산함수: alpha=1
z = g.zf; A = g.A; B = g.B; C = g.C; P = g.Pi;
n = length(z); k = 10.^(A - B./(C + T)) / P;
fv = sum(z./k) - 1;
end
```

**falp0.m**

```
function fv = falp0(T,g)
% 끓는점 계산함수: alpha=0
z = g.zf; A = g.A; B = g.B; C = g.C; P = g.Pi;
```

31 Cutlip, M. B. and M. Shacham, Problem Solving in Chemical and Biochemical Engineering with POLYMATH, Excel, and MATLAB, 2nd ed., p. 268, Prentice-Hall, 2008.

```
n = length(z); k = 10.^(A - B./(C + T)) / P;
fv = sum(z.*k) - 1;
end
```

구조체 g는 각 성분의 원료조성 및 Antoine 계수들을 필드로 갖는다. 플래쉬 드럼의 계산은 다음과 같은 스크립트 flashdrum.m에 의해 수행된다.

```
% flashdrum.m: 플래쉬드럼 계산
% 원료성분 데이터
zf = [0.1 0.25 0.5 0.15];
A = [6.64380 6.82915 6.80338 6.80776];
B = [395.74 663.72 804.00 935.77];
C = [266.681 256.681 247.040 238.789];
P = [16 18 20 24]*760; % mmHg

% alpha의 계산
T = 50; % deg.C
Pv = 10.^(A - B./(C + T)); % 증기압(mmHg)
x = []; y = []; alpha = [];
g.zf = zf; g.Pv = Pv; g.A = A; g.B = B; g.C = C;
for i = 1:length(P)
   k = Pv/P(i); g.k = k; g.Pi = P(i);
   ax = fzero(@falp,0.5,[],g); xv = zf./(1 + ax*(k - 1));
   yv = k.*xv; x = [x xv']; y = [y yv']; alpha = [alpha ax];
end
P/760, x, y, alpha

% 이슬점: alpha=1
Tdew = [];
for i = 1:length(P)
   g.Pi = P(i); T = fzero(@falp1,50,[],g); Tdew = [Tdew T];
end
Tdew

% 끓는점: alpha=0
Tbub = [];
for i = 1:length(P)
   g.Pi = P(i); T = fzero(@falp0,50,[],g); Tbub = [Tbub T];
end
Tbub
```

스크립트 flashdrum.m의 수행결과는 다음과 같다.

```
>> flashdrum
ans =
   16   18   20   24
x =
   0.0052   0.0067   0.0086   0.0136
   0.0685   0.0851   0.1032   0.1409
   0.4874   0.5380   0.5708   0.5945
   0.4389   0.3702   0.3174   0.2510
y =
   0.1055   0.1212   0.1398   0.1848
   0.2605   0.2875   0.3139   0.3571
   0.5007   0.4914   0.4692   0.4072
   0.1333   0.1000   0.0771   0.0508
alpha =
   0.9454   0.8148   0.6967   0.5045
Tdew =
  52.1955  57.5182  62.4550  71.4161
Tbub =
 -29.4195 -23.3346 -17.6971  -7.4850
```

즉 다음과 같은 결과가 얻어진다.

**표 3.17 플래쉬 계산결과**

| 성분 | | P(atm) | | | |
|---|---|---|---|---|---|
| | | 16 | 18 | 20 | 24 |
| $\alpha = V/F$ | | 0.9454 | 0.8148 | 0.6967 | 0.5045 |
| 이슬점(℃) | | 52.1955 | 57.5182 | 62.4550 | 71.4161 |
| 끓는점(℃) | | −29.4195 | −23.3346 | −17.6971 | −7.4850 |
| $x_j$ | 에틸렌 | 0.0052 | 0.0067 | 0.0086 | 0.0136 |
| | 에탄 | 0.0685 | 0.0851 | 0.1032 | 0.1409 |
| | 프로판 | 0.4874 | 0.5380 | 0.5708 | 0.5945 |
| | n-부탄 | 0.4389 | 0.3702 | 0.3174 | 0.2510 |
| $y_j$ | 에틸렌 | 0.1055 | 0.1212 | 0.1398 | 0.1848 |
| | 에탄 | 0.2605 | 0.2875 | 0.3139 | 0.3571 |
| | 프로판 | 0.5007 | 0.4914 | 0.4692 | 0.4072 |
| | n-부탄 | 0.1333 | 0.1000 | 0.0771 | 0.0508 |

## 퓨개시티 계수비를 이용한 평형계산

### 이슬점/비등점 계산[32]

수정된 Raoult의 법칙에서 기상 퓨개시티 계수를 도입하면 평형에서

$$y_i\hat{\phi}_i P = x_i\gamma_i f_i = x_i\gamma_i\phi_i^{sat}P_i^{sat}$$

를 얻는다. 이로부터

$$y_i\frac{\hat{\phi}_i}{\phi_i^{sat}}P = y_i\Phi_i P = x_i\gamma_i P_i^{sat}$$

위에서 $\Phi_i = \dfrac{\hat{\phi}_i}{\phi_i^{sat}}$ 는 퓨개시티 계수의 비이다. 2항 비리얼 전개를 이용하면

$$\Phi_i = \exp\left(\left[B_{ii}(P-P_i^{sat}) + \frac{1}{2}P\sum_j\sum_k y_j y_k(2\delta_{ji}-\delta_{jk})\right]\frac{1}{RT}\right)$$

$$\delta_{ji} = 2B_{ji} - B_{jj} - B_{ii},\quad \delta_{jk} = 2B_{jk} - B_{jj} - B_{kk},\quad \delta_{ii} = \delta_{jj} = 0,\quad \delta_{ij} = \delta_{ji}$$

이슬점/비등점 계산에서는

$$y_i = \frac{x_i\gamma_i P_i^{sat}}{\Phi_i P},\quad x_i = \frac{y_i\Phi_i P}{\gamma_i P_i^{sat}},\quad \sum_i y_i = \sum_i x_i = 1,\quad P = \sum_i\frac{x_i\gamma_i P_i^{sat}}{\Phi_i},$$

$$P = \frac{1}{\sum_i\left(\dfrac{y_i\Phi_i}{\gamma_i P_i^{sat}}\right)}$$

의 관계들이 이용된다.

(1) 비등점 압력 계산(Bubble P): 온도와 액상 조성($T$, $x_i$)이 주어지며 전체압력과 기상조성($P$, $y_i$)을 계산한다.

1) $P_i^{sat}$와 $\gamma_i$를 계산하고 $\Phi_i = 1$로 둔 다음 $P_{old} = \sum_i\dfrac{x_i\gamma_i P_i^{sat}}{\Phi_i}$를 계산한다.

2) $y_i = \dfrac{x_i\gamma_i P_i^{sat}}{\Phi_i P_{old}}$와 $\Phi_i$를 계산한다.

32 Smith, J. M., H. C. Van Ness and M. M. Abbott, Introduction to Chemical Engineering Thermodynamics, p. 547-550, 7th ed., McGraw-Hill, 2005.

3) $P_{new} = \sum_i \dfrac{x_i \gamma_i P_i^{sat}}{\Phi_i}$ 를 구하고 $|P_{old} - P_{new}| < \epsilon$ 이 만족되지 않으면 $P_{old} = P_{new}$ 로 두고 2)로 되돌아간다.

(2) 이슬점 압력 계산(Dew P): 온도와 기상 조성($T$, $y_i$)이 주어지며 전체압력과 액상조성($P$, $x_i$)을 계산한다.

1) $P_i^{sat}$ 를 계산하고 $\Phi_i = 1$, $\gamma_i = 1$ 로 둔 다음 $P_{old} = \dfrac{1}{\sum_i \left( \dfrac{y_i \Phi_i}{\gamma_i P_i^{sat}} \right)}$ 를 계산한다. 아울러 $x_i = \dfrac{y_i \Phi_i P_{old}}{\gamma_i P_i^{sat}}$ 를 구하고 $\gamma_i$를 계산한 다음 다시 $P_{old} = \dfrac{1}{\sum_i \left( \dfrac{y_i \Phi_i}{\gamma_i P_i^{sat}} \right)}$ 를 계산한다.

2) $\Phi_i$를 계산한다.

3) $x_i = \dfrac{y_i \Phi_i P_{old}}{\gamma_i P_i^{sat}}$ 를 계산하고 $x_i$를 정규화시킨다. 아울러 $\gamma_i$를 계산한다. $\gamma_i$ 값의 변화가 무시될 수 있을 때까지 이 과정을 반복한다.

4) $P_{new} = \dfrac{1}{\sum_i \left( \dfrac{y_i \Phi_i}{\gamma_i P_i^{sat}} \right)}$ 를 구하고 $|P_{old} - P_{new}| < \epsilon$ 이 만족되지 않으면 $P_{old} = P_{new}$ 로 두고 2)로 되돌아간다.

(3) 비등점 온도 계산(Bubble T): 전압과 액상조성($P$, $x_i$)이 주어지며 온도와 기상조성($T$, $y_i$)을 계산한다.

1) $\Phi_i = 1$ 로 두고 $T_i^{sat} = \dfrac{B_i}{A_i - \ln P} - C_i$, $T = \sum_i x_i T_i^{sat}$ 를 계산한다.

2) $P_i^{sat}$ 와 $\gamma_i$를 계산한 다음 임의의 $j$ 성분에 대하여 $P_j^{sat} = \dfrac{P}{\sum_i (x_i \gamma_i / \Phi_i)(P_i^{sat} / P_j^{sat})}$, $T = \dfrac{B_j}{A_j - \ln P_j^{sat}} - C_j$를 계산한다.

3) $P_i^{sat}$ 를 계산하고 $y_i = \dfrac{x_i \gamma_i P_i^{sat}}{\Phi_i P}$ 를 구한다. $\Phi_i$, $\gamma_i$를 계산하고

$P_j^{sat} = \dfrac{P}{\sum_i (x_i\gamma_i/\Phi_i)(P_i^{sat}/P_j^{sat})}$, $T = \dfrac{B_j}{A_j - \ln P_j^{sat}} - C_j$를 계산한다. T의 변화가 없을 때까지 이 단계를 반복한다.

(4) 이슬점 온도 계산(Dew T): 전압과 기상조성($P$, $y_i$)이 주어지며 온도와 액상조성($T$, $x_i$)을 계산한다.

1) $\Phi_i = 1$, $\gamma_i = 1$로 둔 다음 $T_i^{sat} = \dfrac{B_i}{A_i - \ln P} - C_i$, $T = \sum_i x_i T_i^{sat}$를 구한다.

2) $P_i^{sat}$를 계산하고 임의의 $j$성분에 대하여 $P_j^{sat} = P\sum_i \dfrac{y_i\Phi_i}{\gamma_i}\left(\dfrac{P_j^{sat}}{P_i^{sat}}\right)$,

$T = \dfrac{B_j}{A_j - \ln P_j^{sat}} - C_j$를 계산한다.

3) $P_i^{sat}$, $\Phi_i$를 구하고 $x_i = \dfrac{y_i\Phi_i P}{\gamma_i P_i^{sat}}$, $\gamma_i$를 계산한다.

4) $P_j^{sat} = P\sum_i \dfrac{y_i\Phi_i}{\gamma_i}\left(\dfrac{P_j^{sat}}{P_i^{sat}}\right)$, $T = \dfrac{B_j}{A_j - \ln P_j^{sat}} - C_j$를 계산한다.

5) $P_i^{sat}$, $\Phi_i$를 계산한다.

6) $x_i = \dfrac{y_i\Phi_i P}{\gamma_i P_i^{sat}}$를 계산하고 정규화시킨 다음 $\gamma_i$를 계산한다. $\gamma_i$의 변화가 없을 때까지 이 단계를 반복한다.

7) $P_j^{sat} = P\sum_i \dfrac{y_i\Phi_i}{\gamma_i}\left(\dfrac{P_j^{sat}}{P_i^{sat}}\right)$, $T_{new} = \dfrac{B_j}{A_j - \ln P_j^{sat}} - C_j$를 계산한다. $|T - T_{new}| < \epsilon$이 만족되지 않으면 $T = T_{new}$로 두고 5)로 되돌아간다.

## 보기 18 4성분계의 비등점 계산[33]

n-헥산(1)/에탄올(2)/메틸시클로펜탄(3)/벤젠(4)들로 이루어지는 4성분계의 비등점과 기상 몰분율을 계산하여라. 전압은 1기압이며 액상 몰분율은 $x_1 = 0.162$, $x_2 = 0.068$, $x_3 = 0.656$, $x_4 = 0.114$이다. 증기압은 Antoine 식(T: K, P: atm) $\ln P_i^{sat} = A_i - \dfrac{B_i}{T + C_i}$으로 구할 수 있으며 각 성분에 대한 Antoine 식의 파라미터들은 다음과 같다.

33 Smith, J. M., H. C. Van Ness and M. M. Abbott, Introduction to Chemical Engineering Thermodynamics, p. 550, 7th ed., McGraw-Hill, 2005.

$$A_1 = 9.2033,\ A_2 = 12.2786,\ A_3 = 9.1690,\ A_4 = 9.2675$$

$$B_1 = 2697.55,\ B_2 = 3803.98,\ B_3 = 2731.00,\ B_4 = 2788.51$$

$$C_1 = -48.78,\ C_2 = -41.68,\ C_3 = -47.11,\ C_4 = -52.36$$

또한 각 성분에 대한 비리얼 계수($cm^3/mol$)들은 다음과 같다.

$$B_{11} = -1360.1,\ B_{12} = -657.0,\ B_{13} = -1274.2,\ B_{14} = -1218.8$$

$$B_{22} = -1174.7,\ B_{23} = -621.8,\ B_{24} = -589.7,\ B_{33} = -1191.9,$$

$$B_{34} = -1137.9,\ B_{44} = -1086.9$$

**풀이**

Bubble T 계산이므로 먼저 $\Phi_i = 1$로 두고 $T_i^{sat} = \dfrac{B_i}{A_i - \ln P} - C_i$, $T = \sum_i x_i T_i^{sat}$를 계산한다. $\Phi_i$의 계산에서 기체상수 $R = 82.06 cm^3 \cdot atm/(mol \cdot K)$를 이용한다. 활동도 계수의 계산은 UNIFAC 방법을 이용한다. 비등점 온도 계산(Bubble T)의 각 단계는 스크립트 bubbleT.m에 의해 수행된다. 이 스크립트는 함수 unifgam.m을 호출하여 활동도 계수를 계산한다.

```
% bubbleT.m : 혼합물의 비등점 계산
clear all

% 데이터
n = 4;  % 성분 수 (n-헥산(1)/에탄올(2)/메틸시클로펜탄(3)/벤젠(4))
P = 1; % 전압(atm)
Rg = 82.06;  % 기체상수(cm^3 atm/(mol K))
x = [0.162 0.068 0.656 0.114];  % 액상 몰분율
% Antoine 식 파라미터
A = [9.2033 12.2786 9.1690 9.2675];
B = [2697.55 3803.98 2731.00 2788.51];
C = [-48.78 -41.68 -47.11 -52.36];
% 비리얼 계수
Bij = zeros(n,n);
Bij(1,1) = -1360.1; Bij(1,2) -657.0; Bij(1,3) = -1274.2; Bij(1,4) = -1218.8;
Bij(2,2) = -1174.7; Bij(2,3) = -621.8; Bij(2,4) = -589.7;
Bij(3,3) = -1191.9; Bij(3,4) = -1137.9;
Bij(4,4) = -1086.9;
```

```
% 활동도계수 계산(UNIFAC)을 위한 데이터
k = 6; % 기능성 그룹 수(k)
R = [0.9011 0.6744 0.4469 0.2195...
   0.5313 1.0000]; % k개의 기능성 그룹들 각각에 대한 부피 벡터
Q = [0.848 0.540 0.228 0.000 0.400...
   1.200]; % k개의 기능성 그룹들 각각에 대한 표면적 벡터
nu = [2 1 3 0; 4 1 1 0; 0 0 1 0; 0 0 1 0;...
   0 0 0 6; 0 1 0 0]; % 기능성 그룹들의 수(행: 기능성 그룹 k, 열: 성분 i)
amn = [0 0 0 0 61.13 986.5; 0 0 0 0 61.13 986.5; 0 0 0 0 61.13 986.5;...
     0 0 0 0 61.13 986.5; -11.12 -11.12 -11.12 -11.12 0 636.1;...
     156.4 156.4 156.4 156.4 89.60 0];  % 그룹간 간섭파라미터 행렬

% 초기화
Terr = 1; Tcrit = 1e-6;

% delta(i,j)
for i = 1:n-1
   Bij(:,i) = Bij(i,:);
end
delta = zeros(n,n);
for i = 1:n
   for j = 1:n
      delta(j,i) = 2*Bij(j,i) - Bij(i,i) - Bij(j,j);
      if j == i
         delta(i,j) = 0;
      end
   end
end
for i = 1:n-1
   delta(:,i) = delta(i,:);
end

% 단계 1)
PHIi = ones(1,n); % 모든 성분에 대하여 PHI_i = 1
Tsat = B./(A - log(P)) - C;  %Ti^sat
T = sum(x.*Tsat);

% 단계 2)
Psat = exp(A - B./(T + C));  % Pi^sat
gamma = unifgam(k,R,Q,nu,amn,n,x,T);
P1sat = P/(sum(x.*gamma.*Psat./PHIi/Psat(1)));  % j=1
T = B(1)/(A(1) - log(P1sat)) - C(1);

% 단계 3)
Told = T;
```

```
while Terr > Tcrit
   Psat = exp(A - B./(Told + C));  % Pi^sat
   y = x.*gamma.*Psat./PHIi/P;
   for i = 1:n   % PHI 계산
      sumy = 0;
      for j = 1:n
         for ki = 1:n
            sumy = sumy + y(j)*y(ki)*(2*delta(j,i) - delta(j,ki));
         end
      end
      PHIi(i) = exp((Bij(i,i)*(P - Psat(i)) + sumy*P/2) /(Rg*Told));
   end
   gamma = unifgam(k,R,Q,nu,amn,n,x,Told);
   P1sat = P/(sum(x.*gamma.*Psat./PHIi/Psat(1)));  % j=1
   T = B(1)/(A(1) - log(P1sat)) - C(1);
   Terr = abs(Told - T);
   Told = T;
end
T,y, Psat,PHIi, gamma
```

다음은 스크립트 bubbleT.m의 수행결과이다.

```
>> bubbleT
T =
  335.1492
y =
   0.1357   0.2765   0.5040   0.0838
Psat =
   0.8053   0.5048   0.7317   0.5525
PHIi =
   1.0059   1.0052   0.9897   0.9834
gamma =
   1.0462   8.0957   1.0391   1.3084
```

결과를 요약하면 다음과 같다.

**표 3.18 비등점 계산결과**

| 성분($i$) | $x_i$(데이터) | $y_i$(실험값)[34] | 계산값 | | | |
|---|---|---|---|---|---|---|
| | | | $y_i$ | $P_i^{sat}$ | $\Phi_i$ | $\gamma_i$ |
| n-헥산(1) | 0.162 | 0.140 | 0.1357 | 0.8053 | 1.0059 | 1.0462 |
| 에탄올(2) | 0.068 | 0.274 | 0.2765 | 0.5048 | 1.0052 | 8.0957 |
| 메틸시클로펜탄(3) | 0.656 | 0.503 | 0.5040 | 0.7317 | 0.9897 | 1.0391 |
| 벤젠(4) | 0.114 | 0.083 | 0.0838 | 0.5525 | 0.9834 | 1.3084 |
| 온도(K) | 실험값: 334.85 K, 계산값: 335.1492 K | | | | | |

### 퓨개시티 계수비를 이용한 플래쉬 계산

퓨개시티 계수의 비를 이용한 플래쉬 계산은 Raoult의 법칙과 K 값을 이용하는 계산보다 다소 복잡하지만 기본 관계식들은 동일하다. $F$, $V$, $L$을 각각 다성분 원료, 증기, 그리고 액상용액의 유량(lbmol/hr)이라 하고 $z_j$, $y_j$, $x_j$는 각각 원료, 증기, 액상 흐름에서의 $j$성분의 몰분율이라고 하자. 혼합물의 총 성분 수는 $N$이라고 간주한다. 총괄 물질수지 및 성분수지 $F = V + L$, $Fz_j = Vy_j + Lx_j (j = 1, \cdots, N)$로부터 $y_j = K_j x_j$라 하면

$$x_j = \frac{z_j}{1 + \alpha(K_j - 1)}, \quad y_j = K_j x_j = \frac{K_j z_j}{1 + \alpha(K_j - 1)}$$

위에서 $\alpha = \dfrac{V}{F}$, $K_j = \dfrac{y_j}{x_j} = \dfrac{\gamma_j P_j^{sat}}{\Phi_j P}$ $(j = 1, 2, \cdots, N)$이며 $P_j^{sat}$는 $j$성분의 증기압, 그리고 $P$는 전체압력이다. $\sum_{j=1}^{N} x_j = \sum_{j=1}^{N} y_j = 1$을 이용하여 위의 관계로부터 다음과 같은 비선형방정식을 얻을 수 있다.

$$f(x) = \sum_{j=1}^{N} x_j - 1 = \sum_{j=1}^{N} \frac{z_j}{1 + \alpha(K_j - 1)} - 1 = 0$$

$$f(y) = \sum_{j=1}^{N} y_j - 1 = \sum_{j=1}^{N} \frac{K_j z_j}{1 + \alpha(K_j - 1)} - 1 = 0$$

$$f(\alpha) = \sum_{j=1}^{N} (x_j - y_j) = \sum_{j=1}^{N} \frac{(1 - K_j) z_j}{1 + \alpha(K_j - 1)} = 0$$

이슬점에서는 $\alpha = 1$(즉 모든 원료가 증발된 상태)이므로

34 Smith, J. M., H. C. Van Ness and M. M. Abbott, Introduction to Chemical Engineering Thermodynamics, p. 551, 7th ed., McGraw-Hill, 2005.

$$f(T) = \sum_{j=1}^{N} \frac{z_j}{K_j} - 1 = 0$$

이며 끓는점에서는 $\alpha = 0$(즉 원료가 증발되기 시작하는 상태)이므로

$$f(T) = \sum_{j=1}^{N} z_j K_j - 1 = 0$$

이다. 플래쉬 계산과정은 다음과 같다.

1) 온도, 압력, 원료조성($z_j$), 기타 상수들을 입력한다. DEW P 계산의 경우 $y_j = z_j$, BUBL P 계산의 경우 $x_j = z_j$로 두고 $P_{dew} < P < P_{bubble}$인지를 확인한다. 압력 P가 이 범위를 벗어나면 계산을 중단한다. 먼저 $\gamma_j$, $\Phi_j$, $\alpha$를 추정한다.

2) $K_j = \dfrac{\gamma_j P_j^{sat}}{\Phi_j P}$를 계산하고 $f(\alpha) = \sum_{j=1}^{N} \dfrac{(1-K_j)z_j}{1+\alpha(K_j-1)} = 0$으로부터 새로운 $\alpha$를 구한다.

3) $x_j = \dfrac{z_j}{1+\alpha(K_j-1)}$, $y_j = K_j x_j$, $\gamma_j$, $\Phi_j$를 각각 계산한다. $\alpha$, $x_j$, $y_j$ 값들이 수렴할 때까지 2)와 3)을 반복 수행한다.

## 보기 19 4성분계의 플래쉬 계산[35]

n-헥산(1)/에탄올(2)/메틸시클로펜탄(3)/벤젠(4)들로 이루어지는 4성분계에 대한 플래쉬 계산(BUBL P)을 수행하여라. P = 1기압, T = 334.15 K이며 원료 혼합물의 몰분율은 $z_1 = 0.25$, $z_2 = 0.40$, $z_3 = 0.20$, $z_4 = 0.15$이다. 증기압은 Antoine 식(T: K, P: atm) $\ln P_i^{sat} = A_i - \dfrac{B_i}{T + C_i}$으로 구할 수 있으며 각 성분에 대한 Antoine 식의 파라미터들은 다음과 같다.

$$A_1 = 9.2033,\ A_2 = 12.2786,\ A_3 = 9.1690,\ A_4 = 9.2675$$

$$B_1 = 2697.55,\ B_2 = 3803.98,\ B_3 = 2731.00,\ B_4 = 2788.51$$

$$C_1 = -48.78,\ C_2 = -41.68,\ C_3 = -47.11,\ C_4 = -52.36$$

또한 각 성분에 대한 비리얼 계수($cm^3/mol$)들은 다음과 같다.

$$B_{11} = -1360.1,\ B_{12} = -657.0,\ B_{13} = -1274.2,\ B_{14} = -1218.8$$

35 Smith, J. M., H. C. Van Ness and M. M. Abbott, Introduction to Chemical Engineering Thermodynamics, p. 554, 7th ed., McGraw-Hill, 2005.

$$B_{22} =- 1174.7,\ B_{23} =- 621.8,\ B_{24} =- 589.7,\ B_{33} =- 1191.9,$$
$$B_{34} =- 1137.9,\ B_{44} =- 1086.9$$

**풀이**

활동도 계수의 계산은 UNIFAC 방법을 이용한다. 비선형방정식의 풀이에 의한 $\alpha$의 계산은 MATLAB 내장함수 fzero에 의해 이루어진다. 플래쉬 계산(BUBL P)의 각 단계는 스크립트 flashBubP.m에 의해 수행된다. 이 스크립트는 함수 unifgam.m을 호출하여 활동도 계수를 계산한다.

```
% flashBubP.m : 혼합물의 플래쉬 계산(Bubble P)
clear all;

% 데이터
n = 4;  % 성분 수 (n-헥산(1)/에탄올(2)/메틸시클로펜탄(3)/벤젠(4))
P = 1; T = 334.15; % P(atm), T(K)
Rg = 82.06;  % 기체상수(cm^3 atm/(mol K))
z = [0.25 0.40 0.20 0.15];  % 원료혼합물의 조성(몰분율)
% Antoine 식 파라미터
A = [9.2033 12.2786 9.1690 9.2675];
B = [2697.55 3803.98 2731.00 2788.51];
C = [-48.78 -41.68 -47.11 -52.36];
% 비리얼 계수
Bij = zeros(n,n);
Bij(1,1) = -1360.1; Bij(1,2) -657.0; Bij(1,3) = -1274.2; Bij(1,4) = -1218.8;
Bij(2,2) = -1174.7; Bij(2,3) = -621.8; Bij(2,4) = -589.7;
Bij(3,3) = -1191.9; Bij(3,4) = -1137.9; Bij(4,4) = -1086.9;

% 활동도계수 계산(UNIFAC)을 위한 데이터
k = 6; % 기능성 그룹 수(k)
R = [0.9011 0.6744 0.4469 0.2195...
    0.5313 1.0000]; % k개의 기능성 그룹들 각각에 대한 부피 벡터
Q = [0.848 0.540 0.228 0.000 0.400...
    1.200]; % k개의 기능성 그룹들 각각에 대한 표면적 벡터
nu = [2 1 3 0; 4 1 1 0; 0 0 1 0; 0 0 1 0;...
    0 0 0 6; 0 1 0 0]; % 기능성 그룹들의 수(행: 기능성 그룹 k, 열: 성분 i)
amn = [0 0 0 0 61.13 986.5; 0 0 0 0 61.13 986.5; 0 0 0 0 61.13 986.5;...
       0 0 0 0 61.13 986.5; -11.12 -11.12 -11.12 -11.12 0 636.1;...
       156.4 156.4 156.4 156.4 89.60 0]; % 그룹간 간섭파라미터 행렬

% 초기화
Aerr = 1; Acrit = 1e-6;
```

```
% delta(i,j)
for i = 1:n-1
   Bij(:,i) = Bij(i,:);
end
delta = zeros(n,n);
for i = 1:n
   for j = 1:n
      delta(j,i) = 2*Bij(j,i) - Bij(i,i) - Bij(j,j);
      if j == i
         delta(i,j) = 0;
      end
   end
end
for i = 1:n-1
   delta(:,i) = delta(i,:);
end

% 단계 1)
x = z; % Bubble P 계산
Psat = exp(A - B./(T + C)); % Pi^sat
gamma = unifgam(k,R,Q,nu,amn,n,x,T);
PHIi = ones(1,n); % 초기 추정치
y = x.*gamma.*Psat./PHIi/P;
for i = 1:n  % PHI 계산
   sumy = 0;
   for j = 1:n
      for m = 1:n
         sumy = sumy + y(j)*y(m)*(2*delta(j,i) - delta(j,m));
      end
   end
   PHIi(i) = exp((Bij(i,i)*(P - Psat(i)) + sumy*P/2) /(Rg*T));
end

% 단계 2)
K = gamma.*Psat./(PHIi*P);
alpha0 = 0.5; alphaold = alpha0;

% 단계 3)
while Aerr > Acrit
   falpha = @(alpha) sum((1-K).*z./(1 + alpha*(K - 1)));
   alpha = fzero(falpha, alphaold);
   x = z./(1 + alpha*(K - 1)); y = K.*x;
   gamma = unifgam(k,R,Q,nu,amn,n,x,T);
   for i = 1:n  % PHI 계산
      sumy = 0;
```

```
        for j = 1:n
            for m = 1:n
                sumy = sumy + y(j)*y(m)*(2*delta(j,i) - delta(j,m));
            end
        end
        PHIi(i) = exp((Bij(i,i)*(P - Psat(i)) + sumy*P/2) /(Rg*T));
    end
    K = gamma.*Psat./(PHIi*P);
    Aerr = abs(alpha - alphaold); alphaold = alpha;
end
alpha,x,y,K,gamma
```

다음은 스크립트 flashBubP.m의 수행결과이다.

```
>> flashBubP
alpha =
    0.8363
x =
    0.1496    0.5770    0.1316    0.1418
y =
    0.2697    0.3654    0.2134    0.1516
K =
    1.8028    0.6332    1.6212    1.0690
gamma =
    2.3332    1.3150    2.2622    1.9669
```

결과를 요약하면 다음과 같다.

**표 3.19 플래쉬 계산결과**

| 성분($i$) | $z_i$(데이터) | 계산값 | | | |
|---|---|---|---|---|---|
| | | $x_i$ | $y_i$ | $K_i$ | $\gamma_i$ |
| n-헥산(1) | 0.25 | 0.1496 | 0.2697 | 1.8028 | 2.3332 |
| 에탄올(2) | 0.40 | 0.5770 | 0.3654 | 0.6332 | 1.3150 |
| 메틸시클로펜탄(3) | 0.20 | 0.1316 | 0.2134 | 1.6212 | 2.2622 |
| 벤젠(4) | 0.15 | 0.1418 | 0.1516 | 1.0690 | 1.9669 |

온도: 334.15 K, 압력: 1기압, $\alpha = \dfrac{V}{F}$ 계산값: 0.8363

## 3.7 기-액-액 평형

물과 이소부탄올 혼합물을 1기압에서 가열하면 주성분이 각각 물과 이소부탄올인 2상의 액체가 공존한다. 88.54℃의 비등점에 이르면 두 액상은 기상과 평형을 이루게 되며 온도가 더 높아지면 이슬점에 이를 때까지 기상과 하나의 액상이 존재한다.

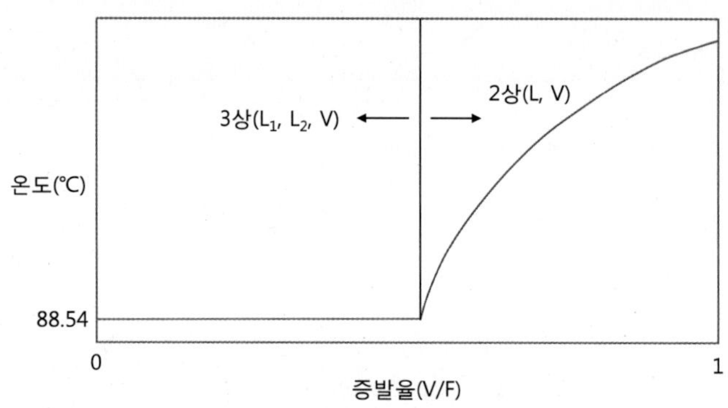


그림 3.6 물-이소부탄올 상평형

그림에 보인 플래쉬 드럼에서 온도 T와 압력 P는 일정하다고 가정하고 혼합물의 성분수를 $n_c$라고 하면 물질수지와 상평형 관계들로부터 다음을 얻는다.

총괄 물질수지: $F = L_1 + L_2 + V$

성분수지: $Fz_i = L_1 x_{i,1} + L_2 x_{i,2} + Vy_i$

상평형 관계: $y_i = K_{i,1} x_{i,1}, \quad y_i = K_{i,2} x_{i,2}, \quad K_{i,j} = \dfrac{\gamma_{i,j} P_i}{P}$

(Raoult의 법칙을 가정, $\gamma_{i,j}$: 상 j에서의 성분 i의 활동도 계수, $P_i$: i성분의 증기압)

몰분율의 합: $\sum_{i=1}^{n_c} y_i = 1, \ \sum_{i=1}^{n_c} x_{i,1} = 1, \ \sum_{i=1}^{n_c} x_{i,2} = 1$

$$\Rightarrow \sum_{i=1}^{n_c} y_i - \sum_{i=1}^{n_c} x_{i,1} = 0, \ \sum_{i=1}^{n_c} x_{i,1} - \sum_{i=1}^{n_c} x_{i,2} = 0$$

$\alpha = \dfrac{V}{F}, \ \xi = \dfrac{L_1}{L_1 + L_2} \ (0 \le \alpha, \xi \le 1)$로 두면 총괄 물질수지로부터 $L_1 = \xi(F - V)$, $L_2 = (1 - \xi)(F - V)$임을 알 수 있다. 이를 성분수지에 대입하면

$$z_i = \left[\frac{\xi(1-\alpha)}{K_{i,1}} + \frac{(1-\xi)(1-\alpha)}{K_{i,2}} + \alpha\right] y_i \quad \text{혹은} \quad y_i = \frac{z_i}{\left[\frac{\xi(1-\alpha)}{K_{i,1}} + \frac{(1-\xi)(1-\alpha)}{K_{i,2}} + \alpha\right]}$$

따라서

$$\sum_{i=1}^{n_c} y_i - \sum_{i=1}^{n_c} x_{i,1} = \sum_{i=1}^{n_c} \frac{(K_{i,1}-1)z_i}{\xi(1-\alpha)+(1-\xi)(1-\alpha)\frac{K_{i,1}}{K_{i,2}} + K_{i,1}\alpha} = 0$$

아울러

$$\sum_{i=1}^{n_c} x_{i,1} - \sum_{i=1}^{n_c} x_{i,2} = \sum_{i=1}^{n_c} \frac{(K_{i,1}/K_{i,2}-1)z_i}{\xi(1-\alpha)+(1-\xi)(1-\alpha)\frac{K_{i,1}}{K_{i,2}} + K_{i,1}\alpha} = 0$$

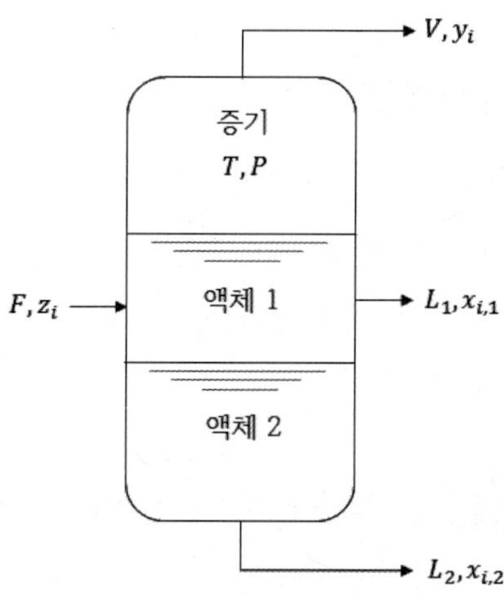


그림 3.7 기-액-액 상평형

**비등점 계산**

비등점에서는 $V=0$, $F=V+L_1+L_2=L_1+L_2$, $y_i = K_{i,1}x_{i,1} = K_{i,2}x_{i,2}$이므로 성분수지 식 및 몰분율 합 관계식으로부터

$$z_i = x_{i,1}\left[\xi + (1-\xi)\frac{K_{i,1}}{K_{i,2}}\right], \quad \sum_{i=1}^{n_c} x_{i,1} - \sum_{i=1}^{n_c} y_i = 0, \quad \sum_{i=1}^{n_c} x_{i,1} - \sum_{i=1}^{n_c} x_{i,2} = 0$$

와 같이 쓸 수 있다.

**이슬점 계산**

이슬점에서는 $L_1 = L_2 = 0$, $V = F$, $y_i = z_i$이므로 $x_i = x_{i,1}$으로 두면

$$y_i = K_i x_i, \quad \sum_{i=1}^{n_c} x_i = 1$$

이 된다.

**2상 영역에서의 등온 플래쉬 계산**

$L = F - V$인 관계와 증발률 $\alpha = \dfrac{V}{F}$를 이용하면 성분수지로부터

$$x_i = \frac{z_i}{(1-\alpha) + \alpha K_i}$$

를 얻는다.

## 보기 20 물–이소부탄올 평형계산[36]

이소부탄올(20몰%)(1)과 물(80몰%)(2)의 혼합물이 1기압에서 비등점까지 가열되어 있다. 이소부탄올-물 혼합물은 Raoult의 법칙 $K_{i,j} = \dfrac{\gamma_{i,j} P_i}{P}$를 따른다고 가정한다. $\gamma_{i,j}$는 상 j에서의 성분 i의 활동도 계수이며 $P_i$는 i성분의 증기압으로서 이소부탄올-물 혼합물계에서 이소부탄올(1)과 물(2)의 증기압은 각각

$$\log(P_1) = 7.62231 - \frac{1417.9}{191.15 + T} \text{ 및 } \log(P_2) = 8.10765 - \frac{1750.29}{235 + T} \quad (T\text{: 온도(℃)})$$

이소부탄올(1)과 물(2)의 활동도 계수는 각각

$$\log\gamma_{1,j} = \frac{1.7 x_{2,j}^2}{(2.43 x_{1,j} + x_{2,j})^2} \text{ 및 } \log\gamma_{2,j} = \frac{0.7 x_{1,j}^2}{(x_{1,j} + 0.412 x_{2,j})^2} \quad (j\text{: 상을 의미})$$

로 주어진다. 1기압에서 비등점과 이슬점을 구하여라. 아울러 이슬점과 비등점 사이의 온도 범위에서 증발된 분율 $\alpha$를 구하고 온도에 따른 증발률을 그래프로 나타내어라.

---

36 Cutlip, M. B. and M. Shacham, Problem Solving in Chemical and Biochemical Engineering with POLYMATH, Excel, and MATLAB, $2^{nd}$ ed., p. 527-534, Prentice-Hall, 2008.

**풀이**

**비등점 계산**: 비선형 방정식 시스템의 해를 구하는 문제이다. 비선형 시스템은 다음과 같이 구성된다.

$z_i = x_{i,1}\left[\xi + (1-\xi)\frac{K_{i,1}}{K_{i,2}}\right]$ 으로부터 $f(x_{i,1}) = x_{i,1} - \dfrac{z_i}{\left[\xi + (1-\xi)\dfrac{K_{i,1}}{K_{i,2}}\right]} = 0\ (i=1,2)$

$K_{i,1}x_{i,1} = K_{i,2}x_{i,2}$로부터 $f(x_{i,2}) = x_{i,2} - x_{i,1}\dfrac{K_{i,1}}{K_{i,2}} = 0 \quad (i=1,2)$.

몰분율 합 관계식으로부터 $f(\xi) = \sum_{i=1}^{2}(x_{i,1} - x_{i,2}) = 0$

$y_i = K_{i,1}x_{i,1}$ 및 $\sum_{i=1}^{n_c} x_{i,1} - \sum_{i=1}^{n_c} y_i = 0$ 으로부터 $f(T) = \sum_{i=1}^{2} x_{i,1}(1-K_{i,1}) = 0$

**수반되는 관계식**: $P_1 = 10^{7.62231 - \frac{1417.9}{191.15+T}}$, $P_2 = 10^{8.10765 - \frac{1750.29}{235+T}}$, $\gamma_{1,j} = 10^{\frac{1.7x_{2,j}^2}{(2.43x_{1,j}+x_{2,j})^2}}$, $\gamma_{2,j} = 10^{\frac{0.7x_{1,j}^2}{(x_{1,j}+0.412x_{2,j})^2}}$, $K_{i,j} = \dfrac{\gamma_{i,j}P_i}{P}$

해의 초기 추정값은

$$x_{1,1}(0) = x_{2,2}(0) = 0,\ x_{2,1}(0) = x_{1,2}(0) = 1,\ T(0) = 100,\ \beta(0) = 0.8$$

로 설정한다. 비선형방정식은 함수 ibweqf.m과 같이 설정할 수 있다.

```
function f = ibweqf(t, z, P)
% t(1)=x11, t(2)=x21, t(3)=x12, t(4)=x22, t(5)=T, t(6)=beta
% 관계식
P1 = 10^(7.62231 - 1417.9/(191.15 + t(5)));
P2 = 10^(8.10765 - 1750.29/(235 + t(5)));
gam11 = 10^(1.7*t(2)^2/((2.43*t(1) + t(2))^2));
gam12 = 10^(1.7*t(4)^2/((2.43*t(3) + t(4))^2));
gam21 = 10^(0.7*t(1)^2/((t(1) + 0.412*t(2))^2));
gam22 = 10^(0.7*t(3)^2/((t(3) + 0.412*t(4))^2));
k11 = gam11*P1/P; k12 = gam12*P1/P;
k21 = gam21*P2/P; k22 = gam22*P2/P;
% 비선형 방정식 시스템
f(1,1) = t(1) - z(1)/(t(6) + (1-t(6))*k11/k12);
f(2,1) = t(2) - z(2)/(t(6) + (1-t(6))*k21/k22);
f(3,1) = t(3) - t(1)*k11/k12;
```

```
f(4,1) = t(4) - t(2)*k21/k22;
f(5,1) = t(1) + t(2) - t(3) - t(4);
f(6,1) = t(1)*(1-k11) + t(2)*(1-k21);
end
```

다음과 같이 초기조건과 해의 가정값을 이용하여 함수 ibweqf.m을 호출하고 내장함수 fsolve를 이용하여 해를 구한다.

```
>> x110 = 0; x220 = 0; x210 = 1; x120 = 1; T0 = 100; beta0 = 0.8;
>> z = [0.2 0.8]; P = 760; t0 = [x110 x210 x120 x220 T0 beta0];
>> [t,fval] = fsolve(@ibweqf, t0, [], z, P)
t =
    0.0227    0.9773    0.6866    0.3134   88.5396    0.7329
fval =
   1.0e-09 *
   -0.0071
    0.0392
    0.5486
   -0.0574
         0
    0.1771
```

즉

$x_{11}=0.0227,\ x_{21}=0.9773,\ x_{12}=0.6866,\ x_{22}=0.3134,\ T=88.5396℃,\ \beta=0.7329$

임을 알 수 있다. 결과에서 fval은 얻어진 해에서의 각 비선형 방정식의 함수값으로서 모두 0에 근접함을 알 수 있다.

**이슬점 계산**: $y_i=K_ix_i$로부터 $f(x_i)=x_i-\dfrac{y_i}{K_i}=0\ (i=1,2)$

$\sum_{i=1}^{2}x_i=1$로부터 $f(T)=x_1+x_2-1=0$

수반되는 관계식: $P_1=10^{7.62231-\frac{1417.9}{191.15+T}}$, $P_2=10^{8.10765-\frac{1750.29}{235+T}}$, $\gamma_1=10^{\frac{1.7x_2^2}{(2.43x_1+x_2)^2}}$, $\gamma_2=10^{\frac{0.7x_1^2}{(x_1+0.412x_2)^2}}$, $K_i=\dfrac{\gamma_iP_i}{P}\,(i=1,2)$

해의 초기 추정값은 $x_1(0)=0.2,\ x_2(0)=0.8,\ T(0)=100$. 비선형방정식은 함수 ibweqf2.m

과 같이 설정할 수 있다.

```
function f = ibweqf2(t, y, P)
% t(1)=x1, t(2)=x2, t(3)=T
% 관계식
P1 = 10^(7.62231 - 1417.9/(191.15 + t(3)));
P2 = 10^(8.10765 - 1750.29/(235 + t(3)));
gam1 = 10^(1.7*t(2)^2/((2.43*t(1) + t(2))^2));
gam2 = 10^(0.7*t(1)^2/((t(1) + 0.412*t(2))^2));
k1 = gam1*P1/P; k2 = gam2*P2/P;
% 비선형 방정식 시스템
f = [t(1) - y(1)/k1;
     t(2) - y(2)/k2;
     t(1) + t(2) - 1];
end
```

다음과 같이 초기조건과 해의 가정값을 이용하여 함수 ibweqf2.m을 호출하고 내장함수 fsolve를 이용하여 해를 구한다.

```
>> x10 = 0.2; x20 = 0.8; T0 = 100; y = [0.2 0.8]; P = 760; t0 = [x10 x20 T0];
>> t = fsolve(@ibweqf2, t0, [], y, P)
t =
    0.0079    0.9921   93.9671
```

즉 $x_1 = 0.0079$, $x_2 = 0.9921$, $T = 93.9671$℃ 임을 알 수 있다.

## 연습문제

**1.** 에탄의 임계온도와 임계압력은 각각 $T_c = 305.3\ K$ 및 $P_c = 48.08\ atm$이며 이심인자는 $w = 0.1$이다. 비리얼 상태방정식을 이용하여 $T=$ 457.95 K, 610.6 K, 그리고 3053 K (즉 $T_r = 1.5,\ 2,\ 10$)일 때 $24.04\ atm \le P \le 480.8\ atm$(즉 $0.5 \le P_r \le 10$)의 범위에서 에탄의 압축인자 Z를 구하고 그래프로 나타내어라.

**2.** 200℃, 10 bar에서 이소프로판올 증기의 압축인자를 구하여라.[37] 이소프로판올의 임계온도는 508.3 K, 임계압력은 47.62 bar, 이심인자 $\omega$는 0.668이다.

**3.** van der Waals 방정식을 이용하여 $0.5 \le P_r \le 1,\ 1 \le T_r \le 2$의 범위에서 이산화탄소에 대한 압축인자들을 구하고 그래프로 나타내어라. 이산화탄소의 임계온도는 304.2 K, 임계압력은 72.9기압이다.

**4.** Peng-Robinson 상태방정식을 이용하여 310 K에서 압력이 8 bar 및 75 bar일 때 $CO_2$ 기체의 부피($cm^3/g$)를 구하여라. $CO_2$의 경우 $w = 0.228,\ T_c = 304.2\ K,\ P_c = 73.82$ bar이며 분자량은 44이다. 얻은 결과를 실험값(각각 70.58 및 3.90 $cm^3/g$)과 비교하여라.[38]

**5.** 비리얼 상태방정식을 이용하여 70 bar, 473.15 K의 1-부텐 증기에 대한 편차함수 $H^R = H - H^{ig}$와 $S^R = S - S^{ig}$를 계산하여라. 1-부텐 기체의 경우 $T_c =$420 K, $P_c =$ 40.43 bar, $w = 0.191$이다.[39]

**6.** 다음은 175℃에서 여러 압력에 따라 측정한 이소부탄의 엔탈피 편차 실험값이다.[40] Peng-Robinson 상태방정식을 이용하여 엔탈피 편차함수를 계산하고 실험 측정치와 비교하여 보라. 이소부탄의 임계온도와 임계압력은 각각 408.1 K 및 36.48 bar이며 이심인자는 0.181이다.

---

37 Smith, J. M., H. C. Van Ness and M. M. Abbott, Introduction to Chemical Engineering Thermodynamics, $7^{th}$ ed., p. 89-90, McGraw-Hill, 2005.
38 J. Richard Elliott and Carl T. Lira, Introductory Chemical Engineering Thermodynamics, $2^{nd}$ ed., p. 268, Prentice-Hall, 2012.
39 Smith, J. M., H. C. Van Ness and M. M. Abbott, Introduction to Chemical Engineering Thermodynamics, p. 235, $7^{th}$ ed., McGraw-Hill, 2005.
40 J. Richard Elliott and Carl T. Lira, Introductory Chemical Engineering Thermodynamics, $2^{nd}$ ed., p. 329, Prentice-Hall, 2012.

**표 P6 이소부탄의 엔탈피 편차**

| P(atm) | 10 | 20 | 35 | 70 |
|---|---|---|---|---|
| $H-H_{ig}(J/g)$ | −15.4 | −32.8 | -64.72 | −177.5 |

**7.** −158 K, 6.8947 bar에서 메탄(1)/에탄(2)/프로판(3) 혼합물의 기상 엔탈피를 구하여라. 각 성분의 기상 조성과 물성치는 다음 표와 같다[41]($\Delta H_f$, $\Delta G_f$: J/mol).

**표 P7.1 혼합물 각 성분의 물성치**

| 성분 | $x$(몰분율) | $w$ | $T_c(K)$ | $P_c(bar)$ | $\Delta H_f$ | $\Delta G_f$ |
|---|---|---|---|---|---|---|
| 메탄 | 0.9852 | 0.012 | 190.6 | 45.99 | −74520 | −50460 |
| 에탄 | 0.01449 | 0.100 | 305.3 | 48.72 | −83820 | −31855 |
| 프로판 | 0.000312 | 0.152 | 369.8 | 42.48 | −104680 | −24290 |

아울러 위의 3가지 성분들의 열용량 적분계수 $a_i$는 다음과 같다.

**표 P7.2 혼합물 각 성분의 열용량 적분계수**

| 성분 | $a_1$ | $a_2\times10^2$ | $a_3\times10^5$ | $a_4\times10^8$ | $a_5\times10^{11}$ |
|---|---|---|---|---|---|
| 메탄 | 8.245223 | 0.380633 | 0.8864745 | −0.746115 | 0.182296 |
| 에탄 | 11.51606 | 1.40309 | 0.854034 | −1.106078 | 0.31622 |
| 프로판 | 15.58683 | 2.504953 | 1.404258 | −3.52626 | 1.864467 |

**8.** 다음은 100℃ 에서의 암모니아 기체에 대한 압력과 압축인자 측정 데이터이다. 수치적분을 이용하여 각 압력에서의 퓨개시티 계수를 구하여라. 이 경우 내장함수 cumtrapz를 이용할 수 있다. 적절한 상태방정식(예: Peng-Robinson)을 이용하여 각 압력에서의 퓨개시티 계수를 계산하고 그래프를 이용하여 수치적분에 의한 계산결과와 비교하여 보라.

41 Smith, J. M., H. C. Van Ness and M. M. Abbott, Introduction to Chemical Engineering Thermodynamics, p. 680-686, 7th ed., McGraw-Hill, 2005.

**표 P8 암모니아의 압력에 따른 압축인자**

| 압력(atm) | Z | 압력(atm) | Z | 압력(atm) | Z |
|---|---|---|---|---|---|
| 1.374 | 0.0028 | 30.47 | 0.8471 | 300 | 0.3212 |
| 3.537 | 0.9828 | 33.21 | 0.831 | 400 | 0.4145 |
| 5.832 | 0.9728 | 36.47 | 0.8111 | 500 | 0.506 |
| 8.632 | 0.9599 | 40.41 | 0.7864 | 600 | 0.5955 |
| 11.352 | 0.9468 | 45.19 | 0.7538 | 700 | 0.6828 |
| 14.567 | 0.9315 | 51.09 | 0.7102 | 800 | 0.7684 |
| 19.109 | 0.9085 | 58.28 | 0.6481 | 900 | 0.8507 |
| 22.84 | 0.889 | 100 | 0.1158 | 1000 | 0.9333 |
| 26.12 | 0.8714 | 200 | 0.2221 | 1100 | 1.014 |

**9.** 전압 $P = 760mmHg$에서 에탄올(1)과 벤젠(2) 혼합물은 68.2℃ 에서 공비점을 형성하며 이때의 조성은 에탄올 32.4% 및 벤젠 67.6%(무게%)이다. 에탄올과 벤젠의 증기압은 Antoine식 $\log P_i = A_i - \frac{B_i}{T+C_i}$ $(T: ℃,\ P_i : mmHg)$으로부터 얻을 수 있으며 에탄올의 경우 $A_1 = 8.04494$, $B_1 = 1554.3$, $C_1 = 222.65$, 벤젠의 경우 $A_2 = 6.90565$, $B_2 = 1211.033$, $C_2 = 220.79$이다. 에탄올과 벤젠의 분자량은 각각 46.07 및 78이다. 이 시스템에 대한 Wilson식의 파라미터들을 구하여라.

**10.** UNIFAC식을 이용하여 2-프로판올(1)/물(2) 혼합물에서 각 성분의 활동도 계수 $\gamma_1$과 $\gamma_2$를 계산하여라. 온도 T = 353.52 K이며 액상 조성은 $x_1 = 0.6854$, $x_2 = 0.3146$이다. 각 성분은 다음과 같은 기능성 그룹들로 구성된다.

2-프로판올(1): $(CH_3)_2 - CH - OH$, 물(2): $H_2O$

**11.** 이소부탄올(20몰%)(1)과 물(80몰%)(2)의 혼합물이 1기압에서 비등점까지 가열되어 있다. 이 혼합물의 1기압에서의 비등점은 $T_b = 88.5396$℃ 로 알려져 있다. 이소부탄올-물 혼합물은 Raoult의 법칙 $k_i = \frac{\gamma_i P_i}{P}$ $(i = 1,2)$를 따른다고 가정한다. $\gamma_{i,j}$는 상 $j$에서의 성분 $i$의 활동도 계수이며 $P_i$는 $i$성분의 증기압으로서 이소부탄올-물 혼합물계에서 이소부탄올(1)과 물(2)의 증기압은 각각

$$\log(P_1) = 7.62231 - \frac{1417.9}{191.15 + T} \text{ 및 } \log(P_2) = 8.10765 - \frac{1750.29}{235 + T} \quad (T\text{: 온도(℃)})$$

이소부탄올(1)과 물(2)의 활동도 계수는 각각

$$\log(\gamma_1) = \frac{1.7x_2^2}{(2.43x_1 + x_2)^2} \text{ 및 } \log(\gamma_2) = \frac{0.7x_1^2}{(x_1 + 0.412x_2)^2}$$

로 주어진다. 비등점에서 증발된 분율 $\alpha = \frac{V}{F}$와 각 성분의 조성을 구하여라.

**12.** 혼합용액이 증발되는 플래쉬 드럼으로 5성분 원료 혼합물이 도입되고 있다. 원료 혼합물은 40℃ 에서 플래쉬 드럼으로 유입된다. 전압이 P=18, 22, 26기압일 때 드럼으로부터 유출되는 기상 및 액상 흐름에서의 각 성분의 몰분율과 증발되는 비율 $\alpha(= V/F)$를 구하여라. 아울러 원료 흐름의 이슬점 및 비등점을 구하여라. 각 성분의 조성과 Antoine 식의 파라미터들은 다음과 같다.

**표 P12 Antoine 식 파라미터**

| 성분 | 원료조성($z_j$) | Antoine 식 파라미터 | | |
|---|---|---|---|---|
| | | A | B | C |
| 메탄 | 0.08 | 6.64380 | 395.74 | 266.681 |
| 에탄 | 0.21 | 6.82915 | 663.72 | 256.681 |
| 프로판 | 0.38 | 6.80338 | 804.00 | 247.040 |
| n-부탄 | 0.20 | 6.80776 | 935.77 | 238.789 |
| n-펜탄 | 0.13 | 6.85296 | 1064.84 | 232.012 |

**13.** 아세톤(1)/아세토니트릴(2)/니트로메탄(3) 혼합물이 80℃, 110 kPa의 플래쉬 드럼에 주입되었으며 원료 혼합물의 조성은 $z_1 = 0.45$, $z_2 = 0.35$, $z_3 = 0.20$이다. 이 혼합물에 대하여 Raoult의 법칙이 성립한다고 가정하고 $V$, $L$, $x_i$, 그리고 $y_i$를 구하여라. 80℃ 에서 순수성분의 증기압(kPa)은 $P_1^{sat} = 195.75$, $P_2^{sat} = 97.84$, $P_3^{sat} = 50.32$이다.[42]

42 Smith, J. M., H. C. Van Ness and M. M. Abbott, Introduction to Chemical Engineering Thermodynamics, 7th ed., p. 368-369, McGraw-Hill, 2005.

# 유체역학

## 4.1 층류흐름(Laminar flow)

### Reynolds수

Reynolds수는

$$N_{Re} = \frac{Dv\rho}{\mu}$$

로 주어진다. 여기에서 $D$는 유체가 흐르는 파이프의 직경, $v$는 유속, $\rho$는 유체의 밀도, $\mu$는 유체의 점도를 나타낸다. 유량이 주어진 경우 Reynolds수 $N_{Re}$는

$$N_{Re} = \frac{\rho v D}{\mu} = 50.6\frac{Q\rho}{\mu d} = 6.31\frac{W}{\mu d}$$

로 쓸 수 있다. 위에서 $D$는 직경(ft), $d$는 직경(in), $\mu$는 점도(cp), $Q$는 유량(gpm), 그리고 $W$는 질량유량(lb/h)이다.

### 수평관 흐름

일정한 온도의 정상상태에서 수평관을 흐르는 비압축성 뉴턴 유체를 고려하여 보자.

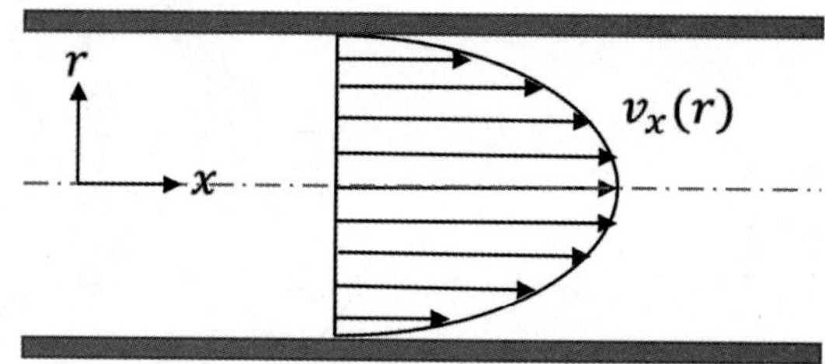


**그림 4.1 수평관에서의 뉴턴유체의 층류흐름**

Shear 스트레스 $\tau_{rx}$와 유속 $v_x$는 각각 다음과 같이 주어진다.

$$\tau_{rx} = \left(\frac{\Delta P}{2L}\right)r, \quad v_x = \frac{R^2 \Delta P}{4\mu L}\left[1 - \left(\frac{r}{R}\right)^2\right]$$

위에서 $\Delta P = P_0 - P_L$, $R$은 파이프의 반경, $L$은 파이프의 길이, 그리고 $\mu$는 유체의 점도이다. 이로부터 평균유속 $v_{x,avg}$는

$$v_{x,avg} = \frac{1}{\pi R^2}\int_0^R 2\pi r v_x dr = \frac{R^2 \Delta P}{8\mu L}$$

와 같이 얻어진다.

함수 hzpipe.m은 수평관 층류흐름의 평균유속과 속도분포 그래프를 작성하여 준다.

```
function avgv = hzpipe(L,R,mu,delP)
% 수평관 흐름의 속도분포와 평균유속
% input
%   L: 파이프의 길이(m), R: 파이프의 반경(m),
%   mu: 점도(kg/m/s), delP: 압력강하(Pa)
% output
%   avgv: 평균유속(m/s)

r = linspace(-R,R,100);
v = delP*R^2.*(1 - (r/R).^2)/(4*mu*L);
avgv = delP*R.^2/(8*mu*L);
plot(v,r), grid, axis([0 1.5 -R,R])
xlabel('v_x(r)'), ylabel('r')
end
```

## 보기 1 뉴턴 유체의 수평관 층류흐름

25℃ 의 일정온도에서 길이 15 m, 내부반경 0.009 m인 수평관 내로 물이 흐르고 있다. 반경 r에 따른 속도분포를 그래프로 나타내고 평균유속을 구하여라. 물의 점도는 $8.937 \times 10^{-4} kg/(m \cdot s)$이며 수평관의 압력강하는 $\Delta P = 520$ Pa이다.

**풀이**

함수 hzpipe.m을 이용한다.

```
>> L = 15; R = 0.009; mu = 8.937e-4; delP = 520;
>> Vavg = hzpipe(L,R,mu,delP)
Vavg =
   0.3927
>> axis([0 1 -R R])
```

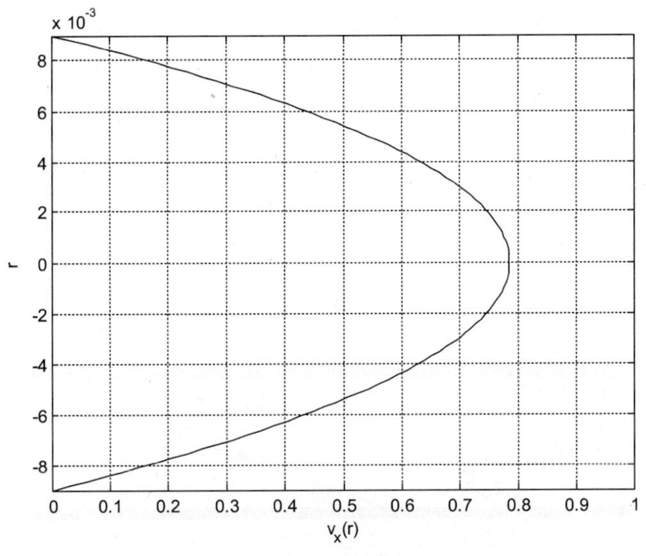


**그림 4.2 수평관 층류흐름의 속도분포**

## 환형 수평관(Horizontal annulus pipe) 흐름

동축 환형 수평관 내를 흐르는 뉴턴 유체의 층류 흐름의 경우 속도분포 $v_x$와 평균유속 $v_{avg}$는 각각

$$v_x = \frac{\Delta P}{4\mu L}\left[R_2^2 - r^2 + \frac{R_2^2 - R_1^2}{\ln(R_2/R_1)}\left(\ln\frac{r}{R_2}\right)\right]$$

$$v_{avg} = \frac{\Delta P}{8\mu L}\left[R_1^2 + R_2^2 - \frac{R_2^2 - R_1^2}{\ln(R_2/R_1)}\right]$$

으로 주어진다. 위에서 $\Delta P = P_0 - P_L$, $R_1$ 및 $R_2$는 내부 및 외부 파이프의 반경(그림 참조), $L$은 파이프의 길이, 그리고 $\mu$는 유체의 점도이다. 한편 전단응력(shear stress) $\tau_{rx}$는 뉴턴유체의 경우

$$\tau_{rx} = -\mu\frac{dv_x}{dr}$$

의 관계로 표시되며 비뉴턴 유체의 경우에는

$$\tau_{rx} = -K\left|\frac{dv_x}{dr}\right|^{n-1}\frac{dv_x}{dr}$$

로 주어진다.

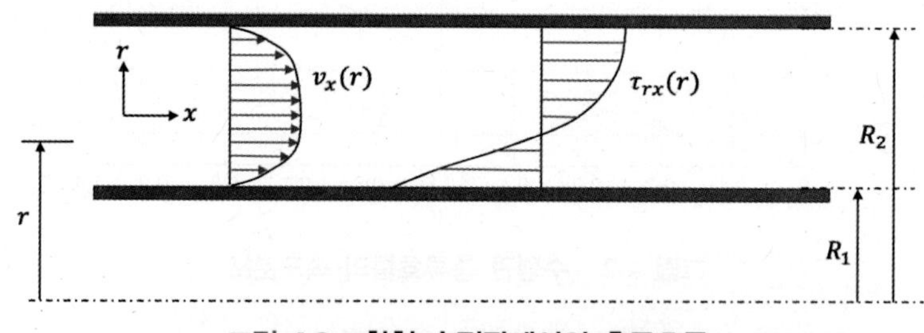


**그림 4.3 환형 수평관에서의 층류흐름**

뉴턴 유체의 환형 수평관 흐름에 대한 유속분포 및 평균유속 계산은 함수 hzannpipe.m에 의해 수행된다.

```
function avgv = hzannpipe(L,R1,R2,mu,delP)
% 환형 수평관 흐름의 속도분포와 평균유속
% input
%   L: 파이프의 길이(m)
%   R1,R2: 내부 및 외부 파이프의 반경(m)
%   mu: 점도(kg/m/s)
%   delP: 압력강하(Pa)
% output
%   avgv: 평균유속(m/s)

n = 100; r = linspace(R1,R2,n); h = (R2-R1)/n;
v = delP*(R2^2 -r.^2 + (R2^2 -R1^2)/(log(R2/R1)).*log(r/R2))./(4*mu*L);
avgv = delP*(R1.^2 + R2.^2 - (R2.^2 -R1.^2)./(log(R2./R1)))./(8*mu*L);
dv = diff(v); dv = [dv dv(end)]; taurx = -mu.*dv./h;
figure(1), plot(v,r), grid, axis([0 0.2 R1 R2]), xlabel('v_x(r)'), ylabel('r')
figure(2), plot(taurx,r), grid, axis tight, xlabel('\tau_{rx}(r)'), ylabel('r')
end
```

### 보기 2 뉴턴 유체의 환형 수평관 흐름

길이 12 m, 내부반경이 각각 $R_1 = 0.025\ m, R_2 = 0.036\ m$인 환형 수평관 내를 25℃ 에서 밀도가 $\mu = 8.937 \times 10^{-4} kg/(m \cdot s)$인 물이 흐르고 있다. 반경 r에 따른 속도분포와 $\tau_{rx}(r)$를 그래프로 나타내고 평균유속을 구하여라. 수평관의 압력강하는 $\Delta P = 110$ Pa이다.

**풀이**

함수 hzannpipe.m의 수행결과는 다음과 같다.

```
>> mu = 8.937e-4; delP = 110; L = 12; R1 = 0.025; R2 = 0.036;
>> avgv = hzannpipe(L,R1,R2,mu,delP)
avgv =
    0.1037
```

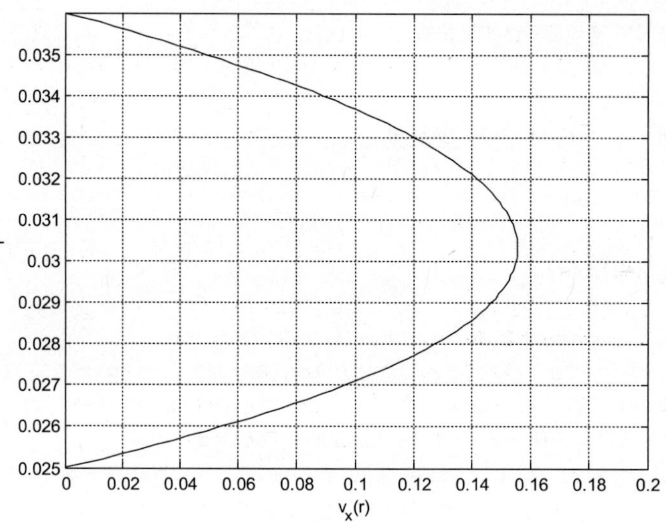


**그림 4.4 뉴턴 유체의 환형 수평관 흐름의 속도분포**

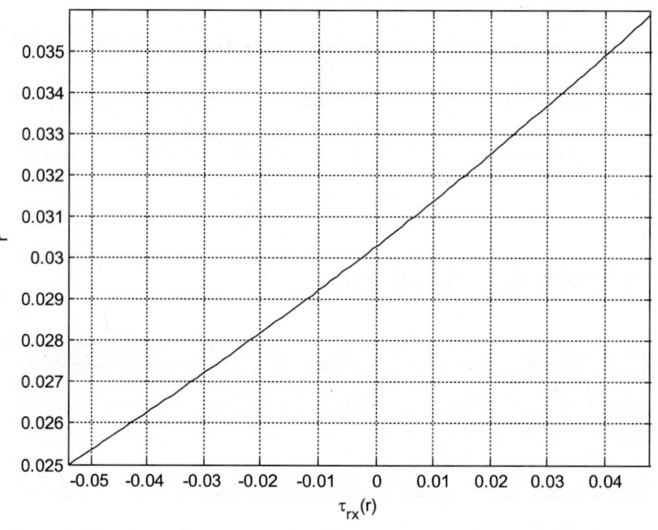


**그림 4.5 뉴턴 유체의 환형 수평관 흐름의 전단응력 분포**

## 수직 표면에서의 층류흐름

수직 표면을 따라 흐르는 액체를 고려하여 보자. 표면 근처에서 흐름 방향에 따른 유속분포는 변하지 않는다고 간주한다.

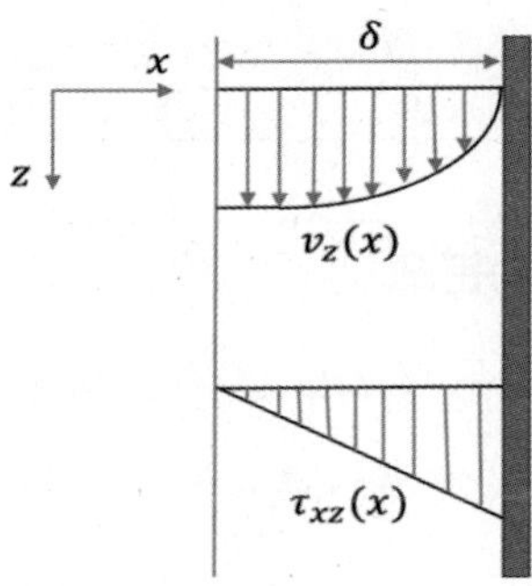


그림 4.6 수직벽을 통한 층류흐름

x에 따른 전단응력(shear stress)의 변화율은

$$\frac{d\tau_{xz}}{dz} = \rho g, \quad \tau_{xz}(x=0) = 0$$

으로 주어진다. 뉴턴 유체의 경우

$$\tau_{xz} = -\mu \frac{dv_z}{dx} \qquad (x = \delta\text{에서 } v_z = 0)$$

속도분포 $v_z$와 평균유속 $v_{z,avg}$는 각각 다음과 같이 주어진다.

$$v_z = \frac{\rho g \delta^2}{2\mu}\left[1 - \left(\frac{x}{\delta}\right)^2\right], \quad v_{z,avg} = \frac{\rho g \delta^2}{3\mu}$$

뉴턴 유체에 대한 속도분포 및 평균유속은 함수 vtwall.m에 의해 계산된다.

```
function [avgv] = vtwall(rho,mu,delta)
% 수직표면을 따라 흐르는 뉴턴 유체의 속도분포와 평균유속
% input
%   rho: 유체의 밀도(kg/m^3),  mu: 유체의 점도(kg/m/s)
```

```
%   delta: 필름 두께(m)
% output
%   avgv: 평균유속(m/s)

g = 9.8; h = delta/100; x = [0:h:delta]; Rg = rho*g*delta^2/2/mu;
v = Rg.*(1 - (x/delta).^2); avgv = Rg*2/3;
plot(x,v), grid, ylabel('v_z(x)'), xlabel('x'), axis([0 delta 0 max(v)])
end
```

## 보기 3 수직표면 흐름의 유속분포

밀도가 780 $kg/m^3$이고 점도가 0.172 $kg/(m \cdot s)$인 유체가 수직 표면을 따라 흐르고 있다. 필름의 두께는 $\delta = 0.0021$ m이다. x에 따른 속도분포 $v_z(x)$를 그래프로 나타내고 평균유속을 구하여라.

**풀이**

함수 vtwall.m을 이용한다.

```
>> rho = 780; mu = 0.172; delta = 0.0021;
>> [avgv] = vtwall(rho,mu,delta)
avgv =
    0.0653
```

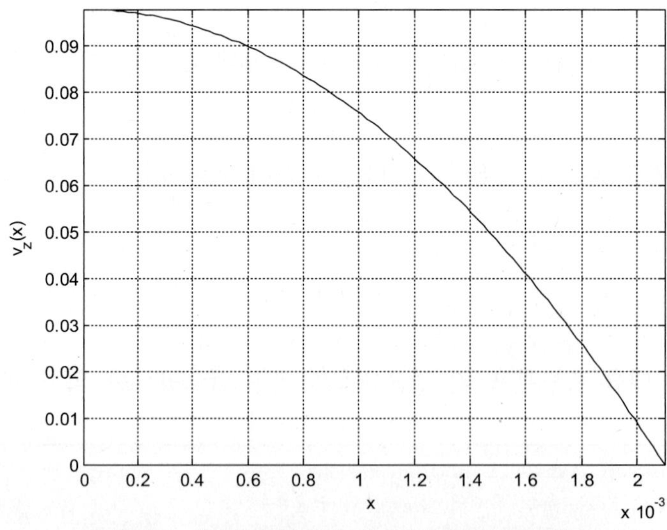


그림 4.7 뉴턴 유체의 수직표면 흐름의 속도분포

## 자유낙하 입자

자유낙하하는 구형입자의 종말속도(terminal velocity) $v_t$는

$$v_t = \sqrt{\frac{4g(\rho_p - \rho)D_p}{3C_D\rho}}$$

로 주어진다. 위에서 $v_t$는 종말속도(m/s), g는 중력가속도($= 9.8m/s^2$), $\rho_p$는 입자의 밀도($kg/m^3$), $\rho$는 유체의 밀도($kg/m^3$), $D_p$는 입자의 직경(m), 그리고 $C_D$는 항력계수(drag coefficient, 무차원)이다. 항력계수 $C_D$는 종말속도의 함수이다. 0으로 나누거나 루트 안이 음수가 되는 경우를 피하기 위하여 주어진 종말속도식을 다음과 같이 다시 정리한다.

$$3C_D\rho v_t^2 - 4g(\rho_p - \rho)D_p = 0$$

종말속도에서 구형입자의 항력계수는 Reynolds수 $N_{Re}$에 따라 달라진다. 즉

$$C_D = \begin{cases} \dfrac{24}{N_{Re}} & : N_{Re} < 0.1 \\ \dfrac{24}{N_{Re}}(1+0.14N_{Re}^{0.7}) & : 0.1 \le N_{Re} \le 1000 \\ 0.44 & : 1{,}000 < N_{Re} \le 350{,}000 \\ 0.19 - \dfrac{8\times 10^4}{N_{Re}} & : 350{,}000 < N_{Re} \end{cases}$$

위에서 $N_{Re} = \dfrac{D_p v_t \rho}{\mu}$이며 $\mu$는 유체의 점도($kg/(m \cdot s)$, 혹은 $Pa \cdot s$)이다.

종말속도를 구하는 비선형 방정식은 함수 vtfun.m에 의해 정의된다. 필요한 데이터와 파라미터는 구조체 w의 각 필드로 입력시킨다.

```
function fvt = vtfun(x,w)
g = 9.8; rp = w.rp; ro = w.ro; mu = w.mu; dp = w.dp;
Nre = dp*ro*x/mu;  % Reynolds수
if Nre < 0.1
   Cd = 24./Nre;
elseif Nre <1000
   Cd = (1 + 0.14*Nre.^0.7)*24./Nre;
elseif Nre < 3.5e5
   Cd = 0.44;
```

```
else
   Cd = 0.19 - 8e4./Nre;
end
fvt = 3*Cd*ro*x.^2 - 4*g*(rp - ro)*dp;  % 비선형방정식
end
```

### 보기 4 자유낙하 입자의 종말속도

25℃ 에서 밀도가 $\rho_p = 1780\ kg/m^3$, 직경이 $D_p = 0.2\ mm$ 인 구형입자가 점도 $\mu = 8.931 \times 10^{-4}\ kg/(m \cdot s)$ 인 물 속을 낙하하고 있다. 25℃ 에서 물의 밀도는 $994.6\ kg/m^3$ 이다. 종말속도 $v_t$(m/s)를 구하여라.

**풀이**

함수 vtfun.m에 의해 정의되는 종말속도 비선형 방정식은 내장함수 fzero에 의해 풀 수 있다. 필요한 데이터와 파라미터는 다음과 같이 구조체 w의 각 필드로 입력시킨다. vt0는 미지변수인 종말속도의 초기 가정값이다.

```
>> rp = 1780; ro = 994.6; dp = 2e-4; mu = 8.931e-4; vt0 = 1e-3;
>> w.rp = rp; w.ro = ro; w.mu = mu; w.dp = dp;
>> vt = fzero(@vtfun,vt0,[],w)
vt =
    0.0145
```

즉 종말속도는 $v_t = 0.0145 m/s$ 이다.

## 4.2 마찰인자

Fanning 마찰인자 $f$는 흐름의 성격을 나타내는 Reynolds수 $N_{Re}$ 에 따라 좌우된다. 일반적으로 마찰인자 $f$와 Reynolds수 $N_{Re}$ 사이의 관계는

$$f = aN_{Re}^b$$

의 형태로 나타낼 수 있다($a$, $b$: 상수). 마찰인자는 파이프의 표면의 거침 정도에 따라 좌우되지만 층류에서는 거침 정도는 큰 영향을 미치지 않는다.

층류 흐름($N_{Re} \le 2000$)의 경우 Fanning 마찰인자 $f$와 Darcy 마찰인자 $f_D$는 각각

$$f = \frac{16}{N_{re}}, \quad f_D = \frac{64}{N_{Re}} = 4f$$

로 주어진다. Darcy 마찰인자는 Fanning 마찰인자 $f$의 4배이다(즉 $f_D = 4f$).

난류(turbulent) 흐름($N_{Re} \ge 2100$)의 경우에는 다음과 같은 Shacham 식[1](SC)을 이용하여 마찰인자를 추정할 수 있다.

$$f = \frac{1}{16}\left[\log\left\{\frac{\epsilon/D}{3.7} - \frac{5.02}{N_{Re}} log\left(\frac{\epsilon/D}{3.7} + \frac{14.5}{N_{Re}}\right)\right\}\right]^{-2}$$

또한 Colebrook 식(CB)

$$\frac{1}{\sqrt{f}} = -1.7372\ln\left[\frac{\epsilon}{3.7D} + \frac{1.255}{N_{Re}\sqrt{f}}\right]$$

이나 Colebrook-White 식(CBW)

$$\frac{1}{\sqrt{f}} = -4.0\log\left(\frac{\epsilon}{D} + \frac{4.67}{N_{Re}\sqrt{f}}\right) + 2.28$$

을 이용할 수 있다. 아울러 Haaland 식(HA)

$$f = \left[-3.6\log\left\{\frac{6.9}{N_{Re}} + \left(\frac{\epsilon/D}{3.7}\right)^{10/9}\right\}\right]^{-2} (4 \times 10^4 < N_{Re} < 10^8,\ 0 < \epsilon/D < 0.05)$$

도 이용될 수 있다. 다음과 같은 Chen 식(CH)은 반복계산을 요구하지 않으므로 Colebrook 식보다 이용하기에 편리하다.

$$\frac{1}{\sqrt{f}} = -4\log\left[\frac{\epsilon}{3.7D} - \frac{5.02}{N_{Re}}\log A\right], \quad A = \frac{\epsilon}{3.7D} + \left(\frac{6.7}{N_{Re}}\right)^{0.9}$$

위에서 $\epsilon/D$는 파이프 내면의 거침정도를 나타내는데 상용 강철 파이프의 경우 대략 $\epsilon = 0.00015\ ft$이다. 다음 표는 파이프 재질에 따른 $\epsilon$ 값들을 정리한 것이다.

---

1 Shacham, M., *Ind. Eng. Chem. Fund.*, Vol. 19, p. 228-229 (1980).

**표 4.1 파이프 재질에 따른 $\epsilon$**

| 파이프 재질 | $\epsilon$, ft |
|---|---|
| Riveted steel | 0.003~0.03 |
| 콘크리트 | 0.001~0.01 |
| Wood stave | 0.0006~0.003 |
| Cast iron | 0.00085 |
| Galvanized iron | 0.0005 |
| Asphalted cast iron | 0.0005 |
| Commercial steel or wrought iron | 0.00015 |
| Drawn tubing | 0.000005 |

모든 흐름영역과 파이프 내면의 거칠정도를 포괄하는 식으로서 다음과 같은 Churchill 식이 이용되기도 한다.[2]

$$f = 2\left[\left(\frac{8}{N_{Re}}\right)^{12} + \frac{1}{(A+B)^{1.5}}\right]^{1/12}$$

$$A = (2.457\ln C)^{16}, \quad B = \left(\frac{37530}{N_{Re}}\right)^{16}, \quad C = \left(\frac{7}{N_{Re}}\right)^{0.9} + 0.27\frac{\epsilon}{D}$$

$\epsilon/D = 0$으로서 매끄러운 파이프인 경우($N_{Re} \geq 3000$)에는 Nikuradse 식(NK)

$$\frac{1}{\sqrt{f}} = 4.0\log\left(N_{Re}\sqrt{f}\right) - 0.4$$

을 이용하거나 Blasius 식(BS)

$$f = 0.0791 N_{Re}^{-1/4}$$

를 이용한다.

$\epsilon/D$와 $N_{Re}$이 주어졌을 때 위의 마찰인자 추정식들에 의한 마찰인자 계산은 함수 frfactor.m에 의해 수행된다.

2 Raghu Raman, Chemical Process Computations, p. 217, Elsevier Applied Science Publishers, 1985.

```
function frfactor(eD, Nre)
% 마찰인자 추정식들의 비교
f0 = 5e-3;
% Shacham 식
fSC = 1./(log10(eD/3.7 - (5.02./Nre).*log10(eD/3.7+14.5/Nre))).^2 /16;
% Colebrook 식
funCB = @(f) (1/sqrt(f) + 1.7372*log(eD/3.7 + 1.255/Nre/sqrt(f)));
fCB = fzero(funCB, f0);
% Colebrook-White 식
funCBW = @(f) (1/sqrt(f) + 4*log10(eD + 4.67/Nre/sqrt(f)) - 2.28);
fCBW = fzero(funCBW, f0);
% Haaland 식
fHA = 1./(-3.6*log10(6.9/Nre + (eD/3.7)^(10/9)))^2;
% Chen 식
Av = eD/3.7 + (6.7/Nre)^0.9;
fCH = 1./(-4*log10(eD/3.7 - 5.02*log10(Av)/Nre)).^2;
% Nikuradse 식
funNK = @(f) (1./sqrt(f) - 4*log10(Nre*sqrt(f)) + 0.4);
fNK = fzero(funNK, f0);
% Blasius 식
fBS = 0.0791*Nre^(-1/4);
fprintf('Shacham 식: f = %g\n', fSC); fprintf('Colebrook 식: f = %g\n', fCB);
fprintf('Colebrook-White 식: f = %g\n', fCBW);
fprintf('Haaland 식: f = %g\n', fHA); fprintf('Chen 식: f = %g\n', fCH);
fprintf('Nikuradse 식: f = %g\n', fNK); fprintf('Blasius 식: f = %g\n', fBS);
end
```

### 보기 5 마찰인자

$\epsilon/D=0$(매끄러운 파이프)인 경우 $N_{Re}=2\times10^4$ 및 $N_{Re}=3.2\times10^7$에 대하여 여러 식들(즉 SC, CB, CBW, HA, CH, NK, 그리고 BS식)에 의한 마찰인자를 구하고 서로 비교하여 보라.

**풀이**

$N_{Re}=2\times10^4$인 경우 함수 frfactor.m의 수행결과는 다음과 같다.

```
>> eD = 0; Nre = 2e4;
>> frfactor(eD, Nre)
Shacham 식: f = 0.00648922
Colebrook 식: f = 0.00647063
Colebrook-White 식: f = 0.00647323
```

```
Haaland 식: f = 0.00643718
Chen 식: f = 0.00648215
Nikuradse 식: f = 0.00647573
Blasius 식: f = 0.00665149
```

$N_{Re} = 3.2 \times 10^7$ 인 경우에는 다음을 얻는다.

```
>> eD = 0; Nre = 3.2e7;
>> frfactor(eD, Nre)
Shacham 식: f = 0.0017349
Colebrook 식: f = 0.00172196
Colebrook-White 식: f = 0.00172236
Haaland 식: f = 0.0017363
Chen 식: f = 0.00172145
Nikuradse 식: f = 0.00172273
Blasius 식: f = 0.00105169
```

## 보기 6 마찰인자 추정식

다음에 주어진 데이터를 이용하여 Reynolds수와 Fanning 마찰인자 $f$ 사이의 관계를 나타내어 주는 식을 구하여라.[3]

**표 4.2 Reynolds수($N_{Re}$)와 마찰인자($f$) 사이의 관계**

| $N_{Re}$ | $f$ |
|---|---|
| 8500 | 0.008 |
| 20000 | 0.0065 |
| 30000 | 0.006 |
| 60000 | 0.005 |
| 700000 | 0.003 |
| 1000000 | 0.0028 |
| 10000000 | 0.002 |

3 Raul Raymond A. Kapuno, Programming for Chemical Engineers, p. 105, Infinity Science Press, 2008.

**풀이**

$f = aN_{Re}^{b}$ 라고 가정하고 상수 $a$, $b$를 구한다. $f$의 양변에 로그를 취하여 얻은 관계식 $\log(f) = \log(a) + b\log(N_{re})$을 이용한다.

```
>> Nre = [8500 20000 30000 60000 700000 1000000 10000000];
>> f = [0.008 0.0065 0.006 0.005 0.003 0.0028 0.002];
>> x = log10(Nre); y = log10(f);
>> p = polyfit(x,y,1);
>> a = 10^p(2), b = p(1)
a =
    0.0468
b =
   -0.2001
```

따라서 $f = aN_{Re}^{b} = 0.0468N_{Re}^{-0.2}$를 얻는다.

---

## 4.3 파이프를 통한 유체의 유동

유체가 흐르는 파이프의 두 지점 1과 2에 대하여 Bernoulli 방정식을 적용하면

$$\frac{1}{\rho}\int_{1}^{2} dP + \frac{1}{g_c}\int_{1}^{2} v dv + \int_{1}^{2} dz = 0$$

이로부터

$$\frac{1}{\rho}(P_2 - P_1) + \frac{v_2^2 - v_1^2}{2g_c} + (z_2 - z_1) = 0 \quad \text{혹은} \quad \frac{g_c \Delta P}{\rho} + \frac{v_2^2 - v_1^2}{2} + g_c \Delta z = 0$$

위에서 P는 유체의 압력($lb_f/ft^2$), $\rho$는 유체의 밀도($lb_m/ft^3$), v는 흐름속도(ft/s), $g_c$는 차원상수($32.174\,(lb_m/lb_f)(ft/s^2)$), z는 유체의 높이(ft)이며 하첨자 1은 출발위치, 2는 최종위치를 나타낸다. 파이프의 직경이 일정할 경우(즉 $v_1 = v_2$) 마찰에 의한 헤드 손실을 $h_L$이라 하면 앞의 식으로부터

$$\frac{\Delta P}{\rho} + \Delta z = h_L$$

를 얻는다.

## 마찰손실

층류 및 난류 흐름에서 마찰에 의한 압력강하 $\Delta P_f$는

$$\Delta P_f = 2f\rho \frac{Lv^2}{Dg_c}$$

로부터 구할 수 있다. 여기에서 $f$는 무차원 마찰인자, $L$은 파이프의 길이, $g_c$는 보정상수로서 1 $kg \cdot m/(N \cdot \sec^2)$, 혹은 32.174 $lb_m \cdot ft/(lb_f \cdot \sec^2)$이다.

마찰에 의한 손실 $F_f$는 다음으로부터 구할 수 있다:

$$F_f = \frac{\Delta P_f}{\rho} = 2f\frac{Lv^2}{Dg_c} = f_D \frac{Lv^2}{2Dg_c}$$

마찰에 의한 손실이 존재하는 경우 직경 $D$(ft), 길이 $L$(ft)인 파이프 내를 흐르는 비압축성 유체에 대한 에너지 수지는

$$-\frac{1}{2}v^2 + g_c\Delta z + \frac{g_c\Delta P}{\rho} + g_c F_f = -\frac{1}{2}v^2 + g_c\Delta z + \frac{g_c\Delta P}{\rho} + 2f\frac{Lv^2}{D} = 0$$

으로 쓸 수 있다. 위의 관계를 유속에 대하여 풀면

$$v = \sqrt{\frac{g\Delta z + g_c\Delta P/\rho}{1/2 - 2fL/D}}$$

를 얻는다.

흐르는 유체가 역학적 일을 수행한다면 에너지 수지로부터

$$\frac{\Delta v^2}{2} + g\Delta z + \frac{\Delta P}{\rho} + F_f = -\frac{\dot{W}_s}{\dot{m}}$$

를 얻는다.

### 보기 7 파이프의 직경

길이 250 m인 매끄러운 파이프 내를 0.0085 $m^3/s$의 유량으로 흐르는 물의 온도는 21℃ 이다. $F_f = 27.5\ J/kg$의 마찰손실을 극복하기 위하여 상류 부분은 높은 곳에 위치하고 있다. 이 파이프의 직경을 구하여라. Fanning 마찰인자는 $f = 0.0468 N_{Re}^{-0.2}$로 주어지며 21℃ 에서 물의 밀도는 $\rho = 997.92\ kg/m^3$, 점도는 $\mu = 0.000982\ kg/m/s$이다.

**풀이**

유량 $Q = Av = \left(\dfrac{\pi D^2}{4}\right)v$로부터 $v = \dfrac{4Q}{\pi D^2}$. 따라서

$$f = 0.0468 N_{Re}^{-0.2} = 0.0468\left(\frac{Dv\rho}{\mu}\right)^{-0.2} = 0.0468\left(\frac{4\rho Q}{\pi \mu D}\right)^{-0.2}$$

이를 이용하면 Fanning 식으로부터

$$F_f = \frac{\triangle p_f}{\rho} = 2f\frac{Lv^2}{Dg_c} = (2)(0.0468 N_{Re}^{-0.2})\frac{Lv^2}{Dg_c} = 0.0936\left(\frac{4\rho Q}{\pi \mu D}\right)^{-0.2}\left(\frac{L}{Dg_c}\right)\left(\frac{4Q}{\pi D^2}\right)^2$$

따라서 $D$를 구하는 것은 비선형방정식

$$g(D) = 0.0936\left(\frac{4\rho Q}{\pi \mu D}\right)^{-0.2}\left(\frac{L}{Dg_c}\right)\left(\frac{4Q}{\pi D^2}\right)^2 - F_f = 0$$

을 푸는 문제가 된다.

```
>> rho = 997.92; Q = 0.0085; mu = 0.000982; L = 250; gc = 1; Ff = 27.5;
>> g = @(D) 0.0936*(4*rho*Q/(pi*mu*D))^(-0.2)*(L/D/gc)*(4*Q/pi/D^2)^2 -
Ff;
>> D0 = 1;
>> D = fzero(g,D0)
D =
   0.0995
```

즉 파이프의 직경은 0.0995 m(즉 9.95 cm)임을 알 수 있다.

## 보기 8 파이프를 통한 흐름

그림은 위치 1로부터 위치 2까지 물을 이송하는 파이프 라인을 보인 것이다.[4] 위치 1에서 $p_1 = 150\ psig$, $z_1 = 0\ ft$이며 위치 2에서 $p_2$는 대기압이고 $z_2 = 300\ ft$이다. 물의 밀도 $\rho(lbm/ft^3)$와 점도 $\mu(lbm/(ft \cdot s))$는 각각 다음 관계로 주어진다.

$$\rho = 62.122 + 0.0122T - 1.54 \times 10^{-4}T^2 + 2.65 \times 10^{-7}T^3 - 2.24 \times 10^{-10}T^4$$

$$\ln\mu = -11.0318 + \frac{1057.51}{T + 214.624}$$

위에서 $T$는 온도(°F)이다.

(1) $T = 60$°F로 일정하며 길이 $L = 1000\ ft$인 8 in schedule 40 파이프($\epsilon = 0.00015\ ft$)를 통하여 물이 이송되는 경우 부피유량($gal/\min$)은 얼마인가?

(2) $T = 60$°F로 일정하며 파이프의 길이가 $L = 500$, 1000, 1500, ⋯, 10,000 ft로 달라질 때 4 in, 5 in, 6 in, 그리고 8 in schedule 40 파이프 각각에 대하여 유속($ft/s$)과 유량($gal/\min$)을 구하고 그래프로 나타내어라.

(3) 온도가 40°F, 60°F, 그리고 100°F로 변할 때 길이 $L = 1000\ ft$인 8 in schedule 40 파이프($\epsilon = 0.00015\ ft$)를 통하여 물이 이송되는 경우 부피유량($gal/\min$)을 각각 구하고 온도에 따른 밀도, 점도, 그리고 유량을 표로 제시하여라.

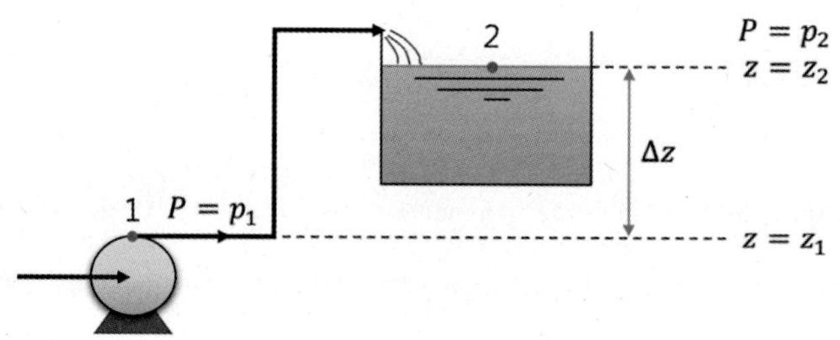


그림 4.8 파이프를 통한 물의 이송

### 풀이

(1) 무차원 마찰인자 $f$는 $N_{Re}$의 함수이며 $N_{Re}$는 유속 $v$의 함수이다. $v$를 구하기 위하여

4 Cutlip, M. B. and M. Shacham, Problem Solving in Chemical and Biochemical Engineering with POLYMATH, Excel, and MATLAB, 2nd ed., p. 110, Prentice-Hall, 2008.

비선형 방정식 $f(v)$를

$$f(v)=v-\sqrt{\frac{g\Delta z+g_c\Delta P/\rho}{1/2-2fL/D}}=0$$

과 같이 정의하고 내장함수 fzero를 이용한다. 온도 T(°F), 파이프 길이 L(ft), 파이프 내경 D(in), 거칠정도를 나타내는 인자 rf($\epsilon$, ft), 높이차 dz(ft), 그리고 압력차 dP(psi) 들은 fzero에 입력인수들로 제공한다. 8 in schedule 40 파이프의 내부 직경은 7.981 in이고 $\epsilon=0.00015\,ft$이며 $dz=z_2-z_1=300\,ft$, $dP=p_2-p_1=-150\,psi$이므로 다음과 같이 데이터를 입력하고 함수를 호출한다.

```
>> clear all; T=60; L=1000; D=7.981; rf=0.00015; dz=300; dP=-150;
>> v0 = 10; v = fzero(@vwfun, v0, [], T,L,D,rf,dz,dP)
>> q = (7.481*60)*(pi*v.*(D/12).^2)/4 % gpm
v =
   11.6133
q =
   1.8110e+03
```

즉 유속 $v=11.6133\,ft/s$, 유량 $q=1{,}811\,gpm$임을 알 수 있다. 비선형 방정식 $f(v)$를 정의하는 유속함수 vwfun은 다음과 같다.

```
function fv = vwfun(v,T,L,D,rf,dz,dP)
% 중력상수 및 단위변환
g = 32.174; gc = 32.174;
D = D/12; dP = 144*dP; % psi->lbf/ft^2
eD = rf./D;  % roughness factor
% T에서의 밀도(rho; lbm/ft^3)와 점도(mu; lbm/ft/s)
rho = 62.122+0.0122*T-(1.54e-4)*T.^2+(2.65e-7)*T.^3-(2.24e-10)*T.^4;
mu = exp(-11.0318 + 1057.51./(T+214.624));
% 유속계산식
Nre = D.*v.*rho./mu;  % Reynolds수
if Nre < 2100
    f = 16./Nre;
else
    den = 16*(log10(eD/3.7 - 5.02*log10(eD/3.7+14.5./Nre)./Nre)).^2;
    f = 1./den;
end
fv = v - sqrt((g*dz + gc*dP./rho)./(0.5 - 2*f.*L./D));
end
```

(2) 4 in, 5 in, 6 in, 그리고 8 in schedule 40 파이프의 내부 직경은 각각 4.026 in, 5.047 in, 6.065 in, 그리고 7.981 in이다. 따라서 내부직경 D는 D = [4.026 5.047 6.065 7.981]과 같이 설정할 수 있다. 다음과 같은 스크립트 파일 vwfig.m은 파이프 내경과 길이에 따른 유속 및 유량을 계산하고 그래프로 나타내어 준다.

```
% vwfig.m: 파이프 내경과 길이에 따른 유속 및 유량계산
clear all; T = 60; rf = 0.00015; dz = 300; dP = -150;
D = [4.026 5.047 6.065 7.981]; nD = length(D);
L = 500:500:10000; nL = length(L); vr = []; v0 = 10; qr = [];
for i = 1:nD
   for j = 1:nL
      v(j) = fzero(@vwfun, v0, [], T,L(j),D(i),rf,dz,dP);
      q(j) = (7.481*60)*(pi*v(j).*(D(i)/12).^2)/4; % gpm
   end
   vr = [vr v']; qr = [qr q'];
end
figure(1),
plot(L,vr(:,1),'o',L,vr(:,2),'*',L,vr(:,3),'+',L,vr(:,4),'d')
legend('D=4in','D=5in','D=6in','D=8in'), axis([500 10000 0 20])
xlabel('L(ft)'), ylabel('Velocity, v(ft/s)')
figure(2),
plot(L,qr(:,1),'o',L,qr(:,2),'*',L,qr(:,3),'+',L,qr(:,4),'d')
legend('D=4in','D=5in','D=6in','D=8in')
xlabel('L(ft)'), ylabel('Flow rate, q(gpm)')
```

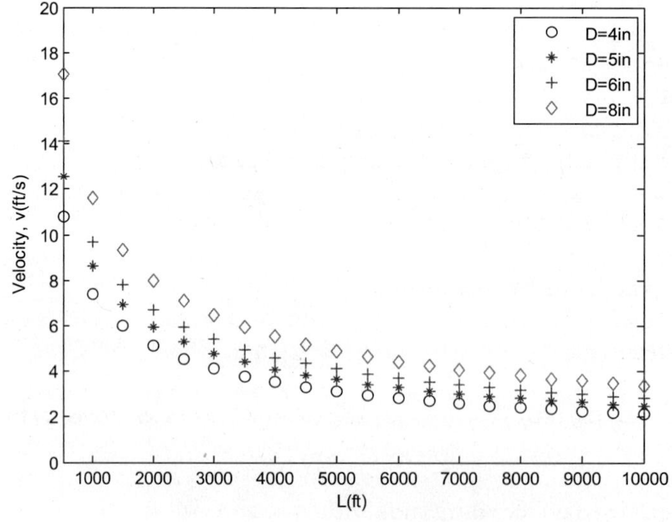


**그림 4.9 길이에 따른 유속(ft/s)**

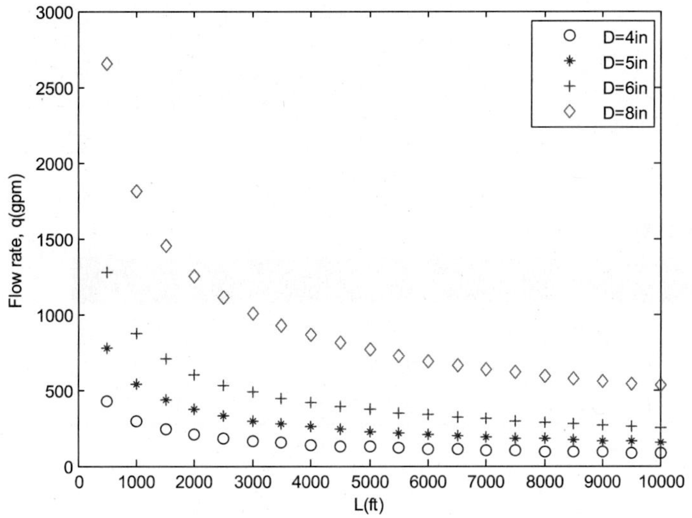


**그림 4.10 파이프 직경과 길이에 따른 유량(gpm)**

(3) T = [40 60 100]으로 설정하고 내장함수 fzero를 이용한다. 계산은 스크립트 파일 qrmT.m에 의해 수행된다.

```
% qrmT.m: 온도에 따른 물성계산
clear all;
T = [40 60 100]; nT = length(T); L=1000; D=7.981;
rf=0.00015; dz=300; dP=-150; v0 = 10;
rhor = []; mur = []; qr = [];
for i = 1:nT
    v = fzero(@vwfun, v0, [], T(i),L,D,rf,dz,dP);
    q = (7.481*60)*(pi*v.*(D/12).^2)/4;
    rho = 62.122+0.0122*T(i)-(1.54e-4)*T(i).^2+...
       (2.65e-7)*T(i).^3-(2.24e-10)*T(i).^4;
    mu = exp(-11.0318 + 1057.51./(T(i)+214.624));
    rhor = [rhor rho]; mur = [mur mu]; qr = [qr q];
end
qr, rhor, mur
```

스크립트 파일 qrmT.m의 수행결과는 다음과 같다.

```
>> qrmT
qr =
   1.0e+03 *
    1.7843    1.8110    1.8752
```

```
rhor =
   62.3800   62.3539   62.0446
mur =
    0.0010    0.0008    0.0005
```

**표 4.3 계산결과 요약**

| 온도(°F) | 밀도($lbm/ft^3$) | 점도($lbm/(ft \cdot s)$) | 유량($gpm$) |
|---|---|---|---|
| 40 | 62.3800 | 0.0010 | 1,784.3 |
| 60 | 62.3539 | 0.0008 | 1,811.0 |
| 100 | 62.0446 | 0.0005 | 1,875.2 |

## 보기 9 터빈이 설치된 흐름

물이 상부에 설치된 수조로부터 파이프를 통하여 그림에 보인 바와 같이 중간에 터빈이 설치된 아래쪽으로 흐르고 있다. 터빈은 수조로부터 120 m 아래쪽에 위치하며 물은 터빈의 위치보다 5 m 아래쪽으로 유출된다. 터빈으로부터 1.2 MW의 출력을 얻으려면 물의 질량유량은 얼마이어야 하는가? 마찰손실은 무시할 수 있다고 가정한다. 수조의 압력은 205 kPa, 유출부의 압력은 125 kPa이다.

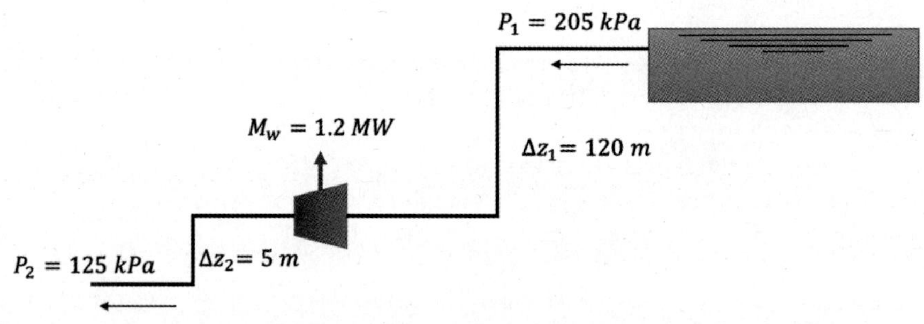


그림 4.11 터빈이 있는 파이프 흐름

**풀이**

유속의 변화와 마찰손실을 무시하면 $\frac{\Delta v^2}{2} + g\Delta z + \frac{\Delta P}{\rho} + F_f = g\Delta z + \frac{\Delta P}{\rho} = -\frac{\dot{W}_s}{\dot{m}}$

이로부터 $\dot{m}=\dfrac{-\dot{W}_s}{g\Delta z+\dfrac{\Delta P}{\rho}}$

```
>> P1=205; P2=125; dP=P2-P1; dz=-125; rho=1000; g=9.81; Ws=1.2e6;
>> mdot = -Ws/(dP/rho + g*dz)
mdot =
  978.5294
```

즉 $\dot{m}=978.53kg/s$이다.

---

## 여러 가지 fitting과 밸브의 상당길이

파이프의 상당길이(equivalent length)는 파이프에서의 총괄 압력강하 $\triangle P$를 정하는 가장 편리한 방법이다. 파이프의 총 길이 $L_{Total}$은 다음과 같이 주어진다:

$$L_{Total}=L_{st}+L_{eq}$$

위에서 $L_{st}$는 수평 파이프의 길이(ft)이고 $L_{eq}$는 상당길이(ft)이다. 압력강하 $\triangle P$와 헤드 손실 $\triangle H$를 나타내는 식은 다음과 같다:

$$\triangle P=\left(f_D\frac{L}{D}+\sum K\right)\frac{\rho v^2}{2g_c}\quad,\quad \triangle H=\left(f_D\frac{L}{D}+\sum K\right)\frac{v^2}{2g_c}$$

위에서 D는 파이프의 내부직경(ft), $f_D$는 Darcy 마찰인자, K는 과잉 헤드손실(excess head loss), L은 파이프 길이(ft)이다.

### 과잉 헤드손실

K는 파이프 fitting에서 과잉 헤드손실로 정의되는 무차원 인자이며 속도 헤드로 표시된다. K의 추정식으로서 다음과 같은 2-K 방법이 널리 이용된다.

$$K=\frac{K_1}{N_{Re}}+K_\infty\left(1+\frac{1}{d}\right)$$

위에서 d는 부착된 파이프의 내부 직경(inch), $K_1$은 $N_{Re}=1$에서 fitting에 대한 K이고 $K_\infty$는 $N_{Re}=\infty$에서 큰 fitting에 대한 K 값이다. 유체가 파이프 내를 채운 상태로 흐른다면 평균 수력학적 반경 $R_h$는 $R_h = \frac{\pi D^2/4}{\pi D} = \frac{D}{4}$이므로 파이프 상당길이와 저항계수 K 사이의 관계는 다음과 같이 주어진다:

$$K = f\frac{L_{eq}}{R_h} = 4f\frac{L_{eq}}{D} = f_D\frac{L_{eq}}{D}$$

다음 표는 2-K 방법에서의 $K_1$과 $K_\infty$ 값들을 정리한 것이다.

**표 4.4 파이프 fittings의 속도헤드 인자**[5]

<table>
<tr><th colspan="2">구 분</th><th colspan="2">Fitting 형태</th><th>$K_1$</th><th>$K_\infty$</th></tr>
<tr><td rowspan="3">Elbows</td><td rowspan="2">90°</td><td colspan="2">Standard(R/D=1), screwed<br>Standard(R/D=1), flanged/welded<br>Long-radius(R/D=1.5), all types</td><td>800<br>800<br>800</td><td>0.40<br>0.25<br>0.20</td></tr>
<tr><td>Mitered elbows (R/D=1.5)</td><td>1 Weld (90°)<br>2 Weld (45°)<br>3 Weld (30°)<br>4 Weld (22.5°)<br>5 Weld (18°)</td><td>1000<br>800<br>800<br>800<br>800</td><td>1.15<br>0.35<br>0.30<br>0.27<br>0.25</td></tr>
<tr><td>45°</td><td colspan="2">Standard(R/D=1), all types<br>Long-radius(R/D=1.5), all types<br>Mitered, 1 weld, 45°<br>Mitered, 2 weld, 22.5°</td><td>500<br>500<br>500<br>500</td><td>0.20<br>0.15<br>0.25<br>0.15</td></tr>
<tr><td></td><td>180°</td><td colspan="2">Standard(R/D=1), screwed<br>Standard(R/D=1), flanged/welded<br>Long-radius(R/D=1.5), all types</td><td>1000<br>1000<br>1000</td><td>0.60<br>0.35<br>0.30</td></tr>
<tr><td rowspan="2">Tees</td><td>Used as elbow</td><td colspan="2">Standard, screwed<br>Long-radius, screwed<br>Standard, flanged or welded<br>Stub-in-type branch</td><td>500<br>800<br>800<br>1000</td><td>0.70<br>0.40<br>0.80<br>1.00</td></tr>
<tr><td>Run-through tee</td><td colspan="2">Screwed<br>Flanged or welded<br>Stub-in-type branch</td><td>200<br>150<br>100</td><td>0.10<br>0.05<br>0.00</td></tr>
</table>

5 A. Kayode Coker, Chemical Process Design, Analysis and Simulation, p. 155, Gulf Publishing Company, 1995.

| 구 분 | | Fitting 형태 | $K_1$ | $K_\infty$ |
|---|---|---|---|---|
| Valves | Gate ball, plug | Full line size, $\beta$=1.0 | 300 | 0.10 |
| | | Reduced trim, $\beta$=0.9 | 500 | 0.15 |
| | | Reduced trim, $\beta$=0.8 | 1000 | 0.25 |
| | Globe, standard | | 1500 | 4.00 |
| | Globe, angle or Y-type | | 1000 | 2.00 |
| | Diaphragm, dam type | | 1000 | 2.00 |
| | Butterfly | | 800 | 0.25 |
| | Check | Lift | 2000 | 10.00 |
| | | Swing | 1500 | 1.50 |
| | | Tilting-disk | 1000 | 0.50 |

### 파이프 수축 및 확장

파이프 크기가 달라지면 속도 헤드 역시 달라진다. 속도 헤드 $\dfrac{v^2}{2g_c}$는 흐름 단면적, 혹은 직경의 제곱에 반비례하고 K는 유속의 제곱에 반비례하므로

$$K_2 = K_1\left(\frac{D_2}{D_1}\right)^4$$

의 관계를 얻는다. 다음 표는 파이프 크기가 달라짐에 따라 K가 어떻게 변하는가를 보여주고 있다.

**표 4.5 파이프 크기변화에 따른 과잉 헤드손실 K의 추정**[6]

| Fitting 형태 | 유입부의 $N_{Re}$ | 유입부 속도헤드에 근거한 K |
|---|---|---|
| $D_1$, $D_2$, $N_{Re}$, Flow<br>Square reduction | $N_{Re} \leqq 2500$ | $K=\left[1.2+\dfrac{160}{N_{Re}}\right]\left[\left(\dfrac{D_1}{D_2}\right)^4-1\right]$ |
| | $N_{Re} > 2500$ | $K=(0.6+0.48f_D)\left(\dfrac{D_1}{D_2}\right)^2\left[\left(\dfrac{D_1}{D_2}\right)^2-1\right]$ |

6 A. Kayode Coker, Chemical Process Design, Analysis and Simulation, p. 157, Gulf Publishing Company, 1995.

| Fitting 형태 | 유입부의 $N_{Re}$ | 유입부 속도헤드에 근거한 K |
|---|---|---|
| D1, D2, $N_{Re}$, θ, Flow<br>Tapered reduction | All | Type 1의 K에 $45° < \theta < 180°$인 경우 $\sqrt{\sin(\theta/2)}$, $0° < \theta < 45°$인 경우 $1.6\sin(\theta/2)$를 곱한다. |
| D1, D2, $N_{Re}$, Flow<br>Thin, sharp orifice | $N_{Re} \leqq 2500$ | $K = \left[2.7 + \left(\frac{D_2}{D_1}\right)^2\left(\frac{120}{N_{Re}} - 1\right)\right]\left[1 - \left(\frac{D_2}{D_1}\right)^2\right]\left[\left(\frac{D_1}{D_2}\right)^4 - 1\right]$ |
| | $N_{Re} > 2500$ | $K = \left[2.7 - \left(\frac{D_2}{D_1}\right)^2\left(\frac{4000}{N_{Re}}\right)\right]\left[1 - \left(\frac{D_2}{D_1}\right)^2\right]\left[\left(\frac{D_1}{D_2}\right)^4 - 1\right]$ |
| D1, D2, $N_{Re}$, Flow<br>Square expansion | $N_{Re} \leqq 4000$ | $K = 2\left[1 - \left(\frac{D_1}{D_2}\right)^4\right]$ |
| | $N_{Re} > 4000$ | $K = (1 + 0.8f_D)\left[1 - \left(\frac{D_1}{D_2}\right)^2\right]^2$ |
| D1, D2, θ, Flow<br>Tapered expansion | All | $\theta > 45°$인 경우 Type 4의 K를 사용, 그렇지 않을 경우 Type 4의 K에 $2.6\sin(\theta/2)$를 곱한다. |

### 총괄 압력강하

정상상태 흐름의 경우 Bernoulli 식에 의하여

$$\int_{P_1}^{P_2} \frac{dP}{\rho} + \frac{V_2^2 - V_1^2}{2g_c} + \frac{g}{g_c}(Z_2 - Z_1) + \Delta H = \widehat{W}_s$$

를 얻는다.[7] 위에서

$$\Delta H = \sum_{수평관} \frac{v^2}{2g_c}\left(4f\frac{L}{D}\right) + \sum_{fitting, 밸브등} K\frac{v^2}{2g_c}$$

이며 $\widehat{W}_s$는 펌프에서 소요되는 동력이다.

7 R. Byron Bird, Warren E. Stewart and Edwin N. Lightfoot, Transport Phenomena, 2nd ed., p. 207, John Wiley & Sons, Inc., 2002.

공정 파이프의 설계에 있어서는 흔히 시행착오법이 이용된다. 먼저 파이프 크기를 정하고 Reynolds수를 계산한 다음 마찰인자와 저항계수를 구한다. 다음에 파이프 100 ft당의 압력강하 $\triangle P_{100}$를 계산한다. 단일상 유체의 물성치와 주어진 유량에 대하여 $\triangle P_{100}$는 다음 관계로부터 구할 수 있다:

층류 흐름 : $\triangle P_{100} = 0.0273 \dfrac{\mu Q}{d^4}$ (psi/100 ft)

난류 흐름 : $\triangle P_{100} = 0.0216\ f_D \dfrac{\rho Q^2}{d^5}$ (psi/100 ft)

위에서 d는 파이프의 내경(in), $\rho$는 유체의 밀도(lb/$ft^3$)이다. 질량유량이 주어진 경우에는 다음과 같이 $\triangle P_{100}$를 계산한다:

층류 흐름 : $\triangle P_{100} = 0.0034 \dfrac{\mu W}{d^4 \rho}$ (psi/100 ft)

난류 흐름 : $\triangle P_{100} = 0.000336 f_D \dfrac{W^2}{d^5 \rho}$ (psi/100 ft)

총괄 압력강하 $\triangle P$(psi)는 위에서 얻은 $\triangle P_{100}$에 두 지점 사이의 파이프 길이를 곱한 다음 파이프 높이항을 더하여 얻어진다.

$$\triangle P = \triangle P_{100} \cdot \frac{L_{total}}{100} + \frac{\rho \triangle z}{144} \quad \text{(psi)}$$

주어진 유량에 대하여 $\triangle P$가 파이프의 두 지점 사이에서 가능한 압력차이보다 작도록 파이프 크기를 정한다.

$\triangle P$와 질량유량 W가 주어진 경우 파이프의 직경 D는 다음 관계로부터 구할 수 있다.

$$D = \left[ \frac{2f(L+L_e)}{\rho \Delta P} \left( \frac{4W}{\pi} \right)^2 \right]^{1/5}$$

### 보기 10 펌프 소요동력[8]

펌프가 설치된 파이프를 통하여 그림에 보인 바와 같이 물이 위치 1로부터 위치 2로 이송되고 있다. 주어진 데이터를 이용하여 펌프 소요동력을 구하여라.

8 R. Byron Bird, Warren E. Stewart and Edwin N. Lightfoot, Transport Phenomena, 2nd ed., p. 207-208, John Wiley & Sons, Inc., 2002.

**데이터**: 밀도 $\rho = 62.4\ lb_m/ft^3$, 점도 $\mu = 1cp = 0.0006905\ lb_m/ft/s$, 튜브직경 D = 4 in, 유량 $Q = 12\ ft^3/\min = 0.2 ft^3/s$, K(급속수축) = 0.45, K(급속팽창) = 1, K(90도 엘보우) = 0.5, $\epsilon = 0.00005$, $g_c = 32.174\ lb_m ft/(lb_f s^2)$.

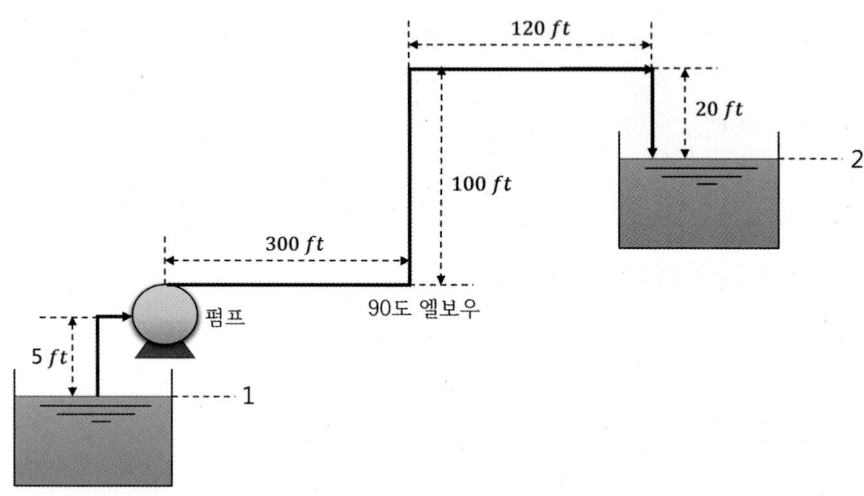


**그림 4.12 펌프를 이용한 물의 이송**

**풀이**

위치 1과 2에서 압력은 동일하며 유속 또한 같으므로

$$\widehat{W}_s = \frac{g}{g_c}(Z_2 - Z_1) + \Delta H,\ \Delta H = \sum_{수평관} \frac{v^2}{2g_c}\left(4f\frac{L}{D}\right) + \sum_{fitting,\, 밸브등} K\frac{v^2}{2g_c}$$

계산은 스크립트 powfun에 의해 수행된다.

```
% powfun.m
rho = 62.4; mu = 6.905e-4; D = 1/3; Q = 0.2; K = 0.45+3*0.5+1; gc = 32.174;
L = 5+300+100+120+20; eD = 5e-5;
v = 4*Q/(pi*D^2); m = Q*rho; Nre = D*v*rho/mu;  % Reynolds수
if Nre < 2100
   f = 16./Nre;
else  % Shacham 식
   den = 16*(log10(eD/3.7 - 5.02*log10(eD/3.7+14.5./Nre)./Nre)).^2;
   f = 1./den;
end
dH = (4*f*L/D + K)*v^2/(2*gc);
```

```
Ws = m*(dH + (105-20));
v,f,Ws
```

스크립트 powfun을 이용한 계산결과는 다음과 같다.

```
>> powfun
v =
    2.2918
f =
    0.0049
Ws =
   1.0968e+03
```

즉 $W_s = 1096.8\ ft \cdot lb_f/s$를 얻는다.

## 보기 11 파이프의 직경

증기를 응축시키는 관형 열교환기의 튜브 내를 냉각수가 흐르고 있다. 물의 유량은 0.36 kg/s 이며 허용 가능한 압력강하는 10 kPa이다. 주어진 데이터를 이용하여 튜브의 직경을 구하여라. 난류 영역에서의 마찰인자 f는 Shacham 식을 이용하여 계산한다.

**데이터**: 밀도 $\rho = 85.9\ kg/m^3$, 점도 $\mu = 4.4 \times 10^{-4}\ Ns/m^2$(kg/m/s), 튜브길이 L = 4 m, $\epsilon = 5 \times 10^{-6}\ m$, K = 0.3.

### 풀이

$v = \dfrac{4W}{\pi D^2 \rho}$ 로부터 Reynolds수를 구하고 이를 이용하여 마찰인자를 계산한다. 비선형방정식 $f(D) = D - \left[ \dfrac{2f(L+L_e)}{\rho \Delta P} \left( \dfrac{4W}{\pi} \right)^2 \right]^{1/5} = 0$으로부터 직경 D를 구한다. 여기에서 $L_e = \dfrac{KD}{4f}$ 로 주어진다. 계산은 함수 dwfun에 의해 수행된다.

```
function fD = dwfun(D,W,rho,mu,rf,dP,L,K)
eD = rf./D; % roughness factor
v = 4*W./(pi*rho*D.^2); % m/s
Nre = D.*v.*rho./mu; % Reynolds수
```

```
if Nre < 2100
    f = 16./Nre;
else  % Shacham 식
    den = 16*(log10(eD/3.7 - 5.02*log10(eD/3.7+14.5./Nre)./Nre)).^2;
    f = 1./den;
end
Le = K*D/(4*f);
fD = D - ((2*f*(L + Le))./(rho*dP) * (4*W/pi)^2).^0.2;
end
```

함수 dwfun을 이용한 계산결과는 다음과 같다.

```
>> W=0.36; rho=85.9; mu=4.4e-4; rf=5e-6; dP=1e4; L=4; K=0.3; D0=0.1;
>> D = fzero(@dwfun,D0,[],W,rho,mu,rf,dP,L,K)
D =
    0.0261
```

즉 D = 26.1 mm를 얻는다.

## 보기 12 파이프를 통한 흐름

그림은 6개의 90° LR(long radius) elbow와 2개의 tee(flow-through)가 있는 6-in (Schedule 40) 파이프 라인을 보인 것이다. 파이프의 실제 길이는 78 ft이며 유량은 75,000 lb/h, 유체의 점도는 1.25 cP, 밀도는 64.30 lb/$ft^3$, 파이프의 거침정도(roughness) $\epsilon = 0.00015$ ft이다. 파이프 fitting의 대등길이(equivalent length)와 파이프의 총 길이를 구하여라.

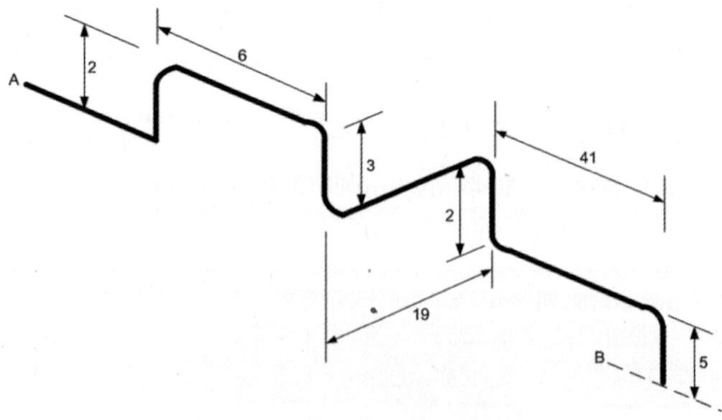


그림 4.13 파이프 라인

**풀이**

계산은 스크립트 파일 eqplen.m에 의해 수행된다. eqplen.m에서 cfdat는 긴 반경에 대한 $K_1$과 $K_\infty$ 값들을 나타낸다.

```
% eqplen.m: 파이프의 대등길이 및 실제길이 계산
cfdat = zeros(14,3); cfdat(2,1) = 6; cfdat(11,1) = 2;
cfdat(:,2) = 100*[10 8 5 3 5 10 15 10 8 15 1.5 1 1.6 0]';
cfdat(:,3) = 0.1*[3 2 1.5 1 1.5 2.5 40 20 2.5 15 0.5 0 5 10]';
g = 32.2; d = 6.065; D = d/12; pr = 1.5e-4; w = 75000; mu = 1.25; rho = 64.3;
Lst = 78; z = 12; Area = pi*D^2/4; Nre = 6.31*w/(d*mu);
v = 0.0509*w/(rho*d^2); Q = w/(8.02*rho);
if Nre <= 2100 % 층류
   f = 64/Nre;  % Darcy 마찰인자
else % 난류: Chen 식을 이용한 마찰인자 계산
   Av = pr/3.7/D + (6.7/Nre)^0.9;
   f = 4./(-4*log10(pr/D/3.7 - 5.02*log10(Av)/Nre)).^2;
end
Ksum = sum(cfdat(1:12,1).*cfdat(1:12,2));
Klsum = sum(cfdat(1:12,1).*cfdat(1:12,3));
Kt = Ksum/Nre + Klsum*(1 + 1/d);
Kee1 = sum(cfdat(13:14,1).*cfdat(13:14,2));
Kee2 = sum(cfdat(13:14,1).*cfdat(13:14,3));
K = Kee1/Nre + Kee2 + Kt;
Kt = Kt + K + f*Lst/D; Leq = K*D/f, L = Lst + Leq
if Nre <= 2100
   delP = 0.0034*mu*w/(d^4*rho);
else
   delP = 0.000336*f*w^2/(d^5*rho);
end
delPsi = delP*L/100 + z*rho/144;
delH = 0.000483*f*L*w^2/(d^5*rho^2) + z;
```

스크립트 파일 eqplen.m의 수행결과는 다음과 같다.

```
>> eqplen
Leq =
  38.3099
L =
 116.3099
```

즉 파이프의 대등길이($L_{eq}$)=38.31 ft, 파이프의 총 길이($L$)=116.31 ft이다.

## 파이프라인 네트워크

그림에 보인 파이프라인 네트워크에서 노드 i로부터 노드 j까지의 압력강하는

$$\Delta p_{ij} = \frac{32 f \rho \Delta L_{ij}}{\pi^2 D^5} q_{ij}^2$$

로 주어진다. 위에서 $q_{ij}$는 노드 i와 노드 j 사이의 부피유량이다. 모든 루프에 걸친 압력강하의 합은 0이어야 하므로

$$\sum \xi_{ij} \Delta p_{ij} = 0$$

를 얻는다. $\xi_{ij}$는 흐름의 방향을 나타낸다(루프 내에서 시계방향 흐름이면 +1, 시계 반대방향 흐름이면 -1).

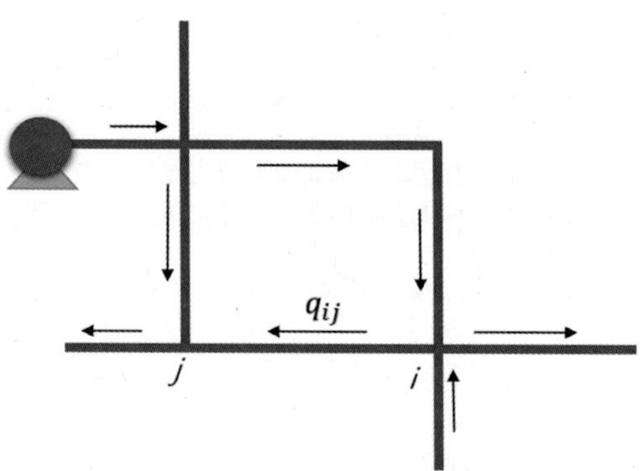


**그림 4.14 파이프 네트워크의 보기**

### 보기 13 파이프라인 네트워크를 통한 흐름[9]

그림에 보인 간단한 파이프라인 네트워크를 통하여 25℃에서 물이 흐르고 있다. 그림에서 $P_0 = 15$ bar(게이지 압력)이며 $P_5$는 대기압이다. 파이프의 내경은 0.154 m(6-inch 스케줄 40 파이프)이며 각 노드를 연결하는 파이프들의 상당길이는 각각 $L_{01} = 100\ m$, $L_{12} = L_{23} = L_{45} = 300\ m$, 그리고 $L_{13} = L_{24} = L_{34} = 1200\ m$이다. 각 파이프에서의 유량 $q_{ij}$와 노드 1, 2, 3, 4에서의 압력을 구하여라. 파이프의 거칠정도는 $\epsilon = 4.6 \times 10^{-5}\ m$이

9 Cutlip, M. B. and M. Shacham, Problem Solving in Chemical and Biochemical Engineering with POLYMATH, Excel, and MATLAB, $2^{nd}$ ed., p. 309, Prentice-Hall, 2008.

며 마찰인자 $f$는 Shacham 식을 이용하여 추정할 수 있다고 간주한다. 25℃ 에서 물의 점도는 $8.931 \times 10^{-4}\ kg/m/s$ 이다.

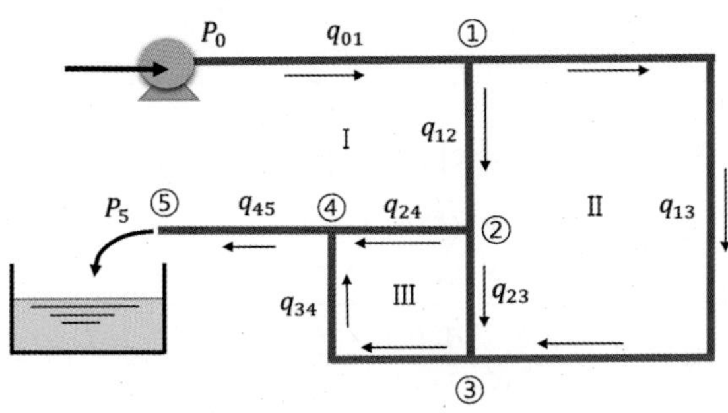


**그림 4.15 파이프라인 네트워크**

**풀이**

각 노드에 대한 물질수지는 다음과 같다.

노드 ①: $q_{01} - q_{12} - q_{13} = 0$, 노드 ②: $q_{12} - q_{23} - q_{24} = 0$,

노드 ③: $q_{13} + q_{23} - q_{34} = 0$, 노드 ④: $q_{24} + q_{34} - q_{45} = 0$

각 루프에 대한 물질수지는 다음과 같다.

루프 I: $\Delta p_{01} + \Delta p_{12} + \Delta p_{24} + \Delta p_{45} + \Delta p_{pump} = 0$

루프 II: $\Delta p_{13} - \Delta p_{12} - \Delta p_{23} = 0$, 루프 III: $\Delta p_{23} - \Delta p_{24} + \Delta p_{34} = 0$

위에서 $\Delta p_{pump} = 0 - 15 = -15$ bar$= -15 \times 10^5$ Pa이다. 위의 비선형방정식 시스템은 함수 pnetq.m으로 정의된다. 이 함수에서 $x_k$는 $q_{ij}$에 해당된다.

```
function fun = pnetq(x,D,rho,mu,dP0,L)
% x1=q01, x2=q12, x3=q13, x4=q23, x5=q24, x6=q34, x7=q45
% L1=L01, L2=L12, L3=L13, L4=L23, L5=L24, L6=L34, L7=L45

A = pi*D.^2/4; eD = 4.6e-5./D;
for k = 1:7
   Nre = D*x(k)*rho/mu/A; %  마찰인자 추정: Shacham 식
   f = 1./(log10(eD/3.7 - (5.02./Nre).*log10(eD/3.7+14.5/Nre))).^2 /16;
   dP(k) = 32*f*rho*L(k)*(x(k))^2/(pi^2*D^5);
end
fun = [x(1) - x(2) - x(3);
   x(2) - x(4) - x(5);
```

```
    x(3) + x(4) - x(6);
    x(5) + x(6) - x(7);
    dP(1) + dP(2) + dP(5) + dP(7) + dP0;
    -dP(2) + dP(3) - dP(4);
    dP(4) - dP(5) + dP(6)];
end
```

x의 초기값은 모두 0.1로 설정한다. 주어진 데이터에 따라 내장함수 fsolve를 이용한 비선형 방정식 시스템의 풀이결과는 다음과 같다.

```
>> L = 100*[1 3 12 3 12 12 3]; dP0 = -15e5; rho = 997.08; mu = 8.931e-4;
>> D = 0.154; x0 = 0.1*ones(1,7);
>> x = fsolve(@pnetq,x0,[],D,rho,mu,dP0,L)
x =
    0.1098    0.0730    0.0368    0.0177    0.0553    0.0545    0.1098
```

즉 $q_{01} = 0.1098, q_{12} = 0.073$, $q_{13} = 0.0368$, $q_{23} = 0.0177$, $q_{24} = 0.0553$, $q_{34} = 0.0545$, $q_{45} = 0.1098$ (단위: $m^3/s$) 임을 알 수 있다.

---

파이프 네트워크의 풀이를 위한 Lang-Miller 방법에서는 Churchill의 마찰인자 추론식을 이용하여 압력강하를 다음과 같이 나타낸다.[10]

$$\Delta P = cf\dot{m}^2, \ c = \frac{32L_i}{\rho D_i^5 \pi^2}$$

위에서 아래첨자 i는 네트워크 내의 루프를 나타내며 L과 D는 각각 해당루프 내의 파이프의 길이 및 직경을 나타낸다. Lang-Miller 방법에서는 마찰인자 f와 i번째 루프 내의 질량유량 사이에

$$f = a\dot{m}_i^{-b}$$

와 같은 관계가 존재한다고 가정한다. 이를 이용하면

$$\Delta P_i = cf\dot{m}^2 = ac\dot{m}_i^{2-b} = \phi\dot{m}_i^{2-b}$$

10 Raghu Raman, Chemical Process Computations, p. 231-232, Elsevier Applied Science Publishers, 1985.

임을 알 수 있다. 네트워크 내의 각 루프에 대하여

$$f=2\left[\left(\frac{8}{N_{Re}}\right)^{12}+\frac{1}{(A+B)^{1.5}}\right]^{1/12},\ A=(2.457\ln C)^{16},\ B=\left(\frac{37530}{N_{Re}}\right)^{16},$$

$$C=\left(\frac{7}{N_{Re}}\right)^{0.9}+0.27\frac{\epsilon}{D},$$

$$b=\frac{N_{Re}}{8}\left[\left(\frac{8}{N_{Re}}\right)^{13}+\frac{1}{(A+B)^{2.5}}\left(\frac{dA}{dN_{Re}}+\frac{dB}{dN_{Re}}\right)\right]\frac{1}{(f/2)^{12}},$$

$$\frac{dA}{dN_{Re}}=\frac{39.312}{C}(2.457\ln C)^{15}\frac{dC}{dN_{Re}},\ \frac{dB}{dN_{Re}}=-\frac{16B}{N_{Re}},$$

$$\frac{dC}{dN_{Re}}=-0.9\left(\frac{7}{N_{Re}}\right)^{0.9}\frac{1}{N_{Re}},\ a=f\dot{m}^{b}$$

로 주어진다. 이들을 이용하면 루프 수를 n이라고 할 때

$$\sum_i \xi_{ij}\phi_i\dot{m}_i^{2-b_i}=0 \qquad (j=1,2,\cdots,n)$$

을 얻는다.

### 보기 14 4-루프 네트워크[11]

그림에 보인 파이프라인 네트워크에서 각 루프에서의 질량유량을 구하여라. 파이프를 흐르는 유체의 밀도는 $881kg/m^3$, 점도는 $5\times10^{-4}Ns/m^2$, $\epsilon=5\times10^{-6}m$이고 네트워크로 유입되는 유량은 $\dot{m}_0=334$ kg/s이며 각 루프에서 파이프의 직경과 길이는 다음과 같다.

11 Raghu Raman, Chemical Process Computations, p. 234-235, Elsevier Applied Science Publishers, 1985.

**표 4.6 각 루프에서 파이프의 직경과 길이**

| 흐름(i) | 직경($D_i$, m) | 길이($L_i$, m) | 흐름(i) | 직경($D_i$, m) | 길이($L_i$, m) |
|---|---|---|---|---|---|
| 1 | 0.508 | 915 | 7 | 0.305 | 915 |
| 2 | 0.406 | 1220 | 8 | 0.406 | 1220 |
| 3 | 0.406 | 915 | 9 | 0.305 | 1220 |
| 4 | 0.610 | 1220 | 10 | 0.406 | 915 |
| 5 | 0.508 | 915 | 11 | 0.305 | 915 |
| 6 | 0.406 | 1220 | 12 | 0.305 | 1220 |

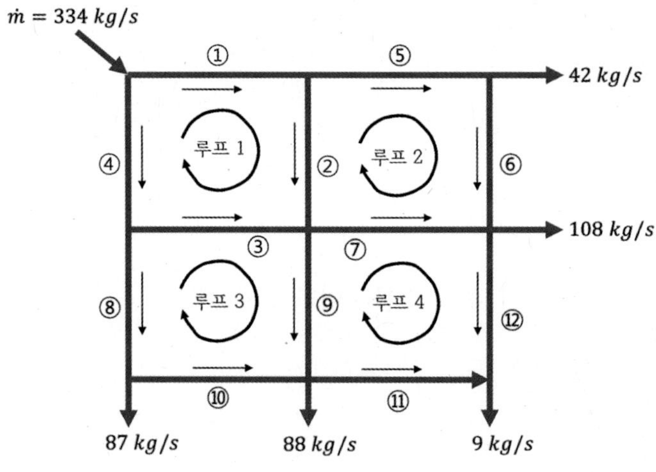


**그림 4.16 4-루프 네트워크**

## 풀이

먼저 각 교차점에서 유입유량과 유출유량은 동일하다는 관계를 이용하여 9개의 물질수지식들을 얻는다.

$$m_1 + m_4 - 334 = 0, \quad m_1 - m_2 - m_5 = 0, \quad m_3 - m_4 + m_8 = 0,$$
$$m_2 + m_3 - m_7 - m_9 = 0, \quad m_5 - m_6 - 42 = 0, \quad m_6 + m_7 - m_{12} - 108 = 0,$$
$$m_{11} + m_{12} - 9 = 0, \quad m_9 + m_{10} - m_{11} - 88 = 0, \quad m_8 - m_{10} - 87 = 0$$

각 루프에서의 압력강하의 합은 0인 관계를 이용하여 3개의 관계식을 얻는다.

$$\phi_1 m_1^{2-b_1} + \phi_2 m_2^{2-b_2} - \phi_3 m_3^{2-b_3} - \phi_4 m_4^{2-b_4} = 0$$

$$-\phi_2 m_2^{2-b_2} + \phi_5 m_5^{2-b_5} + \phi_6 m_6^{2-b_6} - \phi_7 m_7^{2-b_7} = 0$$

$$\phi_3 m_3^{2-b_3} - \phi_8 m_8^{2-b_8} + \phi_9 m_9^{2-b_9} - \phi_{10} m_{10}^{2-b_{10}} = 0$$

따라서 12개의 비선형방정식 시스템의 해를 구하는 문제가 된다. 비선형방정식 시스템은 함수 pipnet.m에 의해 정의된다.

```
function fm = pipnet(m,rho,mu,D,L,rf)
v = 4*m./(pi*D.^2*rho); Nre = D.*v*rho/mu;
C = (7./Nre).^0.9 + 0.27*rf./D;
A = (2.457*log(C)).^16;  B = (37530./Nre).^16;
f = 2*((8./Nre).^12 + 1./((A+B).^1.5)).^(1/12);
dC = -(0.9./Nre).*(7./Nre).^0.9;
dA = (39.312./C).*dC.*(2.457*log(C)).^15;
dB = -16*B./Nre;
b = (Nre/8)./((f/2).^12).*((8./Nre).^13 + (dA+dB)./((A+B).^2.5));
c = 32.*L./(rho*pi^2*D.^5);
a = f.*m.^b; phi = a.*c;

fm = [m(1) + m(4) - 334;
    m(1) - m(2) - m(5);
    m(3) - m(4) + m(8);
    m(2) + m(3) - m(7) - m(9);
    m(5) - m(6) - 42;
    m(6) + m(7) - m(12) - 108;
    m(11) + m(12) - 9;
    m(9) + m(10) - m(11) - 88;
    m(8) - m(10) - 87;
    phi(1)*m(1)^(2-b(1)) + phi(2)*m(2)^(2-b(2)) - phi(3)*m(3)^(2-b(3)) -
        phi(4)*m(4)^(2-b(4));
    -phi(2)*m(2)^(2-b(2)) + phi(5)*m(5)^(2-b(5)) + phi(6)*m(6)^(2-b(6)) -
        phi(7)*m(7)^(2-b(7));
    phi(3)*m(3)^(2-b(3)) - phi(8)*m(8)^(2-b(8)) + phi(9)*m(9)^(2-b(9)) -
       phi(10)*m(10)^(2-b(10))];
end
```

스크립트 파일 usepipnet.m은 데이터를 설정하고 함수 pipnet.m을 호출한 다음 내장함수 fsolve를 이용하여 해를 구한다.

```
% usepipnet.m
rho = 881; mu = 5e-4;
D = [0.508 0.406 0.406 0.610 0.508 0.406 0.305 0.406...
    0.305 0.406 0.305 0.305];
L = [915 1220 915 1220 915 1220 915 1220 1220 915 915 1220];
rf = 5e-6*ones(1,length(D)); m0 = 20*ones(1,length(D));
m = fsolve(@pipnet,m0,[],rho,mu,D,L,rf)
```

스크립트 파일 usepipnet.m의 수행결과는 다음과 같다.

```
>> usepipnet
Equation solved.
fsolve completed because the vector of function values is near zero
as measured by the default value of the function tolerance, and
the problem appears regular as measured by the gradient.
<stopping criteria details>
m =
  153.9096   36.6291   61.6614  180.0904  117.2805   75.2805   47.7119
  118.4290   50.5785   31.4290   -5.9925   14.9925
```

유량의 부호가 음인 경우는 흐름 방향이 그림에 표시된 방향과 반대임을 의미한다.

## 4.4 탱크를 통한 흐름

### 열린 탱크

그림에 보인 바와 같이 덮개가 없는 탱크를 통한 흐름에서 탱크의 단면적을 A라고 하면 시간에 따른 탱크 액위의 변화는

$$A\frac{dz}{dt} = F_1 - F_2$$

로 주어진다. 위에서

$$F_1 = C_{v1}\sqrt{P_1 - P_2}, \; F_2 = C_{v2}\sqrt{P_2 - P_3}, \; P_2 = P_0 + \rho g z$$

이다.

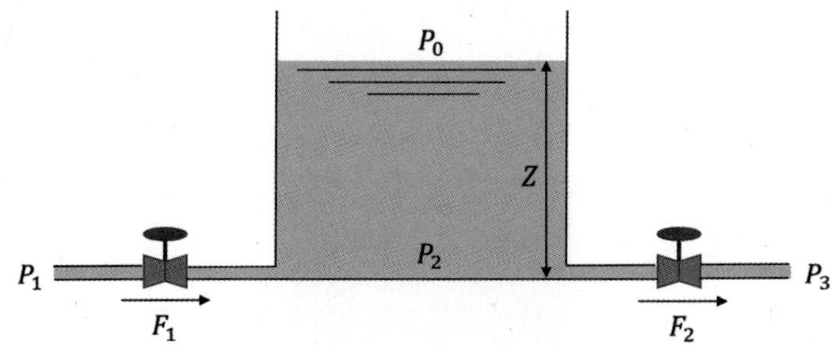


**그림 4.17 열린 탱크를 통한 흐름**

이제 무차원 변수와 파라미터를

$$z^* = \frac{z}{z_0},\ t^* = \frac{t}{\tau},\ F^* = \frac{F}{F_c},\ P^* = \frac{P}{P_{10}},\ \tau = \frac{Az_0}{F_c},\ F_c = C_{v1}\sqrt{P_{10} - P_{20}}$$

로 두면 $dz = z_0 dz^*$, $dt = \tau dt^*$, $F_i = F_c F^* (i = 1,2)$ 이므로 다음을 얻는다.

$$\frac{dz^*}{dt^*} = F_1^* - F_2^*,\ F_1^* = \sqrt{\frac{P_{10}}{P_{10} - P_{20}}}\sqrt{P_1^* - P_2^*},\ F_2^* = \left(\frac{C_{v2}}{C_{v1}}\right)\sqrt{\frac{P_{10}}{P_{10} - P_{20}}}\sqrt{P_2^* - P_3^*},$$

$$P_2^* = P_0^* + \left(\frac{\rho g z_0}{P_{10}}\right) z^*$$

## 닫힌 탱크

덮개가 설치된 탱크의 경우에는 상부 압력 $P_0$가 일정하지 않다. 덮개와 액체 표면 사이의 기체 부피와 온도를 각각 $V_G$ 및 $T_G$라고 하면 이상기체를 가정할 경우 상부 압력 $P_0 = P_G$는

$$P_G = \frac{nRT_G}{V_G}$$

로 주어진다. 단열조건이라고 가정하면 $c_V dT_G = -\frac{P_G}{m} dV_G$인 관계로부터

$$\frac{T_G}{T_{G0}} = \left(\frac{V_{G0}}{V_G}\right)^{R/(c_v M_w)}$$

를 얻는다. $M_w$는 기체(공기)의 분자량(즉 29)이다. 아울러 기체부분의 부피는

$$V_G = V_0 - Az$$

와 같다.

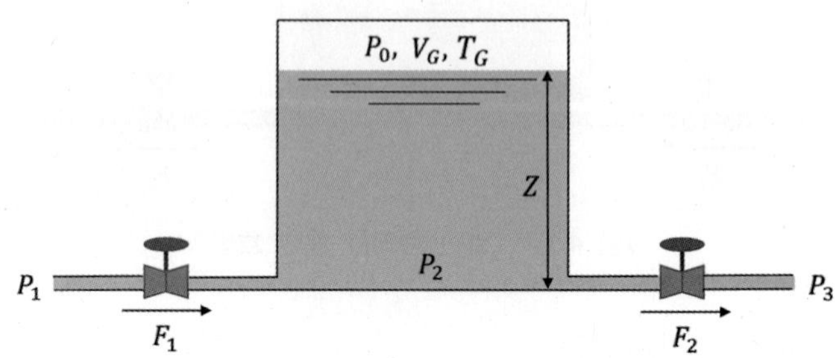


**그림 4.18 닫힌 탱크를 통한 흐름**

무차원 변수 및 파라미터들을

$$z^* = \frac{z}{z_0},\ t^* = \frac{t}{\tau},\ F^* = \frac{F}{F_c},\ P^* = \frac{P}{P_{10}},\ V_G^* = \frac{V_G}{V_{G0}},\ T_G^* = \frac{T_G}{T_{G0}},\ \tau = \frac{Az_0}{F_c},$$

$$F_c = C_{v1}\sqrt{P_{10} - P_{20}}$$

와 같이 정의하면 $dz = z_0 dz^*$, $dt = \tau dt^*$, $F_i = F_c F^*(i=1,2)$, $V_G = V_{G0} V_G^*$, $T_G = T_{G0} T_G^*$ 이므로 다음을 얻는다.

$$\frac{dz^*}{dt^*} = F_1^* - F_2^*,\ F_1^* = \sqrt{\frac{P_{10}}{P_{10} - P_{20}}}\sqrt{P_1^* - P_2^*},\ F_2^* = \left(\frac{C_{v2}}{C_{v1}}\right)\sqrt{\frac{P_{10}}{P_{10} - P_{20}}}\sqrt{P_2^* - P_3^*},$$

$$P_G^* = \left(\frac{P_{G0}}{P_{10}}\right)\frac{T_G^*}{V_G^*},\ P_2^* = P_G^* + \left(\frac{\rho g z_0}{P_{10}}\right)z^*,\ V_G^* = \frac{V_0}{V_{G0}} - \frac{Az_0}{V_{G0}}z^*,\quad T_G^* = \left(\frac{1}{V_G^*}\right)^{R/(c_v M_w)}$$

## 보기 15 닫힌 탱크를 통한 흐름[12]

덮개가 있는 탱크를 통한 흐름에서 $\rho = 1000\ kg/m^3$, $A = 0.465\ m^2$, $z_0 = 3.05\ m$ $g = 9.8\ m/s^2$, $P_{10} = P_1 = 1.38 \times 10^5\ N/m^2$, $P_{30} = P_3 = 1.08 \times 10^5\ N/m^2$, $P_0 = 1.014$

12 W. F. Ramirez, Computational Methods for Process Simulation, 2nd ed., p. 155-157, Butterworth Heinemann, 1997.

$\times 10^5\ N/m^2$, $V_0 = 2.83\ m^3$, $V_{G0} = 1.415\ m^3$, $T_{G0} = 338.6\ K$, $c_V = 0.2\ cal/g/K$, $R = 1.987\ cal/gmol/K$이며 기체는 공기로서 분자량은 29이다. $P_{G0} = 0.735\ P_{10}$라고 간주한다. 무차원 시간 $t^*(0 \le t^* \le 0.4)$에 따른 무차원 액위 $z^*$, 무차원 유량 $F_1^*$과 $F_2^*$, 그리고 무차원 압력 $P_2^*$를 그래프로 나타내어라.

**풀이**

미분방정식은 함수 cltank.m으로 정의된다. 스크립트 usecltank.m은 함수 cltank를 호출하여 해를 구하고 그래프를 작성한다.

```
cltank.m
function dz = cltank(t,z,k1,k2,k3,k4,k5,k6,P10,P1,P3)
P1s = P1/P10; P3s = P3/P10; Vg = k4 - z; Tg = (1/Vg)^k6;
Pg = k5*Tg/Vg; P2s = Pg + k3*z;
F1s = k1*sqrt(P1s - P2s); F2s = k2*sqrt(P2s - P3s);
dz = F1s - F2s;
end

usecltank.m
% usecltank.m
Cv1 = 1.2e-2; Cv2 = Cv1; P0 = 1.014e5; P10 = 1.38e5; P30 = 1.08e5;
P1 = P10; P3 = P30; z0 = 3.05; rho = 1e3; A = 0.465; g = 9.8;
cv = 0.2; R = 1.987; Mw = 29; V0 = 2.83; Vg0 = 1.415;
k1 = sqrt(P10/(P10-P20)); k2 = k1*Cv2/Cv1;
k3 = rho*g*z0/P10; k4 = V0/Vg0; k5 = 0.735; k6 = R/(cv*Mw);
tspan = [0 0.4]; z0 = 1;
[t z] = ode45(@cltank,tspan,z0,[],k1,k2,k3,k4,k5,k6,P10,P1,P3);
Vg = k4 - z; Tg = (1./Vg).^k6; Pg = k5*Tg./Vg;
P1s = P1/P10; P3s = P3/P10; P2s = Pg + k3*z;
F1s = k1*sqrt(P1s - P2s); F2s = k2*sqrt(P2s - P3s);
plot(t,z,t,F1s,'--',t,F2s,'.-',t,P2s,':')
legend('z','F_1','F_2','P_2'), xlabel('t(무차원)')
```

스크립트 usecltank.m의 수행결과는 다음과 같다.

```
>> usecltank
```

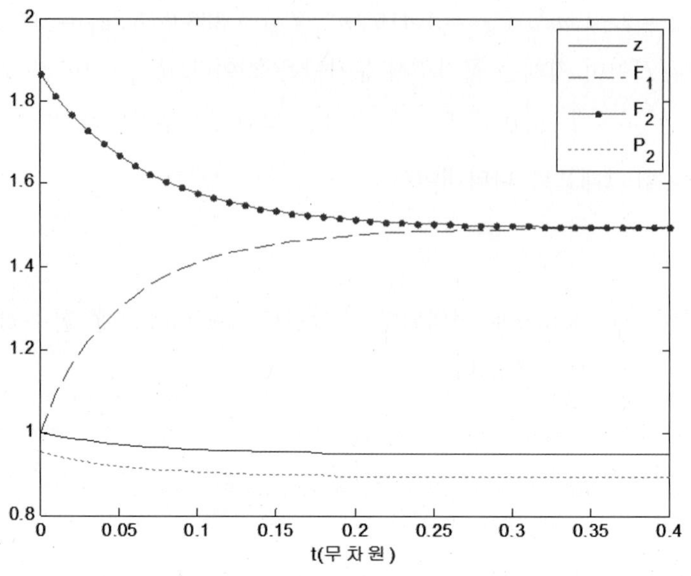


**그림 4.19 무차원 액위, 유량 및 압력**

# 4.5 비뉴턴 유체의 흐름

## 속도분포

멱급수 유체(power-law fluid)의 특성을 갖는 비뉴턴 유체흐름의 경우 전단응력(shear stress)은

$$\tau_{rx} = -k\left|\frac{dv_x}{dr}\right|^{n-1}\frac{dv_x}{dr}$$

로 나타낼 수 있다. 위에서 k는 파라미터($N \cdot s^n/m^2$)이며 n은 흐름 인덱스로서 $n=1$이면 뉴턴 유체 흐름이 된다. 수평관을 흐르는 비뉴턴 유체의 유속은

$$v_x = \frac{n}{n+1}\left(\frac{\Delta P}{2kL}\right)^{1/n} R^{(n+1)/n}\left[1-\left(\frac{r}{R}\right)^{(n+1)/n}\right]$$

로 주어진다. 이로부터 평균유속은 다음과 같이 얻어진다.

$$v_{x,avg}=\frac{1}{\pi R^2}\int_0^R 2\pi r v_x dr=\frac{n}{3n+1}\left(\frac{\Delta P}{2kL}\right)^{1/n}R^{(n+1)/n}$$

함수 nnhzpipe.m은 비뉴턴 유체의 수평관 층류흐름의 평균유속과 속도분포 그래프를 작성하고 $\tau_{rx}$를 계산하여 준다.

```
function [avgv taurx] = nnhzpipe(L,R,K,n,delP)
% 비뉴턴 유체의 수평관 흐름의 속도분포와 평균유속
% input
%   L: 파이프의 길이(m), R: 파이프의 반경(m), K: 파라미터(N*s^n/m^2)
%   n: 흐름 인덱스,  delP: 압력강하(Pa)
% output
%   avgv: 평균유속(m/s)

h = 2*R/100; r = [-R:h:R]; % h: step size
Rn = R.^((n+1)/n); Pn = (delP./(2*K*L)).^(1/n);
v = (1 - (abs(r)/R).^((n+1)/n)) .* Pn .* Rn * n/(n+1);
avgv = Rn .* Pn .* n/(3*n+1);
dvr = diff(v)/h; dvr = [dvr dvr(end)]; taurx = -K.*abs(dvr).^(n-1).*dvr;
figure(1), plot(v,r), grid, xlabel('v_x(r)'), ylabel('r'), axis tight
figure(2), plot(taurx,r), grid, xlabel('\tau_{rx}(r)'), ylabel('r'), axis
tight
end
```

## 보기 16 비뉴턴 유체의 수평관 흐름

길이 15 m, 내부반경 0.009 m인 수평관 내로 흐름 인덱스가 n = 2인 비뉴턴 유체가 흐르고 있다. 반경 r에 따른 속도분포와 전단응력 분포를 그래프로 나타내고 평균유속을 구하여라. 파라미터 $k=1.0\times10^{-6}\ N\cdot s^n/m^2$이며 수평관의 압력강하는 $\Delta P=110$ Pa이다.

**풀이**

함수 nnhzpipe.m을 이용한다.

```
>> L=15; R=0.009; K=1e-6; n=2; delP=110;
>> avgv = nnhzpipe(L,R,K,n,delP)
avgv =
   0.4671
```

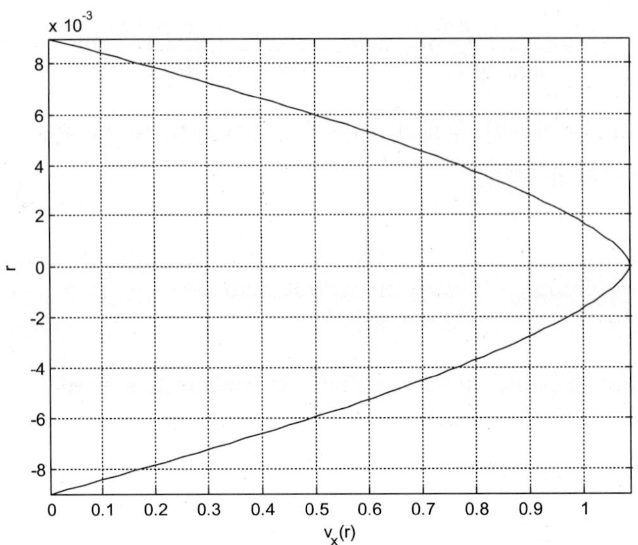


**그림 4.20 비뉴턴 유체의 수평관 흐름의 속도분포**

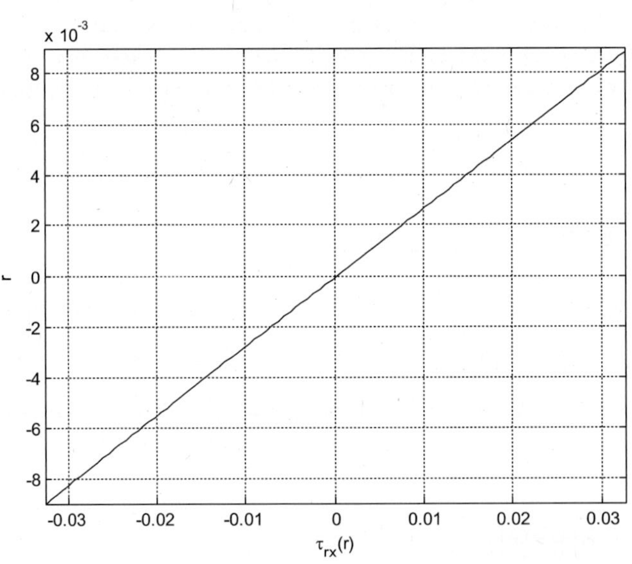


**그림 4.21 비뉴턴 유체의 수평관 흐름의 전단응력 분포**

## Reynolds수

파이프 내를 흐르는 Bingham 플라스틱 유체의 경우 유속을 u라고 하면

$$\tau_{rz} = \tau_y + \eta\left(-\frac{du}{dr}\right)$$

로 쓸 수 있다. Reynolds수는

$$N_{ReB} = \frac{Du\rho}{\eta}$$

로 정의된다. Hedstrom수를

$$N_{He} = \frac{\tau_y D^2 \rho}{\eta^2}$$

로 정의하면

$$N_{ReB} = \frac{N_{He}}{8\xi}\left(1 - \frac{4}{3}\xi + \frac{1}{3}\xi^4\right)$$

로 나타낼 수 있다. 위에서 $\xi = \dfrac{\tau_y}{\tau_w}$ 이다.

멱급수 유체(power-law fluid)의 경우에는

$$\tau_{rx} = -k\left|\frac{du}{dr}\right|^{n-1}\frac{du}{dr}$$

로 쓸 수 있다(멱급수 규칙). 이 경우 직경 D인 파이프 내를 u의 유속으로 흐르는 밀도 $\rho$인 비뉴턴 유체의 Reynolds수는

$$N_{Re} = \frac{D^n u^{2-n} \rho}{8^{n-1} k \left(\dfrac{3n+1}{4n}\right)^n}$$

로 주어진다. 일반화된 Reynolds수는

$$N_{Reg} = \frac{D^{n'} u^{2-n'} \rho}{8^{n'-1} k'}$$

로 나타낼 수 있다. Bingham 플라스틱 유체의 경우

$$n' = \frac{\xi^4 - 4\xi + 3}{3(1-\xi^4)}, \quad k' = \frac{\tau_y}{\xi}\left[\frac{3\eta\xi}{\tau_y(\xi^4 - 4\xi + 3)}\right]^{n'}$$

와 같이 정의되며 멱급수 유체(power-law fluid)의 경우에는

$$n' = n, \quad k' = k\left(\frac{3n+1}{4n}\right)^n$$

과 같다.

## 마찰인자

파이프 내를 흐르는 Bingham 플라스틱 유체의 경우 층류 영역에서는

$$\frac{1}{N_{ReB}} = \frac{f}{16} - \frac{1}{6}\frac{N_{He}}{N_{ReB}^2} + \frac{1}{3}\frac{N_{He}^4}{f^3 N_{ReB}^8}$$

의 관계가 존재한다. 난류 영역에서는

$$\frac{1}{\sqrt{f}} = 4\log\left(N_{ReB}\phi(\xi)\sqrt{f}\right) - 0.4$$

로 주어진다.[13] 위에서

$$\phi(\xi) = (1-\xi)\left(1 - \frac{4}{3}\xi + \frac{1}{3}\xi^4\right)$$

로 정의되며 $\xi = \frac{\tau_y}{\tau_w}$는 방정식

$$N_{ReB} - \frac{N_{He}}{8\xi}\left(1 - \frac{4}{3}\xi + \frac{1}{3}\xi^4\right) = 0$$

의 해로부터 얻을 수 있다.

멱급수 유체(power-law fluid)의 경우 층류 영역에서는 마찰인자는 뉴턴 유체에서와 마찬가지로 $f = 16/N_{Re}$로 주어지며 난류 영역에서는

$$\frac{1}{\sqrt{f}} = \frac{4}{n^{0.75}}\log\left(N_{Re}f^{1-n/2}\right) - \frac{0.4}{n^{1.2}}$$

13 Raghu Raman, Chemical Process Computations, p. 225, Elsevier Applied Science Publishers, 1985.

로 나타낼 수 있다.[14]

일반화된 Reynolds수 $N_{Reg}$를 이용하는 경우 층류영역과 난류 영역에서의 마찰인자는 각각

$$f = \frac{16}{N_{Reg}} \quad (N_{Reg} \le 2100)$$

$$\frac{1}{\sqrt{f}} = \frac{4}{n'^{0.75}} \log\left(N_{Reg} f^{1-n'/2}\right) - \frac{0.4}{n'^{1.2}}$$

로 주어진다.

## 보기 17 비뉴턴 유체 파이프의 직경

주어진 데이터를 이용하여 멱급수 유체(power-law fluid)가 수평 파이프를 흐르기 위해 소요되는 파이프 직경을 구하여라.[15]

**데이터**: 밀도 $\rho = 961\ kg/m^3$, 질량유량 $\dot{m} = 6.67\ kg/s$, 파이프 길이 L = 10 m, 파이프 거칠정도 $\epsilon = 5 \times 10^{-6}\ m$, 압력강하 $\Delta P = 15\ kPa$, K = 1.8, n = 0.64, k = 1.48 $Ns^{2-n} m^{-2}$.

**풀이**

Reynolds수와 마찰인자를 구한 다음 비선형방정식

$$f(D) = D - \left[ \frac{2f(L + L_e)}{\rho \Delta P} \left( \frac{4W}{\pi} \right)^2 \right]^{1/5} = 0$$

으로부터 직경 D를 구한다. 여기에서 $L_e = \dfrac{KD}{4f}$로 주어진다. 계산은 함수 nnDfun.m에 의해 수행된다.

```
function fD = nnDfun(D,W,rho,dP,rf,L,k,n,K)
eD = rf./D; % roughness factor
```

14 Raghu Raman, Chemical Process Computations, p. 226, Elsevier Applied Science Publishers, 1985.

15 Raghu Raman, Chemical Process Computations, p. 229-230, Elsevier Applied Science Publishers, 1985.

```
v = 4*W./(pi*rho*D.^2);  % m/s
Nre = D^n*v^(2-n)*rho/(8^(n-1)*k*((3*n+1)/(4*n))^n); % Reynolds수
if Nre < 2100
   f = 16/Nre;
else
   f0 = 16/Nre;
   fe = @(x) 4*log10(Nre*x^(1-n/2))/n^0.75 - 0.4*n^(-1.2) - 1/sqrt(x);
   f = fzero(fe,f0);
end
Le = K*D/(4*f);
fD = D - ((2*f*(L + Le))./(rho*dP) * (4*W/pi)^2).^0.2;
end
```

함수 nnDfun.m의 수행결과는 다음과 같다. D의 초기 가정값으로 0.1을 사용한다.

```
>> W=6.67; rho=961; dP=1.5e4; rf=5e-6; L=10; k=1.48; n=0.64; K=1.8;
>> D0 = 0.1; D = fzero(@nnDfun,D0,[],W,rho,dP,rf,L,k,n,K)
D =
   0.0888
```

즉 D = 0.0888 m를 얻는다.

## 4.6 압축성 유체

### 임계 흐름과 Mach 수

유입부의 압력이 주어졌을 때 파이프 내를 흐르는 압축성 유체(기체 및 증기)의 유속은 유출부의 압력을 저하시킴에 따라 어떤 최대값에 이르게 된다. 압축성 유체가 도달할 수 있는 최대 속도는 sonic 속도 $V_s$라 하며 다음과 같이 표현된다:

$$V_s = 223\sqrt{\frac{kT}{M_w}} = 68.1\sqrt{\frac{kP_1}{\rho_1}} \quad (\text{ft/s})$$

위에서 하첨자 1은 유입부를 의미한다. Sonic 속도에서 압력은 임계압력 $P_c$에 이르는데 $P_c$가 유출부 압력 $P_2$보다 작으면 아임계 흐름이고 $P_2$보다 크면 임계 흐름이다. 임계압력은

다음과 같은 Crocker 식에 의해 구할 수 있다:

$$P_c = \frac{G}{11400d^2}\sqrt{\frac{RT}{k(k+1)}} \qquad \text{(psia)}$$

위에서 R은 몰 기체상수로서 $R = \frac{1544S_g}{29}$ 이고 비중 $S_g$는 $S_g = \frac{(\text{기체의 분자량})}{(\text{공기의 분자량})}$ 으로 정의된다. 유입부의 유속은 $V = \frac{0.0509G}{d^2\rho_1}$ (ft/s)로 계산된다. 안정한 운전을 위해서 V는 보통 $V \leq 0.6V_s$로 유지한다. 다음 표는 압축성 유체공정 탄소강 파이프의 설계 기준을 정리한 것이다.

**표 4.7 탄소강 증기 라인의 권장유속 및 최대 $\triangle P$**[16]

| 구 분 | | 권장유속, ft/s | 최대$\triangle P$, psi/100ft |
|---|---|---|---|
| 유체압력, psig | Subatmospheric | | 0.18 |
| | 0 < P ≤ 50 | | 0.15 |
| | 50 < P ≤ 150 | | 0.30 |
| | 150 < P ≤ 200 | | 0.35 |
| | 200 < P ≤ 500 | | 1.0 |
| | P > 500 | | 2.0 |
| Tower overhead, psia | P > 50 | 40~50 | 0.2~0.5 |
| | 대기압 | 60~100 | |
| | 진공(P < 10) | | 0.05~0.1 |
| Compressor | 흡입부 | 75~200 | 0.5 |
| | 배출부 | 100~250 | 1.0 |
| | 가스라인(battery limit) | | 0.5 |
| | 냉매 흡입라인 | 15~35 | |
| | 냉매 배출라인 | 35~60 | |
| Steam 라인 | 포화 | 200 | |
| | 과열 | 250 | |
| | 증기압(psig) 0~50 | 167 | 0.25 |
| | 증기압(psig) 50~150 | 117 | 0.40 |
| | 증기압(psig) 150~300 | | 1.0 |
| | 증기압(psig) > 300 | | 1.5 |

16 A. Kayode Coker, Chemical Process Design, Analysis and Simulation, p. 164, Gulf Publishing Company, 1995.

| 구 분 | | 권장유속, ft/s | 최대$\triangle P$, psi/100ft |
|---|---|---|---|
| 고압steam라인 | short (L < 600 ft) | | 1.0 |
| | Long (L > 600 ft) | | 0.5 |
| 증기배출부 | 배출 steam라인 | | 0.5 |
| | P > 대기압 | | 0.5 |
| | 배출 header 부분 | | 1.5 |
| Relief valve | discharge | $0.5\,V_s$ | |
| | entry point at silencer | $V_s$ | |

Mach 수 M은 어떤 기체의 유속을 그 기체중의 음속으로 나눈 값으로서 $M = \dfrac{V}{V_s}$와 같이 정의된다. 압축성 등온 유체의 유출 Mach수는 1이 아니고 $\dfrac{1}{\sqrt{k}}$인 것으로 알려져 있다. 여기에서 k는 유체의 정적비열에 대한 정압비열의 비(즉 $k = \dfrac{C_p}{C_v}$)이다. 유체의 흐름은 M$<\dfrac{1}{\sqrt{k}}$: 아음속, M$=\dfrac{1}{\sqrt{k}}$: 음속, M$>\dfrac{1}{\sqrt{k}}$: 초음속으로 구분한다. 다음 표에 몇 가지 기체들에 대한 k 값들을 정리하였다.

**표 4.8 몇 가지 기체들의 k 추정값**

| 기체 | 분자량 | $k = \dfrac{C_p}{C_v}$ | 기체 | 분자량 | $k = \dfrac{C_p}{C_v}$ |
|---|---|---|---|---|---|
| 아세틸렌 | 26.0 | 1.30 | 수소 | 2.0 | 1.41 |
| 공기 | 29.0 | 1.40 | 메탄 | 16.0 | 1.32 |
| 암모니아 | 17.0 | 1.32 | 염화메틸 | 50.5 | 1.20 |
| 아르곤 | 39.9 | 1.67 | 천연가스 | 19.5 | 1.27 |
| 부탄 | 58.1 | 1.11 | 일산화질소 | 30.0 | 1.40 |
| 이산화탄소 | 44.0 | 1.30 | 질소 | 28.0 | 1.41 |
| 일산화탄소 | 28.0 | 1.40 | 이산화질소 | 44.0 | 1.31 |
| 염소 | 70.9 | 1.33 | 산소 | 32.0 | 1.40 |
| 에탄 | 30.0 | 1.22 | 프로판 | 44.1 | 1.15 |
| 에틸렌 | 28.0 | 1.22 | 프로필렌 | 42.1 | 1.14 |
| 헬륨 | 4.0 | 1.66 | 이산화황 | 64.1 | 1.26 |
| 염화수소 | 36.5 | 1.41 | | | |

## 압축성 등온흐름 모델

압축성 등온흐름에 대한 최대 유량과 압력강하를 계산하기 위한 모델은 보통 다음과 같은 가정을 바탕으로 한다:

1) 유체는 등온 압축성이다.
2) 시스템에 의한 기계적 일은 없다.
3) 기체는 이상기체이다.
4) 마찰인자는 파이프 구간에 걸쳐 일정하다.
5) 정상상태 흐름이 유지된다.

다음 그림은 유체 에너지의 분포를 보여주고 있다. 펌프에 의하여 일이 가해지며 열이 시스템으로 유입된다.

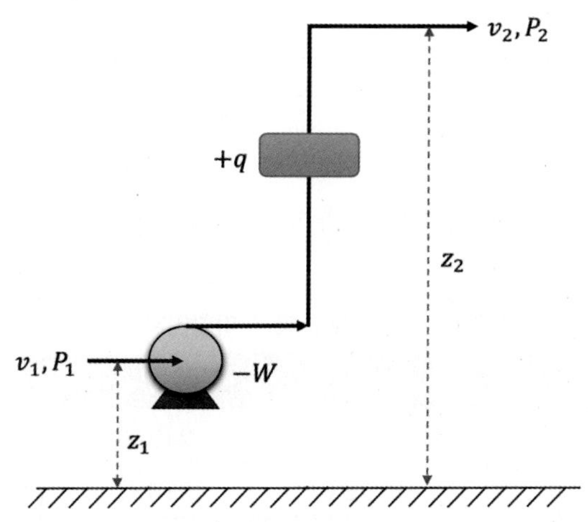


그림 4.22 파이프를 통한 압축성 유체의 흐름

정상상태 흐름의 경우 Bernoulli 식에 의하여

$$\int_1^2 \frac{dP}{\rho} + \frac{V^2}{2g_c\alpha} + \frac{g}{g_c}\triangle Z + h_L + \delta W_s = 0$$

위에서 난류, 혹은 plug 흐름의 경우 $\alpha = 1$이다. 위의 시스템에서 축일이 없을 때에는 $\delta W_s = 0$, 수평 파이프라면 $Z_2 = Z_1$, 속도 헤드는 $h_L = K\frac{V^2}{2g_c}$, 그리고 질량유속은 $G = \rho VA$로서 일정하다. 위의 관계들을 이용하면 앞의 Bernoulli 식으로부터 파이프를 통

하는 최대 유량은

$$G = 1335.6d^2 \sqrt{\left(\frac{\rho_1}{K_{total} + 2\ \ln\frac{P_1}{P_2}}\right)\left(\frac{P_1^2 - P_2^2}{P_1}\right)} \quad \text{(lb/h)}$$

위에서 $K_{total}$은 마찰, fitting, 밸브 등에 의한 총 속도 헤드로서

$$K_{total} = f_D \frac{L}{D} + \sum K_f$$

로 주어진다. 가속에 의한 압력강하가 마찰에 의한 압력강하에 비하여 상대적으로 작다면 $\ln\frac{P_1}{P_2}$는 무시할 수 있다. 이 경우 앞의 유량식으로부터 압력강하 $\Delta P$는 다음과 같이 주어진다.

$$\Delta P \cong P_1 - \sqrt{P_1^2 - \frac{P_1 G^2 K_{total}}{\rho_1 (1335.6d^2)^2}} \quad \text{(psi)}$$

다음 표는 완전한 난류에서 상용 강철관의 크기에 따른 마찰인자를 보인 것이다.

**표 4.9 완전한 난류에 대한 상용 강철관의 크기에 따른 마찰인자**

| 크기 (in) | 마찰인자 (f) | 크기 (in) | 마찰인자 (f) |
|---|---|---|---|
| 1 | 0.023 | 10 | 0.0136 |
| 1.5 | 0.0205 | 12 | 0.0132 |
| 2 | 0.0195 | 14 | 0.0125 |
| 3 | 0.0178 | 16 | 0.0122 |
| 4 | 0.0165 | 18 | 0.12 |
| 5 | 0.016 | 20 | 0.0118 |
| 6 | 0.0152 | 24 | 0.0116 |
| 8 | 0.0142 | | |

## 보기 18 압축성 유체의 흐름[17]

열교환기 튜브를 흐르는 천연가스의 최대 유량을 구하여라.

**Data** :

튜브 = 3/4 in, Schedule 160, 내경 d = 0.614 in, 길이 = 20 ft,

마찰인자 = 0.026, 압축인자 Z = 0.9, 가스온도 = 100°F, 분자량 = 19.5,

튜브내 압력($P_1$) = 1110 psig, shell side relief 밸브 set 압력($P_2$) = 400 psig,

비열비 k = 1.27, 점도 = 0.012 cP, fitting 및 밸브에 의한 저항계수 K = 2.026.

**풀이**

계산 순서는 다음과 같다.

1) 단면적 A와 밀도 $\rho$를 계산.

2) $K_{total} = f_D \frac{L}{D} + \sum K_f$ (여기에서 $\sum K_f = K$)를 계산.

3) $G = 1335.6d^2 \sqrt{\left(\frac{\rho_1}{K_{total} + 2\ \ln \frac{P_1}{P_2}}\right)\left(\frac{P_1^2 - P_2^2}{P_1}\right)}$ 를 계산.

4) $N_{Re} = \frac{6.31G}{\mu D}$, $V = \frac{0.0509G}{d^2 \rho_1}$, $V_s = 223\sqrt{\frac{kT}{M_w}} = 68.1\sqrt{\frac{kP_1}{\rho_1}}$ 를 계산.

5) $M = \frac{V}{V_s}$, $R = \frac{1544S_g}{29}$, $P_c = \frac{G}{11400d^2}\sqrt{\frac{RT}{k(k+1)}}$ 를 계산.

위 과정은 스크립트 파일 compflow.m에 의해 수행된다.

```
% compflow.m: 압축성 유체흐름 계산
d = 0.614; Lst = 20; f = 0.026; K = 2.026; Z = 0.9; T = 100; Mw = 19.5;
P1 = 1124.7; P2 = 414.7; k = 1.27; mu = 0.012;
T = T+460; % T(R)
D = d/12; Area = pi*D^2/4; % 파이프 단면적(ft^2)
rho = P1*Mw/(10.72*Z*T); % 밀도(lb/ft^3)
delP = P1 - P2; Kp = f*Lst/D; Kt = K + Kp; %Ktotal
G = 1335.6*d^2 * sqrt(rho*(P1^2 - P2^2)/(Kt + 2*log(P1/P2))/P1);
Nre = 6.31*G/(D*mu); Vg = 0.0509*G/(rho*d^2);
```

17 A. Kayode Coker, Chemical Process Design, Analysis and Simulation, p.198, Gulf Publishing Company, 1995.

```
Vs = 223*sqrt(k*T/Mw); Mach = Vg/Vs; Sg = Mw/29; R = 1544/(29*Sg);
Pc = (G/(11400*d^2))*sqrt(R*T/(k*(k+1)));
G, Vg, Mach, Pc
```

스크립트 파일 compflow.m의 수행결과는 다음과 같다.

```
>> compflow
G =
   8.3969e+03
Vg =
  279.2890
Mach =
    0.2074
Pc =
  242.3052
```

즉 최대유량 = 8396.9 lb/h, 유속 = 279.289 ft/sec, 유입부에서의 Mach 수 = 0.2074이며 따라서 흐름은 아음속이다.

## 4.7 2상(Two phase) 흐름

### 흐름의 유형

2상 흐름의 영역은 stratified, wavy, annular, plug, slug, bubble or froth, spray or mist로 분류할 수 있다. 흐름영역의 구분은 Baker 다이어그램을 이용하는데 Baker 다이어그램에서는 2상 시스템의 특성과 물성치들로부터 다음과 같은 Baker 파라미터 $B_x$와 $B_y$를 정함으로써 해당 영역을 파악할 수 있다.

$$B_x = 531\left(\frac{W_L}{W_G}\right)\left(\frac{\sqrt{\rho_L\rho_G}}{\rho_L^{2/3}}\right)\left(\frac{\mu_L^{1/3}}{\sigma_L}\right)$$

$$B_y = 2.16\left(\frac{W_G}{A}\right)\frac{1}{\sqrt{\rho_L\rho_G}}$$

앞에서 $W_L$과 $W_G$는 각각 액상 및 기상유량(lb/h)이다. 다음 표는 수평 파이프를 흐르는 기상 및 액상의 흐름 유형에 따른 유속의 특징을 정리한 것이며 아래 그림은 흐름영역간의 경계를 보인 것이다.

**표 4.10 2상 흐름 영역의 유속의 특성**

| 흐름영역 | 액상 유속, ft/s | 기상 유속, ft/s |
|---|---|---|
| Bubble or Froth | 5~15 | 0.5~2 |
| Plug | 2 | $< 4$ |
| Stratified | $< 0.5$ | 0.5~10 |
| Wave | $< 1.0$ | $> 15$ |
| Slug | 15 | 3~50 |
| Annular | $< 0.5$ | $> 20$ |
| Dispersed, Spray or Mist | 기상 유속과 비슷 | $> 200$ |

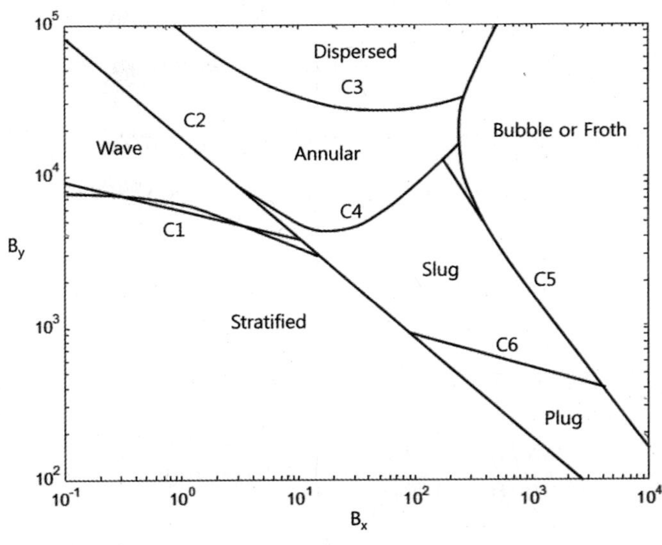


**그림 4.23 2상 흐름 영역의 경계**[18]

그림에 보인 각 흐름영역의 경계를 나타내는 식은 다음과 같다:

$C_1: \ \ln B_y = 9.774459 - 0.6548(\ln B_x)$

18 A. Kayode Coker, Chemical Process Design, Analysis and Simulation, p.172, Gulf Publishing Company, 1995.

$C_2$ : $\ln B_y = 8.67964 - 0.1901(\ln B_x)$

$C_3$ : $\ln B_y = 11.3976 - 0.6084(\ln B_x) + 0.0779(\ln B_x)^2$

$C_4$ : $\ln B_y = 10.7448 - 1.6265(\ln B_x) + 0.2839(\ln B_x)^2$

$C_5$ : $\ln B_y = 14.569802 - 1.0173(\ln B_x)$

$C_6$ : $\ln B_y = 7.8206 - 0.2189(\ln B_x)$

2상흐름 영역의 Baker 파라미터 $B_y$는 함수 twophreg.m에 의해 계산된다. 이 함수는 주어진 $B_x$에 따른 $B_y$를 계산한다. $B_x$는 벡터로 주어질 수 있다.

```
function By = twophreg(Bx)
% 2-phase 흐름영역 계산
% Bx, By: Baker 파라미터

By = [];
C1 = exp(9.774459 - 0.6548*log(Bx));
C2 = exp(8.67964 - 0.1901*log(Bx));
C3 = exp(11.3976 - 0.6084*log(Bx) + 0.0779*log(Bx).^2);
C4 = exp(10.7448 - 1.6265*log(Bx) + 0.2839*log(Bx).^2);
C5 = exp(14.569802 - 1.0173*log(Bx));
C6 = exp(7.8206 - 0.2189*log(Bx));
By = [C1' C2' C3' C4' C5' C6'];
```

## 압력강하

수평 파이프에서 2상 혼합물 흐름의 압력강하 $\Delta P_T$는 다음과 같이 주어진다:

$$\frac{\Delta P_T}{100ft} = \frac{\Delta P_G}{100ft} \cdot Y_G \quad (\text{psi/100ft})$$

위에서 $\Delta P_G$/100ft는 파이프 내에 기체상만 흐를 때의 압력강하(psi/100ft)이며 $Y_G$는 2상 흐름 modulus이다. $Y_G$는 다음과 같이 정의되는 Lockhart-Martinelli 2상 흐름 modulus X의 함수이다.

$$X = \sqrt{\frac{\Delta P_L}{\Delta P_G}}, \quad Y_G = f(X)$$

앞에서 $\triangle P_L/100\text{ft}$는 파이프 내에 액체상만 흐를 때의 압력강하(psi)이다. 여러 흐름영역에서 $Y_G$는 다음과 같이 정하여진다.

**표 4.11 2상 흐름영역의 $Y_G$**[19]

| 흐름영역 | $Y_G$ |
|---|---|
| Bubble/froth | $Y_G=\left[\dfrac{14.2X^{0.75}}{(W_L/A)^{0.1}}\right]^2$ |
| Plug | $Y_G=\left[\dfrac{27.315X^{0.855}}{(W_L/A)^{0.17}}\right]^2$ |
| Stratified | $Y_G=\left[\dfrac{15,400X}{(W_L/A)^{0.8}}\right]^2$ |
| Slug | $Y_G=\left[\dfrac{1190X^{0.815}}{\sqrt{W_L/A}}\right]^2$ |
| Annular | $Y_G=(aX^b)^2,\quad a=4.8-0.3125d, b=0.343-0.021d$<br>d = 파이프 내경(in) (d > 12이면 d = 10) |
| Dispersed/Spray | $Y_G=\left[\exp\left(C_0+C_1(\ln X)+C_2(\ln X)^2+C_3(\ln X)^3\right)\right]^2$<br>$C_0=1.4659,\ C_1=0.49138,\ C_2=0.04887,\ C_3=-0.000349$ |

Wave flow의 경우 2상 압력손실을 정하기 위하여 Huntington 마찰인자가 이용된다.

$$H_x=\left(\frac{W_L}{W_G}\right)\left(\frac{\mu_L}{\mu_G}\right)$$

$$\ln F_H=0.2111\ln(H_x)-3.993$$

$$\frac{\triangle P_T}{100ft}=\frac{0.000366F_H W_G^2}{d^5\rho_G}$$

위에서 $W_L$과 $W_G$는 각각 액체와 기체의 유량(lb/h), $F_H$는 Huntington 마찰인자, $A$는

19 A. Kayode Coker, Chemical Process Design, Analysis and Simulation, p.177-178, Gulf Publishing Company, 1995.

파이프의 내부 단면적($ft^2$), $\rho_G$는 기체의 밀도($lb/ft^3$), $\mu_L$과 $\mu_G$는 각각 액체와 기체의 점도(cP)이다.

수평 파이프를 흐르는 액체나 기체의 압력강하는 다음과 같이 나타낼 수 있다:

$$\frac{\Delta P_T}{100ft} = \frac{0.000366 f_D W_x^2}{d^5 \rho_G} \quad \text{(psi/100ft)}$$

위에서 $W_x$는 액체, 혹은 기체의 유량(lb/h)이다. 이로부터 파이프와 fitting의 총 길이 L에 대한 2상 흐름의 총괄 압력강하는

$$\Delta P_{T_{overall}} = \frac{0.000366 \cdot f_D \cdot W_G^2 \cdot Y_G \cdot L}{100 d^5 \rho_G} \quad \text{(psi)}$$

로 주어진다. 2상 유체의 유속은 다음과 같다:

$$V = \frac{0.0509}{d^2}\left(\frac{W_G}{\rho_G} + \frac{W_L}{\rho_L}\right)$$

## 부식 및 침식

2상 흐름에서 유속이 너무 높으면 부식이나 침식이 일어난다. 속도에 근거한 어떤 지수가 부식이나 침식이 일어나지 않기 위한 혼합유체의 밀도와 속도범위를 정하는 데에 이용될 수 있다. 이 지수는

$$\rho_M U_M^2 \leq 10{,}000$$

와 같다. 위에서 기체와 액체의 혼합물의 밀도 $\rho_M$과 혼합물의 유속 $U_M$은 각각

$$\rho_M = \frac{W_L + W_G}{\left(\dfrac{W_L}{\rho_L} + \dfrac{W_G}{\rho_G}\right)}, \quad U_M = U_G + U_L = \frac{1}{3600A}\left(\frac{W_G}{\rho_G} + \frac{W_L}{\rho_L}\right)$$

이다. $U_L$과 $U_G$는 각각 액체와 기체의 유속(ft/s)이다.

## 보기 19 2상 흐름에서의 압력강하[20]

5마일(26,400 ft) 길이의 6-in Schedule 40(내경 = 6.065 in) 파이프 내를 110°F 에서 5,000 bpd (77,956 lb/h)의 식염수($\gamma_w$=1.07)와 비중 0.65인 기체 6 mmscfd(12,434 lb/h)가 흐르고 있다. 압력강하를 구하여라.

**데이터 :**

| 물성 | 액체 | 기체 |
|---|---|---|
| 유량 (lb/h) | 77956 | 12434 |
| 밀도 (lb/$ft^3$) | 66.7 | 2.98 |
| 점도 (cP) | 1.0 | 0.02 |
| 표면장력 (dyne/cm) | 70.0 | |

**풀이**

압력강하 계산은 스크립트 파일 twophdP.m에 의해 수행된다. 이 스크립트는 함수 twophmod.m을 호출하여 2상흐름 모듈러스 $Y_G$ 및 2상흐름 영역을 규명한다. 함수 twophmod.m은 각 흐름영역에서 $Y_G$를 계산하는 부함수들을 포함하고 있다.

```
twophdP.m
% twophdP.m: 2상 흐름에서의 압력강하

% data
clear all;
rhol = 66.7; rhog = 2.98; mul = 1; mug = 0.02; sigl = 70;
L = 26400; d = 6.065; Wl = 77956; Wg = 12434;
D = d/12; eD = 0.00015/D;

% 액상 및 기상의 마찰인자
Nrel = 6.31*Wl/(d*mul); Nreg = 6.31*Wg/(d*mug);
if Nrel <= 2100
   fL = 64/Nrel;
else
   Av = eD/3.7 + (6.7/Nrel)^0.9;
   fL = 4./(-4*log10(eD/3.7 - 5.02*log10(Av)/Nrel)).^2;
end
if Nreg <= 2100
```

20 A. Kayode Coker, Chemical Process Design, Analysis and Simulation, p.200-201, Gulf Publishing Company, 1995.

```
   fG = 64/Nreg;
else
   Av = eD/3.7 + (6.7/Nreg)^0.9;
   fG = 4./(-4*log10(eD/3.7 - 5.02*log10(Av)/Nreg)).^2;
end

% 2상 흐름 모듈러스 Yg 및 흐름영역 규명
fr = {'stratified','wave','plug','slug','bubble','annular','dispersed'};
rind = 7;

delPl = 3.66e-4 * fL * Wl^2/(d^5 * rhol);
delPg = 3.66e-4 * fG * Wg^2/(d^5 * rhog);
[Yg rind] = twophmod(rhol,rhog,mul,sigl,Wl,Wg,delPl,delPg,d);
if rind == 2
   fH = exp(0.2111*log(Wl*mul/(Wg*mug)) - 3.993);
   delPt = 3.66e-4 * fH * Wg^2 * L/(d^5 * rhog * 100);
else
   delPt = Yg*delPg*L/100;
end
fprintf('흐름영역: %s, 2상흐름모듈러스(Yg): %g, 총괄압력강하(psi): %g\n',...
   fr{rind}, Yg, delPt)
```

**twophmod.m**

```
function [Yg rind] = twophmod(rhol,rhog,mul,sigl,Wl,Wg,delPl,delPg,d)
% 2상흐름 modulus Yg를 계산
% input:
%  rhol,rhog: 액체 및 기체 밀도(lb/ft^3)
%  mul: 액체의 점도(cP)
%  sigl: 액체의 표면장력(dyne/cm)
%  Wl,Wg: 액상및 기상유량(lb/h)
%  delPl,delPg: 파이프 내에 액체 및 기체만 흐를 때의 압력강하(psi)
%  d: 파이프 내경(in)
% output:
%  Yg: 2상흐름 modulus
%  rind: 흐름영역 인덱스

% Baker 파라미터 Bx와 By의 계산
D = d/12;  A = pi*D^2/4;
Bx =  531*(Wl/Wg)*(sqrt(rhol*rhog)/(rhol^(2/3)))*(mul^(1/3)/sigl);
By =  2.16*(Wg/A)/sqrt(rhol*rhog);
C = twophreg(Bx);

% 흐름영역의 구분 및 각 흐름영역에 따른 Yg 계산
x = sqrt(delPl/delPg); Wa = Wl/A;
if By <= C(1)
```

```
    if By <= C(2) % By < C1,C2
       [Yg rind] = strat(x,Wa);
    else  % C2 < By < C1
       [Yg rind] = wave(x,Wa);
    end
 else  % C1 < By
    if By < C(5) % C1 < By < C5
       if By < C(6)  % C1 < By < C5,C6
          [Yg rind] = plug(x,Wa);
       else  % C1,C6 < By < C5
          if By < C(4)  % C1,C6 < By < C4,C5
             [Yg rind] = slug(x,Wa);
          else % C1,C4,C6 < By < C5
             if By <= C(3)  % C1,C4,C6 < By < C3,C5
                [Yg rind] = annul(x,d);
             else % C1,C3,C4,C6 < By < C5
                [Yg rind] = dispr(x);
             end
          end
       end
    else  % C1,C5 < By
       if Bx > 150
          [Yg rind] = bubb(x,Wa);
       else  % Bx <= 150
          if By <= C(3)  % C1,C5 < By < C3
             [Yg rind] = annul(x,d);
          else % C1,C3,C5 < By
             [Yg rind] = dispr(x);
          end
       end
    end
 end
 end

 function [Yg rind] = strat(x,Wa)
 rind = 1; Yg = (15400*x/(Wa^0.8))^2;
 end

 function [Yg rind] = wave(x,Wa)
 rind = 2; Yg = 0;
 end

 function [Yg rind] = plug(x,Wa)
 rind = 3; Yg = (27.315*x^0.855 / Wa^0.17)^2;
 end
```

```
function [Yg rind] = slug(x,Wa)
rind = 4; Yg = (1190*x^0.815/sqrt(Wa))^2;
end

function [Yg rind] = bubb(x,Wa)
rind = 5; Yg = (14.2*x^0.75 / Wa^0.1)^2;
end

function [Yg rind] = annul(x,d)
rind = 6; dx = d; if d > 12, dx = 10; end;
Yg = ((4.8 - 0.3125*dx)*x^(0.343-0.021*dx))^2;
end

function [Yg rind] = dispr(x)
rind = 7; a0 = 1.4659; a1 = 0.49138; a2 = 0.04887; a3 = -0.000349;
Yg = (exp(a0 + a1*log(x) + a2*(log(x))^2 + a3*(log(x))^3))^2;
end
```

스크립트 twophdP.m의 수행결과는 다음과 같다.

```
>> twophdP
흐름영역: annular, 2상흐름 모듈러스(Yg): 10.0125, 총괄압력강하(psi): 97.7391
```

즉 2상흐름 모듈러스 $Y_G$는 10.0125, 2상 혼합물의 총괄 압력강하 $\Delta P_T$는 97.7391 psi이다.

## 기-액 2상(Two phase) 수직하강 흐름

수직하강 흐름에서는 액상에 큰 증기 버블이 형성된다(slug 흐름). 버블의 직경이 1 in 이상이고 액상의 점도가 100 cP보다 작으면 이러한 slug 흐름은 액상과 기상에 대한 다음과 같은 Froude 수 $N_{Fr,L}$과 $N_{Fr,G}$로 나타낼 수 있다.

$$N_{Fr,L} = \frac{V_L}{\sqrt{gD}}\sqrt{\frac{\rho_L}{\rho_L - \rho_G}}, \quad N_{Fr,G} = \frac{V_G}{\sqrt{gD}}\sqrt{\frac{\rho_L}{\rho_L - \rho_G}}$$

위에서 D는 파이프의 내경(ft), 속도 $V_L$과 $V_G$는 총 파이프 단면에 근거한 겉보기 속도이다. 즉

$$V_L = \frac{W_L}{3600\rho_L A},\ V_G = \frac{W_G}{3600\rho_G A} \quad \text{(ft/s)}$$

위에서 $A = \frac{\pi D^2}{4}$ $(ft^2)$이다. 이로부터 $N_{Fr,L} < 0.31$이면 수직 파이프는 self-venting, $0.3 \le N_{Fr,L} < 1.0$이면 pulse flow (파이프 진동이 가능), $N_{Fr,L} > 1.0$이면 압력 기울기가 없음으로 구분한다.

## Flashing 수증기 응축액 흐름에서의 압력강하

액체가 파이프 내를 포화온도 근처로 흐르면 낮아진 압력으로 증발이 야기될 것이다. 압력차가 클수록 증발은 더 많이 이루어져서 마침내 액상의 flashing으로 이어진다. Flash된 응축액 혼합물에 대한 압력강하는 다음과 같은 과정에 따라 구할 수 있다.

1) 먼저 flash된 수증기 유량 $W_G$ (lb/h)와 flash된 응축액 유량 $W_L$ (lb/h)를 구한다:

$$W_{FL} = B(\ln P_c)^2 - A$$

$$A = 0.00671(\ln P_h)^{2.27},\ B = 0.0088 + 10^{-4}e^X,\ \ X = 6.122 - \left(\frac{16.919}{\ln P_h}\right)$$

$$W_G = W_{FL} \cdot W,\ \ W_L = W - W_G$$

위에서 $W_{FL}$은 증기로 flash된 응축액의 중량분율, $P_c$는 flashing 이전의 수증기 응축액 압력(psia)이며 $P_h$는 flash된 응축액 헤더 압력(psia)이다. Flash된 응축액의 온도 $T_{FL}$ (°F)는

$$T_{FL} = 115.68(P_h)^{0.226}$$

으로 주어진다.

2) Flash된 수증기 밀도 $\rho_G$(lb/$ft^3$), flash된 응축액 밀도 $\rho_L$(lb/$ft^3$), 그리고 flash된 응축액/수증기 혼합물의 밀도 $\rho_M$(lb/$ft^3$)을 구한다:

$$\rho_G = 0.0029P_h^{0.938},\ \ \rho_L = 60.827 - 0.078P_h + 0.00048P_h^2 - 0.0000013P_h^3$$

$$\rho_M = \frac{W_G + W_L}{\left(\frac{W_G}{\rho_G} + \frac{W_L}{\rho_L}\right)}$$

3) 압력강하 $\triangle P_T$ (psi/100ft)를 구한다. 난류의 경우

$$f = \frac{0.25}{\left[-\log\left(\frac{0.000486}{d}\right)\right]^2} \quad \text{(d : 파이프 직경(in))},$$

$$V = \frac{3.054}{d^2}\left[\frac{W_G}{\rho_G} + \frac{W_L}{\rho_L}\right], \quad \triangle P_T = \frac{0.000336 f W^2}{d^5 \rho_M}$$

위에서 V는 flash된 응축액 혼합물의 유속(ft/min)으로서 $V \geq 5,000$ ft/min이면 응축액은 파이프에 손상을 미칠 수 있다.

## 4.8 충전탑을 통한 흐름

입자들로 충전된 packed bed를 통하는 흐름에서 압력강하 $\triangle P_T (lb/in^2)$는 다음과 같은 Ergun 식으로 구할 수 있다:

$$\triangle P_T = \frac{B_L}{144} \cdot \frac{1-\epsilon}{\epsilon^3} \cdot \frac{G^2}{D_p g_c \rho}\left[\frac{362.85\mu(1-\epsilon)}{D_p G} + 1.75\right]$$

$$\epsilon = \frac{\rho_c - \rho_b}{\rho_c}, \ \rho = \frac{M_W P}{10.73 \ ZT}, \ D_p = \frac{6(1-\epsilon)}{S}, \ S = \frac{(1-\epsilon)}{V_p} \cdot A_p$$

$$V_p = \frac{1}{1728}\left(P_D^2 \cdot \frac{\pi}{4} \cdot P_L\right), \ A_p = \frac{1}{144}\left(\frac{\pi P_D^2}{2} + \pi P_D P_L\right), \ N_{Re} = \frac{D_p G}{2.419\mu(1-\epsilon)}$$

위에서 $B_L$은 bed의 길이(ft), $\epsilon$은 bed의 공극률, $\rho_c$는 촉매의 밀도(lb/$ft^3$), $\rho_b$는 packed bed의 밀도(lb/$ft^3$), $\rho$는 유체의 밀도(lb/$ft^3$), $D_p$는 유효입자직경(ft), S는 packed bed의

표면적($ft^2/ft^3$bed), $M_W$는 유체의 분자량, P는 유체 압력(psia), T는 유체온도($^\circ R$), $A_p$는 입자면적($ft^2$), $V_p$는 입자부피($ft^3$), $P_D$는 입자직경(in), $P_L$은 입자의 길이(in), 그리고 Z는 압축인자이다.

G는 겉보기 질량유속(lb/(h-$ft^2$))으로서 $G=\dfrac{W}{A}$로 주어진다. W는 유체의 유량(lb/h), A는 bed의 단면적($ft^2$)이다.

## 보기 20 촉매 충진탑에서의 압력강하[21]

직경 1/4 in인 촉매입자로 충전된 길이 60 ft의 1 1/2-in (Schedule 40, 내경 = 1.61 in (= 0.134 ft)) 파이프에 기체가 104.4 lb/h의 유량으로 흐르고 있다. 온도는 260℃로서 일정하고 공극률은 45%이며 기체의 물성은 공기와 유사하다. 기체의 유입압력은 10기압이다. 압력강하를 계산하여라. 유체의 밀도는 0.413 $lb/ft^3$, 점도는 0.0278 cP이다.

**풀이**

충진층의 압력강하는 함수 dpcatbed.m에 의해 계산된다.

```
function dPt = dpcatbed(W,Bd,Bl,Pd,Pl,ep,mu,rho)
% 촉매충진탑에 대한 압력강하 계산

gc = 4.17e8; A = pi*Bd^2/4;
G = W/A;  % 겉보기 질량유량(lb/h/ft^2)
Ap = (pi*Pd^2/2 + pi*Pd*Pl)/144; Vp = pi*Pl*Pd^2/(4*1728);
S = Ap*(1-ep)/Vp; ePd = 6*(1-ep)/S;
Nre = G*ePd/(2.419*mu*(1 - ep));
if Nre <1
    fP = 150/Nre;
elseif Nre < 1e4
    fP = 150/Nre + 1.75;
else
    fP = 1.75;
end
dPt = Bl*(1-ep)*G^2*(150*2.419*mu*(1-ep)/ePd/G + 1.75)/...
    (144*ep^3*ePd*gc*rho);
end
```

21 A. Kayode Coker, Chemical Process Design, Analysis and Simulation, p.204, Gulf Publishing Company, 1995.

함수 dpcatbed.m의 수행결과는 다음과 같다.

```
>> Bd = 0.134; Bl = 60; Pd = 0.25; Pl = 0.25; ep = 0.45;
>> W = 104.4; mu = 0.0278; rho = 0.413;
>> dPt = dpcatbed(W,Bd,Bl,Pd,Pl,ep,mu,rho)
dPt =
   68.6034
```

즉 충전층의 총 압력강하는 68.6034 lb/$in^2$이다.

## 연습문제

1. 25℃ 의 일정온도에서 길이 12 m, 내부반경 0.01 m인 수평관 내로 물이 흐르고 있다. 반경 r에 따른 속도분포를 그래프로 나타내고 평균유속을 구하여라. 물의 점도는 $8.937 \times 10^{-4}\ kg/(m \cdot s)$이며 수평관의 압력강하는 $\Delta P = 490$ Pa이다.

2. 길이 10 m, 내부반경 0.009 m인 수평관 내로 흐름 인덱스가 n = 0.46인 비뉴턴 유체가 흐르고 있다. 반경 r에 따른 속도분포를 그래프로 나타내고 평균유속을 구하여라. 파라미터 $K = 0.012\ N \cdot s^n/m^2$이며 수평관의 압력강하는 $\Delta P = 100$ Pa이다.

3. 수평면에 대하여 30°만큼 기울어진 경사면을 통하여 그림에 보인 바와 같이 물이 흐르고 있다. 물의 점도는 $9.93 \times 10^{-4}\ Pa \cdot s$이며 밀도는 $1000\ kg/m^3$이다. L = 0.004 m 라고 할 때 z에 따른 $v_x$의 변화를 그래프로 나타내어라.

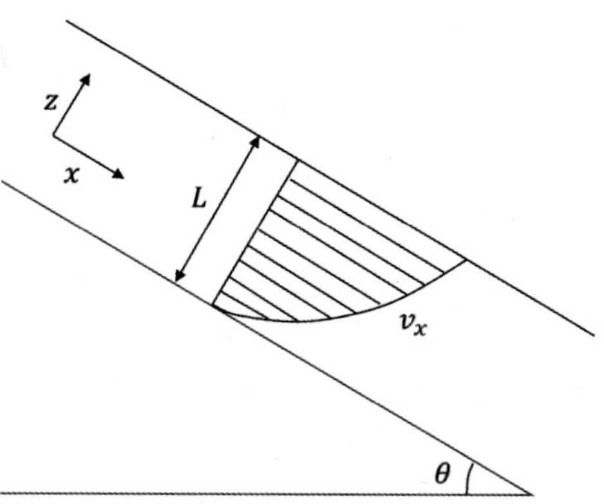


**그림 P3 경사면을 흐르는 유체**

4. 내경 0.1 m인 매끄러운 파이프를 통하여 물이 21℃ 에서 0.5 m/sec의 유속으로 흐르고 있다. 파이프의 길이는 200 m이다. 압력강하를 구하여라. 21℃에서 물의 밀도는 $\rho = 997.92\ kg/m^3$, 점도는 $\mu = 0.000982\ kg/m/s$이며 마찰인자는 $f = 0.0468 N_{Re}^{-0.2}$로 주어진다고 간주한다.

5. $\epsilon/D = 0.0001$ 인 경우 $N_{Re} = 2 \times 10^4$ 및 $N_{Re} = 3.2 \times 10^7$에 대하여 여러 식들(즉 SC, CB, CBW, HA, CH, NK, 그리고 BS식)에 의한 마찰인자를 구하고 서로 비교하여 보라.

**6.** 길이 120 m인 매끄러운 파이프를 통하여 25℃에서 물을 3 $\ell/s$의 유량으로 공급하고자 한다. 허용 가능한 최대 압력강하는 $\Delta P = 100$ kPa이다. 파이프의 직경을 얼마로 해야 하는가? 25℃에서 물의 점도는 $\mu = 8.931 \times 10^{-4}$ $kg/(m \cdot s)$, 밀도는 994.6 $kg/m^3$이다.

**7.** 그림은 위치 1로부터 위치 2까지 물을 이송하는 파이프 라인을 보인 것이다.[22] 위치 1에서 $p_1 = 150$ $psig$, $z_1 = 0$ $ft$이며 위치 2에서 $p_2$는 대기압이고 $z_2 = 300$ $ft$이다. 물의 밀도 $\rho(lbm/ft^3)$와 점도 $\mu(lbm/(ft \cdot s))$는 각각 다음 관계로 주어진다.

$$\rho = 62.122 + 0.0122T - 1.54 \times 10^{-4} T^2 + 2.65 \times 10^{-7} T^3 - 2.24 \times 10^{-10} T^4$$

$$\ln\mu = -11.0318 + \frac{1057.51}{T + 214.624}$$

위에서 $T = 60$°F로 일정하다고 간주한다.

(1) 물이 길이 $L = 5000$ ft인 8 in schedule 40 파이프($\epsilon = 0.00015$ $ft$)를 통하여 이송되는 경우 부피유량($gal$/min)은 얼마인가?

(2) 압력 $p_1$이 $p_1 \le 200$ psig 범위에서 변할 때 $\Delta p = p_2 - p_1$에 따른 유량의 변화를 그래프로 나타내어라. 유량이 0보다 크기 위한 $p_1$의 값(즉 $p_1$의 최소값)은 얼마인가?

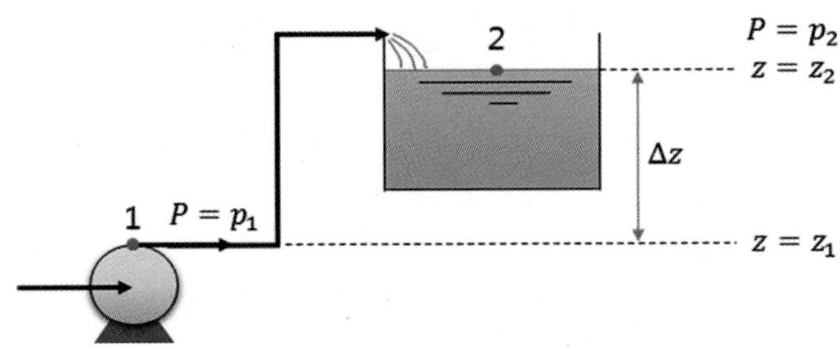


**그림 P7 파이프를 통한 물의 이송**

22 Cutlip, M. B. and M. Shacham, Problem Solving in Chemical and Biochemical Engineering with POLYMATH, Excel, and MATLAB, 2nd ed., p. 307, Prentice-Hall, 2008.

**8.** 그림은 6개의 90° LR(long radius) elbow와 2개의 tee(flow-through)가 있는 6-in (Schedule 40) 파이프 라인을 보인 것이다. 케로젠이 흐르고 있는 경우 두 지점 A와 B 사이의 총괄 압력강하를 구하여라. 케로젠의 유량은 900 gpm, 60°F 에서의 밀도는 51 $lb/ft^3$, 운전온도는 321°F 이다. 아울러 60°F 에서의 비중은 0.82, 321°F 에서의 비중은 0.72, 점도는 0.3 cP, 321°F 에서의 유량은 900(0.82/0.72) = 1026 gpm, 파이프의 실제 길이는 78 ft이다.

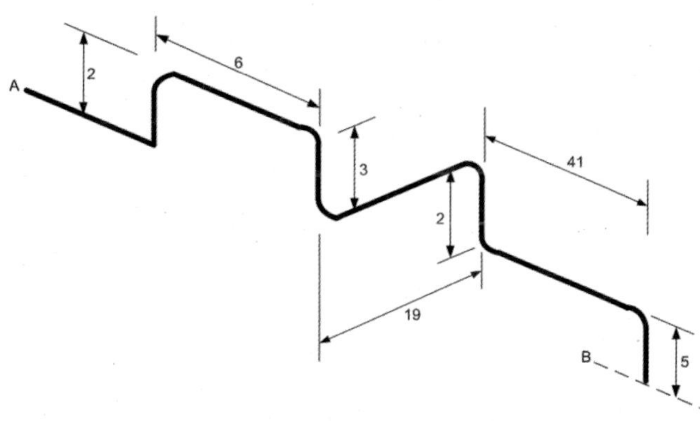


**그림 P8 파이프 라인**

**9.** 그림에 보인 파이프라인 네트워크에서 각 루프에서의 질량유량을 구하여라. 유체의 밀도는 991 $kg/m^3$, 점도는 $1.2\times10^{-4}Ns/m^2$, $\epsilon=5\times10^{-6}\ m$이고 네트워크로 유입되는 유량은 $\dot{m}_0=0.5$ kg/s이며 각 루프에서 파이프의 직경과 길이는 다음과 같다.

| 흐름(i) | 직경($D_i$, m) | 길이($L_i$, m) |
|---|---|---|
| 1 | 0.051 | 17 |
| 2 | 0.061 | 17 |
| 3 | 0.04 | 20 |
| 4 | 0.061 | 19 |
| 5 | 0.051 | 19 |

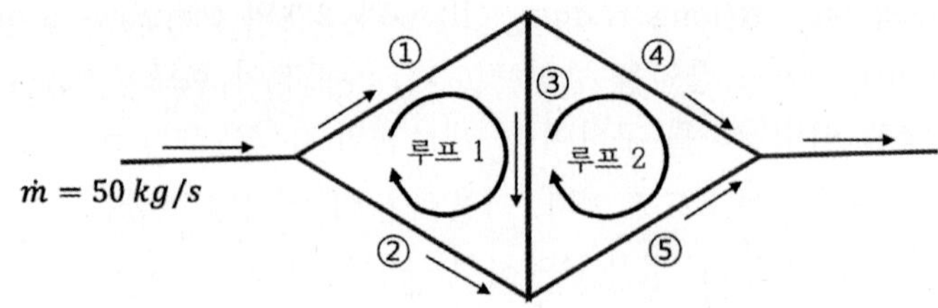


그림 P9 2-루프 네트워크

**10.** 액체와 증기의 유량과 밀도가 각각 $W_L = 6930$ lb/h, $W_G = 1444$ lb/h, $\rho_L = 61.8$ lb/$ft^3$, $\rho_G = 0.135$ lb/$ft^3$인 경우 6-in (Schedule 40) 수직 파이프에 대한 Froude 수와 흐름조건을 구하여라.

**11.** 덮개가 없는 탱크를 통한 흐름에서 $\rho = 1000\ kg/m^3$, $A = 0.465\ m^2$, $z_0 = 3.05\ m$, $g = 9.8\ m/s^2$, $C_{v1} = C_{v2} = 0.012\ m^2/N^{1/2}/s$, $P_{10} = P_1 = 1.38 \times 10^5\ N/m^2$, $P_{30} = P_3 = 1.08 \times 10^5\ N/m^2$, $P_0 = 1.014 \times 10^5\ N/m^2$이다. 무차원 시간 $t^*$에 따른 무차원 액위 $z^*$, 무차원 유량 $F_1^*$과 $F_2^*$, 그리고 무차원 압력 $P_2^*$를 그래프로 나타내어라.[23]

**12.** 유량 = 10,000 lb/h, 수증기 응축액 압력($P_c$) = 114.7 psia, 헤더 압력($P_h$) = 14.7 psia일 때 6-in (Schedule 40) 응축액 헤더 각각에 대한 압력강하를 구하여라.

23 W. F. Ramirez, Computational Methods for Process Simulation, 2nd ed., p. 150-151, Butterworth Heinemann, 1997.

# 반응공학

## 5.1 반응속도식

### 반응속도 상수

Arrhenius 반응속도 상수는

$$k_A = Ae^{-E/(RT)} \quad \text{혹은} \quad \ln k_A = \ln A - \frac{E}{R}\left(\frac{1}{T}\right)$$

로 나타낼 수 있다. A는 주파수 인자, E는 활성화 에너지(J/mol), R은 기체상수(=8.314 $J/(mol \cdot K)$), T는 절대온도(K)이다. 온도에 따른 속도상수 데이터로부터 A와 E를 추정할 수 있다.

### 보기 1 활성화 에너지의 추정[1]

다음 표는 벤젠 디아조늄 클로라이드가 염화벤젠과 질소로 분해되는 1차 반응의 온도에 따른 속도상수이다. 이 반응에 대한 활성화 에너지를 구하여라.

1 H. Scott Fogler, Essentials of Chemical Reaction Engineering, p. 90-92, Pearson Education Inc., 2011.

**표 5.1 벤젠 디아조늄 클로라이드 분해반응 속도상수**

| $T(K)$ | 313.0 | 319.0 | 323.0 | 328.0 | 333.0 |
|---|---|---|---|---|---|
| $k(s^{-1})$ | 0.00043 | 0.00103 | 0.00180 | 0.00355 | 0.00717 |

**풀이**

$\ln k = \ln A - \frac{E}{R}\left(\frac{1}{T}\right)$로부터 $\ln k$와 $1/T$의 그래프는 1차 직선 모양이 된다. 따라서 1차 직선의 식을 구하고 이로부터 A와 E를 얻을 수 있다. 1차 직선식의 파라미터들은 다항식 접합을 계산하는 내장함수 polyfit을 이용하여 추정할 수 있다. 스크립트 rateconst.m은 이 과정을 수행하며 얻어진 직선과 데이터를 그래프로 제시하여 준다.

```
% rateconst.m
k = 1e-3*[0.43 1.03 1.80 3.55 7.17]; y = log(k);
T = [313 319 323 328 333]; x = 1./T;
c = polyfit(x,y,1); A = exp(c(2)), E = -c(1)*8.314
xv = linspace(min(x),max(x),100); yv = polyval(c,xv);
plot(xv,yv,x,y,'o'), xlabel('1/T(K^-1)'), ylabel('ln(k)')
```

다음은 스크립트 rateconst의 수행결과이다.

```
>> rateconst
A =
   8.0303e+16
E =
   1.2148e+05
```

즉 $A = 8.0303 \times 10^{16} s^{-1}$, $E = 1.2148 \times 10^{5}\ J/mol = 121.48\ kJ/mol$임을 알 수 있다.

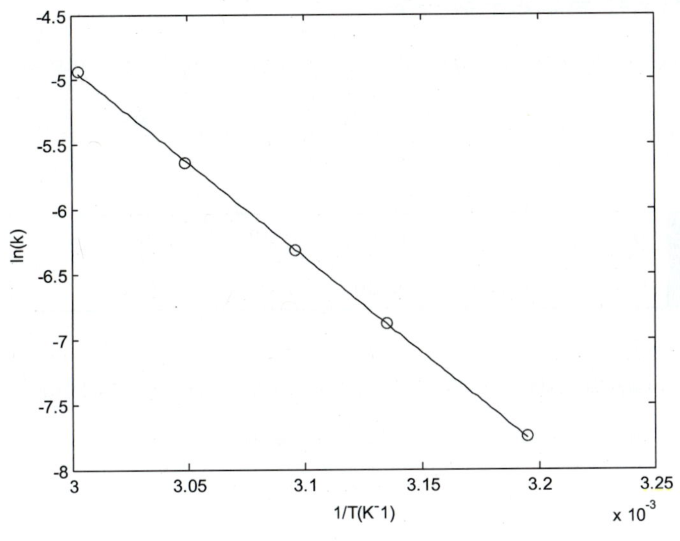


**그림 5.1 온도에 따른 반응속도 상수**

## 데이터를 이용한 속도상수와 반응차수 추정

반응식이

$$\frac{dC_A}{dt} = -k' C_A^{\alpha}$$

로 주어진다고 하면 적분으로부터

$$t = \frac{1}{k'(1-\alpha)}[C_{A0}^{1-\alpha} - C_A^{1-\alpha}]$$

를 얻는다. 시간 t에 따른 농도 $C_A$의 데이터가 주어지면 비선형 방정식 시스템의 풀이로부터 위의 관계에 따라 $k'$과 $\alpha$를 추정할 수 있다.

## 보기 2 반응차수와 속도상수의 추정[2]

회분식 반응기에서 액상반응 $A+B \rightarrow C$가 진행되고 있다. 이 반응의 반응식은 $-r_A = k'C_A^\alpha$로 나타낼 수 있다. 시간에 따른 A의 농도변화를 측정한 결과는 다음과 같다.

| t(min) | 0 | 50 | 100 | 150 | 200 | 250 | 300 |
|---|---|---|---|---|---|---|---|
| $C_A(mol/dm^3)$ | 0.05 | 0.038 | 0.0306 | 0.0256 | 0.0222 | 0.0195 | 0.0174 |

B는 과량으로 주입되어 B의 농도는 거의 일정하다고 간주할 수 있다. 미분방법을 이용하여 이 반응의 반응차수 $\alpha$와 반응속도 상수 $k'$를 구하여라.

**풀이**

데이터 점 $(t_i,\ C_{Ai})$에서 비선형 방정식

$$f(k',\alpha) = t_i k'(1-\alpha) - [C_{A0}^{1-\alpha} - C_{Ai}^{1-\alpha}] = 0$$

을 푼다. 데이터의 수가 n이라면 n개의 비선형방정식 시스템에 대한 해를 구하는 문제가 된다. 먼저 비선형방정식 시스템을 함수(regorder.m)로 정의한다.

```
function f = regorder(x,t,Ca0,Ca)
% x(1)=k', x(2)=alpha
n = length(t);
for i = 1:n
   f(i,1) = x(1)*(1-x(2))*t(i) - Ca0^(1-x(2)) + Ca(i)^(1-x(2));
end
```

내장함수 fsolve를 이용하여 근사해를 구할 수 있다.

```
>> >> t = [0 50 100 150 200 250 300];
>> Ca = [0.05 0.038 0.0306 0.0256 0.0222 0.0195 0.0174]; Ca0 = 0.05;
>> x = fsolve(@regorder,[0.2 2],[],t,Ca0,Ca)
경고: Trust-region-dogleg algorithm of FSOLVE cannot handle non-square
```

2 H. Scott Fogler, Essentials of Chemical Reaction Engineering, p. 262-263, Pearson Education Inc., 2011.

```
systems; using Levenberg-Marquardt algorithm instead.
> In fsolve at 285
No solution found.
fsolve stopped because the last step was ineffective. However, the vector
of function
values is not near zero, as measured by the default value of the function
tolerance.
<stopping criteria details>
x =
   0.1449   2.0412
```

즉 $k' = 0.1449\ dm^3/(mol \cdot \min)$, $\alpha = 2.0412$ 임을 알 수 있다.

---

## 반응평형

반응평형 상수는 각 성분들의 활동도들로 정의된다. 반응

$$aA + bB \leftrightarrow cC + dD$$

에서 평형상수는

$$K = \frac{a_C^c a_D^d}{a_A^a a_B^b}$$

로 주어진다. 활동도는 표준상태의 퓨개시티에 대한 퓨개시티의 비이므로 기상반응의 경우 활동도는 퓨개시티가 된다. 압력이 높지 않으면(대개 10기압 이하) 기체는 이상기체로 간주할 수 있으므로 평형상수는 몰분율 $y_i$를 이용하여

$$K = \frac{y_C^c y_D^d}{y_A^a y_B^b} P^{c+d-a-b}$$

로 나타낼 수 있다.

### 보기 3 반응평형 상수[3]

연료전지용 수소의 제조를 위한 다음 반응을 고려하여 보자.

$$CO + H_2O \leftrightarrow CO_2 + H_2$$

500 K에서 이 반응의 평형상수는 148.4로 밝혀졌다. 반응 원료로서 $CO$와 $H_2O$를 각각 1몰씩 주입하였을 경우 평형조성을 구하여라.

**풀이**

$K = 148.4 = \dfrac{y_{CO_2} y_{H_2}}{y_{CO} y_{H_2O}}$. x를 반응에 이용된 몰 수라고 하면

$$K = 148.4 = \frac{(x/2)(x/2)}{[(1-x)/2][(1-x)/2]} = \frac{x^2}{(1-x)^2}$$

따라서 비선형방정식 $f(x) = 148.4 - \dfrac{x^2}{(1-x)^2} = 0$의 해로부터 x를 얻는다.

```
>> f = @(x) 148.4-x^2/(1-x)^2;
>> x0 = 0.5; x = fzero(f,x0)
x =
    0.9241
```

## 반응 전환율

회분식 반응의 경우 반응 전환율과 농도 사이의 관계는

$$C_A = \frac{N_A}{V} = \frac{N_{A0}(1-X)}{V}$$

로 주어지며 반응기 부피가 $V = V_0$로 일정하다면

$$C_A = \frac{N_{A0}(1-X)}{V_0} = C_{A0}(1-X)$$

3 Bruce A. Finlayson, Introduction to Chemical Engineering Computing, p. 43-47, John Wiley & Sons, Inc., 2006.

와 같다.

흐름 반응의 경우 반응 전환율과 농도 사이의 관계는

$$C_A = \frac{F_A}{v} = \frac{F_{A0}(1-X)}{v}$$

로 주어진다. 액상반응의 경우 $v = v_0$로 거의 일정하므로

$$C_A = \frac{F_{A0}(1-X)}{v_0} = C_{A0}(1-X)$$

기상반응의 경우 $v = v_0(1+\epsilon X)\frac{P_0}{P}\frac{T}{T_0}$로 나타낼 수 있으므로

$$C_A = \frac{F_{A0}(1-X)}{v} = \frac{F_{A0}(1-X)}{v_0(1+\epsilon X)}\frac{P}{P_0}\frac{T_0}{T} = C_{A0}\left(\frac{1-X}{1+\epsilon X}\right)\frac{P}{P_0}\frac{T_0}{T}$$

와 같다.

**보기 4** **평형 전환율**[4]

340 K의 일정온도에서 사산화질소가 이산화질소로 분해되는 기상 가역반응 $N_2O_4 \leftrightarrow 2NO_2$이 진행되고 있다. 원료로서 순수한 $N_2O_4$가 202.6 kPa(2기압)에서 공급되고 있으며 340 K에서의 평형상수 $K_C$는 0.1 $mol/dm^3$이고 반응속도 상수는 $k_{N_2O_4} = 0.5\ \min^{-1}$이다. 흐름 반응기에서의 $N_2O_4$의 평형 전환율을 구하여라. 평형상수는 $K_C = \frac{C_{Be}^2}{C_{Ae}}$로 주어진다.

**풀이**

흐름 반응기의 경우

$$K_C = \frac{C_{Be}^2}{C_{Ae}} = \frac{[2C_{A0}X_e/(1+\epsilon X_e)]^2}{C_{A0}(1-X_e)/(1+\epsilon X_e)} = \frac{4C_{A0}X_e^2}{(1-X_e)(1+\epsilon X_e)}$$

4 H. Scott Fogler, Essentials of Chemical Reaction Engineering, p. 125-128, Pearson Education Inc., 2011.

이로부터 비선형 방정식

$$f(X_e) = 4C_{A0}X_e^2 - K_C(1-X_e)(1+\epsilon X_e) = 0$$

을 얻는다. 위에서 $C_{A0} = \dfrac{y_{A0}P_o}{RT_0}$, $y_{A0}=1$, $P_0 = 2\ atm$, $R = 0.082\ atm \cdot dm^3/(mol \cdot K)$, $T_0 = 340$ K, $\epsilon = y_{A0}\delta = 1(2-1) = 1$이다.

내장함수 fzero를 이용하여 평형 전환율을 계산한다.

```
>> P = 2; T = 340; R = 0.082; Kc = 0.1; ya0 = 1; epsilon = 1;
>> Ca0 = ya0*P/(R*T); x0 = 0.5;
>> fF = @(x) 4*Ca0*x^2 - Kc*(1-x)*(1+epsilon*x);
>> Xeflow = fzero(fF,x0)
Xeflow =
    0.5084
```

## 전환율을 이용한 반응속도 파라미터의 추정

반응의 반응속도 상수 및 반응차수와 같은 파라미터들은 농도나 전환율에 대한 측정데이터로부터 추정할 수 있다. 예를 들어 연속교반 반응기에서 일어나는 반응물 A의 분해반응에서 반응물 유량 $v_0$와 전환율 $X_A$ 사이의 관계가 $v_0 = \dfrac{kVC_{A0}^{n-1}(1+X_A)^n}{X_A(1+\epsilon X_A)^n}$로 주어진다고 하자. $k$는 반응속도 상수, $C_{A0}$는 초기농도, $V$는 반응기의 부피이다. 이 관계를 다시 쓰면

$$\ln\left(\frac{v_0 C_{A0} X_A}{V}\right) = \ln(k) + n\ln\left(\frac{C_{A0}(1+X_A)}{1+\epsilon X_A}\right)$$

를 얻는다. 이는 $z = \beta x + \gamma y$ 형태의 선형 관계이다.

## 직렬반응

다음과 같은 직렬반응을 고려하여 보자.

$$A \xrightarrow{k_1} B \xrightarrow{k_2} C$$

반응속도식들은 다음과 같이 나타낼 수 있다.

$$\frac{dC_A}{dt} = -k_1 C_A$$

$$\frac{dC_B}{dt} = k_1 C_A - k_2 C_B$$

$$\frac{dC_C}{dt} = k_2 C_C$$

처음에는 $A$만 존재하며 농도는 $C_{A0}$이다. 반응이 일어나면 $A$의 일부는 $B$로 전환되며 $B$의 일부는 $C$로 전환된다. $B$가 반응성이 크다면 $B$는 신속하게 $C$로 전환될 것이므로 $B$의 농도 $C_B$는 최소가 될 것이다. 위의 반응속도식들을 적분하면 속도상수 $k_1$ 및 $k_2$가 주어진 경우 어느 시점 $t$에서 $A$, $B$ 및 $C$의 농도는 다음과 같이 얻어진다.

$$C_A = C_{A0} e^{-k_1 t}$$

$$C_B = C_{A0} \frac{k_1}{k_2 - k_1} \left(e^{-k_1 t} - e^{-k_2 t}\right)$$

$$C_C = C_{A0} - C_A - C_B$$

$B$가 반응기의 설계와 선택을 위한 근거가 되는 반응물이라면 관 흐름 반응기나 회분식 반응기에서 농도가 최대가 되는 $B$의 양은 다음과 같이 계산된다.

$$C_{Bmax} = C_{A0} \left(\frac{k_1}{k_2}\right)^{k_2/(k_2 - k_1)}$$

아울러 $C_{Bmax}$에 이르는 시간은 다음과 같이 주어진다.

$$t_{\max} = \frac{\ln(k_2/k_1)}{k_2 - k_1}$$

반응기의 부피는

$$V = vt$$

로 주어진다. 위에서 $v$는 부피유량이다.

## 보기 5 직렬반응

어떤 회분식 반응기에서 반응물 $A$가 반응 $A \xrightarrow{k_1} B \xrightarrow{k_2} C$ 에 의하여 분해되며 원하는 생성물은 $B$이다. 유입되는 $A$의 유량이 25 $\ell/\mathrm{min}$일 때 $B$의 최대 농도와 이 때의 시간 및 $B$의 농도가 최대일 때의 회분식 반응기의 부피를 구하여라. $A$의 농도는 $C_{A0} = 2.5\ mol/\ell$이며 $B$와 $C$의 초기농도는 모두 0이다. 반응속도상수는 $k_1 = 0.2\ /\mathrm{min}$, $k_2 = 0.1\ /\mathrm{min}$와 같다.

**풀이**

스크립트 serrb.m은 미분 반응식의 풀이과정을 수행한다.

```
% serrb.m
v = 25; k1 = 0.2; k2 = 0.1; Ca0 = 2.5; Cb0 = 0; Cc0 = 0;
tspan = 0:0.01:15; C0 = [Ca0 Cb0 Cc0];
dCdt = @(t,C) [-k1*C(1); k1*C(1)-k2*C(2); k2*C(2)];
[t,C]=ode45(dCdt, tspan, C0);
plot(t,C(:,1),'-',t,C(:,2),':',t,C(:,3),'--');
xlabel('시간(min)'), ylabel('농도(mol/liter)'), legend('A','B','C');
Cmax = max(C(:,2)), tmax = t(find(C(:,2) == Cmax)), Vol = v*tmax
```

스크립트 serrb.m의 수행결과는 다음과 같다.

```
>> serrb
Cmax =
    1.2500
tmax =
    6.9300
Vol =
  173.2500
```

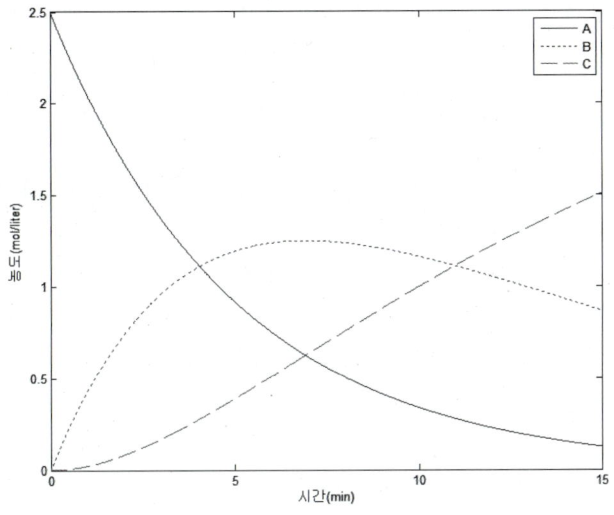


**그림 5.2 직렬반응의 농도분포**

## 5.2 연속교반 반응기

### 시간에 따른 농도변화

다음과 같은 비가역 액상반응이 직렬로 연결된 3개의 연속교반 반응기들에서 진행되고 있다고 하자.

$$A + B \rightarrow C, \quad -r_A = kC_AC_B$$

각 반응기의 부피는 $V_i(i=1,2,3)$이며 각 반응기로부터의 유량은 $v_i(i=1,2,3)(dm^3/\mathrm{min})$, 각 반응기에서 성분들의 농도는 $C_{ij}(i=A,B;\ j=1,2,3)(gmol/dm^3)$이다.

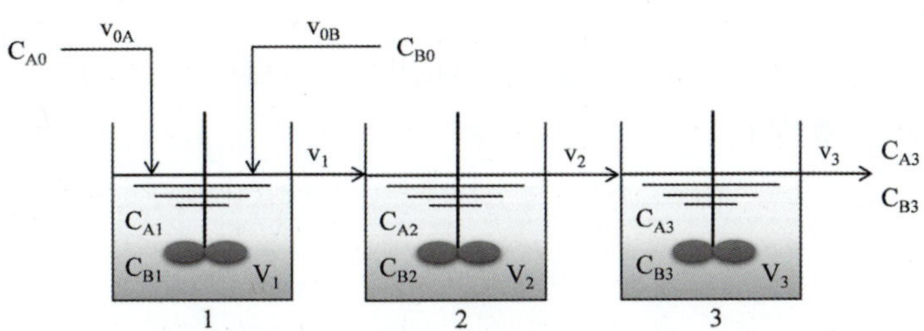


**그림 5.3 직렬로 연결된 연속교반 반응기**

각 반응기에서의 A 및 B 성분의 시간에 따른 농도변화는 다음과 같이 나타낼 수 있다.

$$\frac{dC_{A1}}{dt} = \frac{1}{V_1}(v_{0A}C_{A0} - v_1 C_{A1} - kV_1 C_{A1}C_{B1}),$$

$$\frac{dC_{B1}}{dt} = \frac{1}{V_1}(v_{0B}C_{B0} - v_1 C_{B1} - kV_1 C_{A1}C_{B1})$$

$$\frac{dC_{A2}}{dt} = \frac{1}{V_2}(v_1 C_{A1} - v_2 C_{A2} - kV_2 C_{A2}C_{B2}),$$

$$\frac{dC_{B2}}{dt} = \frac{1}{V_2}(v_1 C_{B1} - v_2 C_{B2} - kV_2 C_{A2}C_{B2})$$

$$\frac{dC_{A3}}{dt} = \frac{1}{V_3}(v_2 C_{A2} - v_3 C_{A3} - kV_3 C_{A3}C_{B3}),$$

$$\frac{dC_{B3}}{dt} = \frac{1}{V_3}(v_2 C_{B2} - v_3 C_{B3} - kV_3 C_{A3}C_{B3})$$

## 보기 6 직렬 연속교반 반응기

직렬로 연결된 3개의 동일한 연속교반 반응기에서 비가역 액상반응 $A+B \rightarrow C$, $-r_A = kC_A C_B$이 진행되고 있다. 반응물 A와 B의 초기농도는 각각 $C_{A0} = C_{B0} = 2\ gmol/dm^3$, 각 반응물의 주입유량은 $v_{0A} = v_{0B} = 6\ dm^3/\min$, 반응속도 상수는 $k = 0.5$이며 각 반응기의 부피는 $V_1 = V_2 = V_3 = 200\ dm^3$, 각 반응기로부터의 유량은 $v_1 = v_2 = = v_3 = 12\ dm^3/\min$이다. 각 반응기에서의 시간$(0 \le t \le 20)$에 따른 A의 농도 $C_{Ai}(i = 1,2,3)$를 그래프로 나타내어라.

**풀이**

미분방정식에서 초기농도는 첫 번째 반응기에서만 $C_{A0}$ 및 $C_{B0}$이며 나머지 반응기들에서는 모두 0으로 둔다. 미분방정식 시스템에서 $C(1) = C_{A1}$, $C(3) = C_{A2}$, $C(5) = C_{A3}$, $C(2) = C_{B1}$, $C(4) = C_{B2}$, $C(6) = C_{B3}$를 나타낸다. 스크립트 ser3v.m은 미분방정식 시스템의 풀이과정을 수행한다.

```
% ser3v.m
v0 = 6; v = 12; V = 200; Ca0 = 2; Cb0 = 2; k = 0.5;
tspan = 0:0.01:20; C0 = [Ca0 Cb0 0 0 0 0];
dCdt = @(t,C) [(v0*Ca0-v*C(1)-k*V*C(1)*C(2))/V;
               (v0*Cb0-v*C(2)-k*V*C(1)*C(2))/V;
               (v*C(1)-v*C(3)-k*V*C(3)*C(4))/V;
               (v*C(2)-v*C(4)-k*V*C(3)*C(4))/V;
               (v*C(3)-v*C(5)-k*V*C(5)*C(6))/V;
               (v*C(4)-v*C(6)-k*V*C(5)*C(6))/V];
[t,C]=ode45(dCdt, tspan, C0);
plot(t,C(:,1),'-',t,C(:,3),':',t,C(:,5),'--');
xlabel('시간(min)'), ylabel('농도(gmol/dm^3)'),
legend('C_{A1}','C_{A2}','C_{A3}');
```

스크립트 ser3v.m을 수행한 결과는 다음과 같다.

```
>> ser3v
```

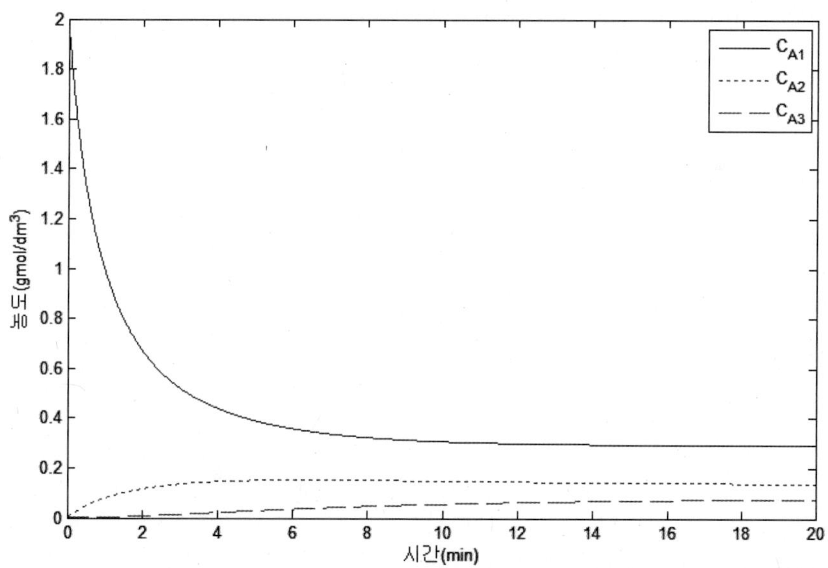


**그림 5.4 직렬 연속교반 반응기에서의 농도분포**

## 발열반응

냉각재킷이 설치된 연속교반 반응기에서 1차의 발열반응 $A \rightarrow B$가 진행된다고 가정하자. 반응물의 밀도변화와 열손실은 무시하기로 한다.

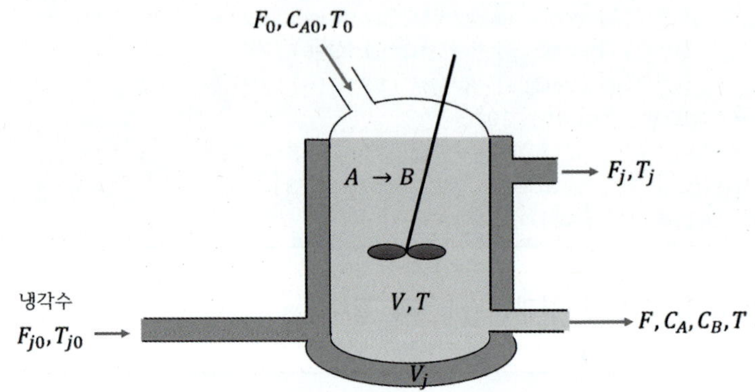


그림 5.5 발열반응이 일어나는 연속교반반응기

반응은 1차반응이며 반응속도 상수는 온도의 함수이다.

$$-r_A = kC_A, \quad k = \alpha e^{-E/RT}$$

반응기로부터 냉각재킷으로 전달되는 열량은

$$Q = UA(T - T_j)$$

로 주어진다. $U$는 총괄 열전달 계수, $A$는 열전달 면적, $T$는 반응기 온도, 그리고 $T_j$는 냉각재킷의 냉각수 온도이다.

A 성분에 대한 물질수지로부터

$$F_0 C_{A0} - FC_A - kVC_A = 0 \text{ 혹은 } C_A = \frac{F_0 C_{A0}}{F + kV}$$

반응기에 대한 에너지 수지로부터

$$\rho C_p (F_0 T_0 - FT) - \lambda kVC_A - UA(T - T_j) = 0$$

냉각재킷에 대한 에너지 수지로부터

$$\rho_j C_j F_j (T_{j0} - T_j) + UA(T - T_j) = 0 \text{ 혹은 } T_j = \frac{\rho_j C_j F_j T_{j0} + UAT}{\rho_j C_j F_j + UA}$$

를 얻는다. $\lambda$는 반응열, $\rho$와 $\rho_j$는 각각 반응물과 냉각수의 밀도, $C_p$와 $C_j$는 각각 반응물과 냉각수의 열용량 계수이다.

### 보기 7 발열반응이 일어나는 연속교반 반응기

어떤 연속교반 반응기에서 1차 비가역 발열반응 $A \rightarrow B$가 일어나고 있으며 반응속도식은 $-r_A = kC_A$, $k = \alpha e^{-E/RT}$로 주어진다.

(1) 주어진 데이터를 이용하여 정상상태에서의 A 성분의 농도 $C_A$와 반응물 및 냉각재킷의 온도 $T$ 및 $T_j$를 구하여라.

(2) 연속교반 반응기에서 발열반응이 일어나는 경우 다수의 정상상태가 존재할 수 있다. 반응기에 대한 에너지 수지로부터 $\rho C_p (F_0 T_0 - FT) - \lambda k V C_A - UA(T - T_j) = 0$. 여기에 $k = \alpha e^{-E/RT}$, $C_A = \dfrac{F_0 C_{A0}}{F + kV}$ 및 $T_j = \dfrac{\rho_j C_j F_j T_{j0} + UAT}{\rho_j C_j F_j + UA}$를 대입하면

$$f(T) = \rho C_p (F_0 T_0 - FT) - \frac{F_0 C_{A0} V \lambda \alpha e^{-E/RT}}{F + \alpha e^{-E/RT} V} - UA\rho_j C_j F_j \left( \frac{T - T_{j0}}{\rho_j C_j F_j + UA} \right) = 0$$

를 얻는다. 비선형 방정식 $f(T) = 0$의 해를 구하고 온도 $T$에 따른 $f(T)$의 그래프를 작성하여 다수의 정상상태가 존재함을 확인하여 보라.

**데이터:**

| | |
|---|---|
| 반응물 유입유량 | $F_0 = 40\ ft^3/h$ |
| 반응생성물 유출유량 | $F = 40\ ft^3/h$ |
| A 성분의 초기농도 | $C_{A0} = 0.55\ lbmol/ft^3$ |
| 반응기 부피 | $V = 48\ ft^3$ |
| 냉각재킷 냉각수 유입 및 유출유량 | $F_{j0} = F_j = 49.9\ ft^3/h$ |
| 반응물의 열용량 | $C_p = 0.75\ btu/lb_m/°R$ |
| 냉각수의 열용량 | $C_j = 1\ btu/lb_m/°R$ |
| 반응속도상수의 계수 | $\alpha = 7.08\text{x}1010\ h^{-1}$ |

| | |
|---|---|
| 활성화 에너지 | $E$=30,000 $btu/lbmol$ |
| 반응물의 밀도 | $\rho$=50 $lb_m/ft^3$ |
| 냉각수의 밀도 | $\rho_j$=62.3 $lb_m/ft^3$ |
| 총괄 열전달 계수 | $U$=150 $btu/(h \cdot ft^2 \cdot °R)$ |
| 열전달 면적 | $A$=250 $ft^2$ |
| 냉각수 유입온도 | $T_{j0}$=530°$R$ |
| 반응물 유입온도 | $T_0$=530°$R$ |
| 반응열 | $\lambda$=-30,000 $btu/lbmol$ |
| 냉각재킷의 부피 | $V_j$=12 $ft^3$ |
| 기체상수 | $R$=1.9872 $btu/lbmol/°R$ |

**풀이**

(1) 주어진 데이터를 이용하여 물질수지와 에너지 수지를 구성하는 비선형 방정식 시스템의 해를 구하는 문제가 된다. $x_1 = C_A$, $x_2 = T$, $x_3 = T_j$로 두면

반응기 물질수지: $f_1 = F_0 C_{A0} - F x_1 - \alpha V e^{-E/Rx_2} x_1 = 0$

반응기 에너지수지: $f_2 = \rho C_p (F_0 T_0 - F x_2) - \lambda \alpha V e^{-E/Rx_2} x_1 - UA(x_2 - x_3) = 0$

냉각재킷 에너지수지: $f_3 = \rho_j C_j F_j (T_{j0} - x_3) + UA(x_2 - x_3) = 0$

해의 초기 가정값은 $x_0 = [C_{A0}\ T_0\ T_{j0}]$로 정할 수 있다.

풀이과정은 스크립트 파일 exocstr.m에 의해 수행된다.

```
% exocstr.m
% 데이터:
F0 = 40; F = 40; Fj = 49.9;Ca0=0.55; V = 48;
rho = 50; rhoj = 62.3; Cp = 0.75; Cj = 1; A = 250; U = 150;
T0 = 530; Tj0 = 530; alp=7.08e10; lam = -3e4; E = 3e4; R = 1.9872;
% 함수의 정의
fun = @(x) [F0*Ca0 - F*x(1) - alp*V*x(1)*exp(-E/R/x(2));
      rho*Cp*(F0*T0-F*x(2))-lam*alp*V*x(1)*exp(-E/R/x(2))-U*A*(x(2)      -
x(3));
      rhoj*Cj*Fj*(Tj0 - x(3)) + U*A*(x(2) - x(3))];
% 방정식의 풀이
x0 = [Ca0 T0 Tj0]; % 해의 초기값
x = fsolve(fun, x0);
Ca = x(1), T = x(2), Tj = x(3)
```

스크립트 파일 exocstr.m의 수행결과는 다음과 같다.

```
>> exocstr
Ca =
    0.5214
T =
  537.8548
Tj =
  537.2534
```

(2) 방정식

$$f(T) = \rho C_p (F_0 T_0 - FT) - \frac{F_0 C_{A0} V \lambda \alpha e^{-E/RT}}{F + \alpha e^{-E/RT} V} - UA\rho_j C_j F_j \left( \frac{T - T_{j0}}{\rho_j C_j F_j + UA} \right) = 0$$

의 해의 계산 및 그래프 작성은 스크립트 파일 exocstr2.m에 의해 수행된다.

```
% exocstr2.m
% 데이터:
F0 = 40; F = 40; Fj = 49.9;Ca0=0.55; V = 48;
rho = 50; rhoj = 62.3; Cp = 0.75; Cj = 1; A = 250; U = 150;
T0 = 530; Tj0 = 530; alp=7.08e10; lam = -3e4; E = 3e4; R = 1.9872;
% 함수의 정의
fT = @(T) [rho*Cp*(F0*T0 - F*T) - (F0*Ca0*V*lam*alp*exp(-E/R./T))./...
    (F+alp*V*exp(-E/R./T)) - U*A*rhoj*Cj*Fj*(T-Tj0)./(rhoj*Cj*Fj + U*A)];
% 방정식의 풀이
T0 = T0+150 % 해의 초기값
x = fzero(fT, T0)
% T에 따른 f(T)의 그래프
Tv = 500:0.1:700; Fv = fT(Tv); Fv0 = Fv*0;
plot(Tv,Fv,Tv,Fv0), xlabel('T(R)'), ylabel('f(T)')
```

온도 $T$의 초기값을 $T_0 = 530$, 580, 680($^\circ R$)로 변화시켜 가면서 해를 구하여 보면 다음 결과를 얻는다.

```
>> exocstr2
T0 =
   530
x =
  537.8548
>> exocstr2
T0 =
```

```
   580
x =
  590.3498
>> exocstr2
T0 =
   680
x =
  671.2783
```

즉 $T_s = 537.8548, 590.3498, 671.2783(^\circ R)$의 3가지 정상상태가 존재함을 알 수 있다.

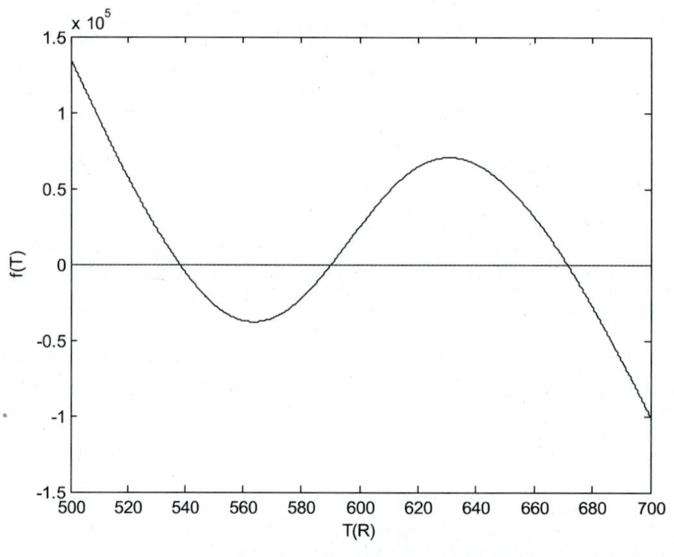


**그림 5.6 발열반응의 3가지 정상상태**

## 다중반응

성분 수가 N이고 진행되는 반응 수가 q개라면 물질수지로부터 다음을 얻는다.[5]

$$F_{10} - F_1 = -r_1 V = V\sum_{i=1}^{q}(-r_{i1}) = Vf_1(C_1, \cdots, C_N)$$

5 H. Scott Fogler, Essentials of Chemical Reaction Engineering, p. 312, Pearson Education Inc., 2011.

$$F_{20} - F_2 = -r_2 V = V\sum_{i=1}^{q}(-r_{i2}) = Vf_2(C_1, \cdots, C_N)$$

$$\vdots$$

$$F_{j0} - F_j = -r_j V = V\sum_{i=1}^{q}(-r_{ij}) = Vf_j(C_1, \cdots, C_N)$$

$$\vdots$$

$$F_{N0} - F_N = -r_N V = V\sum_{i=1}^{q}(-r_{iN}) = Vf_N(C_1, \cdots, C_N)$$

## 보기 8 연속교반 반응기(CSTR)에서의 다중반응[6]

부피가 2,500 $dm^3$인 연속교반(CSTR) 반응기에서 비가역 액상 복합반응

$$A + 2B \rightarrow C, \quad 2A + 3C \rightarrow D$$

이 일어나고 있다. 각 성분에 대한 반응의 속도식은 다음과 같이 쓸 수 있다.

$$r_A = -k_a C_A C_B^2 - \frac{2}{3}k_c C_A^2 C_C^3, \quad r_B = -2k_a C_A C_B^2,$$

$$r_C = k_a C_A C_B^2 - k_c C_A^2 C_C^3, \ r_D = \frac{1}{3}k_c C_A^2 C_C^3$$

반응기로부터 유출되는 반응물 중의 각 성분의 농도와 선택도를 구하여라. 선택도는 $S_{C/D} = \dfrac{C_C}{C_D}$로 주어진다. 반응 파라미터 및 반응조건은 $k_a = 10\ (dm^3/mol)^2/\text{min}$, $k_c = 15\ (dm^3/mol)^4/\text{min}$, 반응물 유량 $v_0 = 100 dm^3/\text{min}$, $C_{A0} = C_{B0} = 2\ mol/dm^3$와 같다.

**풀이**

각 성분에 대한 몰 수지로부터 다음을 얻는다.

$$f(C_A) = v_0 C_{A0} - v_0 C_A + r_A V = 0, \quad f(C_B) = v_0 C_{B0} - v_0 C_B + r_B V = 0,$$

$$f(C_C) = -v_0 C_C + r_C V = 0, \quad f(C_D) = -v_0 C_D + r_D V = 0$$

비선형방정식 시스템을 함수(cstrmult.m)로 정의한다. 비선형방정식 시스템에서 종속변수

6 H. Scott Fogler, Essentials of Chemical Reaction Engineering, p. 312-313, Pearson Education Inc., 2011.

벡터 C는 $C^T = [C_A \, C_B \, C_C \, C_D]$로 정의된다.

```
function fC = cstrmult(C,ka,kc,Ca0,Cb0,v0,V)
% C(1)=Ca, C(2)=Cb, C(3)=Cb, C(4)=Cd
ra = -ka*C(1)*C(2)^2 - 2*kc*C(1)^2*C(3)^3/3;
rb = -2*ka*C(1)*C(2)^2;
rc = ka*C(1)*C(2)^2 - kc*C(1)^2*C(3)^3;
rd = kc*C(1)^2*C(3)^3/3;
fC = [v0*Ca0 - v0*C(1) + ra*V;
     v0*Cb0 - v0*C(2) + rb*V;
     -v0*C(3) + rc*V;
     -v0*C(4) + rd*V];
end
```

스크립트 usecstrmult.m은 비선형방정식 시스템 정의함수 cstrmult를 호출하고 내장함수 fsolve를 이용하여 해를 구한다. 이로부터 각 성분의 최종 농도와 선택도가 계산된다. 선택도 $S_{C/D} = \dfrac{C_C}{C_D}$의 계산에서 $C_D$의 초기값은 0이므로 $C_D$가 매우 작을 때에는 선택도를 0으로 둔다.

```
% usecstrmult.m
clear all;
ka = 10; kc = 15; V = 2500; v0 = 100; Ca0 = 2; Cb0 = 2;
C0 = [Ca0 Cb0 0 0];
[C fval] = fsolve(@cstrmult,C0,[],ka,kc,Ca0,Cb0,v0,V);
Ca = C(:,1); Cb = C(:,2); Cc = C(:,3); Cd = C(:,4);
n = length(Cd); Scd = zeros(1,n);
for i = 1:n
   if Cd(i) <= 1e-4
      Scd(i) = 0;
   else
      Scd(i) = Cc(i)/Cd(i);
   end
end
fprintf('각 성분농도의 최종값: \n');
fprintf('Caf=%g, Cbf=%g, Ccf=%g, Cdf=%g\n',Ca(end),Cb(end),Cc(end),Cd(end));
fprintf('최종 선택도: Scdf = %g\n',Scd(end));
```

스크립트 usecstrmult.m의 수행결과는 다음과 같다.

```
>> usecstrmult
Equation solved.
fsolve completed because the vector of function values is near zero
as measured by the default value of the function tolerance, and
the problem appears regular as measured by the gradient.
<stopping criteria details>
각 성분농도의 최종값:
Caf=0.532653, Cbf=0.0848008, Ccf=0.192978, Cdf=0.254874
최종 선택도: Scdf = 0.757153
```

## 5.3 회분식 반응기

### 회분식 반응 파라미터의 추정

회분식 반응기에서 A 성분의 전환반응이 일어나고 있으며 반응식은

$$\frac{dC_A}{dt} = -kC_A^n$$

이라고 하자. 시간 t에 따른 A의 농도 $C_A$를 측정하였다면 이 데이터로부터 반응속도상수 k와 반응차수 n을 결정할 수 있다. 위의 반응식의 미분으로부터

$$\ln\left(-\frac{dC_A}{dt}\right) = \ln(k) + n\ln(C_A)$$

를 얻는다. 따라서 k와 n을 결정하는 문제는 전형적인 선형접합 문제가 된다.

#### 보기 9 회분식 반응의 반응 파라미터

어떤 회분식 반응기에서 요오드를 촉매로 사용하는 크실렌의 브롬화 액상반응이 진행되고 있다. 크실렌이 포함되어 있는 반응기 내로 소량의 브롬이 주입되며 반응은 17℃ 에서 일어나고 있다. 크실렌의 농도는 반응이 진행되는 동안 일정하며 반응식은 $\frac{dC_{Br_2}}{dt} = -kC_{Br_2}^n$ 으로 주어진다고 가정한다. 시간에 따른 브롬의 농도 $C_{Br_2}$를 측정한 데이터는 다음 표와 같다.

이 반응의 반응속도 상수 k와 반응차수 n을 추정하여라.[7]

**표 5.2 시간에 따른 브롬의 농도**

| $t$(min) | $C_{Br_2}(gmol/dm^3)$ | $t$(min) | $C_{Br_2}(gmol/dm^3)$ |
|---|---|---|---|
| 0 | 0.3335 | 19.60 | 0.1429 |
| 2.25 | 0.2965 | 27.00 | 0.1160 |
| 4.50 | 0.2660 | 30.00 | 0.1053 |
| 6.33 | 0.2450 | 38.00 | 0.0830 |
| 8.00 | 0.2255 | 41.00 | 0.0767 |
| 10.25 | 0.2050 | 45.00 | 0.0705 |
| 12.00 | 0.1910 | 47.00 | 0.0678 |
| 13.50 | 0.1794 | 57.00 | 0.0553 |
| 15.60 | 0.1632 | 63.00 | 0.0482 |
| 17.85 | 0.1500 | | |

**풀이**

반응속도식을 $\frac{dC_{Br_2}}{dt} = -kC_{Br_2}^n$ ($C_{Br_2}$: 브롬의 농도)라 하면

$$\ln\left(-\frac{dC_{Br_2}}{dt}\right) = \ln(k) + n\ln(C_{Br_2}).$$

먼저 브롬 농도의 시간에 따른 미분을 수치적으로 구한 다음 선형접합을 수행한다. 선형접합은 $x = (A^TA)^{-1}A^Tb$의 형태를 이용한다. $x(1) = n$, $x(2) = \ln(k)$로부터 n과 k를 얻는다. 이 계산과정은 스크립트 rnk.m에 의해 수행된다.

```
% rnk.m
t = [0 2.25 4.50 6.33 8.00 10.25 12.00 13.50 15.60 17.85 ...
   19.60 27.00 30.00 38.00 41.00 45.00 47.00 57.00 63.00];
Cb = [0.3335 0.2965 0.2660 0.2450 0.2255 0.2050 0.1910 0.1794 0.1632 ...
   0.1500 0.1429 0.1160 0.1053 0.0830 0.0767 0.0705 0.0678 0.0553 0.0482];
dCb = diff(Cb)./diff(t); dCb = [dCb dCb(end)];
n = length(t); A = [(log(Cb))' ones(n,1)];
x = (A'*A)^-1*A'*(log(-dCb))'
n = x(1), k = exp(x(2))
```

7 Cutlip, M. B. and M. Shacham, Problem Solving in Chemical and Biochemical Engineering with POLYMATH, Excel, and MATLAB, 2nd ed., p. 465-467, Prentice-Hall, 2008.

스크립트 rnk.m의 수행결과는 다음과 같다.

```
>> rnk
x =
    1.5128
   -2.4454
n =
    1.5128
k =
    0.0867
```

## 반회분식(semibatch) 반응기

반회분식(semibatch) 반응기의 가장 큰 이점 가운데 하나는 액상반응에서 선택도가 향상된다는 점이다. 예를 들어 반회분식 반응기에서 두 반응이 동시에 진행된다고 하자. 원하는 생성물은 D이다.

$$A+B \xrightarrow{k_D} D, \quad r_D = k_D C_A^2 C_B$$

$$A+B \xrightarrow{k_U} U, \quad r_U = k_U C_A C_B^2$$

순간 선택도 $S_{D/U}$는 두 반응속도의 비로서

$$S_{D/U} = \frac{r_D}{r_U} = \frac{k_D C_A^2 C_B}{k_U C_A C_B^2} = \frac{k_D}{k_U}\frac{C_A}{C_B}$$

로 주어진다.

그림에 보인 반회분식 반응기에서 반응물 A가 채워져 있는 반응기에 반응물 B가 주입되어 반응

$$A+B \rightarrow C+D, \quad -r_A = kC_A C_B$$

이 진행된다고 하자.[8]

8 H. Scott Fogler, Essentials of Chemical Reaction Engineering, p. 227-229, Pearson Education Inc., 2011.

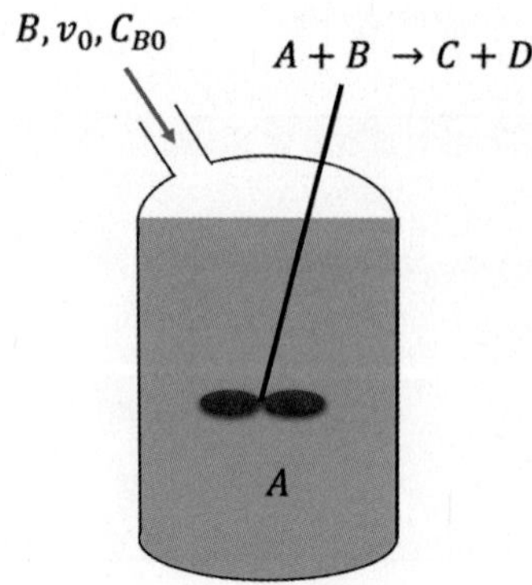


그림 5.7 반회분식 반응기

물질수지로부터

$$\frac{dC_A}{dt}=r_A-\frac{v_0 C_A}{V},\quad \frac{dC_B}{dt}=\frac{v_0(C_{B0}-C_B)}{V}+r_B,\quad \frac{dC_C}{dt}=r_C-\frac{v_0 C_C}{V},$$

$$\frac{dC_D}{dt}=r_D-\frac{v_0 C_D}{V},\quad -r_A=-r_B=r_C=r_D$$

를 얻는다. 시점 t에서 반응기 내의 반응물의 부피 V와 A 성분의 전환율 X는 각각

$$V=V_0+v_0 t,\quad X=\frac{C_{A0}V_0-C_A V}{C_{A0}V_0}$$

로 주어진다.

## 보기 10 반회분식 반응기[9]

반회분식 반응기에서 다음과 같은 비가역 액상반응에 의해 브롬화메틸이 생성되고 있다.

$$CNBr(A)+CH_3NH_2(B)\ \rightarrow\ CH_3Br(C)+NCNH_2(D)$$

반응식은 $-r_A=kC_AC_B$로 주어지며 $k=2.2\ dm^3/(s\cdot mol)$이다. 반응물의 초기부피는 $V_0=5\ dm^3$이며 농도가 $C_{B0}=0.025\ mol/dm^3$인 메틸아민(B) 용액이 $v_0=0.05\ dm^3/s$의 유량으로 반응기로 공급되고 있다. A의 초기농도는 $C_{A0}=0.05\ mol/dm^3$이다.

9 H. Scott Fogler, Essentials of Chemical Reaction Engineering, p. 230-232, Pearson Education Inc., 2011.

$0 \le t \le 500(s)$의 시간범위에서 각 성분의 농도변화 및 반응속도를 그래프로 나타내어라.

**풀이**

$-r_A = -r_B = r_C = r_D$를 이용하면 다음 미분방정식 시스템을 얻는다.

$$\frac{dC_A}{dt} = r_A - \frac{v_0 C_A}{V}, \quad \frac{dC_B}{dt} = \frac{v_0(C_{B0} - C_B)}{V} + r_A,$$

$$\frac{dC_C}{dt} = -r_A - \frac{v_0 C_C}{V}, \quad \frac{dC_D}{dt} = -r_A - \frac{v_0 C_D}{V}$$

$$V = V_0 + v_0 t, \quad -r_A = kC_A C_B$$

먼저 미분방정식 시스템을 함수(semibrx.m)로 정의한다.

```
function dxdt = semibrx(t,x,k,v0,V0,Cb0)
% x(1)=Ca, x(2)=Cb, x(3)=Cc, x(4)=Cd
rA = -k*x(1)*x(2); V = V0 + v0*t;
dxdt = [rA - v0*x(1)/V;
        rA + (Cb0 - x(2))*v0/V;
        -rA - v0*x(3)/V;
        -rA - v0*x(4)/V];
end
```

스크립트 파일 usesemibrx.m은 함수 semibrx.m을 호출하고 반응조건과 데이터를 바탕으로 내장함수 ode45를 이용하여 적분을 수행한다. 스크립트 파일 usesemibrx.m은 또한 시간에 따른 A의 전환율(Xa)도 계산한다.

```
% usesemibrx.m
clear all;
k = 2.2; v0 = 0.05; V0 = 5; Cb0 = 0.025; Ca0 = 0.05;
x0 = [Ca0 0 0 0]; tspan = [0 500];
[t x] = ode45(@semibrx,tspan,x0,[],k,v0,V0,Cb0);
Ca = x(:,1); Cb = x(:,2); Cc = x(:,3); Cd = x(:,4);
V = V0 + v0*t; Xa = (Ca0*V0 - Ca.*V)/(Ca0*V0); rA = k*Ca.*Cb;
figure(1), plot(t,Ca, t,Cb,':', t,Cc,'.-', t,Cd,'--')
xlabel('t(s)'), ylabel('C(mol/dm^3'), legend('C_A','C_B','C_C','C_D')
figure(2), plot(t,rA), xlabel('t(s)'), ylabel('반응속도(mol/dm^3s')
```

스크립트 파일 usesemibrx.m의 수행결과는 다음과 같다.

```
>> usesemibrx
```

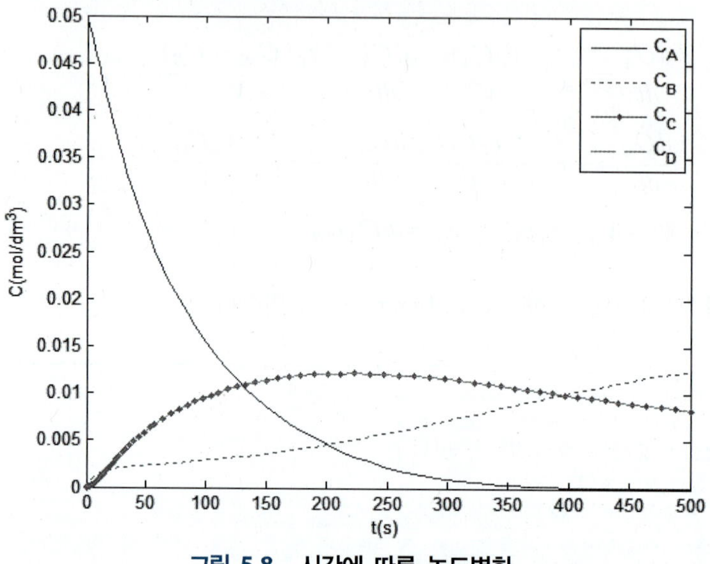


그림 5.8 시간에 따른 농도변화

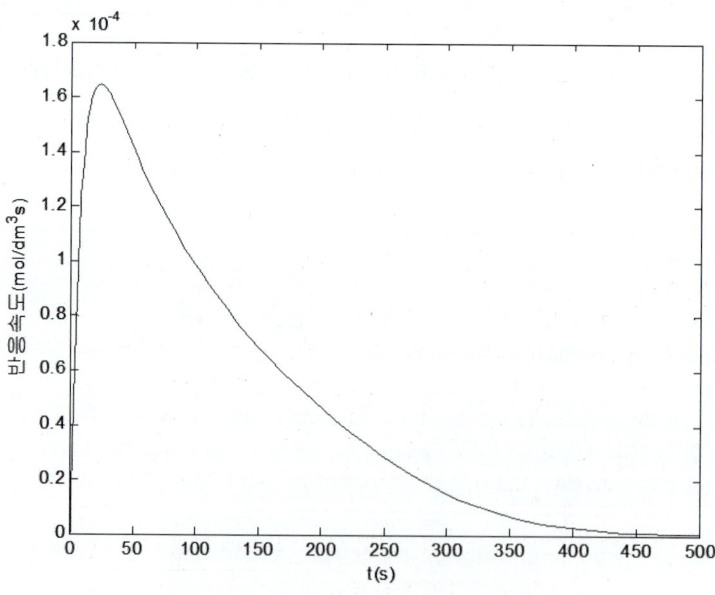


그림 5.9 시간에 따른 반응속도 변화

## 5.4 관형 반응기

관형 반응기(plug-flow reactor)에서 물질수지는

$$\frac{dX}{dV}=\frac{-r_A}{F_{A0}} \quad \text{혹은} \quad v_0\frac{dC_A}{dV}=r_A$$

로 주어진다. 반응이 등온등압에서 일어나는 1차반응이라면 $F_{A0}=C_{A0}v_0$, $\epsilon=y_0\delta$이고

$$-r_A=kC_A=kC_{A0}\left(\frac{1-X}{1+\epsilon X}\right)\frac{P}{P_0}\frac{T_0}{T}=kC_{A0}\left(\frac{1-X}{1+\epsilon X}\right)$$

이므로 물질수지는

$$\frac{dX}{dV}=\frac{k(1-X)}{v_0(1+\epsilon X)}, \quad X|_{V=0}=0$$

과 같다. 반응물이 순수한 A로 이루어져 있으면 $\epsilon=y_0\delta=\delta$, 반응물이 $z$%의 A로 이루어져 있으면 $\epsilon=y_0\delta=\dfrac{z\delta}{100}$이다.

### 보기 11 등온관형반응기[10]

어떤 관형 반응기에서 $2A \rightarrow B$와 같은 반응이 일어나고 있으며 반응원료 A와 C가 같은 몰수로 주입되고 있다. 각 성분에 대한 물질수지는 다음과 같다.

$$v_0\frac{dC_A}{dV}=-2kC_A^2, \quad v_0\frac{dC_B}{dV}=kC_A^2, \quad v_0\frac{dC_C}{dV}=0$$

위에서 $v_0=0.5\ m/s, k=0.3\ m^3/kmol/s$이며 $C_{A0}=2\ kmol/m^3$, $C_{B0}=0$, $C_{C0}=2\ kmol/m^3$이고 반응기의 총 부피는 길이로 나타내어 $V_f=2.4\ m$이다. 반응기 길이 $V$에 따른 각 성분의 농도변화를 그래프로 나타내어라.

**풀이**

미분방정식 시스템을 정의하고 내장함수 ode45를 이용하여 해를 구한다.

10 Bruce A. Finlayson, Introduction to Chemical Engineering Computing, p. 118-120, John Wiley & Sons, Inc., 2006.

```
>> v0 = 0.5; k = 0.3; Vf = 2.4; Vi = [0 Vf]; C0 = [2 0 2];
>> dC = @(V,C) [-2*k*C(1)^2/v0; k*C(1)^2/v0; 0]; [V C] = ode45(dC,Vi,C0);
>> plot(V,C(:,1),V,C(:,2),'.-',V,C(:,3),'--'), legend('C_A','C_B','C_C')
>> xlabel('V(m)'), ylabel('C(kmol/m^3')
```

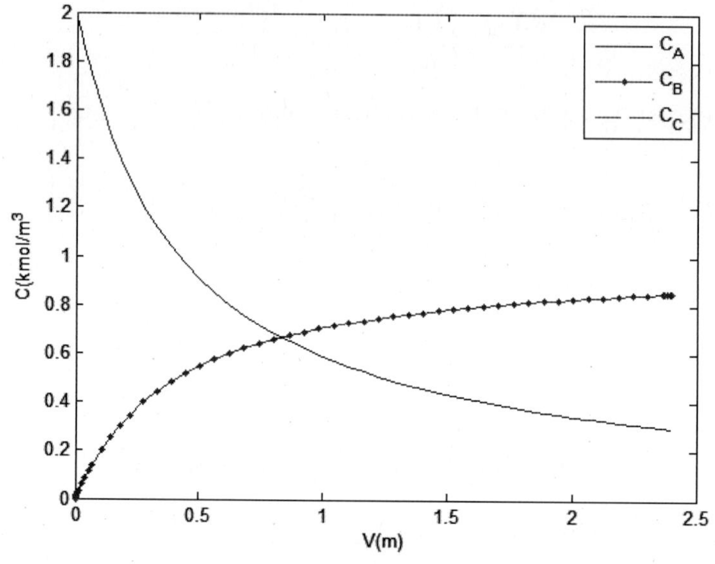


**그림 5.10 반응기 길이에 따른 농도변화**

## 보기 12 미세관형 반응기에서의 2차 분해반응[11]

미세관형 반응기에서 다음과 같은 기상 분해반응이 진행되고 있다.

$$2NOCl(A) \rightarrow 2NO(B) + Cl_2(C) \qquad \left(A \rightarrow B + \frac{1}{2}C\right)$$

이 반응은 2차반응으로서 반응속도는

$$-r_A = kC_A^2 = kC_{T0}^2\left(\frac{F_A}{F_T}\right)^2$$

로 주어진다. 위에서 $C_{T0} = \frac{P}{RT}$, $C_i = C_{T0}\frac{F_i}{F_T}\,(i = A, B, C)$, $F_T = F_A + F_B + F_C$이다.

11 H. Scott Fogler, Essentials of Chemical Reaction Engineering, p. 213-216, Pearson Education Inc., 2011.

반응기 부피에 따른 $F_A$, $F_B$, $F_C$의 변화를 그래프로 나타내어라. 운전조건 및 데이터는 $F_{A0} = 22.6\ \mu mol/s = 2.26 \times 10^{-5}\ mol/s$, $k_0 = 0.29\ dm^3/(mol \cdot s)$, $R = 8.314\ kPa \cdot dm^3/(mol \cdot K)$, $P = 1641\ kPa$, $T = 698\ K$와 같으며 $k = k_0 \exp\left(\frac{E}{1.987}\left(\frac{1}{500} - \frac{1}{T}\right)\right)$로 주어진다($E = 24000$).

**풀이**

$\frac{dF_i}{dV} = r_i (i = A, B, C)$. 한편 $\frac{r_A}{-1} = \frac{r_B}{1} = \frac{r_C}{1/2}$이므로 $r_B = -r_A$, $r_C = -\frac{1}{2} r_A$. 따라서

$$\frac{dF_A}{dV} = -kC_{T0}^2\left(\frac{F_A}{F_T}\right)^2,\ \frac{dF_B}{dV} = kC_{T0}^2\left(\frac{F_A}{F_T}\right)^2,\ \frac{dF_C}{dV} = \frac{k}{2}C_{T0}^2\left(\frac{F_A}{F_T}\right)^2.$$

초기조건은 $F_{A0} = 22.6$, $F_{B0} = 0$, $F_{C0} = 0$이며 부피의 적분구간은 V = [0 0.00001]로 한다. 먼저 미분식을 정의하는 함수 microrx.m을 작성한다.

```
function dxdv = microrx(v,x,k,Ct0)
% x(1) = Fa, x(2) = Fb, x(3) = Fc
Ft = sum(x);
dxdv = [-k*Ct0^2*(x(1)/Ft)^2;
        k*Ct0^2*(x(1)/Ft)^2;
        (k/2)*Ct0^2*(x(1)/Ft)^2];
end
```

스크립트 usemicrorx.m은 미분방정식 시스템 정의함수 microrx.m을 호출하고 내장함수 ode23s를 이용하여 적분을 수행한다. 주어진 미분방정식 시스템은 경성이므로 미분방정식의 풀이를 위하여 ode45가 아닌 ode23s를 사용한다.

```
% usemicrorx.m
Fa0 = 2.26e-5; R = 8.314; P0 = 1641; T0 = 698; E = 24000;
Ct0 = P0/(R*T0); Vf = 1e-5; x0 = [Fa0 0 0];
k = 0.29*exp(E/1.987*(1/500-1/T0));
[V x] = ode23s(@microrx,[0 Vf],x0,[],k,Ct0);
Fa = x(:,1); Fb = x(:,2); Fc = x(:,3);
fprintf('최종값: Fa = %g, Fb = %g, Fc = %g\n', Fa(end), Fb(end), Fc(end));
plot(V,Fa,V,Fb,':',V,Fc,'--'), xlabel('V(dm^3)'), axis tight
legend('F_A','F_B','F_C')
```

스크립트 usemicrorx.m의 수행결과는 다음과 같다.

```
>> usemicrorx
최종값: Fa = 3.47619e-06, Fb = 1.91238e-05, Fc = 9.5619e-06
```

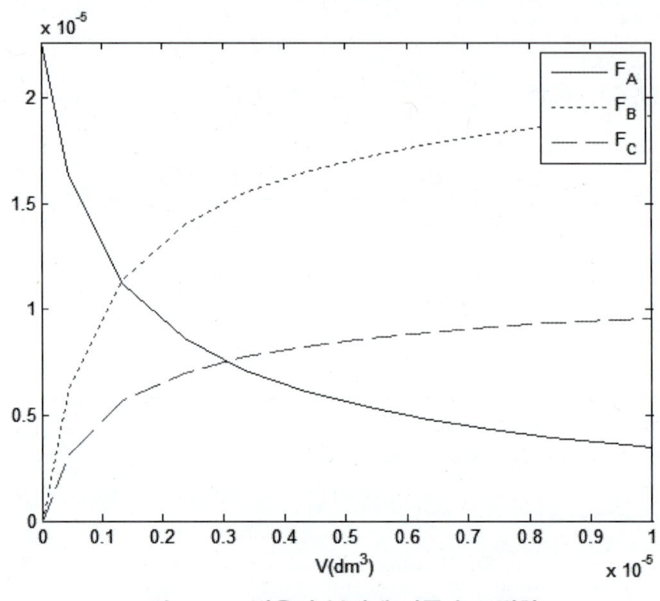


**그림 5.11 반응기 부피에 따른 농도변화**

## 보기 13 관형 반응기에서의 아세톤 분해반응[12]

아세톤이 케텐과 메탄으로 분해되는 비가역 기상 반응은 다음과 같이 나타낼 수 있다.

$$CH_3COCH_3 \rightarrow CH_2CO + CH_4$$

관형 반응기에서 아세톤의 기상반응이 단열조건으로 진행되고 있다. 이 반응은 아세톤(A)에 대하여 1차 반응으로서 $-r_A = kC_A$ ($C_A$ : 아세톤 농도, $gmol/m^3$)로 나타낼 수 있으며 아세톤(A)과 케텐(B), 그리고 메탄(C)의 유량을 각각 $F_A$, $F_B$, 그리고 $F_C$ ($gmol/s$)라고 할 때 관형 반응기에서의 물질수지는

12 Cutlip, M. B. and M. Shacham, Problem Solving in Chemical and Biochemical Engineering with POLYMATH, Excel, and MATLAB, 2nd ed., p. 119-122, Prentice-Hall, 2008.

$$\frac{dF_A}{dV} = r_A, \quad \frac{dF_B}{dV} = -r_A, \quad \frac{dF_C}{dV} = -r_A$$

로 쓸 수 있다. 반응속도 상수 $k(s^{-1})$는 온도 $T(K)$의 함수로서 다음과 같이 주어진다.

$$\ln k = 34.34 - \frac{34222}{T}$$

기상반응의 경우 아세톤 농도 $C_A(gmol/m^3)$는 몰분율을 이용하여 $C_A = \frac{1000 y_A P}{8.31 T}$로 나타낼 수 있다. 몰분율 $y_i$는 $y_i = \frac{F_i}{F_A + F_B + F_c}$ $(i = A, B, C)$로 주어지며 아세톤의 전환율은 $x_A = \frac{F_{A0} - F_A}{F_{A0}}$와 같다. 한편 반응기에서의 에너지 수지는

$$\frac{dT}{dV} = \frac{-r_A(-\Delta H)}{F_A C_{pA} + F_B C_{pB} + F_C C_{pC}}$$

로 나타낼 수 있다. 위에서 $\Delta H$ $(J/gmol)$는 온도 T에서의 반응열이며 $C_{pi}(i = A, B, C)$는 각 성분의 열용량$(J/(gmol \cdot K))$으로서 각각 다음과 같이 주어진다.[13]

$$\Delta H = 80770 + 6.8(T - 298) - 0.00575(T^2 - 298^2) - 1.27 \times 10^{-6}(T^3 - 298^3),$$

$$C_{pA} = 26.2 + 0.183T - 45.86 \times 10^{-6} T^2,$$

$$C_{pB} = 20.04 + 0.0945T - 30.95 \times 10^{-6} T^2,$$

$$C_{pC} = 13.39 + 0.077T - 18.91 \times 10^{-6} T^2$$

반응기로의 아세톤 원료의 유량은 8000 $kg/hr$(=38.3 $gmol/s$), 반응기 유입부의 온도는 $T = 1150K$이며 반응은 $P = 162$ $kPa$(1.6기압)의 일정한 압력에서 진행된다. 반응기의 총 부피는 4 $m^3$이다.

(1) 반응기 유출부에서의 각 성분의 유량($gmol/s$)과 몰분율을 구하여라.

(2) 아세톤의 전환율을 높이기 위하여 아세톤과 함께 질소를 주입하는 방안을 고려하고 있다. 반응기로 주입되는 총 원료유량은 38.3 $gmol/s$로 일정하게 유지하면서 질소를 28.3, 18.3, 8.3, 3.3, 그리고 0.0 $gmol/s$의 유량으로 주입하는 경우 각각에 대하여 최종 전환율과 온도를 구하여라. 아울러 질소 유량이 28.3 $gmol/s$인 경우 반응기 부피에

13 Fogler, H. S., Elements of Chemical Reaction Engineering, 3rd ed., p. 523, Prentice Hall, 1999.

따른 전환율과 온도의 변화를 그래프로 나타내어라. 질소의 열용량은 $C_{pN_2} = 6.25 + 0.00878T - 2.1 \times 10^{-8}T^2$로 주어진다.

(3) 반응기 유입부의 온도 $T = 1035\ K$에서 반응기 압력이 $1.6\ atm \leq P \leq 5\ atm$, 아세톤 유입유량이 $F_{A0} = 10,\ 20,\ 30,\ 35,\ 38.3\ mol/s$ 범위에서 변하는 경우(앞에서와 마찬가지로 반응기로 주입되는 총 원료유량은 $38.3\ gmol/s$로 일정하게 유지된다) 최종 전환율과 최종 온도를 구하고 각각 $P$ 및 $F_{A0}$에 대한 그래프로 나타내어라.[14]

**풀이**

(1) 미지수가 4개($F_A$, $F_B$, $F_C$, $T$)인 미분방정식 시스템이다. 먼저 미분방정식 시스템을 나타내는 함수 adfun.m을 다음과 같이 작성한다.

```
function dX = adfun(V,X,pf)
% 질소가 주입되는 아세톤 분해반응 미분방정식 시스템
% pf=[P FN2], X(1)== FA, X(2)=FB, X(3)=FC, X(4)=T
P = pf(1); FN2 = pf(2);
T = X(4);
CA = 1000*(X(1)./(X(1)+X(2)+X(3)+FN2))*P/(8.31*T);
k = exp(34.34 - 34222/T);
dH = 80770 + 6.8*(T-298) - 5.75e-3*(T^2 -298^2) - 1.27e-6*(T^3 -298^3);
CpA = 26.2 + 0.183*T - 45.86e-6*T^2;
CpB = 20.04 + 0.0945*T - 30.95e-6*T^2;
CpC = 13.39 + 0.077*T - 18.91e-6*T^2;
CpN2 = 6.25 + 0.00878*T - 2.1e-8*T^2;
rA = -k.*CA;
dX = [rA;
    -rA;
    -rA;
    -rA*(-dH)./(X(1)*CpA + X(2)*CpB + X(3)*CpC + FN2*CpN2)];
end
```

이 시스템은 내장함수 ode45를 이용하여 풀 수 있다. 수행 결과는 다음과 같다.

```
>> pf = [162 0]; Vspan = [0 4]; X0 = [38.3 0 0 1150];
>> [V X] = ode45(@adfun, Vspan, X0, [], pf);
>> FA=X(end,1), FB=X(end,2), FC=X(end,3), T=X(end,4)
```

14 Cutlip, M. B. and M. Shacham, Problem Solving in Chemical and Biochemical Engineering with POLYMATH, Excel, and MATLAB, 2nd ed., p. 173, Prentice-Hall, 2008.

```
FA =
   19.9777
FB =
   18.3223
FC =
   18.3223
T =
  920.8778
```

(2) 질소가 주입되는 경우 에너지 수지식은 $\frac{dT}{dV} = \frac{-r_A(-\Delta H)}{F_A C_{pA} + F_B C_{pB} + F_C C_{pC} + F_{N_2} C_{pN_2}}$가 되며 몰분율 $y_i$는 $y_i = \frac{F_i}{F_A + F_B + F_c + F_{N_2}}$ $(i = A, B, C)$로 주어진다. 이는 미분방정식 시스템을 나타내는 함수 adfun.m에 포함되어 있다. 질소 유입유량에 따른 최종 전환율과 온도는 다음과 같이 구한다.

```
>> P = 162; Vspan = [0 4]; FN2 = [28.3 18.3 8.3 3.3 0.0]; nF = length(FN2);
>> for i = 1:nF, X0 = [38.3-FN2(i) 0 0 1150]; pf = [P FN2(i)];
>> [V X] = ode45(@adfun, Vspan, X0, [], pf);
>> xc(i) = (X0(1) - X(end,1))/X0(1); Tr(i) = X(end,4); end
>> xc, Tr
xc =
    0.5899    0.5183    0.4913    0.4829    0.4784
Tr =
  926.3222  921.0767  920.4939  920.6749  920.8778
```

즉 질소 유입유량에 따른 최종 전환율과 온도는 다음과 같다.

**표 5.3 질소 유입유량에 따른 최종 전환율과 온도**

| 질소 유입유량(gmol/s) | 28.3 | 18.3 | 8.3 | 3.3 | 0.0 |
|---|---|---|---|---|---|
| 최종 전환율 | 0.5899 | 0.5183 | 0.4913 | 0.4829 | 0.4784 |
| 온도($K$) | 926.32 | 921.08 | 920.49 | 920.67 | 920.88 |

질소 유량이 28.3 $gmol/s$인 경우 반응기 부피에 따른 전환율과 온도의 변화를 나타내는 그래프는 다음과 같이 작성한다.

```
>> P = 162; Vspan = [0 4]; FN2 = 28.3;
>> X0 = [38.3-FN2 0 0 1150]; pf = [P FN2];
```

```
>> [V X] = ode45(@adfun, Vspan, X0, [], pf);
>> xc = (X0(1) - X(:,1))/X0(1);
>> figure(1), plot(V,X(:,4)), xlabel('반응기 부피(m^3)'), ylabel('온도(K)');
grid
>> figure(2), plot(V,xc), xlabel('반응기 부피(m^3)'), ylabel('전환율'); grid
```

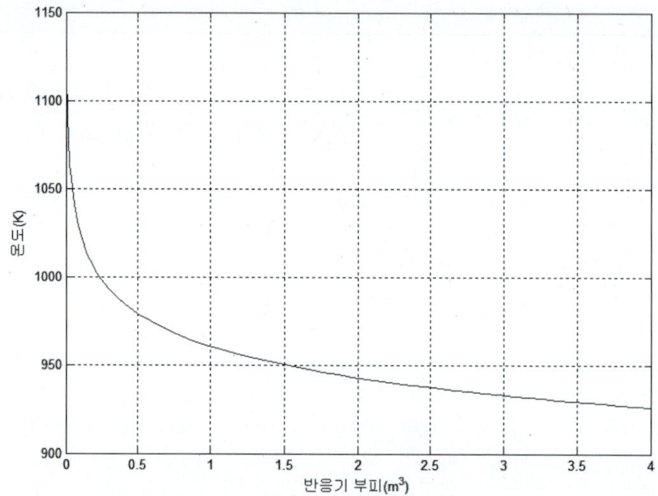


그림 5.12 반응기 부피에 따른 온도 변화

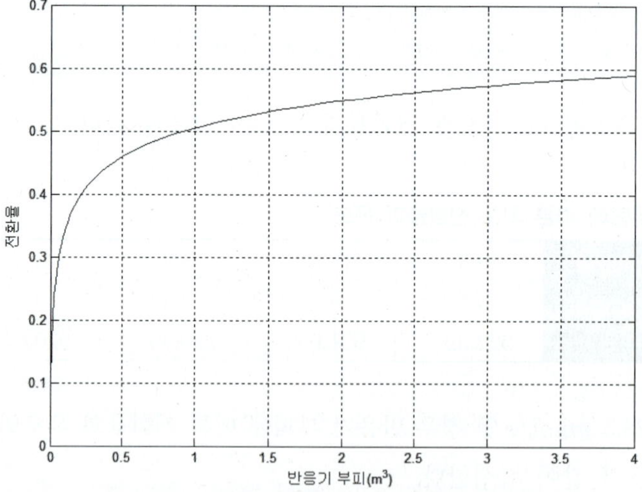


그림 5.13 반응기 부피에 따른 전환율 변화

(3) 아세톤 유입유량이 $F_{A0} = 10,\ 20,\ 30,\ 35,\ 38.3\ mol/s$ 범위에서 변하는 경우 질소유량 $F_{N_2}$는 $F_{N_2} = 38.3 - F_{A0}$로 주어진다. 각각에 따른 계산은 다음과 같은 스크립트 파일 usead.m에 의해 수행된다.

```
% usead.m: 압력 및 원료유량 변화에 따른 온도 및 전환율
P = [1.6:0.2:5]*101.325; Vspan = [0 4]; FA0 = [10 20 30 35 38.3];
FN2 = 38.3-FA0; nP = length(P); nF = length(FA0);
xc = zeros(nF,nP); T = zeros(nF,nP);
for i = 1:nF
   for j = 1:nP
      X0 = [FA0(i) 0 0 1035]; pf = [P(j) FN2(i)];
      [V X] = ode45(@adfun, Vspan, X0, [], pf);
      xc(i,j) = (X0(1) - X(end,1))/X0(1);
      T(i,j) = X(end,4);
   end
end
P = P/101.325;
figure(1)
plot(P,T(1,:),'o',P,T(2,:),'*',P,T(3,:),'x',P,T(4,:),'d',P,T(5,:),'v')
xlabel('P(atm)'), ylabel('T(K)'), grid
legend('F_A0=10','F_A0=20','F_A0=30','F_A0=35','F_A0=38.3')
figure(2)
plot(P,xc(1,:),'o',P,xc(2,:),'*',P,xc(3,:),'x',P,xc(4,:),'d',P,xc(5,:),
'v')
xlabel('P(atm)'), ylabel('x_A'), grid
legend('F_A0=10','F_A0=20','F_A0=30','F_A0=35','F_A0=38.3')
```

스크립트 usead.m의 수행결과는 다음과 같다.

```
>> usead
```

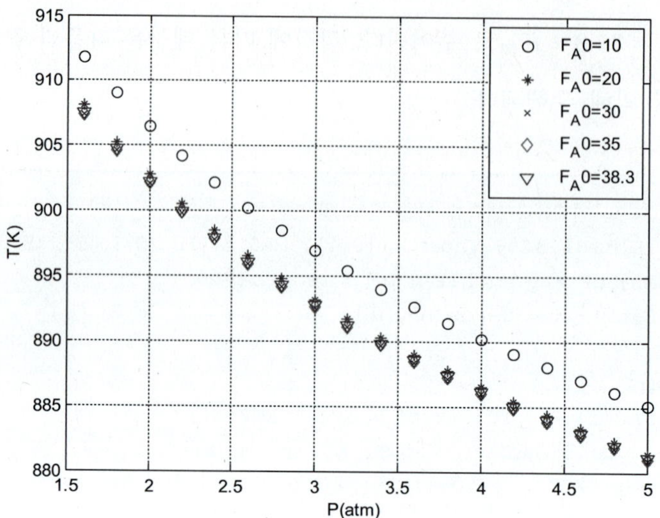


**그림 5.14** 압력에 따른 온도변화

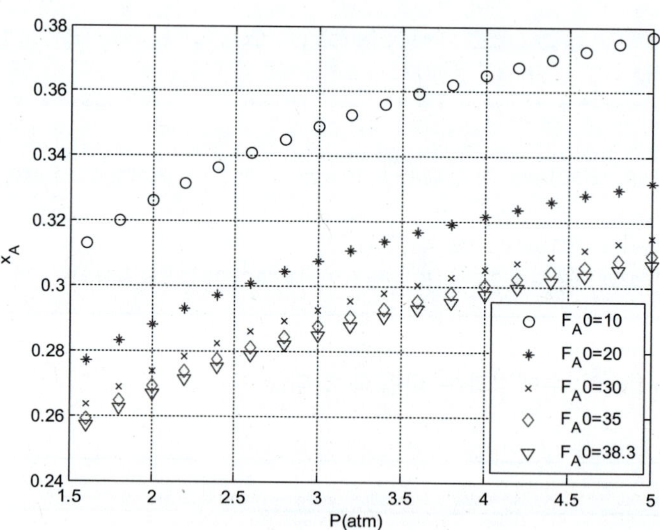


**그림 5.15** 압력에 따른 전환율 변화

## 5.5 촉매충진 반응기

### 촉매반응의 속도상수 추정

촉매가 이용되는 경우 반응과정은 촉매 표면에의 흡착, 촉매 표면에서의 반응, 촉매로부터의 생성물의 탈착으로 이루어진다. 고체촉매 상에서 톨루엔(T)이 수소(H)와 반응하여 벤젠(B)과 메탄(M)이 생성되는 반응의 경우 반응속도식은

$$C_6H_5CH_3(T) + H_2(H) \rightarrow C_6H_6(B) + CH_4(M), \quad -r_T = \frac{kP_HP_T}{1+K_BP_B+K_TP_T}$$

로 쓸 수 있다. 위에서 $P_i(i=T,H,B,M)$는 각 성분의 분압이며 $k$, $K_B$, $K_T$들은 반응 파라미터들이다.

### 전환율과 농도변화

촉매가 충전된 충진층 반응기에서 등온 기상반응이 진행된다고 하자. 이 경우 충진재의 무게 W에 따른 전환율 X의 변화율은

$$\frac{dX}{dW} = \frac{-r_A}{F_{A0}}$$

로 주어지며

$$C_A = C_{A0}\left(\frac{1-X}{1+\epsilon X}\right)\frac{P}{P_0} = C_{A0}\left(\frac{1-X}{1+\epsilon X}\right)y$$

로 표시된다. 여기에서 $y=\frac{P}{P_0}$이며 $\epsilon = y_{A0}\delta = \frac{F_{A0}}{F_{T0}}\delta$, $\delta$는 반응식 당량비 차이이다. 몰수의 변화가 없는 경우 $\epsilon=0$이다. 충진층 반응기에서의 충진재 무게에 따른 압력변화는

$$\frac{dy}{dW} = -\frac{\alpha}{2}\left(\frac{1+\epsilon X}{y}\right)\frac{T}{T_0}$$

로 나타낼 수 있음이 알려졌다. 여기에서 $\alpha$는 압력강하 파라미터이다.

한편 반응기 길이 z에 따른 압력강하는

$$\frac{dP}{dz} = -\beta_0\frac{P_0}{P}\left(\frac{T}{T_0}\right)\frac{F_T}{F_{T0}}$$

로 주어진다. 위에서 $\beta_0$는 충진층에 따른 상수, $P_0$와 $T_0$는 초기 압력 및 온도, F는 몰 유량

이다. 한편 부피유량 비는

$$f = \frac{v}{v_0} = \frac{1+\epsilon X}{y}$$

로 주어진다.

## 보기 14 촉매반응 파라미터의 추정[15]

다음 표는 고체촉매가 이용되는 충진층 반응기에서 톨루엔(T)이 수소(H)와 반응하여 벤젠(B)과 메탄(M)이 생성되는 반응의 반응속도와 분압 데이터이다. 이 반응의 반응속도식은

$$-r_T = \frac{kP_H P_T}{1+K_B P_B + K_T P_T}$$

로 주어진다. 데이터를 이용하여 반응 파라미터 $k$, $K_B$, $K_T$를 추정하여 보라.

**표 5.4 촉매반응의 속도식 및 각 성분의 분압**

| $-r_T \times 10^{10}$ | 분압(atm) | | | |
|---|---|---|---|---|
| | 톨루엔($P_T$) | 수소($P_H$) | 메탄($P_M$) | 벤젠($P_B$) |
| 71.0 | 1 | 1 | 1 | 0 |
| 71.3 | 1 | 1 | 4 | 0 |
| 41.6 | 1 | 1 | 0 | 1 |
| 19.7 | 1 | 1 | 0 | 4 |
| 42.0 | 1 | 1 | 1 | 1 |
| 17.1 | 1 | 1 | 0 | 5 |
| 71.8 | 1 | 1 | 0 | 0 |
| 142.0 | 1 | 2 | 0 | 0 |
| 284.0 | 1 | 4 | 0 | 0 |
| 47.0 | 0.5 | 1 | 0 | 0 |
| 71.3 | 1 | 1 | 0 | 0 |
| 117.0 | 5 | 1 | 0 | 0 |
| 127.0 | 10 | 1 | 0 | 0 |
| 131.0 | 15 | 1 | 0 | 0 |
| 133.0 | 20 | 1 | 0 | 0 |
| 41.8 | 1 | 1 | 1 | 1 |

**풀이**

주어진 반응식으로부터

15 H. Scott Fogler, Essentials of Chemical Reaction Engineering, p. 451-452, Pearson Education Inc., 2011.

$$-\frac{P_H P_T}{r_T} = \frac{1}{k} + \left(\frac{K_B}{k}\right) P_B + \left(\frac{K_T}{k}\right) P_T$$

따라서 선형회귀 방법을 이용하여 파라미터들을 추정할 수 있다. 스크립트 pbrpar.m은 선형회귀 방법을 이용하여 파라미터 추정값을 계산하며 추정된 파라미터를 이용하여 계산한 반응속도와 데이터의 반응속도를 그래프로 나타내어 준다.

```
% pbrpar.m
r = 1e-10*[71.0 71.3 41.6 19.7 42.0 17.1 71.8 142.0 284.0 47.0 71.3 ...
    117.0 127.0 131.0 133.0 41.8];
Pt = [1 1 1 1 1 1 1 1 1 1 0.5 1 5 10 15 20 1];
Ph = [1 1 1 1 1 1 1 2 4 1 1 1 1 1 1 1];
Pm = [1 4 0 0 1 0 0 0 0 0 0 0 0 0 0 1];
Pb = [0 0 1 4 1 5 0 0 0 0 0 0 0 0 0 1];
n = length(r); A = [ones(n,1) Pb' Pt']; b = Ph.*Pt./r;
x = inv(A'*A)*A'*b';
k = 1/x(1), Kb = x(2)>k, Kt = x(3)*k
rc = k*Ph.*Pt./(1 + Kb*Pb + Kt*Pt); nc = 1:n;
plot(nc,r*1e10,'o',nc,rc*1e10,'*'), legend('Data','Estimated')
xlabel('Run #'), ylabel('-10^{10}r')
```

스크립트 pbrpar.m의 수행결과는 다음과 같다.

```
>> pbrpar
k = 1.40469e-08, Kb = 1, Kt = 1.00583
```

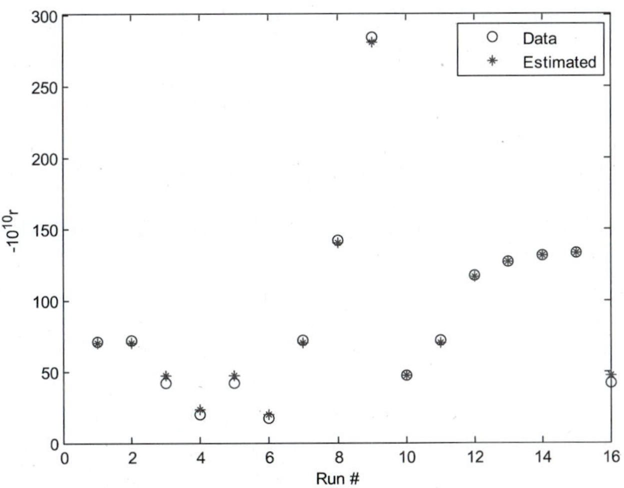


**그림 5.16 반응속도의 비교(o: 데이터, *: 추정값)**

## 보기 15 촉매 충진층 반응기에서의 기상반응[16]

촉매가 충전된 어떤 충진층 반응기에서 비가역 등온 기상반응 $A+B \rightarrow C+D$이 일어나고 있다. 이 반응기에는 4가지의 서로 다른 촉매들(촉매 1, 촉매 2, 촉매 3, 촉매 4)을 이용할 수 있는데 각 촉매에 따른 반응식은

$$\text{촉매 1: } -r_{A1} = \frac{kC_A C_B}{1+K_A C_A},$$

$$\text{촉매 2: } -r_{A2} = \frac{kC_A C_B}{1+K_A C_A + K_C C_C},$$

$$\text{촉매 3: } -r_{A3} = \frac{kC_A C_B}{(1+K_A C_A + K_B C_B)^2},$$

$$\text{촉매 4: } -r_{A4} = \frac{kC_A C_B}{(1+K_A C_A + K_B C_B + K_C C_C)^2}$$

로 주어진다.

A와 B의 초기농도는 $C_{A0} = C_{B0} = 1.0 gmol/dm^3$이고 반응기로 주입되는 A의 몰 유량은 $F_{A0} = 1.5\ gmol/\text{min}$이며 반응기에 사용되는 각 촉매의 무게는 $W_{\max} =\ 2\ kg$이다. 반응속도 상수는 $k = 10\ dm^6/(kg \cdot \text{min})$이며 파라미터 $K_A$, $K_B$, $K_C$는 각각 $K_A = 1\ dm^3/gmol$, $K_B = 2\ dm^3/gmol$, $K_C = 20\ dm^3/gmol$이다. $\alpha = 0.4$일 때 4가지 촉매 각각에 대하여 W에 대한 전환율 X의 변화를 그래프로 나타내어라.

### 풀이

물질수지로부터 $\frac{dX}{dW} = \frac{-r_{Ai}}{F_{A0}} (i = 1,2,3,4)$. 몰 수의 변화가 없으므로 $\epsilon = 0$이다. 따라서 $C_A = C_B = C_{A0}(1-X)$, $C_C = C_D = C_{A0}X$. 먼저 미분방정식 시스템을 함수(pbrmf.m)로 정의한다.

16 Cutlip, M. B. and M. Shacham, Problem Solving in Chemical and Biochemical Engineering with POLYMATH, Excel, and MATLAB, 2[nd] ed., p. 485-486, Prentice-Hall, 2008.

```
function dxdw = pbrmf(w,x,k,fa0,ca0,ka,kb,kc)
kfc = k*ca0^2/fa0;
dxdw = [kfc*(1-x(1))^2/(1+ka*ca0*(1-x(1)));
       kfc*(1-x(2))^2/(1+ka*ca0*(1-x(2))+kc*ca0*x(2));
       kfc*(1-x(3))^2/(1+ka*ca0*(1-x(3))+kb*ca0*(1-x(3)))^2;

kfc*(1-x(4))^2/(1+ka*ca0*(1-x(4))+kb*ca0*(1-x(4))+kc*ca0*x(4))^2];
end
```

함수 pbrmf.m의 적분결과는 다음과 같다.

```
>> ca0=1; fa0=1.5; k=10; ka=1; kb=2; kc=20; wf=2; wint=[0 wf]; x0=[0 0 0 0];
>> [w x] = ode45(@pbrmf,wint,x0,[],k,fa0,ca0,ka,kb,kc);
>>             plot(w,x(:,1),w,x(:,2),':',w,x(:,3),'.-',w,x(:,4),'--'),
xlabel('W(kg)'), ylabel('X')
>> legend('X_1','X_2','X_3','X_4')
```

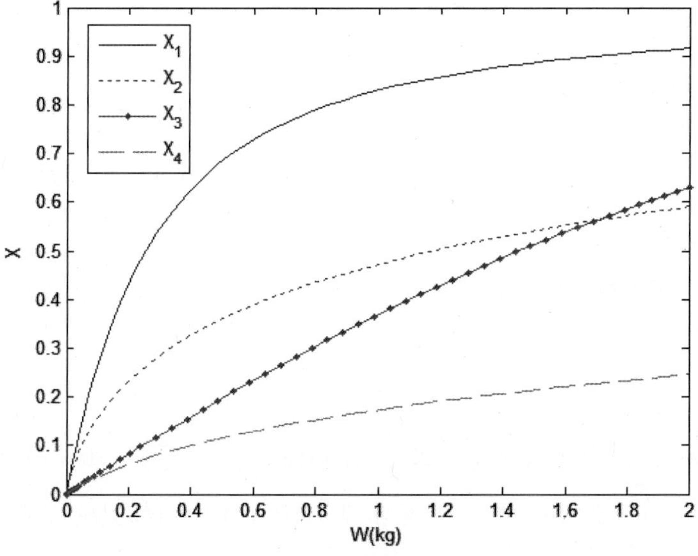


그림 5.17 촉매에 따른 충진층 반응기에서의 전환율

## 보기 16 촉매 충진층 반응기에서의 복합반응[17]

촉매가 충전된 어떤 충진층 반응기에서 비가역 기상 복합반응

$$A+2B \rightarrow C, \quad 2A+3C \rightarrow D$$

이 일어나고 있다. 각 성분에 대한 이 반응의 속도식은 다음과 같이 쓸 수 있다.

$$r_A = \frac{dF_A}{dW} = -k_a C_A C_B^2 - \frac{2}{3} k_c C_A^2 C_C^3$$

$$r_B = \frac{dF_B}{dW} = -2k_a C_A C_B^2$$

$$r_C = \frac{dF_C}{dW} = k_a C_A C_B^2 - k_c C_A^2 C_C^3$$

$$r_D = \frac{dF_D}{dW} = \frac{1}{3} k_c C_A^2 C_C^3$$

위에서

$$C_i = C_{T0}\left(\frac{F_i}{F_T}\right) y \,(i = A, B, C, D), \;\; F_T = F_A + F_B + F_C + F_D,$$

$$\frac{dy}{dW} = -\frac{\alpha}{2y}\left(\frac{F_T}{F_{T0}}\right), \;\; y(0) = 1$$

이며 $C_{T0} = 0.2\ mol/dm^3$, $\alpha = 0.0019\ kg^{-1}$, $k_a = 100(dm^3/mol)^2/\text{min}/kg_{cat}$, $k_c = 1500\ dm^{15}/mol^4/\text{min}/kg_{cat}$, $F_{T0} = 20\ mol/\text{min}(F_{A0} = F_{B0} = 10 mol/\text{min})$이다. 선택도는 $S_{C/D} = \dfrac{F_C}{F_D}$로 주어진다. 촉매 무게 W($0 \leq W \leq 1000(kg)$)에 따른 각 성분의 몰유량과 선택도를 그래프로 나타내어라.

**풀이**

미분방정식 시스템을 함수(pbrmult.m)로 정의한다. 미분방정식 시스템에서 종속변수 벡터

17 H. Scott Fogler, Essentials of Chemical Reaction Engineering, p. 308-311, Pearson Education Inc., 2011.

x는 $x^T = [F_A F_B F_C F_D y]$로 정의된다.

```
function frx = pbrmult(W,x,ka,kc,Ct0,Ft0,alpha)
% x(1)=Fa, x(2)=Fb, x(3)=Fb, x(4)=Fd, x(5)=y
Ft = x(1) + x(2) + x(3) + x(4);
for i = 1:4
   C(i) = Ct0*x(i)*x(5)/Ft;
end
frx = [-ka*C(1)*C(2)^2 - 2*kc*C(1)^2*C(3)^3/3;
      -2*ka*C(1)*C(2)^2;
      ka*C(1)*C(2)^2 - kc*C(1)^2*C(3)^3;
      kc*C(1)^2*C(3)^3/3;
      - alpha*Ft/(2*x(5)*Ft0)];
end
```

스크립트 usepbrmult.m은 미분방정식 시스템 정의함수 pbrmult를 호출하고 내장함수 ode45를 이용하여 해를 구한다. 이로부터 각 성분의 몰 유량과 y의 그래프를 작성하며 아울러 선택도를 계산한다. 선택도 $S_{C/D} = \dfrac{F_C}{F_D}$의 계산에서 $F_D$의 초기값은 0이므로 $F_D$가 매우 작을 때에는 선택도를 0으로 둔다.

```
% usepbrmult.m
clear all;
ka = 100; kc = 1500; Ct0 = 0.2; Ft0 = 20; alpha = 0.0019;
x0 = [10 10 0 0 1]; Wv = [0 1000];
[W x] = ode45(@pbrmult,Wv,x0,[],ka,kc,Ct0,Ft0,alpha);
Fa = x(:,1); Fb = x(:,2); Fc = x(:,3); Fd = x(:,4); y = x(:,5);
n = length(W); Scd = zeros(1,n);
for i = 1:n
   if Fd(i) <= 1e-4
      Scd(i) = 0;
   else
      Scd(i) = Fc(i)/Fd(i);
   end
end
figure(1), plot(W,Fa,W,Fb,':',W,Fc,'.-',W,Fd,'--',W,y,'.')
xlabel('W'), ylabel('F_i'), legend('F_A','F_B','F_C','F_D','y')
figure(2), plot(W,Scd), xlabel('W'), ylabel('S_{C/D}')
fprintf('각 성분 몰유량의 최종값: \n');
fprintf(' Faf=%g, Fbf=%g, Fcf=%g, Fdf=%g\n',Fa(end),Fb(end),Fc(end),Fd(end));
fprintf('y의 최종값: yf = %g\n',y(end));
fprintf('최종 선택도: Scdf = %g\n',Scd(end));
```

스크립트 usepbrmult.m의 수행결과는 다음과 같다.

```
>> usepbrmult
각 성분 몰유량의 최종값:
   Faf=4.29365, Fbf=0.340968, Fcf=3.51426, Fdf=0.438418
y의 최종값: yf = 0.257788
최종 선택도: Scdf = 8.01579
```

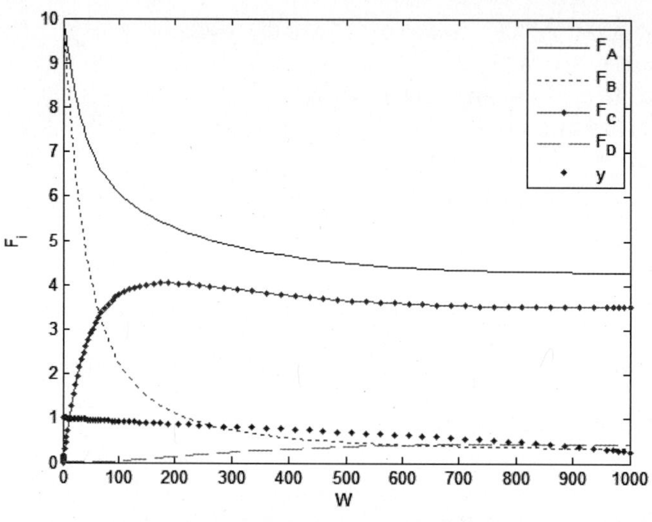


그림 5.18 촉매 무게에 따른 성분 몰 유량

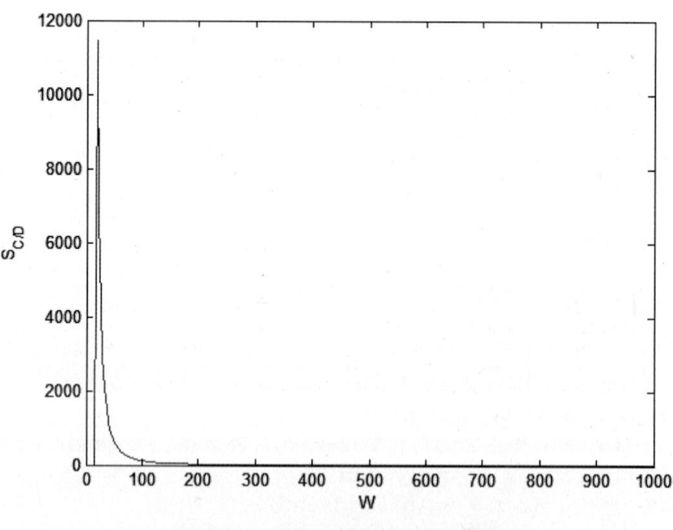


그림 5.19 촉매 무게에 따른 선택도

## 보기 17 촉매 충진층 반응기에서의 전환율[18]

촉매가 충진된 관형 반응기에서 에틸렌(A)과 산소(B)가 반응하여 에틸렌 옥사이드(C)가 생성되고 있다. 반응식은 다음과 같다.

$$C_2H_4(A) + \frac{1}{2}O_2(B) \rightarrow CH_2OCH_2(C)$$

$$-r_A = kP_A^{1/3}P_B^{2/3} = kP_{A0}\left(\frac{1}{2}\right)^{2/3}\left(\frac{1-X}{1+\epsilon X}\right)y = k'\left(\frac{1-X}{1+\epsilon X}\right)y$$

주어진 데이터를 이용하여 60%의 전환율을 달성하기 위해 소요되는 촉매의 무게를 구하여라. 아울러 촉매 무게에 따른 전환율 X, y 및 부피유량 비율과 반응속도를 그래프로 나타내어라.

**데이터:** $k = 0.00392\, mol/(atm \cdot kg_{cat} \cdot s)$, $F_{A0} = 0.1362\ mol/s$, $F_{B0} = 0.068\ mol/s$, $P_0 = 10\ atm$, $\alpha = 0.0367\ kg^{-1}$.

**풀이**

$\frac{dX}{dW} = \frac{-r_A}{F_{A0}}$에 반응속도식을 대입하면

$$\frac{dX}{dW} = \frac{-r_A}{F_{A0}} = \frac{k'}{F_{A0}}\left(\frac{1-X}{1+\epsilon X}\right)y, \quad X(0) = 0$$

온도는 일정하므로

$$\frac{dy}{dW} = -\frac{\alpha}{2}\left(\frac{1+\epsilon X}{y}\right)\frac{T}{T_0} = -\frac{\alpha}{2}\left(\frac{1+\epsilon X}{y}\right), \quad y(0) = 1$$

위에서 $F_I = F_{B0}\left(\frac{79}{21}\right)$, $F_{T0} = F_{A0} + F_{B0} + F_I$, $y_{A0} = \frac{F_{A0}}{F_{T0}}$, $P_{A0} = y_{A0}P_0$,

$k' = kP_{A0}\left(\frac{1}{2}\right)^{2/3}$, $\delta = 1 - \frac{1}{2} - 1$, $\epsilon = y_{A0}\delta$로 주어진다.

적분구간을 $W_{span} = [0\ W_f]$라 할 때 전환율 $X = 0.6$이 달성되는 $W_f$를 찾는다. 이는

18 H. Scott Fogler, Essentials of Chemical Reaction Engineering, p. 183-187, Pearson Education Inc., 2011.

bisection 방법을 이용하여 해결할 수 있다. 여기에서는 촉매 무게 초기 탐색구간을 $15 \le W_f \le 25$로 하였다. 먼저 미분방정식 시스템을 함수(pbconv.m)로 정의한다. 스크립트 파일 usepbconv.m은 함수 pbconv을 호출하고 내장함수 ode45를 이용하여 미분방정식의 해를 구한다. 촉매 무게 구간을 가정하고 bisection 방법을 이용하여 무게 구간이 매우 작은 값이 될 때까지 반복 계산한다. 촉매 무게에 따른 전환율 및 y, 그리고 부피 유량비 f는 그래프로 제시된다.

**pbconv.m**

```
function dz = pbconv(w,z,kp,Fa0,epsilon,alpha)
% x = z(1), y = z(2)
dz = [kp*(1-z(1))*z(2)/(Fa0*(1 + epsilon*z(1)));
     - alpha*(1 + epsilon*z(1))/(2*z(2))];
end
```

**usepbconv.m**

```
% usepbconv.m
clear all;
k = 0.00392; Fa0 = 0.1362; Fb0 = 0.068; P0 = 10; alpha = 0.0367;
Fi = Fb0*(79/21); Ft0 = Fa0 + Fb0 + Fi; ya0 = Fa0/Ft0;
Pa0 = ya0*P0; kp = k*Pa0*(0.5)^(2/3); delta = -0.5; epsilon = ya0*delta;
Wfa = 15; Wfb = 25; % 촉매무게의 초기 가정
z0 = [0 1]; Xf = 0.6;
while (abs(Wfa-Wfb) >= 1e-3)
    Wfm = (Wfa+Wfb)/2;
    [Wa Za] = ode45(@pbconv,[0 Wfa],z0,[],kp,Fa0,epsilon,alpha);
    [Wm Zm] = ode45(@pbconv,[0 Wfm],z0,[],kp,Fa0,epsilon,alpha);
    [Wb Zb] = ode45(@pbconv,[0 Wfb],z0,[],kp,Fa0,epsilon,alpha);
    Xa = Za(end,1); Xm = Zm(end,1); Xb = Zb(end,1);
    if (Xa-Xf)*(Xm-Xf) < 0
        Wfb = Wfm;
    else
        Wfa = Wfm;
    end
end
X = Zm(:,1); y = Zm(:,2); W = Wm;
fprintf('촉매 무게 = %g, 전환율 = %g\n',Wfm, X(end));
fm = (1 + epsilon*X)./y;  % 부피유량 비율
rp = -kp*(1 - X).*y./(1 + epsilon*X); % 반응속도
figure(1), plot(Wm,X,Wm,y,':',Wm,fm,'--')
legend('X','y','f'), xlabel('W(kg)'), grid on
figure(2), plot(Wm,-rp), xlabel('W(kg)'), ylabel('-r_A'), grid on
```

스크립트 파일 usepbconv.m의 수행결과는 다음과 같다. 전환율이 60%가 되는 촉매 무게는 20.5635 kg이 됨을 알 수 있다.

```
>> usepbconv
촉매 무게 = 20.5635, 전환율 = 0.6
```

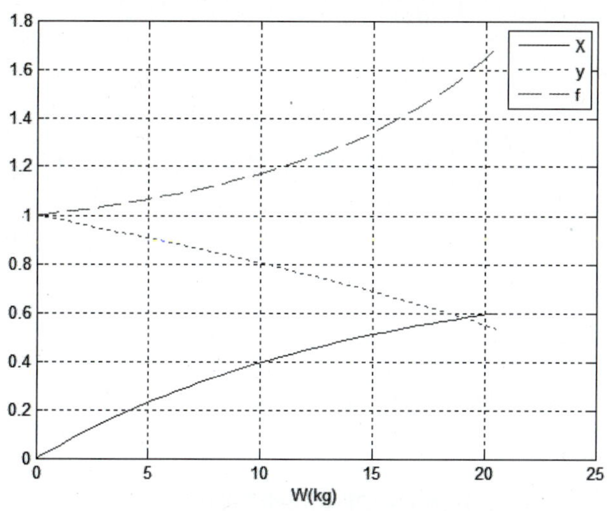


**그림 5.20 촉매 무게에 따른 전환율과 유량비**

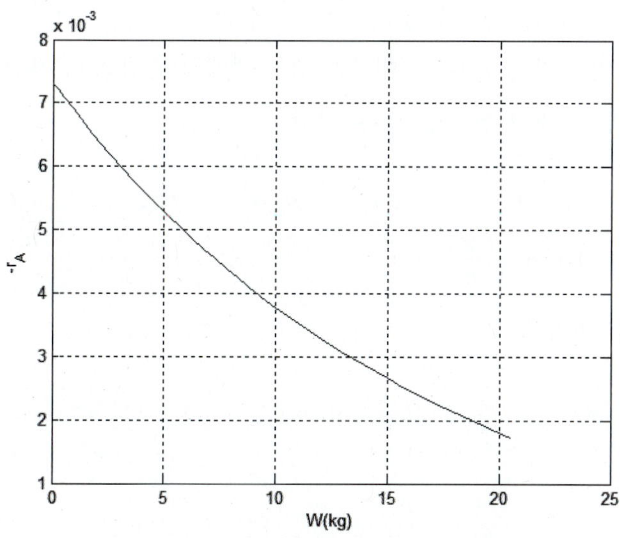


**그림 5.21 촉매 무게에 따른 반응속도**

## 이동 촉매층 반응

기상 촉매반응 $A \rightarrow B$이 일어나는 반응기에서 촉매층이 이동하는 경우를 고려하여 보자. 반응기의 단면적을 $A_c$라 하고 촉매층은 반응기의 아래부분($z=0$)으로부터 위쪽을 향해 이동하다고 하면 물질수지로부터

$$v_0 C_{A0} \frac{dx_A}{dz} = -r_A A_c, \quad x_A|_{z=0} = 0$$

를 얻는다. 여기에서

$$-r_A = \frac{akC_A}{1+K_A C_A}, \; C_A = C_{A0}(1-x_A), \; C_{B0} = C_{A0} x_A$$

로 주어진다고 하자. $a$는 촉매의 활성도를 나타낸다. 촉매의 탈활성화가 일어나지 않는다면 물질수지식으로부터

$$\frac{dx_A}{dz} = \frac{akC_A}{(1+K_A C_A)u}, \quad u = \frac{v_0}{A_c}, \quad x_A|_{z=0} = 0$$

를 얻는다. $u$는 반응기를 통한 촉매층의 이동속도이다.

촉매의 탈활성화가 진행되는 경우는 촉매 코우킹(coking), 소결(sintering), 그리고 피독(poisoning)의 세 가지로 구분할 수 있다. 코우킹에 의한 탈활성화가 일어나는 경우 촉매의 활성도 $a_c$, 소결에 의한 탈활성화가 일어나는 경우 촉매의 활성도 $a_s$ 및 피독에 의한 탈활성화가 일어나는 경우 촉매의 활성도 $a_p$는 각각

$$a_c = \frac{1}{1+A'\sqrt{\frac{z}{u}}}, \quad \frac{da_s}{dz} = -\frac{k_{ds} a_s^2}{u}, \quad \frac{da_p}{dz} = -\frac{k_{dp} a_p C_B}{u}$$

와 같이 나타낼 수 있다.

## 보기 18 가스오일 분해반응[19]

살리나(Salina) 가스오일의 기상 분해반응 $A \rightarrow B$가 촉매가 충진된 반응기에서 일어나고 있으며 반응속도식은 $-r_A = \dfrac{akC_A}{1+K_A C_A}$, $C_A = C_{A0}(1-x_A)$, $C_{B0} = C_{A0}x_A$로 나타낼 수 있다. 촉매입자들은 반응기의 아래쪽으로부터 위쪽 방향으로 $u = 8m/s$로 이동하고 있으며 반응은 750°F 의 일정한 온도와 압력에서 진행되고 있다. 부피, 압력 및 온도의 변화는 무시하기로 한다. 세 가지 형태의 촉매 탈활성화(코우킹, 소결, 피독)가 일어나는 경우 반응기 길이 $z$에 따른 A 성분의 전환율 $X_A$와 촉매 활성도를 그래프로 나타내어라. $k = 30\ s^{-1}$, $K_A = 5\ m^3/kgmol$, 반응물의 초기농도는 $C_{A0} = 0.2\ kgmol/m^3$이고 반응기의 높이는 $z_f = 6\ m$이며 $A' = 12s^{-1/2}$, $k_{ds} = 17.5s^{-1}$, $k_{dp} = 140\ dm^3/(mol \cdot s)$이다. 촉매의 초기 활성도는 1이라고 간주한다.

### 풀이

코우킹(1), 소결(2), 피독(3)에 의한 탈활성화 각각에 대하여 전환율과 촉매 활성도를 각각 $X_{Ai}$ 및 $a_i(i = 1,2,3)$라 하고 이들에 대한 미분방정식을 구성한다. 변수벡터 y를 $y(i) = x_{Ai}(i = 1,2,3)$, $y(i) = a_{i-2}(i = 4,5)$로 두면 다음과 같은 미분방정식 시스템을 얻는다.

$$a_1 = \frac{1}{1 + A'\sqrt{\dfrac{z}{u}}},$$

$$\frac{dy(1)}{dz} = \frac{a_1 k C_{A0}(1-y(1))}{(1+K_A C_{A0}(1-y(1)))u}, \quad \frac{dy(2)}{dz} = \frac{y(4) k C_{A0}(1-y(2))}{(1+K_A C_{A0}(1-y(2)))u},$$

$$\frac{dy(3)}{dz} = \frac{y(5) k C_{A0}(1-y(3))}{(1+K_A C_{A0}(1-y(3)))u}, \quad \frac{dy(4)}{dz} = -\frac{k_{ds} y(4)^2}{u}, \quad \frac{dy(5)}{dz} = -\frac{k_{dp} y(5) C_{A0} y(3)}{u}$$

스크립트 mcatb.m은 위의 미분방정식을 정의하고 이의 해로부터 그래프를 작성하여 준다.

```
% mcatb.m
% y1=Xa1, y2=Xa2, y3=Xa3, y4=a2, y5=a3
clear all;
u=8; Ap=12; k=30; Ka=5; Ca0=0.2; kds=17.5; kdp=140;
```

19 Cutlip, M. B. and M. Shacham, Problem Solving in Chemical and Biochemical Engineering with POLYMATH, Excel, and MATLAB, 2nd ed., p. 491-492, Prentice-Hall, 2008.

```
zspan = [0 6]; y0 = [0 0 0 1 1];
dydz = @(z,y) [(1/(1+Ap*sqrt(z/u)))*k*Ca0*(1-y(1))/(1+Ka*Ca0*(1-y(1)))/u;
            y(4)*k*Ca0*(1-y(2))/(1+Ka*Ca0*(1-y(2)))/u;
            y(5)*k*Ca0*(1-y(3))/(1+Ka*Ca0*(1-y(3)))/u;
            -kds*y(4)^2/u;
            -kdp*Ca0*y(3)*y(5)/u];
[z,y] = ode45(dydz, zspan, y0);
figure(1), plot(z,y(:,1),'-',z,y(:,2),':',z,y(:,3),'--');
xlabel('z(m)'), ylabel('X_A'), legend('X_{A1}','X_{A2}','X_{A3}');
figure(2), plot(z,y(:,4),'-',z,y(:,5),':');
xlabel('z(m)'), ylabel('a'), legend('a_s','a_p');
```

스크립트 mcatb.m의 수행결과는 다음과 같다.

```
>> mcatb
```

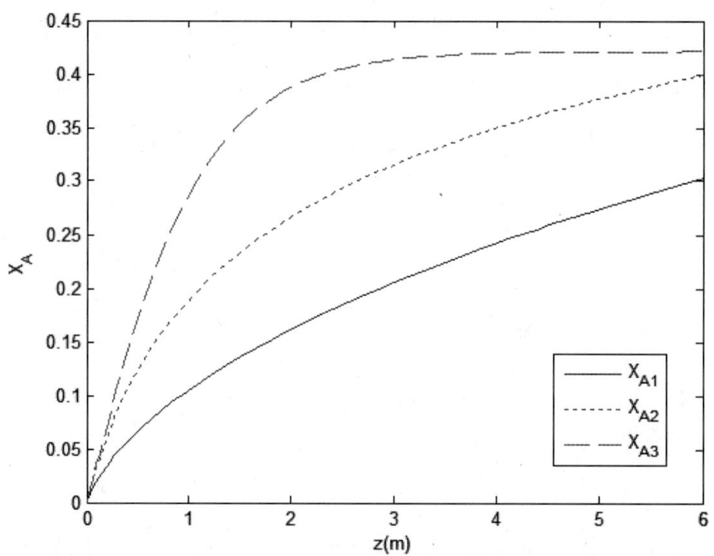


그림 5.22 촉매 탈활성화에 따른 전환율의 변화

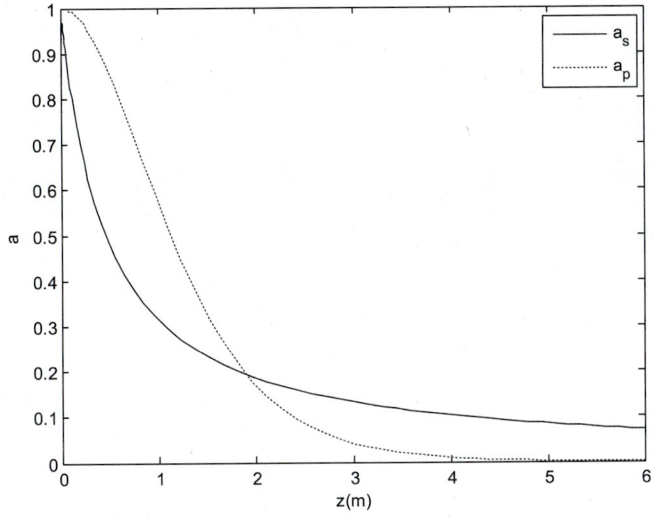


그림 5.23 반응기 높이에 따른 촉매 활성도의 변화

## 5.6 막(Membrane) 반응기

막(membrane)은 어떤 성분들을 통과시키는 반면에 다른 성분들의 이동을 저해할 수 있다. 촉매입자가 충진된 막 반응기는 다음 그림에 보인 바와 같다.[20]

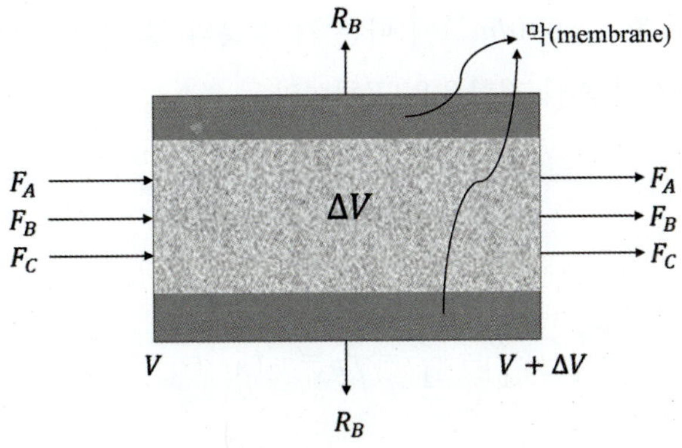


그림 5.24 촉매입자가 충진된 막 반응기

20 H. Scott Fogler, Essentials of Chemical Reaction Engineering, p. 218, Pearson Education Inc., 2011.

막 반응기에서

$$A \leftrightarrow B + C$$

와 같은 반응이 진행된다고 하면 성분수지로부터

$$\frac{dF_A}{dV} = r_A, \quad \frac{dF_B}{dV} = r_B - R_B, \quad \frac{dF_C}{dV} = r_C, \quad R_B = k_c C_B$$

를 얻는다.

## 보기 19 막 반응기[21]

막 반응기에서

$$A \leftrightarrow B + C$$

와 같은 반응이 진행되고 있다. 반응식과 성분 B의 투과율은 각각

$$-r_A = k\left(C_A - \frac{C_B C_C}{K_C}\right), \quad R_B = k_c C_B$$

로 주어진다. 반응조건 및 파라미터들은 다음과 같다.

$k = 0.7\ \min^{-1}$, $K_C = 0.05\ mol/dm^3$, $k_c = 0.2\ \min^{-1}$, $F_{A0} = 10 mol/\min$, $F_{B0} =$ $= F_{C0} = 0$, $P = 830.6 kPa$, $T = 500 K$, $R = 8.314 kPa \cdot dm^3/(mol \cdot K)$

(1) 반응기 부피 $0 \leq V \leq 500 (dm^3)$에 따른 각 성분의 몰 유량을 그래프로 나타내어라.

(2) $V = 400\ dm^3$에서의 A의 전환율을 구하여라.

**풀이**

반응식으로부터

$$\frac{r_A}{-1} = \frac{r_B}{1} = \frac{r_C}{1} \Rightarrow r_B = -r_A, \quad r_C = -r_A$$

---

21 H. Scott Fogler, Essentials of Chemical Reaction Engineering, p. 220-224, Pearson Education Inc., 2011.

아울러

$$C_i = C_{T0}\left(\frac{F_i}{F_T}\right)(i = A, B, C), \quad C_{T0} = \frac{P}{RT}$$

물질수지식으로부터

$$\frac{dF_A}{dV} = r_A, \quad \frac{dF_B}{dV} = r_B - R_B = -r_A - k_c C_{T0}\left(\frac{F_B}{F_T}\right), \quad \frac{dF_C}{dV} = r_C = -r_A$$

반응속도식과 농도 관계식으로부터

$$-r_A = k\left(C_A - \frac{C_B C_C}{K_C}\right) = kC_{T0}\left[\frac{F_A}{F_T} - \frac{C_{T0}}{K_C}\left(\frac{F_B}{F_T}\right)\left(\frac{F_C}{F_T}\right)\right], \quad F_T = F_A + F_B + F_C$$

를 얻는다.

먼저 미분식을 정의하는 함수 membrx.m을 작성한다.

```
function dxdv = membrx(v,x,k,kc,Kc,Ct0)
% x(1) = Fa, x(2) = Fb, x(3) = Fc
Ft = sum(x);
rA = -k*Ct0*(x(1)/Ft - Ct0*x(2)*x(3)/(Kc*Ft^2));
dxdv = [rA;
        -rA - kc*Ct0*x(2)/Ft;
        -rA];
end
```

스크립트 usemembrx.m은 미분방정식 시스템 정의함수 membrx.m을 호출하고 내장함수 ode45를 이용하여 적분을 수행한다.

```
% usemembrx.m
Fa0 = 10; k = 0.7; kc = 0.2; Kc = 0.05; R = 8.314; P = 830.6; T = 500;
Ct0 = P/(R*T); Vf = 500; Vc = 400; x0 = [Fa0 0 0];
[V x] = ode45(@membrx,[0 Vf],x0,[],k,kc,Kc,Ct0);
Fa = x(:,1); Fb = x(:,2); Fc = x(:,3);
fprintf('최종값: Fa = %g, Fb = %g, Fc = %g\n', Fa(end), Fb(end), Fc(end));
plot(V,Fa,V,Fb,':',V,Fc,'--'), xlabel('V(dm^3)'), axis tight
legend('F_A','F_B','F_C')
for i = 1:length(V)
    if V(i) >= Vc
```

```
        iV = i; break;
    end
end
Fc = Fa(iV) + (Fa(iV+1)-Fa(iV))*(Vc - V(iV))/(V(iV+1)-V(iV));
Xa = (Fa0 - Fc)/Fa0;
fprintf('V = %g에서 Fa = %g, A의 전환율 = %g\n', Vc, Fc, Xa);
```

스크립트 usemembrx.m의 수행결과는 다음과 같다.

```
>> usemembrx
최종값: Fa = 3.99507, Fb = 1.83459, Fc = 6.00493
V = 400에서 Fa = 4.32946, A의 전환율 = 0.567054
```

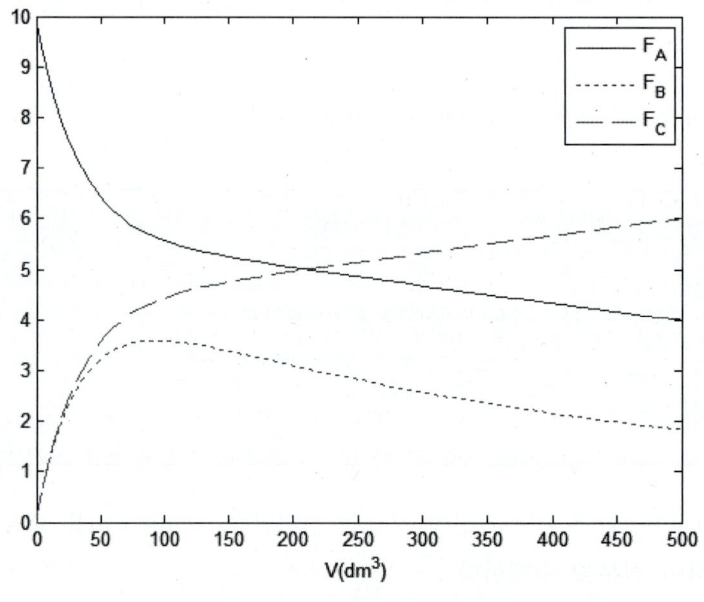


**그림 5.25** 막 반응기 부피에 따른 각 성분의 몰 유량

## 보기 20 막 반응기에서의 다중반응[22]

막 반응기에서

$$A + B \rightarrow D, \quad A + B \rightarrow U$$

와 같은 기상반응이 진행되고 있다. 각 성분에 대한 반응식은 각각 $r_A = -k_1 C_A^2 C_B - k_2 C_A C_B^2$, $r_B = -k_1 C_A^2 C_B - k_2 C_A C_B^2$, $r_D = k_1 C_A^2 C_B$, $r_U = k_2 C_A C_B^2$로 주어진다. 위에서 각 성분의 농도는 $C_i = C_{T0} \dfrac{F_i}{F_T} (i = A, B, D, U)$로 주어지며 $k_1 = 2 \ dm^6/mol^2 \cdot s$, $k_2 = 3 \ dm^6/mol^2 \cdot s$, $C_{T0} = 0.8 \ mol/dm^3$이다. 한편 성분수지로부터

$$F_T = F_A + F_B + F_D + F_U, \quad \frac{dF_A}{dV} = r_A, \quad \frac{dF_B}{dV} = r_B + R_B, \quad \frac{dF_D}{dV} = r_D, \quad \frac{dF_U}{dV} = r_U$$

임을 알 수 있다. 위에서 $R_B = \dfrac{F_{B0}}{V_t}$이다(반응기 부피 $V_t = 50 \ dm^3$, $F_{B0} = 4 \ mol/s$). 선택도는 $S_{D/U} = \dfrac{F_D}{F_U}$로 정의된다. 반응기 부피 V0 $\leq V \leq 50(dm^3)$)에 따른 각 성분의 몰 유량과 선택도 변화를 그래프로 나타내어라. 반응기로 주입되는 반응물 중에는 A 성분만 존재하며 몰 유량은 4 mol/s이다.

### 풀이

미분방정식 시스템을 함수(mbrmult.m)로 정의한다. 미분방정식 시스템에서 종속변수 벡터 x는 $x^T = [F_A F_B F_D F_U]$로 정의된다.

```
function frx = mbrmult(V,x,k1,k2,Ct0,Rb)
% x(1)=Fa, x(2)=Fb, x(3)=Fd, x(4)=Fu
C = Ct0*x/sum(x);
frx = [-k1*C(1)^2*C(2) - k2*C(1)*C(2)^2;
      -k1*C(1)^2*C(2) - k2*C(1)*C(2)^2 + Rb;
      k1*C(1)^2*C(2);
      k2*C(1)*C(2)^2];
end
```

스크립트 usembrmult.m은 미분방정식 시스템 정의함수 mbrmult를 호출하고 내장함수

22 H. Scott Fogler, Essentials of Chemical Reaction Engineering, p. 317-320, Pearson Education Inc., 2011.

ode45를 이용하여 해를 구한다. 이로부터 각 성분의 몰 유량과 선택도의 그래프를 작성한다. x의 초기값은 x0 = [4 0 0 0]이며 선택도 $S_{D/U} = \dfrac{F_D}{F_U}$의 계산에서 $F_U$의 초기값은 0이므로 $F_U$가 매우 작을 때에는 선택도를 0으로 둔다.

```
% usembrmult.m
clear all;
k1 = 2; k2 = 3; Ct0 = 0.8; Fb0 = 4; Vt = 50; Fai = 4;
Rb = Fb0/Vt; x0 = [Fai 0 0 0]; Vspan = [0 Vt];
[V x] = ode45(@mbrmult,Vspan,x0,[],k1,k2,Ct0,Rb);
Fa = x(:,1); Fb = x(:,2); Fd = x(:,3); Fu = x(:,4);
n = length(V); Sdu = zeros(1,n);
for i = 1:n
   if Fu(i) <= 1e-6
      Sdu(i) = 0;
   else
      Sdu(i) = Fd(i)/Fu(i);
   end
end
figure(1), plot(V,Fa,V,Fb,':',V,Fd,'.-',V,Fu,'--')
xlabel('V(dm^3)'), ylabel('F_i(mol/s)')
legend('F_A','F_B','F_D','F_U','Location','best')
figure(2), plot(V,Sdu), xlabel('V(dm^3)'), ylabel('S_{D/U}')
fprintf('각 성분 몰유량의 최종값: \n');
fprintf('Faf=%g, Fbf=%g, Fdf=%g, Fuf=%g\n',Fa(end),Fb(end),Fd(end),Fu(end));
fprintf('최종 선택도: Sduf = %g\n',Sdu(end));
```

스크립트 usembrmult.m의 수행결과는 다음과 같다.

```
>> usembrmult
각 성분 몰유량의 최종값:
Faf=1.35139, Fbf=1.35139, Fdf=1.90998, Fuf=0.738632
최종 선택도: Sduf = 2.58584
```

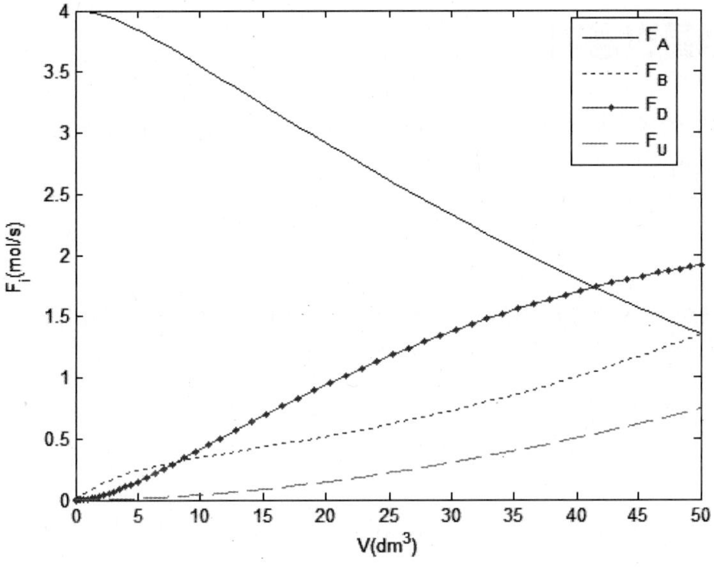


그림 5.26 막 반응기 부피에 따른 몰 유량

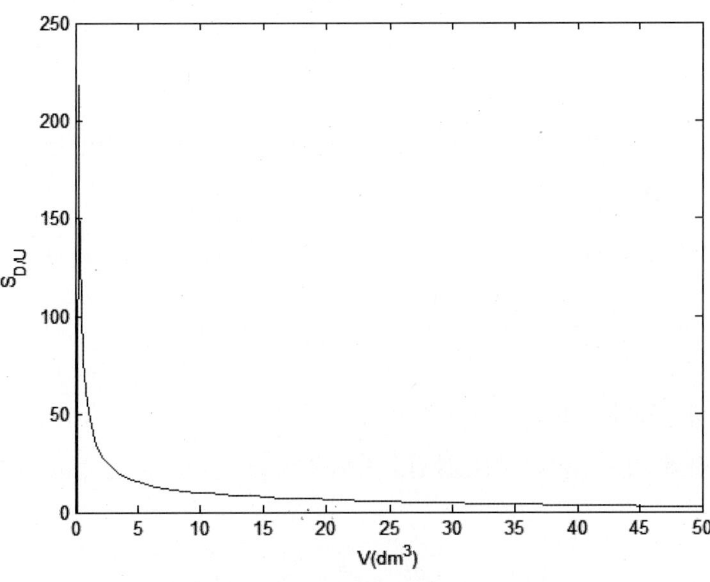


그림 5.27 막 반응기 부피에 따른 선택도

## 5.7 생물반응기

셀(cell, 세포)의 성장속도를 나타내는 많은 모델들이 있지만 다음과 같은 Monod 방정식이 가장 널리 사용된다.

$$r_g = \mu C_c$$

위에서 $r_g$는 셀의 성장속도($g/(dm^3 \cdot s)$, $C_c$는 셀의 농도($g/dm^3$)이다. $\mu$는 성장률($s^{-1}$)로서

$$\mu = \mu_{\max} \frac{C_s}{K_s + C_s}$$

로 나타낼 수 있다. 위에서 $\mu_{\max}$는 최대 성장 반응속도($s^{-1}$), $K_s$는 Monod 상수($g/dm^3$), 그리고 $C_s$는 기질 농도($g/dm^3$)이다. 이를 이용하면 박테리아 셀 성장속도에 대한 Monod 방정식은

$$r_g = \frac{\mu_{\max} C_s C_c}{K_s + C_s}$$

로 나타낼 수 있다. 한편 수율계수(yield coefficient)는 다음과 같이 정의된다.

$$Y_{c/s} = -\frac{\Delta C_c}{\Delta C_s},\ Y_{p/c} = \frac{\Delta C_p}{\Delta C_c},\ Y_{p/s} = -\frac{\Delta C_p}{\Delta C_s},\ Y_{s/c} = \frac{1}{Y_{c/s}},$$
$$Y_{c/p} = \frac{1}{Y_{p/c}},\ Y_{s/p} = \frac{1}{Y_{p/s}}$$

위에서 $C_p$는 생성물의 농도($g/dm^3$)이다.

회분식 운전의 경우 셀에 대한 물질수지로부터

$$\frac{dC_c}{dt} = r_g - r_d$$

를 얻는다. $r_g - r_d$는 살아있는 셀의 알짜 생성률이다. 기질 소모율 $r_{sm}$은

$$r_{sm} = m C_c$$

로 주어진다. 기질에 대한 물질수지로부터

$$\frac{dC_s}{dt} = Y_{s/c}(-r_g) - mC_c$$

생성물에 대한 물질수지로부터

$$V\frac{dC_p}{dt} = r_p V = Y_{p/s}(-r_s)V$$

를 얻는다. $r_p$는 생성물의 생성률, $-r_s$는 알짜 기질 소모율이다.

## 보기 21 회분식 생물반응기에서의 박테리아의 성장[23]

어떤 유기물질을 사용하는 회분식 반응기에서 글루코오스가 에탄올로 전환되는 발효반응이 진행되고 있다. 셀의 성장속도 $r_g$, 셀의 소멸속도 $r_d$, 그리고 기질 소모율 $r_{sm}$은 각각

$$r_g = \mu_{\max}\left(1 - \frac{C_p}{C_p^*}\right)^{0.52} \frac{C_c C_s}{K_s + C_s}, \quad r_d = k_d C_c, \quad r_{sm} = mC_c$$

로 주어진다. 셀, 기질, 생성물 농도와 반응속도 $r_g$, $r_d$, 그리고 기질 소모율 $r_{sm}$의 시간에 따른 변화를 그래프로 나타내어라.

**데이터**: 셀의 초기농도 $= 1\ g/dm^3$, 기질(글루코오스)의 초기농도 $= 250\ g/dm^3$,

$C_p^* = 93\ g/dm^3$, $Y_{c/s} = 0.08\ g/g$, $Y_{p/s} = 0.45\ g/g$, $Y_{p/c} = 5.6\ g/g$, n=0.52,

$\mu_{\max} = 0.33\ h^{-1}$, $K_s = 1.7\ g/dm^3$, $k_d = 0.01\ h^{-1}$, m = 0.03 g/g/h

**풀이**

주어진 반응속도식들을 물질수지식

$$\frac{dC_c}{dt} = r_g - r_d, \quad \frac{dC_s}{dt} = Y_{s/c}(-r_g) - r_{sm}, \quad \frac{dC_p}{dt} = Y_{p/s} r_g$$

들에 대입하면 다음 관계를 얻는다.

23 H. Scott Fogler, Essentials of Chemical Reaction Engineering, p. 387-389, Pearson Education Inc., 2011.

$$\frac{dC_c}{dt} = \mu_{\max}\left(1 - \frac{C_p}{C_p^*}\right)^{0.52} \frac{C_c C_s}{K_s + C_s} - k_d C_c,$$

$$\frac{dC_s}{dt} = -Y_{s/c}\mu_{\max}\left(1 - \frac{C_p}{C_p^*}\right)^{0.52} \frac{C_c C_s}{K_s + C_s} - m C_c$$

미분방정식 시스템을 함수(geferm.m)로 정의한다. 미분방정식 시스템에서 종속변수 벡터 C는 $C^T = [C_c\, C_s\, C_p]$로 정의된다.

```
function dC = geferm(t,C,mumax,Cps,Ks,kd,m,Ysc,Ypc)
% C(1)=Cc, C(2)=Cs, C(3)=Cp
rd = kd*C(1); rsm = m*C(1);
rg = mumax*(1 - C(3)/Cps)^0.52 * C(1)*C(2)/(Ks + C(2));
dC = [rg - rd;
     -rg*Ysc - rsm;
     Ypc*rg];
end
```

스크립트 usegeferm.m은 미분방정식 시스템 정의함수 geferm을 호출하고 내장함수 ode45를 이용하여 해를 구한다. 이로부터 각 성분의 농도와 반응속도의 그래프를 작성한다. C의 초기값은 C0 = [1 250 0]이다.

```
% usegeferm.m
clear all;
mumax=0.33; Cps=93; Ks=1.7; kd=0.01; m=0.03; Ysc=1/0.08; Ypc=5.6;
C0 = [1 250 0]; tspan = [0 12];
[t C] = ode45(@geferm,tspan,C0,[],mumax,Cps,Ks,kd,m,Ysc,Ypc);
Cc = C(:,1); Cs = C(:,2); Cp = C(:,3);
rd = kd*Cc; rsm = m*Cc; rg = mumax*(1-Cp/Cps).^0.52 .* Cc.*Cs./(Ks+Cs);
figure(1)
subplot(1,2,1), plot(t,Cc), xlabel('t(hr)'), ylabel('C_c(g/dm^3)')
subplot(1,2,2), plot(t,Cs,t,Cp,'--'), xlabel('t(hr)'), ylabel('C(g/dm^3)')
legend('C_s','C_p','Location','best')
figure(2), plot(t,rg,t,rsm,'.-',t,rd,'--')
xlabel('t(hr)'), ylabel('rates(g/dm^3/hr)')
legend('r_g','r_sm','r_d','Location','best')
fprintf('농도의 최종값: Ccf=%g, Csf=%g, Cpf=%g\n',Cc(end),Cs(end),Cp(end));
fprintf('반응속도의 최종값: rgf=%g, rsmf=%g, rdf=%g\n',rg(end),rsm(end),rd(end));
```

스크립트 usegeferm.m의 수행결과는 다음과 같다.

```
>> usegeferm
농도의 최종값: Ccf=16.1841, Csf=46.9352, Cpf=89.8229
반응속도의 최종값: rgf=0.890418, rsmf=0.485522, rdf=0.161841
```

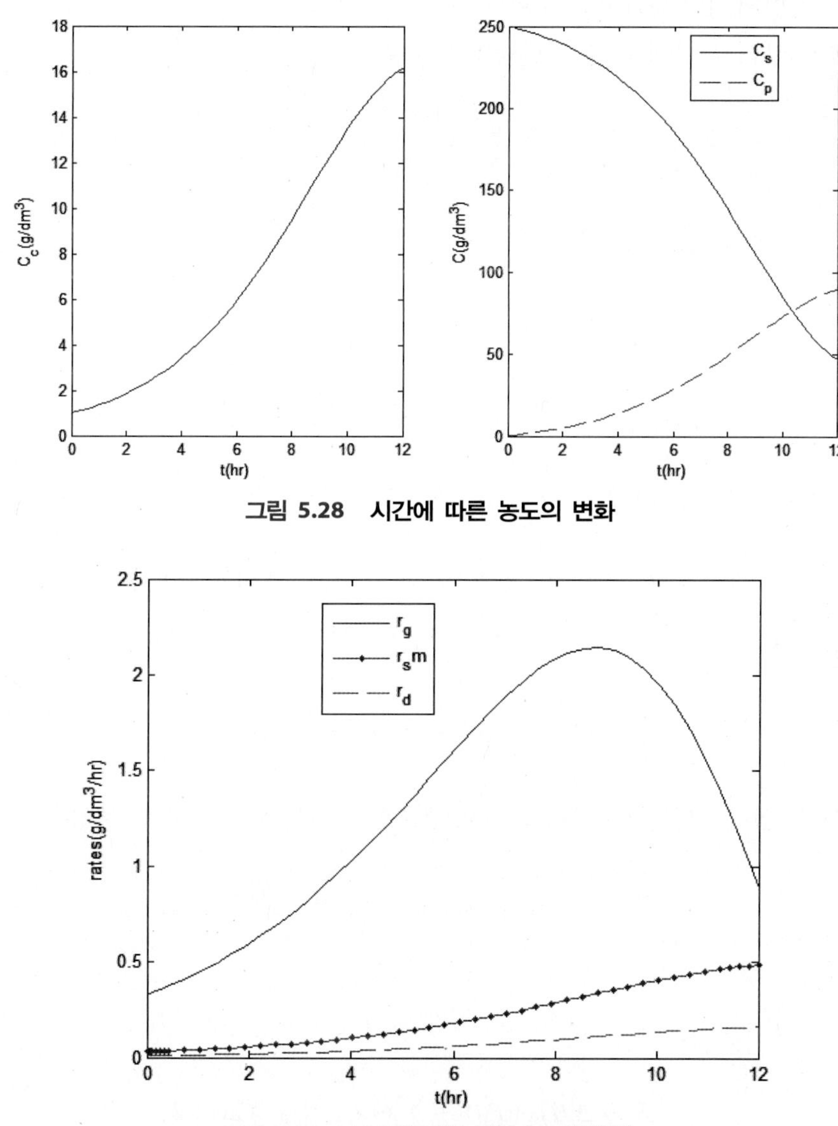


**그림 5.28 시간에 따른 농도의 변화**

**그림 5.29 시간에 따른 반응속도의 변화**

# 5.8 비등온 반응

## 단열반응

관형 반응기에서 기상 반응 $A \rightleftarrows B$이 진행된다고 하자. 압력강하는 무시하며 반응기로는 순수한 A성분만이 주입된다고 간주한다.

몰 수지로부터 부피에 따른 전환율의 변화는

$$\frac{dX}{dV} = \frac{-r_A}{F_{A0}}$$

로 주어진다. $F_{A0}$는 반응기로 주입되는 성분 A의 몰 유량이다. 반응식 $r_A$는

$$-r_A = k\left(C_A - \frac{C_B}{K_C}\right)$$

로 쓸 수 있으며 여기에서

$$k = k_1(T_1)\exp\left[\frac{E}{R}\left(\frac{1}{T_1} - \frac{1}{T}\right)\right], \quad K_C = K_{C2}(T_2)\exp\left[\frac{\Delta H^{\circ}_{Rx}}{R}\left(\frac{1}{T_2} - \frac{1}{T}\right)\right]$$

로 주어진다. $k_1(T_1)$과 $K_{C2}(T_2)$는 각각 $T_1$과 $T_2$에서 주어진 $k$와 $K_C$ 값이다.

기상반응의 경우 $\epsilon = 0$이고 압력강하는 무시하므로 $P = P_0$이다. 따라서

$$C_A = C_{A0}(1-X)\frac{T_0}{T}, \quad C_B = C_{A0}X\frac{T_0}{T}$$

로 나타낼 수 있다. $T_0$는 반응원료의 주입온도이다. 이들을 이용하면 반응속도식은

$$-r_A = kC_{A0}\left[(1-X) - \frac{X}{K_C}\right]\frac{T_0}{T}$$

로 쓸 수 있다.

한편 열 수지로부터

$$T = \frac{X[-\Delta H^{\circ}_{Rx}(T_R)] + \sum \Theta_i C_{pi} T_0 + X\Delta C_p T_R}{\sum \Theta_i C_{pi} + X\Delta C_p}$$

로 주어진다.

## 보기 22 부탄의 단열 액상반응[24]

관형 반응기에서 n-부탄($C_4H_{10}$)이 반응

$$n - C_4H_{10}(A) \rightleftarrows i - C_4H_{10}(B)$$

에 따라 이소부탄으로 전환되고 있다. 이 반응은 가역반응으로서 소량의 액체 촉매를 이용하여 고압에서 단열 액상반응으로 진행된다. 반응물은 $T_0 = 330\ K$에서 반응기로 주입되며 $T_1 = 360\ K$에서 $k_1(T_1) = 31.1\ h^{-1}$, $T_2 = 333\ K$에서 $K_{C2}(T_2) = 3.03\ h^{-1}$로 알려졌다. n-부탄 90몰%와 i-펜탄 10몰%로 이루어진 혼합물(몰 유량 = 163 kmol/h)을 70%의 전환율로 처리하고자 한다. i-펜탄은 불활성 물질로 간주할 수 있다. 다음에 주어진 데이터를 이용하여 반응기의 길이에 따른 전환율 X와 평형전환율 $X_e$, 온도 T 및 반응속도식 $-r_A$를 그래프로 나타내어라.

**데이터:** $\Delta H^\circ_{Rx} = -6900\ J/mol$, 활성화에너지 $E = 65{,}700\ J/mol$, $C_{A0} = 9.3\ kmol/m^3$, $R = 8.314\ J/(mol \cdot K)$, $C_{p_{n-B}} = 141\ J/(mol \cdot K)$, $C_{p_{i-B}} = 141\ J/(mol \cdot K)$, $C_{p_{i-P}} = 161\ J/(mol \cdot K)$.

**풀이**

$F_{A0} = 0.9F_{T0} = (0.9)(163) = 146.7\ kmol/h,\ T_0 = 330\ K.$

$\sum \Theta_i C_\pi = C_{pA} + \Theta_I C_{pI} = \left(141 + \frac{0.1}{0.9}161\right) = 158.889\ J/(mol \cdot K).$

한편 $\Delta C_p = C_{pB} - C_{pA} = 141 - 141 = 0$이므로

$$T = \frac{X[-\Delta H^\circ_{Rx}(T_R)] + \sum \Theta_i C_{pi} T_0}{\sum \Theta_i C_{pi}} = T_0 + \frac{X[-\Delta H^\circ_{Rx}(T_R)]}{\sum \Theta_i C_{pi}} = 330 + \frac{-(-6900)}{158.889}X$$

$$= 330 + 43.4265X$$

아울러 $C_A = C_{A0}(1 - X0)$, $C_B = C_{A0}X$이므로 $-r_A = kC_{A0}\left[1 - \left(1 + \frac{1}{K_c}\right)X\right]$이다. 반응기 길이에 따른 전환율 변화는 미분방정식 $\frac{dX}{dV} = \frac{-r_A}{F_{A0}}$에 의해 주어지며 평형전환율은

24 H. Scott Fogler, Essentials of Chemical Reaction Engineering, p. 496-500, Pearson Education Inc., 2011.

$-r_A = 0$ 으로부터 $X_e = \dfrac{K_c}{1+K_c}$ 로부터 얻어진다.

먼저 미분방정식을 함수(adbpfr.m)로 정의한다.

```
function dX = adbpfr(V,X,Ca0,Fa0,T1,T2,k1,K2,E,R,dH)
T = 330 + 43.4265*X;
k = k1*exp(E*(1/T1 - 1/T)/R); Kc = K2*exp(dH*(1/T2 - 1/T)/R);
ra = -k*Ca0*(1 - (1 + 1/Kc)*X);
dX = -ra/Fa0;
end
```

스크립트 파일 useadbpfr.m은 데이터를 설정하며 함수 adbpfr을 호출하고 내장함수 ode45를 이용하여 미분방정식의 해를 계산한다. 아울러 반응기의 길이에 따른 전환율과 평형전환율, 온도 및 반응속도식에 대한 그래프를 작성하여 준다.

```
% useadbpfr.m
clear all;
Ca0 = 9.3; Fa0 = 146.7; T1 = 360; T2 = 333; k1 = 31.1; K2 = 3.03;
E = 65700; R = 8.314; dH = -6900; Vspan = [0 5]; X0 = 0;
[V X] = ode45(@adbpfr,Vspan,X0,[],Ca0,Fa0,T1,T2,k1,K2,E,R,dH);
T = 330 + 43.4265*X;
k = k1*exp(E*(1/T1 - 1./T)/R); Kc = K2*exp(dH*(1/T2 - 1./T)/R);
ra = -k*Ca0.*(1 - (1 + 1./Kc).*X); Xe = Kc./(1+Kc);
figure(1), plot(V,T), xlabel('V'), ylabel('T(K)')
figure(2), plot(V,-ra), xlabel('V'), ylabel('-r_A')
figure(3), plot(V,X,V,Xe,'--'), xlabel('V'), ylabel('X,X_e'), legend('X','Xe')
fprintf('전환율 X 및 평형전환율 Xe의 최종값: Xf = %g, Xef = %g\n',X(end),Xe(end));
fprintf('온도 T의 최종값: Tf = %g\n',T(end));
fprintf('반응속도 rA의 최종값: raf = %g\n',-ra(end));
```

스크립트 파일 useadbpfr.m의 수행결과는 다음과 같다.

```
>> useadbpfr
전환율 X 및 평형전환율 Xe의 최종값: Xf = 0.714056, Xef = 0.714063
온도 T의 최종값: Tf = 361.009
반응속도 rA의 최종값: raf = 0.00312054
```

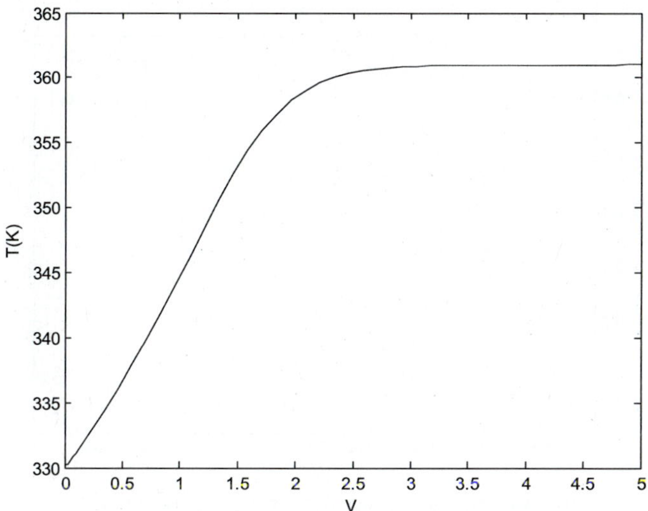


그림 5.30 반응기 길이에 따른 온도(K)

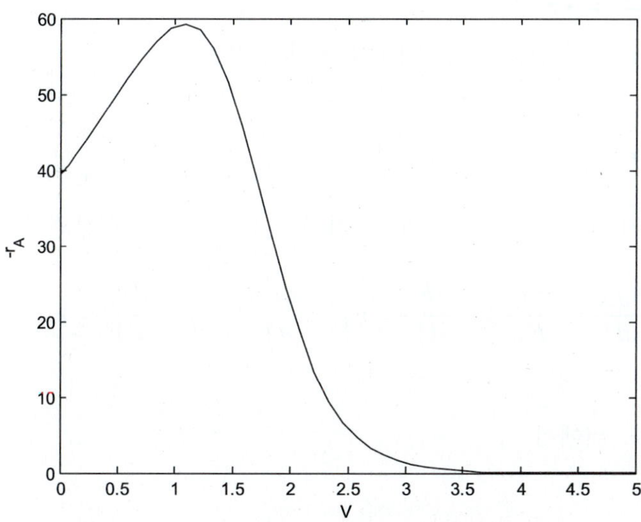


그림 5.31 반응기 길이에 따른 반응속도 변화

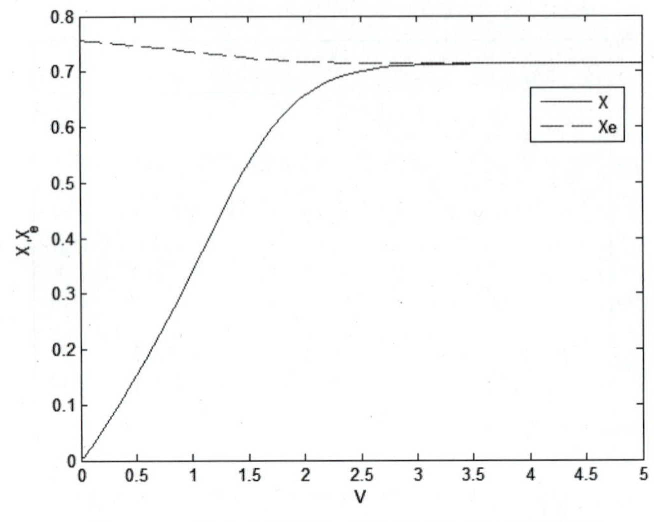


**그림 5.32 반응기 길이에 따른 전환율 및 평형전환율**

---

## 정상상태 비등온 반응

관형 반응기(PFR) 및 충진층 반응기(PBR)에서 반응

$$A + B \rightleftarrows 2C$$

가 진행된다고 하자. 반응기 길이(부피)에 따른 전환율 및 각 성분의 몰 유량의 변화는

$$\frac{dX}{dV} = \frac{-r_A}{F_{A0}}, \quad \frac{dF_A}{dV} = r_A, \quad \frac{dF_B}{dV} = r_B, \quad \frac{dF_C}{dV} = r_C$$

로 나타낼 수 있다. 위에서

$$-r_A = k_1\left(C_A C_B - \frac{C_C^2}{K_C}\right), \quad r_B = r_A, \quad r_C = -2r_A$$

로 쓸 수 있으며 여기에서

$$k = k_1(T_1)\exp\left[\frac{E}{R}\left(\frac{1}{T_1} - \frac{1}{T}\right)\right], \qquad K_C = K_{C2}(T_2)\exp\left[\frac{\Delta H_{Rx}^{\circ}}{R}\left(\frac{1}{T_2} - \frac{1}{T}\right)\right]$$

로 주어진다. $k_1(T_1)$과 $K_{C2}(T_2)$는 각각 $T_1$과 $T_2$에서 주어진 $k$와 $K_C$ 값이다.

기상반응의 경우 $\epsilon = 0$이고 압력강하는 무시하므로 $P = P_0$이다. 따라서 화학당량비로부터

$$C_A = C_{A0}(1-X)\frac{T_0}{T}, \quad C_B = C_{A0}(\Theta_B - X)\frac{T_0}{T}, \quad C_C = 2C_{A0}X\frac{T_0}{T}$$

혹은

$$C_A = C_{T0}\frac{F_A}{F_T}\frac{T_0}{T}, \quad C_B = C_{T0}\frac{F_B}{F_T}\frac{T_0}{T}, \quad C_C = C_{T0}\frac{F_C}{F_T}\frac{T_0}{T}$$

로 나타낼 수 있다. $T_0$는 반응원료의 주입온도이며 $F_T = F_A + F_B + F_C$이다.

한편 열 수지로부터

$$\frac{dT}{dV} = \frac{Ua(T_a - T) + (-r_A)(-\Delta H_{Rx})}{F_{A0}[C_{pA} + \Theta_B C_{pB} + X\Delta C_p]} = \frac{Ua(T_a - T) + (-r_A)(-\Delta H_{Rx})}{F_A C_{pA} + F_B C_{pB} + F_C C_{pC}},$$

$$\frac{dT_a}{dV} = \frac{Ua(T - T_a)}{\dot{m}_c C_{pc}} \text{ (병류(co-current))}, \quad \frac{dT_a}{dV} = \frac{Ua(T_a - T)}{\dot{m}_c C_{pc}} \text{ (향류(counter current))}$$

를 얻는다. 위에서 $U$는 총괄 열전달 계수, $T_a$는 냉매(혹은 가열유체)의 온도, $\dot{m}_c$는 냉매의 유량, 그리고 $C_{pc}$는 냉매의 비열을 나타낸다.

## 보기 23 부탄의 전환반응[25]

각각의 면적이 $V = 5\ m^3$인 10개의 관형 반응기로 이루어진 다발관형 반응기에서 n-부탄($C_4H_{10}$)이 반응 $n - C_4H_{10}(A) \rightleftarrows i - C_4H_{10}(B)$에 따라 이소부탄으로 전환되고 있다. 다발관형 반응기는 이중관(double pipe) 열교환기 형태로서 반응물은 내부 파이프로 주입되며 $Ua = 5{,}000\ kJ/(m^3 \cdot h \cdot K)$이다. 반응물은 $T_0 = 305K$에서 반응기로 주입되며 냉매 유

25 H. Scott Fogler, Essentials of Chemical Reaction Engineering, p. 530-535, Pearson Education Inc., 2011.

입온도는 $T_a = 310\ K$(향류 열교환기의 경우 이는 $V = V_{final} = 5\ m^3$에서의 냉매유입 온도이다)이고 냉매의 유량은 $\dot{m}_c$=500 kg/h, 냉매의 비열은 $C_{pc}$= 28 kJ/kg/K이다. 반응기 다발 중의 어느 반응기에서도 온도가 325 K를 초과해서는 안 된다. $T_1 = 360\ K$에서 $k_1(T_1) = 31.1\ h^{-1}$, $T_2 = 333\ K$에서 $K_{C2}(T_2) = 3.03\ h^{-1}$로 알려졌다.

n-부탄 90몰%와 i-펜탄 10몰%로 이루어진 혼합물(몰 유량 = 163 kmol/h)을 70%의 전환율로 처리하고자 한다. i-펜탄은 불활성 물질로 간주할 수 있다. 향류(Counter current) 열 교환기(냉매의 출구온도는 $T_a$=315K)인 경우에 대하여 반응기의 길이에 따른 전환율 X와 평형전환율 $X_e$, 반응온도 T, 냉매온도 $T_a$ 및 반응속도식 $-r_A$를 그래프로 나타내어라.

**데이터:** $\Delta H_{Rx}^{\circ} = -6900\ J/mol$, 활성화에너지 $E = 65{,}700\ J/mol$, $C_{A0} = 9.3\ kmol/m^3$, $R = 8.314\ J/(mol \cdot K)$, $C_{pA} = C_{pB} = 141\ J/(mol \cdot K)$, $C_{p_{i-P}} = 161\ J/(mol \cdot K)$.

**풀이**

각 반응기에 대하여 $F_{A0} = 0.9F_{T0} = (0.9)(163) \times \dfrac{1}{10} = 14.67\ kmolA/h$, $T_0 = 305\ K$.

$$C_{p0} = \sum \Theta_i C_{\pi} = C_{pA} + \Theta_I C_{pI} = \left(141 + \frac{0.1}{0.9}161\right) = 158.889\ J/(mol \cdot K).$$

한편 $\Delta C_p = C_{pB} - C_{pA} = 141 - 141 = 0$. 아울러 $C_A = C_{A0}(1 - X0)$, $C_B = C_{A0}X$이므로 $-r_A = kC_{A0}\left[1 - \left(1 + \dfrac{1}{K_c}\right)X\right]$이다. 반응기 길이에 따른 전환율 변화는 미분방정식 $\dfrac{dX}{dV} = \dfrac{-r_A}{F_{A0}}$에 의해 주어지며 평형전환율은 $-r_A = 0$으로부터 $X_e = \dfrac{K_c}{1+K_c}$로부터 얻어진다. 에너지 수지로부터 $\dfrac{dT}{dV} = \dfrac{Ua(T_a - T) + r_A \Delta H_{Rx}}{F_{A0}\sum \Theta_i C_{pi}} = \dfrac{r_A \Delta H_{Rx} - Ua(T - T_a)}{F_{A0}C_{p0}}$ 임을 알 수 있다. 향류(Counter current) 열 교환기의 경우 $\dfrac{dT_a}{dV} = \dfrac{Ua(T_a - T)}{\dot{m}_c C_{pc}}$, $V = V_{final} = 5m^3$에서의 $T_a = 310K$가 만족될 때까지 $T_a(V=0) = T_{a0}$를 가정하고 반복과정을 수행한다.

먼저 미분방정식을 함수(exbco.m)로 정의한다. 향류 열교환기의 경우 hx = ‘cn’, 병류 열교환기의 경우 hx = ‘co’, 온도 $T_a$가 일정한 경우에는 hx = ‘ct’(어떤 문자열도 무방)이다.

```
function dz = exbco(V,z,Ca0,Fa0,Cp0,Cpc,Ua,m,T1,T2,k1,K2,E,R,dH,hx)
% z(1)=Ta, z(2)=X, z(3)=T
k = k1*exp(E*(1/T1 - 1/z(3))/R); Kc = K2*exp(dH*(1/T2 - 1/z(3))/R);
ra = -k*Ca0*(1 - (1 + 1/Kc)*z(2));
if hx == 'co'
   dz(1) = Ua*(z(3) - z(1))/(m*Cpc);
elseif hx == 'cn'
   dz(1) = -Ua*(z(3) - z(1))/(m*Cpc);
else
   dz(1) = 0;
end
dz(2) = -ra/Fa0;
dz(3) = (ra*dH - Ua*(z(3)-z(1)))/(Fa0*Cp0);
dz = dz';
end
```

스크립트 파일 useexbco.m은 데이터를 설정하며 함수 exbco를 호출하고 내장함수 ode45를 이용하여 미분방정식의 해를 계산한다. 향류 열교환기의 경우 hx = 'cn', 병류 열교환기의 경우 hx = 'co', 온도 $T_a$가 일정한 경우에는 hx = 'ct'(어떤 문자열도 무방)로 설정한다. 아울러 반응기의 길이에 따른 전환율과 평형전환율, 온도 및 반응속도식에 대한 그래프를 작성하여 준다. 향류 열교환기의 경우 V=0에서의 $T_a$의 초기값이 주어지지 않으므로 적절한 방법(예: bisection 방법)을 이용하여 최종 부피에서의 주어진 온도가 충족되는 $T_a$의 초기값을 결정한다. 여기에서는 초기 탐색범위를 $305 \le T_a \le 320$으로 하였다.

```
% useexbco.m
clear all;
Ca0 = 9.3; Fa0 = 14.67; T1 = 360; T2 = 333; k1 = 31.1; K2 = 3.03;
E = 65700; R = 8.314; dH = -6900; Cp0 = 158.889; Cpc = 28;
Ua = 5000; m = 500; hx = 'cn'; criT = 1e-3; Taf = 310; errT = 10;
Vi = [0 5];
if hx == 'cn'  % Ta(z1)를 가정
   Ta01 = 305; Ta02 = 320; Ta0m = (Ta01+Ta02)/2; % 초기탐색범위
   while errT >= criT  % bisection 방법을 이용
      z01 = [Ta01 0 305]; z02 = [Ta02 0 305]; z0m = [Ta0m 0 305];
      [V z1] = ode45(@exbco,Vi,z01,[],Ca0,Fa0,Cp0,Cpc,Ua,m,...
                T1,T2,k1,K2,E,R,dH,hx);
      [V zm] = ode45(@exbco,Vi,z0m,[],Ca0,Fa0,Cp0,Cpc,Ua,m,...
                T1,T2,k1,K2,E,R,dH,hx);
```

```
        [V z2] = ode45(@exbco,Vi,z02,[],Ca0,Fa0,Cp0,Cpc,Ua,m,...
                T1,T2,k1,K2,E,R,dH,hx);
        if (z1(end,1)-Taf)*(zm(end,1)-Taf) < 0
            Ta02 = Ta0m; Ta0m = (Ta01+Ta02)/2;
        else
            Ta01 = Ta0m; Ta0m = (Ta01+Ta02)/2;
        end
        errT = abs(zm(end,1) - Taf);
    end
else
    z0 = [310 0 305];
    [V zm] = ode45(@exbco,Vi,z0,[],Ca0,Fa0,Cp0,Cpc,Ua,m,...
                T1,T2,k1,K2,E,R,dH,hx);
end
Ta = zm(:,1); X = zm(:,2); T = zm(:,3);
k = k1*exp(E*(1/T1 - 1./T)/R); Kc = K2*exp(dH*(1/T2 - 1./T)/R);
ra = -k*Ca0.*(1 - (1 + 1./Kc).*X); Xe = Kc./(1+Kc);
figure(1), plot(V,T,V,Ta,'--'), xlabel('V'), ylabel('T(K)'), legend('T','T_a')
figure(2), plot(V,X,V,Xe,'--'), xlabel('V'), ylabel('X,X_e'), legend('X','Xe')
figure(3), plot(V,-ra), xlabel('V'), ylabel('-r_A')
fprintf('전환율 X 및 평형전환율 Xe의 최종값: Xf = %g, Xef = %g\n',X(end),Xe(end));
fprintf('온도 T 및 Ta의 최종값: Tf = %g, Taf = %g\n',T(end), Ta(end));
fprintf('반응속도 rA의 최종값: raf = %g\n',-ra(end));
```

스크립트 파일 useexbco.m의 수행결과는 다음과 같다.

```
>> useexbco
전환율 X 및 평형전환율 Xe의 최종값: Xf = 0.779843, Xef = 0.784512
온도 T 및 Ta의 최종값: Tf = 310.153, Taf = 310.001
반응속도 rA의 최종값: raf = 0.0505495
```

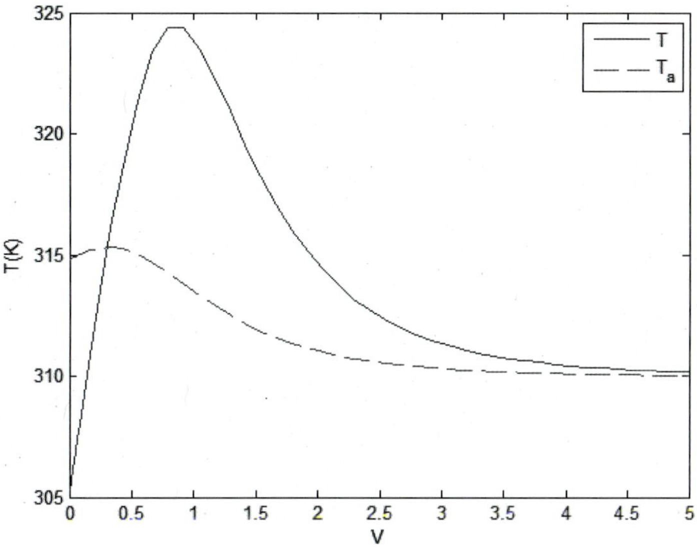


그림 5.33 반응기의 길이에 따른 온도

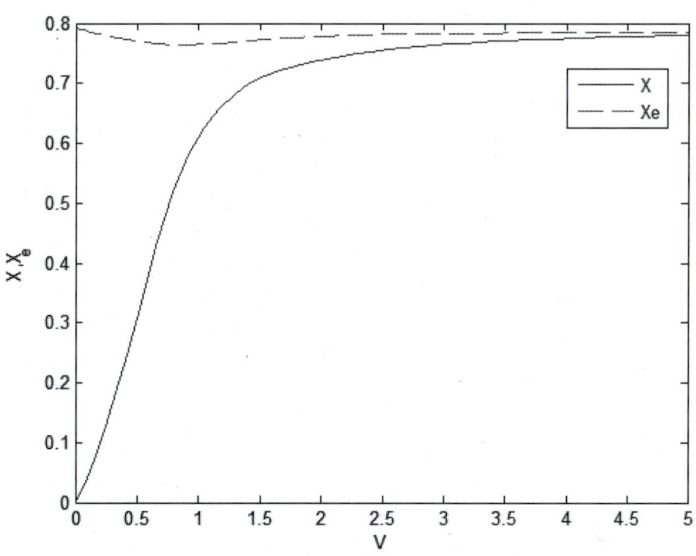


그림 5.34 반응기의 길이에 따른 전환율과 평형 전환율

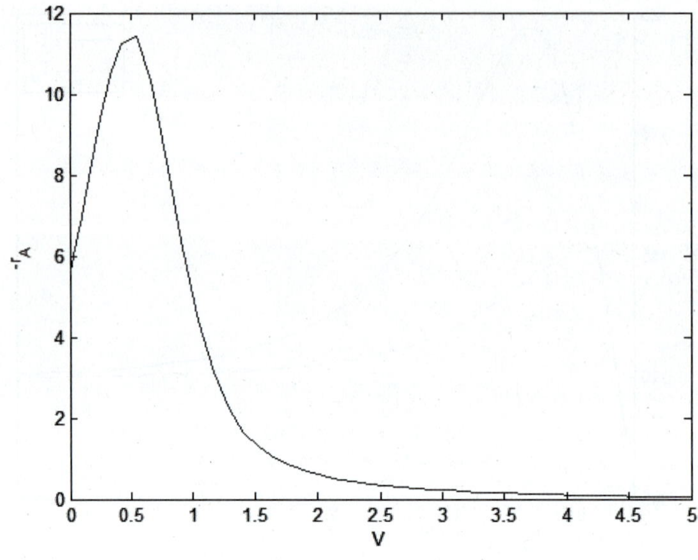


**그림 5.35** 반응기의 길이에 따른 반응속도

## 연습문제

**1.** 부피가 $V=1\ dm^3$인 연속교반 반응기에서 반응물 A가 기상 비가역 반응 $A \rightarrow B+2C$에 따라 분해되고 있다. 반응물 유량 $v_0$와 전환율 $X_A$ 사이의 관계가 $v_0 = \dfrac{kVC_{A0}^{n-1}(1+X_A)^n}{X_A(1+2X_A)^n}$ 로 주어진다고 하자. 반응물 유량 $v_0(dm^3/s)$에 따른 전환율 $X_A$의 측정데이터가 표와 같이 주어졌을 때 반응속도 상수 k와 반응차수 n을 추정하여라. 초기농도는 $C_{A0}=0.1942\ gmol/dm^3$이며 반응온도와 압력은 각각 300℃ 및 0.9125기압이다.

**표 p1**

| $v_0$ | 250 | 100 | 50 | 25 | 10 | 5 | 2.5 | 1 | 0.5 |
|---|---|---|---|---|---|---|---|---|---|
| $X_A$ | 0.45 | 0.5562 | 0.6434 | 0.7073 | 0.7874 | 0.8587 | 0.8838 | 0.9125 | 0.95 |

**2.** 회분식 반응기에서 액상반응 $A+B \rightarrow C$가 진행되고 있다. 시간에 따른 A의 농도변화를 측정한 결과는 다음과 같다.

**표 p2**

| t(min) | 0 | 50 | 100 | 150 | 200 | 250 | 300 |
|---|---|---|---|---|---|---|---|
| $C_A(mol/dm^3)$ | 0.05 | 0.038 | 0.0306 | 0.0256 | 0.0222 | 0.0195 | 0.0174 |

B는 과량으로 주입되어 B의 농도는 거의 일정하다고 간주할 수 있다. 적분방법을 이용하여 이 반응이 A에 대하여 2차 반응인지를 확인하여 보고 반응속도 상수를 구하여라.[26]

**3.** 회분식 반응기에서 액상반응 $A+B \rightarrow C$가 진행되고 있다. 이 반응의 반응식은 $-r_A = k'C_A^{\alpha}$로 나타낼 수 있다. 시간에 따른 A의 농도변화를 측정한 결과는 다음과 같다.

**표 p3**

| t(min) | 0 | 50 | 100 | 150 | 200 | 250 | 300 |
|---|---|---|---|---|---|---|---|
| $C_A(mol/dm^3)$ | 0.05 | 0.038 | 0.0306 | 0.0256 | 0.0222 | 0.0195 | 0.0174 |

26 H. Scott Fogler, Essentials of Chemical Reaction Engineering, p. 251-252, Pearson Education Inc., 2011.

B는 과량으로 주입되어 B의 농도는 거의 일정하다고 간주할 수 있다. 미분방법을 이용하여 이 반응의 반응차수 $\alpha$와 반응속도 상수 $k'$를 구하여라.[27]

**4.** 부피가 일정한 회분식 반응기에서 다음과 같은 디메틸 에테르의 기상 분해반응이 일어나고 있다.

$$CH_3OCH_3 \rightarrow CH_4 + CO + H_2$$

반응은 1차반응이며 물질수지로부터

$$\ln\left(\frac{3P_0 - P}{2P_0}\right) = -kt$$

를 얻을 수 있다. $P_0$는 초기압력, $P$는 반응압력, 그리고 $k$는 반응속도 상수이다. 시간에 따른 압력측정 결과는 다음 표와 같다. 이로부터 반응속도 상수를 추정하여라.[28]

**표 p4**

| $t(s)$ | $P(mmHg)$ | $t(s)$ | $P(mmHg)$ |
|---|---|---|---|
| 0 | 420 | 182 | 891 |
| 57 | 584 | 219 | 954 |
| 85 | 662 | 261 | 1013 |
| 114 | 743 | 299 | 1054 |
| 145 | 815 | | |

**5.** 340 K의 일정온도에서 사산화질소가 이산화질소로 분해되는 기상 가역반응 $N_2O_4 \leftrightarrow 2NO_2$이 진행되고 있다. 원료로서 순수한 $N_2O_4$가 202.6 kPa(2기압)에서 공급되고 있으며 340 K에서의 평형상수 $K_C$는 0.1 $mol/dm^3$이고 반응속도 상수는 $k_{N_2O_4} = 0.5\ \text{min}^{-1}$이다. 회분식 반응기(부피는 일정)에서의 $N_2O_4$의 평형 전환율을 구하여라.[29] 평형상수는 $K_C = \frac{C_{Be}^2}{C_{Ae}}$로 주어진다.

---

27 H. Scott Fogler, Essentials of Chemical Reaction Engineering, p. 255-258, Pearson Education Inc., 2011.

28 Cutlip, M. B. and M. Shacham, Problem Solving in Chemical and Biochemical Engineering with POLYMATH, Excel, and MATLAB, 2nd ed., p. 467, Prentice-Hall, 2008.

29 H. Scott Fogler, Essentials of Chemical Reaction Engineering, p. 125-128, Pearson Education Inc., 2011.

**6.** 부피가 일정한 회분식 반응기에서 다음과 같은 기상반응이 진행되고 있다.

$$A + B \leftrightarrow C + D, \quad B + C \leftrightarrow X + Y, \quad A + X \leftrightarrow Z$$

평형상태에서의 관계식은 다음과 같다.

$$K_1 = \frac{C_C C_D}{C_A C_B}, \quad K_2 = \frac{C_X C_Y}{C_B C_C}, \quad K_3 = \frac{C_Z}{C_A C_X}$$

$$C_A = C_{A0} - C_D - C_Z, \; C_B = C_{B0} - C_D - C_Y, \; C_C = C_D - C_Y, \; C_Y = C_X + C_Z$$

$A$와 $B$의 초기농도는 $C_{A0} = C_{B0} = 1.5$이며 평형상수는 $K_1 = 1.06$, $K_2 = 2.63$ $K_3 = 5$이다. 성분 $D$, $X$, $Z$에 대한 초기 추정치가 $C_D = C_X = C_Z = 0$와 같을 때 평형상태에서 각 성분의 농도를 구하여라.[30] 농도의 추정치가 $C_D = C_X = C_Z = 1$과 같이 0이 아닌 값으로 정할 경우 어떤 결과가 얻어지는가?

**7.** 순수한 에틸 아세테이트를 포함하고 있는 반회분식(semibatch) 반응기에 순수한 부탄올을 가하여 다음과 같은 가역반응에 따라 에탄올과 부틸 아세테이트를 생성한다고 하자.

$$CH_3COOC_2H_5(A) + C_4H_9OH(B) \leftrightarrow CH_3COOC_4H_9(C) + C_2H_5OH(D)$$

이 경우 각 성분에 대한 물질수지 및 반응속도식으로부터

$$\frac{dN_A}{dt} = r_A V, \; \frac{dN_B}{dt} = r_A V + v_0 C_{B0}, \; \frac{dN_C}{dt} = -r_A V, \; \frac{dN_D}{dt} = -r_A V,$$

$$-r_A = k\left(C_A C_B - \frac{C_C C_D}{K_e}\right)$$

를 얻는다. 위에서 각 성분의 농도는 $C_A = \frac{N_A}{V}$, $C_B = \frac{N_B}{V}$, $C_C = \frac{N_C}{V}$, $C_D = \frac{N_D}{V}$로 주어지며 총괄물질수지로부터 $\frac{dV}{dt} = v_0$를 얻는다. 전환율은 $x_A = \frac{N_{A0} - N_A}{N_{A0}}$로 표시된다.

반응은 300 K에서 진행되며 이 온도에서 평형상수는 $K_e = 1.08$이고 반응속도상수는 $k = 9 \times 10^{-5} dm^3/gmol$이다. 반응 초기에 반응기에 들어있는 에틸 아세테이트의 양은 $V(0) = 200 \; dm^3$이며 초기농도는 $C_{A0} = 7.72 \; gmol/dm^3$이다. 부탄올은

30 Cutlip, M. B. and M. Shacham, Problem Solving in Chemical and Biochemical Engineering with POLYMATH, Excel, and MATLAB, 2nd ed., p. 223, Prentice-Hall, 2008.

반응이 시작된 후 4000 s까지 $v_0 = 0.05\ dm^3/s$의 유량으로 반응기로 공급되고 있으며 초기농도는 $C_{B0} = 10.93\ gmol/dm^3$이다. 반응을 시작한 후 5000 s까지의 시간에 따른 에틸 아세테이트의 전환율 $x_A$를 그래프로 나타내어라.

**8.** 반회분식 반응기에서 비가역 액상 복합반응

$$A + 2B \rightarrow C, \quad 2A + 3C \rightarrow D$$

이 일어나고 있다. 성분 B가 함유된 용액(B의 초기농도는 $C_{B0} = 0.2\ mol/dm^3$)이 채워져 있는 반응기에 반응물이 10 $dm^3/\text{min}$의 유량으로 공급되고 있으며 반응물 중의 A의 몰 유량은 $F_{A0} = 3\ mol/\text{min}$이다. 반응기 내의 초기 반응물의 부피는 $V = 1000\ dm^3$이다. 각 성분에 대한 반응속도식은 다음과 같이 쓸 수 있다.

$$r_A = -k_a C_A C_B^2 - \frac{2}{3} k_c C_A^2 C_C^3,\ r_B = -2k_a C_A C_B^2,$$

$$r_C = k_a C_A C_B^2 - k_c C_A^2 C_C^3,\ r_D = \frac{1}{3} k_c C_A^2 C_C^3$$

위에서 $C_i = \frac{N_i}{V}(i = A, B, C, D),\ V = V_0 + v_0 t$ 이며

$$\frac{dN_A}{dt} = r_A V + F_{A0},\ \ \frac{dN_B}{dt} = r_B V,\ \ \frac{dN_C}{dt} = r_C V,\ \ \frac{dN_D}{dt} = r_D V$$

로 주어진다. 아울러 선택도는 $S_{C/D} = \frac{N_C}{N_D}$로 주어진다. 시간 t$(0 \le t \le 100(\text{min}))$에 따른 각 성분의 몰 수와 선택도의 변화를 그래프로 나타내어라.[31]

**9.** 직렬로 연결된 3개의 동일한 연속교반 반응기에서 비가역 액상반응 $A + B \rightarrow C$, $-r_A = kC_A C_B$이 진행되고 있다. 반응물 A와 B의 초기농도는 각각 $C_{A0} = C_{B0} = 2\ gmol/dm^3$, 각 반응물의 주입유량은 $v_{0A} = v_{0B} = 6\ dm^3/\text{min}$, 반응속도 상수는 $k = 0.5$이며 각 반응기의 부피는 $V_1 = V_2 = V_3 = 200\ dm^3$, 각 반응기로부터의 유량은 $v_1 = v_2 = v_3 = 12\ dm^3/\text{min}$이다.

31 H. Scott Fogler, Essentials of Chemical Reaction Engineering, p. 314-315, Pearson Education Inc., 2011.

(1) 정상상태에 도달했을 때의 각 반응기에서의 A, B의 농도를 구하여라.

(2) 각 반응기에서의 시간($0 \le t \le 20$)에 따른 B의 농도 $C_{Bi}(i=1,2,3)$를 그래프로 나타내어라.

**10.** 니켈 촉매를 이용하는 수소와 일산화탄소의 반응으로부터 메탄과 물이 생성되고 있다. 반응실험 데이터는 다음 표와 같다.

**표 P10 메탄 생성반응 데이터**

| $P_{CO}(atm)$ | $P_{H_2}(atm)$ | $r'_{CH_4}$(반응속도식) |
|---|---|---|
| 1.0 | 1.0 | $5.20 \times 10^{-3}$ |
| 1.8 | 1.0 | $13.2 \times 10^{-3}$ |
| 4.08 | 1.0 | $30.0 \times 10^{-3}$ |
| 1.0 | 0.1 | $4.95 \times 10^{-3}$ |
| 1.0 | 0.5 | $7.42 \times 10^{-3}$ |
| 1.0 | 4.0 | $5.25 \times 10^{-3}$ |

반응속도식은 $r'_{CH_4} = \dfrac{aP_{CO}P_{H_2}^{\beta_1}}{1+bP_{H_2}^{\beta_2}}$로 나타낼 수 있는 것으로 알려졌다. 파라미터 a, b, $\beta_1$, $\beta_2$를 추정하여라.[32]

**11.** 압력강하가 없는 등온 관형 반응기에서 부틸 페록사이드의 1차 비가역 분해반응이 일어나고 있다. 반응식은 $A \to B+2C$와 같으며 반응속도 상수는 $k=0.08\ \text{min}^{-1}$, 반응기 부피는 200 $dm^3$이다. 반응물은 순수한 A로 이루어지며 A의 농도는 $C_{A0}=1.0\ gmol/dm^3$이고 주입되는 반응물의 유량은 10 $dm^3/\text{min}$이다. 반응기 부피에 따른 전환율 X의 변화를 그래프로 나타내어라.[33]

**12.** 압력강하가 없는 등온 관형 반응기에서 부틸 페록사이드의 1차 비가역 분해반응이 일어나고 있다. 반응기 부피는 200 $dm^3$이며 A의 농도는 $C_{A0}=1.0\ gmol/dm^3$이고 주입되는 반응물의 유량은 $v_0 = 10\ dm^3/\text{min}$이다.[34]

---

32 H. Scott Fogler, Essentials of Chemical Reaction Engineering, p. 266-271, Pearson Education Inc., 2011.

33 Cutlip, M. B. and M. Shacham, Problem Solving in Chemical and Biochemical Engineering with POLYMATH, Excel, and MATLAB, 2nd ed., p. 445, Prentice-Hall, 2008.

34 Cutlip, M. B. and M. Shacham, Problem Solving in Chemical and Biochemical Engineering with POLYMATH, Excel, and MATLAB, 2nd ed., p. 445, Prentice-Hall, 2008.

(1) 반응식은 $A \rightarrow B+2C$와 같으며 반응속도 상수는 $k=0.08\ \text{min}^{-1}$이다. 주입되는 반응물이 5%의 순수한 A와 95%의 질소기체로 이루어져 있을 때 반응기 부피에 따른 전환율 X의 변화를 그래프로 나타내어라.

(2) 반응식은 $3A \rightarrow B$와 같으며 반응속도 상수는 $k=0.08\ \text{min}^{-1}$이다. 반응물은 순수한 A로 이루어져 있을 때 반응기 부피에 따른 전환율 X의 변화를 그래프로 나타내어라.

**13.** 관형 반응기에서 비가역 액상반응 $A \rightarrow B$이 일어나고 있으며 반응식은 $-r_A = kC_A^n$ (n은 반응차수)로 표시된다. 반응기의 부피는 $V=1.5\ dm^3$, A의 초기농도는 $C_{A0}=1.0\ gmol/dm^3$이고 반응속도 상수는 $k=1.1$이며 원료 반응물의 유량은 $v_0=0.9\ dm^3/\text{min}$이다. 반응의 차수가 0차, 1차, 2차 및 3차(즉 n = 0, 1, 2, 혹은 3)일 때 반응기 부피에 따른 전환율을 그래프로 나타내어라.

**14.** 촉매가 충전된 충진층 반응기에서 등온 기상 1차 반응 $A \rightarrow B\ (-r_A = kC_A)$이 일어나고 있다. A의 초기농도는 $C_{A0}=1.0\ gmol/dm^3$이고 반응속도 상수는 $k=1\ dm^3/(kg\ cat \cdot \text{min})$이며 원료 반응물의 유량은 $v_0=1\ dm^3/\text{min}$이다. $\alpha=0.12\ kg^{-1}$일 때 W에 대한 X 및 $y=\dfrac{P}{P_0}$의 변화를 그래프로 나타내어라. 전체 충진재 무게는 $W_{\max}=2\ kg$이다.[35]

**15.** 촉매가 충전된 어떤 충진층 반응기에서 비가역 등온 기상반응 $A+B \rightarrow C+D$ 이 일어나고 있으며 반응기 내에서 충진재 무게 W에 따라 압력이 변화되고 있다. 이 반응기에는 4가지의 서로 다른 촉매들(촉매 1, 촉매 2, 촉매 3, 촉매 4)을 이용할 수 있는데 각 촉매에 따른 반응식은

촉매 1: $-r_{A1} = \dfrac{kC_AC_B}{1+K_AC_A}$,

촉매 2: $-r_{A2} = \dfrac{kC_AC_B}{1+K_AC_A+K_CC_C}$,

촉매 3: $-r_{A3} = \dfrac{kC_AC_B}{(1+K_AC_A+K_BC_B)^2}$,

촉매 4: $-r_{A4} = \dfrac{kC_AC_B}{(1+K_AC_A+K_BC_B+K_CC_C)^2}$

로 주어진다.

35 Cutlip, M. B. and M. Shacham, Problem Solving in Chemical and Biochemical Engineering with POLYMATH, Excel, and MATLAB, 2nd ed., p. 453, Prentice-Hall, 2008.

A와 B의 초기농도는 $C_{A0} = C_{B0} = 1.0 \ gmol/dm^3$ 이고 반응기로 주입되는 A의 몰유량은 $F_{A0} = 1.5 \ gmol/\min$ 이며 반응기에 사용되는 각 촉매의 무게는 $W_{\max} = 2 \ kg$ 이다. 반응속도 상수는 $k = 10 \ dm^6/(kg \cdot \min)$ 이며 파라미터 $K_A$, $K_B$, $K_C$는 각각 $K_A = 1 \ dm^3/gmol$, $K_B = 2 \ dm^3/gmol$, $K_C = 20 \ dm^3/gmol$ 이다. $\alpha = 0.4$ 일 때 4가지 촉매 각각에 대하여 W에 대한 전환율 X의 변화를 그래프로 나타내어라.

**16.** 촉매가 충진된 충진층 반응기에서 1차 기상반응 $A \rightarrow B$가 진행되고 있다. 반응식은 $-r_A = kaC_A$로 표시되며 촉매의 활성 a는 시간에 따라 감쇄된다. 이러한 충진층 반응기는 그림에 보인 바와 같이 직렬로 연결된 3개의 연속교반 반응기들로 근사될 수 있다.[36]

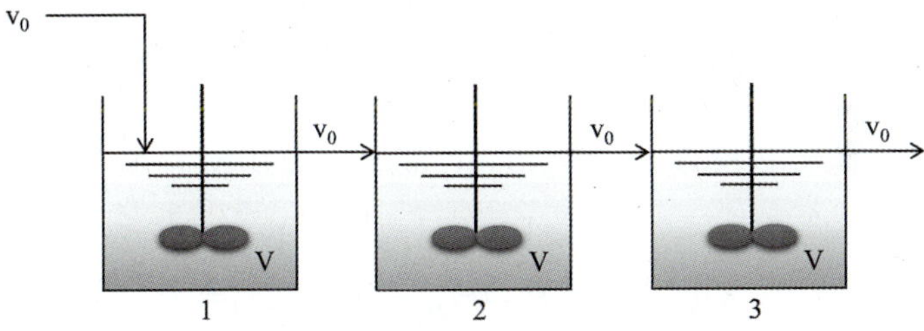


그림 P16

이 경우 각 반응기에서의 A 및 B 성분의 농도변화는

$$\frac{dC_{Ai}}{dt} = \frac{v_0}{V}(C_{A(i-1)} - C_{A(i)}) + r_{Ai}, \quad \frac{dC_{Bi}}{dt} = \frac{v_0}{V}(C_{B(i-1)} - C_{B(i)}) + r_{Ai}$$

로 나타낼 수 있다.

(1) 촉매 활성의 변화율을 $\dfrac{da_i}{dt} = -k_d a_i \,(i = 1,2,3)$로 나타낼 수 있을 때 주어진 데이터를 이용하여 시간범위 $0 \le t \le 60$ 에서 A 성분의 농도변화를 그래프로 나타내어라.

(2) 촉매 활성의 변화율을 $\dfrac{da_i}{dt} = -k_d a_i C_{B(i)} \,(i = 1,2,3)$로 나타낼 수 있을 때 주어진 데이터를 이용하여 시간범위 $0 \le t \le 60$ 에서 A 성분의 농도변화를 그래프로 나타내어라.

36 Cutlip, M. B. and M. Shacham, Problem Solving in Chemical and Biochemical Engineering with POLYMATH, Excel, and MATLAB, 2nd ed., p. 488-489, Prentice-Hall, 2008.

**데이터:** $k_d = 0.01\ \text{min}^{-1},\ k = 0.9\ dm^3/(dm^3(cat)\cdot\text{min}),\ C_{A0} = 0.01\ gmol/cm^3,$
$C_{B0} = 0,\ v_0 = 5\ dm^3/\text{min},\ V = 10\ dm^3,\ a_i(0) = 1.0\ (i = 1,2,3),$
$C_{A(i)}(0) = C_{B(i)}(0) = 0\,(i = 1,2,3)$

**17.** 고체촉매가 이용되는 충진층 반응기에서 다음 반응에 따라 톨루엔(T)이 수소(H)와 반응하여 벤젠(B)과 메탄(M)이 생성되고 있다.

$$C_6H_5CH_3(T) + H_2(H) \rightarrow C_6H_6(B) + CH_4(M), \quad -r_T = \frac{kP_HP_T}{1 + K_BP_B + K_TP_T}$$

반응기로 주입되는 반응물은 톨루엔 30%, 수소 45%, 그리고 불활성 기체 25%로 이루어져 있으며 톨루엔의 유입량은 $F_{T0} = 50$ mol/min이다. 반응기 유입부의 압력과 온도는 각각 40기압 및 640℃ 이다. 이 반응에서 촉매 무게에 따른 전환율의 변화는 $\frac{dX}{dW} = \frac{-r_T}{F_{T0}}$로 나타낼 수 있으며 각 성분의 분압은

$$P_T = P_{T0}(1-X)y,\ P_H = P_{T0}(\Theta_{H_2} - X)y,\ P_B = P_{T0}Xy$$

로 주어진다. 위에서

$$\Theta_{H_2} = 0.45/0.30 = 1.5,\ P_{T0} = y_{T0}P_0 = (0.3)(40) = 12\,atm,\ y = \frac{P}{P_0} = \sqrt{1 - \alpha W}$$

이다. 주어진 데이터를 이용하여 촉매 무게에 따른 전환율과 압력비(y) 및 각 성분의 분압을 그래프로 나타내어라.[37]

**데이터:**

$k = 8.7 \times 10^{-4}\ mol/(atm^2 kg_{cat}\text{min}),\ K_B = 1.39\ atm^{-1},\ K_T = 1.038\ atm^{-1},$
$\alpha = 9.8 \times 10^{-5}\,kg^{-1}$

**18.** 관형 반응기에서 $SO_2$가 $SO_3$로 산화되는 반응이 진행되고 있다. $X = \frac{C_{SO_2}(z)}{C_{SO_2}(z=0)}$라 할 때 이 반응에 대한 물질 및 열수지로부터 다음 관계를 얻었다.[38]

$$\frac{dX}{dz} = -50r, \quad \frac{dT}{dz} = -4.1(T - T_a) + 1.02 \times 10^4 r, \quad X(0) = 1,\ T(0) = 673.2$$

---

37 H. Scott Fogler, Essentials of Chemical Reaction Engineering, p. 453-455, Pearson Education Inc., 2011.

38 Bruce A. Finlayson, Introduction to Chemical Engineering Computing, p. 121-123, John Wiley & Sons, Inc., 2006.

$$r = \frac{X\sqrt{1-0.167(1-X)} - 2.2(1-X)/K_e}{[k_1 + k_2(1-X)]^2}, \quad K_e = -11.02 + \frac{11570}{T}$$

$$\ln k_1 = -14.96 + \frac{11070}{T}, \quad \ln k_2 = -1.331 + \frac{2331}{T}, \quad T_a = 673.2$$

반응기 길이(무차원) z에 따른 X 및 T의 분포를 그래프로 나타내어라.

**19.** 각각의 면적이 5 $m^3$인 10개의 관형 반응기로 이루어진 다발관형 반응기에서 n-부탄($C_4H_{10}$)이 반응 $n-C_4H_{10}(A) \rightleftarrows i-C_4H_{10}(B)$에 따라 이소부탄으로 전환되고 있다. 다발관형 반응기는 이중관(double pipe) 열교환기 형태로서 반응물은 내부 파이프로 주입되며 $Ua = 5{,}000\ kJ/(m^3 \cdot h \cdot K)$이다. 반응물은 $T_0 = 305\ K$에서 반응기로 주입되며 냉매 유입온도는 $T_{a0} = 310\ K$이고 냉매의 유량은 $\dot{m}_c = 500$ kg/h, 냉매의 비열은 $C_{pc} = 28$ kJ/kg/K이다. 반응기 다발 중의 어느 반응기에서도 온도가 325 K를 초과해서는 안 된다. $T_1 = 360\ K$에서 $k_1(T_1) = 31.1h^{-1}$, $T_2 = 333\ K$에서 $K_{C2}(T_2) = 3.03h^{-1}$로 알려졌다.

n-부탄 90몰%와 i-펜탄 10몰%로 이루어진 혼합물(몰 유량 = 163 kmol/h)을 70%의 전환율로 처리하고자 한다. i-펜탄은 불활성 물질로 간주할 수 있다. 다음 각 경우에 대하여 반응기의 길이에 따른 전환율 X와 평형전환율 $X_e$, 반응온도 T, 냉매온도 $T_a$ 및 반응속도식 $-r_A$를 그래프로 나타내어라.[39]

(1) 병류(Co-current) 열 교환기

(2) 외부온도 $T_a$가 일정한 경우

**데이터:** $\Delta H^\circ_{Rx} = -6900\ J/mol$, 활성화에너지 $E = 65{,}700\ J/mol$,

$C_{A0} = 9.3\ kmol/m^3$, $R = 8.314\ J/(mol \cdot K)$,

$C_{pA} = C_{pB} = 141\ J/(mol \cdot K)$, $C_{p_{i-P}} = 161\ J/(mol \cdot K)$.

39 H. Scott Fogler, Essentials of Chemical Reaction Engineering, p. 530-535, Pearson Education Inc., 2011.

# 물질전달

## 6.1 확산

### 1차원 확산

이성분계 혼합물에서의 정상상태 물질전달을 고려하여 보기로 한다. 실린더형 용기(Stefan 튜브)에 담긴 액체 A의 표면으로부터 A와 B의 혼합물로 이루어진 기상으로 증발이 이루어지고 있다고 하자.

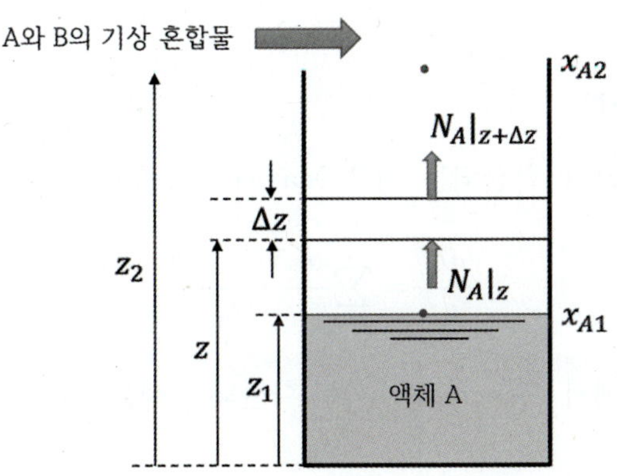


그림 6.1 정지되어 있는 B를 통한 A성분의 확산

Fick의 법칙으로부터

$$\frac{dN_A}{dz}=0, \quad \frac{dx_A}{dz}=-\frac{(1-x_A)N_A}{D_{AB}C}$$

위에서 $C$는 농도($kgmol/m^3$), $D_{AB}$는 B 중에서의 A의 몰 확산도($m^2/s$), $N_A$는 A 성분의 몰 플럭스($kgmol/(m^2 \cdot s)$), 그리고 $x_A=\frac{C_A}{C}$는 A의 몰분율이다.

$z=z_1$에서 $x_A=x_{A1}=\frac{P_{A0}}{P}$로 주어진다. 온도와 압력이 일정하며 이상기체라고 가정하면 $C(=P/RT)$와 $D_{AB}$는 일정하다고 간주할 수 있다. 이 경우

$$\frac{1-x_A}{1-x_{A1}}=\left(\frac{1-x_{A2}}{1-x_{A1}}\right)^{(z-z_1)/(z_2-z_1)}, \quad N_{Az}|_{z=z_1}=D_{AB}C\frac{(x_{A1}-x_{A2})}{(z_2-z_1)(x_B)_{lm}}$$

위에서

$$(x_B)_{lm}=\frac{x_{B2}-x_{B1}}{\ln(x_{B2}/x_{B1})}=\frac{x_{A1}-x_{A2}}{\ln\left(\frac{1-x_{A2}}{1-x_{A1}}\right)}$$

로 주어진다. 온도가 변하는 경우 $T_1$에서의 확산도 계수를 알고 있을 때 $T$에서의 몰 확산도는

$$D_{AB}=D_{AB}|_{T_1}\left(\frac{T}{T_1}\right)^{1.75}$$

로 근사적으로 주어진다.

## 다성분 기체의 확산

다성분 기체가 z 방향으로 확산되는 경우 Maxwell-Stefan 방정식[1]은

$$\frac{dC_i}{dz}=\sum_{i=1}^{n}\frac{x_iN_j-x_jN_i}{D_{ij}}$$

와 같이 쓸 수 있다. 위에서 $C_i(kgmol/m^3)$는 확산되는 성분 i의 농도, $x_i$는 성분 i의 몰분율,

1 R. Byron Bird, Warren E. Stewart and Edwin N. Lightfoot, Transport Phenomena, 2nd ed., p. 538, John Wiley & Sons, 2002.

$N_i(kgmol/(m^2 \cdot s))$는 성분 i의 몰 플럭스, $D_{ij}(m^2/s)$는 성분 i와 성분 j의 2성분 몰 확산도, 그리고 n은 성분 수이다. 3성분(A, B, C) 기체 혼합물의 경우

$$\frac{dC_A}{dz} = \frac{(x_A N_B - x_B N_A)}{D_{AB}} + \frac{(x_A N_C - x_C N_A)}{D_{AC}}$$

$$\frac{dC_B}{dz} = \frac{(x_B N_A - x_A N_B)}{D_{AB}} + \frac{(x_B N_C - x_C N_B)}{D_{BC}}$$

$$\frac{dC_C}{dz} = \frac{(x_C N_A - x_A N_C)}{D_{AC}} + \frac{(x_C N_B - x_B N_C)}{D_{BC}}$$

위에서 $D_{ij} = D_{ji}(i, j = A, B, C)$이다.

### 보기 1 이성분계 확산

실린더형 용기에 담긴 메탄올로부터 328.5 K의 온도에서 공기 중으로 증발이 이루어지고 있다. 용기 입구로부터 액체 표면까지의 깊이는 $z_2 - z_1 = 0.238$ m이다. 주어진 온도에서 메탄올의 증기압은 $P_{A0} = 68.4$ kPa, 전체압력은 $P = 99.4$ kPa이며 공기 중에서 메탄올의 몰 확산도 계수는 $D_{AB} = 1.991 \times 10^{-5} m^2/s$이다. 실린더 용기 내에서의 메탄올의 몰 플럭스를 구하고 액체 표면으로부터 용기 입구까지의 몰분율 분포를 그래프로 나타내어라.

**풀이**

$z = z_1$에서 $x_{A1} = P/P_{A0}$로 주어진다. $N_A$를 가정하고 미분방정식 $\frac{dx_A}{dz} = -\frac{(1-x_A)N_A}{D_{AB}C}$를 풀어서 얻은 해로부터 $x_{A2} = 0$을 만족하는지를 확인한다. $x_{A2} \neq 0$이면 $N_A$를 다시 가정하여 같은 계산을 반복한다. 이 과정은 이분법을 이용하여 수행할 수 있다. 먼저 미분방정식을 함수 xaz.m으로 정의한다.

```
function dxdz = xaz(z,x,Na,Dab,C)
dxdz = -(1-x)*Na/Dab/C;
end
```

이분법을 이용한 $N_A$의 계산은 스크립트 usexaz.m에 의해 수행된다.

```
% usexaz.m
Dab = 1.991e-5; T = 328.5; R = 8.314; P = 99.4; Pa0 = 68.4; zv = [0 0.238];
C = P/(R*T); x0 = Pa0/P; critN = 1e-11; errN = 1;
Na1 = 3.5e-6; Na2 = 3.6e-6;
while errN > critN
    Nam = (Na1+Na2)/2;
    [z x1] = ode45(@xaz,zv,x0,[],Na1,Dab,C);
    [z x2] = ode45(@xaz,zv,x0,[],Na2,Dab,C);
    [z xm] = ode45(@xaz,zv,x0,[],Nam,Dab,C);
    if x1(end)*xm(end) < 0
        Na2 = Nam;
    else
        Na1 = Nam;
    end
    errN = abs(Na1 - Na2);
end
Nam, xm(end)
plot(z,xm), xlabel('z(m)'), ylabel('x_A'), axis tight
```

스크립트 usexaz.m의 수행결과는 다음과 같다.

```
>> usexaz
추정된 Nab = 3.547504e-06,  xA = -0.000000
계산된 Nab = 3.547502e-06
```

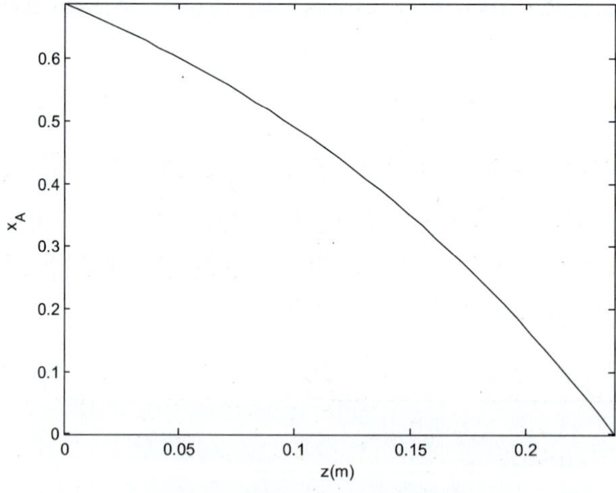


**그림 6.2 깊이에 따른 몰분율 분포**

즉 $N_{AB} = 3.5475 \times 10^{-6} m^2/s$일 때 $x_{A2} = -4.4158 \times 10^{-7} \approx 0$임을 알 수 있다.

## 보기 2 다성분계 확산[2]

55℃, 0.2기압에서 정지된 기체 C를 통하여 위치 1($z_1$)과 위치 2($z_2$) 사이(두 위치 사이의 거리는 0.001 m)에서 기체 A와 B가 확산되고 있다. 성분 B의 몰 플럭스는 $N_B = -4.143\times 10^{-4}\ kgmol/(m^2\cdot s)$(즉 $z_2$로부터 $z_1$으로 확산)로 측정되었다. 기체 혼합물은 이상기체라고 가정하고 주어진 데이터를 이용하여 성분 A의 몰 플럭스 $N_A$를 구하여라.

**데이터**: $C_{A1} = 2.229\times 10^{-4}$, $C_{A2} = 0$, $C_{B0} = 0$, $C_{B2} = 2.701\times 10^{-3}$,

$C_{C1} = 7.208\times 10^{-3}$, $C_{C2} = 4.730\times 10^{-3}$, $D_{AB} = 1.47\times 10^{-4}$,

$D_{AC} = 1.075\times 10^{-4}$, $D_{BC} = 1.245\times 10^{-4}$

**풀이**

C는 정지하고 있으므로 $N_C = 0$이다. $N_A$를 가정하고 미분방정식을 풀어 얻은 결과로부터 $z_2$에서의 농도조건이 충족되는지를 조사한다. $N_A$의 초기 가정값은 기체 혼합물을 A와 C의 2성분계로 간주하고 $N_A = -D_{AC}(C_{A2} - C_{A1})/L$로부터 얻는다. 농도조건이 충족되지 않으면 $N_A$를 다시 보정하여 같은 과정을 반복한다. $N_A$의 보정은 이분법을 이용하여 수행할 수 있다. 기체 혼합물을 이상기체라고 가정하면 전체 농도는 $C_t = \frac{n}{V} = \frac{P}{RT}$로 주어진다. 먼저 미분방정식을 함수 mdif.m으로 정의한다.

```
function dcdz = mdif(z,c,D1,D2,D3,Na,Nb,Nc,Ct)
% c1=Ca, c2=Cb, c3=Cc, D1=Dab, D2=Dbc, D3=Dac
xa = c(1)/Ct; xb = c(2)/Ct; xc = c(3)/Ct;
dcdz = [(xa*Nb-xb*Na)/D1 + (xa*Nc-xc*Na)/D3;
        (xb*Na-xa*Nb)/D1 + (xb*Nc-xc*Nb)/D2;
        (xc*Na-xa*Nc)/D3 + (xc*Nb-xb*Nc)/D2];
end
```

2 Christie John Geankoplis, Transport Processes and Separation Process Principles, 4th ed., p. 413, Prentice-Hall, 2003.

이분법을 이용한 $N_A$의 계산은 스크립트 usemdif.m에 의해 수행된다.

```
% usemdif.m
Ca1=2.229e-4; Cb1=0; Cc1=7.208e-3; Ca2=0; Cb2=2.701e-3; Cc2=4.73e-3;
D1=1.075e-4; D2=1.245e-4; D3=1.47e-4;
P=0.2;T=328; R=82.057e-3; Ct = P/(R*T);
L=0.001; Nb=-4.143e-4; Nc=0; Na=-D3*(Ca2-Ca1)/L;
zspan = [0 L]; c0 = [Ca1 Cb1 Cc1]; critN = 1e-10; errA = 1;
Na1 = Na/2; Na2 = 2*Na; iter = 1;
while errA > critN
   Nam = (Na1+Na2)/2;
   [z c1] = ode45(@mdif,zspan,[Ca1,Cb1,Cc1],[],D1,D2,D3,Na1,Nb,Nc,Ct);
   [z c2] = ode45(@mdif,zspan,[Ca1,Cb1,Cc1],[],D1,D2,D3,Na2,Nb,Nc,Ct);
   [z cm] = ode45(@mdif,zspan,[Ca1,Cb1,Cc1],[],D1,D2,D3,Nam,Nb,Nc,Ct);
   if c1(end,1)*cm(end,1) < 0  %Ca(z2)=0을 충족하는지를 조사
      Na2 = Nam;
   else
      Na1 = Nam;
   end
   errA = abs(Na1 - Na2); iter = iter+1;
end
iter, Na = Nam
```

스크립트 usemdif.m의 수행결과는 다음과 같다.

```
>> usemdif
iter =
   20
Na =
  2.3471e-05
```

즉 20회의 반복계산 후에 $N_A = 2.3471 \times 10^{-5} kgmol/(m^2 \cdot s)$를 얻었다.

---

## 구에서의 확산

정지된 유체 B 중에서 구의 표면으로부터 A 성분이 확산되는 경우 물질수지로부터

$$\frac{d(N_A r^2)}{dr} = 0, \quad \frac{dp_A}{dr} = -\frac{RTN_A}{D_{AB}}\left(1 - \frac{p_A}{P}\right)$$

를 얻는다. $D_{AB}$는 B 중에서의 A의 몰 확산도($m^2/s$), $R$은 기체상수($= 8314.34\ m^3Pa/(kgmolK)$), $T$는 절대온도(K), $P$는 전압(Pa)이며 $N_A$는 A 성분의 몰 플럭스($kgmol/(m^2 \cdot s)$)이다. 위의 미분방정식들로부터

$$N_{A1} = \frac{D_{AB}}{RTr_1}\frac{(p_{A1} - p_{A2})}{p_{BM}}, \quad p_{BM} = \frac{p_{A1} - p_{A2}}{\ln\left(\dfrac{P - p_{A2}}{P - p_{A1}}\right)}$$

를 얻는다.[3]

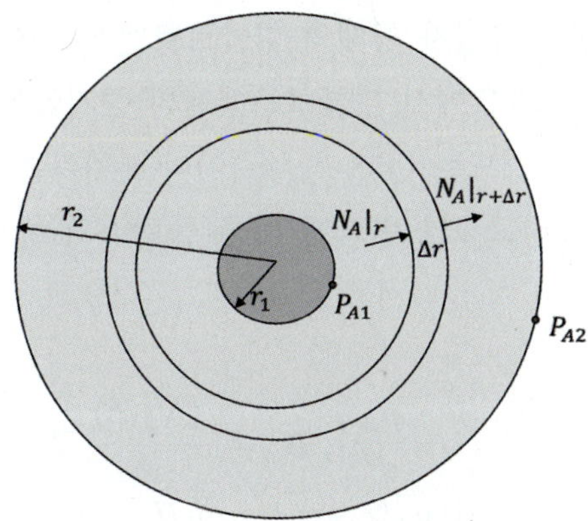


그림 6.3 구로부터의 확산

## 물질전달 계수

구형 고체입자 표면으로부터 정지된 기체 B로 A가 전달되는 경우 B를 통한 A의 물질전달 계수 $k_c'$(m/s)은 Sherwood 수로 나타낼 수 있다.[4]

$$N_{sh} = k_c' \frac{D_p}{D_{AB}} = 2 + 0.552 N_{re}^{0.53} N_{sc}^{1/3}$$

위에서 $D_p$(m)는 구형 입자의 직경, $N_{re} = \dfrac{D_p v \rho}{\mu}$는 입자의 Reynolds 수, $N_{sc} = \dfrac{\mu}{\rho D_{AB}}$는

3 Christie John Geankoplis, Transport Processes and Separation Process Principles, $4^{th}$ ed., p. 421, Prentice-Hall, 2003.

4 Christie John Geankoplis, Transport Processes and Separation Process Principles, $4^{th}$ ed., p. 482, Prentice-Hall, 2003.

Schmidt 수이며 $\rho(kg/m^3)$는 기체의 밀도이다. 물질전달 계수 $k_c'$을 이용하면 정지기체 B를 통한 구의 표면으로부터의 A 성분의 몰 플럭스 $N_A$는

$$N_A = \frac{k_c'P}{RT}\frac{(p_{A1} - p_{A2})}{p_{BM}}$$

로 나타낼 수 있다.

## 보기 3 구의 표면으로부터의 확산[5]

반경이 $3 \times 10^{-3} m$ 인 구형 고체입자 형태의 디클로로벤젠(A)이 대기압에서 25℃ 의 공기(B) 중으로 승화되고 있다. 25℃ 에서 디클로로벤젠의 증기압은 1 mmHg, 공기 중에서의 확산도는 $7.39 \times 10^{-6} m^2/s$, 밀도는 1458 $kg/m^3$ 이며 분자량은 147이다. 구형 입자 표면으로부터의 승화 플럭스를 구하고 r의 변화에 따른 플럭스의 변화를 그래프로 나타내어라.

**풀이**

$\dfrac{d(N_A r^2)}{dr} = 0$, $\dfrac{dp_A}{dr} = -\dfrac{RTN_A}{D_{AB}}\left(1 - \dfrac{p_A}{P}\right)$, $N_A = \dfrac{(N_A r^2)}{r^2}$ 로부터 $N_A$를 구한다. $r = r_0$ 에서 $z_2 = p_A$는 디클로로벤젠의 증기압($p_A(r_0) = 1\ mmHg = 101{,}325\ Pa/760 = 133.32\ Pa$)이므로 $z_2(r_0) = 133.32\ Pa$이다. 다른 초기조건 $z_1(r_0)$은 주어져 있지 않으므로 $r$이 매우 클 경우에는(이를테면 $r = 20\ m$) $p_A = 0$인 조건이 충족되도록 $z_1 = N_A r^2$의 초기조건을 찾는 문제가 된다. 편의상 $r - r_0 = x$로 두면 $r = r_0 + x$, $dr = dx$이다. 먼저 미분방정식을 함수 spf.m으로 정의한다.

```
function dzdx = spf(x,z,T,P,Dab,r0)
R = 8314.34;
dzdx = [0;
      -R*T*z(1)*(1-z(2)/P)/(Dab*(x+r0)^2)];
end
```

이분법을 이용한 $N_A$의 계산은 스크립트 usespf.m에 의해 수행된다.

---

5 Michael B. Cutlip and Mordechai Shacham, Problem Solving in Chemical and Biochemical Engineering with POLYMATH, Excel and MATLAB, 2nd ed., p. 391, Prentice-Hall, 2008.

```
% usespf.m
Dab = 7.39e-6; T = 298.15; P = 1.01325e5; p0 = 133.32; r0 = 0.003;
xspan = [0 20]; critN = 1e-16; errN = 1;
Na1 = 1e-12; Na2 = 2e-12; % 플럭스 초기값을 가정
while errN > critN
   Nam = (Na1+Na2)/2;  % 이분법을 이용
   [x z1] = ode45(@spf,xspan,[Na1,p0],[],T,P,Dab,r0);
   [x z2] = ode45(@spf,xspan,[Na2,p0],[],T,P,Dab,r0);
   [x zm] = ode45(@spf,xspan,[Nam,p0],[],T,P,Dab,r0);
   if z1(end,2)*zm(end,2) < 0
      Na2 = Nam;
   else
      Na1 = Nam;
   end
   errN = abs(Na1 - Na2);
end
r = r0 + x; Na = zm(:,1)./r.^2; pf =  zm(end,2);
fprintf('r=r0에서의 플럭스: %7.5e, r=inf에서의 분압: %7.5f\n', Na(1), pf);
plot(r(1:25),Na(1:25)), xlabel('r(m)'), ylabel('N_A')
```

스크립트 usespf.m의 수행결과는 다음과 같다. 결과로부터 $r = r_\infty$ 에서의 분압은 0.0002 Pa, $N_A|_{r=r_0} = 1.32575 \times 10^{-7}\ kgmol/(m^2 \cdot s)$임을 알 수 있다.

```
>> usespf
r=r0에서의 플럭스: 1.32575e-07, r=inf에서의 분압: 0.00021
```

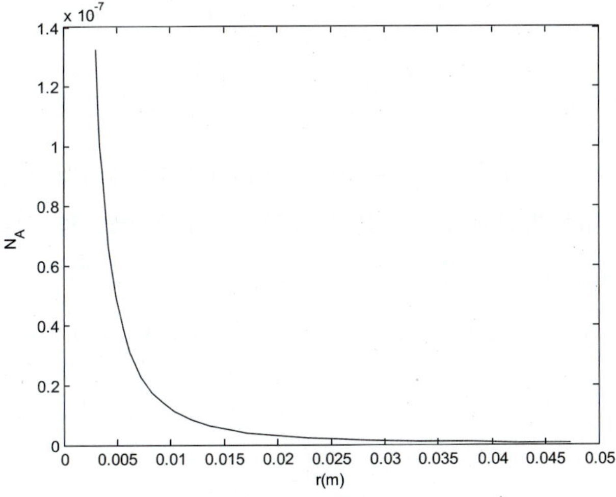


**그림 6.4 거리에 따른 플럭스의 변화**

## 보기 4 알약의 용해에 의한 약물전달[6]

순수한 약 성분 D와 코팅 A로 이루어진 구형 알약이 있다. 약 성분과 코팅은 용해도 차이로 인하여 알약은 위 속에서 서로 다른 속도로 용해된다. 어떤 사람이 세 가지의 서로 다른 약 성분을 가진 알약들을 동시에 복용하였다. 알약들은 위 속에서 잘 혼합되며 모두 용해되는 동안 위 속에 머물러 있다고 가정한다.

각 알약의 지름을 $D_i$, 약 성분이 차지하는 지름을 $D_{di}$, 각 약 성분의 물질전달 계수를 $k_{Li}$라 하자($i=1,2,3$). 위 속에서의 코팅 농도를 $C_{AS}(mg/cm^3)$, 약 성분의 농도를 $C_{DS}(mg/cm^3)$, 약을 복용한 사람의 신체 내의 약 성분 농도를 $C_{DB}(mg/kg)$, 코팅 및 약 성분의 위 속에서의 용해도를 각각 $S_A$ 및 $S_D(mg/cm^3)$라고 하면 알약의 부피에 대한 물질 수지로부터

$$\frac{dD_i}{dt}=-\frac{2k_{Li}}{\rho}(S_A-C_{As}),\ D_1(0)=0.5cm,\ D_2(0)=0.4cm,\ D_3(0)=0.35cm$$

$$\frac{dD_i}{dt}=\begin{cases}-\dfrac{2k_{Li}}{\rho}(S_D-C_{DS}): & 10^{-5}\le D_i\le D_{di}=0.3cm\\ 0 & : D_i\le 10^{-5}cm\end{cases}$$

$$\frac{dC_{AS}}{dt}=\frac{1}{V}(S_A-C_{AS})\pi\sum_{i=1}^{3}S_{Wi}k_{Li}D_i^2-\frac{C_{AS}}{\tau}$$

$$\frac{dC_{DS}}{dt}=\frac{1}{V}(S_D-C_{DS})\pi\sum_{i=1}^{3}(1-S_{Wi})k_{Li}D_i^2-\frac{C_{DS}}{\tau}$$

$$k_{Li}=\frac{1.2}{D_i}\ \ (i=1,2,3),\quad S_{Wi}=\begin{cases}1: & D_i>0.3\\ 0: & D_i\le 0.3\end{cases}\ \ (i=1,2,3)$$

를 얻는다. $V(\ell)$는 위 내의 유체의 부피이며 $\tau$(min)는 위에서의 체류시간이다.

$0\le t\le 150$(min) 범위에서 알약을 복용한 후 각 알약의 약 성분이 차지하는 지름 ($D_1$, $D_2$, $D_3$) 및 $C_{AS}$와 $C_{DS}$의 시간에 따른 변화를 그래프로 나타내어라.

**데이터:** $V=1200\ cm^3$, $\tau=240$ min, $S_A=1\ mg/cm^3$, $S_D=0.4\ mg/cm^3$, $\rho=1414.7\ mg/cm^3$

6 Michael B. Cutlip and Mordechai Shacham, Problem Solving in Chemical and Biochemical Engineering with POLYMATH, Excel and MATLAB, $2^{nd}$ ed., p. 396-398, Prentice-Hall, 2008.

**풀이**

먼저 미분방정식 시스템을 함수(drugf.m)로 정의한다.

```
function dxdt = drugf(t,x,V,rho,tau,Sa,Sd)
% x(i)=D(i) (i=1,2,3), X(4)=C_AS, x(5)=C_Ds
sum0 = 0; sum1 = 0;
for i = 1:3
   kL(i) = 1.2/x(i); Sw(i) = 0;
   if x(i) > 0.3
      fd(i) = -2*kL(i)*(Sa - x(4))/rho; Sw(i) = 1;
   elseif x(i) <= 0.3 && x(i) >= 1e-5
      fd(i) = -2*kL(i)*(Sd - x(5))/rho;
   else
      fd(i) = 0;
   end
   sum0 = sum0 + Sw(i)*kL(i)*x(i);
   sum1 = sum1 + (1-Sw(i))*kL(i)*x(i);
end
fd(4) = pi*(Sa - x(4))*sum0/V - x(4)/tau;
fd(5) = pi*(Sd - x(5))*sum1/V - x(4)/tau;
dxdt = [fd(1) fd(2) fd(3) fd(4) fd(5)]';
end
```

알약 직경의 변화 및 위 속에서의 농도의 변화는 스크립트 usedrugf.m에 의해 수행된다.

```
% usedrugf.m
x10 = 0.5; x20 = 0.4; x30 = 0.35; x40 = 0; x50 = 0;
V = 1200; tau = 240; Sa = 1; Sd = 0.4; rho = 1414.7;
tspan = [0 150]; x0 = [x10 x20 x30 x40 x50];
[t x] = ode45(@drugf,tspan,x0,[],V,rho,tau,Sa,Sd);
D1 = x(:,1); D2 = x(:,2); D3 = x(:,3); Cas = x(:,4); Cds = x(:,5);
figure(1)
plot(t,D1,t,D2,':',t,D3,'.-'), xlabel('t(min)'), ylabel('D(cm)')
legend('D_1','D_2','D_3'), axis tight
figure(2)
plot(t,Cas,t,Cds,':'), xlabel('t(min)'), ylabel('C(mg/cm^3)')
axis tight, legend('C_{AS}','C_{DS}','Location','best')
```

스크립트 usedrugf.m의 수행결과는 다음과 같다.

```
>> usedrugf
```

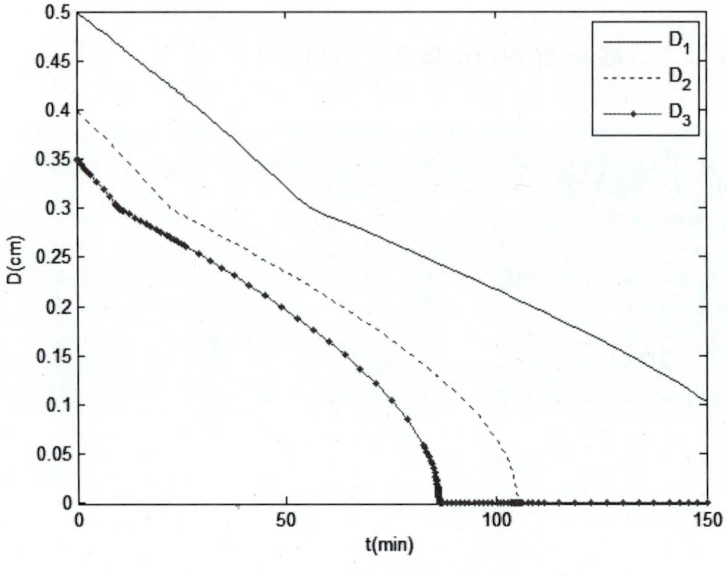


**그림 6.5 알약 직경의 변화**

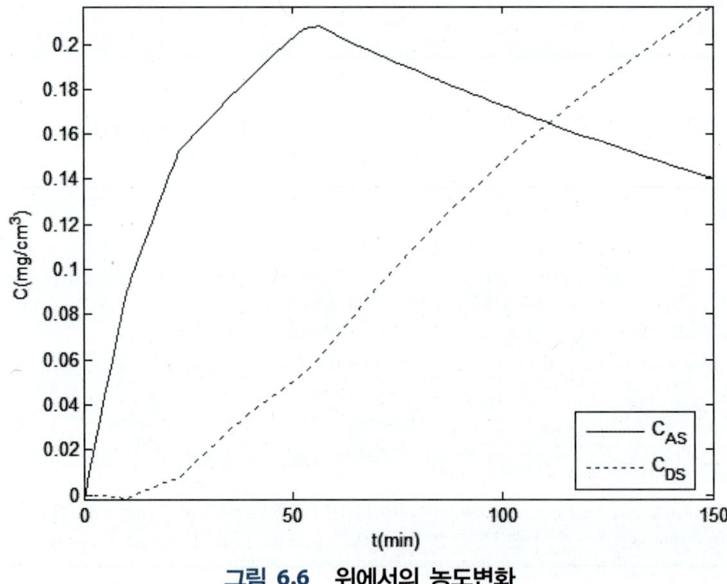


**그림 6.6 위에서의 농도변화**

## 등온 촉매반응에서의 확산

구형 촉매입자가 이용되는 경우 물질수지로부터

$$\frac{d}{dr}(N_A r^2) = -k_1 a C_A r^2, \quad N_A = \frac{(N_A r^2)}{r^2}$$

위에서 $N_A$는 반응물 A의 플럭스, $r$은 구형 입자의 반경, $k_1$은 입자부피에 근거하는 1차반응 속도상수, 그리고 $C_A$는 반응물의 농도이다. 초기조건으로서 $r=0$에서 $\frac{d}{dr}(N_A r^2)=0$을 이용한다. 반응물 A의 확산에 대한 Fick의 법칙은

$$\frac{dC_A}{dr} = -\frac{N_A}{D_e}$$

로 주어진다. $D_e$는 공극성 입자에서 반응물 A의 확산에 대한 유효 확산도이다. 이 식에 대한 경계조건으로서 $r=R$에서 $C_A = C_{As}$인 조건을 이용한다. 등온내부 유효인자 $\eta$는 입자표면 농도에서의 반응속도에 대한 입자 내에서의 평균반응속도의 비로 정의되며

$$\eta = \frac{\int_0^R k_1 a C_A (4\pi r^2) dr}{k_1 a C_{As}(4\pi R^3/3)} = \frac{3}{C_{As} R^3}\int_0^R C_A r^2 dr$$

로부터 얻어진다. 이 식을 $r$에 대하여 미분하면

$$\frac{d\eta}{dr} = \frac{3C_A r^2}{C_{As} R^3}, \quad \eta|_{r=0} = 0$$

을 얻는다. 1차반응에 따른 확산의 경우 $\eta$에 대한 해석적인 해가 제시되어 있다.

$$\eta = \frac{3}{\phi^2}\{\phi \coth(\phi) - 1\}, \quad \phi = R\sqrt{\frac{k_1 a C_{As}^{n-1}}{D_e}}$$

위에서 $\phi$는 Thiele 모듈러스이고 $n$은 반응 차수이다.

실린더형 촉매입자가 이용되는 경우 관련되는 식들은 다음과 같다.

$$\frac{d}{dr}(N_A r) = -k_1 a C_A r, \quad N_A = \frac{(N_A r)}{r}$$

$$\frac{dC_A}{dr} = -\frac{N_A}{D_e}$$

$$\eta = \frac{\int_0^R k_1 a C_A (2\pi r) dr}{k_1 a C_{As} (\pi R^2)} = \frac{2}{C_{As} R^2} \int_0^R C_A r dr$$

$$\frac{d\eta}{dr} = \frac{2 C_A r}{C_{As} R^2}, \quad \eta|_{r=0} = 0$$

다공성 촉매층으로 채워진 반응기에서 두 성분 A와 B 사이에 기상반응이 진행되는 경우 성분 A의 플럭스 $N_A$는 물질수지로부터

$$\frac{dN_A}{dz} = r_A, \quad N_A|_{z=L} = 0$$

로 주어진다. z는 촉매층 상부(z = 0)로부터 아래쪽 방향으로의 거리이며 촉매층 바닥(z = L)에서 $N_A = 0$이다. z에 따른 A의 농도 $C_A$의 변화는

$$\frac{dC_A}{dz} = \frac{1}{D_e}[x_A (N_A + N_B) - N_A]$$

로 나타낼 수 있다. 위에서 유효 확산도 $D_e$는 $D_e = \frac{D_{AB}\epsilon_p \sigma}{\tilde{\tau}}$로 주어지며 $D_{AB}$는 2성분 확산도, $\epsilon_p$는 촉매의 공극도, $\sigma$는 수축인자, 그리고 $\tilde{\tau}$는 뒤틀림도(tortuosity)이다. 한편 유효인자는 $\eta = \frac{(-r_A)|_{avg}}{(-r_A)|_{surface}}$로 주어진다.

## 보기 5 구형 촉매입자 반응 및 확산[7]

구형 촉매입자에서 1차 비가역 반응이 진행되는 경우 농도분포 $C_A$와 유효인자 $\eta$를 구하여라. $R = 0.5\ cm, D_e = 0.1\ cm^2/s,\ C_{As} = 0.2\ gmol/cm^3,\ k_1 a = 6.4\ s^{-1}$이다.

### 풀이

초기조건 $C_A|_{r=0}$이 주어져 있지 않으므로 $C_A|_{r=0}$를 가정하여 미분방정식 시스템을 푼다. 이분법 등을 이용하여 $C_A|_{r=R} = C_{As}$인 조건이 충족되도록 초기조건 $C_A|_{r=0}$을 찾을 수 있다. 초기조건이 정해지면 다른 값들을 계산한다. 먼저 미분방정식을 함수 rxnf.m으로 정의한다.

---

7 Michael B. Cutlip and Mordechai Shacham, Problem Solving in Chemical and Biochemical Engineering with POLYMATH, Excel and MATLAB, 2nd ed., p. 402, Prentice-Hall, 2008.

```
function dxdr = rxnf(r,x,Cas,R,De,k1a)
% x1=Nar^2, x2=eta, x3=Ca
if r == 0, Na = 0; else Na = x(1)/r^2; end
dxdr = [-k1a*x(3)*r^2;
       3*x(3)*r^2/(Cas*R^3);
       -Na/De];
end
```

이분법을 이용한 초기조건 $C_A|_{r=0}$의 계산 및 농도분포와 유효인자의 계산은 스크립트 userxnf.m에 의해 수행된다.

```
% userxnf.m
Cas = 0.2; R = 0.5; De = 0.1; k1a = 6.4;
rspan = [0 R]; critN = 1e-6; errN = 1;
Ca1 = 1e-2; Ca2 = 3e-2;
while errN > critN
    Cam = (Ca1+Ca2)/2;
    [r x1] = ode45(@rxnf,rspan,[0,0,Ca1],[],Cas,R,De,k1a);
    [r x2] = ode45(@rxnf,rspan,[0,0,Ca2],[],Cas,R,De,k1a);
    [r xm] = ode45(@rxnf,rspan,[0,0,Cam],[],Cas,R,De,k1a);
    if (x1(end,3)-Cas)*(xm(end,3)-Cas) < 0
       Ca2 = Cam;
    else
       Ca1 = Cam;
    end
    errN = abs(Ca1 - Ca2);
end
Na = xm(:,1)./r.^2; effc = xm(end,2); Ca = xm(:,3);
ephi = R*sqrt(k1a/De); effa = 3*(ephi*coth(ephi)-1)/ephi^2;
fprintf('r=R에서의 유효인자 계산값: %7.5f\n', effc);
fprintf('r=R에서의 유효인자 엄밀해: %7.5f\n', effa);
plot(r,Ca), xlabel('r(cm)'), ylabel('C_A(gmol/cm^3)')
```

스크립트 userxnf.m의 수행결과는 다음과 같다. 결과로부터 유효인자는 $r = R$에서 0.563으로서 엄밀해로부터 구한 값과 잘 일치한다.

```
>> userxnf
r=R에서의 유효인자 계산값: 0.56301
r=R에서의 유효인자 엄밀해: 0.56300
```

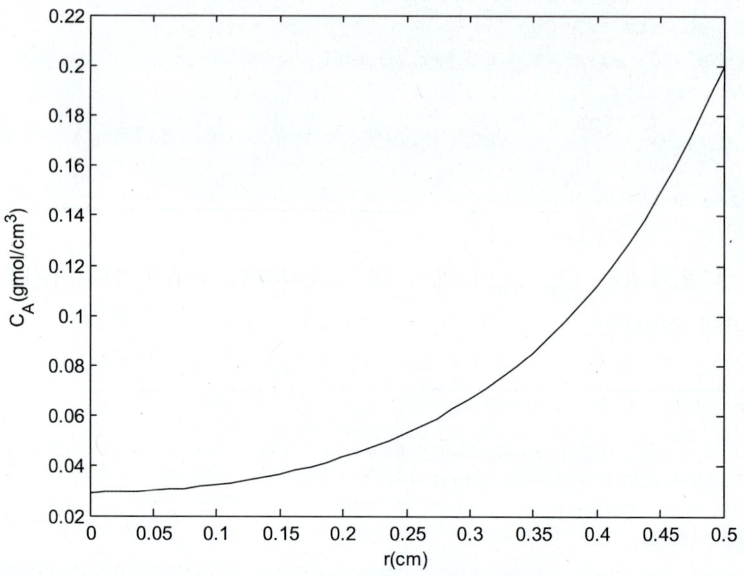


**그림 6.7 구형 촉매입자에서의 농도분포**

---

## 보기 6 다공성 촉매층에서의 반응 및 확산[8]

다공성 촉매층 반응기에서 두 성분 A와 B 사이에 기상반응 $2A \leftrightarrow B$이 진행되고 있다. 반응식은 $r_A = -k\left(C_A^2 - \dfrac{C_B}{K_c}\right)$ $gmol/(cm^3 \cdot s)$로 주어지며 반응속도 상수 $k = 8 \times 10^4 cm^3/(s \cdot gmol)$, 평형상수 $K_c = 6 \times 10^5\ cm^3/gmol$이다. 촉매층의 두께는 $L = 0.2\ cm$, 유효 확산도는 $D_e = 0.01\ cm^2/s$, A와 B의 총 농도는 $C_t = 4 \times 10^{-5} gmol/cm^3$이며 촉매층 표면에서의 농도는 $C_{As} = 3 \times 10^{-5} gmol/cm^3$, $C_{Bs} = 1 \times 10^{-5} gmol/cm^3$이다. 촉매층 내에서의 농도분포 $C_A$ 및 플럭스 $N_A$를 그래프로 나타내고 유효인자 $\eta$를 구하여라.

**풀이**

$C_B = C_t - C_A$를 이용하면

$$\frac{dN_A}{dz} = -k\left(C_A^2 - \frac{C_B}{K_c}\right) = -k\left(C_A^2 - \frac{C_t - C_A}{K_c}\right),\ N_A\big|_{z=L} = 0.$$

---

8 Michael B. Cutlip and Mordechai Shacham, Problem Solving in Chemical and Biochemical Engineering with POLYMATH, Excel and MATLAB, 2nd ed., p. 406, Prentice-Hall, 2008.

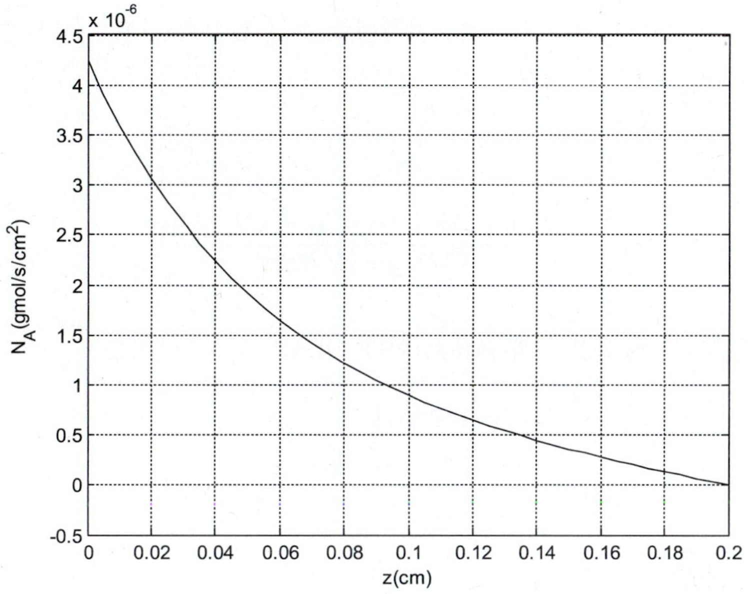


**그림 6.9 촉매층 높이에 따른 플럭스 분포**

## 6.2 비정상상태 물질전달

### 1차원 슬랩을 통한 비정상상태 확산

슬랩을 통한 성분 A의 비정상상태 확산은

$$\frac{\partial C_A}{\partial t} = D_{AB}\frac{\partial^2 C_A}{\partial x^2}, \quad C_{A1}\big|_{x=0} = \frac{C_{A0}}{K}, \quad \frac{\partial C_A}{\partial x}\bigg|_{x=L} = 0$$

로 나타낼 수 있다.[10] $K$는 분배계수이며 $D_{AB}$는 2성분계 확산도이다. 슬랩 내부에서는 위의 편미분 방정식에 중앙차분을 적용하여 다음과 같이 나타낼 수 있다.

$$\frac{dC_{Ai}}{dt} = \frac{D_{AB}}{(\Delta x)^2}(C_{Ai+1} - 2C_{Ai} + C_{Ai-1}) \quad (2 \le i \le n-1)$$

10 Christie John Geankoplis, Transport Processes and Separation Process Principles, $4^{th}$ ed., p. 506, Prentice-Hall, 2003.

$\Delta x$는 슬랩 소구간의 길이이다. $x=0$에서는 $k_c(C_{A0}-C_{A1})=-D_{AB}\left.\frac{\partial C_A}{\partial x}\right|_{x=0}$ 및 $\left.\frac{\partial C_A}{\partial x}\right|_{x=0}=\frac{-C_{A3}+4C_{A2}-3C_{A1}}{2\Delta x}$로부터

$$C_{A1}=\frac{2k_cC_{A0}\Delta x-D_{AB}C_{A3}+4D_{AB}C_{A2}}{3D_{AB}+2k_cK\Delta x}$$

를 얻는다. $k_c$는 외부 물질전달 계수(m/s)이다. 아울러 $x=L$에서는 $\left.\frac{\partial C_A}{\partial x}\right|_{x=L}=0$ 및 $\frac{\partial C_{An}}{\partial x}=\frac{3C_{An}-4C_{An-1}+C_{An-2}}{2\Delta x}=0$로부터

$$C_{An}=\frac{4C_{An-1}-C_{An-2}}{3}$$

을 얻는다.[11]

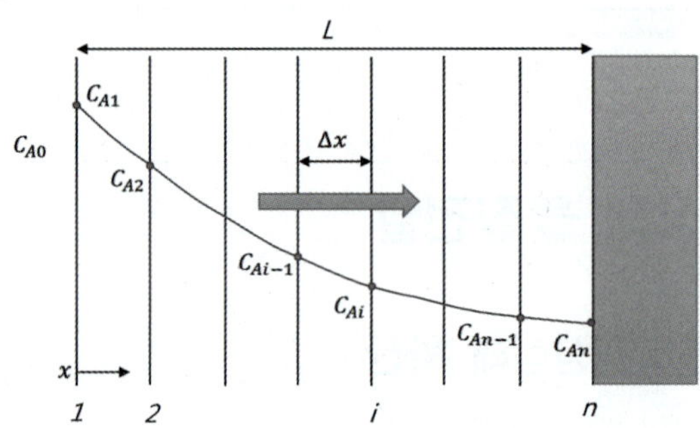


**그림 6.10 1차원 슬랩을 통한 비정상상태 확산**

## 보기 7 1차원 슬랩에서의 비정상상태 확산[12]

두께 0.004 m인 슬랩의 한쪽 면이 농도가 $C_{A0}=6\times10^{-3}\,kgmol/m^3$인 용액에 노출되었다. 슬랩의 다른쪽 면은 물질전달이 이루어지지 않는 고체로 지지되어 있다. 2성분계 확산도는

11 Michael B. Cutlip and Mordechai Shacham, Problem Solving in Chemical and Biochemical Engineering with POLYMATH, Excel and MATLAB, 2nd ed., p. 430-431, Prentice-Hall, 2008.

12 Michael B. Cutlip and Mordechai Shacham, Problem Solving in Chemical and Biochemical Engineering with POLYMATH, Excel and MATLAB, 2nd ed., p. 428-429, Prentice-Hall, 2008.

$D_{AB} = 1 \times 10^{-9}\ m^2/s$이며 분배계수는 K = 1.5, 그리고 외부 물질전달 계수는 $k_c = 1 \times 10^{-6}\ m/s$이다. $t = 0$일 때 용액에 노출된 슬랩 표면 안쪽의 농도는 $C_{A1} = 0.001\ kgmol/m^3$이고 반대쪽 표면 안쪽의 농도는 $C_{An} = 0.002 kgmol/m^3$이다. 시간이 0000초가 지난 후의 슬랩 내부의 온도분포를 구하고 그래프로 나타내어라. 슬랩을 0.0005 m(즉 $\Delta x = 0.0005\ m$)의 소구간으로 나누어 계산한다.

**풀이**

슬랩을 0.0005 m의 구간으로 나눈다면 0.004/0.0005 = 8등분하는 셈이므로 n = 9이다. 따라서 미분방정식 시스템은 다음과 같다.

$$\frac{dC_{Ai}}{dt} = \frac{D_{AB}}{(\Delta x)^2}(C_{Ai+1} - 2C_{Ai} + C_{Ai-1}) \quad (2 \le i \le 8)$$

$t = 0$이면 $C_{A1} = 0.001\ kgmol/m^3$ 및 $C_{A9} = 0.002\ kgmol/m^3$, $t > 0$이면 $C_{A1} = \frac{C_{A0}}{K}$ 및 $C_{A9} = \frac{4C_{A8} - C_{A7}}{3}$. 슬랩의 각 소구간 위치에서 농도의 초기값은 선형(즉 $C_{A1}$과 $C_{A9}$을 잇는 직선)으로서 $C_{Ai} = C_{A1} + \frac{(C_{A9} - C_{A1})}{8}(i-1)\ (i = 1, 2, \cdots, 9)$로 주어진다고 가정한다. 먼저 미분방정식을 함수 sldif.m으로 정의한다.

```
function dxdt = sldif(t,x,Dab,delx,ca0,ca10,ca90,K)
% x(1)=Ca2, x(2)=Ca3, ..., x(7)=Ca8
if t == 0
   ca1 = ca10; ca9 = ca90;
else
   ca1 = ca0/K; ca9 = (4*x(7) - x(6))/3;
end
dxdt = [Dab*(x(2)-2*x(1)+ca1)/(delx^2);
        Dab*(x(3)-2*x(2)+x(1))/(delx^2);
        Dab*(x(4)-2*x(3)+x(2))/(delx^2);
        Dab*(x(5)-2*x(4)+x(3))/(delx^2);
        Dab*(x(6)-2*x(5)+x(4))/(delx^2);
        Dab*(x(7)-2*x(6)+x(5))/(delx^2);
        Dab*(ca9-2*x(7)+x(6))/(delx^2)];
end
```

농도계산은 스크립트 파일 usesldif.m에 의해 수행된다.

```
% usesldif.m
% x(1)=Ca2, x(2)=Ca3, ..., x(7)=Ca8
Dab = 1e-9; delx = 5e-4; ca10 = 1e-3; ca90 = 2e-3; ca0 = 6e-3; K = 1.5;
for k = 1:9
   x0(k) = ca10 + (ca90 - ca10)*(k-1)/8;
end
c0 = [x0(2) x0(3) x0(4) x0(5) x0(6) x0(7) x0(8)]; % 농도의 초기값
tf = 20000; tspan = [0 tf];
[t x] = ode45(@sldif,tspan,c0,[],Dab,delx,ca0,ca10,ca90,K);
nt = length(t);
xc1 = [ca10 ones(1,nt-1)*ca0/K]; % Ca1
xc9 = [ca90 ((4*x(2:end,7) - x(2:end,6))/3)']; % Ca9
xc = [];
for k = 1:7
   xc = [xc x(:,k)];
end
c = [xc1' xc xc9'];
plot(t,c(:,3),t,c(:,5),':',t,c(:,7),'.-',t,c(:,9),'--')
xlabel('t(sec)'), ylabel('C(kgmol/m^3)')
legend('C_A3','C_A5','C_A7','C_A9')
```

스크립트 파일 usesldif.m의 수행결과는 다음과 같다.

```
>> usesldif
```

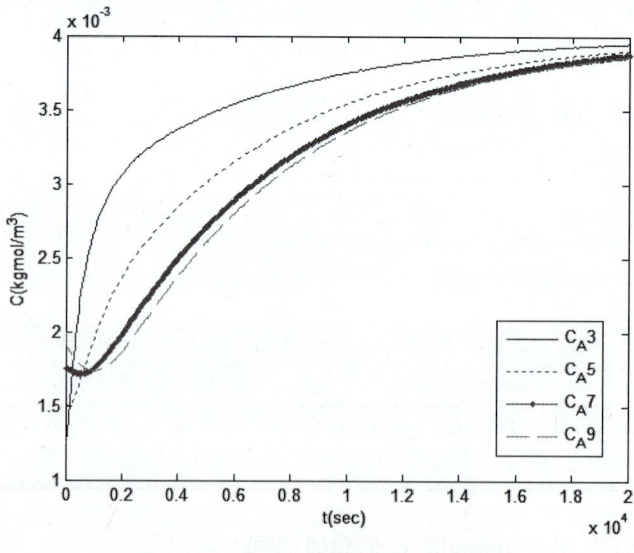


그림 6.11 슬랩 내부에서의 농도분포

## 하강 층류흐름에서의 확산

수직 벽을 따라 하강하는 알칼리 용액 중으로 $CO_2$ 기체가 흡수되어 확산되고 있으며 용액 중에서는 1차 비가역 반응이 진행되고 있는 경우를 고려하여 보기로 한다. 알칼리 용액은 두께가 유한한 뉴턴 유체로서 층류 흐름으로 하강하고 있으며 용해된 $CO_2$ 기체의 농도는 매우 작아서 용액의 점도는 변하지 않는다고 가정한다. 수직 벽을 따라 층류 흐름으로 하강하는 뉴턴 유체의 경우 속도분포 $v_z(m/s)$는

$$v_z = \frac{\rho g \delta^2}{2\mu}\left[1-\left(\frac{x}{\delta}\right)^2\right] = v_{z_{\max}}\left[1-\left(\frac{x}{\delta}\right)^2\right]$$

로 주어진다.

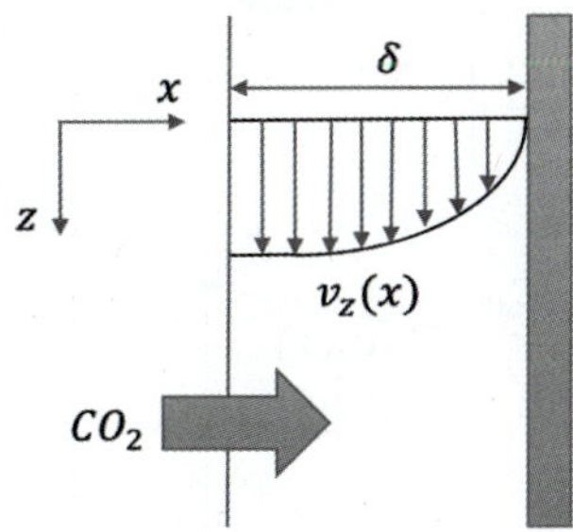


**그림 6.12 물질전달을 수반하는 하강 층류흐름**

물질수지로부터

$$v_z \frac{\partial C_A}{\partial z} = D_{AB}\frac{\partial^2 C_A}{\partial x^2} - k' C_A$$

를 얻는다. 위에서 $C_A(kgmol/m^3)$는 용해된 $CO_2$ 기체의 농도, $D_{AB}\ (m^2/s)$는 알칼리 용액 중에서의 $CO_2$ 기체의 확산도이며 $k'(s^{-1})$은 1차 중화반응의 속도상수이다. 경계조건은

$$C_A|_{z=0} = 0, \quad C_A|_{x=0, z>0} = C_{As}, \quad \left.\frac{\partial C_A}{\partial x}\right|_{x=\delta, z\ge 0} = 0$$

와 같다.

위의 편미분 방정식과 경계조건들은 선 방법(method of lines)을 이용하여 수치적으로 해를 구할 수 있다. 유한차분을 적용하면 다음과 같은 차분 방정식을 얻을 수 있다.

$$\frac{dC_{Ai}}{dz} = \frac{1}{v_{z_{\max}}\left[1-\left(\frac{(i-1)\Delta x}{\delta}\right)^2\right]}\left[\frac{D_{AB}}{(\Delta x)^2}(C_{Ai+1}-2C_{Ai}+C_{Ai-1})-k' C_{Ai}\right]$$

$(2 \le i \le n-1)$

$$C_{Ai}|_{z=0} = 0$$

$$C_{A1} = C_{As}, \quad C_{An} = \frac{4C_{An-1} - C_{An-2}}{3}$$

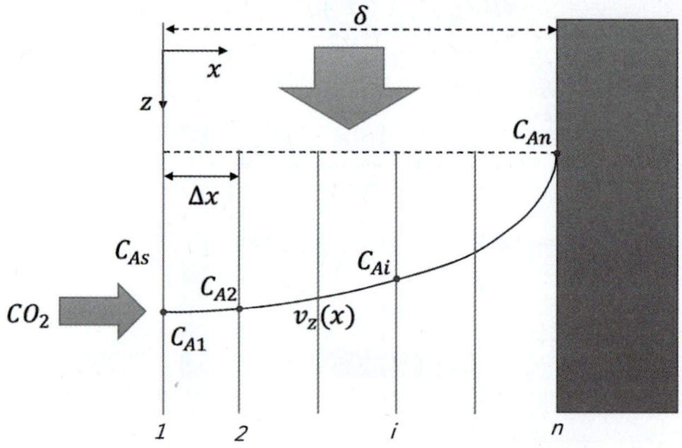

**그림 6.13 소구간으로 분할된 하강 층류흐름**

## 보기 8 하강 층류흐름에서의 물질전달[13]

수직 벽을 따라 하강하는 알칼리 용액 중으로 $CO_2$ 기체가 흡수되어 확산되고 있다. 용액 중에서 반응은 일어나지 않는다. 액체 필름의 두께는 $\delta = 3\times10^{-4}\,m$이며 최대유속은 $v_{z_{\max}} = 0.6\ m/s$, 그리고 용액 중에서의 기체의 확산도는 $D_{AB} = 1.5\times10^{-9}\ m^2/s$이다. 액체 필름을 10등분하고 선 방법을 이용하여 흐름방향으로 1m인 위치(즉 $z = 1\ m$)에서의 농도분포를 구하여라.

### 풀이

액체 필름을 10등분하는 경우 $n = 11$이다.

---

13 Michael B. Cutlip and Mordechai Shacham, Problem Solving in Chemical and Biochemical Engineering with POLYMATH, Excel and MATLAB, 2nd ed., p. 439, Prentice-Hall, 2008.

$$\frac{dC_{Ai}}{dz}=\frac{1}{v_{z_{\max}}\left[1-\left(\frac{(i-1)\Delta x}{\delta}\right)^2\right]}\left[\frac{D_{AB}}{(\Delta x)^2}(C_{Ai+1}-2C_{Ai}+C_{Ai-1})-k'C_{Ai}\right]$$

$(2 \le i \le 10)$

$C_{Ai}|_{z=0}=0$, $C_{A1}=C_{As}$, $C_{A11}=\dfrac{4C_{A10}-C_{A9}}{3}$. 만일 $4C_{A10} < C_{A9}$이면 $C_{A11}=0$

먼저 미분방정식을 함수 absf.m으로 정의한다.

```
function dxdz = absf(z,x,Dab,kp,delx,delt,vm,cas)
% x(1)=Ca2, x(2)=Ca3, ..., x(9)=Ca10
ca1 = cas;
if (4*x(9)<x(8))
   ca11 = 0;
else
   ca11 = (4*x(9) - x(8))/3;
end
dxdz = [(Dab*(x(2)-2*x(1)+ca1)/(delx^2) - kp*x(1))/(vm*(1 - (1*delx/delt)^2));
       (Dab*(x(3)-2*x(2)+x(1))/(delx^2) - kp*x(2))/(vm*(1 - (2*delx/delt)^2));
       (Dab*(x(4)-2*x(3)+x(2))/(delx^2) - kp*x(3))/(vm*(1 - (3*delx/delt)^2));
       (Dab*(x(5)-2*x(4)+x(3))/(delx^2) - kp*x(4))/(vm*(1 - (4*delx/delt)^2));
       (Dab*(x(6)-2*x(5)+x(4))/(delx^2) - kp*x(5))/(vm*(1 - (5*delx/delt)^2));
       (Dab*(x(7)-2*x(6)+x(5))/(delx^2) - kp*x(6))/(vm*(1 - (6*delx/delt)^2));
       (Dab*(x(8)-2*x(7)+x(6))/(delx^2) - kp*x(7))/(vm*(1 - (7*delx/delt)^2));
       (Dab*(x(9)-2*x(8)+x(7))/(delx^2) - kp*x(8))/(vm*(1 - (8*delx/delt)^2));
       (Dab*(ca11-2*x(9)+x(8))/(delx^2) - kp*x(9))/(vm*(1 - (9*delx/delt)^2))];
end
```

농도계산은 스크립트 파일 useabsf.m에 의해 수행된다.

```
% useabsf.m
% x(1)=Ca2, x(2)=Ca3, ..., x(9)=Ca10
Dab = 1.5e-9; delt = 3e-4; delx = delt/10; vm = 0.6; cas = 0.03; kp = 0;
c0 = zeros(1,9); % 농도의 초기값
zf = 1; zspan = [0 zf];
[z x] = ode45(@absf,zspan,c0,[],Dab,kp,delx,delt,vm,cas);
nz = length(z);
xc1 = cas*ones(1,nz); % Ca1
```

```
for k = 1:nz
   if (4*x(k,9)<x(k,8))
      xc11(k) = 0;
   else
      xc11(k) = (4*x(k,9) - x(k,8))/3;
   end
end
xc = [];
for k = 1:9
   xc = [xc x(:,k)];
end
c = [xc1' xc xc11'];
plot(z,c(:,3),z,c(:,5),':',z,c(:,7),'.-',z,c(:,9),'--')
xlabel('z(m)'), ylabel('C(kgmol/m^3)')
legend('C_A3','C_A5','C_A7','C_A9')
```

스크립트 파일 useabsf.m의 수행결과는 다음과 같다.

```
>> useabsf
```

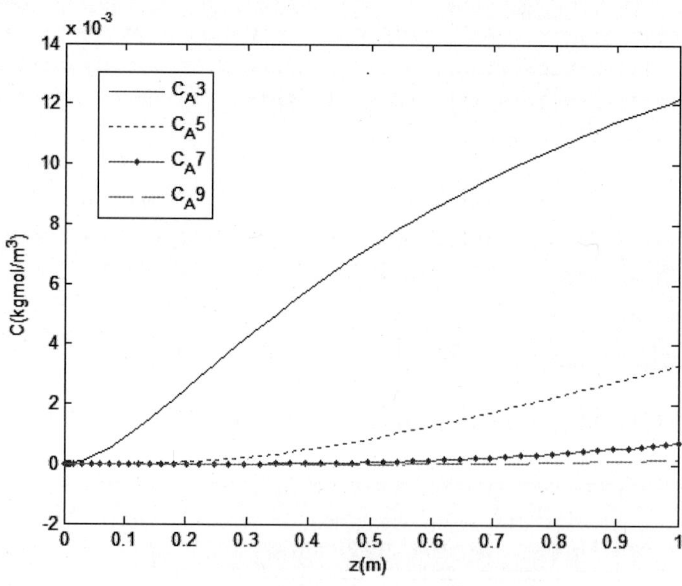


그림 6.14 흐름방향 거리에 따른 농도분포

# 6.3 증발

## 단일효용 증발

물과 같은 휘발성 용매 중에 비휘발성 용질이 들어있는 용액을 농축시키는 데에는 증발이 선호된다. 실제 증발기에서는 성능에 영향을 미치는 고려해야 할 인자들이 많이 있다. 고체 물질의 혼입, 증기중의 비농축성 기체의 압력, 그리고 튜브에 미치는 수두의 영향 등은 고려해야 할 사항 가운데 일부들이다. 그러나 초기 설계에서는 이러한 요소들은 모두 무시된다. 나아가 모든 열손실도 무시되며 수증기의 과열 및 응축액의 과냉각 역시 일어나지 않는다고 간주한다. 그림에 보인 간단한 단일효용 증발기를 고려하여 보자.

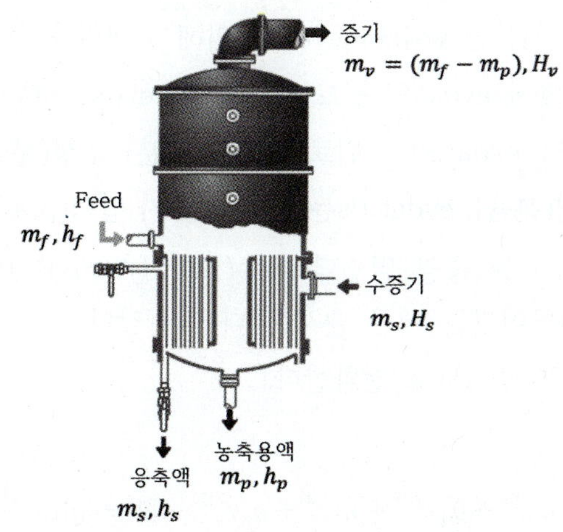


**그림 6.15 단일효용 증발기**

수증기 과열과 응축액의 과냉각을 무시한다면 수증기에 대한 엔탈피 수지는

$$q_s = m_s(h_s - H_s) = -m_s\lambda_s$$

로 쓸 수 있다. 여기에서 $h_s$는 응축액의 엔탈피, $H_s$는 유입 수증기의 엔탈피, $m_s$는 수증기의 질량유량, $q_s$는 가열표면을 통한 수증기로의 열전달 속도, 그리고 $\lambda_s$는 수증기의 응축잠열이다.

액체용액에 대한 엔탈피 수지는

$$q = (m_f - m_p)H_v - m_f h_f + m_p h_p$$

이다. 여기에서 $h_f$는 액체용액 원료의 엔탈피, $H_v$는 증기의 엔탈피, $q$는 가열표면을 통한 액체용액으로의 열전달 속도, 그리고 $h_p$는 농축액의 엔탈피이다.

열손실이 없다고 가정하면 $q=-q_s$, 혹은

$$q=m_s\lambda_s=(m_f-m_p)H_v-m_fh_f+m_ph_p$$

이다. $h_f$와 $h_p$는 온도 및 농도에 따라 좌우된다. 엔탈피 수지와 물질수지로부터 열전달 면적 $A$와 증발용량 $m_{ev}$는 각각 다음과 같이 주어진다.

$$A=\frac{q}{U(T_s-T_v)},\quad m_{ev}=m_f-m_p$$

위에서 $T_s$와 $T_v$는 각각 포화수증기 및 포화증기의 온도이다.

단일효용 증발공정의 계산은 함수 sinevap에 의해 수행된다. 이 함수는 데이터 구조체 evdat를 필요로 한다. 구조체 evdat의 필드는 7개로서 evdat.mf는 원료용액 유량(lb/hr), evdat.Tf는 원료 온도(°F), evdat.xf는 원료의 (고체성분) 조성(분율), evdat.xp는 농축된 용액중의 (고체성분) 조성(분율), evdat.Ps는 유입 수증기 압력(psai), evdat.Pv는 배출증기 압력(psia), 그리고 evdat.U는 총괄 열전달 계수($Btu/(ft^2hr°\mathrm{F})$)이다.

함수 sinevap에서 이루어지는 계산 순서는 다음과 같다.

1) 온도 및 압력단위를 K 및 Pa로 전환한다.
2) 포화수증기 관계식
   $f(\tau)=a_1\tau+a_2\tau^{1.5}+a_3\tau^3+a_4\tau^{3.5}+a_5\tau^4+a_6\tau^{7.5}-(1-\tau)\ln\left(\frac{p}{p_c}\right)=0$로부터 수증기와 용액의 포화온도를 각각 구한다.
3) 함수 satsteam을 이용하여 포화온도에서의 물성치(엔탈피)를 구한다. 함수 satsteam를 이용할 때에는 온도를 ℃ 단위로 전환시켜야 한다.
4) 물질수지로부터 $q$와 $A$ 등을 구한다.

```
function res = sinevap(evdat)
% 단일효용 증발기 계산

% 데이터
Tc = 647.096;   % H2O 임계온도(K)
Pc = 22064000;  % H2O 임계압력(Pa)
```

```
T0 = 273.15;
xf = evdat.xf; xp = evdat.xp; mf = evdat.mf;
Tf = (evdat.Tf-32)/1.8 + 273.15; % F->K
Ps = evdat.Ps*6894.757; Pv = evdat.Pv*6894.757; % psia->Pa
U = evdat.U;
cf = 1/2326; % J/kg->Btu/lb

% 포화온도
a = [-7.85951783 1.84408259 -11.7866497 22.6807411...
   -15.9618719 1.80122502];
gs = @(x) a(1)*x + a(2)*x^1.5 + a(3)*x^3 + a(4)*x^3.5 + a(5)*x^4 +...
        a(6)*x^7.5 - (1-x)*log(Ps/Pc);
gv = @(x) a(1)*x + a(2)*x^1.5 + a(3)*x^3 + a(4)*x^3.5 + a(5)*x^4 +...
        a(6)*x^7.5 - (1-x)*log(Pv/Pc);
xs = fzero(gs,0.5); xv = fzero(gv,0.5);
Ts = Tc*(1 - xs); Tv = Tc*(1 - xv);

% 엔탈피
sts = satsteam(Ts-T0); stv = satsteam(Tv-T0); stf = satsteam(Tf-T0);
Hs = sts.hV*cf; hs = sts.hL*cf;  % steam
Hv = stv.hV*cf; hv = stv.hL*cf;  % solution
hf = stf.hL*cf;

% 물질수지
mp = xf*mf/xp;  % Btu/hr
mev = mf - mp;
q = mev*Hv - mf*hf + mp*hv;
ms = q/(Hs - hs);
Ts = (Ts - 273.15)*1.8+32; % K->F
Tv = (Tv - 273.15)*1.8+32;
dT = Ts - Tv;
A = q/U/dT;

% Results
res.Ts = Ts; res.Tv = Tv; res.ms = ms;
res.hL = hv; res.hV = Hv;
res.A = A; res.q = q;
end
```

## 보기 9 단일효용 증발

하나의 수직튜브 증발기를 이용하여 29,000 lb/hr의 유기 콜로이드(60°F) 용액을 25%에서 60%(고체함량)의 농도로 농축하고 있다. 용액의 비등점 상승은 무시하며 용액의 물성은 모든 온도범위에서 물과 유사하다고 간주한다. 또한 용액의 엔탈피 $h_p$와 수증기의 엔탈피 $h_v$는 같다고 가정한다. 25 psia에서 포화 수증기가 유입되고 있으며 응축기의 압력은 1.69 psia, 총괄 열전달 계수는 300 Btu/($ft^2$hr°F)이다. 소요 열전달 면적($ft^2$)과 수증기 소모량(lb/hr)을 구하여라.

**풀이**

다음은 함수 sinevap의 수행결과이다.

```
>> evdat.mf = 29000; evdat.Tf = 60; evdat.xf = 0.25;
>> evdat.xp = 0.6; evdat.Ps = 25; evdat.Pv = 1.69; evdat.U = 300;
>> res = sinevap(evdat)
res =
    Ts: 240.0324
    Tv: 119.8916
    ms: 2.0039e+04
    hL: 87.8958
    hV: 1.1132e+03
     A: 529.3588
     q: 1.9079e+07
```

즉 수증기 소요량은 2 $m_s = 20039\ lb/hr$, 열전달 면적은 529.3588 $ft^2$임을 알 수 있다.

## 다중효용 증발

다중효용 증발기에는 원료공급 방법에 따라 여러 가지 형태가 있는데 여기에서는 그림에 보인 바와 같이 원료가 전면으로 공급되는 형태에만 초점을 맞추기로 한다. 이 경우 원료는 첫 번째 증발기로 공급되며 이어지는 증발기들을 통과하게 된다. 각 증발기에서 증발이 일어남에 따라 원료가 증발기들을 통과하면서 용액의 농도가 증가하게 된다. 첫 번째 증발기로의 열 공급을 위해 수증기가 이용되는데 첫 번째 증발기로부터 생성되는 증기나 증발된 용매는 두 번째 및 이어지는 증발기들에서의 열 공급원으로 이용된다.

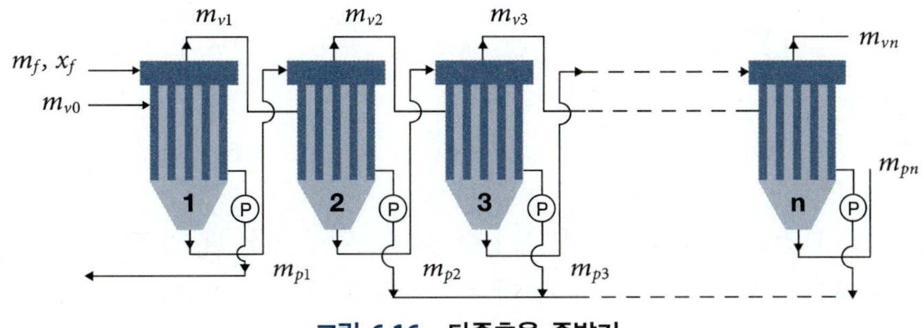


**그림 6.16 다중효용 증발기**

$n$개의 증발기가 이용된다고 할 때 증발기 $k$에서 유출되는 액상의 유량과 엔탈피를 $m_{pk}$ 및 $h_{pk}$라 하고 증기상의 유량과 엔탈피를 각각 $m_{vk}$ 및 $H_{vk}$라 하자(증기상의 엔탈피는 대문자 $H$, 액상의 엔탈피는 소문자 $h$로 나타낸다).

총괄 물질수지 $m_f x_f = m_{pn} x_{pn}$으로부터

$$m_{pn} = \frac{m_f x_f}{x_{pn}}$$

각 증발기에서 물질 및 에너지 수지를 세워 보면

증발기 1: $m_f = m_{p1} + m_{v1}$, $m_f h_f + m_{v0}(H_{v0} - h_{v0}) = m_{v1} H_{v1} + m_{p1} h_{p1}$

증발기 $k$: $m_{p,k-1} = m_{pk} + m_{vk}$,

$$m_{p.k-1} h_{p,k-1} + m_{v,k-1}(H_{v,k-1} - h_{v,k-1}) = m_{pk} h_{pk} + m_{vk} H_{vk}$$

증발기 1에서는 $m_{p1} = m_f - m_{v1}$, 증발기 2에서는 $m_{p2} = m_{p1} - m_{v2} = m_f - m_{v1} - m_{v2}$, 증발기 $k$에서는 $m_{pk} = m_f - m_{v1} - m_{v2} - \cdots - m_{vk} = m_f - \sum_{i=1}^{k} m_{vi}$이므로 이를 에너지 수지식에 대입하고 정리하면

증발기 1: $(H_{v0} - h_{v0}) m_{v0} + (h_{p1} - H_{v1}) m_{v1} = (h_{p1} - h_f) m_f$

증발기 2: $(H_{v1} - h_{v1} - h_{p1} + h_{p2}) m_{v1} + (h_{p2} - H_{v2}) m_{v2} = (h_{p2} - h_{p1}) m_f$

증발기 $k$: $(h_{pk} - h_{p,k-1}) \sum_{i=1}^{k-2} m_{vi} + (H_{v,k-1} - h_{v,k-1} + h_{pk} - h_{p,k-1}) m_{v,k-1}$

$$+ (h_{pk} - H_{vk}) m_{vk} = (h_{pk} - h_{p,k-1}) m_f \qquad (3 \le k \le n-1)$$

증발기 $n$에서는 $m_{pn} = m_f - \sum_{i=1}^{n} m_{vi} = \frac{x_f}{x_{pn}} m_f$로부터 $m_{vn} = \left(1 - \frac{x_f}{x_{pn}}\right) m_f - \sum_{i=1}^{n-1} m_{vi}$이므로

$$(H_{vn}-h_{p,n-1})\sum_{i=1}^{n-2}m_{vi}+(H_{vn}+H_{v,n-1}-h_{v,n-1}-h_{p,n-1})m_{v,n-1}$$
$$=\left\{(h_{pn}-h_{p,n-1})+(H_{vn}-h_{pn})\left(1-\frac{x_f}{x_{pn}}\right)\right\}m_f$$

일반적으로 열전달 면적(A)은 모두 동일한 것으로 간주된다. 다중효용 증발기의 계산에서는 주로 열전달 면적을 구하게 되는데 각 증발기의 면적이 $A_1=A_2=\cdots=A_n$으로서 모두 동일하고 정상상태에서의 열전달률이 모두 같다면 온도변화는 다음과 같이 나타낼 수 있다.

$$\triangle T_i=\frac{\frac{1}{U_i}}{\frac{1}{U_1}+\frac{1}{U_2}+\cdots+\frac{1}{U_n}}\cdot\triangle T_{total}$$

**그림 6.17 상업용 다중효용 증발장치**

물질 및 열수지로부터 각 증발기에서의 열전달률($q$)을 얻을 수 있다. 이로부터 열전달 면적(A)이 계산되는데 A가 일치하지 않으면 각 증발기에서의 면적이 같아질 때까지 온도를 조정하고 계산을 반복한다. 계산 순서는 다음과 같다.

1) 주어진 압력조건에서 수증기와 증기의 포화온도를 구한다. 구한 온도에서 물성치 계산함수로부터 엔탈피를 구한다.
2) $\triangle T_i$를 계산하고 이를 이용하여 각 증발기의 포화온도 $T_i$를 구한다.
3) 각 증발기 온도로부터 기상과 액상의 엔탈피를 구한다.
4) 각 증발기에 대한 물질 및 에너지 수지로부터 각 증발기의 증기 유량을 구한다.

5) 각 증발기에서의 열 전달량을 구하고 이로부터 열전달 면적 $A_i$를 계산한다.

6) $A_i$를 비교하고 서로 일치하는지 확인한다. 각 증발기의 열전달 면적이 서로 일치하면 계산을 중단하고 서로 일치하지 않으면 $\Delta T_i = \dfrac{q_i}{A_i U_i}$ 로부터 $\Delta T_i$를 구한 다음 3)으로 되돌아간다.

다중효용 증발공정의 계산은 함수 multievapSI(SI 단위계를 사용, 영국 공학단위계는 multievap를 이용)에 의해 수행된다. 이들 함수는 res = multievapSI(evdat)와 같이 사용한다.

입력으로 제공되는 구조체 evdat의 필드는 7개로서 evdat.xp는 최종 농축용액 조성(분율), evdat.xf는 공급되는 원료용액 조성(분율), evdat.Ps는 공급 수증기 압력(Pa), evdat.Pn는 최종 증발기의 압력(Pa), evdat.mf는 공급용액 유량(kg/hr), evdat.Tf는 원료용액 온도(℃), 그리고 evdat.U는 각 증발기에서의 총괄 열전달 계수($J/(m^2 \cdot hr \cdot K)$)들의 벡터이다. 결과로 얻어지는 구조체 res의 필드는 4개로서 res.T는 각 증발기 온도벡터(℃), res.A는 각 증발기 면적벡터($m^2$), res.mv는 각 증발기로부터의 증기 흐름유량 벡터(kg/hr), 그리고 res.iter는 반복계산 횟수이다.

공학단위계의 경우(함수 multievap) 입력구조체 필드는 evdat.xp는 최종 농축용액 조성(분율), evdat.xf는 공급되는 원료용액 조성(분율), evdat.Ps는 공급 수증기 압력(psia), evdat.Pn는 최종 증발기의 압력(psia), evdat.mf는 공급용액 유량(lb/hr), evdat.Tf는 원료용액 온도(°F), 그리고 evdat.U는 각 증발기에서의 총괄 열전달 계수($Btu/(ft^2 \cdot hr \cdot$°F))들의 벡터이다. 결과로 얻어지는 구조체 res의 필드는 마찬가지로 4개로서 res.T는 각 증발기 온도벡터(°F), res.A는 각 증발기 면적벡터($ft^2$), res.mv는 각 증발기로부터의 증기 흐름 유량 벡터(lb/hr), 그리고 res.iter는 반복계산 횟수이다.

```
function res = multievapSI(evdat)
% 다중효용 증발기 계산(SI 단위계)

% 데이터
crit = 1e-3; Tc = 647.096;  Pc = 22064000;  T0 = 273.15;
xf = evdat.xf; xpn = evdat.xp; mf = evdat.mf; Tf = evdat.Tf + T0;
Ps = evdat.Ps; Pn = evdat.Pn; U = evdat.U;  n = length(U);

% 포화온도
a = [-7.85951783 1.84408259 -11.7866497 22.6807411...
   -15.9618719 1.80122502];
```

```
gs = @(x) a(1)*x + a(2)*x^1.5 + a(3)*x^3 + a(4)*x^3.5 + a(5)*x^4 +...
        a(6)*x^7.5 - (1-x)*log(Ps/Pc);
gn = @(x) a(1)*x + a(2)*x^1.5 + a(3)*x^3 + a(4)*x^3.5 + a(5)*x^4 +...
        a(6)*x^7.5 - (1-x)*log(Pn/Pc);
xs = fzero(gs,0.5); xn = fzero(gn,0.5);
Ts = Tc*(1 - xs); % 수증기 온도(K)
Tn = Tc*(1 - xn); % 최종 증발기 온도(K)

% 엔탈피
sts = satsteam(Ts-T0); stv = satsteam(Tn-T0); stf = satsteam(Tf-T0);
Hv0 = sts.hV; hp0 = sts.hL;  Hvn = stv.hV; hpn = stv.hL; hf = stf.hL;

% 물질수지와 온도차
mpn = xf*mf/xpn;  dTtotal = Ts - Tn; sumU = sum(1./U);
dT = (1./U)*dTtotal/sumU;  critA = 10; oldA = 10*ones(1,n); iter = 0;
while critA >= crit
   T(1) = Ts - dT(1);
   for j = 2:n
      T(j) = T(j-1) - dT(j);
   end
   for j = 1:n
     sprop(j) = satsteam(T(j)-T0); Hv(j) = sprop(j).hV; hp(j) = sprop(j).hL;
   end
   % 수지식
   evM = [Hv0-hp0 hp(1)-Hv(1) 0;...
         0       Hv(1)+hp(2)-2*hp(1) hp(2)-Hv(2);...
         0       Hv(3)-hp(2)         Hv(2)+Hv(3)-2*hp(2)];
   evb = [hp(1)-hf; hp(2)-hp(1); Hv(3)-hp(2)+(hp(3)-Hv(3))*xf/xpn]*mf;
   mv = evM\evb; q(1) = mv(1)*(Hv0-hp0);
   for j = 2:n
      q(j) = mv(j)*(Hv(j)-hp(j));
   end
   Area = q./(U.*dT); avgA = sum(Area)/n; critA = sum(abs(Area - oldA));
   dT = dT.*Area/avgA;
   if abs(sum(dT) - dTtotal) >= crit
      dT = dT*dTtotal/sum(dT);
   end
   iter = iter + 1; oldA = Area;
end

% Results
res.T = T-T0;      % 각 증발기 온도벡터(C)
res.A = Area;      % 각 증발기 면적벡터(m^2)
res.mv = mv;       % 각 증발기 증기 흐름유량 벡터(kg/hr)
res.iter = iter;% 반복계산 횟수
end
```

## 보기 10 다중효용 증발

원료가 전면으로 공급되는 3중 다중효용 증발기들을 이용하여 유기 콜로이드 용액을 15%에서 60%(고체함량)로 농축하고 있다. 205,603 Pa의 수증기가 이용되며 세 번째 증발기에서의 압력은 8,756 Pa이다. 원료는 15.6℃ 에서 20,412 kg/hr의 유량으로 유입되고 있으며 모든 농도에서 용액의 비열은 물과 같다. 총괄 열전달 계수는 $U_1 = 1.084\times 10^7$, $U_2 = 7.155\times 10^6$, $U_3 = 3.986\times 10^6$ $J/(m^2 \cdot hr \cdot K)$이다. 각 증발기의 면적은 서로 같다. 열전달 면적($m^2$)과 수증기 소요량($kg/hr$)을 구하여라. 용액의 비등점 상승은 무시한다.

**풀이**

$n=3$인 경우이므로

증발기 1: $(H_{v0}-h_{v0})m_{v0}+(h_{p1}-H_{v1})m_{v1}=(h_{p1}-h_f)m_f$

증발기 2: $(H_{v1}-h_{v1}-h_{p1}+h_{p2})m_{v1}+(h_{p2}-H_{v2})m_{v2}=(h_{p2}-h_{p1})m_f$

증발기 3: $(H_{v3}-h_{p2})m_{v1}+(H_{v3}+H_{v2}-h_{v2}-h_{p2})m_{v2}$

$$=\left\{(H_{v3}-h_{p2})+(h_{p3}-H_{v3})\frac{x_f}{x_{p3}}\right\}m_f$$

수증기 응축액과 용액의 엔탈피는 같다고 간주하면(즉 $h_{vi}=h_{pi}$) 다음을 얻는다.

$$(H_{v0}-h_{p0})m_{v0}+(h_{p1}-H_{v1})m_{v1}=(h_{p1}-h_f)m_f$$

$$(H_{v1}-2h_{p1}+h_{p2})m_{v1}+(h_{p2}-H_{v2})m_{v2}=(h_{p2}-h_{p1})m_f$$

$$(H_{v3}-h_{p2})m_{v1}+(H_{v3}+H_{v2}-2h_{p2})m_{v2}=\left\{(H_{v3}-h_{p2})+(h_{p3}-H_{v3})\frac{x_f}{x_{p3}}\right\}m_f$$

이를 정리하면 다음과 같다.

$$\begin{bmatrix} H_{v0}-h_{p0} & h_{p1}-H_{v1} & 0 \\ 0 & H_{v1}-2h_{p1}+h_{p2} & h_{p2}-H_{v2} \\ 0 & H_{v3}-h_{p2} & H_{v3}+H_{v2}-2h_{p2} \end{bmatrix}\begin{bmatrix} m_{v0} \\ m_{v1} \\ m_{v2} \end{bmatrix}=\begin{bmatrix} (h_{p1}-h_f) \\ (h_{p2}-h_{p1}) \\ (H_{v3}-h_{p2})+(h_{p3}-H_{v3})\dfrac{x_f}{x_{pn}} \end{bmatrix}m_f$$

함수 multievapSI의 수행결과는 다음과 같다.

```
>> evdat.xp = 0.60; evdat.xf = 0.15; evdat.Ps = 205602.9; evdat.Pn = 8756;
>> evdat.mf = 20412; evdat.Tf = 15.6; evdat.U = [10.834 7.155 3.986]*10^6;
>> results = multievapSI(evdat)
results =
      T: [100.4974 81.7076 43.2312]
      A: [79.4099 79.4099 79.4099]
     mv: [3x1 double]
   iter: 6
>> results.mv
ans =
   1.0e+03 *
    8.0540
    4.6341
    5.0781
```

즉 열전달 면적은 79.41 $m^2$이며 소요되는 반복계산 횟수는 6회임을 알 수 있다.

## 6.4 흡수(Absorption)

흡수공정에서는 기체 흡수(gas absorption)가 가장 널리 이용된다. 다음은 기체 흡수탑의 형태를 보인 것이다.

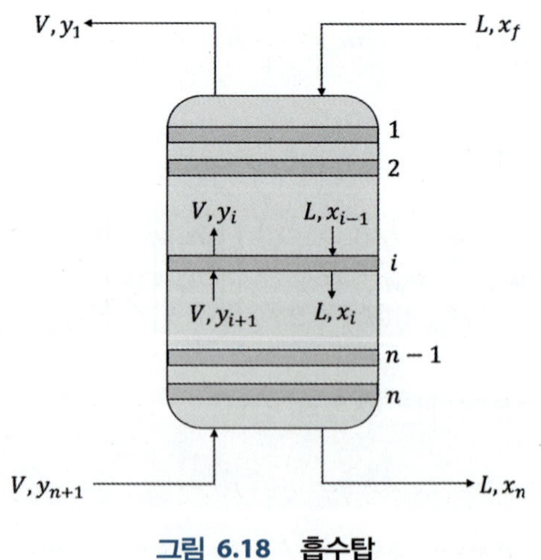


그림 6.18 흡수탑

그림에서 L 및 V는 각각 액체 및 기체의 몰 유량이며 xi 및 yi는 각각 i번째 단에서의 액상 및 기상에서의 용질의 몰분율이다. L 및 V는 일정하며 흡수탑의 각 단에서는 열역학적 평형이 이루어진다고 가정하면 i단에서의 물질수지로부터

$$\frac{d(Mx_i + Wy_i)}{dt} = Lx_{i-1} + Vy_{i+1} - Lx_i - Vy_i$$

를 얻는다. 위에서 M 및 W는 각각 i번째 단에서의 액상 및 기상 holdup이다. W는 M에 비하여 무시할 수 있으며 M은 각 단에 걸쳐 일정하다고 가정하면 다음 관계를 얻는다.

$$\frac{dx_i}{dt} = \frac{L}{M}x_{i-1} + \frac{V}{M}y_{i+1} - \frac{L}{M}x_i - \frac{V}{M}y_i.$$

액상 조성과 기상 조성 사이의 관계는 간단히 $y_i = ax_i$로 나타낼 수 있다고 하면 i번째 단과 첫 번째 단 및 n번째 단에서의 성분수지식은 다음과 같다.

$$\frac{dx_i}{dt} = \frac{L}{M}x_{i-1} - \frac{(L+Va)}{M}x_i + \frac{Va}{M}x_{i+1}$$

$$\frac{dx_1}{dt} = \frac{L}{M}x_f - \frac{(L+Va)}{M}x_1 + \frac{Va}{M}x_2$$

$$\frac{dx_n}{dt} = \frac{L}{M}x_{n-1} - \frac{(L+Va)}{M}x_n + \frac{V}{M}y_{n+1}$$

단 수가 n = 5인 경우는 다음과 같이 나타낼 수 있다.

$$\begin{bmatrix}\dot{x}_1\\ \dot{x}_2\\ \dot{x}_3\\ \dot{x}_4\\ \dot{x}_5\end{bmatrix} = \begin{bmatrix} -\frac{(L+Va)}{M} & \frac{Va}{M} & 0 & 0 & 0 \\ \frac{L}{M} & -\frac{(L+Va)}{M} & \frac{Va}{M} & 0 & 0 \\ 0 & \frac{L}{M} & -\frac{(L+Va)}{M} & \frac{Va}{M} & 0 \\ 0 & 0 & \frac{L}{M} & -\frac{(L+Va)}{M} & \frac{Va}{M} \\ 0 & 0 & 0 & \frac{L}{M} & -\frac{(L+Va)}{M} \end{bmatrix} \begin{bmatrix}x_1\\ x_2\\ x_3\\ x_4\\ x_5\end{bmatrix} + \begin{bmatrix} \frac{22L}{M} & 0 \\ 0 & 0 \\ 0 & 0 \\ 0 & 0 \\ 0 & \frac{V}{M} \end{bmatrix} \begin{bmatrix}x_f\\ y_6\end{bmatrix}$$

혹은

$$\dot{x} = Ax + Bu$$

정상상태에서는 $0 = Ax_s + Bu_s$이므로 $x_s = -A^{-1}Bu_s$이다. 입력벡터 u에 계단변화 $\Delta u$

가 도입되었다면

$$\Delta\dot{x} = A\,\Delta x + B\Delta u,\quad \Delta y = C\Delta x + D\Delta u = \begin{bmatrix}\Delta x_5\\ \Delta y_1\end{bmatrix},\ C = \begin{bmatrix}0\,0\,0\,0\,1\\ a\,0\,0\,0\,0\end{bmatrix},\ D = \begin{bmatrix}0\,0\\ 0\,0\end{bmatrix}$$

위에서 $\Delta y$는 출력벡터이며 $\Delta x_5$와 $\Delta y_1$은 각각 흡수탑에서 유출되는 액상 및 기상의 조성이다.

## 보기 11 벤젠 흡수탑

공정가스 중에 포함된 벤젠을 어떤 오일을 이용하는 5단 흡수탑을 사용하여 제거하고자 한다. 탑으로 주입되는 오일의 유량은 1.33 kgmol/min, 벤젠을 함유한 가스의 유량 및 함유된 벤젠의 몰분율은 각각 1.667 kgmol air/min 및 0.1, 각 단에서의 액체 holdup은 6.667 kgmol이며 평형관계식은 $y_i = 0.5x_i$로 주어진다. 흡수탑으로 유입되는 오일 중에는 벤젠이 함유되어 있지 않다(즉 $x_f = 0$).

(1) 정상상태에서 각 단의 액상 조성을 구하여라.

(2) 흡수탑으로 유입되는 가스 중의 벤젠 조성($y_6$)이 0.1에서 0.15로 변화되었을 때 흡수탑으로부터 유출되는 기상 및 액상중의 벤젠 조성의 시간에 따른 변화를 그래프로 나타내어라. 아울러 각 단에서의 액상조성 변화를 그래프로 나타내어라.

**풀이**

주어진 데이터를 이용하면

$$A = \begin{bmatrix} -0.325 & 0.125 & 0 & 0 & 0 \\ 0.2 & -0.325 & 0.125 & 0 & 0 \\ 0 & 0.2 & -0.325 & 0.125 & 0 \\ 0 & 0 & 0.2 & -0.325 & 0.125 \\ 0 & 0 & 0 & 0.2 & -0.325 \end{bmatrix},\ B = \begin{bmatrix} 0.2 & 0 \\ 0 & 0 \\ 0 & 0 \\ 0 & 0 \\ 0 & 0.25 \end{bmatrix},\ U_s = \begin{bmatrix} x_{fs} \\ y_{6s} \end{bmatrix} = \begin{bmatrix} 0.0 \\ 0.1 \end{bmatrix}$$

을 얻는다.

(1) $x_s = -A^{-1}Bu_s$

```
>> A = [-0.325 0.125 0 0 0;0.2 -0.325 0.125 0 0;0 0.2 -0.325 0.125 0;
        0 0 0.2 -0.325 0.125;0 0 0 0.2 -0.325];
>> B = [0.2 0;0 0;0 0;0 0;0 0.25]; Us = [0.0;0.1];
>> xs = -inv(A)*B*Us
```

```
xs =
    0.0076
    0.0198
    0.0392
    0.0704
    0.1202
```

즉 $x_s = -A^{-1}BU_s = \begin{bmatrix} 0.0076 \\ 0.0198 \\ 0.0392 \\ 0.0704 \\ 0.1202 \end{bmatrix}$

(2) $\Delta u = \begin{bmatrix} 0 \\ 0.05 \end{bmatrix}$ 인 경우이다. 이는 단위계단 응답에 0.05를 곱한 결과와 같다. 이로부터 얻어지는 계단응답 결과에 정상상태를 더해 주면 실제 조성을 얻는다 이 과정은 스크립트 파일 absbz.m에 의해 수행된다.

```
% absbz.m
A = [-0.325 0.125 0 0 0;0.2 -0.325 0.125 0 0;0 0.2 -0.325 0.125 0;
        0 0 0.2 -0.325 0.125;0 0 0 0.2 -0.325];
B = [0.2 0;0 0;0 0;0 0;0 0.25]; C = [0 0 0 0 1;0.5 0 0 0 0]; D = [0 0;0 0];
Us = [0.0;0.1]; xs = -inv(A)*B*Us; ys = C*xs + D*Us;  % 정상상태
[y,x,t] = step(A,B,C,D,2); y = 0.05*y; x = 0.05*x;
for k = 1:2, y(:,k) = y(:,k) + ys(k); end; % Y(t) = ys + y(t)
for k = 1:5, x(:,k) = x(:,k) + xs(k); end; % X(t) = xs + x(t)
figure(1)
subplot(1,2,1), plot(t,y(:,1)), xlabel('t(min)'), ylabel('x_5'), axis
tight
subplot(1,2,2), plot(t,y(:,2)), xlabel('t(min)'), ylabel('y_1'), axis
tight
figure(2)
plot(t,x(:,1),t,x(:,2),'--',t,x(:,3),'.-',t,x(:,4),'*-',t,x(:,5),'o-')
xlabel('t(min)'), ylabel('x'), axis tight
legend('x_1','x_2','x_3','x_4','x_5')
```

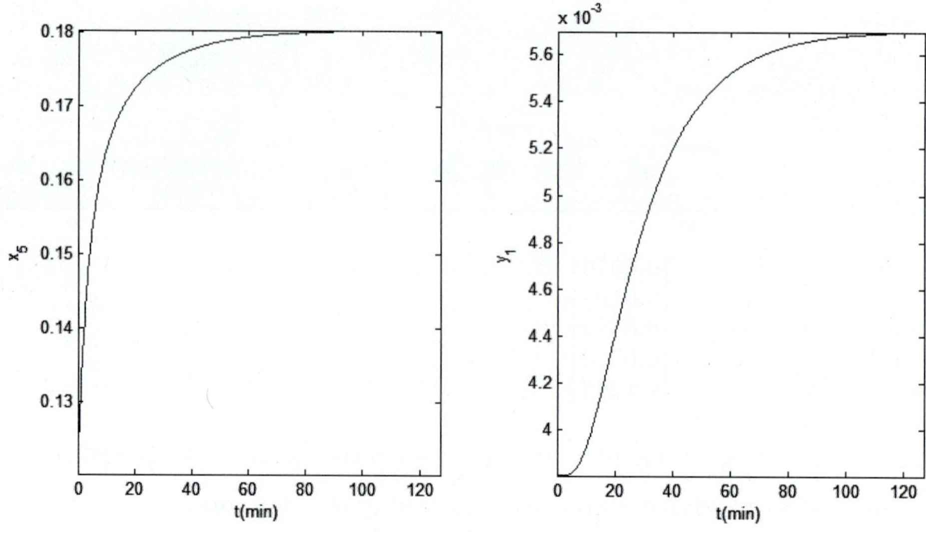


그림 6.19 시간에 따른 흡수탑 유출액의 조성변화

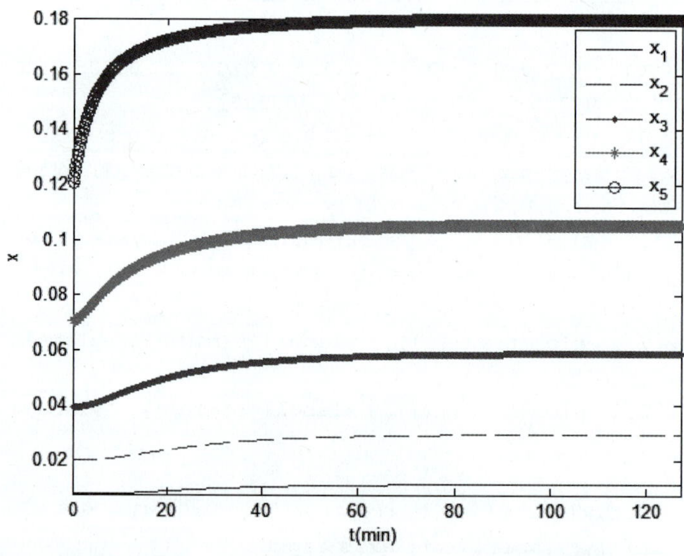


그림 6.20 시간에 따른 각 단에서의 액상조성 변화

# 6.5 이성분계 증류(Binary distillation)

## McCabe/Thiele 방법[14]

그림 6.21에 보인 증류탑에서 탑상제품 유량을 D, 재순환되는 액상 유량을 L이라고 하면 환류비는 $R = \frac{L}{D}$와 같이 정의된다.

원료 주입단($n_F$) 상부의 정류부분(rectifying section)에서의 조업선(operating line) 관계식은

$$y = \left(\frac{R}{R+1}\right)x + \left(\frac{1}{R+1}\right)x_D$$

로 주어진다. x, y는 각각 액상 및 기상 조성이며 $x_D$는 탑상제품의 조성이다.

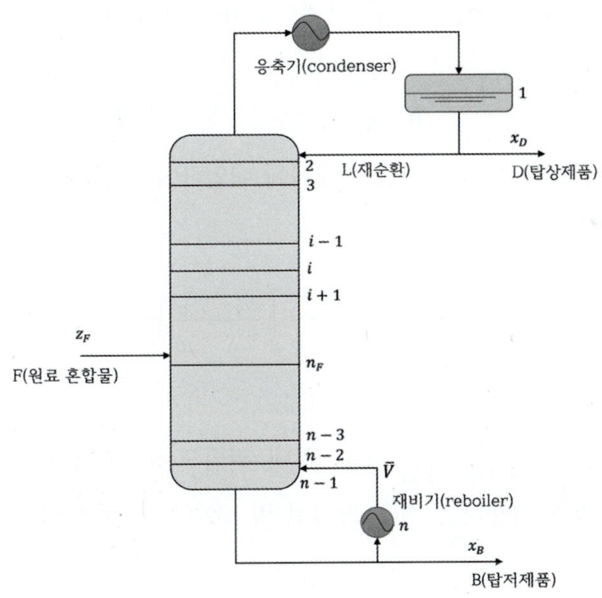


그림 6.21 증류탑

14 Ernest J. Henley, J. D. Seader and D. Keith Roper, Separation Process Principles, 3rd ed., p. 285-290, John Wiley & Sons, Inc., 2011.

원료 주입단 하부의 탈거부분(stripping section)에서의 조업선 관계식은

$$y = \left(\frac{V_B + 1}{V_B}\right)x - \left(\frac{1}{V_B}\right)x_B$$

로 주어진다. $V_B$는 탑저제품 유량 B에 대한 재비기에서 탑으로 주입되는 기상유량 $\overline{V}$의 비로서 $V_B = \dfrac{\overline{V}}{B}$로 정의되며 비등비(boilup ratio)로 불린다. $x_B$는 탑저제품의 조성이다.

증류탑으로 주입되는 원료의 조건은 원료 주입단에서 원료 유량에 대한 액상 유량의 증가분의 비로 정의되는 q로 나타내는데 원료가 과냉각된 액상이면 q > 1, 비등점까지 가열된 액상이면 q = 1, 이슬점 상태의 증기이면 q = 0, 과열 증기이면 q < 0이다. 원료단의 물질수지로부터 $q = \dfrac{\overline{L} - L}{F}$, 혹은 $q = 1 + \dfrac{\overline{V} - V}{F}$로 주어진다. q-라인 관계식은

$$y = \left(\frac{q}{q-1}\right)x - \left(\frac{z_F}{q-1}\right)$$

로 나타낼 수 있다. 정류부분의 조업선 관계식은 q-라인 관계식으로부터

$$x_q = \frac{(R+1)z_F + (q-1)x_D}{R+q}, \quad y_q = \frac{Rz_F + qx_D}{R+q}$$

를 얻는다. 이를 탈거부분에서의 조업선 관계식에 대입하여 $V_B$를 소거하면 탈거부분에서의 조업선 관계식은

$$y = \left(\frac{y_q - x_B}{x_q - x_B}\right)x - \left(\frac{y_q - x_q}{x_q - x_B}\right)x_B$$

로 쓸 수 있다.

상 평형곡선이 $y = \dfrac{\alpha x}{1 + (\alpha - 1)x}$ ($\alpha$: 상대 휘발도)로 주어지는 이성분계 증류에서 McCabe/Thiele 방법을 이용하는 경우 조업선 및 단수의 결정은 함수 bindistMT에 의해 수행된다. 이 함수는

[feedn, totaln] = bindistMT(alpha,q,zf,xd,xb,R)

와 같이 사용한다. 여기에서 alpha는 상대휘발도, q는 원료조건, zf와 xd 및 xb는 각각 원료, 탑상제품 및 탑저제품 조성(몰분율)을 나타내며 R은 환류비이다. 출력인수 feedn는 원료단, 그리고 totaln은 총 단수를 나타낸다.

```
function [feedn, totaln] = bindistMT(alpha,q,zf,xd,xb,R)
% bindistMT.m: McCabe/Thiele 이성분계 증류
% input
%  alpha: 상대휘발도
%  q: 원료조건
%  zf,xd,xb: 원료, 탑상제품, 탑저제품 조성(몰분율)
%  R: 환류비
% output
%  feedn: 원료단
%  totaln: 총 단수

% 초기화 및 평형곡선 계산
y = 0:0.1:1; ye = y; xe = ye./(alpha + (1-alpha)*ye);
xq = ((R+1)*zf + (q-1)*xd)/(R + q); yq = (R*zf + q*xd)/(R + q);
figure(1)
plot(xe,ye,'r'); hold on, axis([0 1 0 1]);
set(line([0  1],[0  1]),'Color',[0 0 0]);
set(line([xd xq],[xd yq]),'Color',[1 0 1]);
set(line([zf xq],[zf yq]),'Color',[1 0 1]);
set(line([xb xq],[xb yq]),'Color',[1 0 1]);

% 정류부분(Rectifying section)
i = 1; xop(1) = xd; yop(1) = xd; y = xd;
while (xop(i) > xq)
   xop(i+1) = y./(alpha + (1-alpha)*y);
   yop(i+1)=R*xop(i+1)/(R+1) + xd/(R+1); % 정류부분에서의 조업선
   y = yop(i+1);
   set(line([xop(i) xop(i+1)],[yop(i) yop(i)]),'Color',[0 0 1]);
   if (xop(i+1) > xq)
      set(line([xop(i+1) xop(i+1)],[yop(i) yop(i+1)]),'Color',[0 0 1]);
   end
   i = i+1;
end
feedn = i;

% 탈거부분(Stripping section)
c1 = (yq - xb)/(xq - xb);  c2 = (yq - xq)/(xq - xb);
yop(i) = c1*xop(i) - c2*xb; y = yop(i);
set(line([xop(i) xop(i)],[yop(i-1) yop(i)]),'Color',[0 0 1]);
while (xop(i)>xb)
   xop(i+1) = y/(alpha + (1-alpha)*y);
   yop(i+1) = c1*xop(i+1) - c2*xb; y = yop(i+1);
   set(line([xop(i) xop(i+1)],[yop(i) yop(i)]),'Color',[0 0 1]);
   if (xop(i+1) > xb)
      set(line([xop(i+1) xop(i+1)],[yop(i) yop(i+1)]),'Color',[0 0 1]);
   end
   i=i+1;
end
```

```
set(line([xop(i) xop(i)],[yop(i-1) yop(i)]),'Color',[0 0 1]);
hold off, xlabel('x'), ylabel('y'), totaln = i-1;
fprintf('Feed stage = %g\n', feedn);
fprintf('총 단수 = %g\n', totaln);
```

## 보기 12 McCabe/Thiele 조업선

증류탑을 이용하여 이성분계 혼합물을 분리하고 있다. 관심있는 성분에 대한 원료의 조성(물분율)은 0.5, 탑상제품 및 탑저제품 조성은 각각 0.9 및 0.1이며 환류비는 $\mathrm{R}=1.5$이다. 원료는 기-액 혼합물 상태로서 $\mathrm{q}=0.8$이다. 이 혼합물의 평형관계는 $y=\dfrac{\alpha x}{1+(1-\alpha)x}$로 주어지며 $\alpha=2.45$이다. 원료단 및 총 단수를 구하고 평형곡선과 조업선 및 q-라인을 그래프로 나타내어라.

### 풀이

주어진 데이터를 이용한 함수 bindistMT의 수행결과는 다음과 같다.

```
>> alpha = 2.45; q = 0.80; zf = 0.5; xd = 0.9; xb = 0.1; R = 1.5;
>> [feedn, totaln] = bindistMT(alpha,q,zf,xd,xb,R);
Feed stage = 5
총 단수 = 10
```

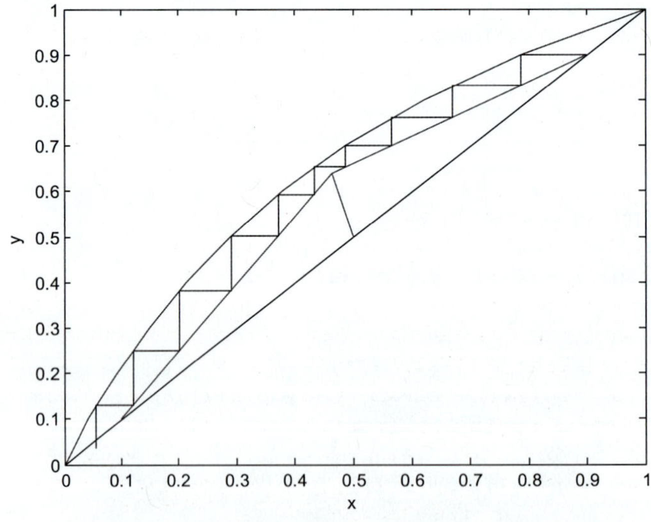


**그림 6.22** McCabe/Thiele 방법을 이용한 단 수의 결정

## 이상적인 이성분계 증류

그림은 원료 주입단과 i번째 단을 보인 것이다. i번째 단에서의 성분 물질수지는

$$\frac{d(M_i x_i)}{dt} = L_{i-1}x_{i-1} + V_{i+1}y_{i+1} - L_i x_i - V_i y_i$$

와 같다. $M_i$는 i번째 단에서의 액체 체류량(liquid holdup)이다.

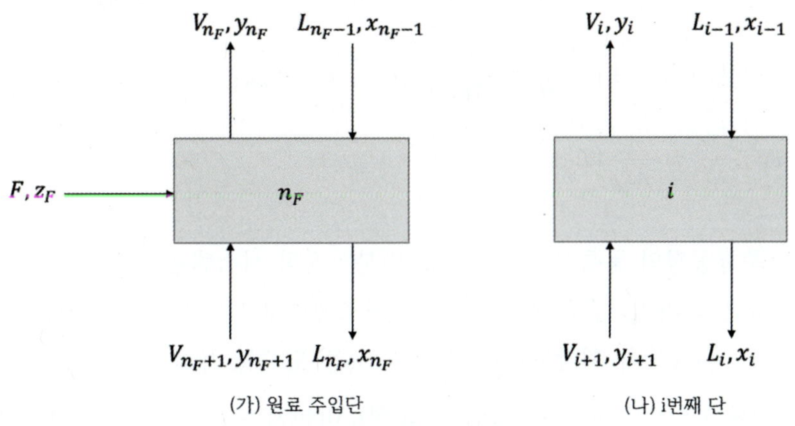


**그림 6.23 원료 주입단과 i번째 단**

기-액 평형은 $y = \dfrac{\alpha x}{1+(\alpha-1)x}$로 주어지며 원료 주입단을 제외한 모든 단에서 기상 유량과 액상 유량은 일정하다고 가정한다. 아울러 각 단에서의 액체 체류량은 $M_T$로서 일정하다고 가정한다.

원료 주입단과 응축기 및 재비기에서의 총괄 물질수지는 다음과 같다.

$$L_{n_F} = L_{n_F-1} + F, \quad V_2 = L + D, \quad B = L_n - \overline{V}$$

원료 조건을 q라고 하면 정류부분(rectifying section)과 탈거부분(stripping section)에서의 액상 유량은 각각

$$L_R = L, \quad L_S = L_R + Fq$$

로 주어지며 기상 유량은 각각

$$V_S = \overline{V}, \ \ V_R = V_S + F(1-q)$$

로 주어진다.

성분 물질수지를 살펴보면

응축기$(i=1)$: $\dfrac{dx_1}{dt}=\dfrac{1}{M_D}[V_R(y_2-x_1)]$

정류부분$(i=2,\cdots,n_F-1)$: $\dfrac{dx_i}{dt}=\dfrac{1}{M_T}(L_Rx_{i-1}+V_Ry_{i+1}-L_Rx_i-V_Ry_i)$

원료 주입단$(i=n_F)$: $\dfrac{dx_{n_F}}{dt}=\dfrac{1}{M_T}(L_Rx_{n_F-1}+V_Sy_{n_F+1}+Fz_F-L_Sx_{n_F}-V_Ry_{n_F})$

회수부$(i=n_F+1,\cdots,n-1)$: $\dfrac{dx_i}{dt}=\dfrac{1}{M_T}(L_Sx_{i-1}+V_Sy_{i+1}-L_Sx_i-V_Sy_i)$

재비기$(i=n)$: $\dfrac{dx_n}{dt}=\dfrac{1}{M_B}(L_Sx_{n-1}-Bx_n-V_Sy_n)$

이성분계 증류공정의 동특성을 나타내는 미분방정식 시스템은 함수 dyndist.m에 의해 정의된다. dpar은 파라미터들을 필드로 갖는 구조체로서 각 필드는 다음과 같다:

dpar.alpha = $\alpha$(상대 휘발도), dpar.n = n(총 단수), dpar.nf = $n_F$(원료 주입단), dpar.F = F(원료 유량), dpar.zf = $z_F$(원료 조성), dpar.q = q(원료 조건), dpar.R = R(재순환 유량), dpar.Vs = $V_s$(재비기 증기유량), dpar.md = $M_D$(응축기 체류량), dpar.mb = $M_B$(재비기 체류량), dpar.mt = $M_T$(각 단에서의 체류량).

한편 dels는 주요 조업변수에서의 계단변화 및 이 변화가 도입되는 시점을 설정하는 구조체이다. 함수 dyndist.m은 다음과 같이 정의된다.

```
function dx = dyndist(t,x,dpar,dels)
% 이성분계 증류공정 미분방정식 시스템
% 상평형: y=alpha*x/(1+(alpha-1)*x)
% 풀이방법: [t x] = ode45(@dyndist,[t0 tf],x0,[],dpar,dels)
% 입력 파라미터
alpha = dpar.alpha; n = dpar.n; nf = dpar.nf; F = dpar.F;
zf = dpar.zf; q = dpar.q; R = dpar.R; Vs = dpar.Vs;
md = dpar.md; mb = dpar.mb; mt = dpar.mt;
delR = dels.delR; delRt = dels.delRt; delV = dels.delV; delVt = dels.delVt;
delz = dels.delz; delzt = dels.delzt; delF = dels.delF; delFt = dels.delFt;
% 운전조건의 변화(계단변화의 도입)
if t < delRt, R = R; else R = R + delR; end
if t < delVt, Vs = Vs; else Vs = Vs + delV; end
```

```
if t < delzt, zf = zf; else zf = zf + delz; end
if t < delFt, F = F; else F = F + delF; end
% 액상/기상 유량 및 탑상/탑저유량
Lr = R; Ls = R + F*q; B = Ls - Vs; D = F - B;
Vr = Vs + F*(1-q);
% 초기화 및 상평형
dx = zeros(n,1);
y = alpha*x./(1 + (alpha-1)*x);
% 응축기(탑상부 드럼)
dx(1)=Vr*(y(2)-x(1))/md;
% 정류부분(rectifying section)
for i = 2:nf-1;
   dx(i)=(Lr*x(i-1)+Vr*y(i+1)-Lr*x(i)-Vr*y(i))/mt;
end
% 원료단(feed stage)
dx(nf) = (Lr*x(nf-1)+Vs*y(nf+1)+F*zf-Ls*x(nf)-Vr*y(nf))/mt;
% 탈거부분(stripping section)
for i = nf+1:n-1;
   dx(i)=(Ls*x(i-1)+Vs*y(i+1)-Ls*x(i)-Vs*y(i))/mt;
end
% 재비기(reboiler)
dx(n) = (Ls*x(n-1)-B*x(n)-Vs*y(n))/mb;
end
```

시간에 따른 조성변화 등의 계산에서는 초기조건이 민감한 영향을 미칠 수 있다. 보통 초기조건으로서는 정상상태 값들을 이용하는 것이 일반적이다. 시간에 따른 조성의 변화가 없을 때에는 정상상태로서 앞의 수지식들에서 시간에 대한 미분항들이 모두 0이 된다. 함수 ssdist.m은 정상상태에서 각 단에서의 액상 조성을 계산한다. 이 함수는

$$f = \mathrm{ssdist}(x,dpar)$$

과 같이 사용한다. dpar은 파라미터들을 포함하는 구조체로서 각 필드는 다음과 같다:

dpar.alpha $= \alpha$, dpar.n = n, dpar.nf $= n_F$, dpar.F = F, dpar.zf $= z_F$,

dpar.q = q, dpar.R = R, dpar.D = D.

```
function f = ssdist(x,dpar)
alpha = dpar.alpha; n = dpar.n; nf = dpar.nf; F = dpar.F;
zf = dpar.zf; q = dpar.q; R = dpar.R; D = dpar.D;
Lr = R; B = F - D; Ls = R + F*q; Vs = Ls - B;
Vr = Vs + F*(1-q);
```

```
y = alpha*x./(1 + (alpha-1)*x);
f(1) = (Vr*y(2) - (D + R)*x(1)); % 응축기
for i = 2:nf-1;
   f(i) = Lr*x(i-1) + Vr*y(i+1) - Lr*x(i) - Vr*y(i);
end
f(nf) = Lr*x(nf-1) + Vs*y(nf+1) - Ls*x(nf) - Vr*y(nf) + F*zf;
for i = nf+1:n-1;
   f(i) = Ls*x(i-1) + Vs*y(i+1) - Ls*x(i) - Vs*y(i);
end
f(n) = (Ls*x(n-1) - B*x(n) - Vs*y(n)); % 재비기
```

함수 ssdist.m에 의해 정의되는 비선형방정식 시스템 f는 내장함수 fsolve를 이용하여 해를 구할 수 있다. 이로부터 얻은 해를 조성의 초기조건으로 이용한다.

## 보기 13 이성분계 증류탑의 동특성

단 수가 30개인 증류탑에서 이성분계 혼합물을 분리하고 있다. 이 증류탑에서 응축기는 첫 번째 단, 재비기는 30번째 단이 되며 원료는 15번째 단으로 주입된다. 상대휘발도 $\alpha$는 1.5, 원료 유량은 F = 1 mol/min이며 원료조건은 q = 1이고 관심있는 성분의 조성은 $z_F = 0.5$이다. 재순환 유량은 R = 2.7 mol/min, 재비기로부터의 증기유량은 3.2 mol/min이다. 응축기와 재비기의 액체 체류량은 각각 5 mol이며 각 단에서의 체류량은 0.5 mol로서 일정하다. t = 10분인 시점에서 재순환 유량이 1% 증가하였을 때 시간($0 \le t \le 400$)에 따른 탑상 및 탑저제품의 액상 조성과 t = 400분에서 각 단에서의 액상조성을 각각 그래프로 나타내어라.

**풀이**

스크립트 파일 usedyndist.m은 먼저 주어진 운전조건에 따라 구조체 dpar과 dels들의 각 필드 값들을 설정한다. 다음에 함수 ssdist.m을 호출하여 정상상태에서의 조성을 구한 다음 그 결과를 미분방정식 시스템의 풀이를 위한 초기조건으로 이용한다. 이어서 함수 dyndist.m을 호출한 다음 내장함수 ode45를 이용하여 해를 구한다.

```
% usedyndist.m
dpar.alpha = 1.5; dpar.n = 30; dpar.nf = 15; dpar.F = 1;
dpar.zf = 0.5; dpar.q = 1; dpar.R = 2.7; dpar.Vs = 3.2;
dpar.md = 5; dpar.mb = 5; dpar.mt = 0.5;
dels.delR = 0.01*dpar.R; dels.delRt = 10; dels.delV = 0; dels.delVt = 0;
dels.delz = 0; dels.delzt = 0; dels.delF = 0; dels.delFt = 0;
```

```
t0 = 0; tf = 400; x0 = 0.5*ones(1,dpar.n); nv = 1:dpar.n;
x0 = fsolve(@ssdist,x0,[],dpar); % 정상상태: 초기조건으로 이용
for i = 1:length(x0), if x0(i) <= 0, x0(i) = -x0(i); end; end
[t x] = ode45(@dyndist,[t0 tf],x0,[],dpar,dels);
figure(1), plot(t,x(:,1)), axis([0 400 0.9 1.0]), xlabel('t(min)'), ylabel('x_D')
figure(2), plot(t,x(:,end)), axis([0 400 0.0 0.1]), xlabel('t(min)'), ylabel('x_B')
figure(3), plot(nv,x(end,:)), xlabel('n'), ylabel('x_i'), axis tight
```

위에서 `dels.delR = 0.01*dpar.R;`은 `dels.delRt = 10;`의 시점(즉 $t = 10$분)에서 재순환 유량 R에 1%의 계단변화가 도입됨을 의미한다. 스크립트 파일 usedyndist.m의 수행결과는 다음과 같다.

```
>> usedyndist
```

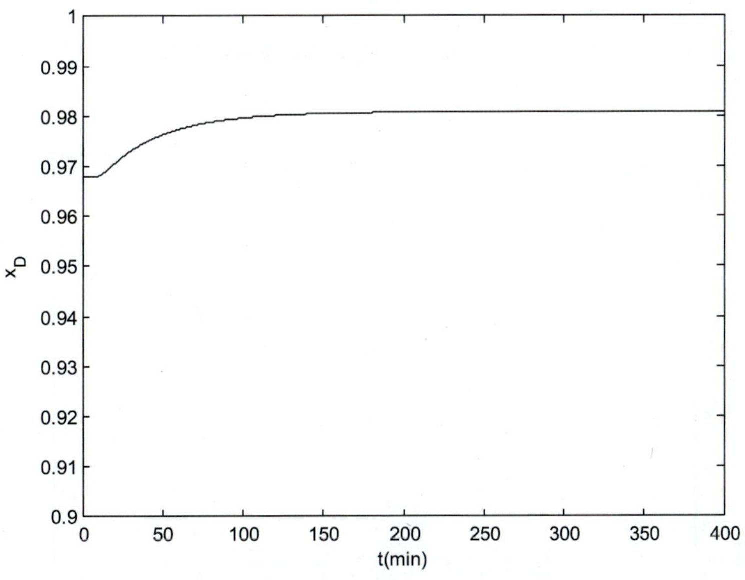


**그림 6.24 시간에 따른 탑상제품 조성의 변화**

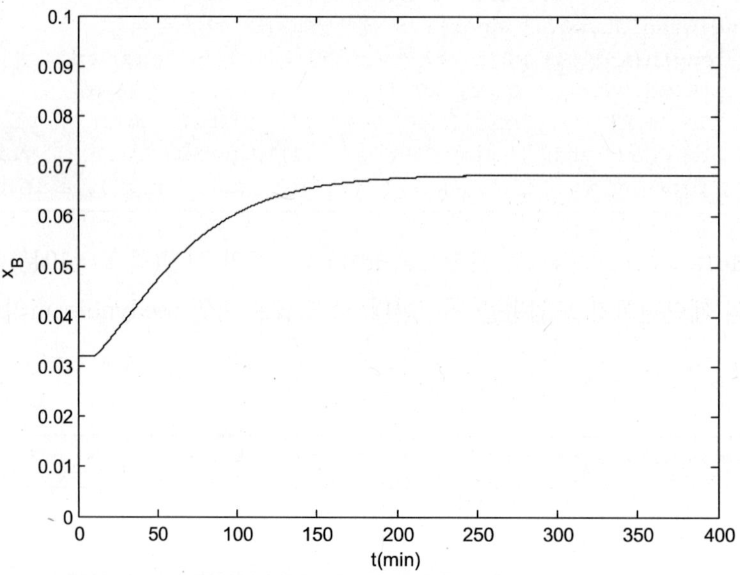


**그림 6.25 시간에 따른 탑저제품 조성의 변화**

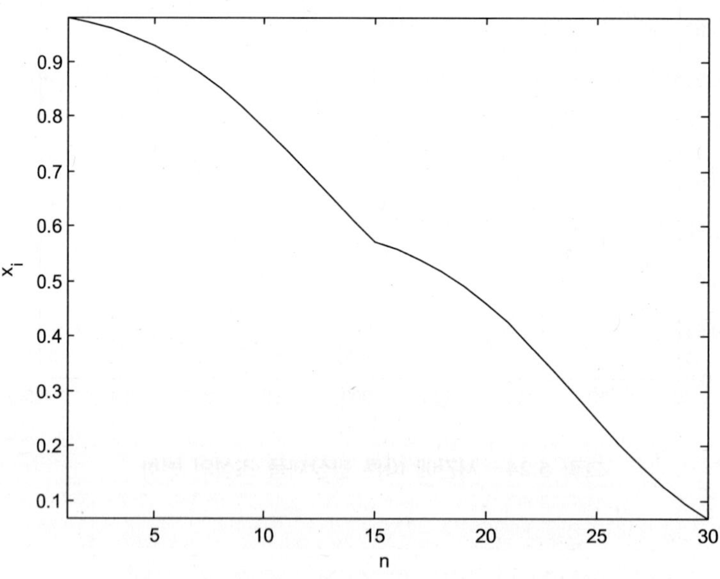


**그림 6.26 최종시간에서 각 단에서의 액상조성**

# 6.6 단순 증류계산

## Fenske-Underwood-Gilland(FUG) 방법

### Fenske 식: 최소단수 계산

증류탑에서 Fenske 식을 이용하여 최소 단수 $N_{\min}$을 계산할 수 있다.

$$N_{\min} = \frac{\log\left[\left(\frac{x_{LK}}{x_{HK}}\right)_D \left(\frac{x_{HK}}{x_{LK}}\right)_B\right]}{\log\left[\alpha_{(LK/HK)_{avg}}\right]}$$

위에서 $N_{\min}$은 재비기(reboiler)와 부분 응축기를 포함하는 최소 단수, $x_{LK}$는 light key 성분의 몰분율, $x_{HK}$는 heavy key 성분의 몰분율, $\alpha_j = \dfrac{k_j}{k_{HK}}$는 성분 j의 상대 휘발도, 그리고 $\alpha_{(LK/HK)_{avg}}$는 light key 성분의 기하평균 휘발도이며 D와 B는 각각 탑상 및 탑저 제품을 의미한다. $\alpha_{(LK/HK)_{avg}}$의 계산에서는 먼저 탑상 및 탑저 온도 $T_D$(이슬점)와 $T_B$(끓는점)을 구한 다음 light key 성분에 대한 $T_D$에서의 상대휘발도 $\alpha_{TD}$ 및 $T_B$에서의 상대휘발도 $\alpha_{TB}$를 구한다. $\alpha_{(LK/HK)_{avg}}$는 이들의 기하평균 $\alpha_{(LK/HK)_{avg}} = \sqrt{\alpha_{TD}\alpha_{TB}}$로 주어진다.

성분 몰 유량 d와 b를 이용하는 경우에는

$$N_{\min} = \frac{\log\left[\left(\frac{d_{LK}}{d_{HK}}\right)\left(\frac{b_{HK}}{b_{LK}}\right)\right]}{\log\sqrt{(\alpha_{i,j})_D(\alpha_{i,j})_B}}$$

로 주어진다.

### Underwood 식: 최소 환류비 계산

Underwood 식은 최소 환류비 계산에 이용된다. 먼저 다음 식으로부터 파라미터 $\theta$를 얻는다.

$$1 - q = \sum_{j=1}^{n_c} \frac{\alpha_{jF} x_{jF}}{(\alpha_{jF} - \theta)}$$

위에서 q는 원료조건(포화액체: q=1, 포화증기: q=0), $x_{jF}$는 원료 중의 $j$성분의 몰분율, $\alpha_{jF}$는 원료 중의 $j$성분의 상대휘발도, 그리고 $n_c$는 성분 수이다. 최소 환류비 $R_{\min}$은 앞에서 얻은 $\theta$를 이용하여 다음 관계로부터 계산된다.

$$R_{\min} + 1 = \sum_{j=1}^{n_c} \frac{\alpha_{jD} x_{jD}}{(\alpha_{jD} - \theta)}$$

위에서 $\alpha_{jD}$는 탑상제품 중의 $j$성분의 상대휘발도이며 $x_{jD}$는 탑상제품 중의 $j$성분의 몰분율이다. $\alpha_{jF}$ 및 $\alpha_{jD}$ 값으로서 $\alpha_{j,HK}$를 취하기도 한다.

**Gilliland 추정식**

주어진 환류비에서 요구되는 이론평형단수는 환류비 함수를 나타내는 X와 단 함수를 나타내는 Y 사이의 그래프로부터 얻는다. X와 Y는 각각

$$X = \frac{R - R_{\min}}{R+1}, \quad Y = \frac{N - N_{\min}}{N+1}$$

과 같다. 그래프를 나타내는 추정식으로 여러 가지 관계들이 제안되어 있다.

- Hengstebeck 추정식(1961) :

$\log Y = -1.3640187 - 3.0920489Z - 3.407344729Z^2 - 1.74673876Z^3 - 0.33268897Z^4$

$Z = \log X$

- Liddle 추정식(1968) :

$0.0 \le X \le 0.01 \quad : \quad Y = 1.0 - 18.5715X$

$0.01 \le X \le 0.90 \quad : \quad Y = 0.545827 - 0.591422X + \dfrac{0.002743}{X}$

$0.90 \le X \le 1.0 \quad : \quad Y = 0.16595 - 0.16595X$

- Van-Winkle과 Todd 추정식(1971) :

$0.0078 < X < 0.125 \quad : \quad Y = 0.5039 - 0.5968X - 0.0908(\log X)$

$0.125 < X \quad to \quad X = 1.0 \quad : \quad Y = 0.6257 - 0.9868X + 0.516X^2 - 0.1738X^3$

- Molokavov의 추정식(1972) :

$$Y = 1 - \exp\left[\left(\frac{1 + 54.4X}{11 + 117.2X}\right)\left(\frac{X-1}{\sqrt{X}}\right)\right] \quad (0 \le X, Y \le 1.0)$$

- Hohman과 Lockhart의 추정식(1972) :

$X=0,\ Y=0.65;\ X=1.0,\ Y=0.067$

$$Y=\frac{0.65-0.5X}{1+1.25X}$$

- Eduljee의 추정식(1975) :

$X=0,\ Y=1.0;\ X=1.0,\ Y=0$

$$Y=0.75(1-X^{0.5668})$$

- Huan-Yang Chang의 추정식(1981) :

$X=0,\ Y=1.0;\ X=1.0,\ Y=0$

$$Y=1-\exp\left(1.49+0.315X-\frac{1.805}{X^{0.1}}\right)$$

- Harg의 추정식(1985) :

$X=0,\ Y=1.0;\ X=1.0,\ Y=0$

$$Y=1-X^{1/3}$$

- McCormick의 추정식(1988) :

$X=0,\ Y=1.0;\ X=1.0,\ Y=0$

$$Y=1-X^{B},\ B=0.105(\log X)+0.44$$

정상조업 범위에서는 McCormick의 추정식이 잘 맞는다.

원료단 위아래의 단 수는 다음과 같은 Kirkbride 식을 이용하여 계산할 수 있다.

$$\log\left(\frac{m}{p}\right)=0.206\log\left\{\left(\frac{B}{D}\right)\left(\frac{x_{HK}}{x_{LK}}\right)_F\left[\frac{(x_{LK})_B}{(x_{HK})_D}\right]^2\right\}$$

위에서 m은 원료단 상부의 단수, p는 원료단 하부의 단수, D와 B는 각각 탑상제품과 탑저제품의 몰 유량이다.

### Feed 단의 결정

최적 feed 단 위치는 Kirkbride 식에 의해 추정할 수 있다.

$$\frac{N_R}{N_S}=\left[\left(\frac{Z_{F,HK}}{Z_{F,LK}}\right)\left(\frac{x_{B,LK}}{x_{D,HK}}\right)^2\left(\frac{B}{D}\right)\right]^{0.206}$$

앞에서 아래첨자 R은 정류부분(rectifying section), S는 탈거부분(stripping section)을 나타낸다.

## Smoker 식에 의한 단 수의 결정

기-액 평형관계 $y=\dfrac{\alpha x}{1+(\alpha-1)x}$와 조업라인 $y=mx+b$로부터

$$m(\alpha-1)x^2+[m+(\alpha-1)b-\alpha]x+b=0$$

0과 1 사이의 해를 k라 하면

$$m(\alpha-1)k^2+[m+(\alpha-1)b-\alpha]k+b=0$$

Smoker에 의하면 소요단수 N은

$$N=\frac{\log\left[\dfrac{x_0^*(1-\beta x_n^*)}{x_n^*(1-\beta x_0^*)}\right]}{\log\left(\dfrac{\alpha}{mc^2}\right)}$$

로 주어진다. 위에서 $\beta=\dfrac{mc(\alpha-1)}{\alpha-mc^2}$이다. 정류부분에서 환류비를 R이라 하면

$$m=\frac{R}{R+1},\ b=\frac{x_D}{R+1}$$

아울러

$$m(\alpha-1)k^2+[m+(\alpha-1)b-\alpha]k+b=0$$

그리고 $x_0=x_D, x_0^*=x_D-k, x_n=z_F, x_n^*=z_F-k$이며 $x_D, z_F$는 각각 distillate와 feed의 몰분율이다.

탈거부분에서는

$$m=\frac{Rz_F+x_D-(R+1)x_B}{(R+1)(z_F-x_B)},\ b=\frac{(z_F-x_D)x_B}{(R+1)(z_F-x_B)},\ x_0^*=z_F-k,\ x_n^*=x_n-k$$

Feed가 끓는점에 있지 않을 때에는 $z_F$를 $z_F^*=\dfrac{b+\dfrac{z_F}{q-1}}{\dfrac{q}{q-1}-m}$으로 대체한다. Total reflux의

경우 $N = \dfrac{\log\left[\dfrac{x_0(1-x_n)}{x_n(1-x_0)}\right]}{\log \ \alpha}$ 로 주어진다.

## 보기 14 단순 증류계산[15]

에탄, 프로판, i-부탄, 그리고 n-부탄으로 이루어진 탄화수소 혼합물로부터 i-부탄을 분리하고자 한다. 원료 혼합물은 비등점까지 가열된 액체상태로 주입되며 탑의 압력은 7 bar이다. 원료 중의 i-부탄 95%를 탑저제품으로 회수하며 탑저제품에는 프로판의 함유량이 0.1% 미만이 되도록 하고자 한다.

(1) Fenske 식을 이용하여 최소단수를 구하여라.

(2) Underwood 식을 이용하여 최소 환류비를 구하여라.

(3) 실제 환류비가 최소 환류비의 1.5배(즉 $R = 1.5R_m$)인 경우 Gilliland 식을 이용하여 이론단수를 구하여라. X와 Y 사이의 관계는 Eduljee의 추정식을 이용한다. 아울러 Kirkbride 식을 이용하여 최적 원료단 위치를 구하여라. 원료 혼합물의 데이터는 다음과 같다.

**표 6.1 탄화수소 원료 데이터**

| | 성분 | 원료조성 (몰분율) | Antoine 증기압식 파라미터 | | |
|---|---|---|---|---|---|
| | | | A | B | C |
| 1 | 에탄 | 0.15 | 3.93835 | 659.739 | −16.719 |
| 2 | 프로판(light key) | 0.18 | 4.53678 | 1149.36 | 24.906 |
| 3 | i-부탄(heavy key) | 0.18 | 4.3281 | 1132.108 | 0.918 |
| 4 | n-부탄 | 0.49 | 4.35576 | 1175.581 | −2.071 |

### 풀이

(1) 탑상 및 탑저 흐름의 조성을 먼저 계산한다. 각 성분의 증기압 $P_i$는 Antoine 식으로부터 얻을 수 있으므로 이슬점에서는 $\Sigma x_i = 1 = \sum \dfrac{y_i}{k_i}$, 끓는 점에서는 $\sum y_i = 1 = \sum k_i x_i$, $k_i = \dfrac{P_i}{P}$인 관계를 이용하여 이슬점과 끓는점을 구한다.

---

15 Michael B. Cutlip and Mordechai Shacham, Problem Solving in Chemical and Biochemical Engineering with POLYMATH, Excel and MATLAB, 2nd ed., p. 544-545, Prentice-Hall, 2008.

(2) Underwood 식을 이용한 최소 환류비 계산에서는 먼저 원료 흐름의 온도를 구한 다음 이 온도에서 $k_{jF}$를 계산한다. $1-q=\sum_{j=1}^{n_c}\frac{\alpha_{jF}x_{jF}}{(\alpha_{jF}-\theta)}$의 계산에서 원료 흐름은 포화액체이므로 $\alpha_{jF}=\frac{k_{jF}}{k_{HK,F}}$, $q=1$로 둔다.

(3) $R=1.5R_{\min}$, $X=\frac{R-R_{\min}}{R+1}$, $Y=\frac{N-N_{\min}}{N+1}$, $Y=0.75(1-X^{0.5668})$들을 이용한다. $\frac{m}{p}=h$로 두면 $m=ph$, $N=m+p=(1+h)p$로부터 $p=\frac{N}{1+h}$, $m=ph$를 얻는다. $h$는 Kirkbride 식을 이용하여 계산한다.

이들 계산은 스크립트 fugdist.m에 의해 수행된다.

```
% fugdist.m
% 1: 에탄, 2: 프로판(LK), 3: i-부탄(HK), 4: n-부탄
xF = [0.15 0.18 0.18 0.49]; % 원료조성(몰분율)
A = [3.93835 4.53678 4.3281 4.35576];
B = [659.739 1149.36 1132.108 1175.581];
C = [-16.719 24.906 0.918 -2.071];
P = 7;

% D와 B의 조성(D: distillate, B: bottom)
Br(1) = 0; Br(3) = 0.95*xF(3); Br(4) = xF(4);
Br(2) = 0.001*(Br(3) + Br(4))/0.999;
Dr(1) = xF(1); Dr(2) = xF(2) - Br(2); Dr(3) = 0.05*xF(3); Dr(4) = 0;
xD = Dr/sum(Dr); xB = Br/sum(Br);

% 이슬점(D)과 끓는점(B)
Td0 = 270; Tb0 = 300;
fD = @(Td) sum(P*xD./(10.^(A - B./(Td + C)))) - 1;
fB = @(Tb) sum(xB.*10.^(A - B./(Tb + C))/P) - 1;
Td = fzero(fD, Td0); Tb = fzero(fB, Tb0);

% Fenske 식
kD = (10.^(A - B./(Td + C)))/P; kB = (10.^(A - B./(Tb + C)))/P;
num = log((xD(2)/xD(3))*(xB(3)/xB(2)));
den = log(sqrt((kD(2)/kD(3)*(kB(2)/kB(3)))));
Nm = num/den;

% 원료흐름의 온도 계산
Tf0 = 300; fF = @(Tf) sum(xF.*10.^(A - B./(Tf + C))/P) - 1;
Tf = fzero(fF, Tf0);
kF = (10.^(A - B./(Tf + C)))/P;
```

```
% Underwood 식
th0 = 1.5;
fTh = @(th) sum(xF.*10.^(A - B./(Tf + C))/P./(10.^(A - B./(Tf + C))/P -...
     th*10^(A(3) - B(3)/(Tf+C(3)))/P));
theta = fzero(fTh, th0);
alpD = kD/kD(3); Rm = sum(alpD.*xD./(alpD - theta)) - 1;

% Gilliland 식
R = 1.5*Rm;
X = (1.5 - 1)*Rm/(R + 1); Y = 0.75*(1 - X^0.5658);
N = (Y+Nm)/(1-Y);

% Kirkbirde 식
c1 = sum(Br)/sum(Dr); c2 = xF(3)/xF(2); c3 = (xB(2)/xD(3))^2;
h = (c1*c2*c3)^0.206; p = N/(1+h); m = p*h;

% 결과출력
fprintf('끓는점(B) = %8.4f, 이슬점(D) = %8.4f, 원료온도(F) = %8.4f', Tb, Td, Tf);
fprintf('\ntheta = %8.4f, 최소단수 = %7.4f, 최소환류비 = %7.4f', theta, Nm, Rm);
fprintf('\n실제단수 = %7.4f, 원료단 상부단수 = %7.4f, 원료단 하부단수 = %7.4f\n', N, m,
p);
```

스크립트 fugdist.m의 수행결과는 다음과 같다.

```
>> fugdist
끓는점(B) = 333.1795, 이슬점(D) = 274.0267, 원료온도(F) = 285.4040
theta =   1.6731, 최소단수 =  8.5438, 최소환류비 =  0.6452
실제단수 = 17.3676, 원료단 상부단수 =  3.9784, 원료단 하부단수 = 13.3892
```

## 6.7 정상상태 엄밀 증류계산

엄밀 증류계산은 증류탑 각 단에서의 물질수지, 에너지 수지, 그리고 상평형 관계식들을 이용하여 수행된다. 정상상태 증류계산은 각 단에서의 비선형방정식 시스템들을 푸는 문제가 된다.

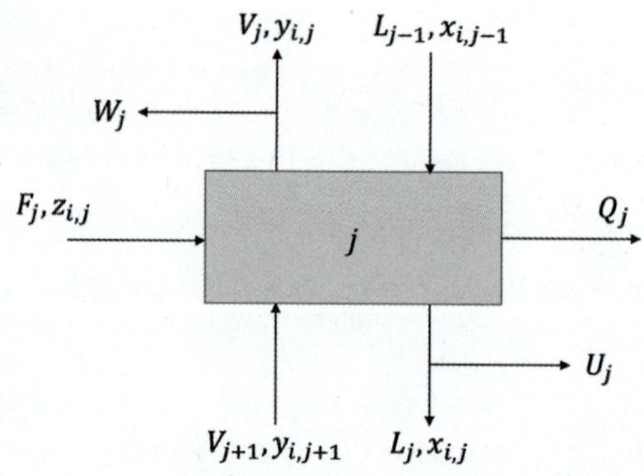


**그림 6.27 단에서의 흐름**

그림에서 V와 L은 각각 기상 및 액상 유량($lbmol/h$), F는 원료 유량($lbmol/h$), U 및 W는 각각 액상 및 기상 side-cut($lbmol/h$), H 및 h는 각각 증기 및 액상 엔탈피($Btu/lbmol$), Q는 열전달량($Btu/h$), x와 y는 각각 액상 및 기상 물분율, z는 원료흐름의 몰분율, 아래첨자 $i$는 성분, $j$는 단수(위에서 아래로 증가)를 나타낸다. 증류탑의 총 단수를 n, 성분수를 $n_c$라고 가정한다. $j$번째 단에서

성분 물질수지: $L_{j-1}x_{i,j-1} + V_{j+1}y_{i,j+1} + F_j z_{i,j} = (L_j + U_j)x_{i,j} + (V_j + W_j)y_{i,j}$

총괄 물질수지: $L_{j-1} + V_{j+1} + F_j = L_j + U_j + V_j + W_j$

에너지 수지: $L_{j-1}h_{j-1} + V_{j+1}H_{j+1} + F_j h_{Fj} = (L_j + U_j)h_j + (V_j + W_j)H_j$

기-액 상평형: $y_{i,j} = k_{i,j}x_{i,j}$

몰분율 합산식: $\sum_{i=1}^{n_c} y_{i,j} = 1, \quad \sum_{i=1}^{n_c} x_{i,j} = 1$

## 보기 15 엄밀 증류계산[16]

3단 증류탑을 이용하여 n-부탄(1)과 n-펜탄(2) 혼합물을 분리하고자 한다. 원료는 포화액체 상태로 두 번째 단(j = 2)으로 주입되며 원료흐름 중의 n-부탄과 n-펜탄의 유량은 각각 0.23 $lbmol/h$ 및 0.77 $lbmol/h$이다. 이 증류탑은 120 psia에서 운전되며 완전 응축기(total condenser)가 이용되고 있다. 재비기로 공급되는 열량은 10000 $Btu/h$이다. 탑상제품은 D = 0.25 $lbmol/h$, 탑저제품은 B = 0.75 $lbmol/h$의 유량으로 회수된다. 각 단에서의 온도

16 Michael B. Cutlip and Mordechai Shacham, Problem Solving in Chemical and Biochemical Engineering with POLYMATH, Excel and MATLAB, $2^{nd}$ ed., p. 551-552, Prentice-Hall, 2008.

와 응축기 온도, 탑 내부의 증기 및 액체흐름의 유량과 조성, 그리고 탑상 및 탑저제품의 조성을 구하여라. 증기압은 Antoine 식으로부터 구할 수 있으며 기상 및 액상 엔탈피는 온도의 2차함수로서 다음에 보인 바와 같이 주어진다고 간주한다.

**표 6.2 각 성분의 증기압식 파라미터와 엔탈피**

| 성분 | | n-부탄(1) | n-펜탄(2) |
|---|---|---|---|
| Antoine식 파라미터(T:℃) | A | 6.80776 | 6.85296 |
| | B | 935.77 | 1064.84 |
| | C | 238.789 | 232.012 |
| 엔탈피($Btu/lbmol$) (T:°F) | 액상 | $h_1 = 0.04T^2 + 29.6T$ | $h_2 = 0.025T^2 + 38.5T$ |
| | 기상 | $H_1 = -0.04T^2 + 43.8T + 8003$ | $H_2 = 0.007T^2 + 31.7T + 12004$ |

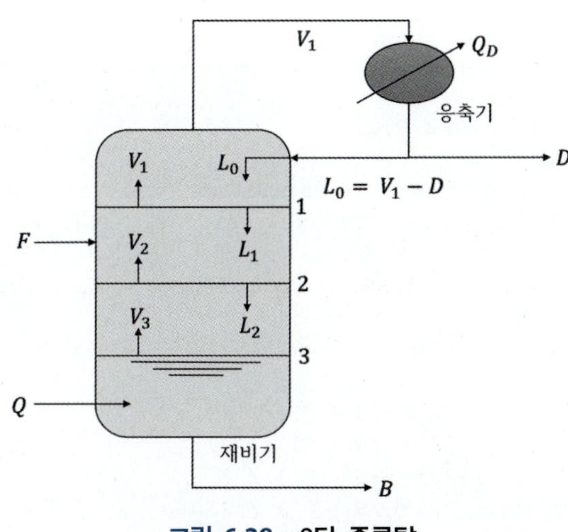


**그림 6.28 3단 증류탑**

**풀이**

각 단에서의 물질수지와 에너지 수지 및 몰분율 합산식들을 세운 다음 내장함수 fsolve를 이용하여 해를 구한다. 미지변수들은 14개이며 다음과 같이 모두 14개의 비선형 방정식들을 얻을 수 있다.

$$\sum_{i=1}^{n_c} k_{i,j} x_{i,j} = 1 \quad (j = 0, 1, F, 2, 3)$$

$$-((V_1 - L_0)k_{i,1} + L_1)x_{i,1} + V_2 k_{i,2} x_{i,2} = 0 \quad (i = 1, 2)$$

$$L_1 x_{i,1} - (V_2 k_{i,2} + L_2) x_{i,2} + V_3 k_{i,3} x_{i,3} + F z_i = 0 \quad (i = 1,2)$$

$$-V_1 H_1 + V_2 H_2 - L_1 h_1 + L_0 h_0 = 0$$

$$-V_2 H_2 + V_3 H_3 + F h_{Ff} + L_1 h_1 - L_2 h_2 = 0$$

$$L_2 x_{i,2} - (V_3 k_{i,3} + B) x_{i,3} = 0 \quad (i = 1,2)$$

$$-V_3 H_3 + Q + L_2 h_2 - L_3 h_3 = 0$$

각 단에서의 계산은 함수 rdist.m에 의해 수행된다. 미지변수 벡터는 s로서 s(1) = $T_0$, s(2) = $T_1$, s(3) = $T_f$, s(4) = $T_2$, s(5) = $T_3$, s(6) = $x_{11}$, s(7) = $x_{21}$, s(8) = $x_{12}$, s(9) = $x_{22}$, s(10) = $x_{13}$, s(11) = $x_{23}$, s(12) = $V_1$, s(13) = $V_2$, 그리고 s(14) = $V_3$를 나타낸다. 스크립트 userdist.m은 함수 rdist를 호출하여 미지변수들을 출력하여 준다.

**rdist.m**

```
function f = rdist(s,F,D,z,P,Q)
% i=1: n-부탄, i=2:n-헵탄)
% s1: T0, s2: T1, s3: Tf, s4: T2, s5: T3, s6: x11, s7: x21
% s8: x12, s9: x22, s10: x13, s11: x23, s12: V1, s13: V2, s14: V3
% 파라미터
A = [6.80776 6.85296]; B = [935.77 1064.84]; C = [238.789 232.012];
h1c = [0.04 29.6]; h2c = [0.025 38.5];
H1c = [-0.04 43.8 8003]; H2c = [0.007 31.7 12004];
% 평형상수
k0 = 10.^(A - B./((s(1)-32)*5/9 + C)) / P;
k1 = 10.^(A - B./((s(2)-32)*5/9 + C)) / P;
kf = 10.^(A - B./((s(3)-32)*5/9 + C)) / P;
k2 = 10.^(A - B./((s(4)-32)*5/9 + C)) / P;
k3 = 10.^(A - B./((s(5)-32)*5/9 + C)) / P;
% 조성벡터
x1 = [s(6) s(7)]; x2 = [s(8) s(9)]; x3 = [s(10) s(11)];
x0 = k1.*x1;
% 엔탈피
hL0 = sum(([s(1)^2 s(1)]*[h1c' h2c']).*x0);
hL1 = sum(([s(2)^2 s(2)]*[h1c' h2c']).*x1);
hLf = sum(([s(3)^2 s(3)]*[h1c' h2c']).*z);
hL2 = sum(([s(4)^2 s(4)]*[h1c' h2c']).*x2);
hL3 = sum(([s(5)^2 s(5)]*[h1c' h2c']).*x3);
hV1 = sum(([s(2)^2 s(2) 1]*[H1c' H2c']).*k1.*x1);
hV2 = sum(([s(4)^2 s(4) 1]*[H1c' H2c']).*k2.*x2);
hV3 = sum(([s(5)^2 s(5) 1]*[H1c' H2c']).*k3.*x3);
% 물질수지
```

```
B = F - D;
L0 = s(12) - D;
L1 = s(13) - D;
L2 = s(14) + B;
L3 = B;
% 함수의 정의
f(1,1) = sum(k0.*x0) - 1;
f(2,1) = sum(k1.*x1) - 1;
f(3,1) = sum(kf.*z) - 1;
f(4,1) = sum(k2.*x2) - 1;
f(5,1) = sum(k3.*x3) - 1;
f(6,1) = -((s(12) - L0)*k1(1) + L1)*s(6) + s(13)*k2(1)*s(8);
f(7,1) = -((s(12) - L0)*k1(2) + L1)*s(7) + s(13)*k2(2)*s(9);
f(8,1) = -s(12)*hV1 + s(13)*hV2 - L1*hL1 + L0*hL0;
f(9,1) = L1*s(6) - (s(13)*k2(1)+L2)*s(8) + s(14)*k3(1)*s(10) + F*z(1);
f(10,1) = L1*s(7) - (s(13)*k2(2)+L2)*s(9) + s(14)*k3(2)*s(11) + F*z(2);
f(11,1) = -s(13)*hV2 + s(14)*hV3 + hLf + L1*hL1 - L2*hL2;
f(12,1) = L2*s(8) - (s(14)*k3(1) + B)*s(10);
f(13,1) = L2*s(9) - (s(14)*k3(2) + B)*s(11);
f(14,1) = -s(14)*hV3 + Q + L2*hL2 - L3*hL3;
end
```

**userdist.m**

```
% userdist.m
% s1: T0, s2: T1, s3: Tf, s4: T2, s5: T3, s6: x11, s7: x21
% s8: x12, s9: x22, s10: x13, s11: x23, s12: V1, s13: V2, s14: V3
F = 1; D = 0.25; z = [0.23 0.77]; P = 760*120/14.7; Q = 1e4;
T0 = 200; T1 = 145; Tf = 200; T2 = 190; T3 = 210; x11 = 0.65; x21 = 0.35;
x12 = 0.43; x22 = 0.57; x13 = 0.33; x23 = 0.76; V1 = 1.1; V2 = 1; V3 = 1.1;
s0 = [T0 T1 Tf T2 T3 x11 x21 x12 x22 x13 x23 V1 V2 V3];
s = fsolve(@rdist,s0,[],F,D,z,P,Q);
T0 = s(1); T1 = s(2); Tf = s(3); T2 = s(4); T3 = s(5);
x11 = s(6); x21 = s(7); x12 = s(8); x22 = s(9); x13 = s(10); x23 = s(11);
V1 = s(12); V2 = s(13); V3 = s(14);
fprintf('T0=%8.4f, T1=%8.4f, Tf=%8.4f, T2=%8.4f, T3=%8.4f\n',T0,T1,Tf,T2,T3);
fprintf('x11=%6.4f, x12=%6.4f, x13=%6.4f\n', x11, x12, x13);
fprintf('x21=%6.4f, x22=%6.4f, x23=%6.4f\n', x21, x22, x23);
fprintf('V1=%6.4f, V2=%6.4f, V3=%6.4f\n', V1, V2, V3);
```

스크립트 userdist.m을 수행한 결과는 다음과 같다.

```
>> userdist
T0=188.2848, T1=206.4285, Tf=215.4895, T2=218.5461, T3=226.5515
x11=0.3272, x12=0.1991, x13=0.1225
x21=0.6728, x22=0.8009, x23=0.8775
V1=1.0537, V2=1.0388, V3=1.0417
```

얻은 결과들을 정리하면 다음과 같다.

**표 6.3 계산결과**

| 변수 | 1단 | 원료공급단 | 2단 | 3단 |
|---|---|---|---|---|
| 온도(°F) | 206.4285 | 215.4895 | 218.5461 | 226.5515 |
| 기상유량(lbmol/h) | 1.0537 | – | 1.0388 | 1.0417 |
| n-부탄 조성 | 0.3272 | 0.23 | 0.1991 | 0.1225 |
| n-펜탄 조성 | 0.6728 | 0.77 | 0.8009 | 0.8775 |

## 엄밀증류모델: MESH식

정상상태로 유지되는 평형단에서 기상 및 액상 흐름으로부터 sidecut이 존재하며 열량 Q는 단으로부터 외부로 열이 유출될 때 +, 탑 외부로부터 단으로 열이 유입될 때 −의 부호를 갖는 것으로 간주한다. 증류탑의 총 단수는 N이며 증류탑에서 처리되는 혼합물의 성분 수는 C이다. 탑의 최상부에 위치하는 단(j = 1)은 부분 응축기(partial condenser)이며 탑의 최하부에 위치하는 단(j = N)은 재비기(reboiler)가 된다.

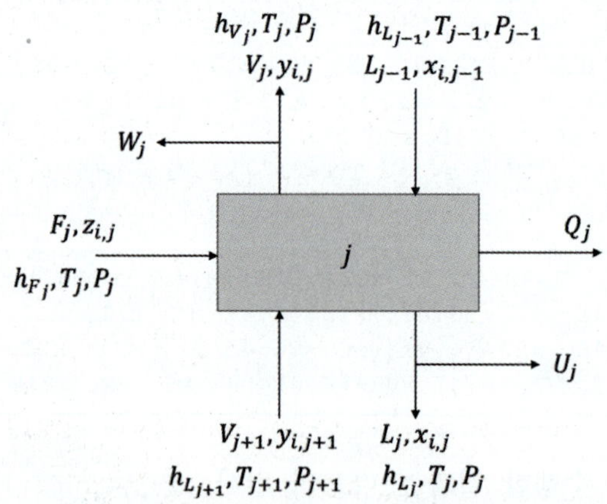


**그림 6.29 정상상태 평형단 모델**

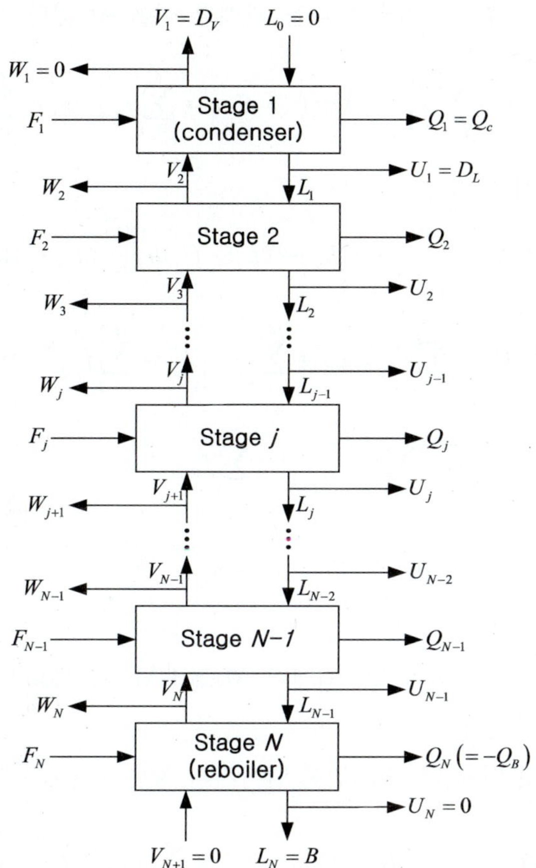


**그림 6.30 단수가 N인 증류탑**

j번째 단에서의 i 성분의 양을 $X_{i,j}$라고 나타내기로 한다. $S_{V_j} = \dfrac{W_j}{V_j}$, $S_{L_j} = \dfrac{U_j}{L_j}$로 두고 $y_{i,j} = \dfrac{v_{i,j}}{V_j}$, $x_{i,j} = \dfrac{l_{i,j}}{L_j}$인 관계를 이용하면 j번째 단에서의 물질수지로부터

$$M_{i,j} = V_{j+1} y_{i,j+1} + L_{j-1} x_{i,j-1} + F_j z_{i,j} - (V_j + W_j) y_{i,j} - (L_j + U_j) x_{i,j} = 0$$
$$M_{i,j} = v_{i,j+1} + l_{i,j-1} + f_{i,j} - (1 + S_{V_j}) v_{i,j} - (1 + S_{L_j}) l_{i,j} = 0$$

를 얻는다.

각 성분에 대한 상평형 관계식으로부터

$$E_{i,j} = y_{i,j} - K_{i,j} x_{i,j} = \frac{v_{i,j}}{V_j} - K_{i,j} \frac{l_{i,j}}{L_j} = 0$$

각 단에서의 조성의 합은 1이므로 다음 관계를 얻을 수 있다.

$$S_{y,j}=\sum_{i=1}^{C}y_{i,j}-1=\sum_{i=1}^{C}\frac{v_{i,j}}{V_j}-1=0,\quad S_{x,j}=\sum_{i=1}^{C}x_{i,j}-1=\sum_{i=1}^{C}\frac{l_{i,j}}{L_j}-1=0$$

각 단에서의 에너지 수지는

$$H_j=L_{j-1}h_{L_{j-1}}+V_{j+1}h_{V_{j+1}}+F_jh_{F_j}-(L_j+U_j)h_{L_j}-(V_j+W_j)h_{V_j}-Q_j=0$$

각 단에서의 유량관계 $V_j=\sum_{i=1}^{C}v_{i,j},\ L_j=\sum_{i=1}^{C}l_{i,j},\ F_j=\sum_{i=1}^{C}f_{i,j}$를 이용하면

$$H_j=h_{V_{j+1}}\sum_{i=1}^{C}v_{i,j+1}+h_{L_{j-1}}\sum_{i=1}^{C}l_{i,j-1}+h_{F_j}\sum_{i=1}^{C}f_{i,j}$$

$$-\left(1+S_{V_j}\right)h_{V_j}\sum_{i=1}^{C}v_{i,j}-\left(1+S_{L_j}\right)h_{L_j}\sum_{i=1}^{C}l_{i,j}-Q_j=0$$

을 얻는다. 각 평형단에 대하여 2C+3개의 MESH(Mass, Equilibrium, Summations, Enthalpy) 식들이 존재한다.

총괄 물질수지는 첫 번째 단부터 j번째 단까지의 성분 물질수지의 합을 구하여 얻는다.

$$\sum_{k=1}^{j}\sum_{i=1}^{C}M_{i,k}=L_0-L_j+V_{j+1}-V_1+\sum_{k=1}^{j}(F_k-U_k-W_k)=0$$

$L_0=0$이므로

$$L_j=V_{j+1}-V_1+\sum_{k=1}^{j}(F_k-U_k-W_k)\quad(1\le j\le N-1)$$

한편 j번째 단부터 N번째 단까지의 성분 물질수지의 합을 구하면

$$\sum_{k=j}^{N}\sum_{i=1}^{C}M_{i,k}=V_{N+1}-V_j+L_{j-1}-L_N+\sum_{k=j}^{N}(F_k-U_k-W_k)=0$$

$V_{N+1}=0$이므로

$$V_j=L_{j-1}-L_N+\sum_{k=j}^{N}(F_k-U_k-W_k)$$

### Tridiagonal matrix(삼각대각행렬) 방법

Wang과 Henke에 의해 도입된 tridiagonal matrix 방법은 각 성분들의 조성 및 유량들을 신속하고도 간편하게 계산할 수 있는 유용한 방법으로서 엄밀 분리공정 계산에서 널리 이용된다. Tridiagonal matrix 방법에서 하나의 단에서의 계산인자는 그 이전 단에서의 인자들로부터 구하여지기 때문에 단수가 많을 경우 계산오차가 누적될 수 있다. 이를 피하기 위하여 오차의 누적을 초래할 수 있는 가감계산 단계를 없앤 개선된 Thomas 방법을 이용하기도 한다. Thomas 알고리즘에서는 matrix의 왼쪽 상부(즉 첫 번째 단)에서부터 계산이 시작되며 matrix의 대각선 방향을 따라 동일한 계산이 반복 수행된다.

**단 액상조성 $x_{i,j}$의 계산**: 앞의 물질수지와 평형관계들로부터

$$\left\{V_j - V_1 + \sum_{k=1}^{j-1}(F_k - U_k - W_k)\right\}x_{i,j-1}$$

$$-\left\{(V_j + W_j)K_{i,j} + V_{j+1} - V_1 + \sum_{k=1}^{j}(F_k - U_k - W_k) + U_j\right\}x_{i,j} + V_{j+1}K_{i,j+1}x_{i,j+1}$$

$$= -F_j z_{i,j}$$

이를 다시 쓰면

$$P_j x_{i,j-1} + Q_j x_{i,j} + R_j x_{i,j+1} = S_j$$

위에서

$$P_j = V_j - V_1 + \sum_{k=1}^{j-1}(F_k - U_k - W_k) \quad (2 \le j \le N)$$

$$Q_j = V_1 - (V_j + W_j)K_{i,j} - U_j - V_{j+1} - \sum_{k=1}^{j}(F_k - U_k - W_k) \quad (1 \le j \le N)$$

$$R_j = V_{j+1}K_{i,j+1} \quad (1 \le j \le N-1)$$

$$S_j = -F_j z_{i,j} \quad (1 \le j \le N)$$

아울러

$$x_{i,N+1} = x_{i,0} = 0, \quad V_{N+1} = W_1 = U_N = 0$$

모든 단($j=1,2,\cdots,N$)에 대하여 위의 관계는 다음과 같이 나타낼 수 있다.

$$\begin{bmatrix} 1 & r_1 & 0 & \cdots & 0 \\ 0 & 1 & r_2 & & \vdots \\ \vdots & & \ddots & \ddots & 0 \\ \vdots & & & 1 & r_{N-1} \\ 0 & \cdots & \cdots & 0 & 1 \end{bmatrix} \begin{bmatrix} x_{i,1} \\ x_{i,2} \\ \vdots \\ x_{i,N-1} \\ x_{i,N} \end{bmatrix} = \begin{bmatrix} s_1 \\ s_2 \\ \vdots \\ s_{N-1} \\ s_N \end{bmatrix}$$

위에서

$$r_j = \frac{R_j}{Q_j - r_{j-1} P_j} \quad (2 \le j \le N-1), \qquad r_1 = \frac{R_1}{Q_1}$$

$$s_j = \frac{S_j - s_{j-1} P_j}{Q_j - r_{j-1} P_j} \quad (2 \le j \le N), \qquad s_1 = \frac{S_1}{Q_1}$$

로 주어진다. 아울러 $x_{i,j}$는 다음과 같이 얻어진다.

$$r_0 = s_0 = 0, \quad x_{i,N} = s_N, \quad x_{i,j} = s_j - r_j x_{i,j+1} \; (1 \le j \le N-1)$$

**단 기상 성분유량 $v_{i,j}$의 계산**: $v_{i,j}$를 구하고자 하는 경우에도 위와 유사한 과정을 따른다.

흡수인자 $A_{i,j}$를 $A_{i,j} = \dfrac{L_j}{K_{i,j} V_j}$와 같이 정의하면 $l_{i,j} = \dfrac{L_j}{K_{i,j} V_j} v_{i,j} = A_{i,j} v_{i,j}$이므로

$$M_{i,j} = v_{i,j+1} + A_{i,j-1} v_{i,j-1} + f_{i,j} - \left(1 + S_{V_j}\right) v_{i,j} - \left(1 + S_{L_j}\right) A_{i,j} v_{i,j} = 0$$

이를 다시 쓰면

$$A_{i,j-1} v_{i,j-1} + B_j v_{i,j} + v_{i,j+1} = D_j$$

를 얻는다. 위에서

$$B_j = -1 - S_{V_j} - \left(1 + S_{L_j}\right) A_{i,j}, \quad D_j = -f_{i,j}$$

이다. 모든 단에 대하여 이를 적용하면 다음을 얻는다.

$$\begin{bmatrix} 1 & p_1 & 0 & \cdots & 0 \\ 0 & 1 & p_2 & & \vdots \\ \vdots & & \ddots & \ddots & 0 \\ \vdots & & & 1 & p_{N-1} \\ 0 & \cdots & \cdots & 0 & 1 \end{bmatrix} \begin{bmatrix} v_{i,1} \\ v_{i,2} \\ \vdots \\ v_{i,N-1} \\ v_{i,N} \end{bmatrix} = \begin{bmatrix} q_1 \\ q_2 \\ \vdots \\ q_{N-1} \\ q_N \end{bmatrix}$$

위에서

$$p_j = \frac{1}{B_j - p_{j-1}A_{i,j-1}} \quad (1 \le j \le N-1), \qquad q_j = \frac{D_j - q_{j-1}A_{i,j-1}}{B_j - p_{j-1}A_{i,j-1}} \quad (1 \le j \le N)$$

으로 주어지며 $A_{i,0} = p_0 = q_0 = 0$이다. 위의 관계로부터

$$v_{i,N} = q_N, \qquad v_{i,j} = q_j - p_j v_{i,j+1} \quad (1 \le j \le N-1)$$

를 얻는다.

**단 액상 성분유량 $l_{i,j}$의 계산:** $l_{i,j}$를 계산하는 과정도 앞에서와 유사하다. 우선 상대 휘발도 $\alpha_{i,j}$와 탈거인자(stripping factor) $S_{i,j}$를 각각

$$\alpha_{i,j} = \frac{K_{i,j}}{K_{b,j}}, \quad S_{b,j} = \frac{K_{b,j}V_j}{L_j}, \quad S_{i,j} = \frac{K_{i,j}V_j}{L_j} = \alpha_{i,j}S_{b,j}$$

와 같이 정의한다. 위에서 아래첨자 b는 기준이 되는 성분(가상적인 성분일 수도 있다)을 나타낸다. 한편 $R_{L_j}$와 $R_{V_j}$를 각각

$$R_{L_j} = 1 + \frac{U_j}{L_j} = 1 + S_{L_j}, \quad R_{V_j} = 1 + \frac{W_j}{V_j} = 1 + S_{V_j}$$

와 같이 정의하면

$$v_{i,j} = \frac{K_{i,j}V_j}{L_j} l_{i,j} = \frac{K_{i,j}}{K_{b,j}} \frac{K_{b,j}V_j}{L_j} l_{i,j} = \alpha_{i,j}S_{b,j}l_{i,j}$$

이들 관계로부터

$$l_{i,j-1} + W_j l_{i,j} + Z_j l_{i,j+1} = G_j$$

앞에서

$$W_j = -R_{L_j} - \alpha_{i,j} S_{b,j} R_{V_j}, \quad Z_j = \alpha_{i,j+1} S_{b,j+1}, \quad G_j = -f_{i,j}$$

이로부터

$$\begin{bmatrix} 1 & p_1 & 0 & \cdots & 0 \\ 0 & 1 & p_2 & & \vdots \\ \vdots & & \ddots & \ddots & 0 \\ \vdots & & & 1 & p_{N-1} \\ 0 & \cdots & \cdots & 0 & 1 \end{bmatrix} \begin{bmatrix} l_{i,1} \\ l_{i,2} \\ \vdots \\ l_{i,N-1} \\ l_{i,N} \end{bmatrix} = \begin{bmatrix} q_1 \\ q_2 \\ \vdots \\ q_{N-1} \\ q_N \end{bmatrix}$$

위에서

$$p_j = \frac{Z_j}{W_j - p_{j-1}} \ (1 \le j \le N-1), \quad q_j = \frac{G_j - q_{j-1}}{W_j - p_{j-1}} \ (1 \le j \le N), \quad p_0 = q_0 = 0$$

앞의 관계로부터

$$l_{i,N} = q_N, \quad l_{i,j} = q_j - p_j l_{i,j+1} \ (1 \le j \le N-1)$$

를 얻는다.

## Bubble-point(BP, 비등점) 방법

BP 방법에서는 상평형 식과 조성 합산식을 이용하여 단 온도를 계산한다. BP 방법은 비등점이 서로 크게 차이가 나지 않는 물질들의 혼합물이나 이상혼합물, 혹은 증발잠열보다 조성이 온도에 더 큰 영향을 미치는 거의 이상적인 혼합물에 적합한 것으로 알려져 있다.

응축기 부하 $Q_1$과 재비기 부하 $Q_N$은 각각

$$Q_1 = (L_1 + V_1 + U_1 + W_1 - F_1) h_{V2} - V_1 h_{V1} - (L_1 + U_1) h_{L1} + F_1 h_{F1}$$

$$Q_N = \sum_{j=1}^{N} (F_j h_{Fj} - U_j h_{Lj} - W_j h_{Vj}) - \sum_{j=1}^{N-1} Q_j - V_1 h_{V1} - L_N h_{LN}$$

각 단에서의 액상 유량 $L_j$와 기상 유량 $V_j$는 다음과 같이 얻는다.

$$L_j = V_{j+1} - V_1 + \sum_{k=1}^{j}(F_k - U_k - W_k) \quad (1 \le j \le N-1), \quad L_0 = 0$$

$$V_{j+1} = \frac{d_j - a_j V_j}{b_j} \quad (2 \le N \le j-1), \quad V_2 = L_1 + V_1 + U_1 + W_1 - F_1$$

$$a_j = h_{L_{j-1}} - h_{V_j}, \quad b_j = h_{V_{j+1}} - h_{L_j}$$

$$d_j = \left(h_{L_j} - h_{L_{j-1}}\right)\sum_{k=1}^{j-1}(F_k - U_k - W_k) + F_j\left(h_{L_j} - h_{F_j}\right) + W_j\left(h_{V_j} - h_{L_j}\right) + Q_j$$

BP 방법의 계산과정에서 조성 $x_{i,j}$와 $y_{i,j}$는 다음과 같이 보정시켜준다.

$$x_{i,j} = \frac{x_{i,j}}{\sum_{i=1}^{C} x_{i,j}}, \qquad y_{i,j} = \frac{y_{i,j}}{\sum_{i=1}^{C} y_{i,j}}$$

k번째 BP 계산과정에서의 수렴성 판단은 다음 기준에 따른다.

$$J_T = \sum_{j=1}^{N}\left\{T_j^{(k)} - T_j^{(k-1)}\right\}^2 \le \epsilon N \quad (0 < \epsilon < 1)$$

BP 알고리듬을 요약해 보면 다음과 같다.

1) 입력변수($F_j$, $z_{i,j}$, $T_{F_j}$, $P_{F_j}$, $h_{F_j}$, $P_j$, $U_j$, $W_j$, $Q_j$($Q_1$과 $Q_N$은 제외), N, $L_1$(재순환 유량), $V_1$)를 지정하고 k = 1로 둔다.
2) Tear 변수 $T_j$와 $V_j$의 초기값을 가정한다.
3) $x_{i,N} = s_N$, $x_{i,j} = s_j - r_j x_{i,j+1}$ $(1 \le j \le N-1)$, $r_0 = s_0 = 0$에 의해 $x_{i,j}$를 계산하고 $x_{i,j} = \frac{x_{i,j}}{\sum_{i=1}^{C} x_{i,j}}$에 의해 보정한다. 모든 성분에 대하여 이 과정을 수행한다.
4) 비등점 계산방법을 이용하여 $E_{i,j} = y_{i,j} - K_{i,j}x_{i,j} = 0$으로부터 새로운 $T_j$와 $y_{i,j}$를 계산한다.
5) 응축기 부하 $Q_1$과 재비기 부하 $Q_N$을 계산한다.

$$Q_1 = (L_1 + V_1 + U_1 + W_1 - F_1)h_{V2} - V_1 h_{V1} - (L_1 + U_1)h_{L1} + F_1 h_{F1}$$

$$Q_N = \sum_{j=1}^{N}(F_j h_{Fj} - U_j h_{Lj} - W_j h_{Vj}) - \sum_{j=1}^{N-1} Q_j - V_1 h_{V1} - L_N h_{LN}$$

6) $V_j$와 $L_j$를 순차적으로 계산한다.

$$V_{j+1} = \frac{d_j - a_j V_j}{b_j} \quad (2 \le N \le j-1), \quad V_2 = L_1 + V_1 + U_1 + W_1 - F_1$$

$$L_j = V_{j+1} - V_1 + \sum_{k=1}^{j} (F_k - U_k - W_k) \quad (1 \le j \le N-1), \quad L_0 = 0$$

7) 수렴기준 $J_T = \sum_{j=1}^{N} \left\{ T_j^{(k)} - T_j^{(k-1)} \right\}^2 \le \epsilon N$ 에 따라 수렴성을 판단한다. 수렴하지 않으면 tear 변수들을 다시 조정한 다음 k = k + 1로 두고 3)으로 되돌아간다.

위의 BP 계산과정은 함수 distBPeu.m에 의해 수행된다(eu는 영국공학단위를 사용함을 의미). 이 함수는

[x,y,T,L,V,iter] = distBPeu(opdat,mxdat)

와 같이 사용한다. opdat는 운전조건들을 필드로 갖는 구조체이며 mxdat는 혼합물을 구성하는 각 성분의 물성치 및 파라미터들을 필드로 갖는 구조체이다. 함수 distBPeu는 다른 함수 phiHeu를 호출하여 혼합물의 엔탈피와 각 성분의 퓨개시티 계수를 계산한다.

```
function [x,y,T,L,V,iter] = distBPeu(opdat,mxdat)
% distBPeu.m: BP 방법을 이용한 혼합물의 증류계산(공학단위)

% 변수의 초기화
eos = opdat.eos; N = opdat.N; nc = opdat.nc;
F = opdat.F; Tf = opdat.Tf; Pf = opdat.Pf; hF = opdat.hF;
P = opdat.P; T = opdat.T; V = opdat.V; L = opdat.L; criv = opdat.criv;
U = opdat.U; W = opdat.W; Q = opdat.Q; T0 = opdat.T0; nf = opdat.nf;
hV = opdat.hV; hL = opdat.hL; fstate = upper(opdat.fstate);
x = opdat.x; y = opdat.y; z = opdat.z;
Pc = mxdat.Pc; Ant = mxdat.Ant;

% 초기화
a = zeros(1,N); b = zeros(1,N); d = zeros(1,N);
V(2) = L(1) + V(1) + U(1) + W(1) - F(1);
% 원료의 엔탈피
for j = 1:length(nf)
   [Z H phi] = phiHeu(z(:,nf(j))',Pf(nf(j)),Tf(nf(j)),fstate,eos,opdat,mxdat);
   hF(nf(j)) = H; % Btu/mol
end
T = T0; Told = T; criT = 10; iter = 1;
% K(i,j)의 초기화: T0에서의 K(i,j)
```

```
for j = 1:N
    Pv0(:,j) = Pc(:).*exp(Ant(:,1) - Ant(:,2)./(T(j) + Ant(:,3)));
    K(:,j) = Pv0(:,j)./P(j); % Raoult's law
end

while criT > criv
    % x(i,j)를 계산
    for i = 1:nc
        for j = 2:N-1
            Pj(j) = V(j) - V(1) + sum(F(1:j-1) - U(1:j-1) - W(1:j-1));
            Qj(j) = V(1) - (V(j) + W(j))*K(i,j) - U(j) - V(j+1) -...
                sum(F(1:j) - U(1:j) - W(1:j));
            Rj(j) = V(j+1)*K(i,j+1); Sj(j) = -F(j)*z(i,j);
        end
        Pj(N) = V(N) - V(1) + sum(F(1:N-1) - U(1:N-1) - W(1:N-1));
        Qj(1) = V(1) - (V(1) + W(1))*K(i,1) - U(1) - V(2) -...
            (F(1) - U(1) - W(1));
        Qj(N) = V(1) - (V(N) + W(N))*K(i,N) - U(N) - sum(F(1:N) -...
            U(1:N) - W(1:N));
        Rj(1) = V(2)*K(i,2); Sj(1) = -F(1)*z(i,1); Sj(N) = -F(N)*z(i,N);
        r(1) = Rj(1)/Qj(1); s(1) = Sj(1)/Qj(1);
        for j = 2:N-1
            r(j) = Rj(j)/(Qj(j) - r(j-1)*Pj(j));
            s(j) = (Sj(j) - s(j-1)*Pj(j))/(Qj(j) - r(j-1)*Pj(j));
        end
        s(N) = (Sj(N) - s(N-1)*Pj(N))/(Qj(N) - r(N-1)*Pj(N));
        x(i,N) = s(N);
        for j = N-1:-1:1
            x(i,j) = s(j) - r(j)*x(i,j+1);
        end
    end
    for j = 1:N
        x(:,j) = x(:,j)/sum(x(:,j));
    end

    % Bubble point 방법을 이용하여 새로운 T(j)와 y(i,j)를 계산
    for j = 1:N  % y(i,j)를 계산
        y(:,j) = K(:,j).*x(:,j);
        y(:,j) = y(:,j)/sum(y(:,j));
    end

    % Antoine 식은 T(F)를 이용
    for j = 1:N   % T(j)를 계산(f의 온도는 F)
        f = @(Tv) sum(Pc'.*exp(Ant(:,1) - Ant(:,2)./(Tv +...
            Ant(:,3))).*x(:,j)/P(j)) - 1;
        T(j) = fzero(f,T(j));
    end
```

```
      for j = 1:N
        lstate = 'L';
        [Z H phi] = phiHeu(x(:,j)',P(j),T(j),lstate,eos,opdat,mxdat);
        phiL = phi; hL(j) = H; % Btu/lbmol
        vstate = 'V';
        [Z H phi] = phiHeu(y(:,j)',P(j),T(j),vstate,eos,opdat,mxdat);
        phiV = phi; hV(j) = H; % Btu/lbmol
        K(:,j) = phiL./phiV;
    end

    % 응축기 부하와 재비기 부하를 계산
    Q(1) = (L(1) + V(1) + U(1) + W(1) - F(1))*hV(2) - V(1)*hV(1) -...
        (L(1) + U(1))*hL(1) + F(1)*hF(1);
    Q(N) = sum(F.*hF - U.*hL - W.*hV) - sum(Q(1:N-1)) -...
        V(1)*hV(1) - L(N)*hL(N);

    % V(j), L(j)를 순차적으로 계산한다.
    for j = 2:N
        a(j) = hL(j-1) - hV(j);
        b(j-1) = hV(j) - hL(j-1);
        d(j) = (hL(j)-hL(j-1))*sum(F(1:j-1)-U(1:j-1)-W(1:j-1)) +...
            F(j)*(hL(j)-hF(j)) + W(j)* (hV(j)-hL(j)) + Q(j);
    end
    a(1) = -hV(1); b(N) = -hL(N);
    d(1) = F(1)*(hL(1)-hF(1)) + W(1)*(hV(1)-hL(1)) + Q(1);
    for j = 2:N-1
        V(j+1) = (d(j) - a(j)*V(j))/b(j);
        L(j) = V(j+1) - V(1) + sum(F(1:j) - U(1:j) - W(1:j));
    end

    % 수렴성을 확인
    criT = sum(abs(Told - T));
    Told = T; iter = iter + 1;
end
end
```

함수 phiHeu.m은 다음과 같이 사용한다.

[Z H phi] = phiHeu(x,P,T,state,eos,opdat,mxdat)

위에서 x는 각 성분의 몰분율(열벡터), P와 T는 압력(Psia) 및 온도(F), state는 상태('L': 액체, 'V': 기체), eos는 사용되고 있는 상태방정식('RK', 'SRK', 혹은 'PR')을 나타낸다. opdat는 운전조건들을 필드로 갖는 구조체이며 mxdat는 혼합물을 구성하는 각 성분의 물성치 및 파라미터들을 필드로 갖는 구조체로서 mxp.Pc 및 mxp.Tc는 각 성분의 임계압력

(Psia) 및 임계온도(R)(각각 열벡터), mxp.w는 각 성분의 이심인자(열벡터), mxp.k는 2성분 간섭 파라미터 행렬(n × n 대칭행렬), mxp.Afi는 이상기체 열용량 적분계수(성분수 × 계수 수 행렬)이다. 출력린수에서 Z는 압축인자, H는 혼합물의 엔탈피(Btu/lbmol), 그리고 phi는 각 성분의 퓨개시티 계수를 나타내는 벡터이다.

```
function [Z H phi] = phiHeu(x,P,T,state,eos,opdat,mxdat)
% 혼합물의 엔탈피 및 각 성분의 퓨개시티 계수 계산
% Inputs:
%   x: 각 성분의 몰분율(열벡터)
%   P, T: 압력(Psia) 및 온도(F)
%   state: 상태('L': 액체, 'V': 기체)
%   eos: 상태방정식('RK', 'SRK',혹은 'PR')
%   mxp: 물성치를 필드로 갖는 구조체
%      mxp.Pc, mxp.Tc: 각 성분의 임계압력(Psia) 및 임계온도(R) (각각 열벡터)
%      mxp.w: 각 성분의 이심인자(열벡터)
%      mxp.k: 이성분 간섭 파라미터 행렬(n x n 대칭행렬)
%      mxp.Afi: 이상기체 열용량 적분계수(성분수x계수 수 행렬)
% Outputs:
%   Z: 압축인자
%   H: 혼합물의 엔탈피(Btu/lbmol)
%   phi: 퓨개시티 계수

w = mxdat.w; k = mxdat.k;
Tc = mxdat.Tc/1.8; Pc = 6894.8*mxdat.Pc; % T,P의 단위를 K,Pa로 변환
T = (T-32)/1.8 + 273.15; P = 6894.8*P;
Afi = mxdat.Afi; % Btu/lbmole(1Btu/lbmole = 2.326 J/mol)
nc = opdat.nc;
R = 8.314; % 기체상수: m^3 Pa/(mol K) = J/mol-K
Tr = T./Tc; Pr = P./Pc; nc = opdat.nc;
eos = upper(eos); state = upper(state);
switch eos
    case{'RK'}
        ai = sqrt(0.4278./(Pc.*Tr.^2.5)); bi = 0.0867./(Pc.*Tr);
        A = sum(x.*ai); B = sum(x.*bi);
        Z  = roots([1 -1 B*P*(A^2/B-B*P-1) -A^2*(B*P)^2/B]);
    case{'SRK'}
        mx = 0.48+1.574*w-0.176*w.^2; al = (1+mx.*(1-sqrt(Tr))).^2;
        ai = 0.42747*al.*Pr./(Tr.^2); bi = 0.08664*Pr./Tr;
        am = sqrt(ai'*ai).*(1-k); A = x*am*x'; B = sum(x.*bi);
        Z  = roots([1 -1 A-B-B^2 -A*B]);
    case{'PR'}
        mx = 0.37464+1.54226*w-0.26992*w.^2; al = (1+mx.*(1-sqrt(Tr))).^2;
        ai = 0.45723553*al.*Pr./(Tr.^2); bi = 0.0777961*Pr./Tr;
        am = sqrt(ai'*ai).*(1-k); A = x*am*x'; B = sum(x.*bi);
```

```
        Z  = roots([1 B-1 A-3*B^2-2*B B^3+B^2-A*B]);
    end
    iz = abs(imag(Z)); Z(and(iz>0,iz<=1e-6)) = real(Z(and(iz>0,iz<=1e-6)));
    for i = 1:length(Z), zind(i) = isreal(Z(i)); end
    Z = Z(zind);
    if state == 'L'
       Z = min(Z);
    else
       Z = max(Z);
    end
    V = R*T*Z/P;  % m^3/mol

    % 엔탈피 및 퓨개시티 계수 계산
    % Hv0 = int(Cp) Btu/lbmol, 계수 Afi는 F 온도를 사용
    Te = (T-273.15)*1.8 + 32;  % T: K->F
    Hv0 = x*(Afi(:,1)*Te + Afi(:,2)*Te^2/2 + Afi(:,3)*Te^3/3 +...
       Afi(:,4)*Te^4/4 + Afi(:,5)*Te^5/5);
    Hv0 = Hv0*2.326;  % 1Btu/lbmole=2.326J/mol
    switch eos
       case{'RK'}
          H = Hv0 + R*T*(Z - 1 - 3*(A^2)*log(1 + B*P/Z)/(2*B));
          phi = exp((Z-1)*bi/B - log(Z-B*P) - (A^2/B)*(2*ai/A -...
             bi/B)*log(1 + B*P/Z));
       case{'SRK'}
          hsum = 0;
          for i = 1:nc
             for j = 1:nc
                hsum = hsum + x(i)*x(j)*am(i,j)*(1 -...
                   mx(i)*sqrt(Tr(i))/(2*sqrt(al(i))) -...
                   mx(j)*sqrt(Tr(j))/(2*sqrt(al(j))));
             end
          end
          H = Hv0 + R*T*(Z - 1 - log((Z + B)/Z)*hsum/B);
          phi = exp((Z-1)*bi/B - log(Z-B) - (A/B)*(2*sqrt(ai)/sqrt(A) -...
             bi/B)*log((Z+B)/Z));
       case{'PR'}
          hsum = 0;
          for i = 1:nc
             for j = 1:nc
                hsum = hsum + x(i)*x(j)*am(i,j)*(1 -...
                   mx(i)*sqrt(Tr(i))/(2*sqrt(al(i))) -...
                   mx(j)*sqrt(Tr(j))/(2*sqrt(al(j))));
             end
          end
          H = Hv0 + R*T*(Z - 1 - log((Z + B)/Z)*hsum/B);
          phi = exp((Z-1)*bi/B - log(Z-B) -...
             (A/B/sqrt(8))*(2*x(1:end)*am(1:end,:)/A -...
```

```
        bi/B)*log((Z+(1+sqrt(2))*B)/(Z+(1-sqrt(2))*B)));
end
H = H/2.326;  % J/mol -> Btu/lbmol
end
```

## 보기 16 5성분 혼합물의 증류

그림 6.31에 보인 증류탑(총 단수는 응축기 및 재비기 포함 16)에서 에탄(1)/프로판(2)/n-부탄(3)/n-펜탄(4)/n-헥산(5) 5성분 혼합물이 증류되고 있다. 원료흐름 1은 170°F, 300 psia의 증기 상태에서 6번째 단으로 공급되며 원료의 조성은 $z_{1,6}=0.061$, $z_{2,6}=0.342$, $z_{3,6}=0.463$, $z_{4,6}=0.122$, $z_{5,6}=0.012$이고 원료의 공급유량은 $F_6=41\ lbmol/hr$이다. 원료흐름 2는 230 °F, 275 psia의 증기 상태에서 9번째 단으로 공급되며 원료의 조성은 $z_{1,9}=0.0085$, $z_{2,9}=0.1017$, $z_{3,9}=0.3051$, $z_{4,9}=0.5085$, $z_{5,9}=0.0762$이고 원료의 공급유량은 $F_9=59\ lbmol/hr$이다. 각 단의 압력은 240 psia로서 일정하며 첫 번째 단으로부터의 기상 흐름($V_1$)은 15 lbmol/hr, 액상 흐름($L_1$)은 150 lbmol/hr이다. 탑상 제품은 첫 번째 단으로부터 액체 상태로 얻어지며 액상 sidecut의 유량은 $U_1=5$ lbmol/hr이다. 3번째 단에 중간 냉각기가 설치되어 $Q_3=200{,}000$ Btu/hr의 비율로 냉각이 이루어진다. 3번째 단에서 $U_3=3$ lbmol/hr의 유량(즉 액상 sidecut)으로 액체를 빼내고 있으며 13번째 단에서 $W_{13}=37$ lbmol/hr의 유량(즉 기상 sidecut)으로 기체를 빼내고 있다.

각 성분의 비열 $C_{pv}^0$ (Btu/lbmol)와 Antoine 증기압($P_i^s$) 관계식은 각각

$$C_{pv}^0 = a_1 + a_2 T + a_3 T^2 + a_4 T^3 + a_5 T^4 \quad (\text{T: °F})$$

$$\ln\frac{P_i^s}{P_c} = A_1 - \frac{A_2}{T+A_3} \quad (\text{T: °F},\ P_c\text{: 임계압력})$$

으로 주어지며 각 성분의 물성치 및 비열 관계식 파라미터들은 다음 표와 같다.[17] 각 단에서의 온도분포와 액상 및 기상 조성을 그래프로 나타내어라.[18]

---

17 Ernest J. Henley and J. D, Seader, Equilibrium-stage Separation Operations in Chemical Engineering, p. 716-722, John Wiley & Sons, 1981.

18 Ernest J. Henley and J. D, Seader, Equilibrium-stage Separation Operations in Chemical Engineering, p. 568, John Wiley & Sons, 1981.

**표 6.4** 메탄(1)/에탄(2)/프로판(3)/n-부탄(4)/n-펜탄(5)의 물성치

| 성분 | $P_c$(psia) | $T_c$(R) | $w$ | $A_1$ | $A_2$ | $A_3$ |
|---|---|---|---|---|---|---|
| 에탄 $C2H_6(1)$ | 709.8 | 550.0 | 0.1064 | 5.38389 | 2847.921 | 434.898 |
| 프로판 $C_3H_8(2)$ | 617.4 | 665.9 | 0.1538 | 5.35342 | 3371.084 | 414.488 |
| n-부탄 $C_4H_{10}(3)$ | 550.7 | 765.3 | 0.1954 | 5.74162 | 4126.385 | 409.5179 |
| n-펜탄 $C_5H_{12}(4)$ | 489.5 | 845.9 | 0.2387 | 5.853654 | 4598.287 | 394.4148 |
| n-헥산 $C_5H_{12}(5)$ | 440.0 | 914.2 | 0.2972 | 6.03924 | 5085.758 | 382.794 |

**표 6.5** 메탄(1)/에탄(2)/프로판(3)/n-부탄(4)/n-펜탄(5)의 비열 관계식 파라미터

| 성분 | $a_1$ | $a_2 \times 10$ | $a_3 \times 10^4$ | $a_4 \times 10^7$ | $a_5 \times 10^{11}$ |
|---|---|---|---|---|---|
| 에탄 $C2H_6(1)$ | 11.51606 | 0.140309 | 0.0854034 | −0.110608 | 0.316220 |
| 프로판 $C_3H_8(2)$ | 15.58683 | 0.250495 | 0.140426 | −0.352626 | 1.864467 |
| n-부탄 $C_4H_{10}(3)$ | 20.79783 | 0.314329 | 0.192851 | −0.458865 | 2.380972 |
| n-펜탄 $C_5H_{12}(4)$ | 25.64627 | 0.389176 | 0.239729 | −0.584262 | 3.079918 |
| n-헥산 $C_5H_{12}(5)$ | 30.17847 | 0.519926 | 0.030488 | −0.27640 | 1.346731 |

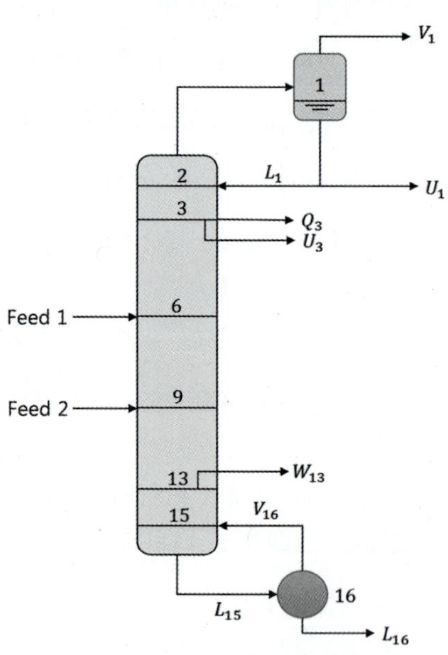


**그림 6.31** 16단 증류공정

**풀이**

스크립트 파일 c5distBPeu.m은 각 성분에 대한 파라미터들과 운전조건들을 설정한 다음 함수 distBPeu.m을 호출하여 앞의 BP방법 계산과정에 따라 계산을 수행한다. K 값은 $K_i = \dfrac{\phi_{iL}}{\phi_{iV}}$ 로부터 얻어지며 각 단에서의 기상과 액상의 퓨개시티 계수들 및 엔탈피는 함수 phiHeu.m에 의해 계산된다.

```
>> c5distBPeu
반복계산 횟수(수렴한계: 0.001): 40
온도:
T =
102.0861 112.6251 118.4383 124.3199 132.5619 146.0313 157.7010 173.5853
195.1363   205.4129   215.8198   226.3022   237.5966   249.2418   262.1954
276.7688
```

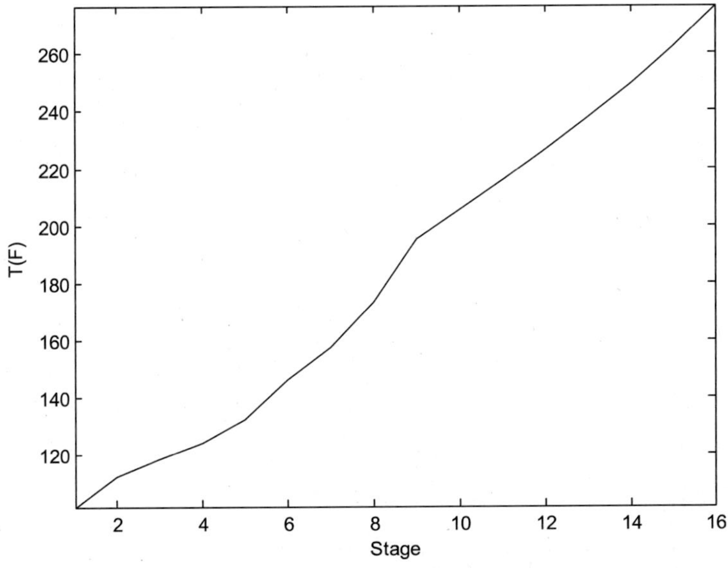


**그림 6.32 16단 증류탑의 온도분포**

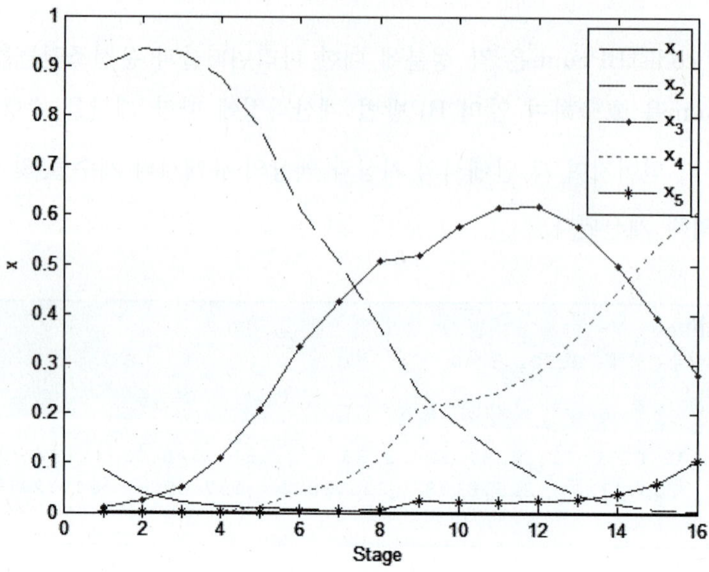


**그림 6.33** 16단 증류탑의 액상조성 분포

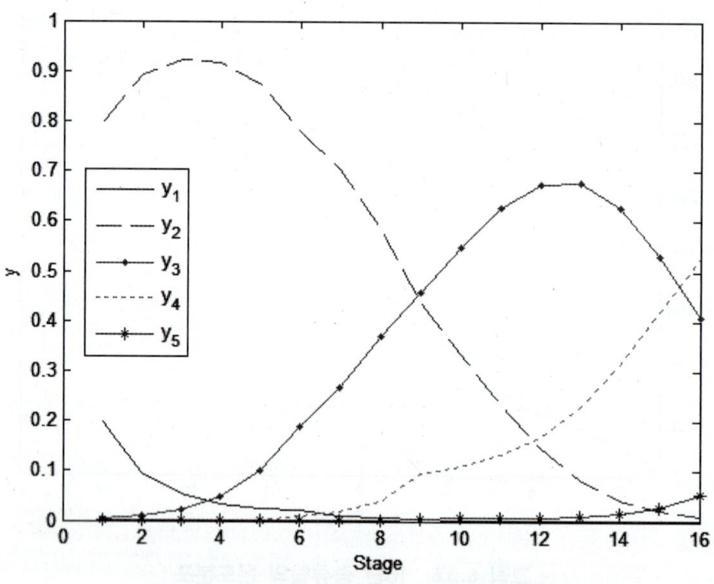


**그림 6.34** 16단 증류탑의 기상조성 분포

## 6.8 차등(혹은 미분)증류(differential distillation)

간단한 차등(미분)증류에서 액체는 비등점까지 서서히 가열되며 증기는 포집되어 응축된다. 증류 초기에는 응축된 증기에 휘발성이 보다 강한 성분이 풍부하게 함유되어 있지만 증발이 계속됨에 따라 그 농도는 감소한다.

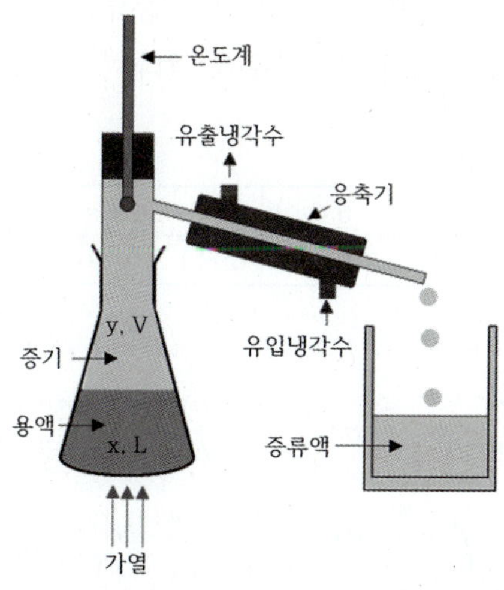


**그림 6.35 간단한 차등(미분)증류 장치**

용액($L$) 중의 성분 $x$의 농도는 시간에 따라 변하므로 휘발성이 강한 성분에 근거하는 물질수지를 이용하여 모델식을 구성할 수 있다. 용액중의 휘발성이 강한 성분의 농도변화를 $dx$, 증발된 용액을 $dL$, 증기상($V$) 중의 조성을 $y$라고 하면

$$xL = (x - dx)(L - dL) + ydL = xL - Ldx - xdL + dxdL + ydL$$

$dxdL$은 매우 작으므로 이를 무시할 수 있다. 따라서

$$xL = xL - Ldx - xdL + ydL$$

이를 정리하면

$$-\frac{dL}{L} = \frac{dx}{x-y} \quad \text{혹은} \quad \frac{dL}{dx} = \frac{L}{y-x}$$

용액의 초기 몰 수를 $L_1$, 증발이 일어난 후의 용액의 몰 수를 $L_2$라 하고 양변을 적분하면

$$-\int_{L_1}^{L_2}\frac{dL}{L}=\int_{x_1}^{x_2}\frac{dx}{x-y} \quad\Rightarrow\quad -\ln\frac{L_2}{L_1}=\int_{x_1}^{x_2}\frac{dx}{x-y}$$

## 보기 17 차등증류

벤젠 70몰과 톨루엔 50몰을 포함하는 용액을 남은 액체가 50몰이 될 때까지 1기압의 압력에서 간단한 차등증류장치를 이용하여 증류하고 있다. 증류공정이 완료된 후의 액상의 조성을 구하여라. 벤젠-톨루엔 상평형 데이터는 다음과 같다.

**표 6.6 벤젠–톨루엔 상평형 데이터**

| $x$ | 0.0 | 0.1 | 0.2 | 0.3 | 0.4 | 0.5 | 0.6 | 0.7 | 0.8 | 0.9 | 1.0 |
|---|---|---|---|---|---|---|---|---|---|---|---|
| $y$ | 0.000 | 0.211 | 0.378 | 0.512 | 0.623 | 0.714 | 0.791 | 0.856 | 0.911 | 0.959 | 1.000 |

**풀이**

$$x_1=\frac{70}{70+50}=0.5833,\ -\ln\frac{L_2}{L_1}=-\ln\frac{50}{120}=0.8755.$$

따라서 $-\ln\frac{L_2}{L_1}=0.8755=\int_{0.5833}^{x_2}\frac{dx}{x-y}=\int_{0.5833}^{x_2}\frac{dx}{f(x)}$을 만족하는 $x_2$를 구한다. 주어진 상평형 데이터로부터 $y$를 $x$의 다항식으로 접합시킨다. 여기서는 4차 다항식을 이용하기로 한다.

```
>> x = [0.0 0.1 0.2 0.3 0.4 0.5 0.6 0.7 0.8 0.9 1.0];
>> y = [0.000 0.211 0.378 0.512 0.623 0.714 0.791 0.856 0.911...
      0.959 1.000];
>> p = polyfit(x,y,4);
>> f = @(x) 1./(x-(p(1)*x.^4+p(2)*x.^3+p(3)*x.^2+p(4)*x+p(5)));
>> x1 = 0.5833; vfix = 0.8755; crit = 1e-2;
>> for x2 = x1:-1e-3:0.0, if abs(quad(f,x1,x2)-vfix) <= crit, break, end
end
>> xf = x2

xf =
    0.3983
```

즉 증류가 완료된 후 잔류용액 중의 벤젠의 조성은 $x_f=0.3983$이다.

## 보기 18 1단 회분식 증류[19]

차등증류 장치를 이용하여 물(1)과 에탄올(2) 혼합물(몰분율: $x_1 = 0.4$, $x_2 = 0.6$) 100 kgmole($L_1 = 100$)을 분리하고자 한다. 압력은 1기압으로 유지되며 물의 몰분율이 0.8이 될 때까지 증류가 계속 수행된다. 물의 조성변화에 따른 온도와 잔류 액체의 양을 그래프로 나타내어라. 증류가 종료된 시점에서 온도와 액체 잔류량은 각각 얼마인가?

기-액 평형은 Raoult의 법칙을 따르며 $k_j = \dfrac{\gamma_j P_j}{P}$로 주어진다. 증기압 $P_j$는 Antoine 식으로부터 얻을 수 있으며 활동도 계수 $\gamma_j$는 각각

$$\log\gamma_1 = (1-x_1)^2\{c_1 + 2x_1(c_2 - c_1)\},\quad \log\gamma_2 = (1-x_2)^2\{c_2 + 2x_2(c_1 - c_2)\}$$

로 주어진다. 위에서 $c_1 = 0.3781$, $c_2 = 0.6848$이다. 물의 조성에 따른 온도변화는

$$\frac{dT}{dx_1} = K(1 - k_1x_1 - k_2x_2) \quad (K: \text{상수})$$

로 나타낼 수 있다고 간주한다. 상수 K는 큰 값(예: 500,000)으로 취한다. 한편 물과 에탄올의 Antoine 식 파라미터는 다음과 같다.

**표 6.7 물과 에탄올의 Antoine 식 파라미터(T:℃, P:mmHg)**

| 성분 | | 원료조성 (몰분율) | Antoine 증기압식 파라미터 | | |
|---|---|---|---|---|---|
| | | | A | B | C |
| 1 | 물 | 0.4 | 7.96681 | 1668.21 | 228 |
| 2 | 에탄올 | 0.6 | 8.04494 | 1554.3 | 222.65 |

### 풀이

대수미분방정식 시스템은 함수 btdist.m으로 정의되며 스크립트 usebtdist.m는 함수 btdist를 호출하고 내장함수 ode45를 이용하여 해를 구하여 준다.

```
btdist.m
function dz = btdist(x1,z,Pt,A,B,C,c,K)
% z(1) = T, z(2) = L
x2 = 1-x1; x = [x1 x2];
Pj = 10.^(A - B./(z(1) + C));
```

19 Michael B. Cutlip and Mordechai Shacham, Problem Solving in Chemical and Biochemical Engineering with POLYMATH, Excel and MATLAB, $2^{nd}$ ed., p. 559-560, Prentice-Hall, 2008.

```
gam(1) = 10^((1-x1)^2*(c(1) + 2*x1*(c(2)-c(1))));
gam(2) = 10^((1-x2)^2*(c(2) + 2*x2*(c(1)-c(2))));
k = gam.*Pj/Pt;
dz(1,1) = K*(1 - k(1)*x1 - k(2)*x2);
dz(2,1) = z(2)/(x1*(k(1)-1));
end
```

**usebtdist.m**

```
% usebtdist.m
% % z(1) = T, z(2) = L
A = [7.96681 8.04494]; B = [1668.21 1554.3]; C = [228 222.65];
c = [0.3781 0.6848]; Pt = 760; K = 5e5; x1v = [0.4 0.8]; z0 = [79 100];
[x1 z] = ode45(@btdist,x1v,z0,[],Pt,A,B,C,c,K);
T = z(:,1); L = z(:,2); T(end), L(end)
subplot(1,2,1), plot(x1,T), xlabel('x_1'), ylabel('T(C)')
subplot(1,2,2), plot(x1,L), xlabel('x_1'), ylabel('L(kgmole)')
```

스크립트 usebtdist.m의 수행결과는 다음과 같다.

```
>> usebtdist
ans =
  82.7562
ans =
  13.0123
```

즉 최종 온도는 82.76℃, 잔류량은 13.01 kgmole임을 알 수 있다.

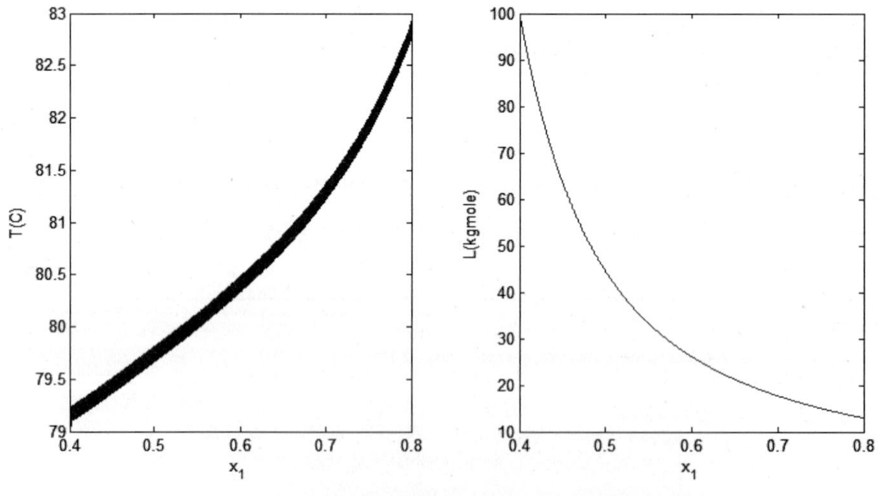


**그림 6.36 회분식 증류에서의 온도와 체류량 변화**

## 6.9 막(Membrane) 분리

막을 이용한 기체분리 공정에서 고압의 유입기체는 막의 한쪽 방향으로 유입되어 막의 다른 쪽 방향으로 투과되며 투과된 기체는 낮은 압력 쪽으로 축적되어 유출된다. 기체의 매우 높은 확산계수로 인하여 막의 표면 부근에서의 농도구배는 매우 작다. 그러므로 막 저항과 비교되는 기체의 막 저항은 무시될 수 있다. 다양한 흐름패턴에 대한 물질수지식 및 압력강하를 고려하는 지배방정식들을 이용하여 기체 혼합물로부터의 특정성분 분리를 위한 막 분리공정에 대한 모델을 얻을 수 있다. 막에 의한 기체분리 공정의 모델에서는 대개 등온조건을 가정하며 기체 흐름에서의 압력강하는 층류 흐름에 대한 Hagen-Poiseuille 식으로 계산될 수 있다고 가정한다. 아울러 각 성분의 투과도(permeability)는 일정(즉 서로 다른 성분들 사이에 간섭작용이 없다)하다고 가정한다.

### 완전혼합(Complete mixing) 모델

완전혼합 모델에서는 연속교반 탱크와 유사하게 막 내부에서의 배제기체, 또는 잔류물과 생성물, 또는 투과기체(permeate)의 조성은 각각 균일하다고 간주한다.

배기가스로부터 막을 이용하여 이산화탄소를 분리회수하는 경우를 살펴보기로 한다.

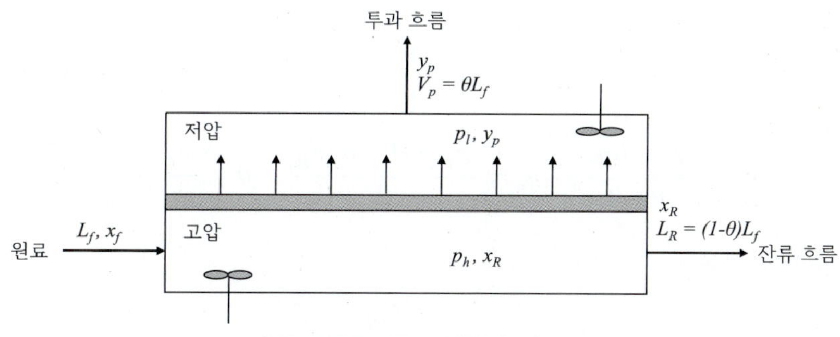


**그림 6.37 완전혼합흐름 패턴**

그림에서 $L_f$와 $x_f$, 그리고 $p_h$는 각각 중공사막 내부로 흐르는 공급기체의 몰 유속, 공급기체 중의 이산화탄소(A)의 몰분율, 그리고 공급기체의 총 압력을 나타내며 $V_p$, $y_p$와 $p_l$은 각각 분리막을 투과하여 포집된 투과기체의 몰 유속, 투과기체 중의 이산화탄소 몰분율, 그리고 투과기체의 총 압력을 나타낸다.

총괄 물질수지는 $L_f = L_R + V_p$, 원료기체의 투과된 분율, 혹은 stage-cut $\theta$는 $\theta = \dfrac{V_p}{L_f}$로 주어진다. 원료기체가 A와 B의 두 성분으로 이루어져 있다면 성분 A의 투과속도(혹은 확산속도)는

$$\frac{q_A}{A_m} = \frac{V_p y_p}{A_m} = \left(\frac{P_A}{t}\right)(p_h x_R - p_l y_p)$$

위에서 $P_A$는 막을 통한 A의 투과도, $q_A$는 투과기체 중의 A의 유속, 그리고 $t$는 막의 두께이다. 성분 B의 투과속도는

$$\frac{q_B}{A_m} = \frac{V_p(1-y_p)}{A_m} = \left(\frac{P_B}{t}\right)[p_h(1-x_R) - p_l(1-y_p)]$$

위에서 $P_B$는 막을 통한 B의 투과도이다. 위의 두 식으로부터

$$y_p\{(1-x_R) - r(1-y_p)\} = \alpha(1-y_p)(x_R - r y_p)$$

위에서 $\alpha = \dfrac{P_A}{P_B} = \dfrac{P_{CO_2}}{P_{N_2}}$, $r = \dfrac{p_l}{p_h}$이다. 이로부터

$$y_p = \frac{-b + \sqrt{b^2 - 4ac}}{2a}$$

를 얻는다. 위에서 $a = 1 - \alpha$, $b = -1 + \alpha + \dfrac{1}{r} + (\alpha - 1)\dfrac{x_R}{r}$, $c = \dfrac{-\alpha x_R}{r}$이다. 아울러

$$x_R = \frac{x_f - \theta y_p}{(1-\theta)}, \quad y_p = \frac{x_f - (1-\theta)x_R}{\theta}, \quad \theta = \frac{x_f - x_R}{y_p - x_R}$$

로 주어지며 막면적은

$$A_m = \frac{\theta L_f y_p}{(P_A/t)(p_h x_R - p_l y_p)}$$

와 같다. 회수율 $r_c$(공급된 A에 대한 투과된 A의 %비율)는

$$r_c = \frac{V_p y_p}{L_f x_f} \times 100$$

로 정의된다. 공급되는 원료가 모두 투과된다면(즉 $V_p = L_f$) $\theta = 1$이며 $y_p = x_f$이므로

$$x_R = \frac{x_f\{1+r(\alpha-1)(1-x_f)\}}{x_f(1-\alpha)+\alpha}$$

이는 최소 reject 조성을 나타낸다.

계산에 있어서는 주어진 $x_f$, $x_R$, $\alpha$, $r$로부터 $y_p$, $\theta$, $A_m$을 구하는 경우와 주어진 $x_f$, $\theta$, $\alpha$, $r$로부터 $y_p$, $x_R$, $A_m$을 계산하는 경우로 구분할 수 있다.

함수 cpm1ex는 2성분 원료에 대하여 완전혼합 모델을 이용한 막분리 공정의 계산을 수행한다. 이 함수는

res = cpm1ex

와 같이 사용한다. 이 함수는 막 데이터 및 운전조건들을 설정하는 스크립트 cpmdata를 호출한 다음 계산을 수행한다.

```
function res = cpm1ex
cpmdata;
Pa = Pm(1); a = 1 - alpa; b = -1 + alpa + 1./r + (alpa-1)*xr./r;
c = -alpa*xr./r; yp = (-b+sqrt(b.^2 - 4*a.*c))./(2*a);   % permeate 몰분율
theta = (xf-xr)./(yp-xr);                   % stage-cut
Am = (theta.*qf.*yp)./((Pa./t).*(ph.*xr - pl.*yp)); % membrane 면적
rc = qf*theta*yp/(qf*xf);                   % 회수율
xom = (xf*(1+r*(alpa-1)*(1-xf)))/(xf*(1-alpa)+alpa);

% 결과: res = [yp, xr, Am, theta, rc]
res.yp = yp; res.theta = theta; res.Am = Am; res.rc = rc; res.xr = xr;
```

## 보기 19 완전혼합 모델[20]

A와 B의 기체 혼합물을 막(membrane)을 이용하여 분리하고자 한다. Feed 유량은 $L_f = 1\times10^4 cm^3/s$이며 feed 조성(A성분 몰분율)은 $x_f = 0.5$이다. 원하는 reject 조성은 $x_R = 0.25$이다. Permeate 조성 $y_p$, stage-cut $\theta$, 그리고 막 면적 $A_m$을 계산하여라.

**Data:** 막 두께 $t = 2.54\times10^{-3} cm$, 원료측 압력 $p_h = 80\ cmHg$, 투과측 압력 $p_l = 20\ cmHg$,

A의 투과도(permeability) = $P_A = 50\times10^{-10} cm^3\cdot cm/(s\cdot cm^2\cdot cmHg)$,

20 Christie John Geankoplis, Transport Processes and Separation Process Principles, 4th ed., p. 857, Prentice Hall, 2003.

B의 투과도 $= P_B = 5 \times 10^{-10} cm^3 \cdot cm/(s \cdot cm^2 \cdot cmHg)$

**풀이**

스크립트 cpmdata는 막 데이터 및 운전조건들을 설정한다.

```
% cpmdata.m: 기체 및 막(membrane) 데이터
t = 0.00254; % 막 두께(cm)
Pm = [50 5]*1e-10;  % 투과도(cm^3*cm/(s*cm^2*cmHg)
alpa = Pm(1)/Pm(2);
ph = 80;   % 원료측(고압측) 압력(cmHg)
pl = 20;   % 투과측(저압측) 압력(cmHg)
r = pl/ph; % 압력비(Plow/Phigh)
qf = 1e4;  % 원료 유량(cm^3/s(STP))
xf = 0.5;  % 원료의 조성(몰분율)
xr = 0.25; % 원하는 reject 조성(몰분율)
```

함수 cpm1ex의 수행결과는 다음과 같다.

```
>> cpm1ex
ans =
       yp: 0.6036
    theta: 0.7071
       Am: 2.7344e+08
       rc: 0.8535
       xr: 0.2500
```

## 교차흐름(Cross-flow) 모델

교차흐름 모델에서는 고압측 기체는 막과 평행하여 흐르며 그 유속은 매우 커서 플러그 흐름(plug flow)으로 간주된다. 저압측의 투과기체는 사실상 막에 대하여 수직으로 흐르는 것으로 간주한다. 아울러 막의 양 쪽에서는 혼합이 이루어지지 않는 것으로 가정한다. 따라서 막을 따르는 임의의 위치에서의 투과기체 농도는 그 위치에서의 원료 성분들의 상대적인 투과율에 의해 결정된다.

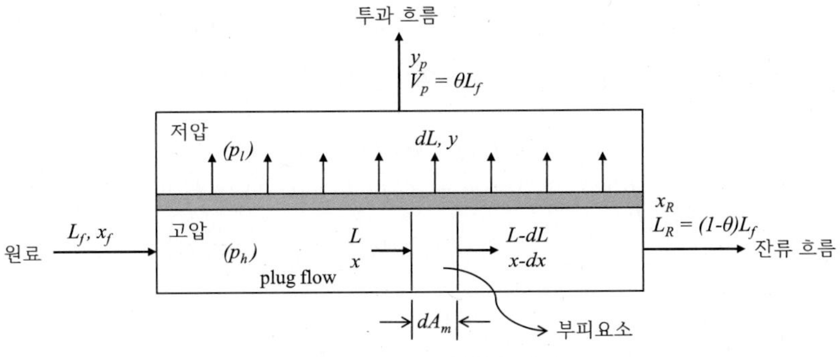


**그림 6.38 교차흐름 패턴**

임의의 위치에서 미소 막면적 $dA_m$ 에서의 국부적인 투과속도식으로부터

$$\frac{y}{1-y} = \frac{\alpha(x-ry)}{(1-x)-r(1-y)}$$

를 얻는다. 위에서 $\alpha = \dfrac{P_A}{P_B} = \dfrac{P_{CO_2}}{P_{N_2}}$, $r = \dfrac{p_l}{p_h}$ 이다. Weller 및 Steiner의 해는 다음과 같이 주어진다.[21]

$$\frac{(1-\theta^*)(1-x)}{(1-x_f)} = \left(\frac{u_f - E/D}{u - E/D}\right)^R \left(\frac{u_f - \alpha + F}{u - \alpha + F}\right)^S \left(\frac{u_f - F}{u - F}\right)^T$$

위에서

$$\theta^* = \frac{L_f - L}{L_f} = 1 - \frac{L}{L_f}, \ i = \frac{x}{1-x} \ (\text{혹은 } x = \frac{i}{i+1}),$$

$$u = -Di + \sqrt{D^2 i^2 + 2Ei + F^2},$$

$$D = \frac{1}{2}[(1-\alpha)r + \alpha], \ E = \frac{\alpha}{2} - DF,$$

$$F = -\frac{1}{2}[(1-\alpha)r - 1], \ R = \frac{1}{2D-1},$$

$$S = \frac{\alpha(D-1)+F}{(2D-1)(\alpha/2 - F)}, \ T = \frac{1}{1-D-(E/F)}$$

21 Christie John Geankoplis, Transport Processes and Separation Process Principles, 4th ed., p. 859-860, Prentice Hall, 2003.

아울러 $u_f$는 $i = i_f = x_f/(1-x_f)$에서의 $u$ 값이며 $\theta^*$는 $x$값까지 투과된 분율이다. 출구에서는 $x = x_R$이며 $\theta^*$는 총 투과분율 $\theta$와 같다. 총 막 면적 $A_m$은

$$A_m = \frac{L_f}{p_h(P_B/t)} \int_{i_R}^{i_f} \frac{(1-x_f)\left(\dfrac{u_f - E/D}{u - E/D}\right)^R \left(\dfrac{u_f - \alpha + F}{u - \alpha + F}\right)^S \left(\dfrac{u_f - F}{u - F}\right)^T}{(f_i - i)\left(\dfrac{1}{1+i} - \dfrac{r}{1+f_i}\right)} di$$

으로 쓸 수 있다. 위에서

$$i_f = \frac{x_f}{1-x_f}, \; i_R = \frac{x_R}{1-x_R}$$

이다.

함수 crf1ex는 2성분 원료에 대하여 교차흐름 모델을 이용한 막분리 공정의 계산을 수행한다. 이 함수는

res = crf1ex

와 같이 사용한다. 이 함수는 막 데이터 및 운전조건들을 설정하는 스크립트 crfdata를 호출한 다음 계산을 수행한다. 막 면적의 계산을 위해서는 적분의 수행이 필요하며 함수 mArea는 막 면적 계산에 필요한 적분함수를 정의한다.

**crf1ex.m**

```
function res = crf1ex
% 교차흐름 모델을 이용한 2성분 원료의 막분리 공정 계산
clear all;
crfdata;
Pa = Pm(1); Pb = Pm(2); D1 = ((1-alpa)*r + alpa)/2;
F1 = -((1-alpa)*r - 1)/2; E1 = alpa/2 - D1.*F1;
R1 = 1./(2*D1-1); S1 = (alpa.*(D1-1) + F1)./((2*D1 - 1).*(alpa/2 - F1));
T1 = 1./(1 - D1 - E1./F1);
i0 = xr./(1-xr); i2 = xf./(1-xf);
ur = -D1.*i0 + sqrt((D1.^2).*i0.^2 + 2*E1.*i0 + F1.^2);
uf = -D1.*i2 + sqrt((D1.^2).*i2.^2 + 2*E1.*i2 + F1.^2);
theta = 1 - ((1-xf)./(1-xr)).*((uf-E1./D1)./(ur-E1./D1)).^R1...
       .*((uf-alpa+F1)./(ur-alpa+F1)).^S1 .*((uf-F1)./(ur-F1)).^T1;
yp = (xf - (1-theta)*xr)/theta;
Ami = quad(@(x) mArea(x,D1,E1,F1,R1,S1,T1,alpa,r,xf,uf), i0, i2);
```

```
Am = Ami*qf*t/(ph*Pb); rc = theta*yp./xf; % recovery ratio

% 계산변수: yp(투과측몰분율), Am(막면적), theta(stage-cut) 혹은 xr(reject 조성)
% Results: results = [yp, xr, Am, theta, rc]
res.yp = yp; res.theta = theta; res.Am = Am; res.rc = rc; res.xr = xr;
end

mArea.m
function y = mArea(x,D,E,F,R,S,T,alpa,r,xf,uf)
u = -D.*x + sqrt((D.^2).*(x.^2) + 2*E.*x + F.^2);
fi = (D.*x - F) + sqrt((D.^2)*(x.^2) + 2*E.*x + F.^2);
ud = (1-xf).*((uf-E/D)./(u-E/D)).^R.*((uf-alpa+F)./(u-alpa+F)).^S...
      .*((uf-F)./(u-F)).^T;
y = ud./((fi-x).*(1./(1+x) - r./(1+fi)));
end
```

## 보기 20 교차흐름 모델[22]

A와 B의 기체 혼합물을 막을 이용하여 분리하고자 한다. 원료 유량은 $L_f = 1\times 10^4 cm^3/s$ 이며 원료 조성(A성분 몰분율)은 $x_f = 0.5$이다. 원하는 잔류흐름 조성은 $x_R = 0.25$이다. 교차흐름 모델을 이용하여 투과흐름의 조성 $y_p$, stage-cut $\theta$, 그리고 막 면적 $A_m$을 계산하여라.

**Data:** 막 두께 $t = 2.54\times 10^{-3} cm$, 원료측 압력 $p_h = 80\ \ cmHg$, 투과측 압력 $p_l = 20\ \ cmHg$,

A의 투과도 $= P_A = 50\times 10^{-10}\ cm^3 \cdot cm/(s \cdot cm^2 \cdot cmHg)$,

B의 투과도 $= P_B = 5\times 10^{-10} cm^3 \cdot cm/(s \cdot cm^2 \cdot cmHg)$

### 풀이

스크립트 crfdata.m은 막 데이터 및 운전조건을 정의하며 함수 mArea는 막 면적 계산에 필요한 적분함수를 정의한다. 함수 crf1ex.m은 먼저 스크립트 crfdata.m을 호출하여 데이터 및 파라미터들을 설정한 다음 교차흐름 모델의 계산을 수행한다. 이 함수는 막 면적 계산을 위하여 함수 mArea를 호출하고 적분을 수행한다.

22 Christie John Geankoplis, Transport Processes and Separation Process Principles, $4^{th}$ ed., p. 861 -863, Prentice Hall, 2003.

```
% crfdata.m: 교차흐름(cross-flow) 모델계산 데이터
t = 0.00254;  % membrane 두께(cm)
Pm = [50 5]*1e-10;  % permeability(cm^3*cm/(s*cm^2*cmHg)
alpa = Pm(1)/Pm(2); % 선택도(ratio of permeabilities)
ph = 80;  % feed side pressure(cmHg)
pl = 20;   % permeate side pressure(cmHg)
r = pl/ph;  % 압력비(Plow/Phigh)
qf = 1e4;  % feed rate(cm^3/s(STP))
xf = 0.5;  % Feed 조성(몰분율)
theta = []; % stage-cut
xr = 0.25;  % 원하는 reject 조성(몰분율)
```

함수 crf1ex.m의 수행결과는 다음과 같다.

```
>> crf1ex
ans =
       yp: 0.7670
    theta: 0.4835
       Am: 1.2677e+08
       rc: 0.7418
       xr: 0.2500
```

## 연습문제

**1.** 실린더형 용기에 담긴 메탄올로부터 328.5 K의 온도에서 공기 중으로 증발이 이루어지고 있다. 용기 입구로부터 액체 표면까지의 깊이는 $z_2 - z_1 = 0.238$ m이다. 주어진 온도에서 메탄올의 증기압은 $P_{A0} = 68.4$ kPa, 전체압력은 $P = 99.4$ kPa이며 공기 중에서 메탄올의 몰 확산도 계수는 $D_{AB} = 1.991 \times 10^{-5} m^2/s$이다. 용기 내의 온도가 액체 표면에서의 328.5 K로부터 용기 입구에서의 295 K까지 선형적으로 변한다고 할 때 실린더 용기 내에서의 메탄올의 몰 플럭스를 구하고 액체 표면으로부터 용기 입구까지의 몰분율 분포를 그래프로 나타내어라.

**2.** 55℃, 0.2기압에서 정지된 기체 C를 통하여 위치 1($z_1$)과 위치 2($z_2$) 사이(두 위치 사이의 거리는 0.001 m)에서 기체 A와 B가 확산되고 있다. 성분 A의 몰 플럭스는 $N_A = 2.115 \times 10^{-5}\ kgmol/(m^2 \cdot s)$로 측정되었다. 기체 혼합물은 이상기체라고 가정하고 주어진 데이터를 이용하여 성분 B의 몰 플럭스 $N_B$를 구하고 $z$에 따른 몰분율의 변화를 그래프로 나타내어라.

**데이터**: $C_{A1} = 2.229 \times 10^{-4}$, $C_{A2} = 0$, $C_{B0} = 0$, $C_{B2} = 2.701 \times 10^{-3}$,
$C_{C1} = 7.208 \times 10^{-3}$, $C_{C2} = 4.730 \times 10^{-3}$, $D_{AB} = 1.47 \times 10^{-4}$,
$D_{AC} = 1.075 \times 10^{-4}$, $D_{BC} = 1.245 \times 10^{-4}$

**3.** 반경이 $3 \times 10^{-3} m$인 구형 고체입자 형태의 디클로로벤젠(A)이 대기압에서 25℃의 공기(B) 중으로 승화되고 있다. 시간에 따른 변화를 고려하는 경우 기상에서의 물질수지로부터

$$(N_A 4\pi r^2)|_r \Delta t = \left(\frac{Vp_A}{RT}\right)\bigg|_{t+\Delta t} - \left(\frac{Vp_A}{RT}\right)\bigg|_t \quad \Rightarrow \quad \frac{dp_A}{dt} = \frac{4\pi r^2 k_c' P}{V} \frac{(p_A - p_{A2})}{p_{BM}}$$

구형 입자 내의 물질수지로부터

$$0 = (N_A 4\pi r^2)|_r \Delta t + \left(\frac{4}{3}\pi r^3 \frac{\rho_A}{M_A}\right)\bigg|_{t+\Delta t} - \left(\frac{4}{3}\pi r^3 \frac{\rho_A}{M_A}\right)\bigg|_t \quad \Rightarrow \quad \frac{dr}{dt} = -\frac{N_A M_A}{\rho_A}$$

를 얻을 수 있다. 위에서 $N_A = \dfrac{k_c' P}{RT} \dfrac{(p_A - p_{A2})}{p_{BM}}$, $p_{BM} = \dfrac{p_A - p_{A2}}{\ln\left(\dfrac{P - p_{A2}}{P - p_A}\right)}$, $k_c' = \dfrac{D_{AB}}{r}$

이다. 25℃ 에서 디클로로벤젠의 증기압은 1mm Hg, 공기 중에서의 확산도는 $7.39 \times 10^{-6} m^2/s$, 밀도는 1458 $kg/m^3$이며 분자량은 147이다. 입자가 부피 $V=0.05\ m^3$인 용기 내에 위치할 때 승화가 종료될 때까지 걸리는 시간을 구하고 반경의 변화에 따른 분압 $p_A$의 변화를 그래프로 나타내어라.

**4.** 실린더형 촉매입자에서 1차 비가역 반응이 진행되는 경우 농도분포 $C_A$와 유효인자 $\eta$를 구하여라. $R=0.5\ cm, D_e=0.1\ cm^2/s,\ C_{As}=0.2\ gmol/cm^3,\ k_1a=6.4\ s^{-1}$이다.

**5.** 원료가 전면으로 공급되는 3중 다중효용 증발기들을 이용하여 유기 콜로이드 용액을 15%에서 60%(고체함량)로 농축하고 있다. 29.82 psia의 수증기가 이용되며 세 번째 증발기에서의 압력은 1.27 psia이다. 원료는 60°F 에서 45,000 lb/hr의 유량으로 유입되고 있으며 모든 농도에서 용액의 비열은 물과 같다. 총괄 열전달 계수는 $U_1=530$, $U_2=350$, $U_3=195\ Btu/(ft^2 \cdot hr \cdot °F)$이다. 각 증발기의 면적은 서로 같다. 열전달 면적($ft^2$)과 수증기 소요량($lb/hr$)을 구하여라. 용액의 비등점 상승은 무시한다.

**6.** 증류탑을 이용하여 이성분계 혼합물을 분리하고 있다. 관심있는 성분에 대한 원료의 조성(물분율)은 0.5, 탑상제품 및 탑저제품 조성은 각각 0.98 및 0.01이며 환류비는 R = 2.7이다. 원료는 기-액 혼합물 상태로서 q = 1이다. 이 혼합물의 평형관계는 $y=\dfrac{\alpha x}{1+(1-\alpha)x}$로 주어지며 $\alpha=2.5$이다. McCabe/Thiele 방법을 이용하여 원료단 및 총 단수를 구하고 평형곡선과 조업선 및 q-라인을 그래프로 나타내어라.

**7.** 단수가 41개인 증류탑에서 이성분계 혼합물을 분리하고 있다. 이 증류탑에서 응축기는 첫 번째 단, 재비기는 41번째 단이 되며 원료는 21번째 단으로 주입된다. 상대휘발도 $\alpha$는 2.5, 원료 유량은 F = 1mol/min이며 원료조건은 q = 1이고 관심있는 성분의 조성은 $z_F$= 0.5이다. 재순환 유량은 R = 2.706 mol/min, 탑상제품 유량은 D = 0.5 mol/min이다. 재순환 유량이 2.4, 2.7. 3.0 mol/min인 3가지 경우에 대하여 정상상태에서 각 단에 따른 액상 조성을 그래프로 나타내어라.

**8.** 단수가 20개인 증류탑에서 이성분계 혼합물을 분리하고 있다. 이 증류탑에서 응축기는 첫 번째 단, 재비기는 20번째 단이 되며 원료는 10번째 단으로 주입된다. 상대휘발도 $\alpha$는 2.5, 원료 유량은 F = 1 mol/min이며 원료조건은 q = 1이고 관심있는 성분의 조성은 $z_F$ = 0.5이다. 재순환 유량은 R = 3 mol/min, 탑상제품 유량은 0.5 mol/min이다.

응축기와 재비기의 액체 체류량은 각각 5 mol이며 각 단에서의 체류량은 0.5 mol로서 일정하다. t = 2인 시점에서 재순환 유량이 0.2 mol/min 증가하였을 때 시간 ($0 \le t \le 30$)에 따른 탑상 및 탑저제품의 액상 조성과 t = 30분에서 각 단에서의 액상 조성을 각각 그래프로 나타내어라.

**9.** 그림에 보인 5단 증류탑에서 프로판(1)/n-부탄(2)/n-펜탄(3) 3성분 혼합물이 증류되고 있다. 원료의 조성은 $z_{1,3} = 0.3$, $z_{2,3} = 0.3$, $z_{3,3} = 0.4$이며 3번째 단으로 공급되는 원료의 공급유량은 $F_j = F_3 = 100\ lbmol/hr$(122.33°F, 100 psia에서 포화액체)이다. 각 단의 압력은 100 psia로서 일정하다. 액상 sidecut의 유량은 $U_1 = L_1/2$이며 탑저제품 유량은 $L_5 = 50\ lbmol/hr$이다. 각 성분의 비열 $C_{pv}^0$ (Btu/lbmol)와 Antoine 증기압($P_i^s$) 관계식은 각각

$$C_{pv}^0 = a_1 + a_2 T + a_3 T^2 + a_4 T^3 + a_5 T^4 \quad (\text{T: °F})$$

$$\ln \frac{P_i^s}{P_c} = A_1 - \frac{A_2}{T + A_3} \quad (\text{T: °F},\ P_c\text{: 임계압력})$$

으로 주어지며 각 성분의 물성치 및 비열 관계식 파라미터들은 다음 표와 같다.[23] 각 단에서의 온도분포 및 각 단에서의 액상 및 기상 조성을 그래프로 나타내어라.[24]

**표 P9.1 프로판(1)/n-부탄(2)/n-펜탄(3)의 물성치**

| 성분 | $P_c$(psia) | $T_c$(R) | $w$ | $A_1$ | $A_2$ | $A_3$ |
|---|---|---|---|---|---|---|
| 프로판 $C_3H_8(1)$ | 617.4 | 665.9 | 0.1538 | 5.35342 | 3371.084 | 414.488 |
| n-부탄 $C_4H_{10}(2)$ | 550.7 | 765.3 | 0.1954 | 5.74162 | 4126.385 | 409.5179 |
| n-펜탄 $C_5H_{12}(3)$ | 489.5 | 845.9 | 0.2387 | 5.853654 | 4598.287 | 394.4148 |

**표 P9.2 프로판(1)/n-부탄(2)/n-펜탄(3)의 비열 관계식 파라미터**

| 성분 | $a_1$ | $a_2 \times 10$ | $a_3 \times 10^4$ | $a_4 \times 10^7$ | $a_5 \times 10^{11}$ |
|---|---|---|---|---|---|
| 프로판 $C_3H_8(1)$ | 15.58683 | 0.250495 | 0.140426 | −0.352626 | 1.864467 |
| n-부탄 $C_4H_{10}(2)$ | 20.79783 | 0.314329 | 0.192851 | −0.458865 | 2.380972 |
| n-펜탄 $C_5H_{12}(3)$ | 25.64627 | 0.389176 | 0.239729 | −0.584262 | 3.079918 |

23 Ernest J. Henley and J. D, Seader, Equilibrium-stage Separation Operations in Chemical Engineering, p. 716-722, John Wiley & Sons, 1981.

24 Ernest J. Henley, J. D. Seader and D. Keith Roper, Separation Process Principles, 3rd ed., p. 417-419, John Wiley & Sons, Inc., 2011.

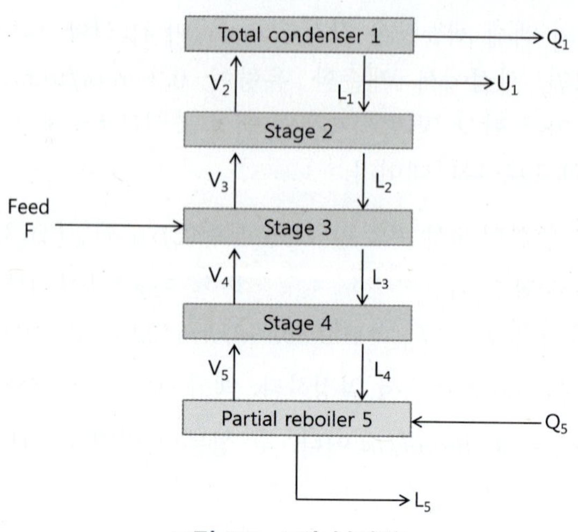


**그림 P9 5단 분리탑**

**10.** 그림에 보인 증류탑(총 단수는 응축기 및 재비기 포함 13)에서 메탄(1)/에탄(2)/프로판(3)/n-부탄(4)/n-펜탄(5) 5성분 혼합물이 증류되고 있다. 원료는 105 °F, 400 psia의 과열증기 상태에서 7번째 단으로 공급되며 원료의 조성은 $z_{1,7}=0.2$, $z_{2,7}=0.4625$, $z_{3,7}=0.3$, $z_{4,7}=0.03125$, $z_{5,7}=0.00625$이고 원료의 공급유량은 $F_j=F_7=800\ lbmol/hr$이다. 각 단의 압력은 400 psia로서 일정하며 첫 번째 단으로부터의 기상 흐름($V_1$)은 530 lbmol/hr, 액상 흐름($L_1$)은 1000 lbmol/hr이다. 탑상 제품은 첫 번째 단으로부터 증기 상태로 얻어지며 액상 sidecut의 유량은 $U_1=0$이다.

각 성분의 비열 $C_{pv}^0$ (Btu/lbmol)와 Antoine 증기압($P_i^s$) 관계식은 각각

$$C_{pv}^0 = a_1 + a_2 T + a_3 T^2 + a_4 T^3 + a_5 T^4 \quad (\text{T: °F})$$

$$\ln\frac{P_i^s}{P_c} = A_1 - \frac{A_2}{T + A_3} \quad (\text{T: °F},\ P_c\text{: 임계압력})$$

으로 주어지며 각 성분의 물성치 및 비열 관계식 파라미터들은 다음 표와 같다.[25] 각 단에서의 온도분포와 액상 및 기상 조성을 그래프로 나타내어라.[26]

---

25 Ernest J. Henley and J. D, Seader, Equilibrium-stage Separation Operations in Chemical Engineering, p. 716-722, John Wiley & Sons, 1981.

26 Ernest J. Henley, J. D. Seader and D. Keith Roper, Separation Process Principles, 3rd ed., p. 418-421, John Wiley & Sons, Inc., 2011.

**표 P10.1** 메탄(1)/에탄(2)/프로판(3)/n-부탄(4)/n-펜탄(5)의 물성치

| 성분 | $P_c$(psia) | $T_c$(R) | $w$ | $A_1$ | $A_2$ | $A_3$ |
|---|---|---|---|---|---|---|
| 메탄 $CH_4(1)$ | 673.1 | 343.9 | 0.0 | 5.14135 | 1742.638 | 452.974 |
| 에탄 $C2H_6(2)$ | 709.8 | 550.0 | 0.1064 | 5.38389 | 2847.921 | 434.898 |
| 프로판 $C_3H_8(3)$ | 617.4 | 665.9 | 0.1538 | 5.35342 | 3371.084 | 414.488 |
| n-부탄 $C_4H_{10}(4)$ | 550.7 | 765.3 | 0.1954 | 5.74162 | 4126.385 | 409.5179 |
| n-펜탄 $C_5H_{12}(5)$ | 489.5 | 845.9 | 0.2387 | 5.853654 | 4598.287 | 394.4148 |

**표 P10.2** 메탄(1)/에탄(2)/프로판(3)/n-부탄(4)/n-펜탄(5)의 비열 관계식 파라미터

| 성분 | $a_1$ | $a_2 \times 10$ | $a_3 \times 10^4$ | $a_4 \times 10^7$ | $a_5 \times 10^{11}$ |
|---|---|---|---|---|---|
| 메탄 $CH_4(1)$ | 8.24522 | 0.038063 | 0.0886474 | −0.074612 | 0.182296 |
| 에탄 $C2H_6(2)$ | 11.51606 | 0.140309 | 0.0854034 | −0.110608 | 0.316220 |
| 프로판 $C_3H_8(3)$ | 15.58683 | 0.250495 | 0.140426 | −0.352626 | 1.864467 |
| n-부탄 $C_4H_{10}(4)$ | 20.79783 | 0.314329 | 0.192851 | −0.458865 | 2.380972 |
| n-펜탄 $C_5H_{12}(5)$ | 25.64627 | 0.389176 | 0.239729 | −0.584262 | 3.079918 |

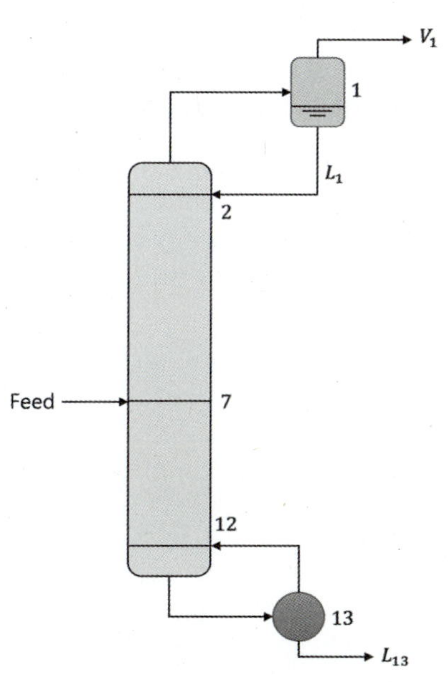


**그림 P10** 13단 분리탑

**11.** 막(membrane)을 이용하여 공기(산소(A)+질소(B))를 분리하고자 한다. 원료공기 유량은 $L_f = 1 \times 10^6 \, cm^3/s$ 이며 feed 조성(산소의 몰분율)은 $x_f = 0.209$ 이다. Stage-cut은 $\theta = 0.2$ 이고 질소의 투과도(permeability)에 대한 산소의 투과도 비율은 $\alpha = 10$ 이다. 완전혼합 모델을 이용하여 투과흐름(permeate) 조성 $y_p$, 잔류흐름(reject) 조성 $x_R$, 그리고 막 면적 $A_m$ 을 계산하여라.[27]

**Data:** 막 두께 $t = 2.54 \times 10^{-3} \, cm$, 원료측 압력 $p_h = 190 \ cmHg$, 투과측 압력 $p_l = 19 \ cmHg$,

A의 투과도 = $P_A = 500 \times 10^{-10} \, cm^3 \cdot cm/(s \cdot cm^2 \cdot cmHg)$

**12.** 막을 이용하여 공기(산소(A)+질소(B))를 분리하고자 한다. 원료공기 유량은 $L_f = 1 \times 10^6 \, cm^3/s$ 이며 원료 조성(산소의 몰분율)은 $x_f = 0.209$ 이다. Stage-cut은 $\theta = 0.2$ 이고 질소의 투과도에 대한 산소의 투과도 비율은 $\alpha = 10$ 이다. 교차흐름 모델을 이용하여 투과측 조성 $y_p$, reject 조성 $x_R$, 그리고 막 면적 $A_m$ 을 계산하여라.[28]

**Data:** 막 두께 $t = 2.54 \times 10^{-3} \ cm$, 원료측 압력 $p_h = 190 \ cmHg$, 투과측 압력 $p_l = 19 \ cmHg$,

A의 투과도 = $P_A = 500 \times 10^{-10} \, cm^3 \cdot cm/(s \cdot cm^2 \cdot cmHg)$,

B의 투과도 = $P_B = 50 \times 10^{-10} \, cm^3 \cdot cm/(s \cdot cm^2 \cdot cmHg)$

27 Christie John Geankoplis, Transport Processes and Separation Process Principles, 4th ed., p. 857, Prentice Hall, 2003.

28 Christie John Geankoplis, Transport Processes and Separation Process Principles, 4th ed., p. 861-863, Prentice Hall, 2003.

# 열전달

## 7.1 1차원 열전달

### 단일슬랩을 통한 열전달

1차원 슬랩(slab)에서의 열전달에서는 전도, 대류 및 주위 표면으로의 복사가 수반된다. 고체 내에서 전도에 의한 정상상태 열전달은 Fourier 법칙을 따르며 다음과 같이 나타낼 수 있다.

$$\frac{q_x}{A} = -k\frac{dT}{dx} \approx -k\frac{\Delta T}{\Delta x}$$

위에서 $q_x$(W, 혹은 J/s)는 $x$ 방향으로의 열전달률, A($m^2$)는 열전도 방향과 수직인 단면적, 그리고 $k(W/m \cdot K)$는 고체의 열 전도도이다. 한편 고체와 유체 사이에서의 대류에 의한 열전달은 다음과 같이 나타낼 수 있다.

$$\frac{q_x}{A} = h(T_w - T_f)$$

위에서 $h(W/m^2 \cdot K)$는 열전달 계수, $T_w$(K)는 고체 표면의 온도, 그리고 $T_f$(K)는 유체의 온도이다. 고체와 유체 사이의 계면에서는

$$\left.\frac{q_x}{A}\right|_S = -k\left.\frac{dT}{dx}\right|_S = h(T_w - T_f)$$

위에서 아래첨자 S는 고체 표면(온도는 $T_w$)을 의미한다.

## 보기 1 단일층 고체를 통한 열전달[1]

그림에 보인 1차원 고체 슬랩을 통하여 열이 전달되고 있다. 온도 $T_2$인 고체 표면으로부터는 온도 $T_a$(흑체로 간주)인 주위로의 복사 열전달이 이루어지고 있다. 이 경우 복사 열전달은 Stefan-Boltzmann 법칙에 따라

$$\left.\frac{q_x}{A}\right|_{x=\Delta x} = \sigma(T_2^4 - T_a^4)\Big|_{x=\Delta x} \quad (\sigma = 5.676\times 10^{-8}\ W/m^2 \cdot K^4)$$

로 주어진다. 고체 슬랩 내의 온도분포를 구하고 그래프로 나타내어라. $T_2$는 얼마인가? 고체의 열 전도도 $k$는 온도의 함수로서 $k = 30(1+0.002T)$로 주어지며 고체와 주위 사이의 대류에 의한 열전달은 무시한다. $T_1 = 290K$, $T_a = 1273\ K$이며 $\Delta x = 0.2\ m$이다.

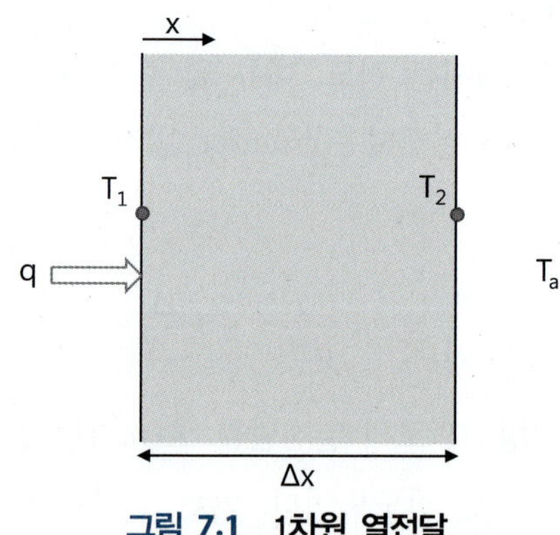


그림 7.1 1차원 열전달

**풀이**

$$q_x = -kA\frac{dT}{dx} = -30(1+0.002T)A\frac{dT}{dx} = \sigma(T_2^4 - T_a^4) \quad \Rightarrow \quad \frac{dT}{dx} = -\frac{\sigma(T_2^4 - T_a^4)}{30(1+0.002T)A}$$

---

1 Cutlip, M. B. and M. Shacham, Problem Solving in Chemical and Biochemical Engineering with POLYMATH, Excel, and MATLAB, 2nd ed., p. 209-210, Prentice-Hall, 2008.

먼저 $T_2$를 가정하여 위의 미분방정식을 푼 다음 얻어지는 새로운 $T_2$를 가정한 값과 비교하여 본다. 계산되는 $T_2$가 수렴할 때까지 반복과정을 수행한다. 먼저 위의 미분방정식을 함수(slab1T.m)로 정의한다.

```
function dT = slab1T(x,T,A,T2,Ta,sigma)
% slab1T.m: 1차원 슬랩을 통한 열전달. 표면에서 복사를 수반
dT = - sigma*(T2^4 - Ta^4)/(30*(1 + 0.002*T)*A);
end
```

다음 스크립트(ht1D.m)는 반복과정을 수행한다. 여기에서 k는 온도 $T_2$가 수렴할 때까지의 반복과정 횟수를 나타내며 T(end)는 매번 새로 계산되는 $T_2$ 값이다.

```
% ht1D.m: 1차원 열전달: 전도와 복사
A = 1; T2 = 700; Ta = 1273; sigma = 5.676e-8;
xspan = [0 0.2]; T0 = 290;
delT = 10; criT = 1e-3; k = 1;
while delT > criT
   [x T] = ode45(@slab1T, xspan, T0, [], A,T2,Ta,sigma);
   delT = abs(T2 - T(end));
   T2 = T(end); k = k+1;
end
plot(x,T), xlabel('x(m)'), ylabel('T(K)'), grid
k, T(end)
```

ht1D의 수행결과는 다음과 같다.

```
>> ht1D
k =
   10
ans =
  729.1673
```

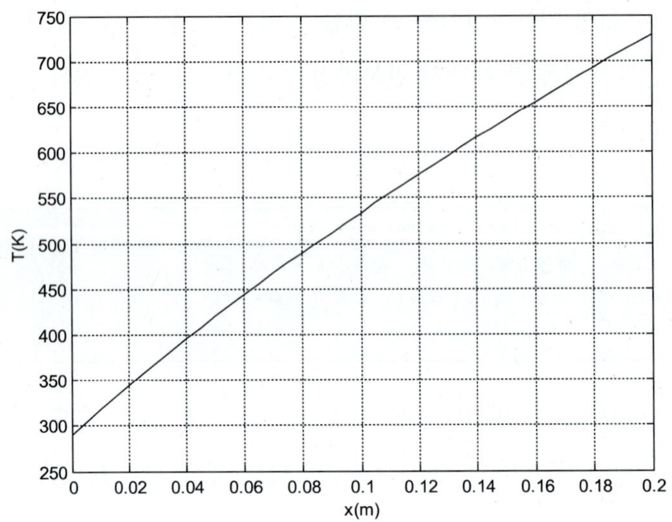


**그림 7.2 1차원 슬랩을 통한 전도와 복사가 수반되는 열전달**

## 다층슬랩을 통한 열전달

서로 다른 고체 슬랩(slab)이 열전달 방향과 수직으로 포개져 있는 경우 두 고체 사이의 계면에서 온도 및 열 전달률은 연속이다. 즉

$$T = T_1\big|_{x=intf} = T_2\big|_{x=intf},\quad \frac{q_x}{A} = -k_1\frac{dT_1}{dx}\bigg|_{intf} = -k_2\frac{dT_2}{dx}\bigg|_{intf}$$

위에서 아래 첨자 intf는 고체 사이의 계면을 의미한다.

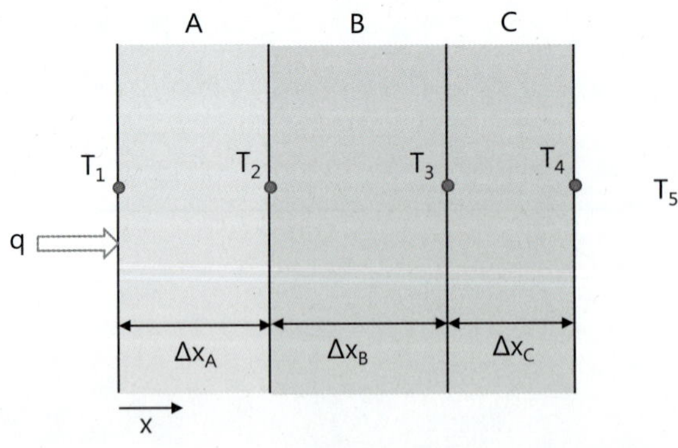


**그림 7.3 다층 고체 슬랩(slab)을 통한 1차원 열전달**

그림에 보인 바와 같이 고체층 A, B, C를 통한 열전달의 경우

$$q = \frac{k_A A}{\Delta x_A}(T_1 - T_2) = \frac{k_B A}{\Delta x_B}(T_2 - T_3) = \frac{k_C A}{\Delta x_C}(T_3 - T_4)$$

위에서 $A$는 열전달 면적이다. 이로부터

$$\frac{q}{A} = \frac{T_1 - T_4}{\Delta x_A / k_A + \Delta x_B / k_B + \Delta x_C / k_C}$$

## 다층 실린더를 통한 열전달

재질이나 열전달 저항 등이 서로 다른 다층 실린더를 통한 방사 열전달은 다층 실린더 내부와 외부의 대류에 의한 열전달을 고려하여 다음과 같이 나타낼 수 있다.[2]

$$q = \frac{T_1 - T_5}{\dfrac{1}{h_i A_i} + \dfrac{r_1 - r_i}{k_A A_{Alm}} + \dfrac{r_0 - r_1}{k_B A_{Blm}} + \dfrac{1}{h_o A_o}}$$

위에서 $r_j (j = 0, 1, i)$는 반경, $h_i$ 및 $h_o$는 실린더 내부와 외부에서의 열전달 계수 $(btu/(h \cdot ft^2 \cdot °F))$, $k_A$와 $k_B$는 열 전도도$(btu/(h \cdot ft \cdot °F))$, 내부 표면적과 외부 표면적$(ft^2)$은 각각 $A_i = 2\pi r_i L$ 및 $A_o = 2\pi r_o L$, 실린더 층 사이의 면적$(ft^2)$은 $A_1 = 2\pi r_1 L$로 주어지며 로그평균 면적$(ft^2)$은 각각 $A_{Alm} = \dfrac{A_1 - A_i}{\ln(A_1/A_i)}$, $A_{Blm} = \dfrac{A_o - A_1}{\ln(A_o/A_1)}$로 주어진다.

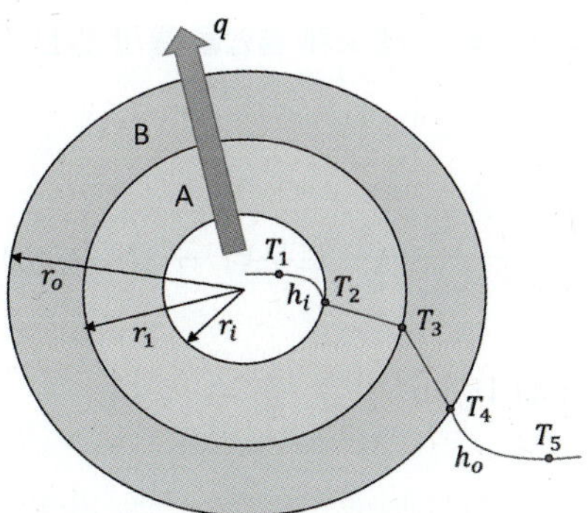


그림 7.4 다층 실린더를 통한 열전달

2 Christie J. Geankoplis, Transport Processes and Separation Process Principles, 4th ed., p. 246-247, Prentice-Hall, 2003.

## 보기 2 다층고체를 통한 열전달[3]

그림에 보인 다층고체 슬랩을 통하여 열이 전달되고 있다. 각 슬랩의 두께는 $L_A = 0.015\ m$, $L_B = 0.1\ m$, $L_C = 0.075\ m$이며 열 전도도는 각각 $k_A = 0.0151$, $k_B = 0.0433$, $k_C = 0.762$ (단위는 $W/(m \cdot K)$)이다.

(1) $T_1 = 255K$이며 $T_4 = 298K$로 유지되고 있을 경우 슬랩을 통한 단위면적당 열 플럭스를 구하여라.

(2) 가운데에 위치한 슬랩 B의 두께 $L_B$를 증가시켜 열손실을 50% 줄이고자 한다. $L_B$를 얼마로 해야 하는가?

(3) 첫 번째 슬랩 B를 열 전도도가 $k = 2.5e^{-1225/T}$로 주어지는 다른 재질의 슬랩(두께는 동일하다고 가정한다)으로 교체하고자 한다(T: K). $T_1 = 255K$이며 $T_4 = 298K$로 유지되고 있을 경우 단위면적당 열 플럭스를 구하고 슬랩 내의 온도분포를 그래프로 나타내어라. $\dfrac{q_x}{A} = -15\ W/m^2$라고 가정한다.

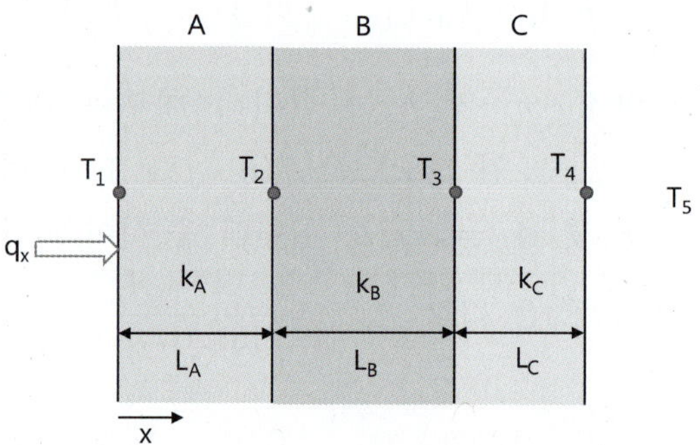


**그림 7.5 다층고체 슬랩을 통한 열전달**

### 풀이

(1) $\dfrac{q_x}{A} = \dfrac{T_1 - T_4}{\Delta L_A/k_A + \Delta L_B/k_B + \Delta L_C/k_C}$로부터 구할 수 있다.

다음으로부터 $\dfrac{q_x}{A} = -17.041\ W/m^2$임을 알 수 있다.

3 Cutlip, M. B. and M. Shacham, Problem Solving in Chemical and Biochemical Engineering with POLYMATH, Excel, and MATLAB, 2nd ed., p. 334-335, Prentice-Hall, 2008.

```
>> T1 = 255; T4 = 298; L = [0.015 0.1 0.075]; k = [0.151 0.043 0.762];
>> qx = (T1-T4)/sum(L./k)
qx =
  -17.0409
```

(2) 단위면적당 열손실은 $\dfrac{q_x}{A} = -17.0409\ W/m^2$ 이므로

$(-17.0409)(0.5) = -8.5204\ \ W/m^2$가 되는 $\triangle L_B$를 구한다.

즉 $\triangle L_B = k_B \left\{ \dfrac{T_1 - T_4}{q_x/A} - (\triangle L_A/k_A + \triangle L_C/k_C) \right\}$로 주어진다.

```
>> T1 = 255; T4 = 298; L = [0.015 0.075]; k = [0.151 0.762]; kB = 0.043;
>> dLB = kB*((T1-T4)/(-8.5204) - sum(L./k))
dLB =
    0.2085
```

즉 약 2배 정도 두께를 증가시키면 가능함을 알 수 있다.

(3) 각 슬랩층에 대한 온도변화는

$$\frac{dT}{dx} = \begin{cases} -\dfrac{q_x/A}{k_A} & : \ 0 \le x \le L_A \\ -\dfrac{q_x/A}{2.5e^{-1225/T}} & : \ L_A \le x \le L_A + L_B \\ -\dfrac{q_x/A}{k_C} & : \ L_A + L_B \le x \le L_A + L_B + L_C \end{cases}$$

로 주어진다. 이 미분방정식은 함수 slabmT.m으로 정의된다.

```
function dT = slabmT(x,T,LA,LB,kA,kC,qx)
% slabmT.m: 다층슬랩을 통한 열전달.
if x <= LA
   dT = -qx/kA;
elseif x <= LA+LB
   dT = -qx/(2.5*exp(-1225/T));
else
   dT = -qx/kC;
end
```

슬랩의 총 길이는 $L_t = L_A + L_B + L_C = 0.19\ \ m$이므로 적분구간은 $0 \le x \le L_t$가 된다. 수행결과는 다음과 같다.

```
>> LA = 0.015; LB = 0.1; LC = 0.075; Lt = LA+LB+LC; kA = 0.151; kC = 0.762;
>> qx = -15; T0 = 255; xspan = [0 Lt];
>> [x T] = ode45(@slabmT, xspan, T0, [], LA,LB,kA,kC,qx);
>> plot(x,T), axis([0 Lt 250 310]), xlabel('x(m)'), ylabel('T(K)')
```

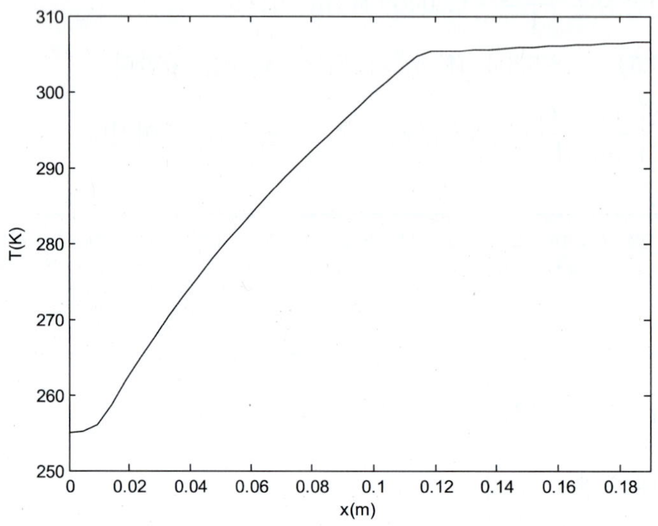


그림 7.6 다층슬랩을 통한 열전달

## 전선으로부터의 열전달

전류가 흐르는 단열 전선에서는 전류로 인하여 열이 발생된다. 그림은 반경이 $R$이고 길이가 $L$인 전선의 일부를 보인 것이다.

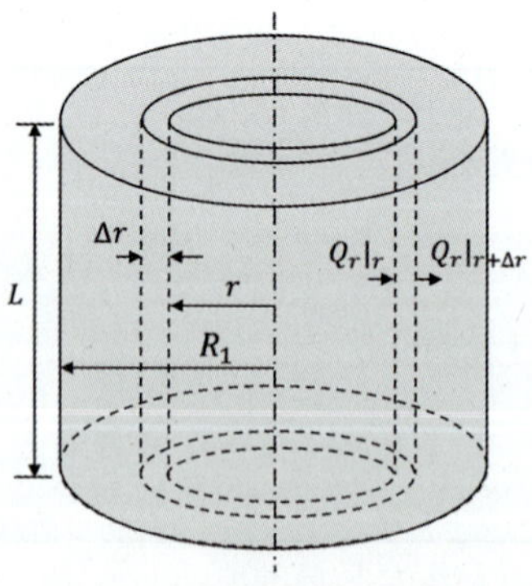


그림 7.7 전선을 통한 열전달

미소두께 $\Delta r$인 실린더 모양의 전선에 대한 에너지 수지로부터 다음 관계를 얻는다.

$$Q_r = -k\frac{dT}{dr}, \quad \frac{d}{dr}(rQ_r) = \frac{I^2}{k_e}r$$

위에서 $Q_r(W/m^2)$은 열 플럭스, $k$는 열 전도도($W/(m \cdot K)$), $I(amps/m^2)$는 전류, 그리고 $k_e(\Omega^{-1}m^{-1})$는 전기 전도도이다.

## 보기 3 전선을 통한 열전달[4]

전류가 흐르고 있는 전선의 표면이 $T_1 = 25℃$로 유지되고 있으며 열 전도도와 전기 전도도는 각각 $k = 5\ W/(m \cdot K)$, $k_e = 1.4 \times 10^5 e^{0.0035T}\Omega^{-1}m^{-1}$이다. 전선의 반경은 $R_1 = 0.004$ m이며 총 전류 세기는 $I_t = 400\ amps$라고 할 때 전선 내부의 온도분포와 열 플럭스를 구하고 그래프로 나타내어라.

**풀이**

$Q_r = -k\frac{dT}{dr}$, $\frac{d}{dr}(rQ_r) = \frac{I^2}{k_e}r$, $Q_r = \frac{(rQ_r)}{r}$. 여기에서 $I = \frac{I_t}{\pi R_1^2/4}$이다. 이로부터 $U = rQ_r$로 두면

$$\frac{dT}{dr} = -\frac{U}{kr}, \quad \frac{dU}{dr} = \frac{I^2}{k_e}r, \quad T(R_1) = T_1, \quad U|_{r=0} = 0$$

이 미분방정식 시스템은 다음과 같이 함수 funQT.m으로 정의된다.

```
function dz = funQT(r,z,k,R1,Ir)
if r > 0, Qr = z(2)/r;
else Qr = 0; end
dz(1) = -Qr/k;  dz(2) = Ir^2*r/(1.4e5*exp(0.0035*z(1)));
dz = dz';
end
```

$r = 0$일 때의 온도를 알 수 없으므로 $T(r = 0)$를 가정하고 위의 미분방정식 시스템을 풀어

4 Cutlip, M. B. and M. Shacham, Problem Solving in Chemical and Biochemical Engineering with POLYMATH, Excel, and MATLAB, 2nd ed., p. 339, Prentice-Hall, 2008.

$T(r=R_1)$을 구한 다음 주어진 온도값과 비교하여 차이가 있을 경우 다시 가정값을 보정하는 방법을 이용하여 열전달 플럭스와 온도분포를 구한다. 가정값의 보정방법으로 이분법(bisection)을 이용할 수 있다. 이러한 과정은 스크립트 파일 bisecQT.m에 의해 수행된다.

```
% bisecQT.m: Bisection 방법에 의한 전선의 열 플럭스와 온도분포 계산
clear all;
T1 = 288.15; R1 = 0.004; k = 5; Ir = 400/(pi*R1^2); % 데이터 및 조건
T0a = 300; T0b = 400; % 내부 중심온도 범위 [T0a  T0b]를 가정
Teps = 1e-3; Terr = 1e3; iter = 1;
while Terr > Teps
    T0m = (T0a+T0b)/2;  % 가정온도 범위의 중간온도
    [r,za] = ode45(@funQT,[0 R1],[T0a 0],[],k,R1,Ir);
    [r,zb] = ode45(@funQT,[0 R1],[T0b 0],[],k,R1,Ir);
    [r,zm] = ode45(@funQT,[0 R1],[T0m 0],[],k,R1,Ir);
    m = zm(end,1);
    if (m-T1) > 0, T0b = T0m;
    else T0a = T0m; end
    Terr = abs(T0b - T0a); iter = iter+1;
end
Qr = zm(:,2)./r; T = zm(:,1);
figure(1), plot(r,Qr), xlabel('r(m)'), ylabel('Qr(W/m^2)'), grid;
figure(2), plot(r,T), xlabel('r(m)'), ylabel('T(K)'), grid;
fprintf('반복계산 횟수: %d, r=R1에서의 Qr(W/m^2): %g, ', iter, Qr(end))
fprintf('r=0에서의 온도(K): %g\n', T(1))
```

스크립트 파일 bisecQT.m의 수행결과는 다음과 같다.

```
>> bisecQT
반복계산 횟수: 18, r=R1에서의 Qr(W/m^2): 276472, r=0에서의 온도(K): 389.245
```

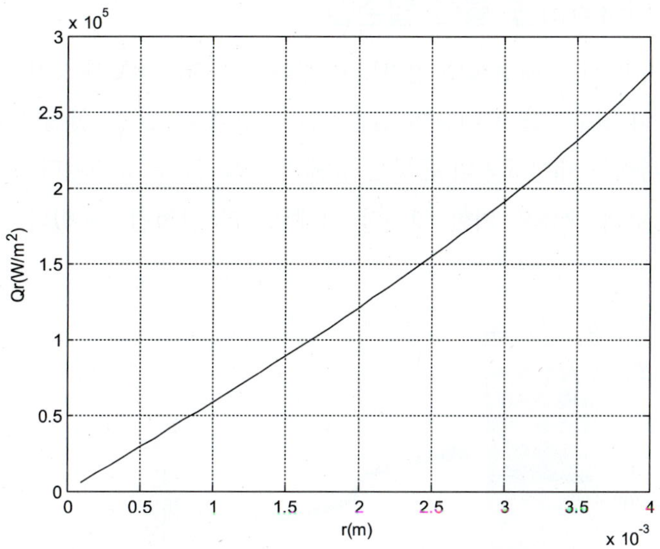


**그림 7.8** 전선의 반경에 따른 열전달률

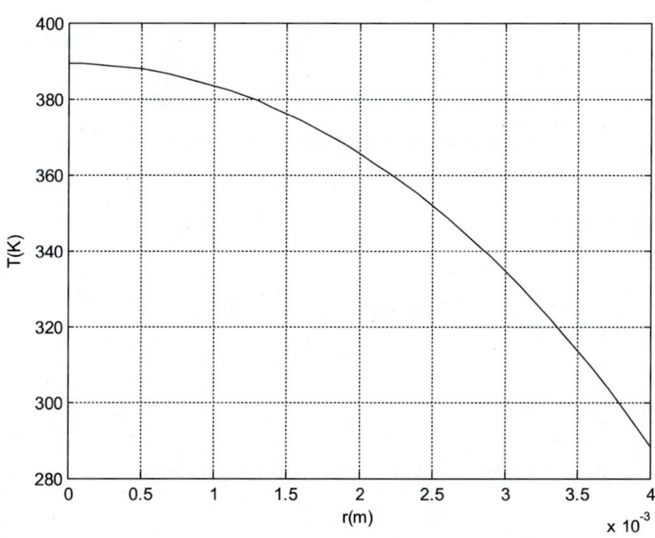


**그림 7.9** 전선의 반경에 따른 온도분포

## 파이프 플랜지(Flange)를 통한 열손실

파이프에 두 플랜지가 서로 대칭으로 설치되어 있다고 하자. 서로 대칭이므로 그림에 보인 바와 같이 한쪽 면의 일부만을 고려하여 열손실을 규명할 수 있다. 열전달률은 $r$의 함수가 되며 $r=R_1$에서 파이프 내부표면의 온도는 유체의 온도 $T_0$로 유지된다. $r=R_2$에서의 온도는 주위온도 $T_a$로의 대류에 의한 열전달 관계로부터 결정될 수 있다.

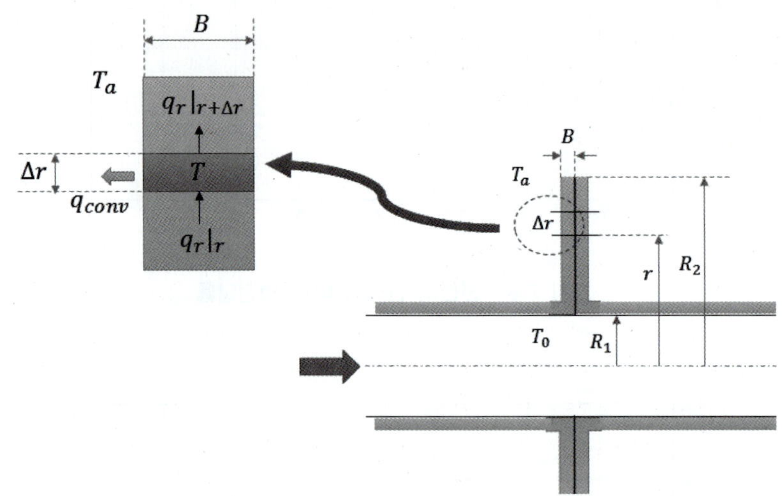


**그림 7.10 파이프 플랜지를 통한 열손실**

열 수지식으로부터

$$\frac{dT}{dr}=-\frac{q}{k},\quad \frac{d}{dr}(rq)=-\frac{hr}{B}(T-T_a),\quad q=\frac{(rq)}{r}$$

를 얻는다. 초기 및 경계조건은

$$T|_{r=R_1}=T_0,\quad (rq)|_{r=R_2}=R_2h(T-T_a)|_{r=R_2}$$

로 주어진다. 열전달률 $q_r$은 $q_r=2\pi rBq$로부터 얻어진다. 온도분포 $T$ 및 열손실 플럭스 $q$를 구하기 위해서는 주어진 경계조건이 충족되도록 $rq$의 초기조건을 찾아야 한다. 즉 $f=(rq)|_{r=R_2}-R_2h(T-T_a)|_{r=R_2}=0$을 만족하는 초기조건을 규명하고 이를 이용하여 온도분포와 열 손실률을 계산한다.

## 보기 4 파이프 플랜지를 통한 열손실[5]

플랜지가 설치된 파이프에서 $T_a = 60°\mathrm{F}$ 일 때 열손실 플럭스 $q$를 구하고 반경 $r$에 따른 열전달률 $q_r$을 그래프로 나타내어라. 파이프와 플랜지는 열 전도도가 133 $btu/(h \cdot ft \cdot °\mathrm{F})$인 알루미늄으로 이루어져 있으며 플랜지의 두께는 1 in이다. 파이프 내를 흐르는 유체의 온도는 $T_0 = 260°\mathrm{F}$ 이며 열전달 계수 $h = 3\ btu/(h \cdot ft^2 \cdot °\mathrm{F})$이고 $R_1 = 0.0833ft$, $R_2 = 0.25\ ft$이다.

### 풀이

먼저 미분방정식을 정의하는 함수를 작성한다.

```
function dy = funQL(r,y,Ta,k,h,B)
q = y(2)/r;
dy(1) = -q/k;  dy(2) = -h*r*(y(1)-Ta)/B;
dy = dy';
end
```

$r = R_1$ 일 때의 $rq$를 알 수 없으므로 $rq|_{r=R_1}$을 가정하고 위의 미분방정식 시스템을 풀어 $f = (rq)|_{r=R_2} - R_2 h(T - T_a)|_{r=R_2} = 0$의 충족 여부를 조사한 다음 다시 가정값을 보정하는 방법을 이용하여 열손실 플럭스와 온도분포를 구한다. 가정값의 보정방법으로 이분법(bisection)을 이용할 수 있다. 이러한 과정은 스크립트 파일 bisecQL.m에 의해 수행된다.

```
% bisecQL.m: Bisection 방법에 의한 파이프 플랜지로부터의 열손실 계산
clear all;
T0 = 260; Ta = 60; R1 = 0.0833; R2 = 0.25; B = 0.5/12; k = 133; h = 3;
qa = 200; qb = 800; % 열 손실 플럭스 초기값 범위를 가정
feps = 1e-3; ferr = 1e3; iter = 1;
while ferr > feps
    qm = (qa+qb)/2;  % 가정온도 범위의 중간온도
    [r,ya] = ode45(@funQL,[R1 R2],[T0 qa],[],Ta,k,h,B);
    [r,yb] = ode45(@funQL,[R1 R2],[T0 qb],[],Ta,k,h,B);
    [r,ym] = ode45(@funQL,[R1 R2],[T0 qm],[],Ta,k,h,B);
    fa = ya(end,2) - R2*h*(ya(end,1)-Ta);
    fb = yb(end,2) - R2*h*(yb(end,1)-Ta);
```

5 Cutlip, M. B. and M. Shacham, Problem Solving in Chemical and Biochemical Engineering with POLYMATH, Excel, and MATLAB, $2^{nd}$ ed., p. 347, Prentice-Hall, 2008.

```
    fm = ym(end,2) - R2*h*(ym(end,1)-Ta);
    if (fa*fm) < 0, qb = qm;
    else qa = qm; end
    ferr = abs(qb - qa); iter = iter+1;
end
Qr = ym(:,2)./r; T = ym(:,1); qrate = 2*pi*ym(:,2)*B;
figure(1)
plot(r,qrate), xlabel('r(ft)'), ylabel('q(Btu/hr)'), grid, axis tight;
figure(2), plot(r,T), xlabel('r(ft)'), ylabel('T(F)'), grid;
fprintf('반복계산 횟수: %d, r=R2에서의 열전달률(Btu/h): %g\n', iter, qrate(end))
fprintf('r=R2에서의 온도(K): %g\n', T(end))
```

스크립트 파일 bisecQL.m의 수행결과는 다음과 같다.

```
>> bisecQL
반복계산 횟수: 21, r=R2에서의 열전달률(Btu/h): 38.602
r=R2에서의 온도(K): 256.599
```

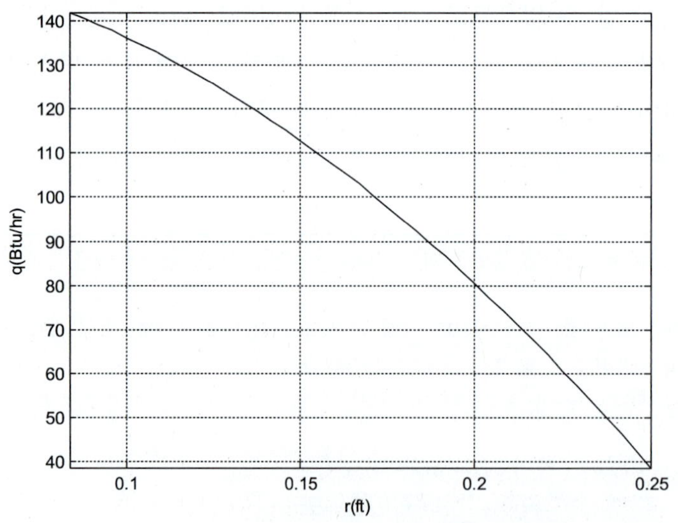


**그림 7.11 파이프 플랜지를 통한 열전달률**

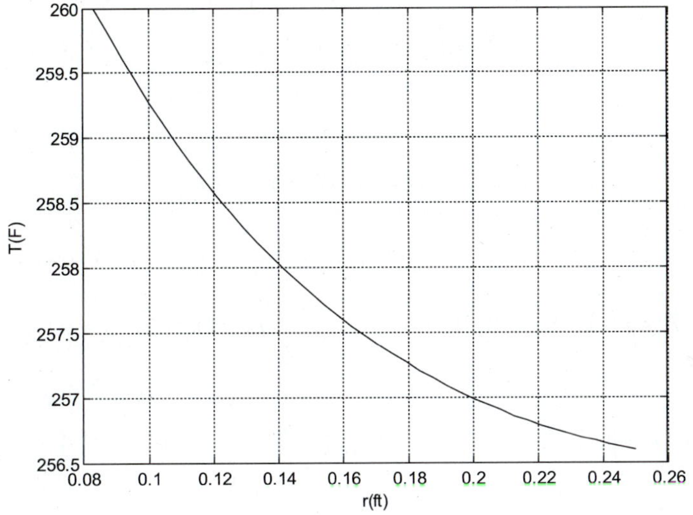


**그림 7.12 파이프 플랜지에서의 온도분포**

## 7.2 다차원 열전도

### 비정상상태 열전도

고체에서 열전도가 이루어지는 경우 속도성분들은 모두 0이므로 비정상상태에서

$$\rho C_p \frac{\partial T}{\partial t} = k\left(\frac{\partial^2 T}{\partial x^2} + \frac{\partial^2 T}{\partial y^2} + \frac{\partial^2 T}{\partial z^2}\right)$$

를 얻는다. $C_p$는 정압 열용량이며 열 전도도 $k$는 고체 내에서 일정하다고 간주한다.

2차원인 경우 비정상상태 열전도는

$$\frac{\partial T}{\partial t} = \alpha\left(\frac{\partial^2 T}{\partial x^2} + \frac{\partial^2 T}{\partial y^2}\right)$$

로 주어진다. $\alpha = \dfrac{k}{\rho C_p}$이다. 초기 및 경계조건들은 3가지로 분류할 수 있다.

**Dirichlet 조건(1st kind):** 고정된 독립변수에서 종속변수 값이 주어지는 경우. 예를 들면

$$T = f(x) \quad (t = 0,\ 0 \le x \le 1)$$

혹은

$$T = T_0 \quad (t = 0,\ 0 \le x \le 1)$$

경계조건은

$$T = f(t) \quad (x = 0,\ t > 0), \qquad T = T_1 \quad (x = 1,\ t > 0)$$

**Neumann 조건(2nd kind):** 종속변수의 미분이 상수, 혹은 독립변수의 함수로 주어진다. 예를 들면

$$\frac{\partial T}{\partial x} = 0 \quad (x = 1,\ t \ge 0)$$

**Cauchy 조건:** Dirichlet 조건과 Neumann 조건의 조합

**Robbins 조건(3rd kind):** 종속변수의 미분이 종속변수 자체의 함수로 주어지는 경우. 예를 들면

$$k\frac{\partial T}{\partial x} = h(T - T_f) \quad (x = 0,\ t \ge 0)$$

**Method of lines**

선 방법(method of lines)에서는 시간에 따른 미분항을 제외한 나머지 (즉 공간에서의) 편미분 항들만을 유한차분으로 근사한다. 1차원의 경우 Parabolic 방정식 $\frac{\partial u}{\partial t} = \alpha\frac{\partial^2 u}{\partial x^2}$ 로부터

$$\frac{du_i}{dt} = \frac{\alpha}{\Delta x^2}(u_{i+1} - 2u_i + u_{i-1})$$

격자점으로부터 $0 \le i \le N$이므로

$$\frac{du_1}{dt} = \frac{\alpha}{\Delta x^2}(u_2 - 2u_1 + u_0)$$

$$\vdots$$

$$\frac{du_i}{dt} = \frac{\alpha}{\Delta x^2}(u_{i+1} - 2u_i + u_{i-1})$$

$$\vdots$$

$$\frac{du_{N-1}}{dt} = \frac{\alpha}{\Delta x^2}(u_N - 2u_{N-1} + u_{N-2})$$

경계에서의 방정식

$$\frac{du_0}{dt} = \frac{\alpha}{\Delta x^2}(u_1 - 2u_0 + u_{-1}), \quad \frac{du_N}{dt} = \frac{\alpha}{\Delta x^2}(u_{N+1} - 2u_N + u_{N-1})$$

들은 설정되는 경계조건들에 따라 정해진다. 예를 들어 Dirichlet 조건의 경우 $u_0 = \beta$(일정)이므로

$$\frac{du_0}{dt} = 0, \quad u_0(0) = \beta$$

Neumann 조건이 주어진 경우, 즉 $x = 0$에서 $\left.\frac{\partial u}{\partial x}\right|_{0,t} = 0$이라면 편미분을 중앙 차분근사 $\left.\frac{\partial u}{\partial x}\right|_{0,t} = \frac{u_1 - u_{-1}}{2\Delta x} = 0$으로 대체하면

$$\frac{du_0}{dt} = \frac{\alpha}{\Delta x^2}(2u_1 - 2u_0)$$

1차원 parabolic PDE의 계산은 함수 parab1D.m에 의해 수행되며 2차원 parabolic PDE의 계산은 함수 parab2D.m에 의해 수행된다. 1차원 parabolic PDE에서 경계조건이 Dirichlet 조건으로서 x의 양 끝부분의 값이 상수로 주어지는 경우의 풀이는 함수 parabDbc.m에 의해서도 수행될 수 있다. 함수 parab1D와 parab2D 및 parabDbc의 사용 방법은 다음과 같다.

```
function [x,t,u] = parab1D(nx, nt, dx, dt, alpha, u0, bc, func, varargin)
function [u r] = parabDbc(nx, nt, dx, dt, alpha, u0, bci, bcf)
```

function [x,y,t,u] = parab2D(nx,ny,nt,dx,dy,dt,alpha,u0,bc,func,varargin)

위에서 u는 종속변수 행렬(u(x,t)), nx는 x 방향으로의 구간 수, ny는 y 방향의 구간 수, nt는 t 방향으로의 구간 수, dx는 x 증가분, dy는 y 증가분, dt는 t 증가분, alpha는 방정식의 계수, 그리고 u0는 t = 0에서의 u 분포벡터이다. parab1D의 경우 bc는 x 방향으로의 경계조건의 형태와 값을 포함하는 행렬(2×2, 혹은 2×3)로서 행렬 bc의 1행은 낮은 x, 2행은 높은 x에서의 조건이며 행렬 bc의 첫 번째 열은 조건의 type을 지정한다(1: Dirichlet 조건, 2열에 u값을 지정; 2: Neumann 조건, 2열에 u' 값을 지정; 3: Robbins 조건, 2-3열에 u의 상수와 계수를 지정). bci와 bcf는 각각 x의 양 끝점에서의 경계조건(스칼라) 값이다.

parab2D의 경우 bc는 x와 y 방향 경계조건의 형태와 값들을 포함하는 행렬(4×2, 혹은 4×3)이며 경계조건의 순서는 lower x, upper x, lower y,upper y(이들은 행렬 bc의 1-4행에 포함)이다. bc의 첫 번째 열은 경계조건 형태를 결정한다(1: Dirichlet 조건, 두 번째 열에 u값; 2: Neumann 조건, 두 번째 열에 u'값; 3: Robbins 조건, 2번째와 3번째 열에 u의 상수와 계수를 포함).

**parab1D.m**

```
function [x,t,u] = parab1D(nx,nt,dx,dt,alpha,u0,bc,func,varargin)
% 1차원 parabolic 편미분 방정식의 풀이
% Outputs:
%     x; x 값들의 벡터
%     t: t 값들의 벡터
%     u: 종속변수 행렬 [u(x,t)]
% Inputs:
%     nx: x 방향으로의 구간 수
%     nt: t 방향으로의 구간 수
%     dx: x 증가분
%     dy: t 증가분
%     alpha: 방정식의 계수
%     u0: t=0에서의 u 분포 벡터
%     bc: x 방향으로의 경계조건의 형태와 값을 포함하는 행렬(2x2, 혹은 2x3)
%         행렬 bc의 1행은 낮은 x, 2행은 높은 x에서의 조건
%         행렬 bc의 첫 번째 열은 조건의 type을 지정
%         (1: Dirichlet 조건, 2열에 u 값을 지정
%          2: Neumann 조건, 2열에 u' 값을 지정
%          3: Robbins 조건, 2-3열에 u의 상수와 계수를 지정)

% 초기화
```

```
if nargin < 7
  error('입력인수 수가 부족.')
end

nx = fix(nx); x = [0:nx]*dx; nt = fix(nt);
t = [0:nt]*dt; r = alpha*dt/dx^2;
u0 = (u0(:).')';    % 열 벡터임을 확인
if length(u0) ~= nx+1
  error('초기조건 벡터의 길이가 맞지 않음.')
end
[a,b]=size(bc);
if a ~= 2
  error('경계조건 수가 맞지 않음.')
end
if b < 2 | b > 3
  error('경계조건이 틀림.')
end
if b == 2 & max(bc(:,1)) <= 2
  bc = [bc zeros(2,1)];
end

u(:,1) = u0; c = zeros(nx+1,1);
% t에 따른 반복계산
for n = 2:nt+1 % 낮은 x 경계조건
  switch bc(1,1)
  case 1
    A(1,1) = 1; c(1) = bc(1,2);
  case {2, 3}
    A(1,1) = -3/(2*dx) - bc(1,3);
    A(1,2) = 2/dx; A(1,3) = -1/(2*dx); c(1) = bc(1,2);
  end
  % 내부점
  for i = 2:nx
    A(i,i-1) = -r; A(i,i) = 2*(1+r); A(i,i+1) = -r;
    c(i) = r*u(i-1,n-1) + 2*(1-r)*u(i,n-1) + r*u(i+1,n-1);
    if nargin >= 8    % Nonhomogeneous 방정식
      intercept = feval(func,0,x(i),t(n),varargin{:});
      slope = feval(func,1,x(i),t(n),varargin{:}) - intercept;
      A(i,i) = A(i,i) - dt*slope;
      c(i) = c(i) + dt*feval(func,u(i,n-1),x(i),t(n-1),...
        varargin{:}) + dt*intercept;
    end
  end
  switch bc(2,1) % 높은 x 경계조건
```

```
   case 1
     A(nx+1,nx+1) = 1; c(nx+1) = bc(2,2);
   case {2, 3}
     A(nx+1,nx+1) = 3/(2*dx) - bc(2,3);
     A(nx+1,nx) = -2/dx; A(nx+1,nx-1) = 1/(2*dx); c(nx+1) = bc(2,2);
   end
   u(:,n) = inv(A)*c;
end
```

**parab2D.m**

```
function [x,y,t,u] = parab2D(nx,ny,nt,dx,dy,dt,alpha,...
   u0,bc,func,varargin)
% 2차원 parabolic PDE의 풀이: explicit 공식을 이용
% Outputs:
%      x: x 값들의 벡터
%      y: y 값들의 벡터
%      t: t 값들의 벡터
%      u: 종속변수의 3D 배열[u(x,y,t)]
% Inputs:
%      nx: x 방향의 구간 수
%      ny: y 방향의 구간 수
%      nt: t 방향의 구간 수
%      dx: x-증가분
%      dy: y-증가분
%      dt: t-증가분(기정값을 사용하려면 빈 칸으로 둔다)
%      alpha: 방정식의 계수
%      u0: t=0에서의 u 분포 행렬[u0(x,y)]
%      bc: x와 y 방향 경계조건의 형태와 값들을 포함하는 행렬(4x2, 혹은 4x3)
%          경계조건의 순서는 lower x, upper x, lower y,upper y
%          (이들은 행렬 bc의 1-4행에 포함)
%          bc의 첫 번째 열은 경계조건 형태를 결정:
%            1 - Dirichlet 조건, 두 번째 열에 u값
%            2 - Neumann 조건, 두 번째 열에 u'값
%            3 - Robbins 조건, 2번째와 3번째 열에 u의 상수와 계수를 포함

% 초기화
if nargin < 9
   error(' Invalid number of inputs.')
end

nx = fix(nx); x = [0:nx]*dx; ny = fix(ny); y = [0:ny]*dy;
%안정성을 위한 dt의 결정
tmax = dt*nt;
if isempty(dt) | dt > (dx^2+dy^2)/(16*alpha)
```

```
    dt = (dx^2+dy^2)/(16*alpha); nt = tmax/dt+1;
    fprintf('\ndt는 %6.2e (nt=%3d)로 조정됨\n',dt,fix(nt))
end
nt = fix(nt); t = [0:nt]*dt; rx = alpha*dt/dx^2; ry = alpha*dt/dy^2;
[r0,c0] = size(u0);
if r0 ~= nx+1 | c0 ~= ny+1
    error('초기조건 행렬의 크기가 맞지 않음.')
end

[a,b]=size(bc);
if a ~= 4
    error('경계조건 수가 맞지 않음.')
end
if b < 2 | b > 3
    error('경계조건이 맞지 않음.')
end
if b == 2 & max(bc(:,1)) <= 2
    bc = [bc zeros(4,1)];
end

% 편미분 방정식의 풀이
u(:,:,1) = u0;
for n = 1:nt
    for i = 2:nx
        for j = 2:ny
            u(i,j,n+1) = rx*(u(i+1,j,n)+u(i-1,j,n))+ ry*(u(i,j+1,n)...
                + u(i,j-1,n)) + (1-2*rx-2*ry)*u(i,j,n);
            if nargin >= 10
                u(i,j,n+1) = u(i,j,n+1) +...
                    dt*feval(func,u(i,j,n),x(i),y(j),t(n),varargin{:});
            end
        end
    end

    % Lower x 경계조건
    switch bc(1,1)
    case 1
        u(1,2:ny,n+1) = bc(1,2) * ones(1,ny-1,1);
    case {2, 3}
        u(1,2:ny,n+1) = (-2*bc(1,2)*dx + 4*u(2,2:ny,n+1)...
            - u(3,2:ny,n+1)) / (2*bc(1,3)*dx + 3);
    end

    % Upper x 경계조건
```

```
    switch bc(2,1)
    case 1
      u(nx+1,2:ny,n+1) = bc(2,2) * ones(1,ny-1,1);
    case {2, 3}
      u(nx+1,2:ny,n+1) = (-2*bc(2,2)*dx - 4*u(nx,2:ny,n+1) ...
        + u(nx-1,2:ny,n+1)) / (2*bc(2,3)*dx - 3);
    end

    % Lower y 경계조건
    switch bc(3,1)
    case 1
      u(2:nx,1,n+1) = bc(3,2) * ones(nx-1,1,1);
    case {2, 3}
      u(2:nx,1,n+1) = (-2*bc(3,2)*dy + 4*u(2:nx,2,n+1) ...
        - u(2:nx,3,n+1)) / (2*bc(3,3)*dy + 3);
    end

    % Upper y 경계조건
    switch bc(4,1)
    case 1
      u(2:nx,ny+1,n+1) = bc(4,2) * ones(nx-1,1,1);
    case {2, 3}
      u(2:nx,ny+1,n+1) = (-2*bc(4,2)*dy - 4*u(2:nx,ny,n+1) ...
        + u(2:nx,ny-1,n+1)) / (2*bc(4,3)*dy - 3);
    end
end

% 꼭지점 노드
u(1,1,:) = (u(1,2,:) + u(2,1,:)) / 2;
u(nx+1,1,:) = (u(nx+1,2,:) + u(nx,1,:)) / 2;
u(1,ny+1,:) = (u(1,ny,:) + u(2,ny+1,:)) / 2;
u(nx+1,ny+1,:) = (u(nx+1,ny,:) + u(nx,ny+1,:)) / 2;
```

**parabDbc.m**

```
function [u r] = parabDbc(nx,nt,dx,dt,alpha,u0,bci,bcf)
% 1차원 parabolic 편미분 방정식의 풀이(일정한 Dirichlet 경계조건)
% Outputs:
%     u: 종속변수 행렬 [u(x,t)]
% Inputs:
%     nx: x 방향으로의 구간 수
%     nt: t 방향으로의 구간 수
%     dx: x 증가분
%     dy: t 증가분
%     alpha: 방정식의 계수
```

```
%     u0: t=0에서의 u 분포벡터(길이가 nx+1인 행벡터)
%     bci, bcf: x의 양 끝점에서의 경계조건(스칼라)

r = alpha*dt/dx^2; A = zeros(nx-1,nx-1);
u = zeros(nt+1,nx+1); u(:,1) = bci*ones(nt+1,1);
u(:,nx+1) = bcf*ones(nt+1,1);
u(1,:) = u0; A(1,1) = 1 + 2*r; A(1,2) = -r;

for i = 2:nx-2
   A(i,i) = 1 + 2*r; A(i,i-1) = -r; A(i,i+1) = -r;
end
A(nx-1,nx-2) = -r; A(nx-1,nx-1) = 1 + 2*r;
b(1,1) = u0(2) + u0(1)*r;
for i = 2:nx-2
   b(i,1) = u0(i+1);
end
b(nx-1,1) = u0(nx) + u0(nx+1)*r;
[L U] = lu(A);
for j = 2:nt+1
   y = L\b; x = U\y; u(j,2:nx) = x'; b = x;
   b(1,1) = b(1,1) + bci*r; b(nx-1,1) = b(nx-1,1) + bcf*r;
end
end
```

## 보기 5 열전달-1차원 parabolic PDE[6]

시간에 따른 벽의 온도분포를 구하여 보기로 한다. 벽돌로 이루어진 벽의 두께는 0.5 m이고 $t=0$일 때 벽의 온도는 100℃로 균일하게 유지되고 있다. 벽돌의 경우 $\alpha = 4.52\times10^{-7} m/s^2$이다. 벽의 양 쪽 표면의 온도가 갑자기 18℃로 떨어져서 그 온도로 유지되고 있다. 앞으로 5시간(18,000초) 동안의 온도분포를 300초 간격으로 구하고 그래프로 나타내어 보라. $x$ 방향의 노드 수는 25개로 한다.

**풀이**

벽의 양 쪽의 경계조건이 일정한 값으로 주어진 경우(Dirichlet 조건)이므로 함수 parabDbc를 이용한다. 수행결과는 다음과 같다.

6 Alkis Constantinides and Navid Mostoufi, Numerical Methods for Chemical Engineers with MATLAB Applications, p. 411-412, Prentice-Hall, 1999.

```
>> alpha = 4.52e-7; nx = 25; dx = 0.5/nx; dt = 300; nt = 18000/dt;
>> u0 = 100*ones(1,nx+1); bci = 18; bcf = 18;
>> [u r] = parabDbc(nx, nt, dx, dt, alpha, u0, bci, bcf);
>> surf(u)
>> axis([0 nx+1 0 nt+1 0 110])
>> view([-217 30]), xlabel('x'), ylabel('t'), zlabel('T')
>> r
r =
   0.3390
```

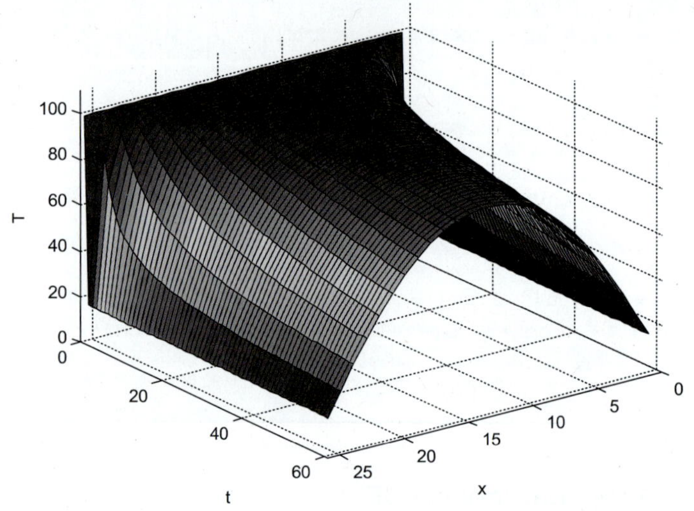


그림 7.13 벽의 시간에 따른 1차원 온도분포

## 정상상태 열전도

3차원 고체 내에서의 정상상태 열전도는 다음과 같이 Elliptic(타원) 편미분 방정식으로 나타낼 수 있다.

$$\frac{\partial^2 T}{\partial x^2}+\frac{\partial^2 T}{\partial y^2}+\frac{\partial^2 T}{\partial z^2}=0$$

2차원의 경우 $\nabla^2 u=\frac{\partial^2 u}{\partial x^2}+\frac{\partial^2 u}{\partial y^2}$로 두면

Laplace 방정식: $\nabla^2 T = 0$

Poisson 방정식: $\nabla^2 T = f(x,y)$

Helmholtz 방정식: $\nabla^2 T + g(x,y)T = f(x,y)$

중앙차분 근사를 적용하면 2차원의 경우 $\nabla^2 u = \dfrac{\partial^2 u}{\partial x^2} + \dfrac{\partial^2 u}{\partial y^2} = 0$ 으로부터

$$\frac{1}{\Delta x^2}(u_{i+1,j} - 2u_{i,j} + u_{i-1,j}) + \frac{1}{\Delta y^2}(u_{i,j+1} - 2u_{i,j} + u_{i,j-1}) = 0$$

이를 정리하면

$$-2\left(\frac{1}{\Delta x^2} + \frac{1}{\Delta y^2}\right)u_{i,j} + \left(\frac{1}{\Delta x^2}\right)u_{i+1,j} + \left(\frac{1}{\Delta x^2}\right)u_{i-1,j} + \left(\frac{1}{\Delta y^2}\right)u_{i,j+1} + \left(\frac{1}{\Delta y^2}\right)u_{i,j-1} = 0$$

위의 관계를 이용한 Elliptic 편미분 방정식의 풀이는 함수 ellipticPDE.m에 의해 수행된다.

```
function [x,y,U] = ellipticPDE(nx,ny,dx,dy,bc,f)
% 2차원 elliptic 편미분 방정식의 풀이:
%    사각형 대상에 대한 Laplace 방정식의 풀이
% output:
%   x: x 값들의 벡터, y: y 값들의 벡터
%   U: 종속변수들의 행렬(U(x,y))
% input:
%   nx: x 방향으로의 구간 수, ny: y 방향으로의 구간 수
%   dx: x-증가분, dy: y-증가분
%   f: Poisson 방정식의 경우 일정
%   bc: 경계조건들의 형태와 값들을 포함하는 행렬(4x2, 혹은 4x3)
%       경계조건들의 차수는 각각 행렬 bc의 1~4행에서 lower x, upper x,
%     lower y, 그리고 upper y로 나타난다. bc 행렬의 첫 번째 열은
%     경계조건의 형태를 결정한다:
%        1: Dirichlet 조건, 두 번째 열이 U 값을 나타낸다.
%        2: Neumann 조건, 두 번째 열이 U' 값을 나타낸다.
%        3: Robbins 조건, 2번째와 3번째 열은 각각 상수와 U의 계수를 저장
```

```
% 초기화
if nargin < 5
   error('Invalid number of inputs.')
end

[a,b] = size(bc);
if a ~= 4
   error('Invalid number of boundary conditions.')
end
if b < 2 | b > 3
   error('Invalid boundary condition.')
end
if b == 2 & max(bc(:,1)) <= 2
   bc = [bc zeros(4,1)];
end

if nargin < 6 | isempty(f)
   f = 0;
end

nx = fix(nx); x = [0:nx]*dx; ny = fix(ny); y = [0:ny]*dy;
dx2 = 1/dx^2; dy2 = 1/dy^2;

% 계수 행렬과 상수 벡터를 구축
n = (nx+1)*(ny+1); A = zeros(n); c = zeros(n,1);
onex = diag(diag(ones(nx-1))); oney = diag(diag(ones(ny-1)));

% 내부 노드
i = [2:nx];
for j = 2:ny
   ind = (j-1)*(nx+1)+i;
   A(ind,ind) = -2*(dx2+dy2)*onex;
   A(ind,ind+1) = A(ind,ind+1) + dx2*onex;
   A(ind,ind-1) = A(ind,ind-1) + dx2*onex;
   A(ind,ind+nx+1) = A(ind,ind+nx+1) + dy2*onex;
   A(ind,ind-nx-1) = A(ind,ind-nx-1) + dy2*onex;
   c(ind) = f*ones(nx-1,1);
end

% Lower x 경계조건
switch bc(1,1)
```

```
case 1
   ind = ([2:ny]-1)*(nx+1)+1;
   A(ind,ind) = A(ind,ind) + oney;
   c(ind) = bc(1,2)*ones(ny-1,1);
case {2, 3}
   ind = ([2:ny]-1)*(nx+1)+1;
   A(ind,ind) = A(ind,ind) - (3/(2*dx) + bc(1,3))*oney;
   A(ind,ind+1) = A(ind,ind+1) + 2/dx*oney;
   A(ind,ind+2) = A(ind,ind+2) - 1/(2*dx)*oney;
   c(ind) = bc(1,2)*ones(ny-1,1);
end

% Upper x 경계조건
switch bc(2,1)
case 1
   ind = [2:ny]*(nx+1);
   A(ind,ind) = A(ind,ind) + oney;
   c(ind) = bc(2,2)*ones(ny-1,1);
case {2, 3}
   ind = [2:ny]*(nx+1);
   A(ind,ind) = A(ind,ind) + (3/(2*dx) - bc(2,3))*oney;
   A(ind,ind-1) = A(ind,ind-1) - 2/dx*oney;
   A(ind,ind-2) = A(ind,ind-2) + 1/(2*dx)*oney;
   c(ind) = bc(2,2)*ones(ny-1,1);
end

% Lower y 경계조건
switch bc(3,1)
case 1
   ind = [2:nx];
   A(ind,ind) = A(ind,ind) + onex;
   c(ind) = bc(3,2)*ones(nx-1,1);
case {2, 3}
   ind = [2:nx];
   A(ind,ind) = A(ind,ind) - (3/(2*dy) + bc(3,3))*onex;
   A(ind,ind+nx+1) = 2/dy*onex;
   A(ind,ind+2*(nx+1)) = -1/(2*dy)*onex;
   c(ind) = bc(3,2)*ones(nx-1,1);
end
```

```
% Upper y 경계조건
switch bc(4,1)
case 1
   ind = ny*(nx+1)+[2:nx];
   A(ind,ind) = A(ind,ind) + onex;
   c(ind) = bc(4,2)*ones(nx-1,1);
case {2, 3}
   ind = ny*(nx+1)+[2:nx];
   A(ind,ind) = A(ind,ind) + (3/(2*dy) - bc(4,3))*onex;
   A(ind,ind-(nx+1)) = A(ind,ind-(nx+1)) - 2/dy*onex;
   A(ind,ind-2*(nx+1)) = A(ind,ind-2*(nx+1)) + 1/(2*dy)*onex;
   c(ind) = bc(4,2)*ones(nx-1,1);
end

% 꼭지점
A(1,1) = 1; A(1,2) = -1/2; A(1,nx+2) = -1/2; c(1) = 0;
A(nx+1,nx+1) = 1; A(nx+1,nx) = -1/2; A(nx+1,2*(nx+1)) = -1/2;
c(nx+1) = 0;

A(ny*(nx+1)+1,ny*(nx+1)+1) = 1;
A(ny*(nx+1)+1,ny*(nx+1)+2) = -1/2;
A(ny*(nx+1)+1,(ny-1)*(nx+1)+1) = -1/2;
c(ny*(nx+1)+1) = 0;

A(n,n) = 1; A(n,n-1) = -1/2; A(n,n-(nx+1)) = -1/2; c(n) = 0;
u = inv(A)*c;   % 방정식의 풀이

% 결과를 행렬 형태로 재배열
for k = 1:ny+1
   U(k,1:nx+1) = u((k-1)*(nx+1)+1:k*(nx+1))';
end
```

## 보기 6 온도분포에 대한 2차원 Laplace 및 Poisson 방정식의 풀이[7]

2차원 금속판 내의 온도분포를 나타내는 2차원 elliptic 편미분 방정식의 일반적인 형태는

$$\frac{\partial^2 T}{\partial x^2}+\frac{\partial^2 T}{\partial y^2}=f$$

7 Alkis Constantinides and Navid Mostoufi, Numerical Methods for Chemical Engineers with MATLAB Applications, p. 382-385, Prentice-Hall, 1999.

로 쓸 수 있다. 위에서 $f$는 일정하다고 가정한다. 금속판은 융점이 800℃ 이고 열 전도도가 16 $W/(m \cdot K)$인 합금으로 만들어져 있다. 이 합금에 전류가 흐르고 있는데 이로 인하여 금속판 내부에 균일한 열원이 생성되고 있으며 생성되는 열은 $Q' = 100 \ kW/m^3$이다. 판의 4개 경계면 모두는 25℃ 의 유체와 접촉하고 있으며 Robbins 경계조건은 다음과 같다.

$$\left.\frac{\partial T}{\partial x}\right|_{0,y} = 5\{T(0,y) - 25\}, \quad \left.\frac{\partial T}{\partial x}\right|_{1,y} = 5\{25 - T(1,y)\}, \quad \left.\frac{\partial T}{\partial y}\right|_{x,0} = 5\{T(x,0) - 25\},$$

$$\left.\frac{\partial T}{\partial y}\right|_{x,1} = 5\{25 - T(x,1)\}$$

금속판 내부의 온도분포를 구하고 서로 비교하여 보라.

풀이에 있어서는 모든 종속변수들을 벡터로 정렬하고 번호를 붙인다. 유한차분 근사는

$$-2\left(\frac{1}{\Delta x^2} + \frac{1}{\Delta y^2}\right)u_n + \left(\frac{1}{\Delta x^2}\right)u_{n+1} + \left(\frac{1}{\Delta x^2}\right)u_{n-1} + \left(\frac{1}{\Delta y^2}\right)u_{n+p+1} + \left(\frac{1}{\Delta y^2}\right)u_{n-p-1} = f$$

의 형태를 갖는다.

Laplace 방정식의 경우 $f = 0$이며 Poisson 방정식의 경우 $f$는 판 전체에 걸쳐 일정한 값을 갖는다.

Dirichlet 경계조건의 경우 $u_N =$(일정)이며 경계조건이 Neumann이나 Robbins 형태인 경우 forward나 backward 차분을 이용하여 경계에서의 1차 미분을 구한다. 즉

$x = 0$: forward 차분(N은 x = 0선상의 노드를 의미)

$$\left.\frac{\partial u}{\partial x}\right|_{x=0} = \frac{1}{2\Delta x}(-3u_N + 4u_{N+1} - u_{N+2})$$

$x = L$: backward 차분(N은 x = L선상의 노드를 의미)

$$\left.\frac{\partial u}{\partial x}\right|_{x=L} = \frac{1}{2\Delta x}(3u_N - 4u_{N-1} + u_{N-2})$$

$y = 0$: forward 차분(N은 y = 0선상의 노드를 의미)

$$\left.\frac{\partial u}{\partial y}\right|_{y=0} = \frac{1}{2\Delta y}(-3u_N + 4u_{N+p+1} - u_{N+2p+2})$$

$y = L$: backward 차분(N은 y = L선상의 노드를 의미)

$$\left.\frac{\partial u}{\partial y}\right|_{y=L} = \frac{1}{2\Delta y}(3u_N - 4u_{N-p-1} + u_{N-2p-2})$$

**풀이**

판의 규격 데이터 및 경계조건의 설정은 스크립트 파일 tempPDE.m에서 구현할 수 있는데 이 파일은 함수 ellipticPDE.m을 호출하여 편미분 방정식의 풀이를 수행한다.

```
% tempPDE.m
% 유한차분 방법을 이용한 Laplace, 혹은 Poisson 방정식의 풀이
% PDE의 풀이: ellipticPDE

clear all;
bcdialog = ['Lower x 경계조건:'
  'Upper x 경계조건:'
  'Lower y 경계조건:'
  'Upper y 경계조건:'];

redo = 1;
while redo
  length = input('판의 x 방향 길이(m): ');
  width = input('판의 y 방향 너비(m): ');
  p = input('x 방향 구간 수: ');
  q = input('y 방향 구간 수: ');
  f = input('f(방정식의 우변항): ');
  disp('경계조건:')
  for k = 1:4
    disp(bcdialog(k,:))
    disp('1: Dirichlet, 2: Neumann, 3: Robbins')
    bc(k,1) = input('경계조건을 선택: ');
    if bc(k,1) < 3
      bc(k,2) = input('Value = ');
    else
      disp(' u'' = (beta) + (gamma)*u')
      bc(k,2) = input('상수(beta): ');
      bc(k,3) = input('계수(gamma): ');
    end
  end
```

```
    [x,y,T] = ellipticPDE(p,q,length/p,width/q,bc,f);
    surf(y,x,T), xlabel('x(m)'), ylabel('y(m)'), zlabel('T(deg C)')
    colorbar, view(135,45), disp(' ')
    redo = input('계산을 계속 수행(아니오:0, 예:1)? '); clc
end
```

스크립트 파일 tempPDE.m의 수행결과는 다음과 같다.

```
>> tempPDE
판의 x 방향 길이(m) : 1
판의 y 방향 너비(m) : 1
x 방향 구간 수: 20
y 방향 구간 수: 20
f(방정식의 우변항) : -100e3/16
경계조건:
Lower x 경계조건:
1: Dirichlet, 2: Neumann, 3: Robbins
경계조건을 선택: 3
 u' = (beta) + (gamma)*u
상수(beta) : -5*25
계수(gamma) : 5
Upper x 경계조건:
1: Dirichlet, 2: Neumann, 3: Robbins
경계조건을 선택: 3
 u' = (beta) + (gamma)*u
상수(beta) : 5*25
계수(gamma) : -5
Lower y 경계조건:
1: Dirichlet, 2: Neumann, 3: Robbins
경계조건을 선택: 3
 u' = (beta) + (gamma)*u
상수(beta) : -5*25
계수(gamma) : 5
Upper y 경계조건:
1: Dirichlet, 2: Neumann, 3: Robbins
경계조건을 선택: 3
 u' = (beta) + (gamma)*u
상수(beta) : 5*25
계수(gamma) : -5
```

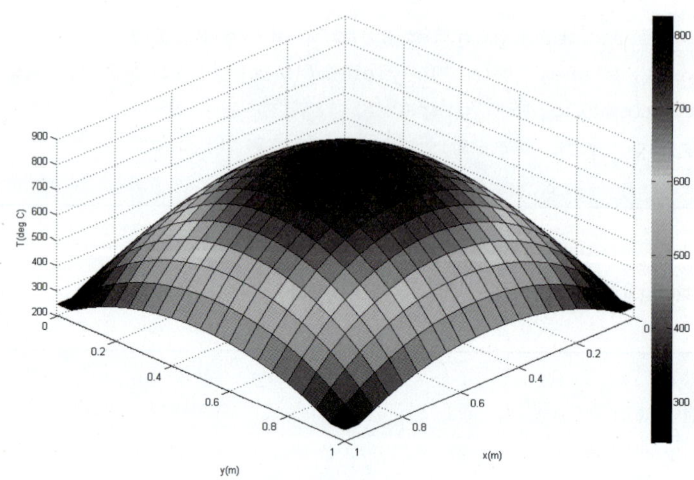


그림 7.14 3차원 온도분포(3)

```
계산을 계속 수행(아니오:0, 예:1)? 0
```

## 7.3 열 교환기

### 상 변화가 없는 관형(Shell and Tube) 열 교환기

#### 로그평균 온도차의 계산

향류 shell-and-tube 열교환기에서는 shell의 수를 최소로 하는 것이 중요하다. 주어진 시스템에서 최소 shell 수와 로그평균 온도차는 다음 식들로부터 계산할 수 있다.[8]

$$\Delta t_1 = T_2 - t_1,\ \Delta t_2 = T_1 - t_2,\ P = \frac{t_2 - t_1}{T_1 - t_1},\ R = \frac{T_1 - T_2}{t_2 - t_1}$$

i) $R \neq 1$인 경우:

$$P' = \frac{1 - \left(\frac{PR-1}{P-1}\right)^{1/N}}{R - \left(\frac{PR-1}{P-1}\right)^{1/N}},\quad F = \frac{\frac{\sqrt{R^2+1}}{R-1} ln\left(\frac{1-P'}{1-RP'}\right)}{\ln A},$$

8 A. Kayode Coker, Chemical Process Design, Analysis and Simulation, p. 596-604, Gulf Publishing Company, 1995.

$$A = \frac{\frac{2}{P'} - 1 - R + \sqrt{R^2+1}}{\frac{2}{P'} - 1 - R - \sqrt{R^2+1}}$$

ii) $R=1$인 경우:

$$P'' = \frac{P}{N-P(N-1)},\quad F = \frac{\frac{\sqrt{R^2+1}\cdot P''}{(1-P'')}}{\ln B},\quad B = \frac{\frac{2}{P''} - 2 + \sqrt{2}}{\frac{2}{P''} - 2 - \sqrt{2}}$$

$$\Delta T_{lm} = \frac{\Delta t_1 - \Delta t_2}{\ln\left(\frac{\Delta t_1}{\Delta t_2}\right)}$$

보정된 $\Delta T_{lm} = F \cdot \Delta T_{lm}$

위에서 $T_1$: 뜨거운 유체 유입온도(°F), $T_2$: 뜨거운 유체 유출온도(°F), $t_1$: 차가운 유체 유입온도(°F), $t_2$: 차가운 유체 유출온도(°F), $N$: 소요되는 열교환기의 최소 shell 수, $\Delta T_{lm}$: 로그평균 온도차(°F), 그리고 $F$는 보정인자이다.

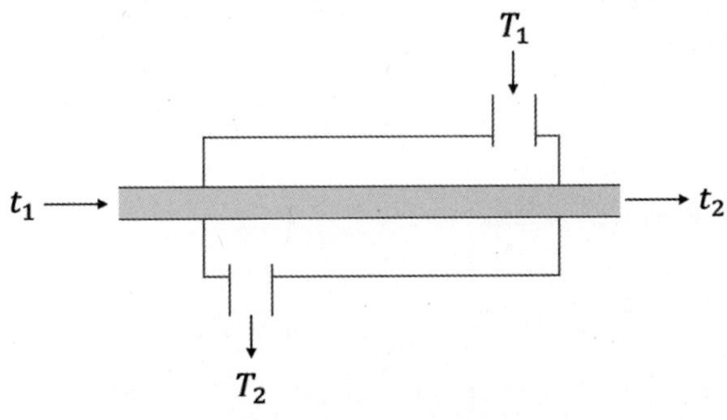

그림 7.15 향류 열교환기

계산과정은 다음과 같다.

1) 데이터를 입력하고 P와 R을 계산
2) N = 1로 설정하고 R과 1을 비교
3) $R \neq 1$이면 P', A를 계산
   i) A>0이면 F를 계산. go to 5).
   ii) A<0이면 N = N+1. go to 3).

4) $R=1$이면 P", B를 계산
   i) B>0이면 F를 계산. go to 5).
   ii) B<0이면 N = N+1. go to 3).
5) $F \le 0.75$이면 N = N+1. go to 3).
6) $\Delta t_1 = \Delta t_2$이면 $\Delta T_{lm} = \Delta t_1$
7) $\Delta t_1 \neq \Delta t_2$이면 $\Delta T_{lm}$를 계산
8) 보정된 $\Delta T_{lm}$를 계산

위의 과정은 스크립트 shellLMTD.m에 의해 수행된다.

```
% shellLMTD.m: number of required shells and LMTD
clear all;
% Data
T1  = input('뜨거운 유체 유입온도(deg.F) : ');
T2  = input('뜨거운 유체 유출온도(deg.F) : ');
t1  = input('차가운 유체 유입온도(deg.F) : ');
t2  = input('차가운 유체 유출온도(deg.F) : ');

N = 1;   % Initialize N
Dt1 = T2 - t1; Dt2 = T1 - t2;
% Compute P and R
P = (t2 - t1)/(T1 - t1); R = (T1 - T2)/(t2 - t1);
% Test F and R
A = -1;  B = -1; F = 0.1; % Initial F
while (F <= 0.75)
   if ( R > 1 || R < 1)
      while (A < 0)
         Pp = (1 - ((P*R-1)/(P-1))^(1/N)) / (R-((P*R-1)/(P-1))^(1/N));
         A = (2/Pp - 1 - R + sqrt(R^2 +1)) / (2/Pp - 1 - R - sqrt(R^2 +1));
         if (A < 0)
            N = N + 1;
         end
      end
      F = ( sqrt(R^2 +1) * log10((1-Pp)/(1-Pp*R)) / (R-1) ) / (log10(A));
   else      % R = 1
      while (B < 0)
         Ppp = P / (N-P*(N-1));
         B = (2/Ppp - 2 + sqrt(2)) / (2/Ppp - 2 - sqrt(2));
```

```
            if (B < 0)
               N = N + 1;
            end
         end
         F = ( sqrt(R^2 +1) * Ppp / (log(10*(1-Ppp))) ) / (log10(B));
      end
      if (F <= 0.75)
         N = N + 1;
      end
   end
% Compute LMTD
if (Dt1 == Dt2)
   LMTD = Dt1;
else
   LMTD = (Dt1-Dt2)/(log(Dt1/Dt2));
end
cLMTD = F*LMTD; % Corrected LMTD
% Output
fprintf('\nNumber of shells = %3d\n', N);
fprintf('F factor = %9.4f\n', F);
fprintf('Corrected LMTD = %9.4f\n', cLMTD);
```

### 보기 7 Shell 수와 로그평균 온도차(LMTD)의 계산

향류 shell-and-tube 열교환기에서 뜨거운 유체가 물로 냉각되고 있다. 소요되는 shell 수와 F인자 및 보정된 LMTD를 구하여라.

뜨거운 유체 유입온도($T_1$) = 250°F, 뜨거운 유체 유출온도($T_2$) = 100°F,

냉각수 유입온도($t_1$) = 80°F, 냉각수 유출온도($t_2$) = 120°F

**풀이**

스크립트 shellLMTD.m의 수행결과는 다음과 같다.

```
>> shellLMTD
뜨거운 유체 유입온도(deg.F) : 250
뜨거운 유체 유출온도(deg.F) : 100
차가운 유체 유입온도(deg.F) : 80
차가운 유체 유출온도(deg.F) : 120
```

```
Number of shells =    2
F factor =    0.9189
Corrected LMTD =    54.0029
```

**튜브측 열전달 계수**

튜브 측의 Reynolds수는

$$N_{Rei} = \frac{d_i G_i}{\mu_i}$$

로 정의된다. 위에서 질량유량 $G_i$는

$$G_i = \frac{4W_i}{n\pi d_i^2}$$

로 주어진다. $W_i$는 튜브 측의 총 질량유량이며 n은 1 pass당 튜브 수이다. Graetz 수 $G_{zi}$를 $G_{zi} = \frac{d_i^2 G_i C_{pi}}{k_i L}$와 같이 정의하면 튜브 측의 Reynolds수의 범위에 따른 Nusselt 수 $N_{ui} = \frac{h_i d_i}{k_i}$는 다음과 같다.

$$N_{Rei} \le 2100(\text{즉 층류}):\ N_{ui} = \begin{cases} 3.66 + \dfrac{0.085 G_{zi}}{1 + 0.047 G_{zi}^{2/3}} \left( \dfrac{\mu_i}{\mu_w} \right)^{0.14} & : \ G_{zi} \le 100 \\ 1.86 G_{zi}^{1/3} \left( \dfrac{\mu_i}{\mu_w} \right)^{0.14} & : \ G_{zi} > 100 \end{cases}$$

$$2100 < N_{Rei} < 10^4:\ N_{ui} = 0.116 \left( N_{Rei}^{2/3} - 125 \right) P_{ri}^{1/3} \left[ 1 + \left( \frac{d_i}{L} \right)^{2/3} \right] \left( \frac{\mu_i}{\mu_w} \right)^{0.14}$$

$$N_{Rei} \ge 10^4:\ N_{ui} = 0.023 N_{Rei}^{0.8} P_{ri}^{0.33} \left( \frac{\mu_i}{\mu_w} \right)^{0.14}$$

위에서 Prandtl수 $P_{ri}$는 $P_{ri} = \frac{C_{pi}\mu_i}{k_i}$로 정의된다.

**Shell측 열전달 계수**

Shell 측의 열전달 계수는 다음 과정에 따라 구할 수 있다.

1) Shell 측의 Reynolds수 $N_{Res} = \dfrac{d_o W_o}{\mu_o S_m}$를 계산한다. 여기에서 $S_m$은 교차흐름 단면적으로서 다음과 같이 주어진다.

$$S_m = \begin{cases} l_b\left[D_s - d_{otl} + \dfrac{d_{otl} - d_o}{p_n}(p_T - d_o)\right] & : \text{정사각형 배열} \\ l_b\left[D_s - d_{otl} + \dfrac{d_{otl} - d_o}{p_T}(p_T - d_o)\right] & : \text{삼각형 배열} \end{cases}$$

위에서 $l_b$는 배플(baffle) 간격, $D_s$는 shell의 내부직경, $p_T$는 튜브 피치(pitch), 그리고 $d_{otl}$은 shell 외부 튜브 한계이며 흐름에 수직인 튜브 피치 $p_n$은 정사각형 배열인 경우 $p_T$, 회전된 정사각형 배열인 경우 $\dfrac{p_T}{\sqrt{2}}$, 삼각형 배열인 경우 $\dfrac{p_T}{2}$로 주어진다.

2) 이상적인 튜브 구배에 대한 열전달 계수를 계산한다.

$$\frac{h_o}{C_{po}G_o} = j_{H,s}P_{ro}^{-2/3}\left(\frac{\mu_o}{\mu_{ow}}\right)^{0.14}, \quad j_{H,s} = a_1 N_{Res}^{a_2}\left(\frac{1.33d_o}{p_T}\right)^a, \quad a = \frac{a_3}{1+0.14N_{Res}^{a_4}}$$

다음 표는 다양한 튜브 배열에 대한 계수 $a_i(i=1,2,3,4)$를 보인 것이다.

**표 7.1 튜브 배열에 따른 계수** $a_i(i=1,2,3,4)$

| 튜브배열 | $N_{Res}$ 범위 | $a_1$ | $a_2$ | $a_3$ | $a_4$ |
|---|---|---|---|---|---|
| 삼각형 | $10^5 \sim 10^4$ | 0.321 | −0.388 | 1.450 | 0.519 |
| | $10^4 \sim 10^3$ | 0.321 | −0.388 | | |
| | $10^3 \sim 10^2$ | 0.593 | −0.477 | | |
| | $10^2 \sim 10$ | 1.360 | −0.657 | | |
| | <10 | 1.400 | −0.667 | | |
| 정사각형(in-line) | $10^5 \sim 10^4$ | 0.370 | −0.395 | 1.187 | 0.370 |
| | $10^4 \sim 10^3$ | 0.107 | −0.266 | | |
| | $10^3 \sim 10^2$ | 0.408 | −0.460 | | |
| | $10^2 \sim 10$ | 0.900 | −0.631 | | |
| | <10 | 0.970 | −0.667 | | |
| 정사각형(rotated) | $10^5 \sim 10^4$ | 0.370 | −0.396 | 1.930 | 0.500 |
| | $10^4 \sim 10^3$ | 0.370 | −0.396 | | |
| | $10^3 \sim 10^2$ | 0.730 | −0.500 | | |
| | $10^2 \sim 10$ | 0.498 | −0.656 | | |
| | <10 | 1.550 | −0.667 | | |

3) 배플(baffle) 구조의 영향을 나타내는 보정인자 $\phi_c$를 계산한다.

$$\phi_c = F_{tc} + 0.54(1 - F_{tc})^{0.345}$$

위에서 $F_{tc}$는 총 튜브들에 대한 교차흐름면 내의 튜브들의 분율을 나타내며

$$F_{tc} = \frac{1}{\pi}\left[\pi + 2\left(\frac{D_s - 2l_c}{d_{otl}}\right)\sin\left(\cos^{-1}\frac{D_s - 2l_c}{d_{otl}}\right) - 2\cos^{-1}\frac{D_s - 2l_c}{d_{otl}}\right]$$

로 주어진다. $l_c$는 배플 컷(baffle cut)을 나타낸다.

4) 배플 누출(leakage) 효과를 나타내는 보정인자 $\phi_l$를 구한다.

$$\phi_l = \alpha + (1 - \alpha)\exp\left(-2.2\frac{S_{tb} + S_{sb}}{S_m}\right)$$

위에서

$$\alpha = 0.44\left(1 - \frac{S_{sb}}{S_{tb} + S_{sb}}\right),\ S_{tb} = 15.81 d_o N_T (1 + F_{tc}),$$

$$S_{sb} = \frac{D_s \delta_{sb}}{2}\left[\pi - \cos^{-1}\left(1 - \frac{2l_c}{D_s}\right)\right]$$

로 주어지며 $N_T$는 튜브다발 중의 총 튜브 수이다.

5) 튜브다발 바이패스 효과를 나타내는 보정인자 $\phi_b$를 계산한다.

$$\phi_b = \exp\left[-C_{bh}F_{bp}\left\{1 - 2\left(\frac{N_{ss}}{N_c}\right)^{1/3}\right\}\right]$$

위에서

$$F_{bp} = \frac{D_s - d_{otl}}{S_m} l_b,\ N_c = \frac{D_s}{p_p}\left(1 - 2\frac{l_c}{D_s}\right),\ C_{bh} = \begin{cases} 1.35 : N_{Res} \le 100 \\ 1.25 : N_{Res} > 100 \end{cases}$$

로 주어지며 흐름에 평행인 튜브 피치 $p_p$은 in-line 정사각형 배열인 경우 $p_T$, 회전된 정사각형 배열인 경우 $\frac{p_T}{\sqrt{2}}$, 삼각형 배열인 경우 $\frac{\sqrt{3}\,p_T}{2}$로 주어진다. $N_{sc}/N_c \ge 0.5$이면 $\phi_b = 1$이다.

6) 낮은 Reynolds수에서 형성되는 역 온도구배에 대한 보정인자 $\phi_r$을 계산한다.

$$\phi_r = \begin{cases} 1 & : N_{Res} > 100 \\ 1-(1-\phi_r^*)(1.24-0.0124N_{Res}) & : 20 \le N_{Res} \le 100 \\ \phi_r^* & : N_{Res} < 20 \end{cases}$$

위에서

$$\phi_r^* = 3.76[\ln(N_c + N_{cw})]^{-0.15} N_b^{-0.174}, \quad N_{cw} = \frac{0.81 l_c}{p_p}, \quad N_b = \frac{L}{l_b} - 1$$

로 주어진다.

7) 유입부와 유출부에서의 고르지 않은 배플간격에 의한 보정인자를 계산한다.

$$\phi_s = \frac{(N_b - 1) + l_{in}^{*(1-n)} + l_{out}^{*(1-n)}}{(N_b - 1) + l_{in}^* + l_{out}^*}, \quad l^* = \frac{l_c}{l_b}$$

위에서 n은 $N_{Res} \le 100$인 경우 0.333, 그 이외의 경우 0.6을 취한다.

8) Shell 측 열전달 계수는 다음과 같이 주어진다.

$$h_o = h_{o,ideal}\phi_c\phi_l\phi_b\phi_r\phi_s$$

### 튜브 측 압력강하

튜브 측 유체의 압력강하는

$$\Delta P_i = \frac{2f_i u_i^2 \rho_i L N_{tp}}{d_i(\mu_i/\mu_w)^{0.14}} + K\left(\frac{u_i^2}{2g}\right)\rho_i N_{tp}$$

로 계산된다. 유입 및 유출부의 노즐에 의한 압력손실은

$$\Delta P_{nozzle} = 1.5\rho_i\left(\frac{u_{nozzle}^2}{2}\right)$$

로부터 구할 수 있다.

**Shell 측 압력강하**

1) 이상적인 튜브구배 마찰인자를 계산한다.

$$f_s = b_1 N_{Res}^{b_2} \left( \frac{1.33 d_o}{p_T} \right)^b, \quad b = \frac{b_3}{1 + 0.14 N_{Res}^{b_4}}$$

다음 표는 다양한 튜브 배열에 대한 계수 $b_i (i = 1,2,3,4)$를 보인 것이다.

**표 7.2 튜브 배열에 따른 계수 $b_i (i = 1, 2, 3, 4)$**

| 튜브배열 | $N_{Res}$ 범위 | $b_1$ | $b_2$ | $b_3$ | $b_4$ |
|---|---|---|---|---|---|
| 삼각형 | $10^5 \sim 10^4$ | 0.372 | −0.123 | 7.00 | 0.500 |
| | $10^4 \sim 10^3$ | 0.486 | −0.152 | | |
| | $10^3 \sim 10^2$ | 4.570 | −0.476 | | |
| | $10^2 \sim 10$ | 45.100 | −0.973 | | |
| | $<10$ | 48.000 | −1.000 | | |
| 정사각형(in-line) | $10^5 \sim 10^4$ | 0.391 | −0.148 | 6.30 | 0.378 |
| | $10^4 \sim 10^3$ | 0.0815 | 0.022 | | |
| | $10^3 \sim 10^2$ | 6.090 | −0.602 | | |
| | $10^2 \sim 10$ | 32.100 | −0.963 | | |
| | $<10$ | 35.000 | −1.000 | | |
| 정사각형(rotated) | $10^5 \sim 10^4$ | 0.303 | −0.126 | 6.59 | 0.520 |
| | $10^4 \sim 10^3$ | 0.333 | −0.136 | | |
| | $10^3 \sim 10^2$ | 3.500 | −0.476 | | |
| | $10^2 \sim 10$ | 26.200 | −0.913 | | |
| | $<10$ | 32.000 | −1.000 | | |

2) 1회의 교차흐름 경로에 대한 이상적인 튜브구배 압력강하를 계산한다.

$$\Delta P_b = 2 f_s N_c \frac{G_o^2}{\rho_o} \left( \frac{\mu_o}{\mu_w} \right)^{-0.14}$$

3) 이상적인 window 부분에 대한 압력강하를 구한다.

$$\Delta P_w = \begin{cases} (2+0.6N_{cw})\dfrac{W_o^2}{2\sqrt{S_m S_w}\rho_o} : & N_{Res} > 100 \\ 0.026\dfrac{W_o^2 \mu_o}{\sqrt{S_m S_w}\rho_o}\left(\dfrac{N_{cw}}{p_T - d_o} + \dfrac{l_b}{d_w^2}\right) + \dfrac{W_o^2}{\sqrt{S_m S_w}\rho_o} : & N_{Res} \le 100 \end{cases}$$

위에서

$$S_w = \frac{D_s^2}{4}\left[\cos^{-1}\left(1-\frac{2l_c}{D_s}\right) - \left(1-\frac{2l_c}{D_s}\right)\sqrt{1-\left(1-\frac{2l_c}{D_s}\right)^2}\right] - \frac{N_T}{8}(1-F_{tc})\pi d_o^2$$

$$d_w = \frac{4S_w}{(\pi/2)N_T(1-F_{tc})d_o + 2D_s \cos^{-1}(1-2l_c/D_s)}$$

로 주어진다.

4) 압력강하에 대한 배플 누출(leakage) 효과를 나타내는 보정인자 $R_l$을 구한다.

$$R_l = \exp\left[-1.33b\left(\frac{S_{tb}+S_{sb}}{S_m}\right)^m\right], \quad m = -0.15b + 0.8, \quad b = 1 + \frac{S_{sb}}{S_{tb}+S_{sb}}$$

5) 압력강하에 대한 튜브다발 바이패스 효과를 나타내는 보정인자 $R_b$를 계산한다.

$$R_b = \exp\left[-C_{bp}F_{bp}\left\{1-2\left(\frac{N_{ss}}{N_c}\right)^{1/3}\right\}\right], \quad C_{bp} = \begin{cases} 4.5 : & N_{Res} \le 100 \\ 3.7 : & N_{Res} > 100 \end{cases}$$

6) 유입부와 유출부에서의 고르지 않은 배플간격에 의한 보정인자를 계산한다.

$$R_s = l_{in}^{*(2-n)} + l_{out}^{*(2-n)}, \quad n = \begin{cases} 1 \ : & N_{Res} \le 100 \\ 0.2 : & N_{Res} > 100 \end{cases}$$

7) Shell 측 압력강하(노즐에서의 압력손실은 제외)는 다음과 같이 주어진다.

$$\Delta P_o = R_b \Delta P_b \left[(N_b - 1)R_l + \left(1 + \frac{N_{cw}}{N_c}\right)R_s\right] + N_b R_l \Delta P_w$$

**열 교환기 계산단계**

1) 데이터 입력: shell 내부직경($D_s$), 배플 간격($l_b$), 튜브 외경($d_o$), 튜브 내경($d_i$), 튜브 배열형태(삼각형, 정사각형 등), 튜브 피치($p_T$), 튜브 길이(L), 튜브 쉬트 두께($l_s$), 튜브 패스 수($N_{Tp}$), 총 튜브 수($N_T$), 배플 컷($l_c$), 봉인판(sealing strip) 수($N_{ss}$).
2) 두 기준온도($T_{ref1}$, $T_{ref2}$) 및 이들 온도에서 shell과 튜브 측 유체의 밀도, 점도, 열 전도도 및 비열과 튜브 재질의 열 전도도($k_w$)를 입력.
3) 운전조건을 입력: shell측 유체와 튜브측 유체의 유입 및 유출온도와 유량, 그리고 fouling 계수들을 입력.
4) 하나의 온도값이나 유량값이 주어지지 않은 경우 에너지 수지로부터 미지 변수를 계산. 두 개의 미지변수가 존재하는 경우 어느 하나를 가정하고 에너지 수지로부터 나머지 변수를 계산.
5) 튜브측 열전달 계수를 계산. 처음에는 점도 보정인자 $(\mu_i/\mu_{iw})^{0.14}$를 1로 둔다.
6) hell측 열전달 계수를 계산.
7) 튜브 벽 온도를 추정: $t_w = t_b + \dfrac{h_o}{h_i + h_o}(T_b - t_b)$
8) 점도 보정인자 $(\mu/\mu_w)^{0.14}$를 계산.
9) $t_w$가 수렴할 때까지 단계 5)-8)을 반복.
10) 튜브 벽 계수를 계산: $h_w = 2k_w/(d_o - d_i)$.
11) 총괄 열전달 계수를 계산.
12) 로그평균 온도차 $\Delta T_{lm}$ 및 다중 튜브 패스들에 대한 보정인자 $F = F_T$를 계산.
13) 열 부하가 주어진 경우 소요 열전달 면적 $A_{req} = \dfrac{Q}{UF_T\Delta T_{lm}}$을 계산. 실제 열전달 면적과 비교하여 차이를 구한 다음 단계 15)를 수행.
14) 열 부하가 주어져 있지 않다면 $Q = U\Delta T_{lm}F_T A$로부터 부하를 추정. 추정된 Q를 이용하여 단계 4)에서 가정한 양을 계산.
15) 튜브측과 shell측 압력강하를 구하고 계산과정을 종료.

위의 계산과정은 해당되는 함수들에 의해 수행된다. 물성치 계산에 있어서는 보통 운전 범위를 포함하는 두 기준온도에서 튜브 측과 shell 측을 흐르는 유체의 물성치를 설정한 후에 다음과 같은 관계로부터 임의의 온도 T에서의 물성치를 계산한다.

$$\text{액체점도: } \mu = ae^{b/T}, \quad \text{기체밀도: } \rho = \rho_{ref}\frac{T_{ref}}{T}$$

$$y = a + bT \quad (y = \mu,\ k,\ C_p,\ \rho)$$

상수 a와 b는 두 기준값들로부터 정해진다.

위의 관계에 따라 튜브측과 shell 측의 점도는 함수 hxvis에 의해 계산되며 열 전도도는 함수 hxthc, 비열은 함수 hxcp, 그리고 밀도는 함수 hxrho에 의해 계산된다.

**hxvis.m**

```
function mu = hxvis(muref,Tref,T,fstate)
% 주어진 두 기준온도 및 기준점도를 이용하여 온도 T에서의 점도를 계산
% input:
%   muref: 두 기준온도 Tref에서의 점도벡터
%   Tref: 기준온도 벡터
%   T: 점도가 계산되는 온도(K)
%   fstate: 유체의 상태(1:액체(mu = A*exp(B/T), 2:기체(mu = A+BT))
% output:
%   mu: 점도(Ns/m^2)

if fstate == 1 % 액체
    mu = muref(1)*exp(Tref(2)*(Tref(1) - T)/(T*Tref(1) -...
        Tref(2))*log(muref(2)/muref(1)));
else % 기체
    mu = (muref(2)*Tref(1) - muref(1)*Tref(2) +...
        T*(muref(1)-muref(2)))/(Tref(1) - Tref(2));
end
end
```

**hxthc.m**

```
function xk = hxthc(xkref,Tref,T)
% 주어진 두 기준온도 및 기준열전도도를 이용하여 온도 T에서의 열전도도를 계산
% input:
%   xkref: 두 기준온도 Tref에서의 열전도도 벡터(W/m/K)
%   Tref: 기준온도 벡터(K)
%   T: 열전도도가 계산되는 온도(K)
% output:
%   xk: 열전도도(W/m/K)  (xk = A+B*T)

xk = (xkref(2)*Tref(1) - xkref(1)*Tref(2) +...
        T*(xkref(1)-xkref(2)))/(Tref(1) - Tref(2));
end
```

**hxcp.m**

```
function Cp = hxcp(cpref,Tref,T)
% 주어진 두 기준온도 및 기준비열을 이용하여 온도 T에서의 비열을 계산
% input:
```

```
%   cpref: 두 기준온도 Tref에서의 비열 벡터(J/kg/K)
%   Tref: 기준온도 벡터(K)
%   T: 비열이 계산되는 온도(K)
% output:
%   Cp: 비열(J/kg/K)  (Cp = A+B*T)

Cp = (cpref(2)*Tref(1) - cpref(1)*Tref(2) +...
      T*(cpref(1)-cpref(2)))/(Tref(1) - Tref(2));
end
```

**hxrho.m**

```
function rho = hxrho(rhoref,Tref,T,fstate)
% 주어진 두 기준온도 및 기준밀도를 이용하여 온도 T에서의 밀도를 계산
% input:
%   rhoref: 두 기준온도 Tref에서의 밀도벡터(kg/m^3)
%   Tref: 기준온도 벡터
%   T: 밀도가 계산되는 온도(K)
%   fstate: 유체의 상태(1:액체(rho = A+B*T, 2:기체(rho = A/T))
% output:
%   rho: 밀도(kg/m^3)

if fstate == 1 % 액체
   rho = (rhoref(2)*Tref(1) - rhoref(1)*Tref(2) +...
      T*(rhoref(1)-rhoref(2)))/(Tref(1) - Tref(2));
else % 기체
   rho = rhoref(1)*Tref(1)/T;
end
end
```

튜브측과 shell 측에서의 열전달 계수는 각각 함수 htctube 및 htcshell에 의해 계산된다.

**htctube.m**

```
function Htube = htctube(Nre,Pr,D,L,Xk,Phi)
% 튜브 내의 대류 열전달 계수 계산
% input:
%   Nre: Reynolds수
%   Pr: Prandtl수
%   D: 튜브 내경(mm)
%   L: 튜브 길이(m)
%   Xk: 유체의 열 전도도(W/m/K)
%   Phi: 점도보정인자
% output:
%   Htube: 튜브 내의 대류 열전달 계수
```

```
Dm = D*1e-3;  % mm->m
if Nre <= 2100
   Gw = Nre*Pr*Dm/L;
   if Gw > 100
      Nu = 1.86*Phi*Gw^0.333;
   else
      Nu = 3.66 + 0.085*Gw*Phi/(1 + 0.047*Gw^0.6667);
   end
elseif Nre < 1e4
   Nu = 0.116*(Nre^0.6667 - 125)*Pr^0.333 * (1+(Dm/L)^0.6667)*Phi;
else
   Nu = 0.023*Phi*(Nre^0.8)*(Pr^0.333);
end
Htube = Nu*Xk/Dm;
end
```

**htcshell.m**

```
function Hshell = htcshell(D,Ds,L,Lbc,Lbin,Lbout,Lc,Dotl,Dsb,Pt,Nt,Nss,...
w,Visc,Cp,Xk,Phi,Layout)
% Shell 측의 대류 열전달 계수 계산
% input:
%   D: 튜브 외경(mm)
%   Ds: shell의 내경(mm)
%   L: 튜브 길이(m)
%   Lbc: 중앙 배플 간격(mm)
%   Lbin: 유입부 배플 간격(mm)
%   Lbout: 유출부 배플 간격(mm)
%   Lc: 배플 컷(mm)
%   Dotl: shell 외부 튜브 limit(mm)
%   Dsb: shell-배플 간극(mm)
%   Pt: 튜브 피치(mm)
%   Nt: 번들 내의 총 튜브 수
%   Nss: 봉합 스트립 쌍의 수
%   w: shell측의 유량(kg/s)
%   Visc: shell측 유체의 점도(Ns/m^2)
%   Cf: shell측 유체의 비열(J/kg/K)
%   Xk: shell측 유체의 열 전도도(W/m/K)
%   Phi: 점도보정인자
%   Layout: 튜브 레이아웃(1:삼각형, 2:in-line 정사각형, 3:회전된 사각형)
% output:
%   Hshell: shell 측의 대류 열전달 계수

% 튜브배열 계수
a1 = [0.321 0.321 0.593 1.360 1.400; 0.370 0.107 0.408 0.900 0.970;
```

```
    0.370 0.370 0.730 0.498 1.550];
a2 = -[0.388 0.388 0.477 0.657 0.667; 0.395 0.266 0.460 0.631 0.667;
    0.396 0.396 0.500 0.656 0.667];
a3 = [1.450 1.187 1.930];
a4 = [0.519 0.370 0.500];
switch Layout
    case 1
        Pp = 0.866*Pt; Pn = Pt/2; Pd = Pt;
    case 2
        Pp = Pt; Pn = Pt; Pd = Pn;
    otherwise
        Pp = 0.7071*Pt; Pn = Pp; Pd = Pn;
end
Nc = Ds*(1 - 2*Lc./Ds)/Pp;
Sm = Lbc*(Ds - Dotl + (Pt-D)*(Dotl-D)/Pd);
Nres = D*w*1e3/(Visc*Sm);  % Shell측 Reynolds수
Pr = Cp*Visc/Xk;  Ptd = Pt/D;

% Shell 측의 Reynolds수에 따른 이상적인 튜브 bank에 대한 열전달 계수
if Nres >= 1e4, J = 1; c1 = 1.25;
elseif Nres >= 1e3, J = 2; c1 = 1.25;
elseif Nres >= 100, J = 3; c1 = 1.25;
elseif Nres >= 10, J = 4; c1 = 1.35;
else J = 5; c1 = 1.35; end
a = a3(Layout)/(1 + 0.14*Nres^a4(Layout));
Hj = a1(Layout,J) * (1.33/Ptd)^a * Nres^a2(Layout,J);
Hsi = Hj*Cp*Phi*w*Pr^(-0.6667) / (Sm*1e-6);

% 배플 구조 보정인자
adm = (Ds - 2*Lc)/Dotl; adm1 = acos(adm);
Ftc = (pi + 2*adm*sin(adm1) - 2*adm1)/pi;
Phic = Ftc + 0.54*(1 - Ftc)^0.345;

% 배플 유출 보정인자
Stb = 0.6223*D*(1 + Ftc)*Nt;
Ssb = Ds*Dsb*0.5*(pi - acos(1 - 2*Lc/Ds));
R1 = (Stb + Ssb)/Sm;  R2 = Ssb/(Ssb + Stb);
Phil = 0.44*(1-R2) + (1-0.44*(1-R2))*exp(-2.2*R1);

% 번들 bypassing 보정인자
Fbp = (Ds - Dotl)*Lbc/Sm; Nsc = Nss/Nc;
if Nsc >= 0.5, Phib = 1;
else
    if Nss == 0, c2 = 0; else c2 = (2*Nsc)^0.3333; end
    Phib = exp(-c1*c2*Fbp);
```

```
end
Nb = 1e3*L/Lbc + 1;

% 역 온도구배 보정인자
if Nres >= 100,  Phir = 1;
else
   Ncw = 0.8*Lc/Pp;  Phs = 1.51/((Nc+Ncw)*(Nb+1))^0.18;
   if Nres <= 20
      Phir = Phs;
   elseif Nres <= 100
      Phir = Phs - (1-Phs)*(0.25-0.0125*Nres);
   end
   if Phir <= 0.4, Phir = Phs; end
end

% 상이한 유입부/유출부 배플간격 보정
if Nres >= 100, An = 0.6; else An = 0.333; end
Phis = (Nb-1 + (Lbin/Lbc)^(1-An) + (Lbout/Lbc)^(1-An))/(Nb-1 +...
    (Lbin+Lbout)/Lbc);

% Shell 측의 대류 열전달 계수
Hshell = Hsi*Phic*Phil*Phib*Phir*Phis;
end
```

아울러 튜브 측과 shell 측에서의 압력강하는 각각 함수 dptube 및 dpshell에 의해 계산된다.

```
dptube.m
function DPtube = dptube(D,L,rf,v,rho,Visc,Phi,Npass)
% Tube 측의 압력강하 계산
% input:
%   D: 튜브 내경(mm)
%   L: 튜브 길이(m)
%   rf: 튜브 거칠도(mm)
%   v: 튜브 내 유속(m/s)
%   rho: 유체의 밀도(kg/m^3)
%   Visc: 유체의 점도(Ns/m^2)
%   Phi: 점도보정인자
%   Npass: 번들 내의 튜브 pass 수
% output:
%   DPtube: tube 측의 압력강하(N/m^2)
g = 9.81; rfD = rf/D; Dm = 1e-3*D;
Nre = Dm*v*rho/Visc;
```

```
if Nre <= 2100  % Laminar 흐름
    f = 16/Nre;
elseif Nre <= 4000  % Zigrang & Sylvester 마찰인자 추정식
    t1 = rfD/3.7; t2 = 5.02/Nre;
    ftm = log10(t1 - t2*log10(t1 + 13/Nre));
    f = 1/(4*log10(t1) + t2*ftm)^2;
else % Round 마찰인자 추정식
    f = 1/(3.6*log10(Nre/(0.135*(Nre*rfD + 6.5))))^2;
end
pD = 2*f*rho*v^2*L/Dm;
dp1 = pD/Phi; dp2 = 4*rho*L*v^2/(2*g);
DPtube = (dp1 + dp2)*Npass;
end
```

**dpshell.m**

```
function DPs = dpshell(D,Ds,L,Lbc,Lbin,Lbout,Lc,Dotl,Dsb,Pt,Nt,Nss,...
w,rho,Visc,Phi,Layout)
% Shell 측의 압력강하 계산
% input:
%   D: 튜브 외경(mm)
%   Ds: shell의 내경(mm)
%   L: 튜브 길이(m)
%   Lbc: 중앙 배플 간격(mm)
%   Lbin: 유입부 배플 간격(mm)
%   Lbout: 유출부 배플 간격(mm)
%   Lc: 배플 컷(mm)
%   Dotl: shell 외부 튜브 limit(mm)
%   Dsb: shell-배플 간극(mm)
%   Pt: 튜브 피치(mm)
%   Nt: 번들 내의 총 튜브 수
%   Nss: 봉함 스트립 쌍의 수
%   w: shell측의 유량(kg/s)
%   rho: 유체의 밀도(kg/m^3)
%   Visc: shell측 유체의 점도(Ns/m^2)
%   Phi: 점도보정인자
%   Layout: 튜브 레이아웃(1:삼각형, 2:in-line 정사각형, 3:회전된 사각형)
% output:
%   DPs: shell 측의 압력강하

% 튜브배열 계수
b1 = [0.372 0.486 4.570 45.100 48.000; 0.391 0.0815 6.090 32.100 35.000;
    0.303 0.333 3.500 26.200 32.000];
b2 = -[0.123 0.152 0.476 0.973 1.000; 0.148 -0.022 0.602 0.963 1.000;
    0.126 0.136 0.476 0.913 1.000];
b3 = [7.00 6.30 6.59];
```

```
b4 = [0.500 0.378 0.520];
switch Layout
   case 1
      Pp = 0.866*Pt; Pn = Pt/2; Pd = Pt;
   case 2
      Pp = Pt; Pn = Pt; Pd = Pn;
   otherwise
      Pp = 0.7071*Pt; Pn = Pp; Pd = Pn;
end

% 이상적인 튜브 bank 마찰인자
Nc = Ds*(1 - 2*Lc./Ds)/Pp;  Ptd = Pt/D;
Sm = Lbc*(Ds - Dotl + (Pt-D)*(Dotl-D)/Pd);
Nres = D*w*1e3/(Visc*Sm); % Shell측 Reynolds수
if Nres >= 1e4, J = 1; c1 = 3.7;
elseif Nres >= 1e3, J = 2; c1 = 3.7;
elseif Nres >= 100, J = 3; c1 = 3.7;
elseif Nres >= 10, J = 4; c1 = 4.5;
else J = 5; c1 = 4.5; end
b = b3(Layout)/(1 + 0.14*Nres^b4(Layout));
Fj = b1(Layout,J) * (1.33/Ptd)^b * Nres^b2(Layout,J);
Dpbi = 2*Fj*Nc*(w/(Sm*1e-6))^2 / (rho*Phi);

% ideal 윈도우 부분에 대한 압력강하
bdm = (Ds - 2*Lc)/Dotl; bd1 = acos(bdm); bd2 = 1 - 2*Lc/Ds;
Ftc = (pi + 2*bdm*sin(bd1) - 2*bd1)/pi;
Sw = (Ds^2/4)*(acos(bd2)-bd2*sqrt(1-bd2^2)) - (Nt/8)*(1-Ftc)*pi*D^2;
Dw = 4*Sw/(1.5708*Nt*(1-Ftc)*D + 2*Ds*bd2);
Ncw = 0.81*Lc/Pp;
Gw = 1e6*w/sqrt(Sm*Sw);
if Nres >= 100
   Dpw = 0.5*Gw^2 * (2+0.6*Ncw)/rho;
else
   Dpw = (2.6e4*Visc*(Ncw/(Pt-D) + Lbc/Dw^2) + Gw)*Gw/rho;
end

% 배플 유출 보정인자
Stb = 0.6223*D*(1 + Ftc)*Nt;
Ssb = Ds*Dsb*0.5*(pi - acos(bd2));
R1 = (Stb + Ssb)/Sm;  R2 = Ssb/(Ssb + Stb);
Pv = -0.15*(1+R2) + 0.8;
Rl = exp(-1.33*(1 + R2)*R1^Pv);

% 번들 bypassing 보정인자
Fbp = (Ds - Dotl)*Lbc/Sm; Nsc = Nss/Nc;
```

```
if Nsc >= 0.5, Rb = 1;
else
   if Nss == 0, c2 = 0; else c2 = (2*Nsc)^0.3333; end
   Rb = exp(-c1*c2*Fbp);
end

% 상이한 유입부/유출부 배플간격 보정
Nb = 1e3*L/Lbc + 1;
if Nres >= 100, An = 0.2; else An = 1; end
Rs = (Lbin/Lbc)^(2-An) + (Lbout/Lbc)^(2-An);

% Shell 측의 압력강하
DPs = Rb*Dpbi*((Nb-1)*Rl + (1+Ncw/Nc)*Rs) + Nb*Rl*Dpw;
end
```

주요 입력변수들은 $T_1$과 $T_2$(뜨거운 유체의 유입부/유출부 온도), $t_1$과 $t_2$(차가운 유체의 유입부/유출부 온도), 그리고 $W_i$와 $W_o$(유체의 유입부/유출부 질량유량)들이다. 이들 가운데 미지수가 하나만 존재한다면 나머지 하나를 먼저 구한다. 그러나 미지변수가 두 개라면 하나의 변수를 출발점으로 하여 에너지 수지로부터 다른 하나를 구한다. 미지변수가 2개인 경우에는 8가지의 가능한 조합들이 존재한다. 각 경우에 따라 다음 표와 같이 문제 형태를 설정할 수 있다.

**표 7.3 두 미지변수의 종류에 따른 열교환기 문제형태**[9]

| 미지변수의 종류 | 문제의 형태 |
|---|---|
| 모든 변수들이 알려진 경우 | 0 |
| $t_1$, $T_1$ | 1 |
| $t_1$, $T_2$ | 2 |
| $t_1$, $W_o$ | 3 |
| $t_2$, $T_1$ | 4 |
| $t_2$, $T_2$ | 5 |
| $t_2$, $W_o$ | 6 |
| $W_i$, $T_1$ | 7 |
| $W_i$, $T_2$ | 8 |

9 Raghu Raman, Chemical Process Computations, p. 295, Elsevier Applied Science Publishers, 1985.

열교환기 계산에서 요구되는 입력 데이터들은 다음과 같이 구분할 수 있다.
열교환기 구조에 관한 데이터: $N_T$, $N_{TP}$, $N_{ss}$ 튜브배열 형태, $D_s$, $l_{bc}$, $l_{in}$, $l_{out}$, $l_c$, $l_s$, $\delta_{sb}$, $d_{otl}$, $L$, $d_o$, $d_i$, $p_T$.

물성치 데이터: (튜브와 shell 측 유체 각각에 대한) 두 기준온도에서의 밀도, 점도, 열전도도 및 비열과 유체의 상태(기체, 혹은 액체).

공정 데이터: 튜브와 shell측의 파울링(fouling) 저항, 6개 주요 변수들의 값(2개까지의 미지변수는 가능), 문제의 형태.

입력 데이터는 스크립트 hxndat.m에서 설정된다. 열교환기 계산을 수행하는 메인 스크립트 hxnst.m에서는 데이터가 수록된 파일 hxndat를 먼저 호출하여 데이터를 설정한 다음 함수들을 호출하여 열교환기 계산과정을 수행한다.

```
% hxnst.m: Shell-and-tube 열교환기
clear all;
hxndat; % 데이터 설정
% 문제 형태(0이 아닌 경우)에 따른 구분
if ptype > 0
   if ptype <= 3, Nvar = 1;      % 튜브측 유입온도(Ti1)를 규명
   elseif ptype <= 6, Nvar = 2;  % 튜브측 유출온도(Ti2)를 규명
   else Nvar = 3; end            % 튜브측 유량(Wi)을 규명
end

Rw = 1e-3*(Do - Di)/(2*Xkw); % Xkw: 튜브벽 열전도도의 역수(1/hw)
A = pi*1e-3*Do*(L - 2e-3*Ls)*Nt;
if ptype == 0
   Cpim = hxcp(cpreft,Trt,(Ti1+Ti2)/2); % 튜브 측
   Cpsm = hxcp(cprefs,Trs,(Ts1+Ts2)/2); % shell 측
   Qi = Wi*Cpim*(Ti2 - Ti1); Qs = Ws*Cpsm*(Ts2 - Ts1);
   Qr = abs(Qi/Qs);
   if (abs(1-Qr) > 0.1)
      display('튜브측과 shell측의 열부하가 10% 이상 차이');
      display('튜브측 열부하를 총 부하로 이용');
   end
   Q = Qi;
end
% 핵심 변수값들이 수렴할 때까지 반복계산
varC = 10; iter = 0;
while varC > 1e-3
```

```
if ptype > 0
    % 에너지 수지를 이용한 미지변수 계산
    Cpim = hxcp(cpreft,Trt,(Ti1+Ti2)/2);  % 튜브 측
    Cpsm = hxcp(cprefs,Trs,(Ts1+Ts2)/2);  % shell 측
    Qs = Ws*Cpsm*(Ts2 - Ts1); Qi = -Qs;
    iter1 = 0;
    switch Nvar
        case 1  % Ti1(튜브측 유입온도)을 계산
            Ti1new =  Ti2 - Qi/(Wi*Cpim); crT = 10;
            while crT >= 1e-3
                Ti1 = Ti1new;
                Cpim = hxcp(cpreft,Trt,(Ti1+Ti2)/2);
                Ti1new = Ti2 - Qi/(Wi*Cpim);
                crT = abs((Ti1new - Ti1)/Ti1new);
                iter1 = iter1 + 1;
            end
        case 2  % Ti2(튜브측 유출온도)를 계산
            Ti2new = Ti1 + Qi/(Wi*Cpim); crT = 10;
            while crT >= 1e-3
                Ti2 = Ti2new;
                Cpim = hxcp(cpreft,Trt,(Ti1+Ti2)/2);
                Ti2new = Ti1 + Qi/(Wi*Cpim);
                crT = abs((Ti2new - Ti2)/Ti2new);
                iter1 = iter1 + 1;
            end
        case 3  % Wi(튜브측 유량)를 계산
            Wi = abs(Qs/(Cpim*(Ti2 - Ti1)));
    end
end
Tib = (Ti1 + Ti2)/2;

% shell측 열전달 계수
Tsb = (Ts1 + Ts2)/2;
mus = hxvis(murefs,Trs,Tsb,fsS); % shell측 점도
rhos = hxrho(rhorefs,Trs,Tsb,fsS); % shell측 밀도
Cps = hxcp(cprefs,Trs,Tsb); % shell측 비열
xks = hxthc(xkrefs,Trs,Tsb); % shell측 열전도도
Tw = (Tsb + Tib)/2;
Twnew = Tw; crT = 10;
while crT >= 1e-3
    if fsS == 1 % liquid
        Phis = (mus/hxvis(murefs,Trs,Tw,1))^0.14;
    elseif fsS == 2  % gas
        Phis = (Tsb/Tw)^0.25;
    end
```

```
    Hs = htcshell(Do,Ds,L-2e-3*Ls,Lbc,Lbin,Lbout,Lc,Dotl,Dsb,Pt,...
       Nt,Nss,Ws,mus,Cps,xks,Phis,Layout);

    % tube측 열전달계수
    mut = hxvis(mureft,Trt,Tib,fsT); % tube측 점도
    rhot = hxrho(rhoreft,Trt,Tib,fsT); % tube측 밀도
    Cpt = hxcp(cpreft,Trt,Tib); % tube측 비열
    xkt = hxthc(xkreft,Trt,Tib); % tube측 열전도도
    Ui = 4e6*Wi*Npass/(pi*rhot*Di^2*Nt);
    Rei = 1e-3*Di*Ui*rhot/mut;
    Pri = Cpt*mut/xkt;
    if fsT == 1
       Phit = (mut/hxvis(mureft,Trt,Tw,1))^0.14;
    elseif fsT == 2
       Phit = (Tw/Tib)^0.25;
    end
    Ht = htctube(Rei,Pri,Di,L,xkt,Phit);

    % tube벽 온도를 추정
    Tw = Tib + Hs/(Hs + Ht) * (Tsb - Tib);
    crT = abs((Tw - Twnew)/Tw);
    Twnew = Tw;
end % end while

% 열전달 식으로부터 열 부하를 계산
U = 1/(Do/(Di*Ht) + 1/Hs + Rw + Rds + Rdt);
Dt1 = Ts1 - Ti2; Dt2 = Ts2 - Ti1;
if (Dt1 <= 0 || Dt2 <= 0) break; end
Delt = (Dt1 - Dt2)/log(Dt1/Dt2);
Ft = 1;
if Npass > 1
    R = (Ts1 - Ts2)/(Ti2 - Ti1);
    P = (Ti2 - Ti1)/(Ts1 - Ti1);
    tm = sqrt(R^2 + 1);
  Ft = tm*log((1-P)/(1-R*P))/((R-1)*log((2-P*(R+1-tm))/(2-P*(R+1+tm))));
end
Deltm = Delt*Ft;
if ptype == 0
    Areq = Qi/(U*Deltm); Da = (A - Areq)/A*100;
    break;
end
Q = U*A*Deltm;

% 가정한 미지변수를 계산
Sgn = 1;
```

```
    if Qs < 0, Sgn = -1; end
    switch ptype
        case {1,4,7}
            Ts1new = Ts2 - Sgn*Q/(Ws*Cps);
            varC = abs((Ts1 - Ts1new)/Ts1new);
            Ts1 = Ts1new;
        case {2,5,8}
            Ts2new = Ts1 + Sgn*Q/(Ws*Cps);
            varC = abs((Ts2 - Ts2new)/Ts2new);
            Ts2 = Ts2new;
        case {3,6}
            Wsnew = abs(Q/((Ts2 - Ts1)*Cps));
            varC = abs((Ws - Wsnew)/Wsnew);
            Ws = Wsnew;
    end
    iter = iter + 1;
end

% 압력강하
DPs = dpshell(Do,Ds,L-2e-3*Ls,Lbc,Lbin,Lbout,Lc,Dotl,Dsb,Pt,Nt,Nss,...
    Ws,rhos,mus,Phis,Layout);
DPt = dptube(Di,L,rf,Ui,rhot,mut,Phit,Npass);

% 결과
fprintf('총괄 열전달 계수: U = %g(W/m^2/K)\n', U);
fprintf('열전달 계수: 튜브측 = %g(W/m^2/K), Shell측 = %g(W/m^2/K)\n',Ht,Hs);
fprintf('열 부하(Heat duty): Q = %g(W)\n', Q);
fprintf('압력강하: 튜브측 = %g(Pa), Shell 측 = %g(Pa)\n', DPt,DPs);
fprintf('Tube측: Ti1 = %g(K), Ti2 = %g(K), 유량 = %g(kg/s)\n',Ti1,Ti2,Wi);
fprintf('Shell측: Ts1 = %g(K), Ts2 = %g(K), 유량 = %g(kg/s)\n',Ts1,Ts2,Ws);
```

## 보기 8 Shell-and-tube 향류 열교환기의 계산[10]

4.8 $kg/s$의 유량으로 흐르는 353K의 액체 벤젠을 4-pass shell-and-tube 열교환기를 이용하여 냉각시키고 있다. 튜브 내를 흐르는 물이 냉매로 이용되고 있으며 물의 유입 및 유출온도는 각각 298 K 및 303 K이다. 열 교환기에서 $d_o = 25.4$ mm, $d_i = 19.86$ mm, $N_T = 86$(튜브들은 1.25의 피치 비율로 삼각형 피치로 배열), 튜브의 거칠도는 0.025mm, L = 2m, $l_s = 27$ mm, $D_s = 305$ mm, $d_{otl} = 294$ mm, $\delta_{sb} = 4.45$ mm, $N_{ss} = 0$, $l_{bc} = 450$ mm, $l_{in}$, $l_{out} = 165$ mm, 배플 컷은 25%이다. 열교환기 벽체 재질의 열 전도도는 45 W/m/K이며

10 Raghu Raman, Chemical Process Computations, p. 298, Elsevier Applied Science Publishers, 1985.

튜브 측과 shell 측의 파울링(fouling) 저항은 각각 0.00036 및 0.00018 $m^2K/W$이다. 기준온도에서 튜브와 shell 측을 흐르는 유체의 물성치는 다음 표와 같다.

**표 7.4 튜브 및 shell 측 유체의 물성치**

| | 튜브측(물) | | Shell측(벤젠) | |
|---|---|---|---|---|
| 기준온도(K) | 323 | 283 | 375 | 289 |
| 밀도($kg/m^3$) | 988.1 | 999.7 | 798 | 885 |
| 점도($mNs/m^2$) | 0.6 | 1.26 | 0.258 | 0.679 |
| 열전도도(W/m/K) | 0.64 | 0.603 | 0.126 | 0.163 |
| 비열(J/kg/K) | 4183 | 4195 | 1980 | 1675 |

벤젠의 유출온도와 열 부하, 냉각수의 소요 유량 및 shell과 튜브 측의 압력강하를 각각 구하여라.

**풀이**

주어진 데이터를 이용하여 데이터 설정 스크립트 파일 hxndat.m을 다음과 같이 작성한다.

```
% hxndat.m: Shell-and-tube 열교환기 데이터

% shell과 tube 각각에 대한 기준온도 및 물성치
Trt = [323 283]; Trs = [375 289];  % 기준온도(튜브 및 shell)(K)
rhoreft = [988.1 999.7]; rhorefs = [798 885]; % 기준온도에서의 밀도(kg/m^3)
mureft = [0.6 1.26]; murefs = [0.258 0.679]; % 기준온도에서의 점도(mNs/m^2)
xkreft = [0.64 0.603]; xkrefs = [0.126 0.163]; % 기준온도에서의 열전도도
cpreft = [4183 4195]; cprefs = [1980 1675]; % 기준온도에서의 비열(J/kg/K)

% 열교환기 규격
Do = 25.4; Di = 19.86;  % 튜브 외경(Do,mm) 및 내경(Di,mm)
Xkw = 45; % 튜브 벽체의 열 전도도(W/m/K)
L = 2; % 튜브 길이(m)
Ls = 27; % 튜브 sheet 두께(mm)
rf = 0.025; % 튜브 roughness(mm)
Nt = 86; % 번들 내의 총 튜브 수
Layout = 1; % 튜브 레이아웃(1:삼각형, 2:in-line 정사각형, 3:회전된 사각형)
Pt = 1.25*Do; % 튜브 피치(mm)
Nss = 0; % 봉합 스트립 쌍의 수
Npass = 4; % pass 수
Rdt = 0.00036; Rds = 0.00018; % Fopuling 저항(m^2*K/W)
Ds = 305; % shell 내경(mm)
```

```
Dotl = 294; % shell 외부 튜브 limit(mm)
Dsb = 4.45; % shell-배플 간극(mm)
Lbin = 165; Lbout = 165; % 유입부 및 유출부 배플간격(mm)
Lbc = 450; % 중앙 배플 간격(mm)
Lc = 0.25*Ds; % 배플 컷(mm)

% 주요 변수의 설정
Ti1 = 298; Ti2 = 303; % 튜브측 유입 및 유출온도(K)
Ts1 = 353; % Shell측(뜨거운 흐름) 유입온도(K)
Ws = 4.8;  % Shell측(뜨거운 흐름) 유량(kg/s)
fsT = 1; fsS = 1; % 튜브측 및 shell 측 유체의 상태(1:액체, 2:기체)

ptype = 8;  % 문제의 형태
Ts2 = 338;  % Shell측 유체의 유출온도를 가정
Wi = 5;  % 튜브측 유량을 가정
```

메인 스크립트 hxnst.m의 수행결과는 다음과 같다.

```
>> hxnst
총괄 열전달 계수: U = 125.291(W/m^2/K)
열전달 계수: 튜브측 = 529.371(W/m^2/K), Shell측 = 201.457(W/m^2/K)
열 부하(Heat duty): Q = 80243(W)
압력강하: 튜브측 = 232564(Pa), Shell 측 = 26610.9(Pa)
Tube측: Ti1 = 298(K), Ti2 = 303(K), 유량 = 3.77462(kg/s)
Shell측: Ts1 = 353(K), Ts2 = 344.138(K), 유량 = 4.8(kg/s)
```

## 2중 파이프 Finned-tube 열교환기 계산

Double-pipe finned-tube 열교환기는 열 부하가 적정수준(UA<100,000)인 경우에 널리 사용된다. 간단한 관계식들로부터 tube나 shell 쪽에서의 기-액 흐름에 대한 film 계수와 열전달 계수의 계산이 가능하다.[11]

1) Tube-side 계산

액체의 경우:

$$h_i = 0.023 Re^{0.8} \mathrm{Pr}^{0.333} \frac{K}{D_{eq}} \left(\frac{\mu}{\mu_w}\right)^{0.14} \quad (\text{여기에서 } \frac{\mu}{\mu_w} \approx 1),\ D_{eq} = D_{ti},\ Re = \frac{GD_{eq}}{\mu}$$

11 A. Kayode Coker, Chemical Process Design, Analysis and Simulation, p. 633-634, Gulf Publishing Company, 1995.

$$Re < 10{,}000\text{이면 } h_i = J \cdot \Pr^{0.333}\frac{K}{D_{eq}}$$

기체의 경우:

$$h_i = \frac{0.0144 C_p G^{0.8}}{D_{eq}^{0.2}}, \quad \frac{1}{h_{\mathrm{if}}} = \frac{1}{h_i} + F_f \text{ (fouling에 대한 보정)}$$

2) Shell-side 계산 (bare tube): Tube-side 계산에서 $D_{eq} = D_{si} - D_{to}$를 이용

3) 총괄 열전달 계수

$$\frac{1}{U_o} = \frac{D_{to} - D_{ti}}{K} + h_{\mathrm{if}}\frac{A_i}{A_o}|_{tube} + h_{\mathrm{if}}|_{shell}, \quad \frac{A_i}{A_o} = \frac{D_{ti}}{D_{to}}$$

4) Shell-side 계산(finned tube): Tube 계산에서

$$D_{eq} = \frac{4N_f}{\pi(D_{si} + D_{to}) - N\theta + A_f}, \quad N_f = C_s - \frac{\theta}{2}A_f, \quad C_s = \frac{\pi}{4}(D_{si}^2 - D_{to}^2),$$

$$A_f = 2HN, \ A_o = \pi D_{to} + A_f, \ X = H\sqrt{\frac{h_{\mathrm{if}}|_{shell}}{6K\theta}}, \ w = \frac{\tanh X}{X} = \frac{1}{X}\left(\frac{e^X - e^{-X}}{e^X + e^{-X}}\right),$$

$$w' = w\left(\frac{A_f}{A_o}\right) + \left(1 - \frac{A_f}{A_o}\right), h_{\mathrm{ifd}} = h_{\mathrm{if}} w',$$

$$\frac{1}{U_o} = \frac{D_{to} - D_{ti}}{K}|_{tubewall} + \frac{h_{\mathrm{if}}A_i}{A_o}|_{tube} + h_{\mathrm{ifd}}|_{shell}, \quad \frac{A_i}{A_o} = \frac{\pi D_{ti}}{\pi D_{to} + A_f}$$

위에서 $h_i$: 열전달 film 계수($Btu/(ft^{2}\,{}^\circ\mathrm{F}\,hr)$), $K$: 열전도도($Btu/(ft\,{}^\circ\mathrm{F}\,hr)$), $Re$: Reynolds 수, $\Pr$: Prandtl수, $D_{eq}$: 대등 직경(ft), $\mu, \mu_w$: 유체의 점도(cP), $J$: 열전달 인자, $G$: 질량유속($lb/(hr\ ft^2)$), $C_p$: 유체의 비열($Btu/(lb\,{}^\circ\mathrm{F})$), A: 단면적($ft^2$), $D_{ti}$ : 튜브의 내경(in), $F_f$: Fouling 인자, $h_{\mathrm{if}}$: Fouling에 대하여 보정된 열전달 film 계수($Btu/(ft^{2}\,{}^\circ\mathrm{F}\,hr)$), $D_{to}$: 튜브의 외경(in), $D_{si}$: shell의 내경(in), $A_i$: 튜브의 내부 열전달 면적($ft^2/ft$), $A_o$: 튜브의 외부 열전달 면적($ft^2/ft$), $U_o$: 총괄 열전달 계수($Btu/(ft^{2}\,{}^\circ\mathrm{F}\,hr)$), $N_f$: shell 쪽의 알짜 자유 단면적($ft^2$), N: fin의 수, $\theta$: fin의 두께(보통 0.035 in), H: fin의 높이(in), $C_s$: fin이 없는 shell 쪽의 단면적($ft^2$), $A_f$: fin이 있는 열전달 면적($ft^2$), X : fin 효율계산에 이용되는 파라미터, $w$: fin 효율, $w'$: fin의 유효 표면 효율, 그리고 $h_{\mathrm{ifd}}$: 보정된 film 열전달률

$(Btu/(ft^{2\circ}\mathrm{F}\,hr))$이다.

## 보기 9 Finned-튜브 열전달 계수의 계산

30 ° $API$의 오일을 2중 파이프 finned-tube 열교환기에서 냉각시키고자 한다. 튜브 및 shell 쪽의 열전달 계수와 총괄 열전달 계수를 구하여라. 운전조건은 다음과 같다.

Tube-side: 냉각수 유량 = 26,740 lb/hr, $T_{in} = 85°\mathrm{F}$, $T_{out} = 120°\mathrm{F}$, $F_f = 0.002$,

$$\mathrm{K} = 0.366\ \ Btu/(ft°\mathrm{F}\,hr),\ \mu = 0.72\ \mathrm{cP},\ C_p = 1\ \ Btu/(lb°\mathrm{F})$$

Shell-side: 오일 유량 = 18000 lb/hr, $T_{in} = 250°\mathrm{F}$, $T_{out} = 150°\mathrm{F}$, $F_f = 0.002$,

$$\mathrm{K} = 0.074\ \ Btu/(ft°\mathrm{F}\,hr),\ \mu = 2.45\ \mathrm{cP},\ C_p = 0.518\ \ Btu/(lb°\mathrm{F})$$

열교환기의 크기:

shell: 3 in (3.068 in ID, 3.5 in OD)
tube: 1.5 in (1.61 in ID, 1.9 in OD)
fin: 24개, 높이 0.5 in, 너비 0.035 in
$\mathrm{K} = 25\ \ Btu/(ft°\mathrm{F}\,hr)$

**풀이**

열전달 계수의 계산은 스크립트 htcoef.m에 의해 수행된다.

```
% htcoef.m : 2-pipe finned-tube 열교환기에서의 열전달 계수 계산
clear all;
% Data
Fft = 0.002; Kt = 0.366; mut = 0.72; Cpt = 1; Jt = 9.75;  % Tube
Ffs = 0.002; Ks = 0.074; mus = 2.45; Cps = 0.518;      % Shell
Dis = 3.068/12; Dos = 3.5/12;    % shell size
Dit = 1.61/12; Dot = 1.9/12;       % tube size
N = 24; Hf = 0.5/12; w = 0.035/12;   % fin size
Gt = 26740; Gs = 18000;      % flow rates

% Tube-side :
Deq = Dit;
Pr = Cpt*(2.4191*mut)/Kt;  % 1 cP = 2.4191 lb/(ft-hr)
```

```
Re = Gt*Deq/(2.4191*mut);
if (Re < 10000)
   hit = Jt* Pr^0.333 * Kt/Deq;
else
   hit = 0.023 * Re^0.8 * Pr^0.333 * Kt / Deq;
end
hift = 1 / (1/hit + Fft);

% Shell-side (bare tube):
Deq = Dis - Dot; Pr = Cps*(2.4191*mus)/Ks;  % 1 cP = 2.4191 lb/(ft-hr)
Re = Gs*Deq/(2.4191*mus);
if (Re < 10000)
   his = Jt* Pr^0.333 * Ks/Deq;
else
   his = 0.023 * Re^0.8 * Pr^0.333 * Ks / Deq;
end
hifs = 1 / (1/his + Ffs);

% Shell-side (finned-tube):
Af = 2*Hf*N; Cs = pi*(Dis^2 - Dot^2)/4; Nf = Cs - w*Af/2;
Deq = 4*Nf/(pi*(Dis+Dot) - N*w + Af);
Ao = pi*Dot + Af; X = Hf*sqrt(hifs/(6*Kt*w));
e = (exp(X) - exp(-X))/(exp(X) + exp(-X))/X;
ep = e*Af/Ao + 1 - Af/Ao; hifd = hifs*ep;
Ar = pi*Dit/(pi*Dot + Af); Uo = 1/((Dot-Dit)/Kt + hift*Ar + hifd);

% Output
fprintf('\nShell-side 열전달 계수: %10.7f\n', hifd);
fprintf('Tube-side 열전달 계수: %10.7f\n', hift);
fprintf('Fin 효율: %10.7f\n', ep);
fprintf('총괄 열전달 계수: %10.7f\n', Uo);
```

스크립트 htcoef.m의 수행결과는 다음과 같다.

```
>> htcoef
Shell-side 열전달 계수: 12.3624311
Tube-side 열전달 계수: 41.0441459
Fin 효율:  0.5070751
총괄 열전달 계수:  0.0516646
```

## 7.4 파이프 라인의 열 추적

파이프 내를 흐르는 액체가 냉각되거나 점도가 증가하여 흐름이 어려워지는 것을 방지하기 위하여 열 손실량을 구하고 열을 추적할 필요가 있다. 단열 파이프를 통하여 열이 전달되는 경우 4가지의 저항이 존재한다: 파이프 내벽의 film 저항, 파이프 벽을 통한 저항, 단열을 통한 저항, 단열 외부의 공기 film 저항. 이들 저항을 고려하여 다음 사항들을 규명하여야 한다.

1) 단열 파이프의 표면온도
2) 파이프 100 ft당 및 전체 파이프에 대한 전달열량
3) 가열매체 유량
4) 열 추적자의 수

관련식들은 다음과 같다.[12]

$$T_{m,avg} = \frac{T_{mi}+T_{mo}}{2},\ T_a = \frac{T_{m,avg}+T_p}{2},\ d_i = r_o + t_A,\ d_o = d_i + 2t_k,$$

$$Q = \frac{2\pi k_i(T_a - T_s)}{\ln(d_o/d_i)},\ Q = \frac{h_a \pi d_o(T_s - T_{air})}{12},\ T_s = \frac{T_a + xT_{air}}{x+1},$$

$$x = \ln\left(\frac{d_o}{d_i}\right)\cdot h_a \cdot \frac{d_o}{24k_i},\ h_{rc} = \frac{564}{d_o^{0.19}(273 - T_s + T_{air})},$$

$$w_f = 2.814 - 0.0003885714(T_s - T_{air}) - 0.0000012857(T_s - T_{air})^2,$$

$$h_a = w_f h_{rc},\ Q_t = Q\cdot L,\ W = \frac{Q_t}{C_p(T_{mi}-T_{mo})},\ n_t = \frac{Q}{a(T_{m,avg}-T_p)},$$

$$n_{tc} = \frac{Q}{b(T_{m,avg}-T_p)}$$

위에서 $T_{m,avg}$: 가열매체의 평균온도(°F), $T_{mi}$: 가열매체의 유입온도(°F), $T_{mo}$: 가열매체의 유출온도(°F), $d_i$: 단열 내경(in), $d_o$: 단열 외경(in), $r_o$: 파이프 외경(in), $t_A$: 추적자 허용직경(in), $t_k$: 단열두께(in), $T_a$: 파이프와 추적자의 평균온도(°F), $T_{air}$: 공기온도(°F),

12 A. Kayode Coker, Chemical Process Design, Analysis and Simulation, p. 649-652, Gulf Publishing Company, 1995.

$T_s$: 단열 외부표면 온도(°F), $k_i$: 단열재의 열 전도도($Btu/(ft°F\,hr)$), $h_a$: 공기에 대한 film 열전달 계수($Btu/(ft^2°F\,hr)$), $h_{rc}$: 대류-복사 열전달 계수($Btu/(ft^2°F\,hr)$), $w_f$: 바람인자, $Q_t$: 파이프로부터의 총 손실열($Btu/hr$), $L$: 파이프의 총 길이(ft), $W$: 가열매체의 유량($lb/hr$), $C_p$: 가열매체의 비열($Btu/(lb°F)$), $n_t$: 열전달 cement가 없는 경우의 소요 추적자 수, 그리고 $n_{tc}$: 열전달 cement가 있는 경우의 소요 추적자 수이다.

한편 a와 b는 추적자에서 파이프로의 열 전도로서 다음과 같이 주어진다.

**표 7.5 튜브 크기에 따른 a와 b**

| 튜브 크기 | a | b |
|---|---|---|
| 3/8 | 0.295 | 3.44 |
| 1/2 | 0.393 | 4.58 |
| 5/8 | 0.490 | 5.73 |

계산순서는 다음과 같다.

1) $h_a$를 가정하고 $T_s$를 계산
2) 새로운 $h_a$를 계산하고 바람인자를 이용하여 보정
3) 새로운 $T_s$를 계산
4) $h_a$가 수렴할 때까지 위의 단계를 반복
5) $Q$, $W$, $n_t$, $n_{tc}$를 계산

위의 과정은 스크립트 pipeTracer.m에 의해 수행된다.

```
% pipeTracer.m: determine heat loss and tracing requirements
clear all

% Input data
Tmi  = input('가열매체 유입온도(deg.F) : ');
Tmo  = input('가열매체 유출온도(deg.F) : ');
Cp   = input('가열매체 비열(Btu/lb/F) : ');
Tp   = input('파이프 온도(deg.F) : ');
Tair = input('공기 온도(deg.F) : ');
ro   = input('파이프 외경(in) : ');
L    = input('파이프 길이(ft) : ');
tt   = input('Tracer 크기(in) : ');
```

```
tk   = input('단열두께(in) : ');
Ki   = input('단열재의 열전도도(Btu/(hr-ft-F)) : ');

% Parameters:
epsh = 1e-4; tA = 1.25;
Tmavg = (Tmi +Tmo)/2; Ta = (Tmavg + Tp)/2;
Di = ro + tA; Do = Di + 2*tk;
if (tt <= 3/8)
   a = 0.295; b = 3.44;
elseif (tt <= 0.5)
   a = 0.393; b = 4.58;
else
   a = 0.49; b = 5.73;
end

% ha를 결정(초기치를 가정)
ha = 4; hai = 0;
while (abs(ha-hai) >= epsh)
   hai = ha; x = (ha*Do/24/Ki)*log(Do/Di);
   Ts = (Ta + x*Tair)/(x+1);
   wf = 2.814-0.0003885714*(Ts-Tair)-0.0000012857*(Ts-Tair)^2;
   ha = 564*wf/(Do^0.19 * (273-Ts+Tair));
end

% 열 손실 및 추적자(tracers)
Q = ha*pi*Do*(Ts-Tair)/12; Qt = Q*L;
W = Qt / (Cp*(Tmi-Tmo)); nt = Q / (a*(Tmavg-Tp));
ntc = Q / (b*(Tmavg-Tp));

% Output
fprintf('\n공기로의 필름 열전달 계수 = %10.7f Btu/(hr-F-ft^2)\n', ha);
fprintf('총 열손실 = %12.5f Btu/hr\n', Qt);
fprintf('외부표면 온도 = %12.5f deg.F\n', Ts);
fprintf('뜨거운 유체의 유량 = %12.5f Btu/hr\n', W);
fprintf('추적자(Tracers)(without heat-transfer cement) = %3.1f\n', nt);
fprintf('추적자(Tracers)(with heat-transfer cement) = %3.1f\n', ntc);
```

## 보기 10 열 추적자 수의 계산

100 ft의 6-in 파이프(외경=6.065 in)을 500°F로 유지하기 위하여 소요되는 추적자 수를 구하여라. 사용 가능한 가열매체 유입온도는 625°F이며 비열은 0.53 $Btu/(lb°F)$이다. 파이프는 2.5 in 두께의 단열재로 덮여 있으며 단열재의 열 전도도는 0.037 $Btu/(ft°F hr)$이고

풍속은 20 mph, 공기온도는 0°F 이다. 1/2-in 추적자를 이용하며 가열매체의 유출온도는 550°F 이다.

**풀이**

열 추적자의 수와 열손실 등을 계산하는 프로그램은 pipeTracer.m으로서 이의 수행결과는 다음과 같다.

```
>> pipeTracer
가열매체 유입온도(deg.F) : 625
가열매체 유출온도(deg.F) : 550
가열매체 비열(Btu/lb/F) : 0.53
파이프 온도(deg.F) : 500
공기 온도(deg.F) : 0
파이프 외경(in) : 6.065
파이프 길이(ft) : 100
Tracer 크기(in) : 0.5
단열두께(in) : 2.5
단열재의 열전도도(Btu/(hr-ft-F)) : 0.037

공기로의 필름 열전달 계수 =  3.8641643 Btu/(hr-F-ft^2)
총 열손실 =  23428.95335 Btu/hr
외부표면 온도 =     18.80591 deg.F
뜨거운 유체의 유량 =    589.40763 Btu/hr
추적자(Tracers)(without heat-transfer cement) = 6.8
추적자(Tracers)(with heat-transfer cement) = 0.6
```

## 7.5 공기 냉각기

공기 냉각기의 설계에 있어서는 튜브 열의 수, 유출공기 온도, 총 튜브 표면적, 냉각기 표면적, 공기의 유량, 팬 동력, 튜브다발 너비 등의 결정이 필요하다. 계산에서는 Smith와 Brown의 추론관계식들을 효과적으로 이용할 수 있다.[13]

13 A. Kayode Coker, Chemical Process Design, Analysis and Simulation, p. 640-644, Gulf Publishing Company, 1995.

$$R = 3.167876 + 3.794767\ln\left(\frac{T_{PI} - T_{AI}}{U}\right), \quad F_V = 720.85418(0.953)^R,$$

$$T_{A0}' = 0.005U\left(\frac{T_{PO} + T_{PI}}{2} - T_{AI}\right) + T_{AI},$$

$$L_{MTD} = \frac{(T_{PO} - T_{AI}) - (T_{PI} - T_{AO})}{\ln\left(\frac{T_{PO} - T_{AI}}{T_{PI} - T_{AO}}\right)},$$

$$A = \frac{Q}{U \cdot L_{MTD}}, \quad F_A = \frac{A}{1.2557445R^{1.0030502}}, \quad T_{AO} = \frac{Q}{1.08F_AF_V} + T_{AI},$$

$$F = F_AF_V, \quad \frac{F_A}{B_{HP}} = 7.4212329 + 12.5342466R, \quad \frac{W_t}{F_A} = 36.4 + 9.35R,$$

$$W = \frac{F_A}{L}.$$

위에서 R: 튜브 열의 수, $T_{PI}$: 유체 유입온도(°F), $T_{AI}$: 공기 유입온도(°F), A: 튜브 외경에 근거한 튜브 겉면적($ft^2$), $F_A$: 튜브 다발의 face 면적($ft^2$), $F_V$: 공기 유속(ft/min), $T_{AO}'$: 추정된 공기 유출온도(°F), $U$: 총괄 열전달 계수($Btu/(hrft^2°F)$), $T_{PO}$: 유체 유출온도(°F), $L_{MTD}$: 로그평균 온도차(°F), Q: 열 부하(Btu/hr), $T_{AO}$: 계산된 공기 유출온도(°F), F: 튜브를 지나는 공기유량($std\ ft^3/\mathrm{min}$), $B_{HP}$: 팬 동력(마력), $W_t$: 공기냉각기 무게(lb), W: 튜브다발 너비(ft), 그리고 L: 튜브 길이(ft)이다.

계산과정은 다음과 같다.

1) 데이터 입력: $T_{PI}$, $T_{PO}$, $T_{AI}$, $U$, $Q$
2) R을 계산
3) $F_V$, $T_{AO}'$를 계산하고 $T_{AO} = T_{AO}'$로 둔다.
4) $L_{MTD}$, $A$, $F_A$, $T_{AO}$를 계산
5) $|T_{AO} - T_{AO}'| > \epsilon$ 이면 go to 4).
6) $F$, $\frac{F_A}{B_{HP}}$, $\frac{W_t}{F_A}$, $W$를 계산

위의 과정은 스크립트 파일 airCooler.m에 의해 수행된다.

```
% airCooler.m: 공기 냉각기의 예비설계
clear all

% 데이터 입력
Tpi  = input('유체유입온도(deg.F) : ');
Tpo  = input('유체유출온도(deg.F) : ');
Tai  = input('공기유입온도(deg.F) : ');
U    = input('총괄열전달계수(Btu/hr/ft^2/deg.F) : ');
Q    = input('Heat load(Btu/hr) : ');
L    = input('튜브 길이(ft) : ');

% Parameters:
epst = 1e-4; R = 3.167876 + 3.794767*log((Tpi-Tai)/U);
Fv = 720.85418 * 0.953^R; Tao = 0.005*U*((Tpo + Tpi)/2 - Tai) + Tai;
Taop = Tao + 10;

% 수렴을 확인
while(abs(Tao-Taop) >= epst)
    Lmtd = ((Tpo-Tai)-(Tpi-Tao)) / (log((Tpo-Tai)/(Tpi-Tao)));
    A = Q/(U*Lmtd); Fa = A/(1.2557445*(R^1.0030502));
    Taop = Tao; Tao = Q/(1.08*Fa*Fv) + Tai;
end

% 출력변수
F = Fa*Fv; Hp = Fa/(7.4212329+12.5342466*R);
Wt = Fa*(36.4+9.35*R); W = Fa/L;

% Print results
fprintf('\n공기유출온도 = %10.5f deg.F\n', Tao);
fprintf('Air flow over tube = %12.5f ft^3/min\n', F);
fprintf('Tube bundle 너비 = %9.5f ft\n', W);
fprintf('로그평균 온도차 = %10.5f deg.F\n', Lmtd);
fprintf('냉각기 무게 = %12.5f lb\n', Wt);
fprintf('Bare-tube 표면적 = %12.5f ft^2\n', A);
fprintf('Fan horsepower = %9.5f\n', Hp);
```

## 보기 11 공기 냉각기의 계산

공기 냉각기를 이용하여 액체 탄화수소를 160°F 에서 125°F 로 냉각시키고자 한다. 전달열량은 4.55 MM Btu/hr(4550000 Btu/hr)이며 총괄 열전달 속도는 55 $Btu/(hrft^{2\circ}\mathrm{F})$이다. 건구 공기온도(유입공기 온도)가 95°F 일 때 소요되는 공기 냉각기에 대한 예비설계를 수행하여라. 튜브 길이는 40 ft이다.

**풀이**

공기 냉각기를 계산하는 프로그램은 airCooler.m으로서 이의 수행결과는 다음과 같다.

```
>> airCooler
유체유입온도(deg.F) : 160
유체유출온도(deg.F) : 125
공기유입온도(deg.F) : 95
총괄열전달계수(Btu/hr/ft^2/deg.F) : 55
Heat load(Btu/hr) : 4550000
튜브 길이(ft) : 40

공기유출온도 =  110.78583 deg.F
Air flow over tube = 266882.56061 ft^3/min
Tube bundle 너비 =  11.11469 ft
로그평균 온도차 =   38.81778 deg.F
냉각기 무게 =  31986.71312 lb
Bare-tube 표면적 =   2131.16960 ft^2
Fan horsepower =   8.07255
```

## 연습문제

**1.** 열 전도도가 26 $btu/(h \cdot ft \cdot °F)$인 2 inch 스케쥴 40 강철파이프 내를 60 psia (292.73°F)의 저압 수증기가 흐르고 있다(그림 참조). 파이프 외부는 열 전도도가 0.05 $btu/(h \cdot ft \cdot °F)$인 단열재로 싸여 있다. 수증기가 흐르는 파이프 내의 열전달 계수와 외부 대기측의 열전달 계수는 각각 $h_i = 2000\ btu/(h \cdot ft^2 \cdot °F)$ 및 $h_o = 4\ btu/(h \cdot ft^2 \cdot °F)$이며 외부 대기의 온도는 70°F 이다.[14]

(1) 단열재의 두께가 1 in일 때 외부로의 열전달 플럭스 q는 얼마인가?

(2) 열전달률을 50 btu/h로 유지하기 위해서는 단열재의 두께를 얼마로 해야 하는가?

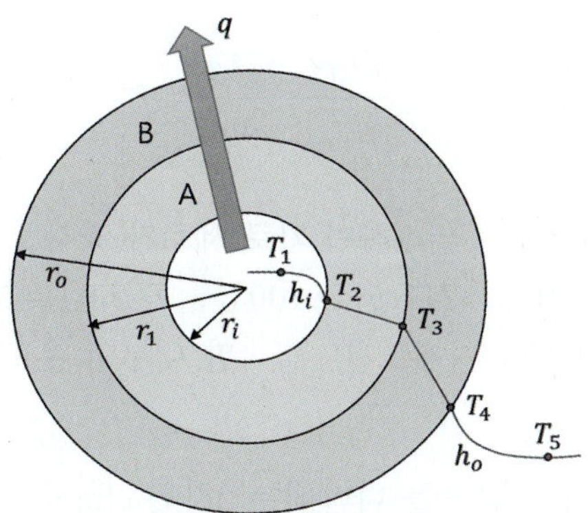


**그림 P1 다층 실린더를 통한 열전달**

**2.** 외부 직경이 0.033 m인 강철파이프를 통하여 $T_s = 450\ K$의 수증기가 흐르고 있다. 이 파이프를 열 전도도가 $k$인 단열재로 감싸는 경우 단열재 표면과 온도 $T_a = 300\,K$인 대기 사이의 자연대류에 의한 열전달 계수는 $h = 1.32\left(\frac{|\Delta T|}{D}\right)^{1/4}$로 주어진다. 여기에서 $\Delta T$는 단열재 표면과 대기 사이의 온도차이며 $D$는 단열재로 싸인 파이프의 직경이다. 단열재의 열 전도도 $k(W/(m \cdot K))$는 온도 $T(K)$의 함수로서

$$k = 6.6667 \times 10^{-10} T^3 - 1.54 \times 10^{-6} T^2 + 1.08976 \times 10^{-3} T - 0.14457$$

로 주어진다.[15] 파이프 자체의 온도는 수증기 온도와 같다고 가정한다.

---

14 Cutlip, M. B. and M. Shacham, Problem Solving in Chemical and Biochemical Engineering with POLYMATH, Excel, and MATLAB, $2^{nd}$ ed., p. 344, Prentice-Hall, 2008.

(1) 단열재가 없을 경우의 열전달률을 구하여라.

(2) 단열재의 두께를 0.04 m로 했을 때 파이프 단위길이당 열손실률을 구하여라.

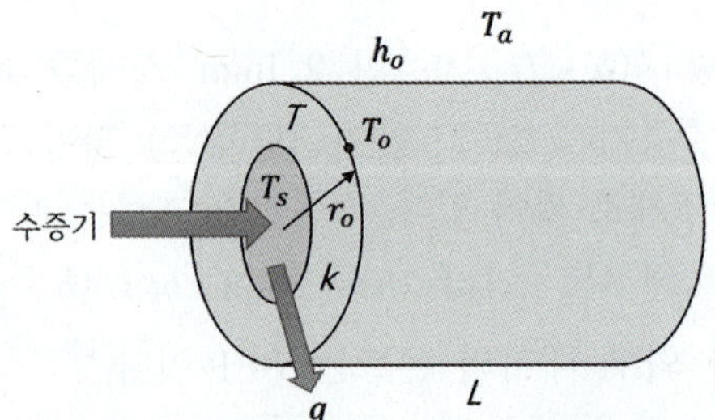


그림 P2 단열 파이프에서의 열전달

**3.** 2차원 금속판 내의 온도분포를 나타내는 2차원 elliptic 편미분 방정식의 일반적인 형태는

$$\frac{\partial^2 T}{\partial x^2} + \frac{\partial^2 T}{\partial y^2} = f$$

로 쓸 수 있다. 위에서 $f$는 일정하며 가로 세로가 각각 1미터인 얇은 금속판의 각 변의 온도는 $T(0,y) = 250℃$, $T(1,y) = 100℃$, $T(x,0) = 500℃$, $T(x,1) = 25℃$와 같이 주어져 있다(Dirichlet 경계조건). 금속판 내부의 온도분포를 구하고 서로 비교하여 보라.[16]

**4.** 2차원 금속판 내의 온도분포를 나타내는 2차원 elliptic 편미분 방정식의 일반적인 형태는

$$\frac{\partial^2 T}{\partial x^2} + \frac{\partial^2 T}{\partial y^2} = f$$

로 쓸 수 있다. 위에서 $f$는 일정하며 판의 오른쪽과 상부 경계면이 잘 단열되어 있다고 가정한다. 나머지 두 경계면은 일정온도로 유지되며

$$T(0,y) = 250℃, \ \left.\frac{\partial T}{\partial x}\right|_{1,y} = 0, \ T(x,0) = 500℃, \ \left.\frac{\partial T}{\partial x}\right|_{x,1} = 0$$

---

15 Cutlip, M. B. and M. Shacham, Problem Solving in Chemical and Biochemical Engineering with POLYMATH, Excel, and MATLAB, 2nd ed., p. 346, Prentice-Hall, 2008.

16 Alkis Constantinides and Navid Mostoufi, Numerical Methods for Chemical Engineers with MATLAB Applications, p. 382-385, Prentice-Hall, 1999.

이다(Dirichlet 및 Neumann 경계조건). 금속판 내부의 온도분포를 구하고 서로 비교하여 보라.[17]

**5.** 353 K의 액체 벤젠을 4-pass shell-and-tube 열교환기를 이용하여 303 K로 냉각시키고 있다. 튜브 내를 흐르는 물이 냉매로 이용되고 있으며 물의 유입온도는 298 K이고 유량은 12 kg/s이다. 열 교환기에서 $d_o = 25.4$ mm, $d_i = 19.86$ mm, $N_T = 86$(튜브들은 1.25의 피치 비율로 삼각형 피치로 배열), 튜브의 거칠도는 0.025mm, L = 2 m, $l_s = 27$ mm, $D_s = 305$ mm, $d_{otl} = 294$ mm, $\delta_{sb} = 4.45$ mm, $N_{ss} = 0$, $l_{bc} = 450$ mm, $l_{in}$, $l_{out} = 165$ mm, 배플 컷은 25%이다. 열교환기 벽체 재질의 열전도도는 45 W/m/K 이며 튜브 측과 shell 측의 파울링(fouling) 저항은 각각 0.00036 및 0.00018 $m^2K/W$ 이다. 기준온도에서 튜브와 shell 측을 흐르는 유체의 물성치는 다음 표와 같다.

**표 P5 튜브 및 shell 측 유체의 물성치**

| | 튜브측(물) | | Shell측(벤젠) | |
|---|---|---|---|---|
| 기준온도(K) | 323 | 283 | 375 | 289 |
| 밀도($kg/m^3$) | 988.1 | 999.7 | 798 | 885 |
| 점도($mNs/m^2$) | 0.6 | 1.26 | 0.258 | 0.679 |
| 열전도도(W/m/K) | 0.64 | 0.603 | 0.126 | 0.163 |
| 비열(J/kg/K) | 4183 | 4195 | 1980 | 1675 |

물의 유출온도와 벤젠의 유량, 열 부하 및 shell과 튜브 측의 압력강하를 각각 구하여라.

17 Alkis Constantinides and Navid Mostoufi, Numerical Methods for Chemical Engineers with MATLAB Applications, p. 382-385, Prentice-Hall, 1999.

# 공정제어

## 8.1 라플라스 변환과 전달함수

### 라플라스 변환과 역 라플라스 변환

시간에 따른 함수 f(t)의 라플라스 변환 F(s)는 다음과 같이 정의된다.

$$F(s) = \mathcal{L}\{f(t)\} = \int_0^{\infty} f(t)e^{-st}dt$$

주어진 라플라스 변환 F(s)로부터 라플라스 변환 이전의 시간함수 f(t)를 구하는 역 라플라스 변환은

$$f(t) = \mathcal{L}^{-1}[F(s)]$$

로 표시된다. f(t)를 구하는 데에는 F(s)를 부분분수로 나누는 방법이 일반적으로 이용된다. F(s)는 일반적으로 다음과 같이 쓸 수 있다.

$$F(s) = \frac{b_m s^m + b_{m-1}s^{m-1} + \cdots + b_1 s + b_0}{s^n + a_{n-1}s^{n-1} + \cdots + a_1 s + a_0} + R(s)$$

함수의 라플라스 변환에는 기호변수를 이용한다. 라플라스 변환은 laplace, 역 라플라스

변환은 ilaplace 명령어를 이용하여 수행할 수 있다.

## 보기 1 라플라스 변환

함수 $f(t) = 1 + t + t^2 + \sin at - t\cos bt$의 라플라스 변환을 구하여라.

**풀이**

먼저 t, a, b를 기호변수로 지정하고 함수를 정의한 다음 laplace 명령어를 이용한다.

```
>> syms t a b;
>> f = 1 + t + t^2 + sin(a*t) - t*cos(b*t);
>> Lf = laplace(f)
Lf =
a/(a^2 + s^2) + 1/(b^2 + s^2) - (2*s^2)/(b^2 + s^2)^2 + 1/s + 1/s^2 + 2/s^3
>> pretty(Lf)
                                2
    a          1          2 s        1   1    2
  ------- + ------- - ---------- + - + -- + --
   2   2     2   2     2   2 2     s    2    3
  a  + s    b  + s    (b  + s )         s    s
```

위에서 pretty는 기호표현을 우리에게 익숙한 수식 형태로 나타내어 주는 명령어이다.

## 보기 2 역 라플라스 변환

$F(s) = \dfrac{2s}{s^2 + 4s + 1}$의 역 라플라스를 구하여라.

**풀이**

먼저 s를 기호변수로 지정하고 ilaplace 명령어를 이용한다.

```
>> syms s;
>> F = 2*s / (s^2 + 4*s + 1);
>> f = ilaplace(F)
f =
2*exp(-2*t)*(cosh(3^(1/2)*t) - (2*3^(1/2)*sinh(3^(1/2)*t))/3)
>> pretty(f)
```

```
                  /                    1/2        1/2          \
                  |         1/2         2 3    sinh(3    t)    |
   2 exp(-2 t)    | cosh(3     t) - -------------------- |
                  \                          3                 /
```

## 부분분수 전개

부분분수 전개(partial fraction expansion)는 residue 명령어를 사용한다. 함수 F(s)를 다음과 같이 부분분수로 전개할 수 있다고 하자.

$$F(s) = \frac{N(s)}{D(s)} = \frac{b_m s^m + b_{m-1} s^{m-1} + \cdots + b_1 s + b_0}{a_n s^n + a_{n-1} s^{n-1} + \cdots + a_1 s + a_0}$$
$$= \frac{r_1}{s-p_1} + \cdots + \frac{r_k}{s-p_k} + \frac{r_{q1}}{(s-p_q)} + \frac{r_{q2}}{(s-p_q)^2} + \cdots + K(s)$$

부분분수 전개는 [R P K] = residue(N, D)와 같이 이루어지는데 $R = [r_1,\ r_2,\ \cdots\ ]$, $p = [P_1,\ P_2,\ \cdots\ ]$, 그리고 K는 K(s)의 계수들로 이루어지는 행벡터이다.

### 보기 3 부분분수 전개

$F(s) = \dfrac{s^3 + 5s^2 + 9s + 7}{s^2 + 3s + 2}$를 부분분수로 전개하면 $F(s) = \dfrac{-1}{s+2} + \dfrac{2}{s+1} + (s+2)$와 같다. 이를 MATLAB을 이용하여 확인하여라.

**풀이**

```
>> N = [1 5 9 7]; D = [1 3 2];
>> [R P K] = residue(N, D)
R =
    -1
     2
P =
    -2
    -1
K =
     1     2
```

## 전달함수의 표현

MATLAB에서는 라플라스 변환의 분모와 분자의 s의 계수를 내림차순으로 입력함으로써 라플라스 변환을 나타낸다. 계수의 입력은 대괄호([, ])를 이용하며 숫자 사이에는 빈 칸, 또는 쉼표(,)를 두어 차수를 구분한다. 분모가 인수분해되어 있는 경우 인자들의 합성에 conv 명령어를 이용한다.

전달함수의 분모와 분자의 계수를 입력하면 명령어 tf를 이용하여 라플라스 변환형태의 전달함수를 얻을 수 있다. 이 경우 명령문 tf의 출력을 다른 변수에 저장해 두면 전달함수의 분자 및 분모의 계수를 매번 입력하지 않고도 전달함수를 이용하는 다른 명령어를 편리하게 사용할 수 있다.

### 보기 4 전달함수의 표현

라플라스 변환이 $G(s)=\dfrac{2s+1}{s^2+3s+2}=\dfrac{2s+1}{(s+1)(s+2)}$ 와 같은 경우 MATLAB으로 $G(s)$를 나타내어 보라.

**풀이**

MATLAB에서 두 항의 곱은 conv 명령어를 이용하여 손쉽게 나타낼 수 있다. 전달함수는 tf 명령어를 이용한다.

```
>> num = [2 1]; den = conv([1 1], [1 2]);
>> G = tf(num, den)
G =
     2 s + 1
  -------------
  s^2 + 3 s + 2
Continuous-time transfer function.
```

### 보기 5 전달함수의 표현(tf의 사용)

전달함수의 분자가 $2s+1$, 분모가 $s^2+3s+2$인 경우 MATLAB을 이용하여 전달함수 G를 구하여라.

**풀이**

프로그램 및 출력은 다음과 같다.

```
>> num = [2 1]; den = [1 3 2];
>> G = tf(num, den)
G =
     2 s + 1
  -------------
  s^2 + 3 s + 2
Continuous-time transfer function.
```

G에는 전달함수의 분모, 분자가 모두 저장되어 있으므로 이후에 다루게 될 공정의 동특성을 다룰 때 편리하게 이용할 수 있다.

## 8.2 블록선도

블록선도는 선형 공정의 변수들 사이의 관계를 편리한 블록으로 나타낸 그림을 말한다. 화학 공정을 이루는 여러 요소들은 그 기능에 따라 각각 하나의 블록으로 나타낼 수 있다. 서로 연결된 블록들은 각 요소들 간의 정보 및 신호의 흐름을 일목요연하게 보여준다. 그림 8.1은 열 교환기에 대한 feedback 제어구조를 블록을 이용하여 나타낸 것이다.

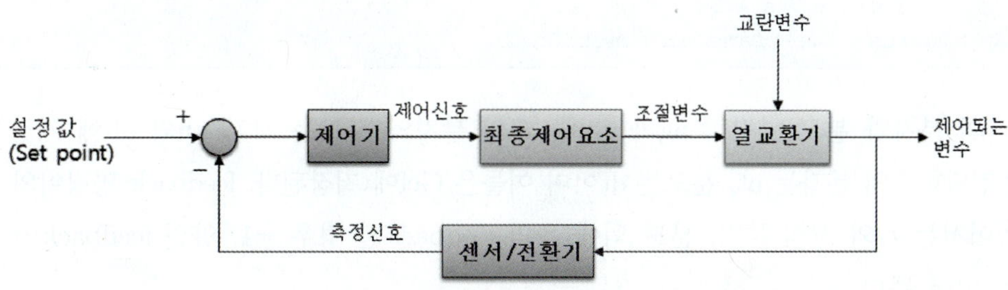


**그림 8.1 열 교환기 제어 시스템의 블록선도**

그림에서 각 블록들은 그 특성이 어떤 대수 방정식이나 미분 방정식들로 표현될 수 있는 공정 요소들을 나타낸다. 공정 기술자가 수행해야 할 또 하나의 중요한 작업은 각 블록을 나타내어 주는 적절한 수학적 표현을 찾아내는 일이다.

블록선도의 합성에 이용되는 명령어는 series, parallel, feedback 들이다. series는 블록들이 직렬로 연결되어 있는 경우, parallel은 블록들이 병렬로 연결되어 있는 경우에 이용되며 feedback은 출력이 feedback되는 블록선도의 합성에 이용된다.

### 보기 6 총괄 전달함수

다음 그림에 보인 간단한 feedback 루프의 총괄 전달함수를 구하여 보라. 그림에서 $G=\dfrac{2s+1}{s^2+3s+2}$, $H=\dfrac{1}{s+1}$ 이다.

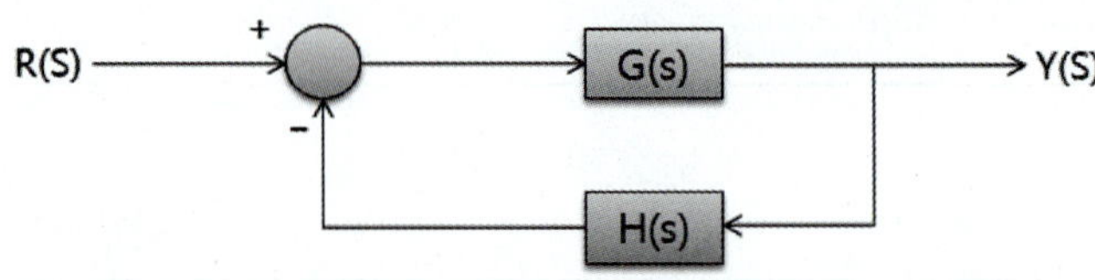


그림 8.2 간단한 feedback 루프

**풀이**

```
>> ng = [2 1]; dg = [1 3 2]; nh = 1; dh = [1 1];
>> [nt, dt] = feedback(ng, dg, nh, dh, -1);
>> Gcl = tf(nt, dt)
Gcl =
     2 s^2 + 3 s + 1
  ---------------------
  s^3 + 4 s^2 + 7 s + 3
Continuous-time transfer function.
```

$G$의 분자와 분모는 각각 ng와 dg에, $H$의 분자와 분모는 각각 nh와 dh에 저장된다. 총괄 전달함수의 분자는 nt, 분모는 dt이며 이들은 Gcl에 저장된다. feedback 명령어의 사용에 있어서는 $G$와 $H$의 분자, 분모 외에 음의 feedback인 경우 $-1$, 양의 feedback인 경우 $+1$을 넣어 준다.

## 8.3 상태공간 표현

일련의 선형화된 미분 방정식들로 구성된 모델들은 벡터-행렬 형태로 표현되는 상태공간 모델로 나타낼 수 있다.

$$\dot{\underline{x}}(t) = A\underline{x}(t) + B\underline{u}(t), \quad \underline{y}(t) = C\underline{x}(t)$$

위에서 $\underline{\mathbf{x}}$는 상태변수 벡터이며 $u$는 입력변수 벡터, 그리고 $\underline{\mathrm{y}}$는 출력변수 벡터이다. A, B, C는 해당되는 적절한 차원의 행렬이다. 벡터 $\underline{x}$, $\underline{u}$ 및 $\underline{y}$의 차원이 각각 n, m 및 r이라면 A는 n × n, B는 n × m, C는 r × n행렬이 된다.

$\Phi(s) = (sI - A)^{-1}$로 두면 $\Phi(t) = e^{At}$이고

$$\underline{x}(t) = \Phi(t)\underline{x}(0) + \int_0^t \Phi(t-\tau)B\underline{u}(\tau)d\tau = e^{At}\underline{x}(0) + \int_0^t e^{A(t-\tau)}B\underline{u}(\tau)d\tau$$

를 얻는다. 상태공간 모델의 라플라스 변환으로부터

$$Y(s) = CX(s) = C\Phi(s)B \cdot U(s) = G(s)U(s)$$

위에서 $G(s) = C\Phi(s)B = C(sI - A)^{-1}B$는 전달함수 행렬(transfer function matrix)이다.

MATLAB을 이용하여 전달함수를 상태공간 함수로 변환시킬 때에는 명령어 tf2ss를 이용하며 상태공간 함수로부터 전달함수를 구할 때에는 ss2tf 명령어를 사용한다.

### 보기 7 전달함수의 상태공간 함수로의 변환

전달함수가 $G = \dfrac{2s+1}{s^3 + 3s^2 + 2s + 1}$ 로 주어지는 공정의 상태공간 함수 형태를 구하여라.

**풀이**

전달함수를 상태공간 함수로 변환시킬 때에는 명령어 tf2ss를 이용한다. tf2ss로부터 행렬 A, B, C 및 D가 얻어진다. 전달함수의 분자와 분모의 계수들을 내림차순으로 하여 tf2ss에 두 행벡터들로 제공한다.

```
>> n = [2 1]; d = [1 3 2 1];
>> [A B C D] = tf2ss(n,d)
A =
    -3    -2    -1
     1     0     0
     0     1     0
B =
     1
     0
     0
C =
     0     2     1
D =
     0
```

## 보기 8 상태공간 표현

다음과 같은 시스템에 대한 상태공간 함수 표현을 구하여라.

$$\frac{d^2y}{dt^2}+1.5\frac{dy}{dt}+y=\frac{du}{dt}+2u, \quad y(0)=\frac{dy}{dt}(0)=u(0)=0$$

**풀이**

분자는 [1 2], 분모는 [1 1.5 1]로 하여 tf2ss에 제공한다.

```
>> [A B C D] = tf2ss([1 2],[1 1.5 1])
A =
   -1.5000   -1.0000
    1.0000         0
B =
     1
     0
C =
     1     2
D =
     0
```

## 8.4 공정의 동특성

### 1차공정의 동특성

1차 공정은 그 모델식이 1차 미분방정식으로 주어지는 공정이다. 공정이 선형인 경우를 생각하여 보면 출력변수를 y, 입력변수를 x라 할 때 모델식은

$$\tau\frac{dy}{dt}+y=Kx(t)$$

와 같이 쓸 수 있다. 위에서 $\tau$는 공정의 시간상수이고 K는 공정의 gain(이득)이다. 초기조건을 0이라 하고(즉 y(0) = 0) 위의 식을 라플라스 변환시키면 1차공정의 전달함수

$$\frac{Y(s)}{X(s)}=G(s)=\frac{K}{\tau s+1}$$

를 얻는다. 입력변수 X(s)의 형태에 따라서 출력변수 Y(s)의 응답 형태가 달라진다. 크기 A인 계단입력 변화가 도입되었을 경우 응답은

$$Y(t)=KA(1-e^{-t/\tau})$$

로 주어진다.

입력변수가 크기 H, 지속시간 T인 블록펄스 형태의 변화를 보였다면

$$Y(s)=\frac{KH}{s(\tau s+1)}(1-e^{-Ts})$$

로부터 응답

$$Y(t)=KH[1-e^{-t/\tau}-\{1-e^{-(t-T)/\tau}\}u(t-T)]$$

를 얻는다.

입력변수가 시간에 대하여 기울기 A인 1차의 선형 변화(경사함수)를 보인 경우에는 $X(s)=\frac{A}{s^2}$ 이므로 $Y(s)=G(s)X(s)=\frac{KA}{s^2(\tau s+1)}=\frac{KA\tau^2}{\tau s+1}-\frac{KA\tau}{s}+\frac{KA}{s^2}$ 로부터 응답

$$Y(t)=KA(t+\tau e^{-t/\tau}-\tau)$$

를 얻는다.

입력변수가 sine 함수 모양의 변화를 보이는 경우에는 $X(t) = A\sin(\omega t)u(t)$로 나타낼 수 있으므로 $X(s) = \dfrac{A\omega}{s^2+\omega^2}$ 이며 따라서

$$Y(s) = G(s)X(s) = \frac{KA\omega}{(\tau s+1)(s^2+\omega^2)} = \frac{KA}{1+\tau^2\omega^2}\left(\frac{\tau^2\omega}{\tau s+1} - \frac{\tau\omega s}{s^2+\omega^2} + \frac{\omega}{s^2+\omega^2}\right)$$

이로부터 응답은

$$Y(t) = \frac{KA\omega\tau}{1+\tau^2\omega^2}e^{-t/\tau} + \frac{KA}{\sqrt{1+\tau^2\omega^2}}sin(\omega t+\phi)$$

로 주어진다. 위에서 $\phi$는 위상각으로서 $\phi = \tan^{-1}(-\tau\omega)$이다. 시간이 무한히 흐르면 응답 Y(t)는 일정한 진동과 진폭을 가진 sine 곡선으로 나타난다.

$$Y(\infty) = \frac{KA}{\sqrt{1+\tau^2\omega^2}}sin(\omega t+\phi)$$

이러한 진동에서 진동주기는 $T = \dfrac{2\pi}{w}$ 로 주어진다. 진동의 주파수는 일반적으로 헤르츠(Hz, 매 초당 사이클 수)로 나타내는데 여기에서는 단위시간당 라디안으로 주어지는 $w$로 표시하기로 한다.

1차공정의 계단응답은 step 명령어를 사용하여 쉽게 얻는다. step의 수행에 필요한 입력요소들은 공정의 전달함수(즉 분자와 분모)와 응답시간이다. 임펄스 응답은 impulse 명령어를 사용하여 쉽게 얻는다. impulse의 수행에 필요한 입력요소들은 공정의 전달함수(즉 분자와 분모)와 응답시간이다. 1차공정에 선형입력(시간 t의 1차함수)이 도입되는 경우의 응답은 lsim 명령어를 사용하여 쉽게 얻는다. lsim의 수행에 필요한 입력요소들은 공정의 전달함수(즉 분자와 분모)와 입력형태 및 응답시간이다. 1차 공정에 sine 곡선모양의 입력이 도입되는 경우의 응답 역시 lsim 명령어를 사용하여 쉽게 얻을 수 있다.

### 보기 9 1차공정의 계단응답

전달함수가 $\dfrac{3}{2s+1}$ 인 1차공정의 단위계단 응답곡선을 구하여 보라. 응답시간은 [0, 10]으로 한다.

**풀이**

계단응답은 스크립트 step1.m에 의해 수행된다.

```
% step1.m
num = 3; den = [2 1]; t = [0:0.1:10];
y = step(num, den, t);
plot(t, y), grid, title('1차공정의 계단응답'), xlabel('t(초)'), ylabel('응답
y(t)')
```

계단응답 곡선은 다음 그림과 같다.

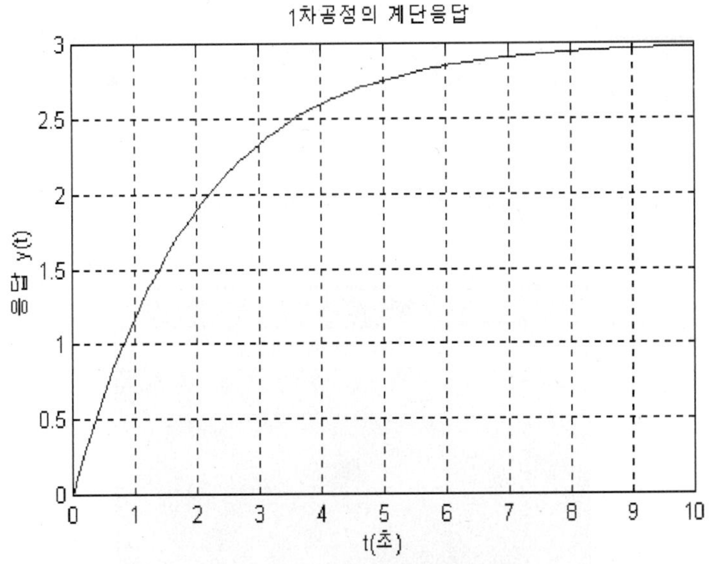


**그림 8.3 1차공정의 계단응답 곡선**

Simulink를 사용하여 앞의 1차공정의 계단응답을 구하여 보기로 한다. 메뉴 바에서 New 아이콘( )을 클릭하고 SIMULINK 부메뉴에서 "Simulink Model"을 선택한다(이전 버전의 MATLAB에서는 메뉴 바의 "Simulink"를 클릭한다). 나타나는 모델 편집창의 메뉴 바에서 "Library Browser" 아이콘( )을 클릭한다. "Simulink"의 "Sources"를 클릭하여 나타나는 아이콘들로부터 마우스 왼쪽 키를 누른 상태로 "Step" 블록을 선택하고 모델 편집창으로 끌어온다. 마찬가지로 "Simulink"의 "Continuous"를 클릭하여 나타나는 아이콘들부터 "Transfer Fcn"(전달함수) 블록을, "Sinks"를 클릭하여 나타나는 아이콘들로부터 "Scope" 블록을 선택하고 모델 편집창으로 끌어와서 1차공정의 Simulink 블록선도를 구성

한다. 블록들을 서로 연결하려면 하나의 블록을 클릭해 두고 이와 연결하고자 하는 블록에 마우스를 위치시킨 다음 Ctrl 키를 누른 상태에서 마우스 왼쪽 키를 누르면 이들 두 블록들이 서로 연결된다. 전달함수의 분모 분자의 설정은 "Transfer Fcn"(전달함수) 블록을 더블 클릭하여 나타나는 편집창에서 수행할 수 있다.

"Step" 블록을 더블 클릭하여 나타나는 편집창에서 "Step time"을 0으로 설정하고 하단부의 "Apply" 버튼을 누른 다음 "OK" 버튼을 누른다. 이어서 편집창의 Simulation 메뉴에서 "Model Configuration Parameters" 항목을 선택한 다음 계산시간을 10(초)으로 설정하고 Simulation 메뉴의 "Run"을 선택하면 계단응답이 얻어진다. Scope를 더블클릭하면 그림의 결과가 나타난다.

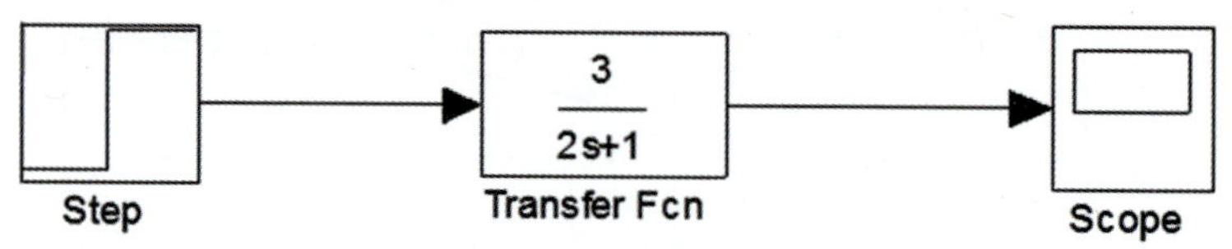


**그림 8.4** 1차공정의 Simulink 블록선도

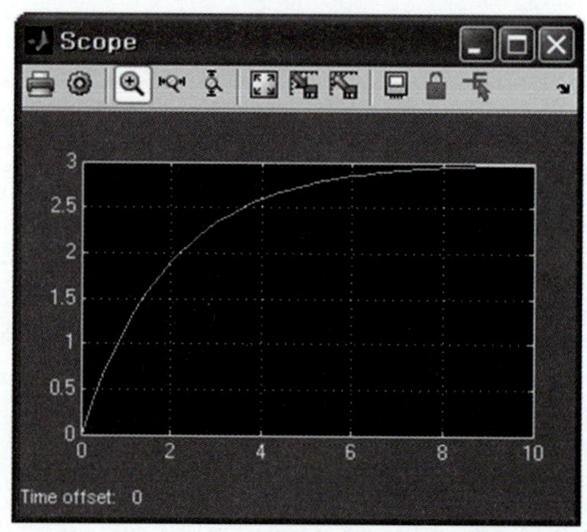


**그림 8.5** Simulation Scope에 나타난 1차공정의 단위계단 응답

---

## 보기 10 1차공정의 sine 응답

전달함수가 $\frac{3}{2s+1}$인 1차공정에 $u = \sin(3t)$와 같은 sine 입력이 도입되는 경우의 응답곡선을 구하여 보라. 응답시간은 [0, 10]으로 한다.

**풀이**

```
% sin1st.m: 1차공정의 sine 응답
num = 3; den = [2 1]; G = tf(num,den);
t = [0:0.1:10]; u = sin(3*t); z = t*0; y = lsim(G,u,t);
plot(t,y,t,u,':'), legend('Output y(t)','Input u(t)'), hold on
plot(t,z), hold off
xlabel('t(초)'), ylabel('응답 y(t)'), title('1차공정의 sine 응답')
```

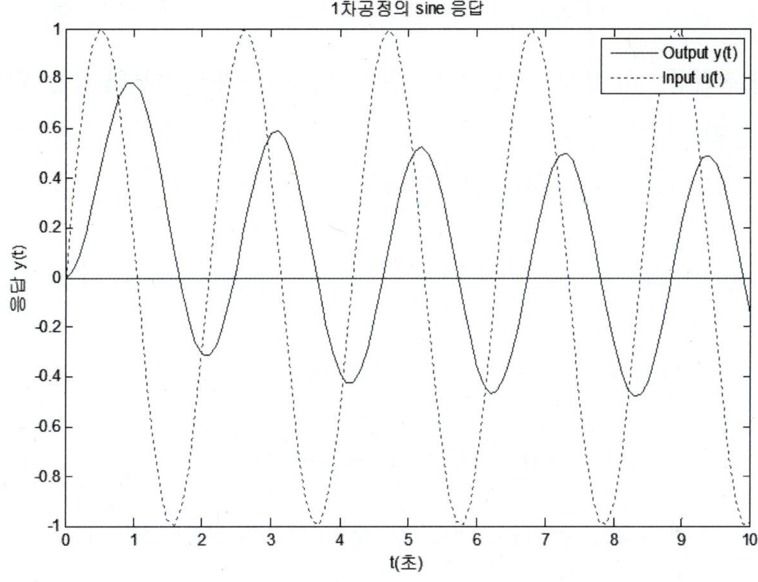


**그림 8.6 1차공정의 sine 응답곡선**

## 2차공정의 동특성

2차공정은 공정의 모델식이 2차의 미분 방정식으로 주어지는 공정이다. 따라서 2차공정의 전달함수의 분모는 s의 2차식이 된다. 다양한 형태의 입력변수의 변화에 대한 출력변수의 시간에 따른 변화는 1차 공정에서와 같은 방법으로 구할 수 있다.

2차공정의 전달함수는 일반적으로 다음과 같은 형태로 나타낸다.

$$G(s) = \frac{Y(s)}{X(s)} = \frac{K}{\tau^2 s^2 + 2\tau\zeta s + 1}$$

입력변수가 단위계단변화를 보인 경우 $X(s) = \frac{1}{s}$ 이므로

$$Y(s)=\frac{K}{s(\tau^2 s^2+2\tau\zeta s+1)}=\frac{K}{\tau^2 s(s-r_1)(s-r_2)}=\frac{K}{\tau^2}\left\{\frac{A}{s}+\frac{B}{s-r_1}+\frac{C}{s-r_2}\right\}$$

위에서

$$r_1=\frac{-\zeta+\sqrt{\zeta^2-1}}{\tau},\ r_2=\frac{-\zeta-\sqrt{\zeta^2-1}}{\tau},$$
$$A=\frac{1}{r_1 r_2},\ B=\frac{1}{r_1(r_1-r_2)},\ C=\frac{1}{r_2(r_2-r_1)}$$

2차공정의 전달함수의 분모를 0으로 둔 방정식의 근 $r_1$과 $r_2$로부터 응답 Y(t)는 제동비 $\zeta$의 값에 따라 좌우됨을 짐작할 수 있다.

i) $\zeta<1$: 이 경우 $r_1$과 $r_2$는 허근이므로 다음 관계를 얻는다.

$$Y(t)=K\left\{1-\frac{1}{\sqrt{1-\zeta^2}}e^{-\zeta t/\tau}\sin\left(\frac{\sqrt{1-\zeta^2}}{\tau}t+\phi\right)\right\},\quad \phi=\tan^{-1}\left(\frac{\sqrt{1-\zeta^2}}{\zeta}\right)$$

ii) $\zeta=1$: 이 경우에는 $r_1=r_2$로서 중근이므로 다음 관계를 얻는다.

$$Y(t)=K\left\{1-(1+\frac{t}{\tau})e^{-t/\tau}\right\}$$

iii) $\zeta>1$ : 이 경우 $r_1$과 $r_2$는 서로 다른 두 개의 실근이 되며 응답 Y(t)는 다음과 같이 주어진다.

$$Y(t)=K\left[1-\frac{1}{2}e^{-\zeta t/\tau}\left\{\left(1+\frac{\zeta}{\sqrt{\zeta^2-1}}\right)e^{\frac{\sqrt{\zeta^2-1}}{\tau}t}+\left(1-\frac{\zeta}{\sqrt{\zeta^2-1}}\right)e^{-\frac{\sqrt{\zeta^2-1}}{\tau}t}\right\}\right]$$

2차공정에서 입력변수가 진폭 A인 sine 함수 $X(t)=A\sin\omega t$인 변화를 보인다면 $X(s)=\frac{A\omega}{s^2+\omega^2}$ 이므로 $Y(s)=\frac{KA\omega}{(s^2+\omega^2)(\tau^2 s^2+2\tau\zeta s+1)}$를 얻는다. 이로부터

$$Y(t)=e^{-\zeta t/\tau}\left(C_1\cos\frac{\sqrt{1-\zeta^2}}{\tau}t+C_2\sin\frac{\sqrt{1-\zeta^2}}{\tau}t\right)$$
$$+\frac{KA}{\sqrt{(1-\tau^2\omega^2)^2+(2\tau\zeta\omega)^2}}\sin(\omega t+\phi)$$

앞에서 $C_1$과 $C_2$는 상수이며 $\phi = -\tan^{-1}\left(\frac{2\tau\omega\zeta}{1-\tau^2\omega^2}\right)$이다. 시간이 상당히 흐르면 응답 Y(t)는 일정한 진동을 가지는 sine 곡선이 된다. 즉

$$\lim_{t\to\infty} Y(t) = \frac{KA}{\sqrt{(1-\tau^2\omega^2)^2+(2\tau\omega\zeta)^2}}\sin(\omega t+\phi)$$

2차공정의 계단응답은 1차 공정에서와 마찬가지로 step 명령어를 사용하여 쉽게 얻는다. step의 수행에 필요한 입력요소들은 공정의 전달함수(즉 분자와 분모)와 응답시간이다. 2차공정의 임펄스 응답 역시 1차 공정에서와 마찬가지로 impulse 명령어를 사용하여 쉽게 얻는다. impulse의 수행에 필요한 입력요소들은 공정의 전달함수(즉 분자와 분모)와 응답시간이다.

### 보기 11 2차공정의 계단응답

전달함수가 $\frac{1}{\tau^2 s^2 + 2\tau\zeta s + 1}$인 2차공정에서 $\tau = 0.5$이다. $\zeta$가 0.5, 1.0, 1.5일 때 각각의 경우에 대한 단위계단 응답곡선을 구하여 보라. 응답시간은 [0, 10]으로 한다.

**풀이**

스크립트 step2ndpro.m은 2차공정의 계단응답 계산을 수행한다.

```
% step2ndpro.m
tau = 0.5; z1 = 0.5; z2 = 1; z3 = 1.5; num = 1; t = [0:0.1:10];
den1 = [tau*tau 2*tau*z1 1]; den2 = [tau*tau 2*tau*z2 1];
den3 = [tau*tau 2*tau*z3 1];
y1 = step(num, den1, t); y2 = step(num, den2, t); y3 = step(num, den3, t);
plot(t, y1, ':', t, y2, '--', t, y3), grid, xlabel('시간 t(sec)'), ylabel('출
력 y(t)')
title('2차공정의 계단응답'); legend('Underdamped', 'Critically damped',
'Overdamped');
```

스크립트 step2ndpro.m의 수행결과는 다음과 같다.

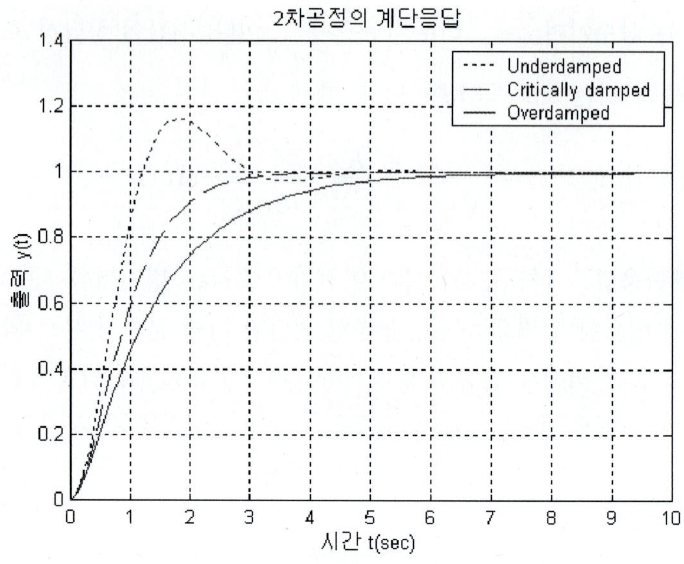


**그림 8.7 2차공정의 계단응답**

Simulink를 사용하여 2차공정에서 $\zeta = 0.3$ 인 경우의 계단응답을 구하여 보기로 한다. $\tau = 0.5$ 이므로 전달함수는 $G(s) = \dfrac{1}{0.25s^2 + 0.3s + 1}$ 이다. 먼저 MATLAB Simulink에서 블록들을 연결한다. "Transfer Fcn" 블록을 더블 클릭하여 전달함수의 분모와 분자를 주어진 값들로 설정하고 "Step" 블록을 더블 클릭하여 "Step time"을 0으로 설정한다. 편집창의 Simulation 메뉴에서 "Model Configuration Parameters" 항목을 선택한 다음 계산시간을 10(초)으로 설정하고 Simulation 메뉴의 "Run"을 선택하거나 모델창의 메뉴바에서 "Run" 아이콘(▶)을 클릭하면 계단응답이 얻어진다. Scope를 더블 클릭하면 그림에 보인 결과가 나타난다.

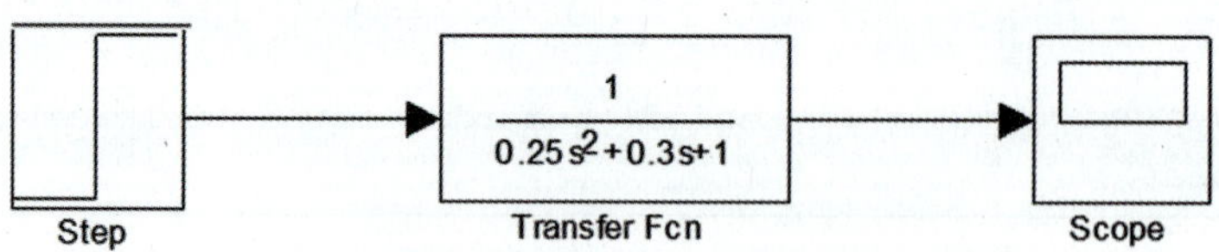


**그림 8.8 2차공정의 Simulink 블록선도**

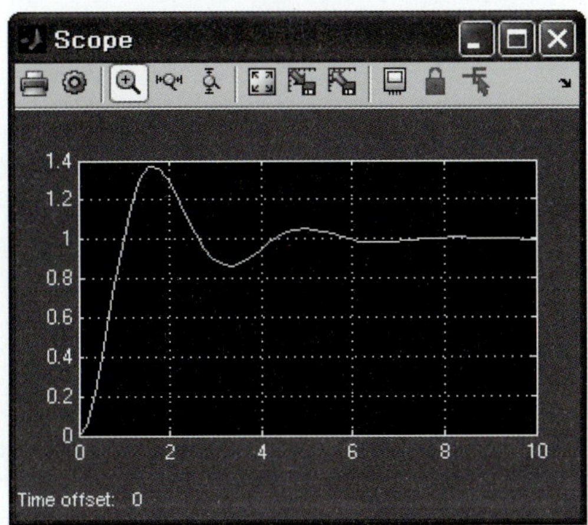


**그림 8.9** Simulation Scope에 나타난 2차공정의 단위계단 응답($\zeta = 0.3$)

## 복합공정의 동특성

### 고차공정

복합공정은 3차 이상의 고차공정이나 시간지연이 존재하는 1차나 2차공정, 또는 복잡한 특성을 보이는 공정을 통칭한다. 고차 공정의 동특성은 1차나 2차공정의 경우를 그대로 이용하면 된다. 고차공정의 일반적인 형태는 다음과 같이 나타낼 수 있다.

$$G(s) = \frac{Y(s)}{X(s)} = \frac{K\prod_{j=1}^{m}(\tau_{dj}s+1)}{\prod_{i=1}^{n}(\tau_{gi}s+1)} \quad (n > m)$$

입력변수의 단위계단 변화($X(s) = 1/s$)에 대한 응답은 역 라플라스 변환으로부터 다음과 같이 주어진다.

$$Y(t) = K\left\{1 - \sum_{i=1}^{n}\frac{\prod_{j=1}^{m}(\tau_{gi}-\tau_{dj})\tau_{gi}^{n-m-1}}{\prod_{j=1(j\neq i)}^{n}(\tau_{gi}-\tau_{gj})}e^{-t/\tau_{gi}}\right\}$$

고차공정의 계단응답은 1차, 또는 2차공정에서와 마찬가지로 step 명령어를 사용하여 쉽게 얻는다. step의 수행에 필요한 입력요소들은 공정의 전달함수(즉 분자와 분모)와 응답 시간이다.

### Lead/lag

앞에서 $m = n = 1$일 경우에는

$$G(s) = \frac{Y(s)}{X(s)} = \frac{\tau_d s + 1}{\tau_g s + 1}$$

이 되는데 이 때 $\frac{1}{\tau_g s + 1}$은 1차 lag, $\tau_d s + 1$은 1차 lead라고 통칭되며 G(s)는 lead/lag이라 부른다. 단위계단 입력변화를 생각하면 응답 Y(t)는 역 라플라스 변환으로부터

$$Y(t) = 1 + \left( \frac{\tau_d}{\tau_g} - 1 \right) e^{-t/\tau_g}$$

로 주어진다. Lead/lag 요소의 계단응답은 앞에서와 마찬가지로 step 명령어를 사용하여 쉽게 얻는다. step의 수행에 필요한 입력요소들은 공정의 전달함수(즉 분자와 분모)와 응답 시간이다.

### 시간지연

시간지연은 어느 화학공정에나 거의 필연적으로 존재하므로 전달함수에 포함되어야 한다. 시간지연의 라플라스 변환 $e^{-\theta s}$를 이용하면 시간지연이 존재하는 1차공정의 전달함수는

$$Y(s) = \frac{Ke^{-\theta s}}{\tau s + 1}$$

시간지연이 존재하는 2차공정의 전달함수는

$$Y(s) = \frac{Ke^{-\theta s}}{(\tau_1 s + 1)(\tau_2 s + 1)}$$

로 나타낼 수 있다. 시간지연은 'iodelay' 옵션을 이용하여 나타낼 수 있는데 이는 `delay = 1.6; set(G1, 'iodelay', delay);`와 같이 사용한다.

## 보기 12 고차공정의 계단응답

전달함수가 $\frac{1}{(2s+1)^2}$, $\frac{1}{(2s+1)^4}$, $\frac{1}{(2s+1)^5}$ 인 2차, 4차, 5차 공정의 계단응답곡선을 구하여 보라. 응답시간은 [0, 20]으로 한다.

**풀이**

스크립트 highresp.m은 고차공정의 계단응답 계산을 수행한다.

```
% highresp.m
num = 1; den1 = conv([2 1],[2 1]); den2 = conv(den1,den1);
den3 = conv(den2,[2 1]); t = [0:0.1:20];
y1 = step(num, den1, t); y2 = step(num, den2, t);
y3 = step(num, den3, t);
plot(t, y1, ':', t, y2, '--', t, y3), grid
xlabel('시간 t(sec)'), ylabel('응답 y(t)')
title('고차공정(n=2, 4, 5)의 계단응답')
legend('n = 2', 'n = 4', 'n = 5')
```

스크립트 highresp.m의 수행결과는 다음과 같다.

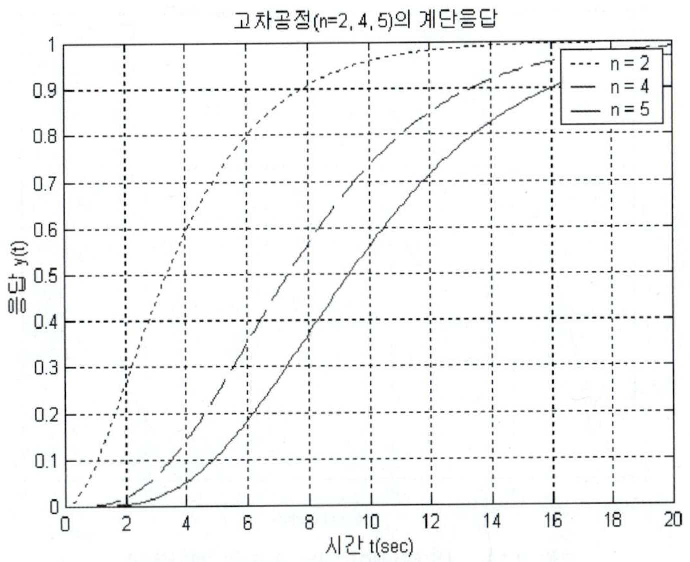


**그림 8.10 고차공정의 계단응답**

## 보기 13 시간지연이 존재하는 공정의 응답

다음과 같은 시간지연이 있는 1차공정의 단위계단 응답을 그래프로 나타내어 보라.

$$G(s) = \frac{Y(s)}{X(s)} = \frac{3e^{-1.6s}}{3s+1}$$

위에서 얻은 응답을 전달함수가 다음과 같은 공정의 단위계단 응답곡선과 비교하여 보라.

$$G_2(s) = \frac{Y(s)}{X(s)} = \frac{3}{(0.1s+1)(0.5s+1)(s+1)(3s+1)}$$

### 풀이

스크립트 tdelay.m은 'iodelay' 옵션을 이용하여 시간지연 계산을 수행한다.

```
% tdelay.m
G1 = tf(3, [3 1]); delay = 1.6;
set(G1, 'iodelay', delay);
G2 = tf(3, conv(conv([0.1 1], [0.5 1]), conv([1 1], [3 1])));
step(G1); hold on
step(G2, ':'); legend('G1', 'G2'), grid, hold off
```

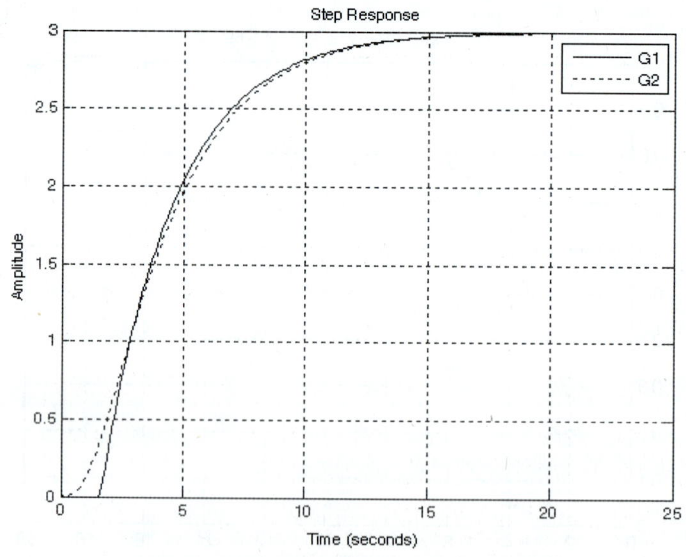


그림 8.11 시간지연이 있는 공정의 계단응답

$G_2(s)$의 계단응답은 비록 시간지연이 없는 응답이지만 시간지연이 존재하는 1차공정의 응답과 거의 유사함을 알 수 있다. 즉 고차공정은 근사적으로 시간지연이 존재하는 1차공정으로 나타낼 수 있음을 알 수 있다. 실제로 많은 복잡한 화학공정들은 시간지연이 존재하는 1차공정 모델의 형태로 아주 효과적으로 나타낼 수 있으며 이러한 모델이 컴퓨터를 이용하는 제어에 널리 이용되기도 한다.

---

## 8.5 Feedback 제어루프의 동특성

### 닫힌루프 전달함수

설정값(set point)을 R, 출력변수를 C, 외부교란변수를 L이라고 두면 제어 루프를 다음과 같이 나타낼 수 있다.

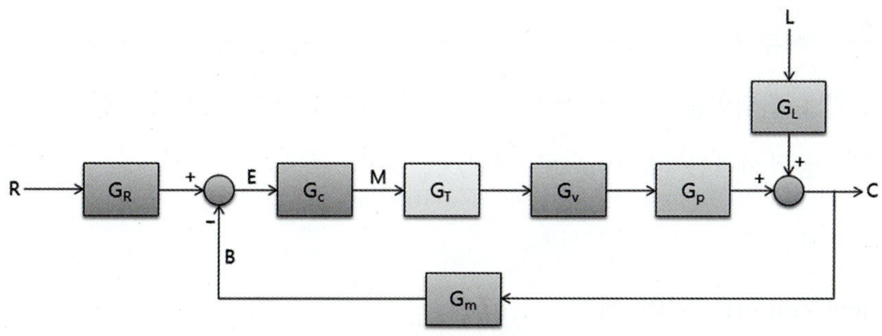


**그림 8.12 닫힌루프 제어구조**

그림으로부터 다음 관계를 얻을 수 있다.

$$C = \frac{G_R G_c G_v G_T G_p}{1 + G_c G_v G_T G_p G_m} R + \frac{G_L}{1 + G_c G_v G_T G_p G_m} L$$

**설정값 측정제어(servo control)문제**

닫힌루프 제어구조에서 외부교란변수 L은 변화가 없고 설정값 R만 변화하는 경우 $L = 0$이므로

$$\frac{C}{R} = \frac{G_R G_c G_v G_T G_p}{1 + G_{OL}}, \quad G_{OL} = G_c G_v G_T G_p G_m$$

**조정기 제어(Regulator control)문제**

설정값은 일정하게 유지되고(즉 $R = 0$) 외부교란변수의 변화만 야기되는 경우에는 다음과 같은 전달함수를 얻는다.

$$\frac{C}{L} = \frac{G_L}{1 + G_{OL}}$$

공정이 1차, 또는 2차이며 비례 제어기를 사용하는 닫힌 루프 제어구조의 계단응답은 step 명령어를 사용하여 쉽게 얻는다. step의 수행에 필요한 입력요소들은 공정의 전달함수(즉 분자와 분모)와 응답시간이다.

## 보기 14 1차공정 피드백 제어구조의 응답

어떤 피드백 제어구조에서 총괄 전달함수는 $C = \frac{K_c}{5s + 1 + K_c} R$ 이다. 이제 설정값 R에 단위계단 변화가 도입되었을 경우 비례제어기의 이득 $K_c$가 각각 5, 20, 50 일 때의 응답곡선을 구하여 보라. 응답시간은 [0, 10]으로 한다.

**풀이**

스크립트 levelcon.m은 위의 계산을 수행한다.

```
% levelcon.m
Kc1 = 5; Kc2 = 20; Kc3 = 50; t = [0:0.1:10];
num1 = Kc1; num2 = Kc2; num3 = Kc3;
den1 = [5 1+Kc1]; den2 = [5 1+Kc2]; den3 = [5 1+Kc3];
y1 = step(num1, den1, t); y2 = step(num2, den2, t); y3 = step(num3, den3, t);
plot(t, y1, ':', t, y2, '--', t, y3), xlabel('시간 t(sec)'), ylabel('출력
y(t)')
title('Closed-loop 제어공정(1차공정, 비례제어기)의 계단응답')
legend('Kc = 5', 'Kc = 20', 'Kc = 50')
```

스크립트 levelcon.m의 수행결과는 다음과 같다. 그림으로 알 수 있듯이 제어기 이득의 값이 커질수록 잔류편차는 줄어든다.

```
>> levelcon
```

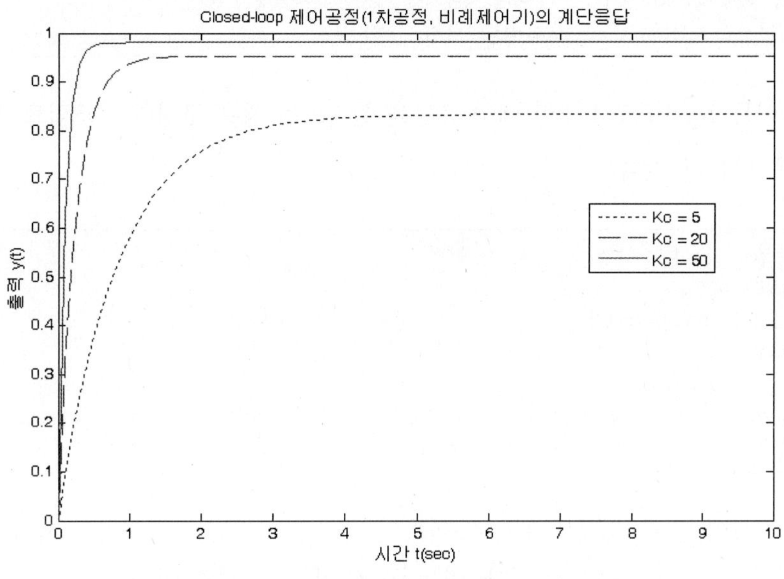


**그림 8.13 1차공정 비례제어구조의 계단응답**

## 보기 15 피드백 제어구조의 응답(2차공정, 비례제어기)

전달함수가 $G=\dfrac{0.5}{s(0.5s+1)}$ 인 2차 공정을 비례제어기를 사용하여 제어하고자 한다. 설정값에 단위계단 변화가 도입되었을 경우 비례제어기의 이득 $K_c$가 각각 0.5, 1, 2일 때의 응답곡선을 구하여 보라. $K_v = K_m = 1$이며 응답시간은 [0, 10]으로 한다.

**풀이**

여기에서는 주어진 제어기 이득 $K_c$에 따른 응답을 구하는 스크립트 파일을 만들고 이를 이용하여 여러 가지 이득 $K_c$에 해당하는 응답을 구해 보기로 한다. 스크립트 파일(파일명 : secpro.m)은 다음과 같다.

```
% secpro.m : 비례 제어기를 이용한 2차공정의 제어
% 제어기 gain을 입력
Kc = input('제어기 gain = ');
num = 0.5*Kc; den = [0.5 1 0.5*Kc];
```

```
% 단위계단응답
t = [0:0.1:10]; y = step(num, den, t);
plot(t, y), grid, title('비례 제어기를 이용한 2차공정의 제어');
xlabel('시간 t(sec)'), ylabel('출력 C(t)');
```

제어기 이득 $K_c$가 0.5, 1, 2일 때의 응답을 살펴보는 경우 구성한 스크립트 파일을 이용하는 과정은 다음과 같다.

```
>> secpro
제어기 gain = 0.5
>> hold on, secpro
제어기 gain = 1
>> secpro, hold off
제어기 gain = 2
>> text(2.1, 1.1, 'Kc=0.5'), text(4.1, 0.86, 'Kc=1'), text(5.1, 0.68, 'Kc=2')
```

그림에서 보아 알 수 있듯이 제어기 이득의 값이 작아지면 잔류편차는 사라지지만 오버슈트가 나타나기 시작함을 알 수 있다. 이는 곧 $K_c$가 어느 수준 이하로 작아지는 경우 닫힌 회로 전달함수의 제동비 $\zeta$가 1보다 작아짐을 의미한다.

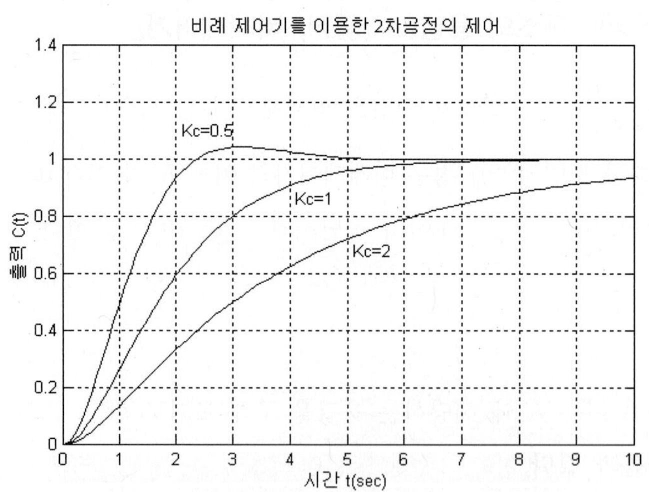


**그림 8.14 2차공정 비례제어구조의 계단응답**

## 보기 16 피드백 제어구조의 응답(2차공정, PI 제어기)

PI 제어기를 이용하는 어떤 제어구조에서 공정의 전달함수는 $G_p(s) = \dfrac{5}{(s+1)(2s+1)}$, 제어밸브의 이득 $K_v = 0.01$, 센서/전환기의 이득 $K_m = 20$ 이다. Simulink를 이용하여 설정값 R에 단위계단 변화가 도입되었을 경우 응답곡선을 구하여 보자. PI 제어기의 전달함수는 $G_c(s) = 2\left(1 + \dfrac{1}{5s}\right)$이며 응답시간은 [0, 30]으로 한다.

**풀이**

Simulink 블록선도 및 Scope 출력은 다음과 같다.

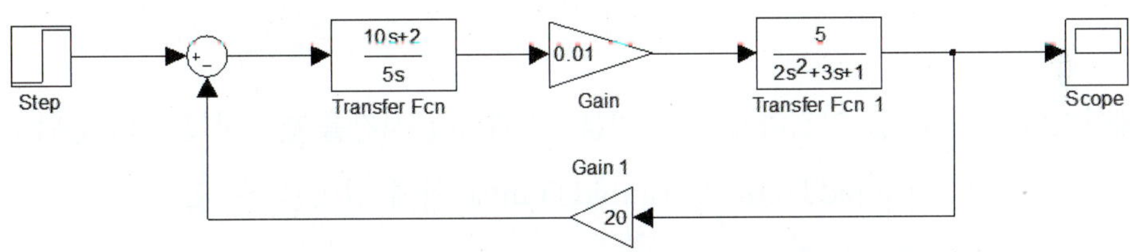


그림 8.15 2차공정 PI 제어구조의 Simulink 블록선도

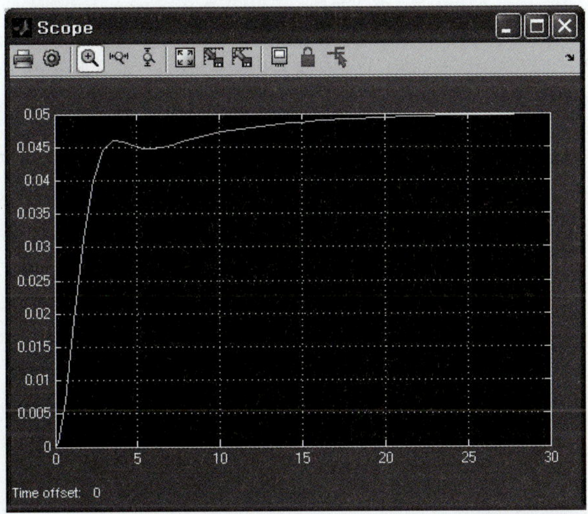


그림 8.16 Simulation Scope에 나타난 2차공정 PI 제어구조의 계단응답

## 보기 17 피드백 제어구조의 응답(2차공정, PID 제어기)

그림에 보인 간단한 제어구조에서 $G_p(s) = \dfrac{3}{4s^2 + s + 1}$ 이며 제어기로는 PID 제어기 $G_c(s) = K_c\left(1 + \dfrac{1}{\tau_I s} + \tau_D s\right)$가 이용되고 있다. 설정값 R에 단위계단 변화가 도입되었을 때 제어기의 파라미터 $\tau_I$와 $\tau_D$를 증가시켜 가면서 응답 C가 어떻게 달라지는지 비교하여 보라.

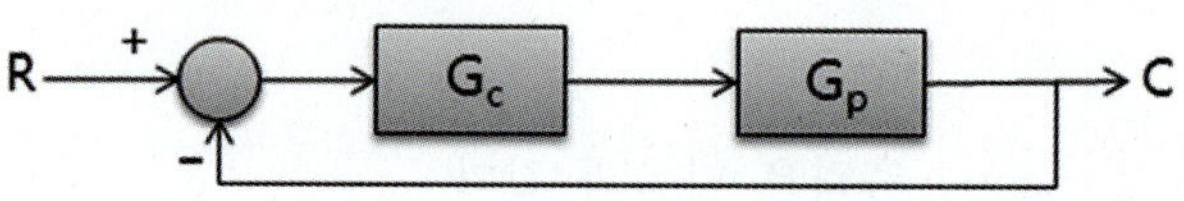


그림 8.17 간단한 제어구조

### 풀이

PID 제어기의 이득 $K_c$를 일정하게 두고 미분시간과 적분시간을 변화시킬 때의 응답 모양은 각각 스크립트 파일 tunpidTd.m 및 tunpidTi.m에 의해 알아볼 수 있다.

**tunpidTd.m**

```
% tunpidTd.m
tau = 2; zeta = 0.25; Kp = 3; Kc = 5; tauI = 1;
h(1,:) = '- '; h(2,:) = ': '; h(3,:) = '-.'; h(4,:) = '--';
t0 = 0; delt = 0.1; fint = 20; ms = 1; tauD = [0.5 1 5 10];
for i = 1:length(tauD)
   num = Kc*Kp*[tauI*tauD(i) tauI 1];  d1 = tauI*tau^2;
   d2 = 2*tauI*tau*zeta+Kc*Kp*tauI*tauD(i);
   d3 = tauI*(1+Kc*Kp); d4 = Kc*Kp; den = [d1 d2 d3 d4];
   [y,t] = stepnp(num, den, t0, delt, fint, ms);
   plot(t,y,h(i,:)), hold on
end
st = 1+0*t; plot(t,st), hold off
legend('\tau_D = 0.5','\tau_D = 1', '\tau_D = 5', '\tau_D = 10')
xlabel('Time(min)'), ylabel('Output, y(t)'), title('PID
control(Kc=5,\tau_I=1)')
```

**tunpidTi.m**

```
% tunpidTi.m
tau = 2; zeta = 0.25; Kp = 3; Kc = 5; tauD = 0.5;
h(1,:) = '- '; h(2,:) = ': '; h(3,:) = '-.'; h(4,:) = '--';
t0 = 0; delt = 0.1; fint = 20; ms = 1; tauI = [0.5 1 5 10];
for i = 1:length(tauI)
```

```
    end
  end
  plot(r,'*'), grid, ylabel('허수부'), xlabel('실수부'), title('근 궤적도(Kc=1~40)')
```

스크립트 파일 rootloc.m의 수행결과는 다음과 같다. 그림에는 $K_c$ 값이 나타나 있지 않으나 $K_c$가 30보다 커지면 근의 궤적이 양의 실수부 영역에 존재한다.

```
>> rootloc
```

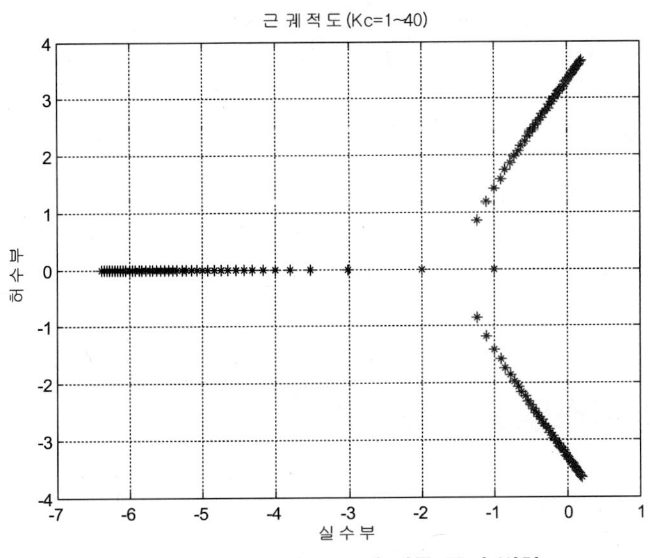


**그림 8.23 제어기 gain에 따른 근의 변화**

## 보기 20 근 궤적도

닫힌루프 특성방정식이 $1+\dfrac{K(s+3)}{s^2+2s}=0$과 같은 경우 근 궤적도를 그려 보라.

**풀이**

열린루프 전달함수의 분자는 $s+3$, 분모는 $s^2+2s$이므로 다음과 같이 rlocus를 호출한다. MATLAB은 자동적으로 $K$ 값의 범위를 정하여 그래프를 작성하여 준다.

```
>> num = [1 3]; den = [1 2 0]; rlocus(num, den);
>> grid, title('근 궤적도'), xlabel('실수축'), ylabel('허수축')
```

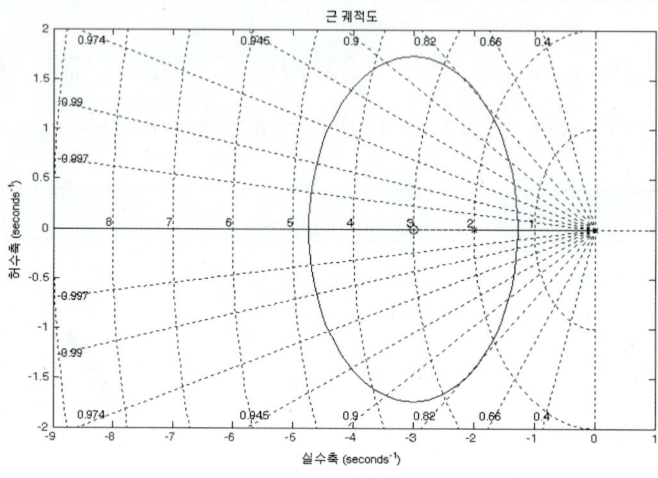


그림 8.24 근 궤적도

## 8.7 제어시스템의 진동응답

공정의 전달함수가

$$G(s) = \frac{Y(s)}{X(s)} = \frac{N(s)}{(s-r_1)(s-r_2)\cdots(s-r_n)}$$

와 같이 주어진다면 진동입력 $x(t) = A\sin(wt)$, 혹은 $X(s) = \dfrac{Aw}{s^2+w^2}$ 에 대한 응답 Y(t)는

$$Y(t) = a_1 e^{r_1 t} + a_2 e^{r_2 t} + \cdots + a_n e^{r_n t} + C\cos wt + \frac{D}{w} sin wt$$

와 같다. 안정한 공정이므로 모든 근 $r_1$, $r_2, \cdots$, $r_n$ 의 실수부는 음이다. 따라서 시간이 어느 정도 지나면 진동을 나타내는 cosine 및 sine 항만 남는다. C와 D는 상수들이다. 시간이 상당히 지난 다음에는 응답 Y(t)는 다음과 같이 쓸 수 있다.

$$Y(t) = AI\cos wt + \frac{ARw}{w}\sin wt = A\sqrt{R^2+I^2}\sin(wt+\phi) = \hat{A}\sin(wt+\phi)$$

위에서 $\hat{A} = A\sqrt{R^2+I^2}$, $\phi = \tan^{-1}(I/R)$ 이다. 이로부터 진폭비는

$$AR = \frac{\hat{A}}{A} = \frac{A\sqrt{R^2+I^2}}{A} = \sqrt{R^2+I^2} = |G(iw)|$$

로 주어진다. 즉 진폭비는 전달함수 G(s)에서 s 대신 $i\omega$를 대입하여 얻는 복소수의 크기가 된다.

**Bode 선도**

Bode 선도는 $G(i\omega)$로부터 얻어지는 진폭비 AR과 위상각 $\phi$를 $\omega$의 함수로서 log-log와 semilog 그래프에 나타낸 그림이다. 즉 진폭비와 $\omega$의 관계는 log-log 그래프로, 위상각과 $\omega$의 관계는 semilog 그래프로 나타낸다. 위상각은 라디안으로 얻어지는데 bode 선도에서는 도(°)로 나타내므로 $\phi$에 $180/\pi$를 곱해준 다음 그래프에 표시한다. Bode 선도는 bode 명령어를 이용하여 쉽게 구할 수 있다. bode 명령어에서는 진폭비와 위상각을 계산하여 준다.

**Nyquist 선도**

Nyquist 선도는 주파수 $\omega$가 0에서부터 무한히 증가함에 따라 변하는 G($i\omega$)를 복소평면상에 도시한 것이다. 즉 주파수 $\omega$에 따라 주어지는 벡터 G($i\omega$)는 크기와 위상각을 갖는데 벡터의 시발점은 원점이며 위상각은 양의 실수축을 기준으로 한다. Nyquist 선도를 그리는 방법에는 polar 명령어를 사용하는 방법과 nyquist 명령어를 사용하는 방법의 두 가지가 있다. polar 명령어를 사용하는 방법에서는 bode 명령어로 먼저 크기와 위상각을 구한 다음 이를 극좌표에 나타낸다. 이 경우 위상각의 단위는 도(degree)이다.

**Nichols 선도**

Nichols 선도는 Bode 선도에서와는 달리 하나의 그래프에 진폭비와 위상각을 동시에 나타낸 그래프이다. nichols 명령어를 사용하여 쉽게 Nichols 선도를 얻을 수 있다.

## 보기 21 Bode 선도(2차공정)

2차공정 $G(s) = \dfrac{1}{2.25s^2 + 3\zeta s + 1}$ 에서 $\zeta$가 각각 0, 0.25, 0.5, 0.75, 1일 때의 Bode 선도를 그려 보라.

### 풀이

스크립트 파일 bodezeta.m은 $\zeta$의 변화에 따른 Bode 선도를 작성하여 준다.

```
% bodezeta.m
w = logspace(-2, 1, 300); zeta = [0:0.25:1]; num = 1;
for i = 1:length(zeta),
   den = [2.25 3*zeta(i) 1]; [ar, phase] = bode(num, den, w);
   lar = 20*log10(ar); semilogx(w, lar); hold on
end
xlabel('w(rad/min)'), ylabel('AR'), title('Damping이 있는 2차공정의 응답')
text(0.8, 20, 'zeta=0'), text(0.4, -10, 'zeta=1')
```

스크립트 파일 bodezeta.m의 수행결과는 다음과 같다.

```
>> bodezeta
```

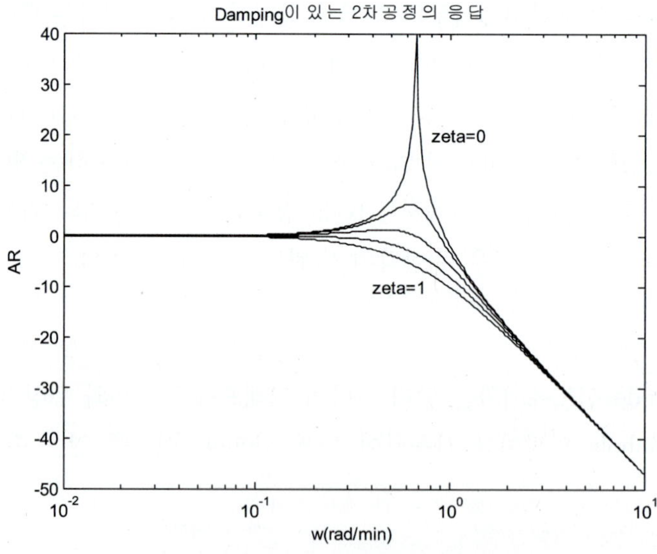


그림 8.25 Damping이 있는 2차공정의 Bode 선도

## 보기 22 Bode 선도(3차공정)

시간지연이 존재하는 다음과 같은 3차 공정에 대한 Bode 선도를 그려보자:

$$G(s) = \frac{(0.4s+1)e^{-0.2s}}{(0.3s+1)(s+1)^2}$$

**풀이**

스크립트 파일 delaybode.m은 시간지연이 존재하는 3차공정의 Bode 선도를 작성하여 준다.

```
% delaybode.m
num = [0.4 1]; den = conv([0.3 1], conv([1 1], [1 1]));
G = tf(num, den, 'iodelay', 0.2); [mag, phase, w] = bode(G);
subplot(2,1,1), loglog(w, squeeze(mag)), grid
ylabel('Amplitude'), xlabel('Frequency(rad/time)')
subplot(2,1,2), semilogx(w, squeeze(phase)), grid
ylabel('Phase(deg)'), xlabel('Frequency(rad/time)')
```

스크립트 파일 delaybode.m의 수행결과는 다음과 같다.

```
>> delaybode
```

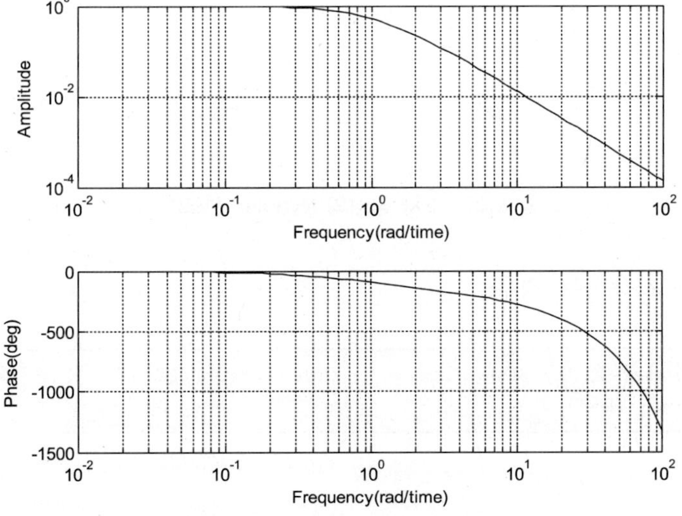


그림 8.26 시간지연 공정의 Bode 선도

## 보기 23 Nyquist 선도(2차공정)

2차공정 $G(s) = \dfrac{2}{(10s+1)(2.5s+1)}$ 의 Nyquist 선도를 그려보라.

**풀이**

polar 명령어를 사용하는 경우:

```
>> w = logspace(-2, 1, 300); num = 2; den = conv([10 1], [2.5 1]);
>> [x, p] = bode(num, den, w); polar((pi/180)*p, x)
>> title('2차공정의 polar plot')
```

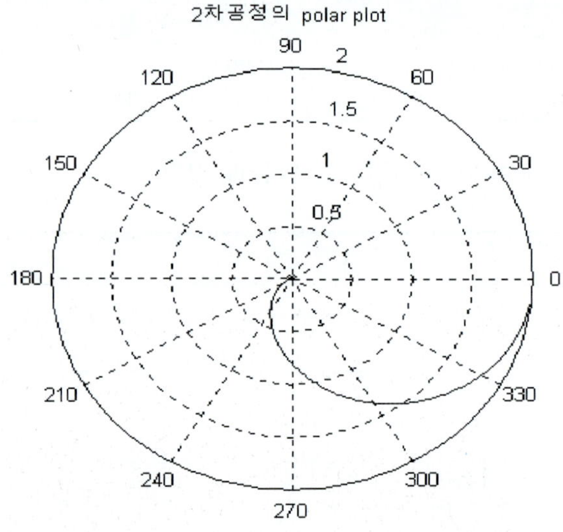


그림 8.27 2차 공정의 Nyquist 선도(1)

nyquist 명령어를 사용하는 경우:

```
>> w = logspace(-2, 1, 300); num = 2; den = conv([10 1], [2.5 1]);
>> nyquist(num, den)
```

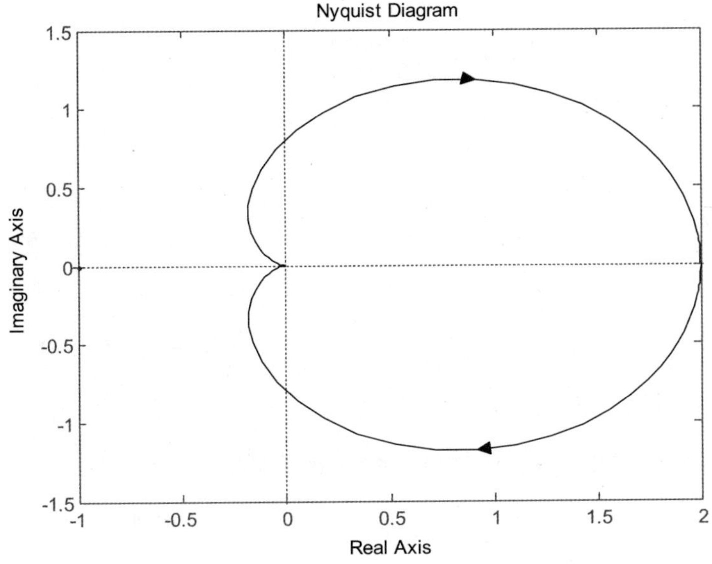


**그림 8.28 2차 공정의 Nyquist 선도(2)**

nyquist 명령어의 실행결과를 plot 명령어를 사용하여 그래프로 나타내어도 Nyquist 선도가 얻어진다.

---

## 보기 24 Nyquist 선도(시간지연)

시간지연이 존재하는 공정 $G(s) = \dfrac{12.76e^{-s}}{5s+1}$ 의 Nyquist 선도를 그려보라.

**풀이**

```
>> G=tf(12.76,[5 1]); set(G,'iodelay',1); nyquist(G)
>> xlabel('실수축'), ylabel('허수축'), title('시간지연공정의 Nyquist 선도')
```

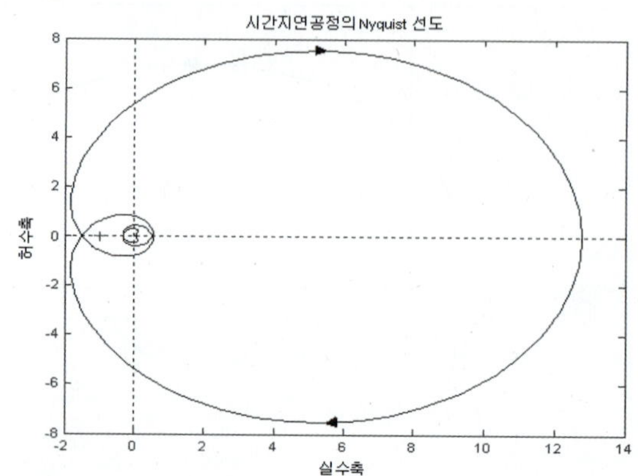


**그림 8.29 시간지연이 존재하는 공정의 Nyquist 선도**

## 보기 25 Nichols 선도

2차공정 $G(s) = \dfrac{2}{(10s+1)(2.5s+1)}$ 의 Nichols 선도를 그려보라.

**풀이**

```
>> num = 2; den = conv([10 1], [2.5 1]); w = logspace(-2, 1, 300);
>> nichols(num, den, w); ngrid
```

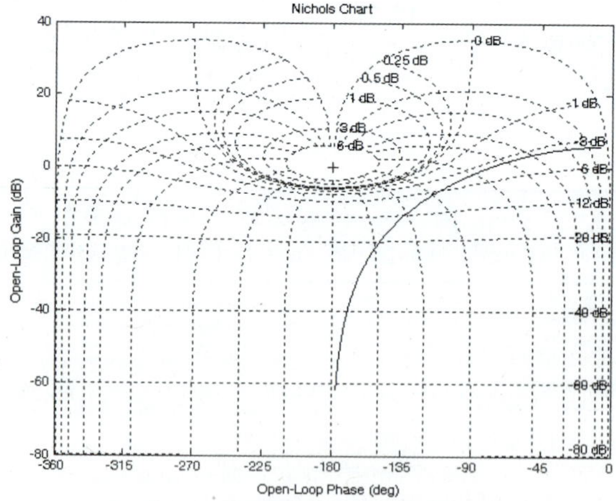


**그림 8.30 2차공정의 Nichols 선도**

### 이득마진과 위상마진

제어기의 한계이득 $K_{cu}$는 닫힌루프 제어시스템이 불안정해지는 경계점이다. 따라서 제어기의 gain $K_c$를 $K_{cu}$에 가깝게 정해 주었다면 그만큼 닫힌루프 시스템이 불안정해지기 쉽다는 부담이 생기게 된다. Bode 선도에서 제어 시스템의 안정성의 상대적인 척도를 나타내는 파라미터로서 이득마진(gain margin, GM)과 위상마진(phase margin, PM)을 흔히 사용한다.

$\phi = -180°$일 때의 주파수(임계 주파수) $w_c$에서의 진폭비를 $AR_c$라 하고 진폭비가 1일 때의 주파수 $w_g$에서의 위상각을 $\phi_g$라고 할 때 GM과 PM은 각각 다음과 같이 정의된다.

$$GM = \frac{1}{AR_c}, \quad PM = 180 + \phi_g$$

제어기는 GM이 대략 1.7-4.0, PM이 대략 30-45°범위의 값을 갖도록 조정된다. GM과 PM이 작을수록 제어 시스템은 안정성 영역의 한계에 그만큼 가까이 다다르는 셈이므로 닫힌루프 응답은 점점 더 큰 진동을 보일 것이다. 제어기 이득은 한계이득 $K_{cu}$를 이용하여 다음 관계에 의해 얻어진다.

$$K_c = \frac{K_{cu}}{GM}$$

이득마진과 위상마진은 margin 명령어를 이용하여 얻는다.

---

## 보기 26 한계이득

비례 제어기가 이용되는 어떤 feedback 제어구조에서 특성방정식은 다음과 같다. 한계이득을 구하여라.

$$1 + K_c \frac{0.8e^{-2s}}{5s+1} = 0$$

**풀이**

```
>> G = tf(0.8, [5 1]); delay = 2; [m, p, w] = bode(G); Mag = m(1, :);
>> Phase = p(1, :) - ((180/pi)*delay*w');
>> [Gm, Pm, Wcg, Wcp] = margin(Mag, Phase, w)
Gm =
    5.7173
Pm =
```

```
  Inf
Wcg =
   0.8922
Wcp =
  NaN
```

즉 한계이득 $K_{cu} = 5.7173$, 한계 주파수 $w_u = 0.8922$를 얻는다. 마진을 나타내는 그래프는 다음과 같이 하여 얻는다.

```
>> G = tf(0.8, [5 1]); theta = 2; set(G, 'iodelay', theta); margin(G)
```

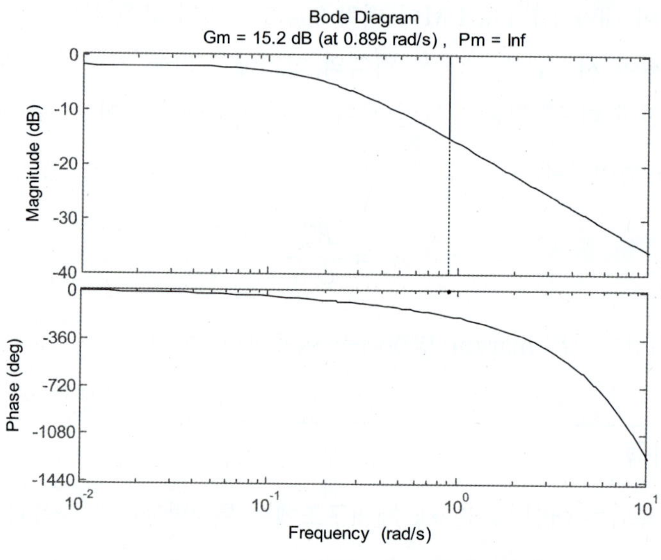


**그림 8.31 시간지연이 있는 공정의 마진**

## 연습문제

1. $F(s) = \dfrac{s^2+2s+3}{s^3+3s^2+3s+1}$ 를 부분분수로 전개하여라.

2. 직렬로 연결된 두 블록은 $C = G_1 G_2 A$ 로 나타낼 수 있다. 이 블록을 합성하여 보라. 각 블록의 전달함수는 각각 $G_1 = \dfrac{2}{s+1}$, $G_2 = \dfrac{2s+1}{s^2+3s+2}$ 이다.

3. 병렬로 연결된 두 블록은 $C = (G_1 + G_2)A$ 로 나타낼 수 있다. 각 블록의 전달함수는 각각 $G_1 = \dfrac{2}{s+1}$, $G_2 = \dfrac{2s+1}{s^2+3s+2}$ 이다. 이 블록들을 합성하여라.

4. 다음과 같은 상태공간 함수로 나타내어지는 공정의 전달함수를 구하여라.

$$\frac{d}{dt}\begin{bmatrix} x_1 \\ x_2 \\ x_3 \end{bmatrix} = \begin{bmatrix} 0 & 1 & 0 \\ 0 & -1 & -3 \\ 1 & 0 & -7 \end{bmatrix}\begin{bmatrix} x_1 \\ x_2 \\ x_3 \end{bmatrix} + \begin{bmatrix} 0 \\ 1 \\ 1 \end{bmatrix} u, \quad y = \begin{bmatrix} 1 & 0 & 0 \end{bmatrix}\begin{bmatrix} x_1 \\ x_2 \\ x_3 \end{bmatrix}$$

5. 전달함수가 $\dfrac{3}{2s+1}$ 인 1차공정의 impulse 응답곡선을 구하여 보라. 응답시간은 [0, 10]으로 한다.

6. 전달함수가 $\dfrac{3}{2s+1}$ 인 1차공정에 $x = 1.2t$ 와 같은 선형입력이 도입되는 경우의 응답곡선을 구하여 보라. 응답시간은 [0, 10]으로 한다.

7. 2차공정에서 $\tau = 2$, $k = 3$, $\Delta m = 4$ 이다. 감쇄인자 $\zeta$가 $\zeta = 0.1$, $0.4$, $0.7$, $1$일 때 $0 \le t \le 40$ 의 범위에서 시간에 따른 무차원 응답 $\dfrac{y(t)}{k\Delta m}$ 을 그래프로 나타내어라.

8. 2차공정에서 $\tau = 2$, $k = 3$, $\Delta m = 4$ 이다. 감쇄인자 $\zeta$가 $\zeta = 1, 1.5$, $2.0$, $2.5$일 때 $0 \le t \le 40$ 의 범위에서 시간에 따른 무차원 응답 $\dfrac{y(t)}{k\Delta m}$ 을 그래프로 나타내어라.

**9.** 전달함수가 $\dfrac{1}{\tau^2 s^2 + 2\tau\zeta s + 1}$ 인 2차공정에서 $\tau = 0.5$ 이다. $\zeta$가 0.5, 1.0, 1.5일 때 각각의 경우에 대한 임펄스 응답곡선을 구하여 보라. 응답시간은 [0, 10]으로 한다.

**10.** 전달함수가 $\dfrac{\tau s + 1}{s + 1}$ 과 같은 lead/lag 요소가 있다. $\tau$가 각각 0, 0.5, 1.0, 1.5, 2일 때의 계단응답 곡선을 구하고 그래프로 나타내어라. 응답시간은 [0, 10]으로 한다.

**11.** 어떤 피드백 제어구조에서 공정의 전달함수는 $G_p(s) = \dfrac{5}{5s + 1}$, 제어밸브의 이득 $K_v = 0.01$, 센서/전환기의 이득 $K_m = 20$ 이다. Simulink를 이용하여 설정값 R에 단위계단 변화가 도입되었을 경우 비례제어기의 이득 $K_c$가 10일 때의 응답곡선을 구하여 보라. 응답시간은 [0, 10]으로 한다.

**12.** 전달함수가 $G = \dfrac{0.8}{5s + 1}$ 인 공정을 PI 제어기 $G_c(s) = K_c\left(1 + \dfrac{1}{\tau_I s}\right)$를 이용하여 제어하고 있다($K_c = 1,\ \tau_I = 10$). 설정값에 단위계단 변화가 도입되었을 때의 응답곡선을 구하여라.

**13.** PI 제어기를 이용하는 액위제어 구조에서 유입유량에 크기 1인 단위계단 변화가 도입되었을 때 Simulink를 이용하여 다양한 제어기의 이득 $K_c$에 따른 응답을 구하여 보라. 공정의 전달함수는 $G(s) = \dfrac{2}{4.8s + 1}$, 밸브의 이득은 0.08이며 적분시간 $\tau_I = 2$ 이고 PI 제어기의 이득은 $K_c = 3,\ 10,\ 20,\ 60$ 과 같이 변한다. Simulink 모델의 구성에 있어서는 먼저 Simulink Library Browser에서 Simulink → Continuous 부메뉴로부터 PID 블록을 취하여 Simulink 블록선도에 PID 제어기를 도입한다. 이 블록을 더블클릭하여 비례, 미분 및 적분시간 파라미터를 설정하고 필터 계수 N은 0으로 둔다. 여기에서는 PI 제어기이므로 미분시간을 0으로 둔다.

**14.** 그림에 보인 직렬 액체탱크의 제어구조에서 액체의 밀도가 일정한 경우 각 탱크에 대한 물질수지식으로부터

$$A_1 \frac{dh_1}{dt} = q_i - C_1\sqrt{h_1 - h_2}\ ,\quad A_2 \frac{dh_2}{dt} = C_1\sqrt{h_1 - h_2} - C_2\sqrt{h_2}$$

를 얻는다. 제어기의 출력은 첫 번째 탱크로 유입되는 유량 $q_i(ft^3/\mathrm{min})$로 나타난다고 할 수 있다. PI(비례-적분) 제어기를 이용하는 경우 제어기의 이득을 $K_c(ft^{-1})$, 적분시간을 $\tau_I(\mathrm{min})$라고 하면

$$\frac{q_i}{q_m} = r_m + K_c e(t) + \frac{K_c}{\tau_I}\int_0^t e(t)dt, \quad e(t) = h_R - h_2$$

로 나타낼 수 있다. 위에서 $q_m$은 허용 가능한 최대 유량(즉 $0 \le q_i \le q_m$)이며 $r_m$은 제어작용이 수행되지 않을 경우의 유입유량 분율(즉 $q_i = rq_m$), 그리고 $h_R$은 두 번째 탱크의 액위의 설정값(set point)이다.

누적오차는 $C_e(t) = \int_0^t e(t)dt = \int_0^t (h_R - h_2)dt$로 쓸 수 있으므로 $\frac{dC_e(t)}{dt} = e(t) = h_R - h_2$이다. 따라서

$$\frac{q_i}{q_m} = r_m + \frac{K_c}{\tau_I} C_e(t) + K_c \frac{dC_e(t)}{dt}$$

비례 제어기를 이용하는 경우에는

$$\frac{q_i}{q_m} = r_m + K_c(h_R - h_2)$$

로 주어진다.

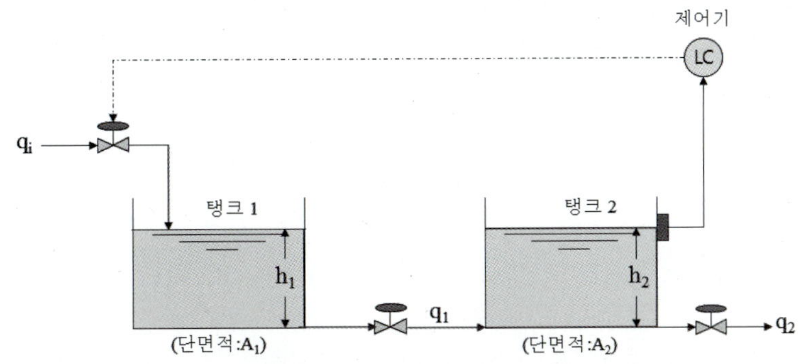


**그림 P14 간섭액체탱크의 액위제어 구조**

단면적이 동일한 두 액체탱크에서 $C_1 = 61.8\ ft^{2.5}/\text{min}$, $C_2 = 30.9\ ft^{2.5}/\text{min}$, $h_R = 6\ ft$, $r_m = 0.4$, $q_m = 480\ ft^3/\text{min}$, 그리고 탱크의 직경은 $d = 12\ ft$이다.

(1) 제어작용이 수행되지 않는 경우 시간에 따른 각 탱크의 액위를 그래프로 나타내어라.

(2) 제어기로서 비례(P) 제어기를 사용하고 있다. 제어기의 이득이 $K_c = 2$ 및 $K_c = 40$인 경우 시간에 따른 두 번째 탱크의 액위의 변화를 그래프로 나타내어라.

(3) 제어기로서 비례적분(PI) 제어기를 사용하고 있다. 제어기의 이득이 $K_c = 0.2$이고 적분시간이 $\tau_I = 20$ min인 경우 시간에 따른 각 탱크의 액위의 변화를 그래프로 나타내어라.

**15.** 특성방정식이 다음과 같은 시스템의 안정성을 규명하여라.

$$s^4 + 5s^3 + 3s^2 + 1 = 0$$

**16.** PID 제어기에서 $K_c = K_P$, $K_c \tau_D = K_D$, $\dfrac{K_c}{\tau_I} = K_I$라 두면 제어기의 전달함수는

$$G_c(s) = \frac{M(s)}{E(s)} = K_P + \frac{K_I}{s} + K_D s = \frac{K_D s^2 + K_P s + K_I}{s}$$

가 된다. 공정의 전달함수가 $G_p(s) = \dfrac{1}{s^2}$일 때 임의의 조절 파라미터 값들에 대한 근궤적도를 그려보라.

**17.** 2차공정 $G(s) = \dfrac{2}{(10s+1)(2.5s+1)}$의 Bode 선도를 그려보라.

**18.** 3차공정 $G(s) = \dfrac{1}{s^3 + 2s^2 + 2s + 1}$의 Nyquist 선도를 그려보라.

**19.** 비례 제어기가 이용되는 어떤 feedback 제어구조에서 특성방정식은 다음과 같다. 한계 이득을 구하여라.

$$1 + \frac{K_c}{(s+1)(s+2)(s+3)} = 0$$

APPENDIX

# A

# MATLAB 입문

MATLAB은 MATrix LABoratory를 의미하며 행렬처리 시스템인 LINPACK과 EISPACK을 바탕으로 만들어졌다. MATLAB은 대화 형식으로 프로그래밍 할 수 있기 때문에 전문 프로그래머가 아니더라도 쉽게 프로그램 작업을 수행할 수 있는 환경을 제공한다. 따라서 MATLAB을 이전의 C, C++, 혹은 Fortran이나 Basic 등 이른바 제3세대 언어와 구별하여 제4세대 언어라고 칭한다. MATLAB에서의 수치연산은 C나 Basic 및 Fortran에서와 거의 같지만 행렬이나 배열 연산을 수행하기 쉽도록 MATLAB 고유의 함수와 명령어들이 갖추어져 있다.

## MATLAB 시작하기

MATLAB의 설치는 다른 소프트웨어를 설치할 때와 마찬가지로 CD나 DVD 제품에 수록되어 있는 설치 안내를 따른다. 윈도우즈에서는 MATLAB 이름 아래의 Start 메뉴를 통하거나 간단히 MATLAB 아이콘을 더블 클릭하여 MATLAB을 시작한다.

MATLAB을 시작하면 MATLAB 로고와 제품정보를 보여주는 창이 나타난 다음에 MATLAB 데스크탑 창이 뜨게 된다. 이 창은 다수의 다른 창들을 포함하고 있는데 가장 중요한 창은 가운데에 위치하는 명령 창(Command Window)이다. 이 창에서는 명령어 프롬프트(>>)를 볼 수 있는데 이 프롬프트 다음에 위치하는 커서에서 MATLAB 명령어를 입력할 수 있다. 다음 그림은 새로 연 MATLAB 데스크탑의 예이다.

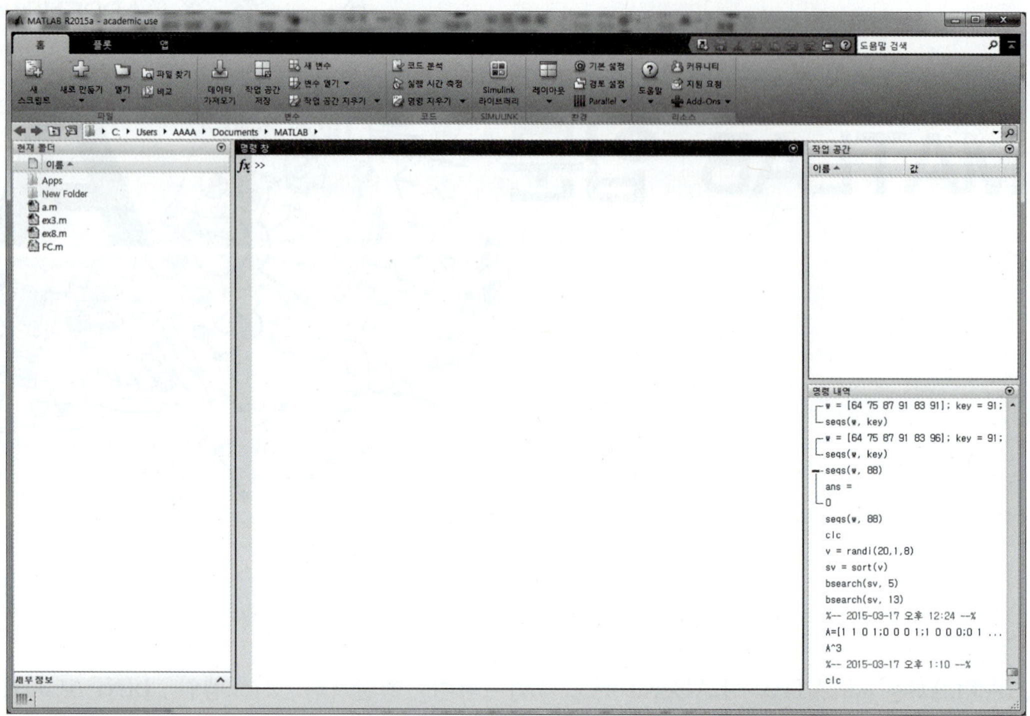


**그림 A.1** MATLAB 데스크탑

MATLAB의 수행은 기본적으로 위에 보인 명령 창에서 이루어지는데 여기에서 명령어를 입력하고 Enter키를 눌러서 다양한 연산처리를 할 수 있다. MATLAB 창 우측에 있는 작업공간(Work Space) 창이나 명령 내역 창은 프로그램을 처리하는데 있어서 참조하는 경우가 있지만 명령 창에서도 참조할 수 있는 명령어나 기능(whos 명령어, 위쪽 화살표 키)들이 있으므로 프로그램의 실행에서는 없어도 지장은 없다. 명령 창만 나타나도록 하려면 상단의 메뉴 바에서 "레이아웃" → "명령 창만"을 선택한다. 또한 기본 상태로 되돌리려면 "레이아웃" → "디폴트"를 선택한다.

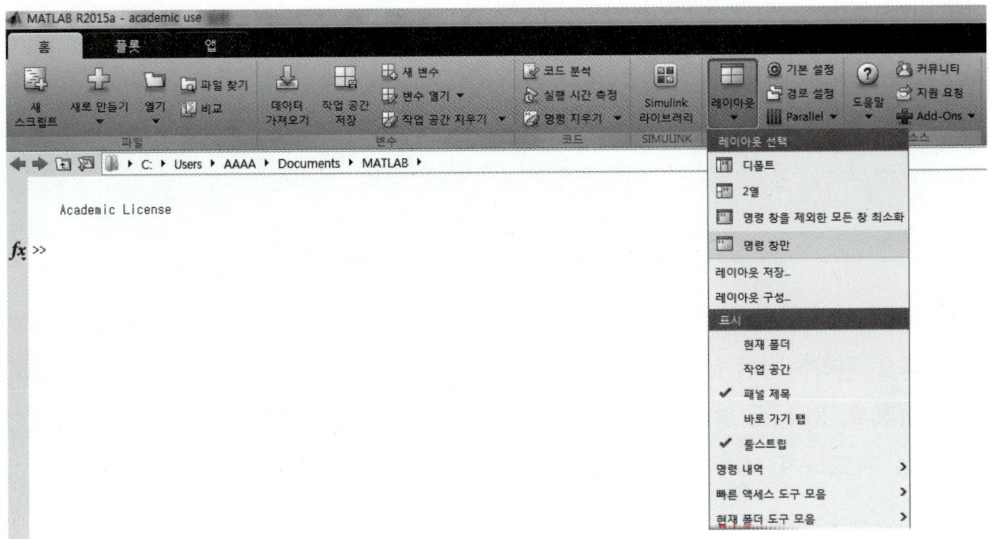


그림 A.2 명령 창(Command Window)만 열리게 하는 절차

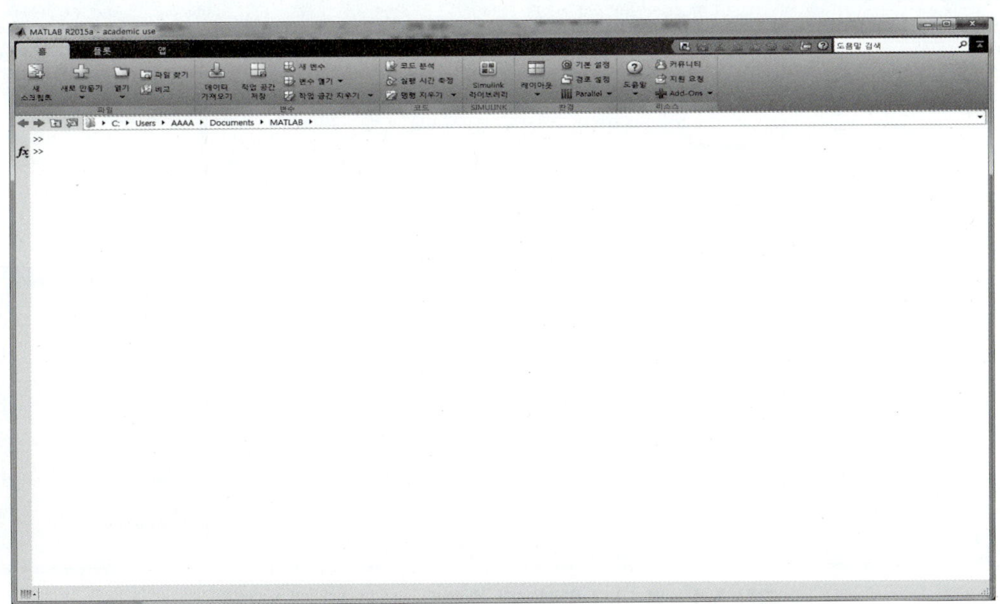

그림 A.3 명령 창(Command Window)만 나타나 있는 스크린

## 명령 창(Command Window)에서의 입력

명령 창 위에서 마우스를 클릭하여 이를 활성화시킨다. 창이 활성화되면 타이틀 바의 색이 진하게 되고 깜박거리는 커서가 프롬프트(>>) 다음에 나타난다. 이제 명령어 입력을 시작

할 수 있다. 먼저 a = [1 2 3]라고 타이프하고 Enter 키를 눌러보자:

```
>> a = [1 2 3]

        a =

            1    2    3
```

스크린에는 “a =”와 “1  2  3”이 빈 줄로 분리되어 나타난다. 스크린 상의 빈 줄들로 이루어지는 공간을 절약하려면 format compact를 입력한다. 다른 보기로서 2+2를 타이프하고 Enter 키(혹은 Return 키)를 눌러보자. 다음에 factor(123456789), 그리고 마지막으로 sin(100)을 시도하여 보자.

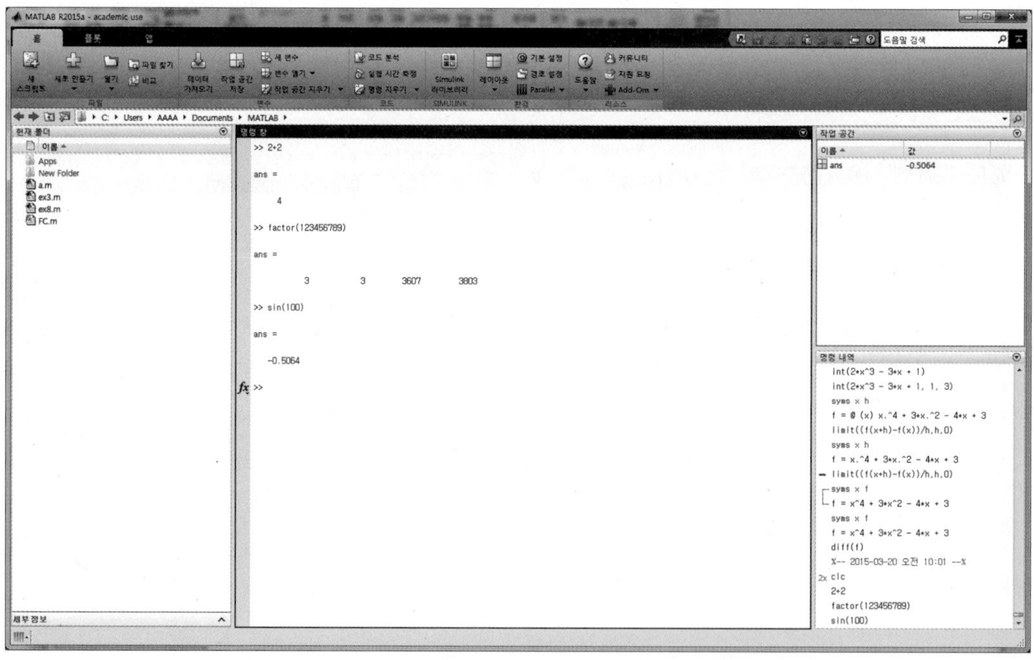


**그림 A.4 몇 가지 명령어가 수행된 MATLAB 데스크탑**

다음은 명령 창에서 명령어를 입력할 때 유의해야 할 사항들이다:

- 대문자와 소문자는 대등하지 않다(MATLAB은 대문자와 소문자를 다르게 처리한다).
- 변수의 이름을 타이프하면 MATLAB은 그 변수의 현재값을 스크린에 보여준다.

- 명령문의 마지막 부분에 세미콜론(;)을 두면 변수값이 스크린에 나타나지 않는다.
- MATLAB에서 이용되는 (), [], 그리고 {} 들은 서로 교환될 수 없다.
- 위쪽 화살표와 아래쪽 화살표 키를 이용하여 이전에 입력한 명령문들을 순차적으로 검색할 수 있다. 아울러 첫 번째 몇 글자를 타이프하고 위쪽 화살표 키를 누르면 예전의 명령어를 다시 불러올 수 있다.
- 알아보고자 하는 주제가 있을 경우 help (주제명)을 입력하면 명령어, 함수, 혹은 관심있는 주제에 대한 도움말에 접할 수 있다.
- 함수나 변수 이름을 일부분만 타이프하고 탭(Tab) 키를 누르면 MATLAB은 나머지 부분을 완성할 수 있는 경우들을 모두 제시하여 줌으로써 사용자가 그 가운데 한 가지를 선택하여 나머지 부분을 완성할 수 있게 하여 준다.
- MATLAB을 끝내려면 exit나 quit를 입력하거나 MATLAB 창 오른쪽 상부 코너의 x 표시(☒)를 클릭한다.

## 도움말(Help)의 이용

명령 창에서 도움말(help)은 특정 명령어에 대한 신속한 정보를 얻는 데에 유용하지만 MATLAB 도움말 검색기를 이용하면 보다 광범위한 내용을 얻을 수 있다. MATLAB 창 상단의 메뉴 바에서 "도움말"을 클릭하면 도움말 검색을 위한 다양한 옵션들이 제공된다.

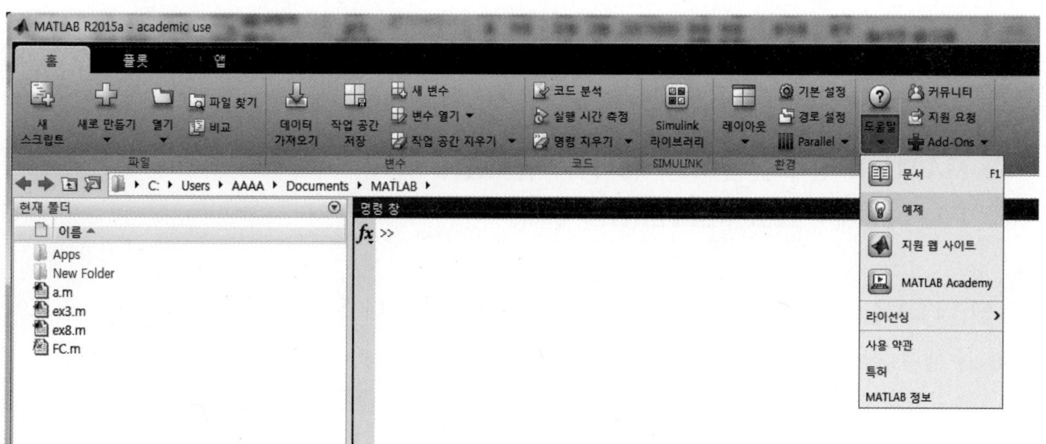


그림 A.5 도움말 검색창

도움말은 명령 창에서 찾아보고자 하는 항목을 입력하여 얻을 수도 있다. 예를 들어 linspace 명령어에 대하여 알아보고자 하는 경우 명령 창에서 "help linspace"를 타이프하고 엔터 키를 누르면 도움말이 제시된다.

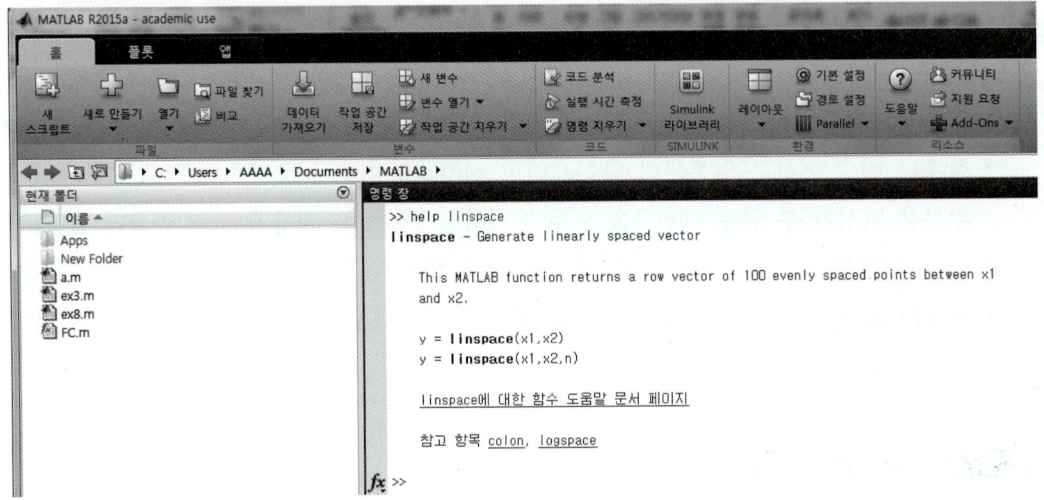


**그림 A.6 명령 창에서의 도움말 사용 예**

## MATLAB 작업 중지하기

MATLAB 작업을 끝내는 방법은 세 가지가 있다:

- 프롬프트에서 quit를 입력
- MATLAB 창 오른쪽 상부 코너의 버튼(☒)을 클릭
- File 메뉴에서 Exit MATLAB을 선택

MATLAB을 중지하기 전에 원하는 경우 그래픽이나 다른 파일들을 프린트하고 필요에 따라 수행한 작업을 확실히 저장하도록 한다.

## 연산과 변수의 할당

연산을 수행하기 위해 계산기를 사용하는 것과 같이 MATLAB을 이용할 수 있다. +로 더하고 −로 빼며 *로 곱하고 /로 나누며 ^로 멱급수 연산을 수행할 수 있다. 예를 들면:

```
>> 5^3 - (6 + 2)/2 + 7*4
ans =
   149
```

다른 보기로서 $(1+\sqrt{5})/2$와 $2^{-53}$을 계산하여 보자:

```
>> (1+sqrt(5))/2
ans =
    1.6180
>> 2^(-53)
ans =
  1.1102e-016
```

두 번째 계산결과는 $1.1102 \times 10^{-16}$을 의미하는 지수 표기형식으로 제시되고 있다.

MATLAB은 연산 결과를 스크린에 보여주고 그 값을 ans라고 불리는 변수에 할당한다. 이 답(ans)을 가지고 다른 계산을 수행하려면 답을 다시 타이프하는 대신 변수 ans를 사용할 수 있다. 예를 들면 이전 답의 제곱과 제곱근의 합은 다음과 같이 계산할 수 있다:

```
>> ans^2 + sqrt(ans)
ans =
  2.2213e+004
```

MATLAB은 매 계산마다 새로운 값을 ans에 할당한다.

좀 더 복잡한 계산을 하려면 계산된 값들을 사용자가 지정한 변수에 할당할 수 있다. MATLAB에서는 어떤 변수에 값을 할당하기 위해 등호(=)를 사용한다. 예를 들면

```
>> u = cos(20)
u =
    0.4081
>> v = sin(20)
v =
    0.9129
```

```
>> u^2 + v^2
ans =
    1
```

MATLAB에서 삼각함수들의 계산에는 각도가 아닌 라디안이 사용된다. 변수 이름으로는 문자열이나 숫자, 그리고 밑줄들이 사용될 수 있다(구두점은 허용이 안 되며 첫 글자는 문자라야 한다). MATLAB은 대문자와 소문자를 구별하므로 일반적으로 소문자를 이용하여 기억하기 쉬운 이름을 선택한다. pi는 $\pi$를 나타내는 항구적인 변수이다.

```
>> y = tan(pi/8)
y =
   0.4142
```

다음 표는 MATLAB에서 이용되는 기본적인 산술 연산자들을 보인 것이다.

**표 A.1 기본적인 산술연산자**

| 연산자 | 기능 | 연산자 | 기능 |
|---|---|---|---|
| + | 더하기 | .^ | 배열의 거듭제곱 |
| − | 빼기 | \ | 백슬래시, 행렬의 왼 나눗셈 |
| * | 곱셈 | / | 슬래시, 오른 나눗셈 |
| .* | 배열의 곱셈 | .\ | 배열의 왼 나눗셈 |
| ^ | 거듭제곱 | ./ | 배열의 오른 나눗셈 |

### 입력 오류의 수정

입력 라인에서 잘못 타이프하거나 하여 오류가 생겼다면 MATLAB은 보통 에러 메시지를 나타내어 준다. 예를 들어 $4x^3$을 계산하고자 다음과 같이 타이프했다고 하면 오류 메시지가 나타난다:

```
>> 4x^3
4x^3
 |
오류: 예기치 않은 MATLAB 표현식입니다.
```

위에서는 곱셈 연산자 *가 빠져 오류가 발생되었다. 올바른 입력은 4*x^3이 될 것이다.

오류를 수정하려면 상향 화살표(↑) 키를 이용하여 이전의 명령어를 다시 나타나게 하고 왼쪽 및 오른쪽 화살표 키들을 이용하여 명령어들을 편집한 다음 Enter 키(혹은 Return 키)를 눌러 다시 수행한다.

### 계산의 중지

MATLAB이 계산에서 빠져나오지 못하거나 연산의 수행에 너무 오랜 시간이 걸릴 것 같은 경우에는 Ctrl+C를 눌러 이를 중지시킬 수 있다. 이 방법은 아주 확실한 것은 아니지만 MATLAB이 응답하지 않을 경우에 취할 수 있는 방법이다.

## 벡터와 행렬

### 벡터

벡터는 크기와 방향을 갖는 물리적인 양을 나타내며 어떤 순서로 나열된 수들의 집합으로 표시된다. MATLAB에서는 대괄호 안에 수들을 콤마나 빈 칸으로 구분시켜 넣음으로써 임의 길이의 벡터를 입력할 수 있다. 예를 들면:

```
>> u = [-3 2 4 8 11]
u =
    -3     2     4     8    11
>> u = [-3,2,4,8,11]
u =
    -3     2     4     8    11
>> v = [-5 3 -7 9 12 -1 0 6]
v =
    -5     3    -7     9    12    -1     0     6
```

콜론(Colon) 연산자(:)는 순차적인 행벡터를 생성하여 준다.

```
>> t = 0:8
t =
     0     1     2     3     4     5     6     7     8
>> x = -5:2
x =
    -5    -4    -3    -2    -1     0     1     2
```

구간 y=[4 20]을 간격이 2인 행 벡터에 저장하려면

```
>> y = 4:2:20
y =
    4    6    8   10   12   14   16   18   20
```

1에서 10까지의 값을 갖는 행벡터를 생성한다고 하자. 다음은 모든 원소들을 타이프하지 않고 이 행벡터를 만드는 방법이다:

```
>> w = 1:10
w =
    1    2    3    4    5    6    7    8    9   10
```

위의 1:10와 같은 표현은 1부터 10까지 1씩 증가하는 수들의 벡터를 나타내는 데에 사용된다. 1씩 증가하지 않고 일정량씩 증가한다면 증가분은 세 인수들의 가운데 인수로 지정할 수 있다:

```
>> w = 1:2:10
w =
    1    3    5    7    9
```

증가분은 예를 들면 0:0.1:2이나 100:-2:0과 같이 소수이거나 음수일 수 있다. 일반적으로 m:n은 원소가 m, m+1, ..., n인 벡터를 생성한다. 증가분이 1이 아닌 경우는 m:s:n으로 지정되는데 이로부터는 m으로 시작하여 s만큼 증가(혹은 감소)하면서 n에 이르는 원소들이 생성된다.

```
>> g = 2:3:10, h = 1:-0.25:0
g =
    2    5    8
h =
   1.0000    0.7500    0.5000    0.2500         0
```

앞의 벡터 w의 원소들은 w(1), w(2) 등과 같이 취할 수 있다. 예를 들면

```
>> w(3)
```

```
ans =
    5
```

벡터 w에서 세 번째부터 6번째 원소까지를 새로운 벡터 v로 취한다면

```
>> v = w(3:6)
v =
    3    4    5    6
```

벡터 w를 행벡터로부터 열벡터로 바꾸려면(즉 벡터 w의 전치를 구하려면) w 다음에 프라임(′)을 붙인다:

```
>> w'
ans =
    1
    3
    5
    7
    9
```

MATLAB에서 벡터에 대한 연산은 매우 쉽게 이루어진다. 예를 들어 다음과 같이 주어지는 벡터 X의 각 원소들에 대한 제곱은 다음으로부터 얻는다:

```
>> X = 0:2:10
X =
    0    2    4    6    8    10
>> X.^2
ans =
    0    4    16    36    64    100
```

위에서 마침표(.)는 X 안의 숫자들이 개별적으로, 혹은 원소별로 제곱되어야 함을 말해준다. X^2라고 타이프하면 X에 그 자신을 곱하는 행렬 곱셈을 수행하도록 MATLAB에 지시하는 것이 되며 이 경우 에러 메시지가 나타날 것이다.

마찬가지로 벡터들을 원소별로 곱하거나 나누고자 한다면 .*이나 ./를 이용해야 한다. 예를 들어 다음에 주어진 벡터 a의 원소들을 벡터 b의 해당되는 원소들과 곱하려면 다음과 같이 한다:

```
>> a = 1:2:10
a =
     1     3     5     7     9
>> b = [-2 3 -5 1 6]
b =
    -2     3    -5     1     6
>> a.*b
ans =
    -2     9   -25     7    54
```

간격이 일정한 수들의 벡터를 생성하는 콜론 표시와 관련되는 것으로 함수 linspace가 있는데 이 함수는 증가분이 아닌 점들의 수를 받아들인다. linspace(a,b,n)은 a와 b 사이에 간격이 동일한 n개의 점들을 생성한다. n을 생략하면 기본적으로 n = 100으로 설정된다. 예를 들면:

```
>> linspace(-1,1,9)
ans =
   -1.0000   -0.7500   -0.5000   -0.2500         0    0.2500    0.5000
    0.7500    1.0000
```

MATLAB에는 벡터의 각 원소에 대한 계산을 수행하는 함수들이 많이 내장되어 있다. 다음에서 exp(a)는 행 벡터 a의 각 원소에 대한 지수값을, log(ans)는 ans에 저장된 각 원소에 대한 로그값을, 그리고 sqrt(a)는 벡터 a의 각 원소에 대한 제곱근 값을 계산하여 준다:

```
>> a = [1 2 3];
>> exp(a)
ans =
    2.7183    7.3891   20.0855
>> log(ans)
ans =
     1     2     3
>> sqrt(a)
ans =
    1.0000    1.4142    1.7321
```

MATLAB에서는 벡터의 내적(inner product)이나 외적(outer product)도 쉽게 계산할 수 있다. x와 y가 열벡터들인 경우 x'*y는 내적, 스칼라, 혹은 점 곱으로서 dot 함수를 이용하여 dot(x,y)로부터 얻을 수 있으며 외적은 MATLAB 함수 cross로부터 얻을 수 있다.

예를 들면:

```
>> x = [-1 0 1]', y = [3 4 5]'
x =
    -1
     0
     1
y =
     3
     4
     5
>> x'*y
ans =
     2
>> dot(x,y)
ans =
     2
>> cross(x,y)
ans =
    -4
     8
    -4
```

다음과 같이 외적 x*y'를 계산한 결과는 뒤에 언급할 행렬이 되며 Z에 저장된다:

```
>> Z = x*y'
Z =
    -3    -4    -5
     0     0     0
     3     4     5
```

### 행렬

행렬은 숫자들을 사각형 모양으로 배열한 것이다. 앞에서의 행과 열 벡터들은 행렬의 특수한 경우에 속한다고 볼 수 있다. 다음과 같은 3 × 4 행렬을 고려하여 보자:

$$A = \begin{pmatrix} 1 & 2 & 3 & 4 \\ 5 & 6 & 7 & 8 \\ 9 & 10 & 11 & 12 \end{pmatrix}$$

이는 MATLAB에서 다음과 같이 입력할 수 있다:

```
>> A = [1 2 3 4; 5 6 7 8; 9 10 11 12]
A =
     1     2     3     4
     5     6     7     8
     9    10    11    12
```

각 행들은 세미콜론으로 구분된다. 만일 두 행렬 A와 B의 크기가 같다면 이들의 (원소별) 합은 A + B에 의하여 얻어진다. 아울러 하나의 스칼라(하나의 숫자)를 행렬에 더할 수도 있는데 A + c는 스칼라 c를 A의 각 원소에 더하여 준다. 마찬가지로 A − B는 A와 B의 차이를 나타내며 A − c는 A의 각 원소로부터 숫자 c를 빼준다.

A와 B가 곱셈이 가능하다면, 즉 만일 A가 $n \times m$이고 B가 $m \times l$이면 이들의 곱 A*B는 $n \times l$이다. A*B의 i번째 행과 j번째 열의 원소는 A의 i번째 행의 원소들과 B의 j번째 열의 원소들을 곱한 것들의 합이다. 숫자 c와 행렬 A의 곱은 c*A로 주어지며 A'은 A의 공액전치(conjugate transpose)를 나타낸다. 간단한 예로서 위의 3×4 행렬 A와 4×1 열벡터 x의 행렬 곱을 살펴보자:

```
>> x = [3 -2 5 4]'
x =
     3
    -2
     5
     4
>> A*x
ans =
    30
    70
   110
```

결과는 3×1 행렬, 즉 열벡터이다.

두 행렬 A와 B를 각각 $A = \begin{bmatrix} 2 & 1 & 3 \\ -1 & 0 & 1 \\ 4 & 2 & 6 \end{bmatrix}$, $B = \begin{bmatrix} 1 & 0 & 2 \\ 3 & -2 & 1 \\ -1 & 1 & 2 \end{bmatrix}$라 하자. A와 B의 합 C = A+B, 차 D = A-B, 곱 P = A*B는 각각 다음과 같다.

```
» A = [2 1 3; -1 0 1; 4 2 6]
A =
     2     1     3
    -1     0     1
     4     2     6
» B = [1 0 2;3 -2 1;-1 1 2]
B =
     1     0     2
     3    -2     1
    -1     1     2
» C = A+B
C =
     3     1     5
     2    -2     2
     3     3     8
» D = A-B
D =
     1     1     1
    -4     2     0
     5     1     4
>> P = A*B
P =
     2     1    11
    -2     1     0
     4     2    22
```

sum 함수는 각 열의 합을 구하여 준다. A의 모든 원소들의 합을 구하려면 sum(sum(A))를 이용한다:

```
>> sum(A)
ans =
     5     3    10
>> sum(sum(A))
ans =
    18
```

주어진 행렬의 대각원소는 diag 함수로부터 얻는다:

```
>> diag(A)
ans =
     2
```

```
    0
    6
>> sum(diag(A))
ans =
    8
```

^를 이용한 멱급수는 행렬의 멱급수로 정의되지만 .^은 원소들의 멱급수를 의미한다. 따라서 W가 정방행렬이라면 W^2는 행렬곱 W*W이지만 W.^2는 W의 모든 원소들이 각각 제곱된 결과를 반환한다:

```
>> W = [1 2; 3 4]
W =
    1    2
    3    4
>> W^2
ans =
    7   10
   15   22
>> W.^2
ans =
    1    4
    9   16
```

멱급수의 점(.) 형태에서 기저와 멱급수 자체의 차원이 같거나 기저가 스칼라일 경우 배열 형태의 멱급수도 허용된다:

```
>> x = [1 2 3]; y = [2 3 4]; z = [1 2; 3 4];
>> x.^y
ans =
    1    8   81
>> 2.^x
ans =
    2    4    8
>> 2.^z
ans =
    2    4
    8   16
```

행렬 A의 전치(transpose)는 $'$을 이용한다:

```
>> A'
ans =
     2    -1     4
     1     0     2
     3     1     6
```

$A'$로부터는 행렬 A의 켤레 전치가 얻어지는데 A가 실수이면 $A'$는 결과는 단순한 전치이다. 켤레화되지 않은 전치는 A.$'$로부터 얻어지며 이를 함수 형태로 나타낸 ctranspose(A) 및 transpose(A)가 때로는 더 편리하다. Z를 복소수 행렬 $Z=\begin{bmatrix} 1 & -i \\ 1+2i & 1+i \end{bmatrix}$라고 하자:

```
>> Z = [1 -i;1+2i 1+i]
Z =
   1.0000                 0 - 1.0000i
   1.0000 + 2.0000i   1.0000 + 1.0000i
>> Z'
ans =
   1.0000             1.0000 - 2.0000i
        0 + 1.0000i   1.0000 - 1.0000i
>> Z.'
ans =
   1.0000             1.0000 + 2.0000i
        0 - 1.0000i   1.0000 + 1.0000i
>> ctranspose(Z)
ans =
   1.0000             1.0000 - 2.0000i
        0 + 1.0000i   1.0000 - 1.0000i
>> transpose(Z)
ans =
   1.0000             1.0000 + 2.0000i
        0 - 1.0000i   1.0000 + 1.0000i
```

주어진 행렬의 계수(係數, rank)는 MATLAB 함수 rank, 행렬값은 det, 역행렬은 inv로부터 얻을 수 있다. 행렬 B에 대한 역행렬 계산은 inv 외에도 $B^{-1}$(즉 B^−1)를 이용하여도 된다.

```
>> B = [1 0 2;3 -2 1;-1 1 2]
B =
     1     0     2
     3    -2     1
    -1     1     2
>> rank(B)
ans =
     3
>> det(B)
ans =
    -3
>> inv(B)
ans =
    1.6667   -0.6667   -1.3333
    2.3333   -1.3333   -1.6667
   -0.3333    0.3333    0.6667
>> B^-1
ans =
    1.6667   -0.6667   -1.3333
    2.3333   -1.3333   -1.6667
   -0.3333    0.3333    0.6667
```

행렬 B의 2행 3열에 위치하는 원소 $B(2,3)$은 B(2,3)으로, 두 번째 열은 B(:,2)로, 그리고 세 번째 행은 B(3,:)으로 취할 수 있다:

```
>> B(2,3)
ans =
     1
>> B(:,2)
ans =
     0
    -2
     1
>> B(3,:)
ans =
    -1     1     2
```

B에서 2열과 3열만을 취하여 새로운 행렬 C를 만든다면

```
>> C = B(:,2:3)
C =
```

```
     0     2
    -2     1
     1     2
```

어떤 형태의 행렬들은 MATLAB의 명령어를 이용하여 자동적으로 구성할 수 있다. 예를 들면 항등행렬(identity matrix)이나 원소들이 0 및 1들로 이루어지는 행렬들은 eye, zeros 및 ones들을 이용하여 만들 수 있다:

```
>> I3 = eye(3,3), Y = zeros(3,5), Z = ones(2)
I3 =
     1     0     0
     0     1     0
     0     0     1
Y =
     0     0     0     0     0
     0     0     0     0     0
     0     0     0     0     0
Z =
     1     1
     1     1
```

eye(3)은 eye(3,3)과 동일한 항등행렬을 생성한다. 위의 함수들에서 첫 번째 인수(예: zeros(3,5)의 3)는 행의 수를 지정하고 두 번째 인수(예: zeros(3,5)의 5)는 열의 수를 지정한다.

한편 MATLAB 함수 rand와 randn을 이용하여 불규칙 수들로 구성되는 행렬을 만들 수 있다. 함수 rand와 randn은 각각 [0,1] 상에서 균일 분포를 갖는 불규칙 원소들과 정규 (0,1) 분포를 갖는 불규칙 원소들을 생성한다.

```
>> F = rand(3), G = randn(1,5)
F =
    0.7062    0.3586    0.8468
    0.5260    0.8488    0.3270
    0.2157    0.0426    0.5541
G =
    1.4051    1.1780   -1.1142    0.2474   -0.8169
```

### 복소수

MATLAB에서는 i와 j를 허수 단위 $\sqrt{-1}$ 로 사용한다. i, j를 사용하지 않고 허수를 표현하고 싶은 경우에는 sqrt(−1)를 사용한다. 또 complex 함수를 사용하여 complex(0,1)로 나타내어도 된다. 예를 들어 실수부가 2, 허수부가 −3인 복소수는 MATLAB 프로그램에서 2−3i, 2−3*i, 2−3*sqrt(−1), 혹은 complex(2,−3)과 같이 나타낸다. conj, real, 그리고 imag는 각각 켤레복소수, 실수부 및 허수부를 취하는 연산을 수행하며 복소수의 크기는 abs, 위상각은 angle을 이용하여 얻는다. 예를 들면

```
>> w = (-1)^0.25
w =
   0.7071 + 0.7071i
>> z = conj(w)
z =
   0.7071 - 0.7071i
>> [real(z) imag(z)]
ans =
    0.7071   -0.7071
>> exp(i*pi)
ans =
  -1.0000 + 0.0000i
>> angle(w)
ans =
    0.7854
>> abs(w)
ans =
     1
```

어떤 복소수에 대한 Hermitian 전치(transpose)는 이전의 행렬에서와 마찬가지로 ′ 연산자를 이용하여 수행한다. 예를 들어 $x = [2-3i \;\; -4+5i]$ 라면 x의 Hermitian 전치는 $x' = \begin{bmatrix} 2+3i \\ -4-5i \end{bmatrix}$ 가 된다. 그러나 $x.'$는 x의 단순한 전치이다:

```
>> x = [2-3i -4+5i];
>> x'
ans =
   2.0000 + 3.0000i
  -4.0000 - 5.0000i
>> x.'
ans =
   2.0000 - 3.0000i
  -4.0000 + 5.0000i
```

#### 스크린 출력의 억제

입력라인의 끝부분에 세미콜론(;)을 넣으면 MATLAB 명령어의 출력이 프린트되는 것이 억제된다. 세미콜론은 일반적으로 (X = −1:0.1:2;와 같이) 대규모 벡터나 행렬을 정의할 때에나 MATLAB 수행결과를 스크린 상에 나타낼 필요가 없을 때 사용한다. 다음과 같이 행렬 A의 정의 부분과 A*x 연산의 끝부분에 세미콜론을 두면 행렬 A가 스크린 화면에 나타나지 않는다.

```
>> A = [1 2 3 4; 5 6 7 8; 9 10 11 12];
>> A*x;
```

### 데이터의 표현

MATLAB은 부동(浮動) 소수점(floating point) 수들을 기본적으로 5자리의 유효숫자로 보여주지만 실제로는 언제나 이와 대등한 16자리의 유효숫자로 저장하고 계산한다. 스크린 상에 나타나는 데이터 출력형식은 format 명령어를 이용하여 바꿀 수 있다:

```
>> format long
>> a = [1 2 3];
>> sqrt(a)
ans =
  1.000000000000000  1.414213562373095   1.732050807568877
>> format short
>> sqrt(a)
ans =
    1.0000    1.4142    1.7321
```

위에서 마지막 명령어(format short, 혹은 format)는 본래의 출력형식인 5자리 유효숫자로 되돌아감을 의미한다. 크거나 작은 숫자들은 10의 거듭제곱 앞에 e가 있는 지수 형태로 나타낸다:

```
>> 2^(-24)
ans =
  5.9605e-08
```

다음 표는 MATLAB의 다양한 format 명령어 및 옵션들을 정리한 것이다.

**표 A.2 format 명령어의 옵션**

| 명령어+옵션 | 기 능 | 보기 |
|---|---|---|
| format | 기본. short와 동일. | |
| format bank | 달러와 센트의 고정서식 | 2.23 |
| format compact | 여분의 라인을 생략 | theta = pi/2<br>theta =<br>1.5708 |
| format long | 15자리로 조정된 고정소수점 | 3.14159265358979 |
| format short | 5자리로 조정된 고정소수점 | 3.1416 |
| format rat | 유리수 분수형식 | 355/113 |

한편 vpa를 이용하여 변수 정밀도 연산을 수행할 수 있다. 예를 들어 $\sqrt{2}$ 를 50자리까지 프린트하려면 다음을 입력한다:

```
>> vpa('sqrt(2)', 50)
ans =
1.4142135623730950488016887242096980785696718753769
```

자리수를 지정하지 않는 경우 기본값은 32로 설정되어 있다. 기본값은 명령어 digits를 이용하여 변경할 수 있다.

결과를 정수로 표시하려면 어떻게 해야 할까? MATLAB에는 다양한 함수가 내장되어 있지만 함수이름, 또는 명령어 이름을 모르면 사용할 수 없다. 이러한 경우에 편리한 명령어가 lookfor 명령어이다. lookfor 명령어는 지정한 키워드가 포함되는 함수, 그리고 명령어를 추출하여 해당하는 함수 및 명령어 이름을 모두 보여준다.

소수점을 포함한 값을 정수로 변환할 때에 문제가 되는 것이 소수점 이하의 취급이다. MATLAB에는 부동 소수점의 숫자를 정수화하는 함수로서 다음 표에 보인 바와 같은 4개의 함수가 있다.

**표 A.3 부동 소수점의 숫자를 정수화하는 MATLAB 함수**

| 함수 | 설명 | 기능 |
|---|---|---|
| round | 가장 가까운 정수로의 포함 | 사사오입 |
| ceil | +방향으로의 포함 | 올림 |
| floor | −방향으로의 포함 | 내림 |
| fix | 0을 향한 가장 가까운 정수로의 포함 | 내림(+의 경우) 올림(0-의 경우) |

앞의 함수들을 사용하여 보기로 한다:

```
>> 38/7
ans =
   5.4286
>> round(38/7)
ans =
    5
>> ceil(38/7)
ans =
    6
>> floor(38/7)
ans =
    5
>> fix(38/7)
ans =
    5
```

## 변수의 처리

### clear 명령어

함수 이름과 변수 이름이 같을 때에는 변수 이름이 우선한다. 예를 들어 round라는 이름의 변수를 정의했을 경우 round라는 이름의 함수는 더 이상 사용할 수 없게 된다. 이러한 경우에는 변수를 지우는 clear 명령어를 사용한다. 변수를 모두 소거하고 싶은 경우에는 clear를 입력하며 개별적인 변수를 없애고자 한다면 clear 다음에 소거하고자 하는 변수 이름을 입력한다. 예를 들어 변수 x를 지우고자 한다면 다음을 입력한다:

```
>> clear x
```

clear 명령어에는 옵션이 몇 개 있다. 다음 표는 clear 명령어의 몇 가지 옵션들을 보인 것이다.

**표 A.4 clear 명령어의 옵션**

| clear 명령어의 옵션 | 기능 |
|---|---|
| clear | 작업공간에서 모든 변수를 소거 |
| clear variables | 작업공간에서 모든 변수를 소거 |
| clear global | 모든 광역 변수를 소거 |
| clear functions | 모든 컴파일 된 m파일, mex 파일로의 링크를 소거 |
| clear all | 모든 변수, 광역 변수, 함수, MEX 링크,<br>Java 패키지 임포트 리스트를 소거 |
| clear import | 명령어 프롬프트로 Java 패키지 임포트 리스트를 소거<br>단 함수 안에서는 사용 불가 |
| clear classes | 클래스의 정의도 소거 |

### 특수변수와 정수

다음 표는 MATLAB의 특수변수와 정수들을 요약한 것이다.

**표 A.5 MATLAB의 특수변수와 정수**

| 특수변수와 정수 | 기능 |
|---|---|
| ans | 가장 최근의 출력값 |
| eps | 부동소수점에서의 상대정밀도($=2^{-52}$) |
| realmax | + 최대부동소수점 개수 |
| realmin | + 최소부동소수점 개수 |
| pi | $\pi=3.1415926535897$ |
| i, j | 허수단위($=\sqrt{-1}$) |
| inf | 무한대 |
| NaN | 부정치(Not a Number) |

### whos 명령어

만일 변수의 이름을 잊어버렸을 경우에는 어떻게 하면 될까? 메뉴에서 MATLAB 작업공간 창을 표시하면 되는데 명령 창에서 확인하려면 지금까지 입력한 변수명을 표시하는 whos 명령어를 사용한다.

```
>> whos
  Name      Size         Bytes  Class     Attributes

  B         3x3             72  double
```

```
a          1x3                24  double
b          1x3                24  double
x          3x3                72  double
```

## 기호를 이용한 연산

MATLAB의 Symbolic Toolbox(기호 툴박스)를 이용하면 다항식의 인수분해나 대수 방정식의 풀이와 같은 대수나 기호계산을 수행할 수 있다. help symbolic을 입력하여 사용중인 시스템에 기호 툴박스가 설치되어 있는지 확인하여 보자.

기호계산을 수행하려면 syms를 사용하여 기호변수로 사용하고자 하는 변수들을 선언해야 한다. 예를 들어 y를 하나의 기호변수로 정의하고 a는 7이라고 하면 기호식에서 a 대신 7이 대입된 결과가 얻어진다:

```
>> syms y
>> a = 7;
>> a^2 - 2*a*y + y
ans =
49-13*y
```

아울러 기호 변수들에 대하여 매우 일반적인 할당을 하고 후에 이들을 처리할 수 있다:

```
>> syms x y
>> z = x^2 - 2*x*y + y
z =
x^2-2*x*y+y
>> 5*y*z
ans =
5*y*(x^2 - 2*y*x + y)
```

다음과 같은 일련의 명령어들을 고려하여 보자:

```
>> syms x y
>> (x - y)*(x - y)^2
ans =
(x-y)^3
>> expand(ans)
ans =
```

```
x^3 - 3*x^2*y + 3*x*y^2 - y^3
>> factor(ans)
ans =
(x-y)^3
```

MATLAB은 사용자가 입력하는 식을 최소한으로 간략화시키기는 하지만 사용자가 지시하기 전에는 이를 크게 변경시키지 않는다. expand 명령어는 괄호를 풀어 식의 연산을 수행하도록, 그리고 factor 명령어는 이를 다시 인수분해된 형태로 회복하도록 지시한다.

MATLAB은 simplify라는 명령어를 갖는다. 이 명령어는 종종 공식을 가능한 간단하게 표현하는 데에 사용될 수 있다. 예를 들면

```
>> simplify((x^3 - y^3)/(x-y))
ans =
x^2 + x*y + y^2

>> syms p x y
>> y = ((x^p)^(p+1))/x^(p-1);
>> simplify(y)
ans =
x*(x^p)^p
```

syms x는 실제로 x = sym('x')와 대등하다. x가 이전에 정의된 경우에도 syms x는 그 정의를 지우고 x를 기호 변수로 만들어 주는데 이는 x가 다시 정의될 때까지 유효하다. 반면에 sym은 x = sym('x')에서와 같이 변수에 출력을 할당하지 않는다면 단지 일시적인 효과만을 갖는다. 복소수 기호 표현을 설정하려면 sym(sqrt(−1))이나 sym(i)를 이용한다. 예를 들면:

```
>> syms x y sim(i)
>> z = (x-2*i)*(y+5*i)
z =
-(5*i + y)*(2*i - x)
>> expand(z)
ans =
5*i*x - 2*i*y + x*y - 10*i^2
```

### 기호식에서의 치환

기호식으로 작업할 경우 종종 식의 원래 변수들 가운데 하나(혹은 그 이상)에 대하여 수치값

이나 다른 기호식으로 치환할 필요가 있다. 이는 subs 명령어에 의하여 수행된다. 예를 들어 기호 식 w가 정의되고 기호 변수 u가 이 식에 포함된다고 가정하면 명령어 subs(w, u, 2)는 식 w에서 변수 u 대신에 2를 치환할 것이다. 예를 더 들어보면:

```
>> d = 1, syms u v
d =
     1
>> w = u^2 - v^2
w =
u^2 - v^2
>> subs(w,u,2)
ans =
4 - v^2
>> subs(w,v,d)
ans =
u^2 - 1
>> subs(w,v,u+v)
ans =
u^2 - (u+v)^2
>> simplify(ans)
ans =
-v*(2*u + v)
```

## M-파일

M-파일은 MATLAB 명령어들을 포함하는 통상적인 텍스트 파일이다. 일반적인 텍스트 편집기나 워드 프로세서를 이용하여 M-파일을 만들고 수정할 수 있다. M-파일의 작성은 보통 MATLAB에 내장된 Editor(편집기)를 이용하는데 이는 MATLAB 초기화면의 상단 메뉴바에서 File->New->M-File의 순서로 선택하여 연다. 혹은 명령어 입력라인에서 edit를 타이프하거나 edit 다음에 현재의 디렉토리에 있는 기존 M-파일의 이름을 타이프하여 시작할 수도 있다. 현재의 디렉토리 검색기에서 M-파일을 더블 클릭하면 이 파일을 편집기/디버거에서 열 수 있다. M-파일은 스크립트 M-파일과 함수 M-파일의 두 가지로 구분할 수 있다.

작성된 M-파일을 수행하려면 다음 그림에 보인 바와 같이 반드시 MATLAB 상단의 메뉴바 아래쪽에 있는 현재 디렉토리를 이 파일이 저장된 디렉토리로 지정해 주어야 한다.

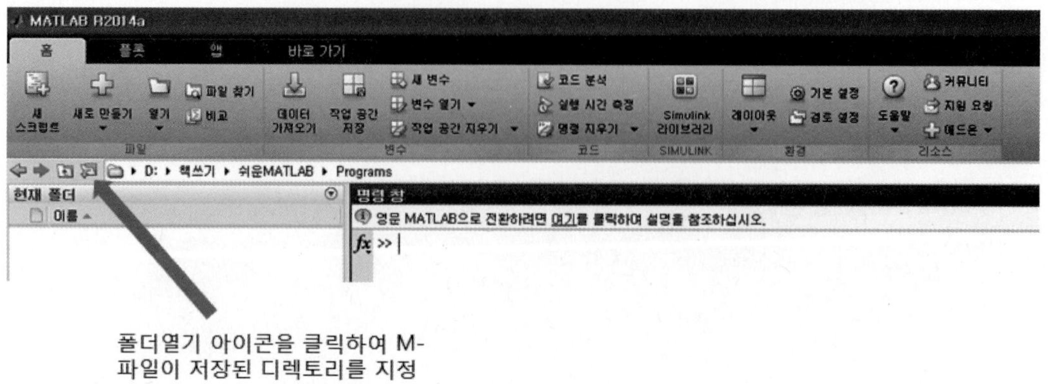


**그림 A.7 M-파일 저장 디렉토리의 지정**

### 스크립트 M-파일

스크립트 M-파일은 순서대로 수행되는 일련의 MATLAB 명령어들을 포함한다. MATLAB의 편집기(Editor)에서 다음과 같은 파일을 생성하여 보자:

```
format long
x = [0.1 0.01 0.001];
y = sin(x)./x
```

이 파일을 사용중인 현재의 디렉토리나 다른 어떤 디렉토리에 적절한 이름(예: ex1.m)으로 저장한다. 이름은 원하는 대로 만들어 붙일 수 있지만 확장자 ".m"을 반드시 포함시켜야 한다.

이제 명령 창에서 ex1을 입력함으로써 M-파일이 수행된다(파일 이름을 입력할 때 ".m" 확장자까지 타이프하면 안 된다). 수행 결과는 명령 창에 나타날 것이다. M-파일은 편집기를 이용하여 언제나 쉽게 수정할 수 있다. 예를 들어 sin(0.0001)/0.0001의 값을 알고 싶다면 다음과 같이 M-파일을 수정하고 저장한다:

```
format long
x = [0.1 0.01 0.001 0.0001];
y = sin(x)./x
```

다른 보기로서 MATLAB 함수 sort, mean, median, 그리고 std(이 함수들은 각각 오름차순 정리, 산술평균, 중간값, 그리고 표준편차를 계산한다)들을 이용하여 시험점수들을 처

리한다고 가정하자. 다음 스크립트를 편집기에서 작성한 다음 marks.m라는 이름으로 저장하였다고 하자:

```
markdat = [12 0 5 28 87 3 56];
exsort = sort(markdat)
exmean = mean(markdat)
exmed  = median(markdat)
exstd  = std(markdat)
```

이제 명령어 라인에서 이를 수행하면 다음 결과를 얻는다:

```
>> marks
exsort =
    0    3    5   12   28   56   87
exmean =
   27.2857
exmed =
   12
exstd =
   32.8010
```

**코멘트의 추가 및 설정**

계산에서 무엇이 이루어지는가를 설명하여 주거나 계산의 결과들을 설명하기 위하여 M-파일에 코멘트를 포함시키는 것은 훌륭한 습관이다. MATLAB에서 퍼센트 기호(%)는 코멘트의 시작을 나타낸다. 이 기호가 있는 줄의 나머지 부분은 MATLAB에 의하여 수행되지 않는다. MATLAB의 편집기/디버거에서는 코멘트를 초록색으로 입혀서 다른 색으로 나타나는 명령어들과 구분되게 한다. 다음은 약간의 코멘트가 추가된 새로운 버전의 ex1.m이다:

```
format long     % 15자리로 표시
x = [0.1, 0.01, 0.001];
y = sin(x)./x
% 이 값들은 x가 0에 접근함에 따라
% sin(x)/x는 1에 접근함을 보여준다.
```

코멘트에 여러 줄이 필요할 때에는 각 줄이 시작될 때마다 맨 앞에 퍼센트 기호를 붙여준다. 혹은 코멘트가 시작되는 첫 줄 맨 앞에 "%{"를 붙여주고 코멘트가 끝나는 맨 마지막 줄의 앞에 "%}"를 붙여주면 이들 두 기호 사이의 블록은 모두 코멘트가 된다.

혹은 프로그램의 일부를 코멘트로 지정하고자 하는 경우에는 아래 그림에 보인 바와 같이 코멘트로 지정하고자 하는 코드 부분을 마우스로 선택한 다음 편집기 창 상부 메뉴 바에서 "주석 %" 메뉴(화살표로 가리킨 아이콘)를 클릭한다.

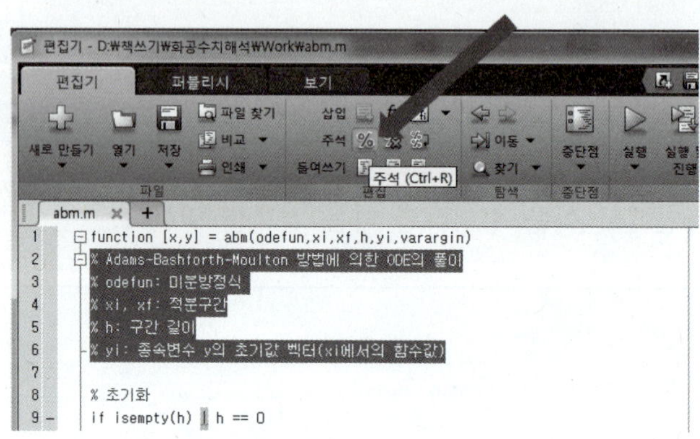

**그림 A.8 코드 일부를 코멘트로 지정하기**

### 함수 M-파일

함수 M-파일은 스크립트 M-파일과는 달리 MATLAB 명령어 라인이나 다른 M-파일에서 이를 수행할 경우 함수의 계산에 필요한 입력값들을 지정할 수 있게 하여 준다. 스크립트 M-파일과 마찬가지로 함수 M-파일은 현재 사용중인 디렉토리나 MATLAB의 다른 경로에 위치해야 하는 평범한 텍스트 파일이다.

보기로서 여러 가지 b 값들에 대하여 $x = 10^{-b}$와 sin(x)/x 값들을 계산하는 문제를 수행하는 M-파일을 만들어 보기로 한다. 이를 수행하는 함수의 이름을 slm이라 붙이기로 한다. 이 경우 M-파일을 저장할 때 파일 이름을 반드시 함수 이름과 같도록 해야 한다(즉 함수 이름은 slm.m이어야 한다). 다음은 이 문제의 해결을 위하여 작성된 함수 M-파일 slm.m이다:

```
function y = slm(c)
% SLM은  x = 10^(-b)에 대하여 sin(x)/x를 계산한다.
% 여기에서 b = 1, ..., c 이다.
format long
b = 1:c;
x = 10.^(-b);
y = (sin(x)./x)';
```

함수 M-파일의 첫 번째 줄은 function으로 시작하며 이에 의하여 MATLAB은 이 파일을 함수 M-파일로 인식한다. M-파일의 첫 번째 줄은 함수의 이름을 지정하며 그의 입력인수(혹은 파라미터)와 출력값을 보여준다. 이 예에서 함수는 slm으로 불린다. 앞에서 언급한 바와 같이 (.m 확장자가 없는) 파일 이름과 함수 이름은 서로 일치해야 한다.

함수 M-파일의 첫 번째 줄 다음에는 그 M-파일이 무엇을 위한 것인가를 설명하여 주는 코멘트들을 추가하는 것이 좋다. 이렇게 하면 help 명령어는 자동적으로 이 정보를 끌어내어 보여준다. 예를 들면

```
>> help slm
  SLM은 x = 10^(-b)에 대하여 sin(x)/x를 계산한다.
  여기에서 b = 1, ..., c 이다.
```

이제 명령어 라인에서 단순히 함수 slm.m의 이름(즉 slm)을 입력하면 이 함수가 수행된다. c=5로 하는 경우의 수행결과는 다음과 같다:

```
>> slm(5)
ans =
   0.998334166468282
   0.999983333416666
   0.999999833333342
   0.999999998333333
   0.999999999983333
```

## 함수

MATLAB은 많은 함수들을 내장하고 있어서 편리하게 호출하여 이용할 수 있다. 그러나 사용자 자신의 함수를 생성할 수도 있다.

### 내장함수

MATLAB은 많은 내장함수들을 지니고 있는데 이에는 sqrt, cos, sin, tan, log, exp, 그리고 atan들은 물론 gamma, erf, 그리고 besselj와 같은 보다 전문적인 수학적 함수들이 포함된다. 함수 log는 우리가 일반적으로 “ln”으로 표기하는 자연로그이다. 기저 10인 로그는 log10으로 표시된다.

```
>> log(exp(3))
ans =
    3
>> log10(exp(3))
ans =
   1.3029
>> sin(2*pi/3)
ans =
   0.8660
```

정확한 답을 얻으려면 기호 인수를 사용할 필요가 있다:

```
>> sin(sym('2*pi/3'))
ans =
3^(1/2)/2
```

MATLAB에는 또한 광범위한 선형대수 함수들이 내장되어 있다. 예를 들어 다음과 같은 선형방정식 시스템을 고려하여 보자:

$$\begin{aligned} -3x_1 - x_3 &= -3 \\ 2x_1 + 5x_2 - 7x_3 &= 1 \\ -x_1 + 4x_2 + 8x_3 &= 2 \end{aligned}$$

이제

$$A = \begin{bmatrix} -3 & 0 & -1 \\ 2 & 5 & -7 \\ -1 & 4 & 8 \end{bmatrix}, \quad x = \begin{bmatrix} x_1 \\ x_2 \\ x_3 \end{bmatrix}, \quad b = \begin{bmatrix} -3 \\ 1 \\ 2 \end{bmatrix}$$

로 두면 위의 방정식 시스템은

$$Ax = b$$

로 나타낼 수 있다. 이 방정식의 해는 강력하고도 매우 유용한 MATLAB의 백슬래시(\)[1] 함수를 이용하여 구할 수 있다:

1 주(註) : 보통의 개인용 컴퓨터에서 백슬래시(＼)는 키보드 자판에 원화 표시 키(\)로 제공된다. 이후에서 “\”는 백슬래시 “＼”를 의미한다.

```
>> A = [-3 0 -1; 2 5 -7; -1 4 8]
A =
   -3     0    -1
    2     5    -7
   -1     4     8
>> b = [-3; 1; 2]
b =
   -3
    1
    2
>> x = A\b
x =
   0.9124
   0.2028
   0.2627
```

**사용자 정의함수**

MATLAB에서 사용자가 자신의 함수를 정의하는 방법에는 세 가지가 있다:

- 명령어 inline을 사용
- 연산자 @를 사용하여 "익명함수"(anonymous function)를 생성
- 별도의 함수 M-파일로 생성

함수 M-파일의 생성은 앞의 M-파일에서 언급한 바와 같다.

함수 $f(x)=x^2$을 정의하여 보기로 한다. inline을 사용하는 경우에는

```
>> f1 = inline('x^2', 'x')
f1 =
     인라인 함수:
     f1(x) = x^2
```

@를 이용하여 익명함수(anonymous function)를 생성하는 경우에는

```
>> f = @(x) x^2
f =
   @(x)x^2
```

어떤 방법으로든 일단 함수가 정의되면 우리는 이를 계산할 수 있다:

```
>> f1(4)
ans =
   16
>> f(4)
ans =
   16
```

MATLAB 함수들은 스칼라는 물론 벡터에 대한 연산을 수행할 수 있다. 사용자 정의 함수가 확실하게 벡터에 작용하도록 하기 위하여 수학적 연산자 *, /, 그리고 ^ 앞에 마침표를 넣는다. 따라서 $f(x) = x^2$의 벡터화된 버전을 얻으려면

```
>> f = @(x) x.^2
```

와 같이 입력하거나 다음과 같이 입력한다.

```
>> f1 = inline('x.^2', 'x')
f1 =
     인라인 함수:
     f1(x) = x.^2
```

이에 따라 벡터 입력변수에 대하여 함수값을 계산할 수 있다. 예를 들면:

```
>> f(1:5)
ans =
     1     4     9    16    25
```

물론 두 개, 혹은 그 이상의 변수들의 함수도 정의할 수 있다. 예를 들면

```
>> g = @(x, y) x^2 + y^2; g(1,2)
>> g1 = inline('x^2 + y^2', 'x', 'y'); g1(1,2)
```

로부터 두 경우 모두 5의 결과를 얻는다. 만일

```
>> g = @(x, y) x.^2 + y.^2;
```

와 같이 정의하면 벡터에 대하여 계산할 수 있다. 따라서

```
>> g([1 2], [3 4])
ans =
   10   20
```

로부터 점 (1,3)과 (2,4)에서의 함수값을 얻는다.

## 루프

대부분의 프로그램 언어들과 마찬가지로 MATLAB도 if와 for 루프와 같은 루프 구조를 갖는다.

### if 문

if 문장의 가장 간단한 형태는

```
if (조건)
   (문장)
end
```

와 같은데 (조건)의 원소들이 모두 0이 아니면 (문장)이 수행된다. 예를 들면 다음 코드에서는 x가 y보다 클 경우 x와 y를 서로 바꾼다:

```
if x > y
   temp = y;
   y = x;
   x = temp;
end
```

또한 elseif를 이용하여 하나, 혹은 그 이상의 조건들을 추가할 수 있다(else와 if 사이에 빈 칸이 없어야 한다).

### for 루프

for 루프의 사용구조는 다음과 같다:

```
for (변수) = (표현)
   (문장)
end
```

예를 들어 조화수열 1/i의 처음부터 25번째 항까지의 합은 다음과 같이 계산할 수 있다:

```
>> s = 0;
>> for i = 1:25, s = s + 1/i; end, s
s =
   3.8160
```

위에 보인 for 이외에도 while을 포함하는 루프가 이용된다.

## 그래프

### ezplot을 이용한 그래프

단일변수 함수의 그래프를 그리는 가장 간단한 방법은 ezplot를 사용하는 것이다. ezplot는 그래프로 보여줄 함수를 나타내는 문자열, 기호식, 혹은 익명함수를 받아들인다. 예를 들어 구간 −2에서 2 사이에서 $x^2+x+1$의 그래프를 그리려면 다음을 입력한다:

```
>> ezplot('x^2 + x + 1', [-2 2])
```

그래프는 "Figure 1"로 이름 붙여진 새로운 창의 스크린에 나타난다. 기호식을 사용하면 다음과 같이 입력하여 그래프를 생성할 수 있다:

```
>> syms x, ezplot(x^2 + x + 1, [-2 2])
```

ezplot에 대한 인수로서 다음과 같이 익명함수를 사용할 수 있다:

```
>> ezplot(@(x) x.^2 + x + 1, [-2 2])
```

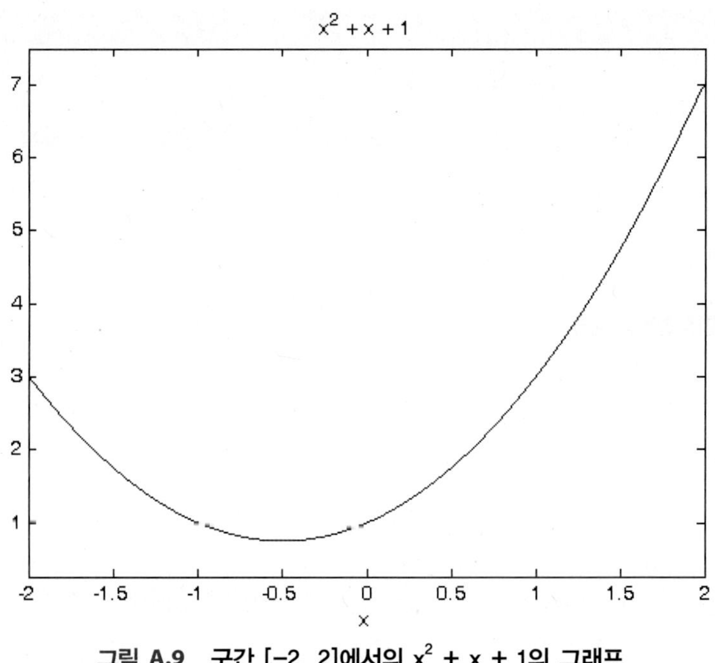


**그림 A.9 구간 [−2, 2]에서의 $x^2 + x + 1$의 그래프**

### 그래프의 보정

여러 가지 방법으로 그래프를 개선시킬 수 있다. 그림창이 아닌 명령 창에서 다음과 같이 입력함으로써 그림 1.9에 보인 그래프 타이틀을 바꿀 수 있다:

```
>> title '포물선'
```

즉 "Title"로 표시된 상자에서 새 타이틀을 타이프하기만 하면 된다. 또한 ylabel을 이용하여 세로축에 라벨을 추가하거나 xlabel을 이용하여 수평 축에 라벨을 붙일 수 있다.

한편 그림창의 상부에 있는 편집(E) 메뉴에서 축 속성을 선택함으로써 다음 그림에 보인 바와 같이 그림창에서 직접 위와 동일한 변경을 수행할 수 있다.

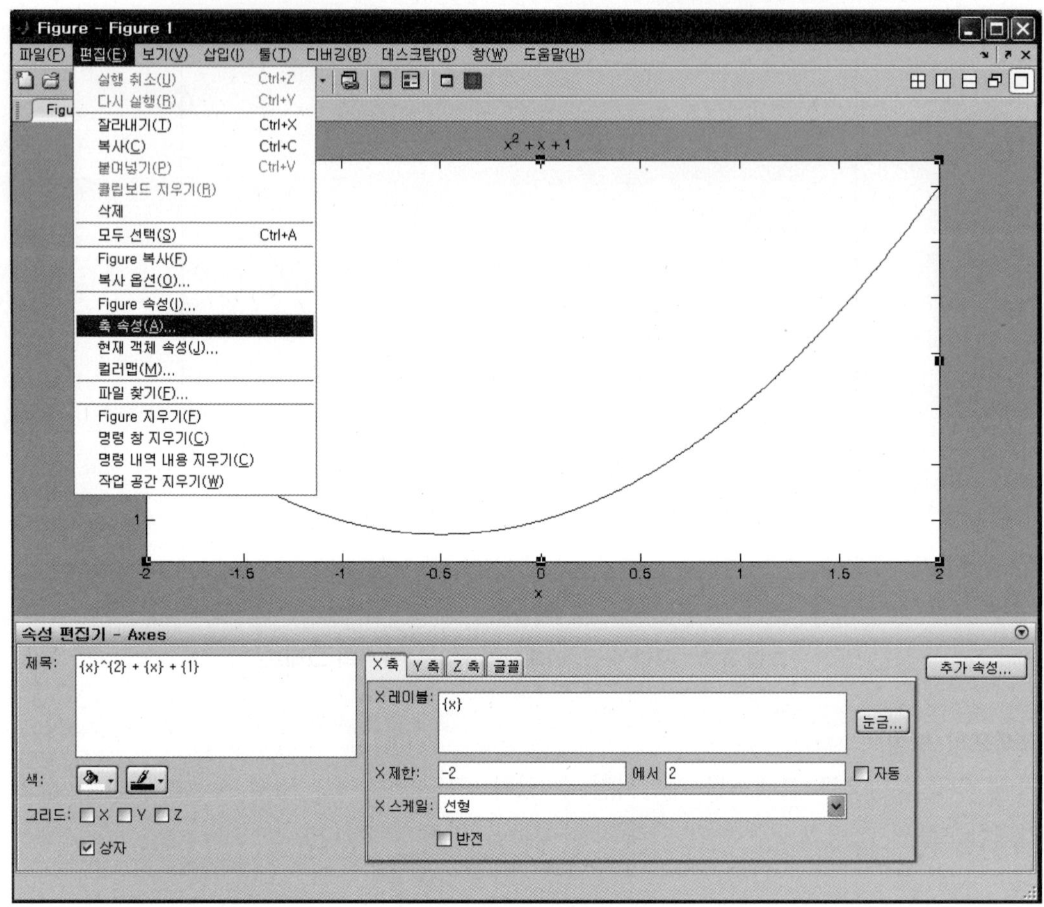


**그림 A.10 그림 편집 창**

아울러 axis 명령어를 이용하여 수직축과 수평축의 범위를 변경할 수 있다. 예를 들어 수직축의 범위를 0부터 3까지로 제한하려면

```
>> axis ([-1 2 0 3])
```

을 입력한다. 위에서 처음 두 숫자는 수평축의 범위이다.

그래프의 모양을 정사각형으로 만들려면 axis square를 입력한다; 이는 또한 x와 y가 같은 길이의 범위를 갖는다면 두 축의 척도를 동일하게 만들어 준다. 임의 길이의 범위에 대하여 axis equal을 입력함으로써 모양을 바꾸지 않고 두 축에 동일한 척도를 부여할 수 있다.

**plot을 이용한 그래프**

plot 함수는 수치 데이터의 벡터에 대하여 작용한다. plot(X, Y)와 같이 사용하는데 X와 Y는 길이가 같은 벡터이다. 예를 들면:

```
>> X = [1 2 3]; Y = [4 6 5]; plot(X,Y)
```

plot 함수는 벡터 X와 Y의 원소들이 나타내는 점들을 선분으로 연결하여 준다. 즉 그림에서 MATLAB은 (1,4)를 (2,6)으로, 이를 다시 (3,5)와 연결하고 있다.

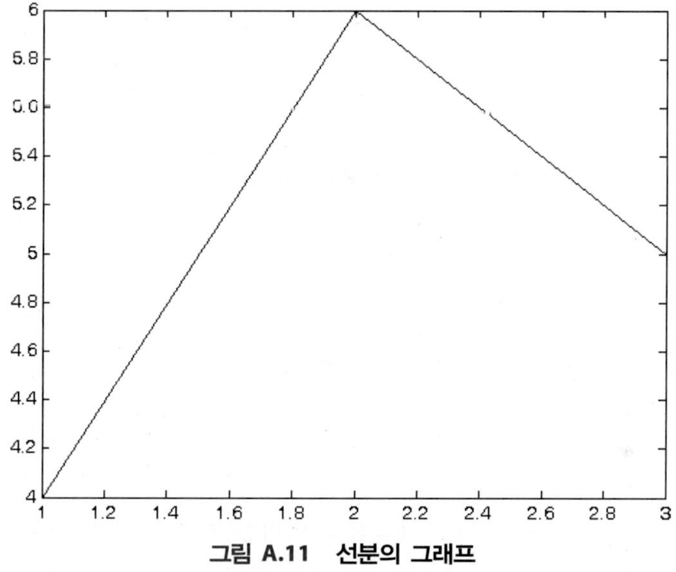


**그림 A.11 선분의 그래프**

plot 함수는 기본적으로 2차원(2D) 그래프를 생성한다:

```
>> t = 0:0.005:1; z = exp(10*t.*(t-1)).*sin(12*pi*t);
>> plot(t,z)
```

위에서 plot(t,z)는 기본적인 실선 형태를 이용하여 점 t(i)와 z(i)들을 연결하여 그림에 보인 그래프를 생성하여 준다. 명령어 라인에서 close를 입력하여 그림창을 닫을 수 있다.

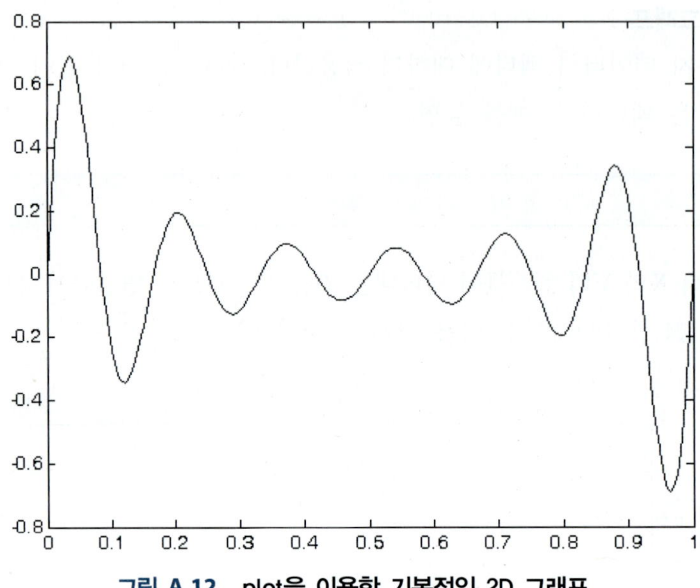


**그림 A.12 plot을 이용한 기본적인 2D 그래프**

함수 fplot은 문자열로 표시되는 함수의 그래프를 작성하여 준다. fplot의 두 번째 입력 인수로서 x축과 y축의 범위를 지정하여 준다. 다음 코드로부터 위의 그림과 동일한 그래프를 얻을 수 있다:

```
>> fplot('exp(10*t.*(t-1)).*sin(12*pi*t)', [0 1 -0.8 0.8])
```

구간 $[-1, 3]$에서 $x^2-3x+1$의 그래프를 그리려면 먼저 독립변수 x의 범위를 지정하고 x에 따른 함수값 y를 계산한 다음 plot 함수를 이용한다. 그래프에 격자를 넣으려면 grid를 이용하며 x축과 y축에 라벨을 넣으려면 xlabel과 ylabel을 사용한다. title에서와 마찬가지로 xlabel과 ylabel에 넣을 내용은 인용부호(')로 감싸준다.

```
>> x = -1:0.1:3;
>> y = x.^2 -3*x +1;
>> plot(x,y)
>> grid
>> title('x^2 -3*x +1')
>> xlabel('x'), ylabel('y')
```

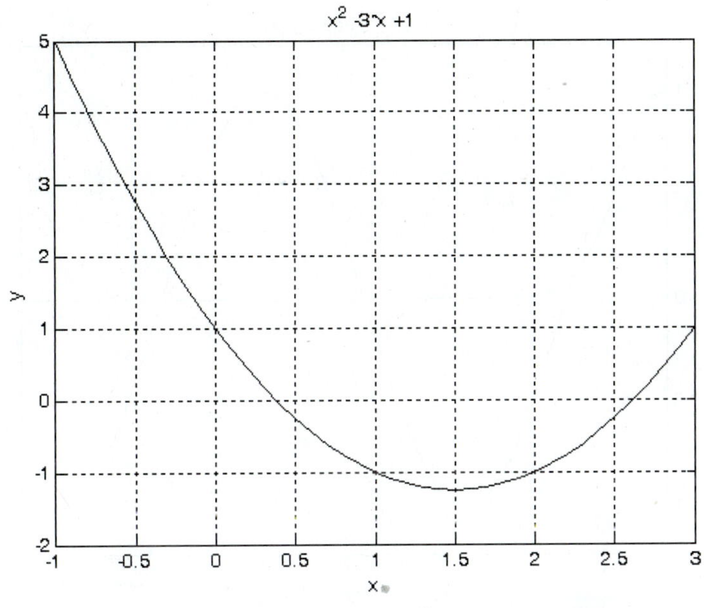


**그림 A.13** 구간 [−1, 3]에서 $x^2 - 3x + 1$의 그래프

**여러 곡선들의 그래프**

그래프 명령어를 수행할 때마다 MATLAB은 이전의 그래프를 지우고 새 그래프를 그린다. 두 개 이상의 곡선들을 하나의 그래프 위에 겹쳐 그리려면 hold on을 이용한다. 이 명령어는 MATLAB에게 이전 그래프를 유지하고 그 위에 새 곡선을 그리도록 지시한다. 이 명령어는 사용자가 hold off를 입력할 때까지 유효하다. hold on을 이용할 때에는 그래프 작업이 끝난 뒤에 반드시 hold off를 입력해야 한다. 다음은 ezplot를 사용하는 예이다:

```
>> ezplot('exp(-x^2)', [0 10])
>> hold on
>> ezplot('cos(x)', [0 10])
>> hold off
>> title 'exp(-x^2) and cos(x)'
```

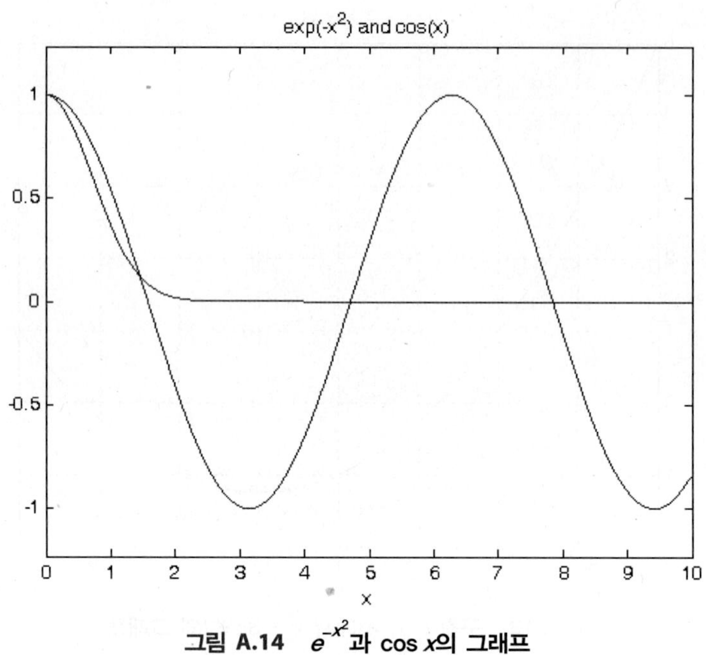


**그림 A.14** $e^{-x^2}$**과 cos** $x$**의 그래프**

plot을 이용하여 위와 동일한 그래프를 만들 수 있다:

```
>> x = 0:0.01:10; plot(x, exp(-x.^2), x, cos(x))
```

함수 hist를 사용하면 히스토그램을 얻을 수 있다:

```
>> hist(randn(1000,1))
```

위에서는 랜덤 수 생성함수 randn로부터 얻은 1,000개의 점들이 그림에 보인 바와 같이 히스토그램에 제시된다.

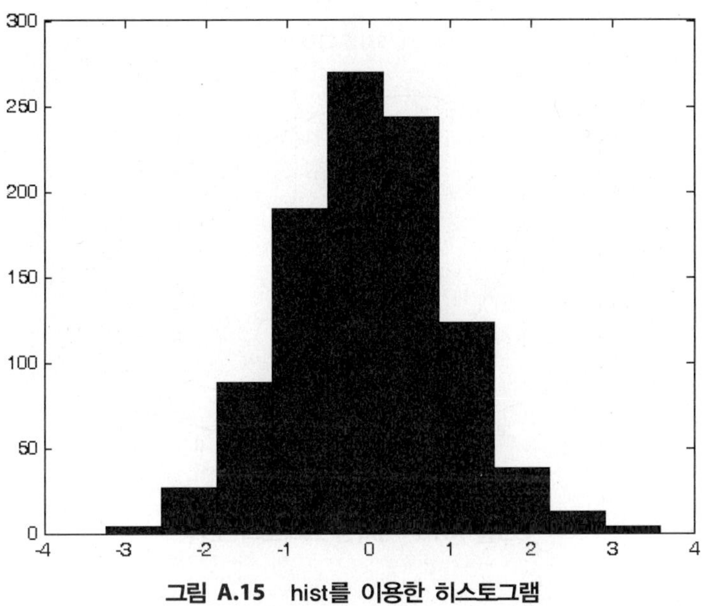


**그림 A.15 hist를 이용한 히스토그램**

### 3차원 그래프

3차원 그래프는 명령어 plot3를 사용한다. 구간 $0 \leqq t \leqq 4\pi$ (t는 0.1씩 증가)에서 다음 함수들을 3차원 그래프에 나타내어 보기로 한다:

$$y_1 = \sin\frac{t}{2},\ y_2 = \cos\frac{t}{2},\ y_3 = \cos\frac{t}{2}$$

MATLAB 프로그램은 2차원 그래프의 경우와 거의 동일하며 plot 대신 plot3를 이용하면 된다. MATLAB 수행결과는 다음과 같다.

```
>> t = [0:0.1:4*pi];
>> y1 = sin(t/2);
>> y2 = cos(t/2);
>> y3 = cos(t/2);
>> plot3(y1, y2, y3)
>> xlabel('x 축'), ylabel('y 축'), zlabel('z 축')
>> title('3차원 그래프')
>> grid
```

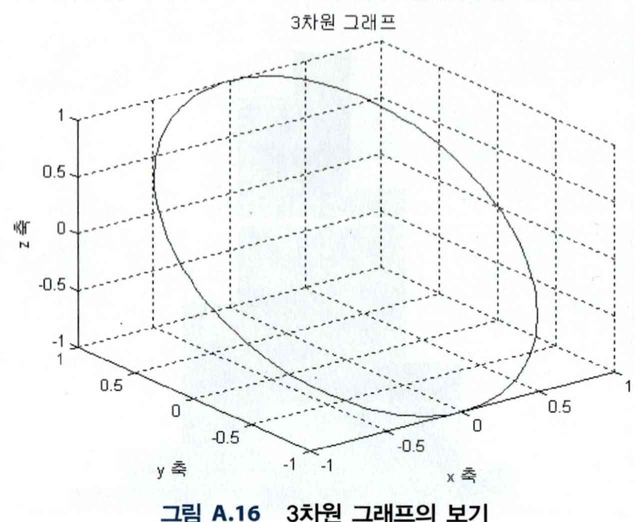


**그림 A.16 3차원 그래프의 보기**

## 미분방정식의 풀이

MATLAB은 미분방정식의 풀이를 위한 많은 다양한 함수들을 지니고 있다. 이들 가운데 Runge-Kutta 방법을 적용하는 ode45는 ode23과 함께 가장 널리 사용되는 함수이다. ode45를 사용하여 미분방정식을 푸는 보기로서 구간 $0 \leq t \leq 3$에서 다음과 같은 미분방정식을 풀어보자:

$$\frac{d}{dt}y(t) \;=\; -y(t) - \sin 3t, \qquad y(0) = 1$$

먼저 주어진 미분방정식을 나타내는 함수 M-파일을 작성한다:

```
function dy = myode1(t,y)
% dy = myode1(t,y)는 미분을 계산한다.
dy = - y - 5*exp(-t)*sin(5*t);
```

다음에 명령 창에서 아래 코드를 수행하면 해 y(t)가 그래프로 생성된다:

```
>> tinv = [0 3]; y0 = 1;
>> [t,y] = ode45(@myode1,tinv,y0);
>> plot(t,y)
```

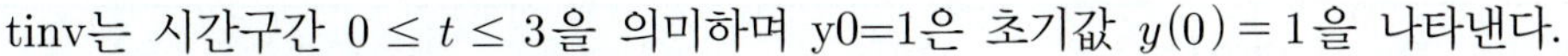

tinv는 시간구간 $0 \le t \le 3$을 의미하며 y0=1은 초기값 $y(0)=1$을 나타낸다.

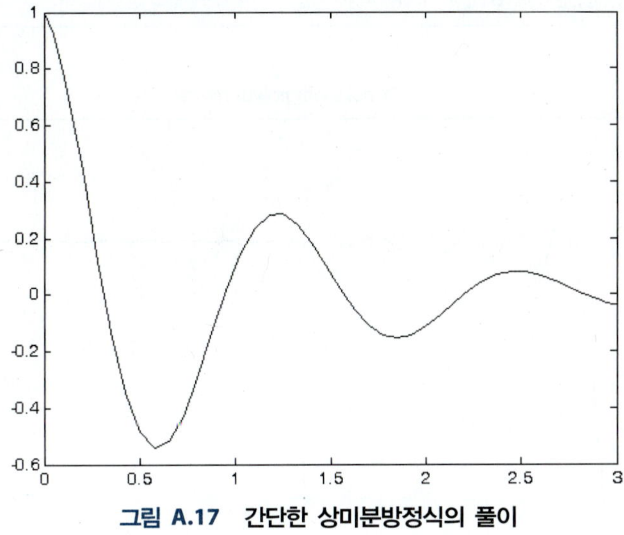


**그림 A.17 간단한 상미분방정식의 풀이**

## MATLAB 활용의 보기

### 개체증가모델의 계산

개체증가모델(population growth model) $x_{k+1} = ax_k(1-x_k)$을 계산하는 함수를 만들어 보기로 한다. 우선 MATLAB 편집기(Editor) 창에서 다음과 같은 프로그램을 작성한다.

```
function [t, x] = pmod(a, xinit, n)
x(1) = xinit;  t(1) = 0;
for k = 2:n+1;
        t(k) = k-1;
        x(k) = a*x(k-1)*(1-x(k-1));
end
```

이 함수 M-파일은 pmod라는 이름으로 저장해야 한다. 다음에 원래의 MATLAB 명령창(Command Window)으로 되돌아 와서 다음과 같이 이 함수를 사용하는 프로그램을 작성하고 실행시킨다. a는 2.8, 초기값은 0.1, 시간은 30까지로 한다면 다음과 같이 수행하여 볼 수 있다.

```
>> [ts, xp] = pmod(2.8, 0.1, 30);
>> plot(ts, xp), xlabel('time step'), ylabel('population')
>> title('Population growth model')
```

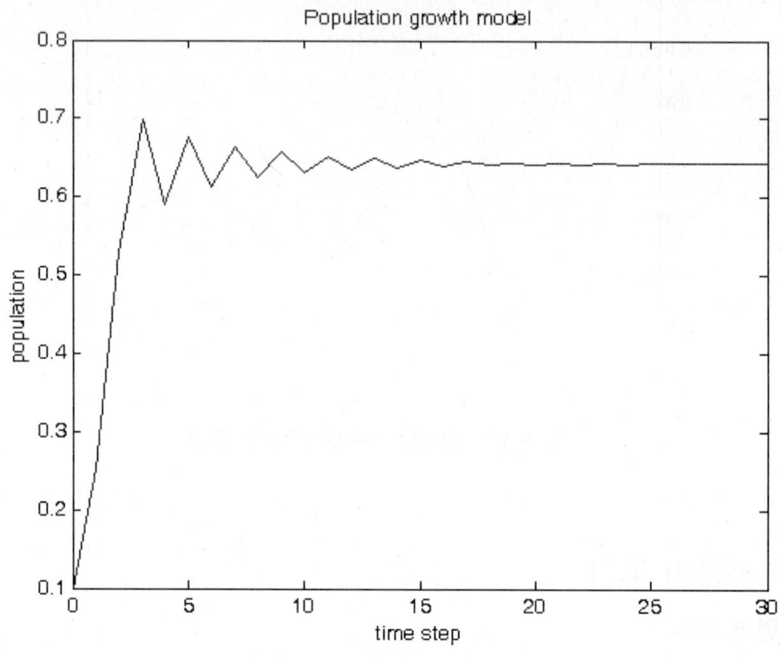


**그림 A.18 개체증가 모델의 계산**

### 불규칙 Fibonacci 수열

불규칙 Fibonacci 수열 $\{x_n\}$은 $x_1$과 $x_2$가 정해진 후에 다음 관계로부터 생성된다:

$$x_{n+1} = x_n \pm x_{n-1}, \quad n \geq 2$$

위에서 ±는 +와 -가 선정될 확률이 같아야 함을 의미한다. 아주 큰 n에 대하여 $|x_n|$은 1의 확률로 $c^n$의 배수처럼 증가한다. 여기에서 $c = 1.13198824...$이다.

MATLAB 편집기(Editor)에서 다음과 같은 함수 M-파일을 작성한 다음 fser이라는 이름으로 저장한다.

```
% fser.m : 불규칙 Fibonacci 수열
rand('state',100)       % Set random number state.
m = 1000;          % 반복계산 횟수
```

```
x = [1 2];          % 초기조건
for n = 2:m-1       % for loop
   x(n+1) = x(n) + sign(rand-0.5)*x(n-1);
end
semilogy(1:1000,abs(x))
c = 1.13198824;
hold on
semilogy(1:1000,c.^[1:1000])
hold off
```

위에서 for 루프는 불규칙 Fibonacci 수열을 배열 x에 저장한다. MATLAB은 새로운 원소 x(n+1)이 할당될 때마다 자동적으로 x를 확장하여 준다. semilogy 함수는 n을 x축에, abs(x)를 로그로 나타낸 y축에 도시하여 준다. hold on을 입력하면 MATLAB은 다음번의 그림을 현재의 그림 위에 겹쳐 그려준다. 두 번째 semilogy 함수는 기울기가 c인 직선의 그래프를 생성하여 준다.

이제 명령어 라인에서

```
>> fser
```

이라고 입력하면 다음 그림의 결과가 얻어진다.

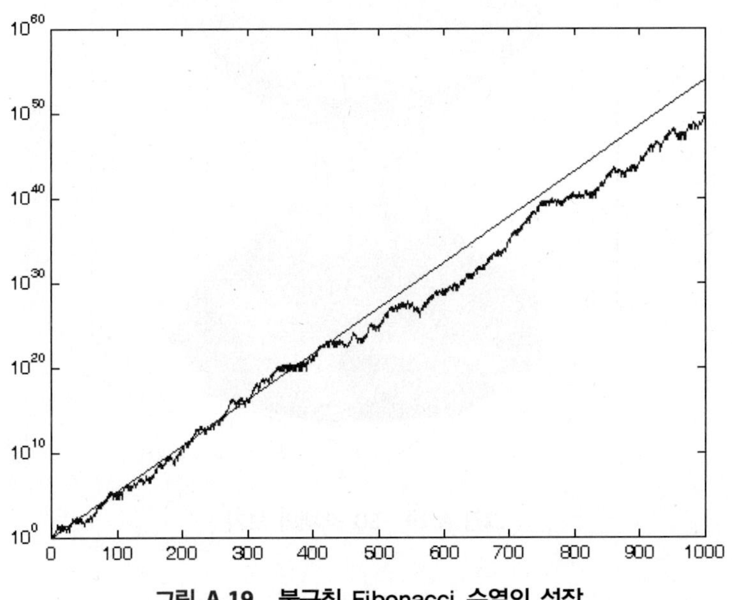


**그림 A.19 불규칙 Fibonacci 수열의 성장**

### 3차원 객체의 생성

내부를 제거한 3차원(3D) 객체를 생성하여 보기로 한다. 다음과 같이 스크립트 M-파일 sobj.m을 작성하고 명령어 라인에서 sobj를 입력하면 3차원 객체의 그래프를 얻는다.

```
% sobj.m : 속이 빈 3차원 객체를 생성
N = 10;      % 증분 횟수. 이 값을 증가시켜 보자.
z = linspace(-5,5,N)';
radius = sqrt(1+z.^2);
theta = 2*pi*linspace(0,1,N);
X = radius*cos(theta);2
Y = radius*sin(theta);
Z = z(:,ones(1,N));

surf(X,Y,Z)
axis equal
```

위에서 명령어 surf(X,Y,Z)는 3D 표면을 생성하는데 높이 Z(i,j)는 x-y 평면의 점 (X(i,j),Y(i,j))에서 지정된다.

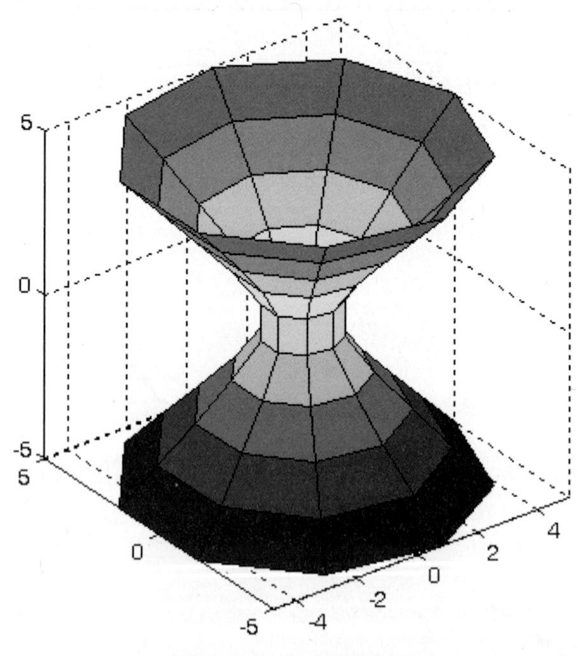


그림 A.20 3D 객체의 보기

## MATLAB과 엑셀(Excel)의 접속

MATLAB 메뉴 바의 메뉴들을 이용하여 엑셀 파일로 저장된 데이터를 쉽게 불러올 수 있으며 이를 MATLAB에서 원하는 대로 처리할 수 있다. 아울러 MATLAB의 계산 결과를 손쉽게 엑셀파일로 저장할 수 있다.

### 엑셀 데이터 불러오기

보기로서 포화 수증기의 온도에 따른 압력, 엔탈피 및 엔트로피 데이터의 일부가 다음 그림에 보인 바와 같이 MATLAB에서 열려있는 현재 폴더의 satsteam.xlsx 파일에 저장되어 있다고 하자.

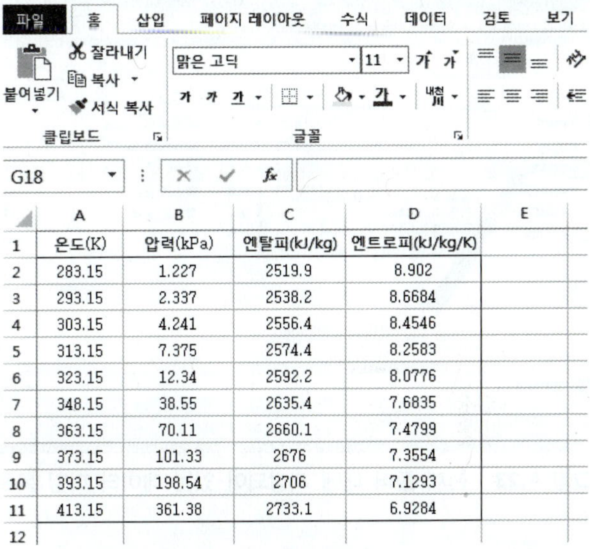

| | A | B | C | D | E |
|---|---|---|---|---|---|
| 1 | 온도(K) | 압력(kPa) | 엔탈피(kJ/kg) | 엔트로피(kJ/kg/K) | |
| 2 | 283.15 | 1.227 | 2519.9 | 8.902 | |
| 3 | 293.15 | 2.337 | 2538.2 | 8.6684 | |
| 4 | 303.15 | 4.241 | 2556.4 | 8.4546 | |
| 5 | 313.15 | 7.375 | 2574.4 | 8.2583 | |
| 6 | 323.15 | 12.34 | 2592.2 | 8.0776 | |
| 7 | 348.15 | 38.55 | 2635.4 | 7.6835 | |
| 8 | 363.15 | 70.11 | 2660.1 | 7.4799 | |
| 9 | 373.15 | 101.33 | 2676 | 7.3554 | |
| 10 | 393.15 | 198.54 | 2706 | 7.1293 | |
| 11 | 413.15 | 361.38 | 2733.1 | 6.9284 | |
| 12 | | | | | |

**그림 A.21 포화수증기 데이터 엑셀파일(satsteamxlsx)**

이 파일을 MATLAB으로 불러 오려면 그림 A.22에 보인 바와 같이 메뉴 바의 홈 메뉴에서 "데이터 가져오기"를 선택한다. 그러면 그림 A.23에 보인 바와 같이 현재 폴더에 저장되어 있는 엑셀 파일들이나 기타 데이터 파일들의 목록이 나타난다.

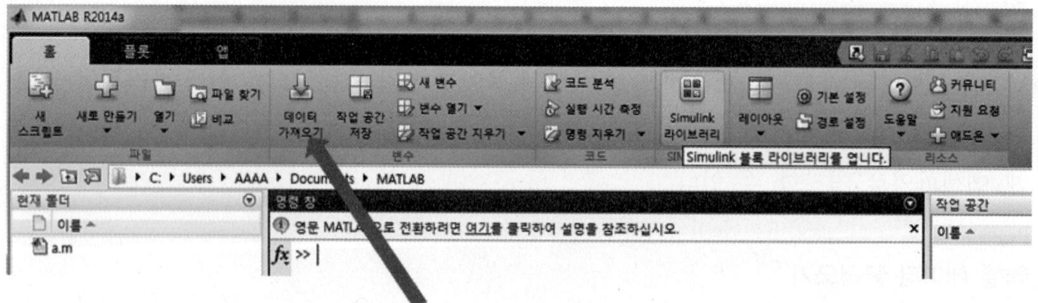

그림 A.22 데이터 가져오기 메뉴의 선택

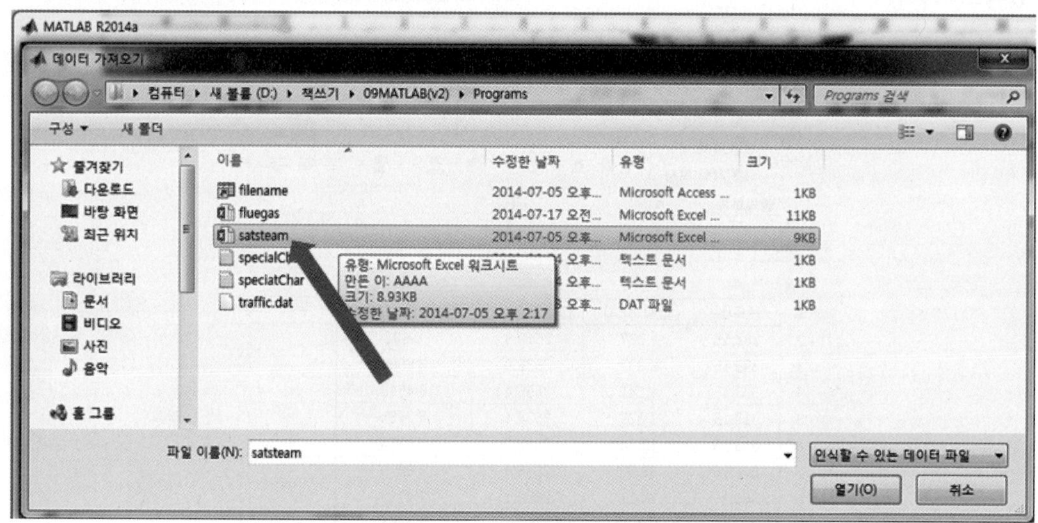

그림 A.23 현재 폴더 내에 저장되어 있는 데이터 파일 목록

MATLAB으로 불러 오고자 하는 파일 이름을 클릭하여 선택하면 다음 그림과 같은 가져오기 창이 나타난다. 이 창에 나타나는 데이터에서 취하고자 하는 데이터를 마우스로 선택하고 (화살표 1) 데이터를 어떤 형식의 변수로 저장할 것인가를 상단 메뉴에서 선택(화살표 2)한 다음 "선택항목 가져오기" 메뉴(화살표 3)를 클릭한다.

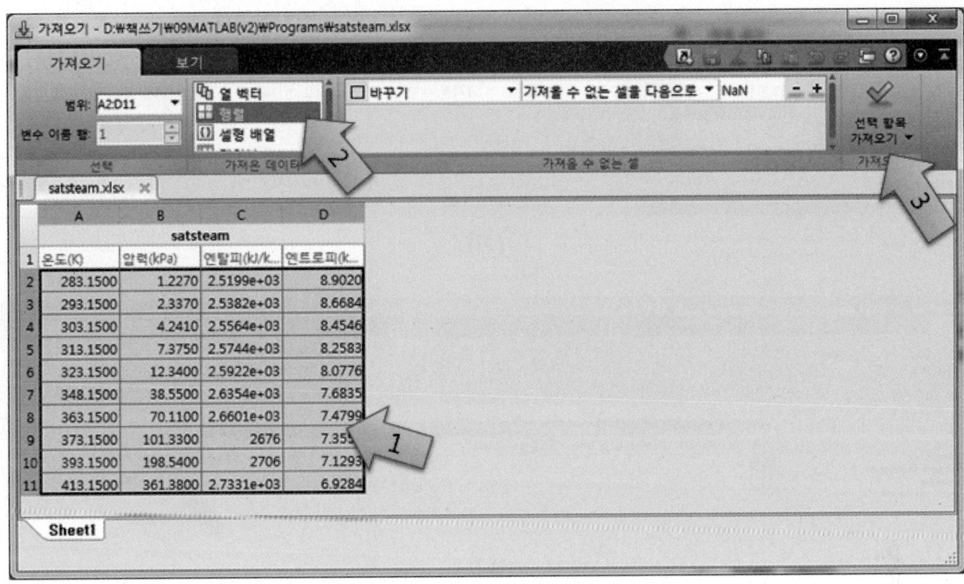


그림 A.24 데이터 파일 가져오기

"선택항목 가져오기" 메뉴를 클릭하면 아래 그림에 보인 바와 같이 "데이터 가져오기", "스크립트 생성", 그리고 "함수 생성"과 같은 세 가지 옵션이 제시된다.

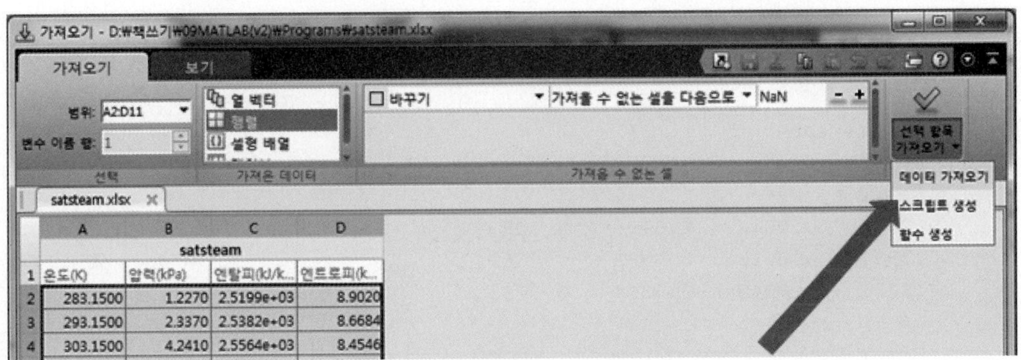


그림 A.25 선택항목 가져오기 옵션

### 데이터 가져오기 옵션

"선택항목 가져오기"에서 "데이터 가져오기"를 클릭하면 그림 A.26(가)에 보인 바와 같이 엑셀파일의 데이터가 파일 이름을 그대로 변수 이름으로 취하는 MATLAB 변수에 저장되며 작업공간 창에 새로 생성된 변수 이름(즉 파일 이름) satsteam이 크기와 함께 나타난다(그림 A.26(나)).

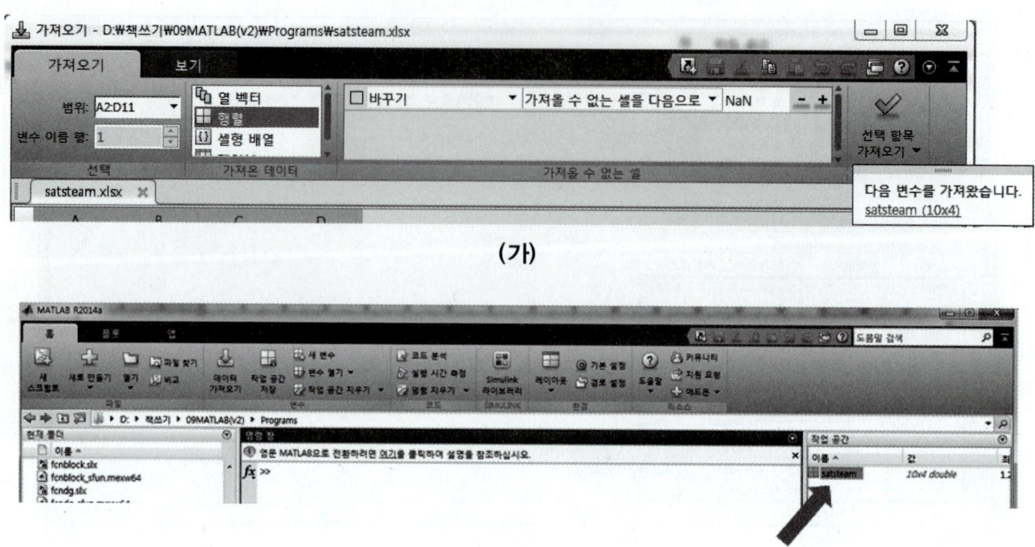


(가)

(나)

**그림 A.26 생성된 데이터 변수**

MATLAB 명령 창에서 이를 확인하여 볼 수 있다. 아울러 satsteam의 데이터를 새로운 다른 변수(이를테면 a)에 저장할 수도 있다.

```
>> size(satsteam)
ans =
    10     4
>> a = satsteam
a =
   1.0e+03 *
    0.2831    0.0012    2.5199    0.0089
    0.2931    0.0023    2.5382    0.0087
    0.3031    0.0042    2.5564    0.0085
       ⋮         ⋮         ⋮         ⋮
```

작업공간 창의 데이터변수 이름(즉 satsteam)을 더블 클릭하면 그림 A.27에 보인 것과 같은 창이 나타난다. 데이터 가운데 일부를 그래프로 나타내려면 마우스를 이용하여 그래프로 나타내어 보이려는 부분을 선택하고(그림의 화살표 1) 메뉴 바의 플롯을 클릭한 다음 원하는 그래프 모양을 마우스로 클릭(그림의 화살표 2)하면 그래프가 얻어진다. 이 경우 선택한 데이터 부분은 모두 종속변수로 취급된다.

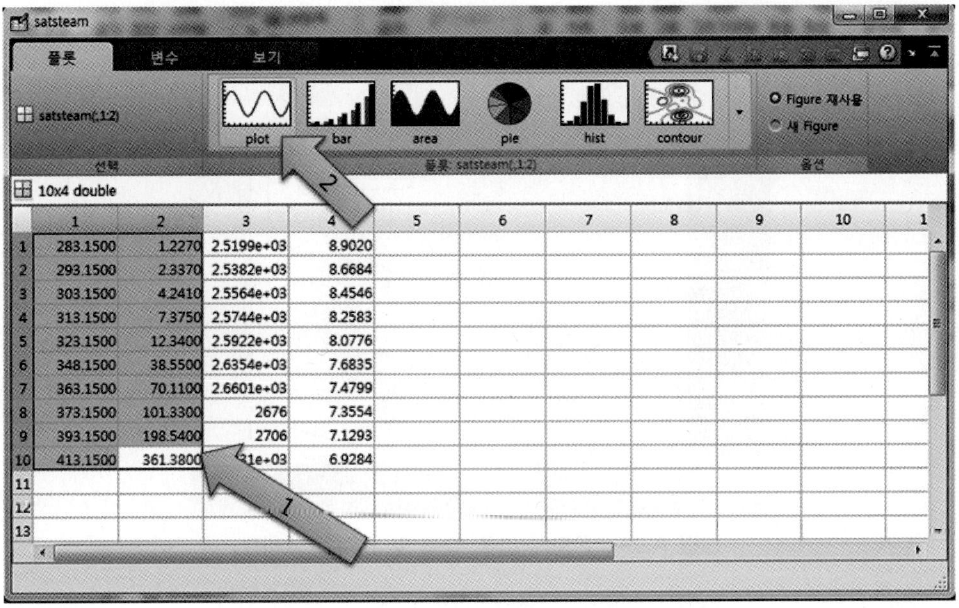

그림 A.27 데이터의 일부를 그래프로 나타내기

만일 온도에 따른 압력 및 엔탈피를 그래프로 나타내고자 한다면 다음과 같이 수행할 수 있다.

```
>> sdat = satsteam;
>> T = sdat(:,1);
>> P = sdat(:,2);
>> H = sdat(:,3);
>> plot(T,P,T,H,'.-')
>> legend('압력(kPa)','엔탈피(kJ/kg)')
```

이로부터 그림에 보인 그래프가 얻어진다.

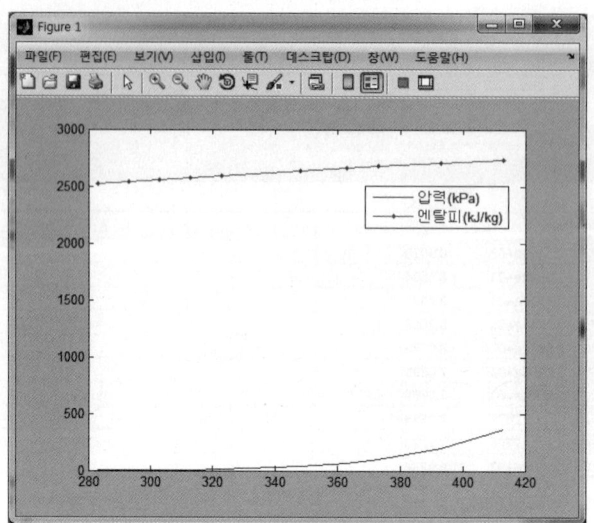


**그림 A.28 온도에 따른 압력 및 엔탈피 그래프**

## 스크립트 생성 옵션

“선택항목 가져오기”에서 “스크립트 생성”을 클릭하면 그림에 보인 바와 같은 창이 뜬다. 이는 스크립트 파일로서 불러온 데이터를 이용하여 원하는 작업을 수행할 수 있는 프로그램을 삽입하면 된다.

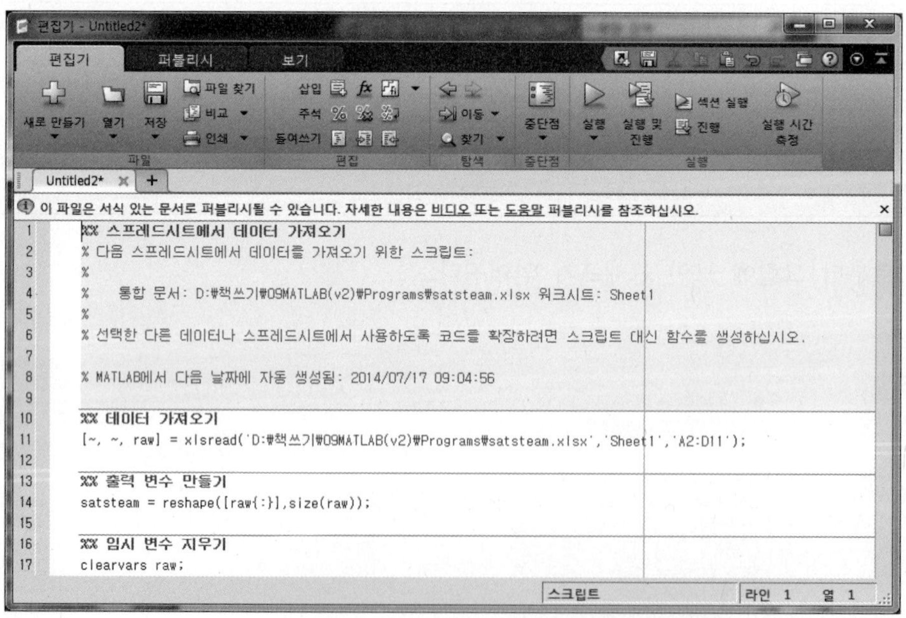


**그림 A.29 “선택항목 가져오기”의 “스크립트 생성” 옵션**

**함수 생성 옵션**

"선택항목 가져오기"에서 "함수 생성"을 클릭하면 다음 그림에 보인 바와 같은 창이 뜬다. 이는 함수 파일로서 불러온 데이터를 이용하여 원하는 작업을 수행할 수 있는 명령어들을 삽입하면 된다.

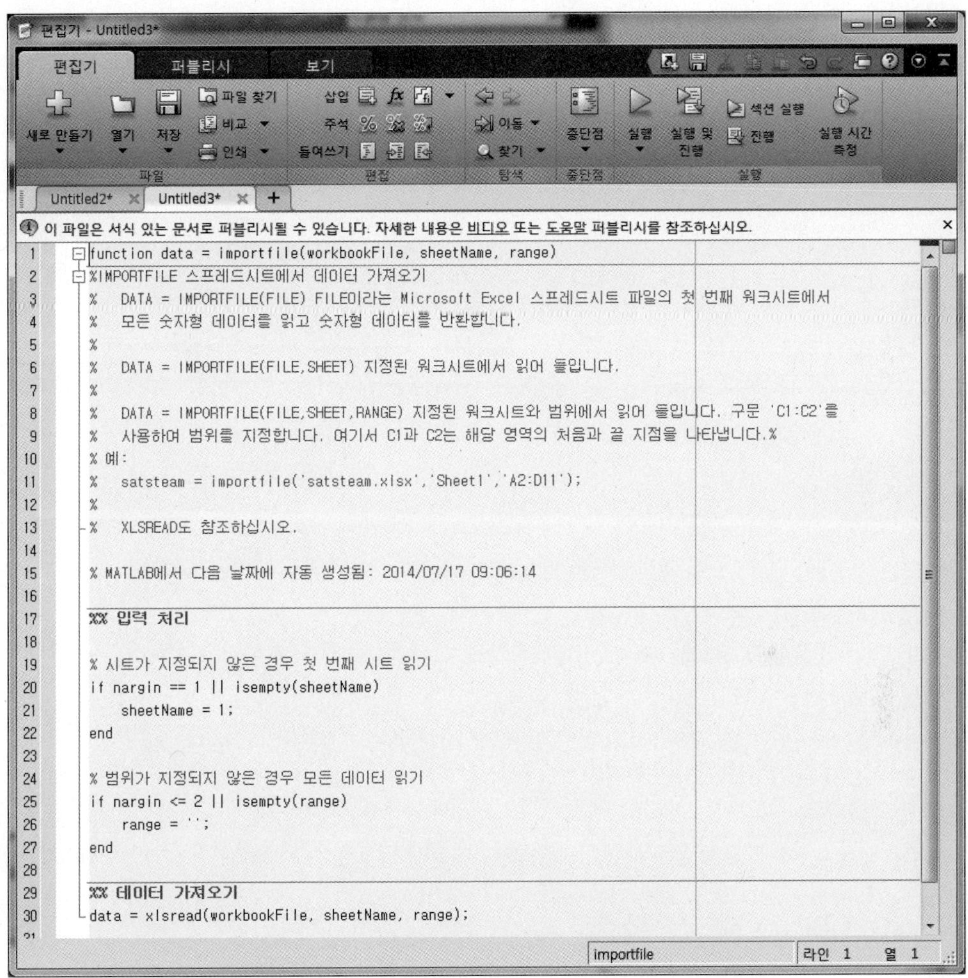


그림 A.30 "선택항목 가져오기"의 "함수 생성" 옵션

**생성된 데이터를 엑셀파일로 저장하기**

MATLAB에서 계산된 데이터는 손쉽게 엑셀 파일로 저장할 수 있다. 보기로서 $-\pi \le x \le \pi$의 범위에서 $y = 1.5\sin(x) + \cos(x)$를 계산한 다음 이를 fv라는 이름을 갖는 엑셀 파일로 저장하여 보자.

```
>> x = -pi:0.1:pi; y = 1.5*sin(x) + cos(x);
>> xydat = [x' y'];
>> xlswrite('fv', xydat)
```

이로부터 계산된 데이터 y를 저장하는 fv.xlsx라는 이름의 엑셀 파일이 현재 폴더에 새로 생성된다.

# 프로그램 자료

## B.1 물과 수증기의 물성치 계산 프로그램

다음은 IAPWS-IF97(International Association for Properties of Water and Steam Formulation for Industrial Use) 공식[1]을 바탕으로 한 물-수증기 물성치 계산 프로그램들이다.

**propPT.m**

```
function [P,T,v,u,s,h] = propPT(P,T,rg)
% input
%   P: 압력(MPa)
%   T: 온도(K)
%   rg: 구역(1, 2, 4 가운데 하나)
% output
%   P: 압력(MPa)
%   T: 온도(K)
%   v: 부피
%   u: 내부에너지
%   s: 엔트로피
%   h: 엔탈피
```

1 Revised Release of the IAPWS Industrial Formulation 1997 for the Thermodynamic Properties of Water and Steam, August 2007, IAPWS, Lucerne, Switzerland(http://www.iapws.org).

```
R = 0.461526;
switch rg
    case {1,4}
        Ps = P/16.53; tau = 1386/T;  % P*=16.53MPa, T*=1386K
        v = (Ps*rg1dgdp(Ps,tau)*R.* T)/(P*10^3);
        u = (tau*rg1dgdT(Ps,tau)-Ps* rg1dgdp(Ps,tau))*R*T;
        s = (tau*rg1dgdT(Ps,tau) - rg1eqn(Ps,tau))*R;
        h = (tau*rg1dgdT(Ps,tau))*R*T;
    case 2
        Ps = P/(1);
        tau = 540/T;
        [g0,gPs0,gr,gPsr,gt0,gtr] = rg2eqn(Ps,tau);
        v = Ps*(gPs0+gPsr)*R*T/(P*10^3);
        u = R*T*(tau*(gt0+gtr) - Ps*(gPs0+gPsr));
        s = R*(tau*(gt0+gtr) - (g0+gr));
        h = tau*(gt0+gtr)*R*T;
    otherwise
        P = 0;T = 0;v = 0;u = 0;s = 0;h = 0;
end
end
```

**rg1dgdp.m**

```
function dgdpt = rg1dgdp(Ps,tau)
% 구역 1 기본식 g/RT를 P/P*로 미분
% input
%   Ps: P/P* (P*=16.53MPa)
%   tau: T*/T (T*=1386K)
% output
%   dgdp: g/RT를 P/P*로 미분한 결과

% 구역 1 기본식의 파라미터 Ii, Ji 및 ni
% i는 1에서 34까지이다.
[I,J,n] = rg1IJn;

% 미분의 계산
ind = 1:34;
dgdpt = sum(-n(ind).*I(ind).*(7.1-Ps).^(I(ind)-1).*(tau-1.222).^J(ind));
```

**rg1dgdT.m**

```
function dgdT = rg1dgdT(Ps,tau)
% 구역 1 기본식 g/RT를 T*/T로 미분
% input
%   Ps: P/P* (P*=16.53MPa)
%   tau: T*/T (T*=1386K)
% output
```

```
%  dgdT: g/RT를 T*/T로 미분한 결과

% 구역 1 기본식의 파라미터 Ii, Ji 및 ni
% i는 1에서 34까지이다.
[I,J,n] = rg1IJn;

% 미분의 계산
ind = 1:34;
dgdT = sum(n(ind).*(7.1-Ps).^I(ind).*J(ind).*(tau-1.222).^(J(ind)-1));
```

**rg1eqn.m**

```
function gfe = rg1eqn(Ps,tau)
% 구역 1의 기본식 계산
% input
%  Ps: P/P* (P*=16.53MPa)
%  tau: T*/T (T*=1386K)
% output
%  gfe: 무차원 Gibbs free energy

% 구역 1 기본식의 파라미터 Ii, Ji 및 ni
% i는 1에서 34까지이다.
[I,J,n] = rg1IJn;

% 무차원 Gibbs free energy 계산
ind = 1:34;
gfe = sum(n(ind).*(7.1 - Ps).^I(ind).*(tau - 1.222).^J(ind));
```

**rg2eqn.m**

```
function [g0,gPs0,gr,gPsr,gt0,gtr] = rg2eqn(Ps,tau)
% 구역 2의 기본식 계산
% input
%  Ps: P/P* (P*=1MPa)
%  tau: T*/T (T*=540K)
% output
%  g0: ln(pi) + sum(n_i^o*tau^Ji0)
%  gPs0: 1/pi + 0
%  gr: gamma^r
%  gPsr: gamma^r의 pi에 의한 편미분 값
%  gt0: gamma_tau^o
%  gtr: gamma^r의 tau에 의한 편미분 값
% 구역 2 기본식의 파라미터 Ii, Ji 및 ni
% J0,n0: 이상기체 부분항(o)
% I,J,n: 잔류부분항(r) (i는 1에서 43까지이다)

[J0,n0,I,J,n] = rg2IJn;
```

```
ind1 = 1:9;
ind2 = 1:43;
g0 = log(Ps) + sum(n0(ind1).*(tau).^J0(ind1)); % gamma_0
gPs0 = 1/Ps + 0;
gr = sum(n(ind2).*(Ps).^I(ind2).*(tau- 0.5).^J(ind2)); % gamma^r
gPsr = sum(n(ind2).*I(ind2).*(Ps).^(I(ind2)-1).*(tau-0.5).^J(ind2));
gt0 = 0 + sum(n0(ind1).*J0(ind1).*(tau).^(J0(ind1)-1));  % gamma_tau^0
gtr = sum(n(ind2).*(Ps).^(I(ind2)).*J(ind2).*(tau-0.5).^(J(ind2)-1));
```

**rg1IJn.m**

```
function [I,J,n] = rg1IJn
% 구역 1 기본식의 파라미터 Ii, Ji 및 ni
% i는 1에서 34까지이다.

I(1) = 0; J(1) = -2; n(1) = 0.14632971213167;                    % i = 1
I(2) = 0; J(2) = -1; n(2) = -0.84548187169114;                   % i = 2
I(3) = 0; J(3) = 0; n(3) = -0.37563603672040*10^1;               % i = 3
I(4) = 0; J(4) = 1; n(4) = 0.33855169168385*10^1;                % i = 4
I(5) = 0; J(5) = 2; n(5) = -0.95791963387872;                    % i = 5
I(6) = 0; J(6) = 3; n(6) = 0.15772038513228;                     % i = 6
I(7) = 0; J(7) = 4; n(7) = -0.16616417199501*10^-1;              % i = 7
I(8) = 0; J(8) = 5; n(8) = 0.81214629983568*10^-3;               % i = 8
I(9) = 1; J(9) = -9; n(9) = 0.28319080123801*10^-3;              % i = 9
I(10) = 1; J(10) = -7; n(10) = -0.60706301565874*10^-3;          % i = 10
I(11) = 1; J(11) = -1; n(11) = -0.18990068218419*10^-1;          % i = 11
I(12) = 1; J(12) = 0; n(12) = -0.32529748770505*10^-1;           % i = 12
I(13) = 1; J(13) = 1; n(13) = -0.21841717175414*10^-1;           % i = 13
I(14) = 1; J(14) = 3; n(14) = -0.52838357969930*10^-4;           % i = 14
I(15) = 2; J(15) = -3; n(15) = -0.47184321073267*10^-3;          % i = 15
I(16) = 2; J(16) = 0; n(16) = -0.30001780793026*10^-3;           % i = 16
I(17) = 2; J(17) = 1; n(17) = 0.47661393906987*10^-4;            % i = 17
I(18) = 2; J(18) = 3; n(18) = -0.44141845330846*10^-5;           % i = 18
I(19) = 2; J(19) = 17; n(19) = -0.72694996297594*10^-15;         % i = 19
I(20) = 3; J(20) = -4; n(20) = -0.31679644845054*10^-4;          % i = 20
I(21) = 3; J(21) = 0; n(21) = -0.28270797985312*10^-5;           % i = 21
I(22) = 3; J(22) = 6; n(22) = -0.85205128120103*10^-9;           % i = 22
I(23) = 4; J(23) = -5; n(23) = -0.22425281908000*10^-5;          % i = 23
I(24) = 4; J(24) = -2; n(24) = -0.65171222895601*10^-6;          % i = 24
I(25) = 4; J(25) = 10; n(25) = -0.14341729937924*10^-12;         % i = 25
I(26) = 5; J(26) = -8; n(26) = -0.40516996860117*10^-6;          % i = 26
I(27) = 8; J(27) = -11; n(27) = -0.12734301741641*10^-8;         % i = 27
I(28) = 8; J(28) = -6; n(28) = -0.17424871230634*10^-9;          % i = 28
I(29) = 21; J(29) = -29; n(29) = -0.68762131295531*10^-18;       % i = 29
I(30) = 23; J(30) = -31; n(30) = 0.14478307828521*10^-19;        % i = 30
I(31) = 29; J(31) = -38; n(31) = 0.26335781662795*10^-22;        % i = 31
```

```
I(32) = 30; J(32) = -39; n(32) = -0.11947622640071*10^-22;   % i = 32
I(33) = 31; J(33) = -40; n(33) = 0.18228094581404*10^-23;    % i = 33
I(34) = 32; J(34) = -41; n(34) = -0.93537087292458*10^-25;   % i = 34
```

**rg2IJn.m**

```
function [J0,n0,I,J,n] = rg2IJn
% 구역 2 기본식의 파라미터 Ii, Ji 및 ni
% J0,n0: 이상기체 부분항(o)
% I,J,n: 잔류부분항(r) (i는 1에서 43까지이다)

% 이상기체 부분항(o)
J0(1) = 0; n0(1) = -0.96927686500217*10^1;      % i = 1
J0(2) = 1; n0(2) = 0.10086655968018*10^2;       % i = 2
J0(3) = -5; n0(3) = -0.56087911283020*10^-2;    % i = 3
J0(4) = -4; n0(4) = 0.71452738081455*10^-1;     % i = 4
J0(5) = -3; n0(5) = -0.40710498223928;          % i = 5
J0(6) = -2; n0(6) = 0.14240819171444*10^1;      % i = 6
J0(7) = -1; n0(7) = -0.43839511319450*10^1;     % i = 7
J0(8) = 2; n0(8) = -0.28408632460772;           % i = 8
J0(9) = 3; n0(9) = 0.21268463753307*10^-1;      % i = 9

% 잔류부분항(r)
I(1) = 1; J(1) = 0; n(1) = -0.17731742473213*10^-2;           % i = 1
I(2) = 1; J(2) = 1; n(2) = -0.17834862292358*10^-1;           % i = 2
I(3) = 1; J(3) = 2; n(3) = -0.45996013696365*10^-1;           % i = 3
I(4) = 1; J(4) = 3; n(4) = -0.57581259083432*10^-1;           % i = 4
I(5) = 1; J(5) = 6; n(5) = -0.50325278727930*10^-1;           % i = 5
I(6) = 2; J(6) = 1; n(6) = -0.33032641670203*10^-4;           % i = 6
I(7) = 2; J(7) = 2; n(7) = -0.18948987516315*10^-3;           % i = 7
I(8) = 2; J(8) = 4; n(8) = -0.39392777243355*10^-2;           % i = 8
I(9) = 2; J(9) = 7; n(9) = -0.43797295650573*10^-1;           % i = 9
I(10) = 2; J(10) = 36; n(10) = -0.26674547914087*10^-4;       % i = 10
I(11) = 3; J(11) = 0; n(11) = 0.20481737692309*10^-7;         % i = 11
I(12) = 3; J(12) = 1; n(12) = 0.43870667284435*10^-6;         % i = 12
I(13) = 3; J(13) = 3; n(13) = -0.32277677238570*10^-4;        % i = 13
I(14) = 3; J(14) = 6; n(14) = -0.15033924542148*10^-2;        % i = 14
I(15) = 3; J(15) = 35; n(15) = -0.40668253562649*10^-1;       % i = 15
I(16) = 4; J(16) = 1; n(16) = -0.78847309559367*10^-9;        % i = 16
I(17) = 4; J(17) = 2; n(17) = 0.12790717852285*10^-7;         % i = 17
I(18) = 4; J(18) = 3; n(18) = 0.48225372718507*10^-6;         % i = 18
I(19) = 5; J(19) = 7; n(19) = 0.22922076337661*10^-5;         % i = 19
I(20) = 6; J(20) = 3; n(20) = -0.16714766451061*10^-10;       % i = 20
I(21) = 6; J(21) = 16; n(21) = -0.21171472321355*10^-2;       % i = 21
I(22) = 6; J(22) = 35; n(22) = -0.23895741934104*10^2;        % i = 22
I(23) = 7; J(23) = 0; n(23) = -0.59059564324270*10^-17;       % i = 23
```

```
I(24) = 7; J(24) = 11; n(24) = -0.12621808899101*10^-5;      % i = 24
I(25) = 7; J(25) = 25; n(25) = -0.38946842435739*10^-1;      % i = 25
I(26) = 8; J(26) = 8; n(26) = 0.11256211360459*10^-10;       % i = 26
I(27) = 8; J(27) = 36; n(27) = -0.82311340897998*10^1;       % i = 27
I(28) = 9; J(28) = 13; n(28) = 0.19809712802088*10^-7;       % i = 28
I(29) = 10; J(29) = 4; n(29) = 0.10406965210174*10^-18;      % i = 29
I(30) = 10; J(30) = 10; n(30) = -0.10234747095929*10^-12;    % i = 30
I(31) = 10; J(31) = 14; n(31) = -0.10018179379511*10^-8;     % i = 31
I(32) = 16; J(32) = 29; n(32) = -0.80882908646985*10^-10;    % i = 32
I(33) = 16; J(33) = 50; n(33) = 0.10693031879409;            % i = 33
I(34) = 18; J(34) = 57; n(34) = -0.33662250574171;           % i = 34
I(35) = 20; J(35) = 20; n(35) = 0.89185845355421*10^-24;     % i = 35
I(36) = 20; J(36) = 35; n(36) = 0.30629316876232*10^-12;     % i = 36
I(37) = 20; J(37) = 48; n(37) = -0.42002467698208*10^-5;     % i = 37
I(38) = 21; J(38) = 21; n(38) = -0.59056029685639*10^-25;    % i = 38
I(39) = 22; J(39) = 53; n(39) = 0.37826947613457*10^-5;      % i = 39
I(40) = 23; J(40) = 39; n(40) = -0.12768608934681*10^-14;    % i = 40
I(41) = 24; J(41) = 26; n(41) = 0.73087610595061*10^-28;     % i = 41
I(42) = 24; J(42) = 40; n(42) = 0.55414715350778*10^-16;     % i = 42
I(43) = 24; J(43) = 58; n(43) = -0.94369707241210*10^-6;     % i = 43
```

## B.2 다중효용 증발공정 계산(영국 공학단위계)

```
function res = multievap(evdat)
% 다중효용 증발기 계산

% 데이터
crit = 1e-3;
Tc = 647.096;   % H2O 임계온도(K)
Pc = 22064000;  % H2O 임계압력(Pa)
T0 = 273.15;
xf = evdat.xf; xpn = evdat.xp; mf = evdat.mf;
Tf = (evdat.Tf-32)/1.8 + 273.15; % F->K
Ps = evdat.Ps*6894.757; % psia->Pa(수증기 압력)
Pn = evdat.Pn*6894.757; % psia->Pa(최종 증발기 압력)
U = evdat.U;  % 총괄 열전달계수 벡터
cf = 1/2326; % J/kg->Btu/lb
n = length(U);

% 포화온도
a = [-7.85951783 1.84408259 -11.7866497 22.6807411...
```

```
    -15.9618719 1.80122502];
gs = @(x) a(1)*x + a(2)*x^1.5 + a(3)*x^3 + a(4)*x^3.5 + a(5)*x^4 +...
        a(6)*x^7.5 - (1-x)*log(Ps/Pc);
gn = @(x) a(1)*x + a(2)*x^1.5 + a(3)*x^3 + a(4)*x^3.5 + a(5)*x^4 +...
        a(6)*x^7.5 - (1-x)*log(Pn/Pc);
xs = fzero(gs,0.5); xn = fzero(gn,0.5);
Ts = Tc*(1 - xs); % 수증기 온도
TsF = (Ts - 273.15)*1.8+32; % K->F
Tn = Tc*(1 - xn); % 최종 증발기 온도
TnF = (Tn - 273.15)*1.8+32; % K->F

% 엔탈피
sts = satsteam(Ts-T0); % 포화수증기
stv = satsteam(Tn-T0); % 최종 증발기
stf = satsteam(Tf-T0); % 원료
Hv0 = sts.hV*cf; hp0 = sts.hL*cf;
Hvn = stv.hV*cf; hpn = stv.hL*cf; hf = stf.hL*cf;

% 물질수지와 온도차
mpn = xf*mf/xpn;  % Btu/hr
dTtotal = TsF - TnF; % K->F
sumU = sum(1./U);
dT = (1./U)*dTtotal/sumU;  % F
critA = 10; oldA = 10*ones(1,n); iter = 0;
while critA >= crit
   T(1) = TsF - dT(1);
   for j = 2:n
      T(j) = T(j-1) - dT(j);  % F
   end
   TK = (T-32)/1.8 + 273.15; % F->K
   for j = 1:n
      sprop(j) = satsteam(TK(j)-T0);
      Hv(j) = sprop(j).hV * cf; hp(j) = sprop(j).hL * cf;
   end
   % 수지식
   evM = [Hv0-hp0 hp(1)-Hv(1) 0;...
         0      Hv(1)+hp(2)-2*hp(1) hp(2)-Hv(2);...
         0      Hv(3)-hp(2)         Hv(2)+Hv(3)-2*hp(2)];
   evb = [hp(1)-hf; hp(2)-hp(1); Hv(3)-hp(2)+(hp(3)-Hv(3))*xf/xpn]*mf;
   mv = evM\evb;
   q(1) = mv(1)*(Hv0-hp0);
   for j = 2:n
      q(j) = mv(j)*(Hv(j)-hp(j));
   end
   Area = q./(U.*dT); avgA = sum(Area)/n;
```

```
    critA = sum(abs(Area - oldA)); dT = dT.*Area/avgA;
    if abs(sum(dT) - dTtotal) >= crit
       dT = dT*dTtotal/sum(dT);
    end
    iter = iter + 1; oldA = Area;
end

% Results
res.T = T;       % 각 증발기 온도벡터
res.A = Area;     % 각 증발기 면적벡터
res.mv = mv;      % 각 증발기 증기 흐름유량 벡터
res.iter = iter; % 반복계산 횟수
end
```

# 프로그램 목록

## 제1장 MATLAB 수치해석

| | |
|---|---|
| bcprob | 미분방정식의 정의 |
| bcval | 경계조건의 설정 |
| biom | Stiff 방정식 시스템의 정의 |
| catfb | 유동층 촉매반응기 모델식 |
| cstm | 교반탱크 시스템의 정의 |
| ethanrxn | 에탄의 수증기 분해반응의 풀이 |
| expfn | 미분방정식의 정의 |
| pdeTde | 1차원 parabolic PDE |
| pdeTic | 초기조건의 설정 |
| pdeTbc | 경계조건의 설정 |
| rxnfun | 반응평형 비선형 방정식 시스템의 정의 |
| vdpeqn | van der Pol 방정식의 정의 |
| zode | 2차미분 방정식 |
| zobc | 경계조건의 설정 |

# 제2장 물성치

| | |
|---|---|
| compID | 주요 물질들에 대한 고유번호 설정 |
| condG | 저압기체의 열 전도도 |
| condL | 포화액체의 열 전도도 |
| corstsg | 대응상태 관계를 이용하는 표면장력 |
| costald | COSTALD 밀도추정 방법 |
| denL | 포화액체 밀도 |
| H2OPT | 물의 물성치 |
| hcapG | 기체의 열용량 |
| hcapL | 액체의 열용량 |
| hcRB | Rowlinson/Bondi 액체 열용량 추정식 |
| hform | 저온에서의 이상기체에 대한 생성열 |
| humidest | 절대습도와 증기압 |
| hvapn | 증발열 계산 |
| gdiffc | 액상에서의 확산계수 |
| gfree | Gibbs 자유 생성에너지 |
| ngasZ | 천연 탄화수소 기체의 압축인자 |
| pitzersg | Pitzer의 대응상태 관계식에 의한 표면장력 |
| propPT | 주어진 P와 T에서 물의 물성치 |
| prVp | 포화액체의 증기압 |
| satsteam | 포화수증기의 물성치 |
| surtL | 액체의 표면장력 |
| vhwagner | Wagner 식을 이용하는 증발 엔탈피 추정 |
| visG | 기체 점도 |
| visL | 포화액체 점도 |
| vpRM | Rarey/Moller 추정식을 이용한 증기압 추정 |
| vpwagner | Wagner 증기압 추정식 |

## 제3장 열역학

| | |
|---|---|
| binVLE | 수정 Raoult의 법칙을 이용한 2성분계 VLE |
| bubbp | bubble P 계산 |
| bubbleT | 혼합물의 비등점 계산 |
| bzacfun | 증기압 미분방정식 |
| bzacP | 벤젠-아세트산 계의 기상조성과 활동도 계수 |
| compBCD | Lee-Kesler 방정식의 상수 |
| compVPeqn | 증기압 식들의 비교 |
| cubicEOSZ | 3차 상태방정식에 의한 압축인자와 몰 부피 |
| delH | 엔탈피 변화와 평균 열용량 |
| delHS | 상태변화에 따른 엔탈피 및 엔트로피 변화량 |
| deptfun | 편차함수 |
| dewpf | 기-액 평형 비선형 방정식 |
| dewpf2 | 비선형 방정식 |
| dewpt | dew T 계산 |
| falp0 | 끓는점 계산을 위한 비선형 방정식 |
| falp1 | 이슬점 계산을 위한 비선형 방정식 |
| flashBubP | 플래쉬 계산 |
| flashdrum | 플래쉬 드럼의 계산 |
| ibweqf | 기-액-액 비선형 방정식 |
| ibweqf2 | 비선형 방정식 |
| khmix | 혼합물의 엔탈피 |
| phigas | 퓨개시티 계수 |
| phimix | 3차 상태방정식을 이용하는 혼합물의 퓨개시티 계수 |
| resbutane | 잔류물성 |
| unifgam | UNIFAC 방법에 의한 활동도 계수 |
| usekhmix | 함수 khmix의 이용 |
| useunifgam | unifgam을 이용한 활동도 계수 계산 |
| virialEOS | 비리얼 상태방정식 |
| wilact | Wilson 식의 파라미터 |
| wilsonpar | 2성분계 Wilson식 파라미터의 계산 |
| zLK | Lee-Kesler 방정식에 의한 압축인자 |

# 제4장 유체역학

| | |
|---|---|
| cltank | 닫힌 탱크 미분방정식 |
| compflow | 압축성 유체흐름 |
| dpcatbed | 충진층의 압력강하 |
| dwfun | 파이프의 직경 |
| eqplen | 파이프의 대등길이 및 실제길이 |
| frfactor | 마찰인자 추정식들의 비교 |
| hzannpipe | 뉴턴 유체의 환형 수평관 흐름에 대한 유속분포 |
| hzpipe | 수평관 층류흐름의 평균유속과 속도분포 |
| nnDfun | 비뉴턴 유체의 수평관 직경 |
| nnhzpipe | 비뉴턴 유체의 수평관 층류흐름의 평균유속과 속도분포 |
| pipnet | 파이프 네트웍 비선형방정식 시스템 |
| pnetq | 파이프라인 네트웍 비선형방정식 |
| powfun | 펌프를 이용한 물의 이송 |
| qrmT | 온도에 따른 물성 |
| twophdP | 2상 흐름에서의 압력강하 |
| twophmod | 흐름영역에서 $Y_G$를 계산하는 부함수 |
| twophreg | 2상흐름 영역의 Baker 파라미터 |
| usecltank | 함수 cltank의 이용 |
| usepipnet | 함수 pipnet의 이용 |
| vtfun | 종말속도 비선형 방정식 |
| vtwall | 수직표면 뉴턴 유체 흐름에 대한 속도분포 및 평균유속 |
| vwfig | 파이프 내경과 길이에 따른 유속 및 유량 |
| vwfun | 유속함수 |

## 제5장 반응공학

| | |
|---|---|
| adbpfr | 전환율 미분방정식 |
| adfun | 아세톤 분해반응 미분방정식 시스템 |
| cstrmult | 비선형 다중반응 시스템 |
| exbco | 부탄의 전환반응 미분방정식 |
| exocstr | 연속교반 반응기에서의 발열반응 |
| exocstr2 | 연속교반 발열반응에서의 정상상태 |
| geferm | 생물반응 미분방정식 시스템 |
| mbrmult | 막 반응기 다중반응 방정식 시스템 |
| mcatb | 가스오일 분해반응 |
| membrx | 막 반응기 미분방정식 시스템 |
| microrx | 미세관형 반응기 미분식 |
| pbconv | 촉매 충진층 미분방정식 |
| pbrmf | 촉매 충진층 미분방정식 시스템 |
| pbrmult | 촉매 충진 복합반응 방정식 시스템 |
| pbrpar | 파라미터 추정값을 계산 |
| rateconst | 반응속도 주파수 인자와 활성화 에너지 |
| regorder | 비선형방정식 시스템 |
| rnk | 회분반응식 파라미터 |
| semibrx | 반회분 반응식 |
| ser3v | 미분방정식 시스템의 풀이 |
| serrb | 미분 반응식의 풀이 |
| usead | 압력 및 원료유량 변화에 따른 온도 및 전환율 |
| useadbpfr | 함수 adbpfr의 풀이 |
| usecstrmult | 함수 cstrmult의 풀이 |
| useexbco | 함수 exbco의 풀이 |
| usegeferm | 함수 geferm의 풀이 |
| usembrmult | 함수 mbrmult의 풀이 |
| usemembrx | 함수 membrx의 풀이 |
| usemicrorx | 함수 microrx의 풀이 |
| usepbconv | 함수 pbconv의 풀이 |
| usepbrmult | 함수 pbrmult의 풀이 |
| usesemibrx | 함수 semibrx의 풀이 |

# 제6장 물질전달

| | |
|---|---|
| absbz | 흡수탑 벤젠조성의 시간에 따른 변화 |
| absf | 하강 층류흐름 함수 |
| bindistMT | McCabe/Thiele 방법에 따른 조업선 및 단수 |
| btdist | 1단 회분식 증류 대수미분방정식 시스템 |
| c5distBPeu | 5성분계 16단 증류공정 계산 |
| cpm1ex | 완전혼합 모델을 이용한 막분리 공정 |
| cpmdata | 막 데이터 및 운전조건들의 설정 |
| crf1ex | 교차흐름 모델을 이용한 막분리 공정 |
| crfdata | 막 데이터 및 운전조건들의 설정 |
| crxf | 다공성 촉매반응 미분방정식 |
| distBPeu | BP 방법을 이용한 혼합물의 증류계산 |
| dyndist | 이성분계 증류공정의 동특성 |
| drugf | 약물전달 미분방정식 시스템 |
| fugdist | 단순 증류계산 |
| mArea | 막 면적 계산에 필요한 적분함수를 정의 |
| mdif | 다성분계 확산 미분방정식 |
| multievapSI | 다중효용 증발공정(SI 단위계) |
| phiHeu | 혼합물의 엔탈피 및 각 성분의 퓨개시티 계수 |
| rdist | 각 단에서의 수지식 |
| rxnf | 등온촉매반응 미분방정식 |
| sinevap | 단일효용 증발공정 |
| sldif | 1차원 슬랩에서의 비정상상태 확산 미분방정식 |
| spf | 구 확산 미분방정식 |
| ssdist | 정상상태에서 각 단에서의 액상 조성 |
| useabsf | 하강 층류흐름 농도계산 |
| usebtdist | 함수 btdist의 풀이 |
| usecrxf | 함수 crxf의 풀이 |
| usedrugf | 함수 drugf의 풀이 |
| usedyndist | 함수 dyndist의 풀이 |
| usemdif | 함수 mdif의 풀이 |
| userdist | 함수 rdist의 풀이 |
| userxnf | 농도분포와 유효인자 |
| usesldif | 1차원 슬랩에서의 농도계산 |
| usespf | 함수 spf의 풀이 |
| usexaz | 함수 xaz의 풀이 |
| xaz | 2성분계 물질전달 미분방정식 |

# 제7장 열전달

| | |
|---|---|
| airCooler | 공기 냉각기의 예비설계 |
| bisecQL | 파이프 플랜지로부터의 열손실 |
| bisecQT | 열전달 플럭스와 온도분포 |
| dpshell | shell 측에서의 압력강하 |
| dptube | 튜브측에서의 압력강하 |
| ellipticPDE | Elliptic 편미분 방정식 |
| funQL | 플랜지 열전달 미분방정식 |
| funQT | 전선을 통한 열전달 미분방정식 |
| ht1D | 1차원 열전달 계산 |
| htcoef | 열전달 계수의 계산 |
| htcshell | shell 측에서의 열전달 계수 |
| htctube | 튜브 측에서의 열전달 계수 |
| hxcp | 튜브 측과 shell 측의 비열 |
| hxndat | Shell-and-tube 열교환기 데이터 설정 |
| hxnst | Shell-and-tube 열교환기 계산 |
| hxrho | 튜브 측과 shell 측의 밀도 |
| hxthc | 튜브 측과 shell 측의 열 전도도 |
| hxvis | 튜브 측과 shell 측의 점도 |
| parab1D | 1차원 parabolic PDE |
| parab2D | 2차원 parabolic PDE |
| parabDbc | 양 끝부분의 값이 상수로 주어지는 경우의 풀이 |
| pipeTracer | 파이프라인 열 추적 |
| shellLMTD | Shell 수와 로그평균 온도차 |
| slab1T | 1차원 열전달 미분방정식 |
| slabmT | 다중슬랩 미분방정식 |
| tempPDE | 유한차분 방법을 이용한 Laplace 방정식의 풀이 |

# 제8장 공정제어

| | |
|---|---|
| bodezeta | $\zeta$의 변화에 따른 Bode 선도 |
| csthcont | 가열공정 미분방정식 |
| csthcontp | 비례제어 가열공정 미분방정식 |
| delaybode | 시간지연이 존재하는 3차공정의 Bode 선도 |
| highresp | 고차공정의 계단응답 |
| levelcon | 1차공정 피드백 제어구조 |
| rootloc | 근의 궤적 |
| secpro | 비례 제어기를 이용한 2차공정의 제어 |
| sin1st | 1차공정의 sine 응답 |
| step1 | 계단응답 |
| step2ndpro | 2차공정의 계단응답 |
| tdelay | 시간지연 계산 |
| tunpidTd | 미분시간을 변화 |
| tunpidTi | 적분시간을 변화 |
| usecsthcont | 함수 csthcont의 풀이 |
| usecsthcontp | 함수 csthcontp의 풀이 |

APPENDIX

# D

# 연습문제 풀이

## 제1장 MATLAB 수치해석

**2.** (풀이) 각 반응기에 대하여 물질수지를 세우면 다음을 얻는다:

반응기 1: $350 + Q_{21}C_2 = Q_{13}C_1$, $350 + 25C_2 = 75C_1$, $75C_1 - 25C_2 = 350$

반응기 2: $Q_{32}C_3 = Q_{21}C_2 + Q_{24}C_2$, $45C_3 = 25C_2 + 20C_2$, $45C_3 - 425C_2 = 0$

반응기 3: $Q_{13}C_1 + Q_{43}C_4 = Q_{32}C_3 + Q_{33}C_3$, $75C_1 + 30C_4 = 45C_3 + 60C_3$,
$75C_1 + 30C_4 - 105C_3 = 0$

반응기 4: $150 + Q_{24}C_2 = Q_{43}C_4$, $150 + 20C_2 = 30C_4$, $30C_4 - 20C_2 = 150$

이를 다시 쓰면

$$
\begin{aligned}
75C_1 - 25C_2 \qquad\qquad\qquad &= 350 \\
-45C_2 + 45C_3 \qquad\quad &= 0 \\
75C_1 \qquad - 105C_3 + 30C_4 &= 0 \\
-20C_2 \qquad\qquad + 30C_4 &= 150
\end{aligned}
$$

해는 다음으로부터 얻는다.

```
>> A = [75 -25 0 0;0 -45 45 0;75 0 -105 30;0 -20 0 30];
>> b = [350 0 0 150]';
>> C = A\b
C =
    7.4444
    8.3333
    8.3333
   10.5556
```

**4.** (풀이) 노드 7의 경우 열 수지는 다음과 같이 쓸 수 있다.

$$q_7 = \frac{kA}{\Delta x}(T_6 - T_7) + \frac{kA}{\Delta x}(T_8 - T_7) + \frac{kA}{\Delta y}(T_{12} - T_7) + \frac{kA}{\Delta y}(T_2 - T_7)$$

정사각형 격자에서 $\Delta x = \Delta y$이므로 $kA$로 양 변을 나누어 정리하면 다음을 얻는다.

$$\frac{q_7}{kA} = T_8 + T_{12} - 4T_7 + 1000$$

정상상태에서는 열 싱크($q_7/kA$)는 0이 된다. 내부 노드들에 대하여 위와 같은 수지식을 세워보면 다음과 같다.

$T_1 = T_2 = T_3 = T_4 = T_6 = T_{11} = T_{16} = 500℃$

$T_{10} = T_{15} = T_{20} = T_{25} = T_{24} = T_{23} = T_{22} = 200℃$

$T_5 = \frac{500+200}{2} = 350℃$, $T_{21} = \frac{500+200}{2} = 350℃$

노드 7: $-4T_7 + T_8 + T_{12} = -1000$,

노드 8: $-4T_8 + T_7 + T_{13} + T_9 = -500$,

노드 9: $-4T_9 + T_8 + T_{14} = -700$,

노드 12: $-4T_{12} + T_{13} + T_{17} + T_7 = -500$,

노드 13: $-4T_{13} + T_{12} + T_{14} + T_{18} + T_8 = 0$,

노드 14: $-4T_{14}+T_{13}+T_{19}+T_9=-200$,

노드 17: $-4T_{17}+T_{18}+T_{12}=-700$,

노드 18: $-4T_{18}+T_{17}+T_{19}+T_{13}=-200$,

노드 19: $-4T_{19}+T_{18}+T_{14}=-400$

이를 벡터-행렬 형태로 정리하면 다음과 같다.

$$A=\begin{bmatrix}-4&1&0&1&0&0&0&0&0\\1&-4&1&0&1&0&0&0&0\\0&1&-4&0&0&1&0&0&0\\1&0&0&-4&1&0&1&0&0\\0&1&0&1&-4&1&0&1&0\\0&0&1&0&1&-4&0&0&1\\0&0&0&1&0&0&-4&1&0\\0&0&0&0&1&0&1&-4&1\\0&0&0&0&0&1&0&1&-4\end{bmatrix}\begin{bmatrix}T_7\\T_8\\T_9\\T_{12}\\T_{13}\\T_{14}\\T_{17}\\T_{18}\\T_{19}\end{bmatrix}=\begin{bmatrix}-1000\\-500\\-700\\-500\\0\\-200\\-700\\-200\\-400\end{bmatrix}$$

다음과 같이 백슬래시 연산자를 이용하여 쉽게 온도를 구할 수 있다.

```
>> A = [-4 1 0 1 0 0 0 0 0;1 -4 1 0 1 0 0 0 0;...
        0 1 -4 0 0 1 0 0 0;1 0 0 -4 1 0 1 0 0;...
        0 1 0 1 -4 1 0 1 0;0 0 1 0 1 -4 0 0 1;...
        0 0 0 1 0 0 -4 1 0;0 0 0 0 1 0 1 -4 1;...
        0 0 0 0 0 1 0 1 -4];
>> b = [10 5 7 5 0 2 7 2 4]'*(-100);
>> T = A\b
T =
  457.1429
  414.2857
  350.0000
  414.2857
  350.0000
  285.7143
  350.0000
  285.7143
  242.8571
```

**6.** (풀이)

```
>> x = [0.0 0.1 0.2 0.3 0.4 0.5 0.6 0.7 0.8 0.9 1.0];
>> y = [0.000 0.211 0.378 0.512 0.623 0.714 0.791...
      0.856 0.911 0.959 1.000];
>> p2 = polyfit(x,y,2), p4 = polyfit(x,y,4), p6 = polyfit(x,y,6)
>> xp = 0:0.02:1;
>> y2 = polyval(p2,xp); % 2차식에 따른 온도
>> y4 = polyval(p4,xp); % 4차식에 따른 온도
>> y6 = polyval(p6,xp); % 6차식에 따른 온도
>> plot(x,y,'o',xp,y2,':',xp,y4,'.-',xp,y6,'-')
>> title('x vx.y'), legend('데이터','2차식','4차식','6차식')
>> xlabel('x'), ylabel('y')

p2 =
   -0.8558    1.8056    0.0290
p4 =
   -0.5303    1.7448   -2.5449    2.3295    0.0006
p6 =
   -0.4820    1.8788   -3.2378    3.5308   -3.0759    2.3861   -0.0000
```

결과로부터 4차, 혹은 6차 다항식이 상평형 데이터를 잘 나타내어 줌을 알 수 있다.

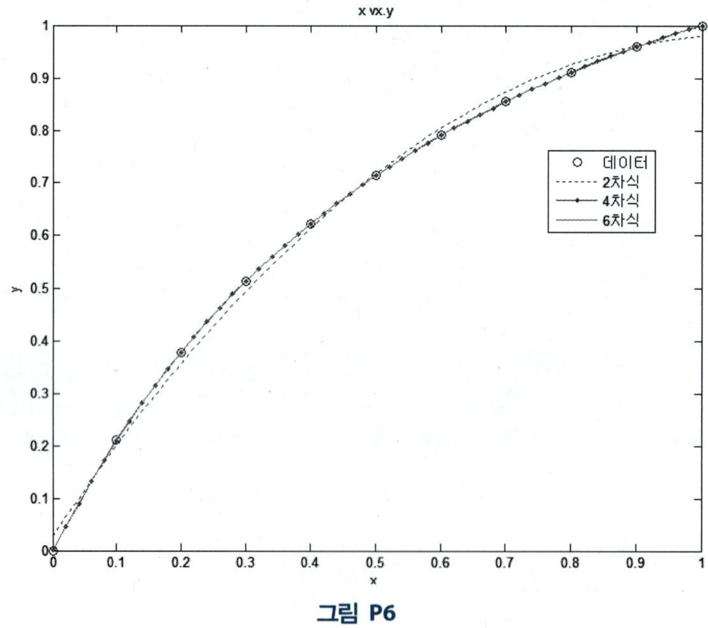


**그림 P6**

**8.** (풀이) 주어진 Margules 관계식을 다시 쓰면

$$\ln\gamma_1 = (2x_2^3 - x_2^2)A + (2x_2^2 - 2x_2^3)B, \quad \ln\gamma_2 = (2x_1^2 - 2x_1^3)A + (2x_1^3 - x_1^2)B$$

여기에서 $x_2 = 1 - x_1$이다. 두 관계식 가운데 어느 하나를 이용하여 $A$와 $B$를 구한다. 여기에서는 $\ln\gamma_1$에 대한 관계식을 이용하기로 한다. A와 B의 계산은 다음과 같은 스크립트 파일 margreg.m에 의해 수행된다.

```
% margreg.m: Margules 방정식 계수의 회귀
x1 = [0.0464 0.0861 0.2004 0.2792 0.3842 0.4857 0.5824 ...
    0.6904 0.7842 0.8972];
x2 = 1 - x1;
gam1 = [1.2968 1.2798 1.2358 1.1988 1.1598 1.1196 1.0838 ...
    1.0538 1.0311 1.0078];
gam2 = [0.9985 0.9998 1.0068 1.0159 1.0359 1.0676 1.1096 ...
    1.1664 1.2401 1.4038];
X = [2*x2.^3 - x2.^2; 2*x2.^2 - 2*x2.^3]';
p = inv(X'*X)*X'*log(gam1)';
A = p(1), B = p(2)
x1i = x1(1):0.01:x1(end); x2i = 1 - x1i;
gam1i = exp(x2i.^2*(2*B-A) + 2*x2i.^3*(A-B));
gam2i = exp(x1i.^2*(2*A-B) + 2*x1i.^3*(B-A));
plot(x1i,gam1i,x1i,gam2i,x1,gam1,'o',x1,gam2,'*')
xlabel('x_1'), ylabel('\gamma_1')
legend('Fitting(\gamma_1)','Fitting(\gamma_2)',...
    'Data(\gamma_1)','Data(\gamma_2)')
```

스크립트 파일 margreg의 수행결과는 다음과 같다.

```
>> margreg
A =
    0.2680
B =
    0.4293
```

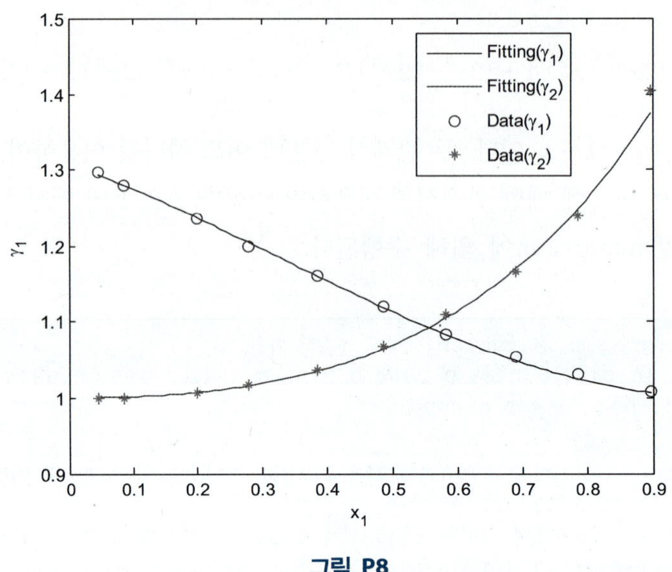


**그림 P8**

**10.** (풀이) $\log(P) = B\left(\frac{1}{T}\right) + A \quad \Rightarrow \quad y = p_1 x + p_2$

위에서 $y = \log(P),\ p_1 = B,\ p_2 = A,\ x = \frac{1}{T}$ 이다.

```
>> T = [302.39 318.69 330.54 338.94 346.24 353.47 358.87];
>> P = [15388 30464 47571 63815 81275 102040 120140];
>> c = polyfit(1./T,log10(P),1);
>> A = c(2), B = c(1)
>> Tv = T(1):0.1:T(end);
>> pv = 10.^(A + B./Tv);  % Clapeyron 식에 의한 증기압
>> plot(Tv,pv,T,P,'o')
>> legend('Clapeyron 모델','증기압 데이터'), xlabel('T'), ylabel('P')

A =
    9.8590
B =
  -1.7139e+03
```

즉 주어진 표에 나타난 벤젠의 증기압은 $\log P = 9.8590 - \frac{1713.9}{T}$ 로 나타낼 수 있다.

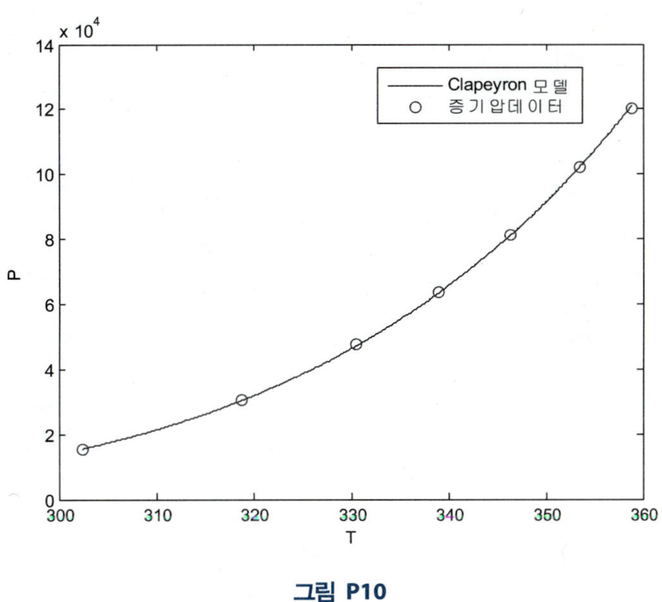


**그림 P10**

**12.** (풀이) 추정식의 양변에 로그를 취하면

$$\ln k = n \ln T + \ln c$$

즉 $\ln k$와 $\ln T$ 사이는 1차의 선형관계로 나타낼 수 있다.

```
>> T = [231.07 240 260 280 300 320 340 360 380 400 420 440 460 480 500 520
540 560];
>> k = 0.01*[1.14 1.21 1.39 1.59 1.80 2.02 2.26 2.52 2.78 3.06 3.34 3.63
3.93 4.24 4.55 4.87 5.20 5.53];
>> p = polyfit(log(T), log(k), 1);
>> n = p(1), c = exp(p(2))
>> Tv = T(1):0.1:T(end);
>> kv = c*Tv.^n;  % 추정식에 의한 열전도도
>> plot(Tv,kv,T,k,'o')
>> legend('열전도도 추정식','열전도도 데이터'), xlabel('T'), ylabel('k')
n =
    1.8036
c =
   6.1639e-07
```

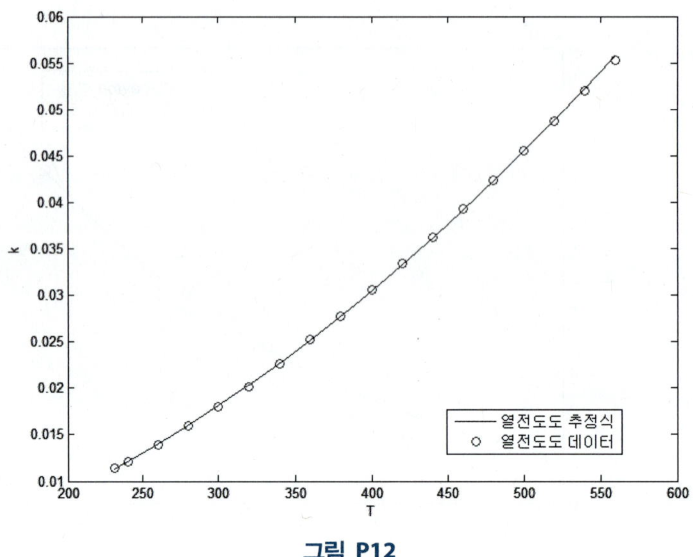


그림 P12

즉 열 전도도 추정식은 $k=6.1639\times10^{-7}T^{1.8036}$이다.

**14.** (풀이) $g(P)=P_{CH_4}P_{H_2O}^2-\dfrac{P_{CO_2}P_{H_2}^4}{K_P}$로 두면 모델 1로부터

$$\frac{1}{r_{CO_2}}=\frac{1+K_{CH_4}P_{CH_4}}{k_sK_{CH_4}g(P)}=\frac{1}{k_sK_{CH_4}g(P)}+\frac{P_{CH_4}}{k_sg(P)}=a\cdot\frac{1}{g(P)}+b\cdot\frac{P_{CH_4}}{g(P)}$$

위에서 $a=\dfrac{1}{k_sK_{CH_4}}$, $b=\dfrac{1}{k_s}$이다. 이로부터 $k_s=\dfrac{1}{b}$, $K_{CH_4}=\dfrac{1}{k_sa}=\dfrac{b}{a}$.

모델 2로부터 $r_{CO_2}=k_1g(P)$. 이는 간단한 1차 선형관계이다. 모델 계수의 추정은 다음과 같은 스크립트 파일 mwrxnc.m에 의해 수행된다.

```
% mwrxnc.m: 메탄-수증기 개질반응 모델식 계수의 추정
clear all; clc;
rCO2 = 1e-3*[0.13717 0.15584 0.20028 0.05700 0.20150 0.07887 ...
    0.14983 0.15988 0.26194 0.14426 0.20195];
pCH4 = [0.06298 0.03748 0.05178 0.04978 0.04809 0.03849 0.03886 ...
    0.05230 0.05185 0.06432 0.09609];
pH2O = [0.23818 0.26315 0.29557 0.23239 0.29491 0.24171 0.26048 ...
    0.26286 0.33529 0.24787 0.28457];
pCO2 = [0.00420 0.00467 0.00542 0.00177 0.00655 0.00184 0.00381 ...
```

```
    0.05719 0.00718 0.00509 0.00652];
pH2 = [0.01669 0.01686 0.02079 0.07865 0.02464 0.06873 0.01480 ...
    0.01635 0.02820 0.02055 0.02627];
Kp = 5.051*1e-5; gP = pCH4.*(pH2O.^2) - pCO2.*(pH2.^4)/Kp;
p1 = polyfit(pCH4, gP./rCO2,1); p2 = polyfit(gP,rCO2,1);
A = p1(2); B = p1(1); ks = 1/B, KCH4 = B/A, k1 = p2(1)
rCO2m1 = ks.*KCH4.*gP./(1+KCH4.*pCH4); rCO2m2 = k1.*gP;
n = 1:length(rCO2); plot(n,rCO2,'o',n,rCO2m1,'*',n,rCO2,'d')
legend('data','model 1','model 2'), xlabel('n'), ylabel('r_CO2')
```

스크립트 파일 mwrxnc.m의 수행결과는 다음과 같다.

```
>> mwrxnc
ks =
    0.0028
KCH4 =
   93.0151
k1 =
    0.0253
```

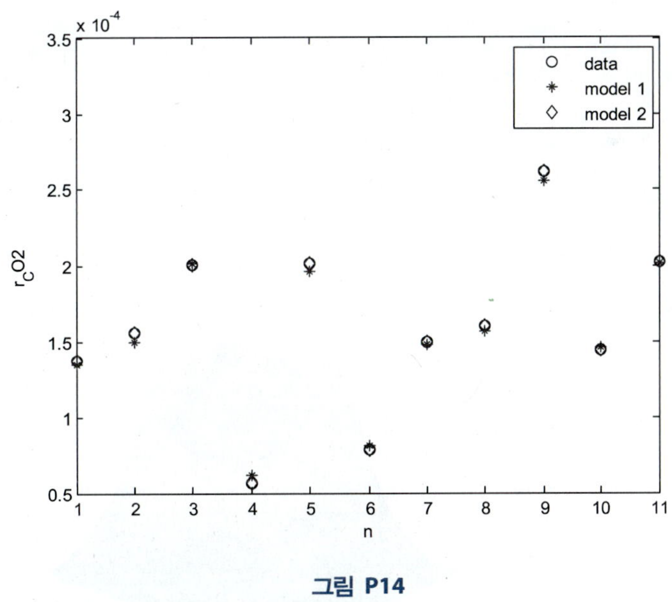


**그림 P14**

즉 얻어진 모델은

$$\text{모델 1: } r_{CO_2} = 0.2604\left(P_{CH_4}P_{H_2O}^2 - 1.9798\times 10^4 P_{CO_2}P_{H_2}^4\right)\frac{1}{1+93.0151P_{CH_4}}$$

모델 2: $r_{CO_2} = 0.0253\left(P_{CH_4}P_{H_2O}^2 - 1.9798\times 10^4 P_{CO_2}P_{H_2}^4\right)$

와 같으며 그래프로부터 모델 2가 실험 데이터를 잘 나타내어 주고 있음을 알 수 있다.

**16.** (풀이) 먼저 엑셀데이터 불러오기를 참조하여 엑셀 데이터를 MATLAB 작업창으로 불러온다. MATLAB 상단 메뉴 바의 "데이터 가져오기"를 클릭하면 현 디렉토리 내에 저장된 데이터 파일들의 목록이 수록된 데이터 가져오기 창이 나타난다. 여기에서 "Tdist.xlsx" 파일을 선택하고 "열기" 메뉴를 클릭한다. 이로부터 나타나는 가져오기 창에서 마우스를 이용하여 원하는 데이터 영역을 선택(디폴트로 모든 데이터 영역이 이미 선택되어 있다)한 다음 이 창의 상단 메뉴 바에서 "행렬" 옵션을 선택하고 메뉴 바 오른쪽의 "선택항목 가져오기" 메뉴에서 "데이터 가져오기"를 클릭하면 불러온 엑셀 파일과 같은 이름의 행렬변수(여기에서는 Tdist)가 생성된다. 이 변수에는 마우스로 선택한 데이터가 행렬로 저장되어 있다. 이 행렬을 새로운 변수 T에 저장한 다음 안짐작을 수행한다. 주어진 온도 데이터는 $x=0,1,2,\cdots,11$, $y=0,1,2,\cdots,11$에서의 온도값이므로 $x$와 $y$ 방향의 데이터 수는 12개씩임을 상기하자. 3차 spline 옵션을 이용하기로 한다.

```
>> T = Tdist;
>> [x,y] = meshgrid(1:12);
>> [xi,yi] = meshgrid(1:0.2:12);
>> Tv = interp2(x,y,T,xi,yi,'spline');
>> surf(xi,yi,Tv)
>> xlabel('x'), ylabel('y'), zlabel('T')
```

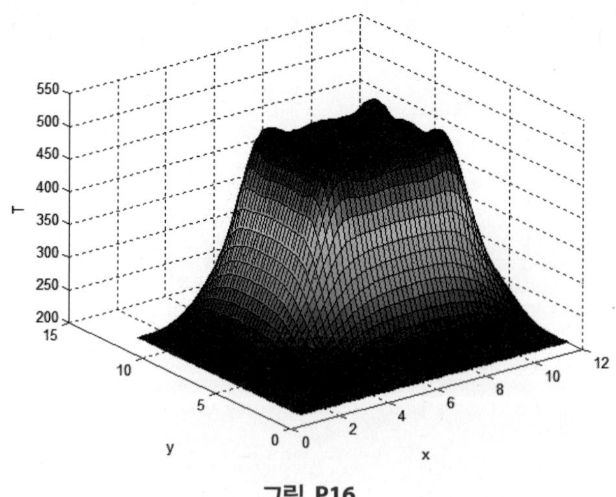


그림 P16

**18.** (풀이) 각 탱크에 대하여 에너지 수지를 세워 보면 다음과 같다.

$$\frac{dT_1}{dt} = \frac{1}{MC_p}\{C_p w(T_0 - T_1) + UA(T_s - T_1)\}$$

$$\frac{dT_2}{dt} = \frac{1}{MC_p}\{C_p w(T_1 - T_2) + UA(T_s - T_2)\}$$

$$\frac{dT_3}{dt} = \frac{1}{MC_p}\{C_p w(T_2 - T_3) + UA(T_s - T_3)\}$$

이들은 다음과 같이 미분방정식 시스템 함수로 설정할 수 있다.

```
function dTdt = sercsth(t,T,g)
M = g.M; Cp = g.Cp; UA = g.UA; Ts = g.Ts; w = g.w; T0 = g.T0;
dTdt = [(w*Cp*(T0-T(1))+UA*(Ts-T(1)))/(M*Cp);
        (w*Cp*(T(1)-T(2))+UA*(Ts-T(2)))/(M*Cp);
        (w*Cp*(T(2)-T(3))+UA*(Ts-T(3)))/(M*Cp);];
end
```

명령 창에서 ode45를 이용하여 위에서 정의한 함수 sercsth를 적분한다.

```
>> g.w = 120; g.Cp = 1.75; g.UA = 12; g.T0 = 25; g.Ts = 200; g.M = 1400;
>> tspan = [0 200]; Tinit = [25 25 25];
>> [t T] = ode45(@sercsth, tspan, Tinit,[],g);
>> plot(t,T(:,1),t,T(:,2),':',t,T(:,3),'.-')
>> grid, xlabel('t(min)'), ylabel('T(C)'), legend('T_1','T_2','T_3')
>> T(end,3)
ans =
   51.8720
```

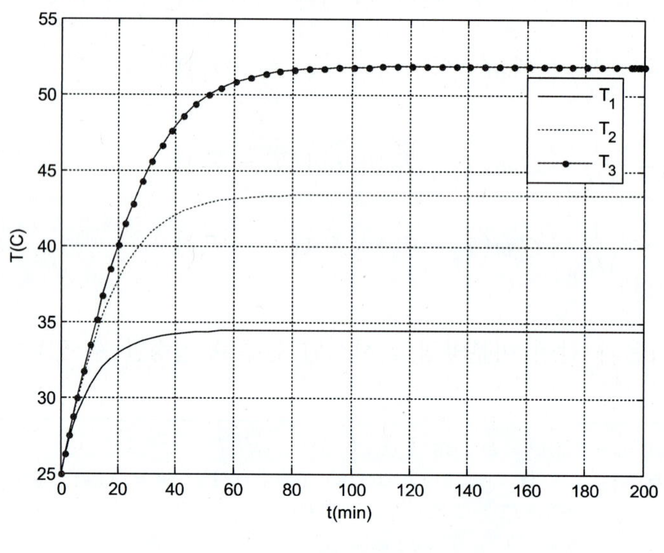


**그림 P18-2**

즉 약 1시간 반 후에 정상상태에 도달하며 세 번째 탱크의 최종 온도는 51.872℃ 임을 알 수 있다.

**20.** (풀이) 먼저 모델식을 정의하는 함수(catfb2.m)를 작성한다.

```
function dy = catfb2(t,y)
% catfb.m: 유동층 촉매반응기 모델
% y(1): P, y(2): T, y(3): Pp, y(4): Tp
K = 6e-4 * exp(20.7 - 15000/y(4));
dy = [0.1 + 320*y(3) - 321*y(1);
    1752 - 269*y(2) + 267*y(4);
    1880*(y(1) - y(3)*(1 + K));
    1.3*(y(2) - y(4)) + 10400*K*y(3)];
end
```

Stiff 시스템이므로 내장함수 ode15s를 이용한다.

```
>> tspan = [0 1500]; Yinit = [0.1 600 0 761];
>> options = odeset('RelTol',1e-8,'AbsTol',[1e-8 1e-8 1e-8 1e-8]);
>> [t Y] = ode15s(@catfb2, tspan, Yinit,options);
>>    figure(1),    plot(t,Y(:,1),t,Y(:,3),':'),    xlabel('\tau'),
ylabel('Press.'), legend('P','P_p')
```

```
>> figure(2), plot(t,Y(:,2),t,Y(:,4),':'), xlabel('\tau'),
ylabel('Temp.'), legend('T','T_p')
```

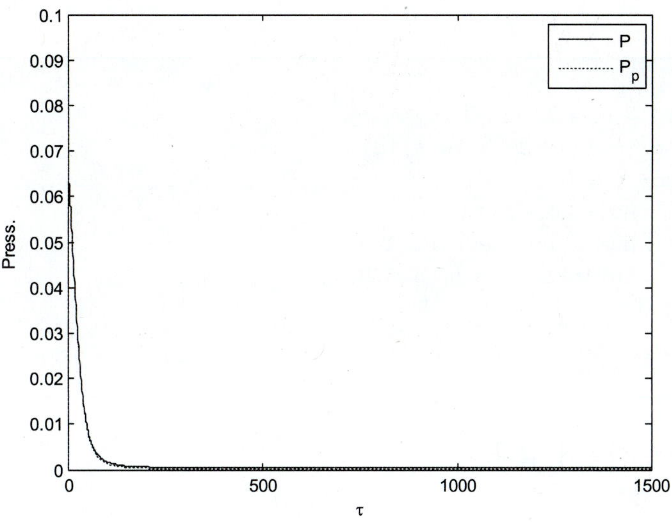


그림 P20-1 압력변화

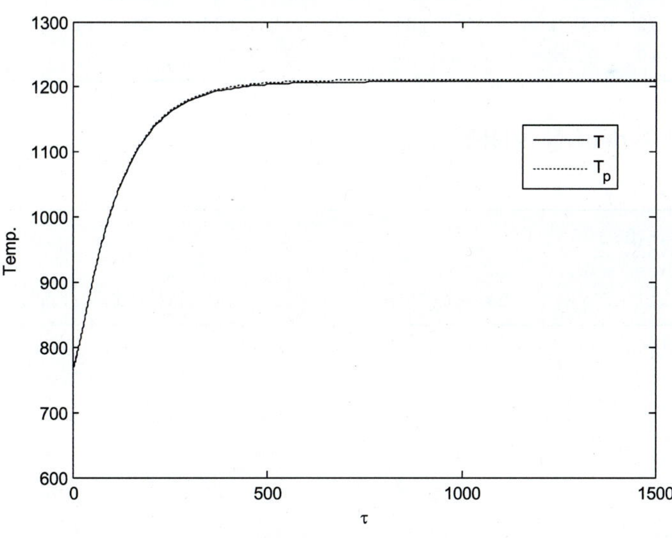


그림 P20-2 온도변화

# 제2장 물성치

**2.** (풀이) humidest 함수를 다음과 같이 순차적으로 수행한다.

```
for i = 1:4
    Td = 10 + 10*(i-1);
    fprintf('\nTd = %g ',Td);
    for j = 1:4
        Hr = 20 + 20*(j-1);
        hum = humidest(Hr,Td);
        fprintf(' %g ', hum.Ha);
    end
end
fprintf('\n');
```

수행결과는 다음과 같다.

```
>> humtab
Td = 10  1.87961   3.75922       5.63884    7.51845
Td = 20  3.45798   6.91597       10.374     13.8319
Td = 30  6.07104   12.1421       18.2131    24.2842
Td = 40  10.22        20.44      30.66      40.88
```

**4.** (풀이) 함수 denL을 이용한다.

```
>> T = 0:300;
>> rw = denL(T,'H2O');
>> plot(T,rw), xlabel('T(C)'), ylabel('물의 밀도(g/cm^3)'), grid on
```

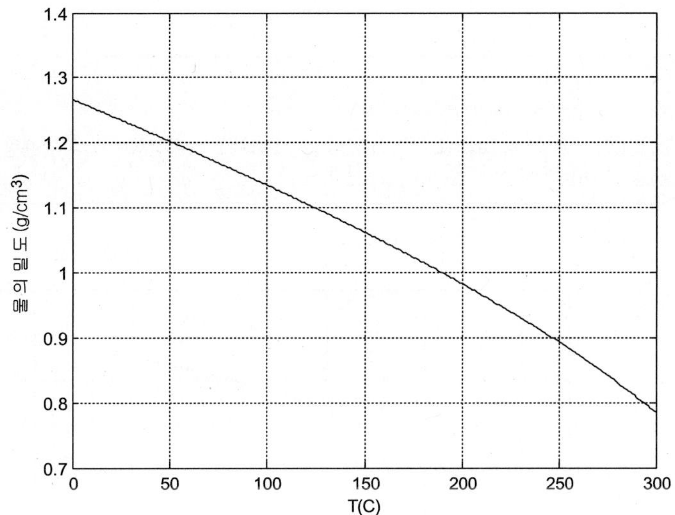


**6.** (풀이) 함수 visG를 이용한다.

```
>> T = [25:900]+273.15;
>> mu = visG(T,'에탄');
>> plot(T-273.15, mu), xlabel('T(C)'), ylabel('에탄의 점도(cP)'), grid on
```

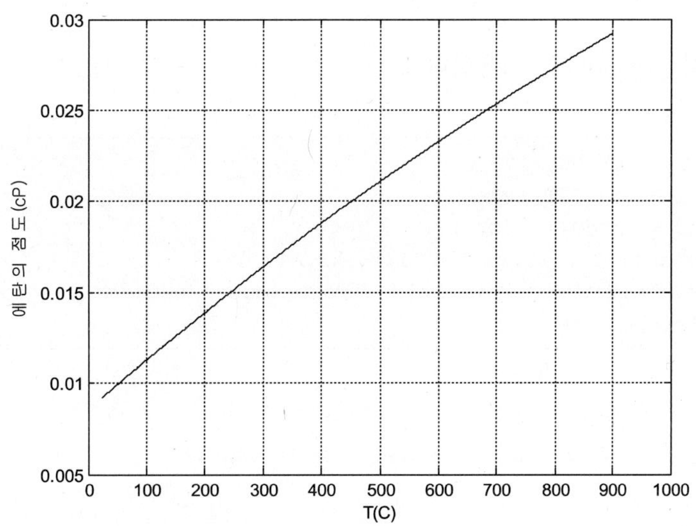

**8.** (풀이) 함수 hcapG을 이용한다.

```
>> T = 300:1500;
>> hc = hcapG(T,'이산화탄소');
>> plot(T, hc), xlabel('T(K)'), ylabel('이산화탄소의 열용량(cal/gmol/K)')
>> axis([300 1500 5 15]), grid on
```

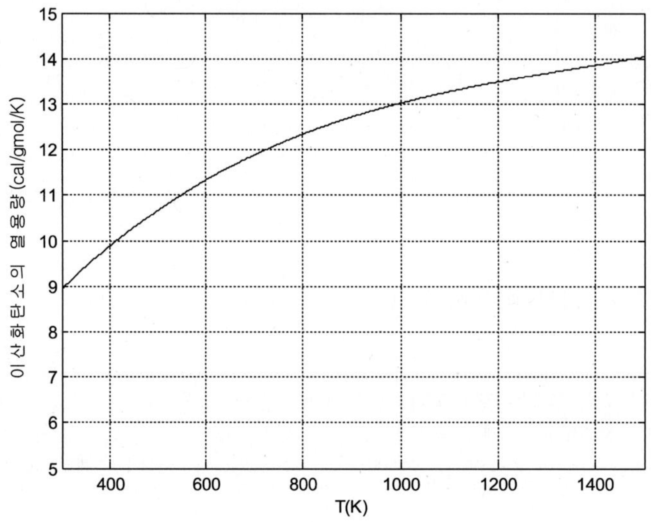


**10.** (풀이) 함수 condG를 이용한다.

```
>> T = [20:500]+273.15;
>> k1 = condG(T,'메탄');
>> k2 = condG(T,'CO2');
>> plot(T-273.15,k1,T-273.15,k2,'.-')
>> xlabel('T(C)'), ylabel('열전도도(\mucal/s/cm/K)'), grid on
>> legend('메탄','CO_2')
```

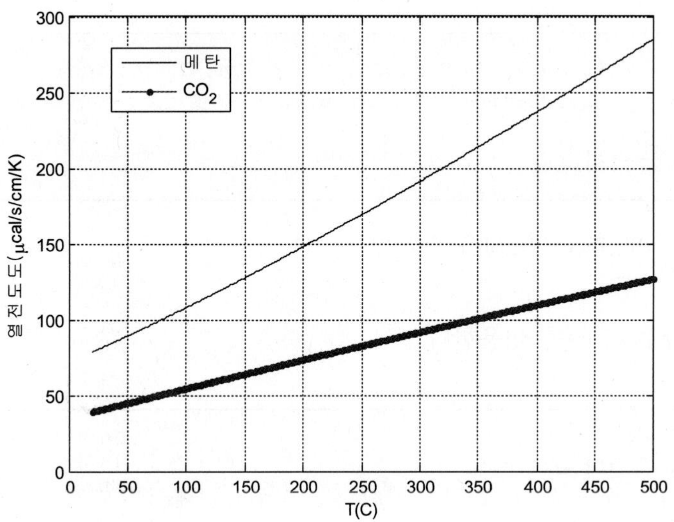


**12.** (풀이) 함수 vpsat을 이용한다.

```
>> T = 0:300;
>> pvb =  vpsat(T,'벤젠'); pvp =  vpsat(T,'페놀');
>> plot(T,pvb,T,pvp,'.-'), xlabel('T(C)'), ylabel('증기압(mmHg)')
>> grid on, legend('벤젠','페놀')
```

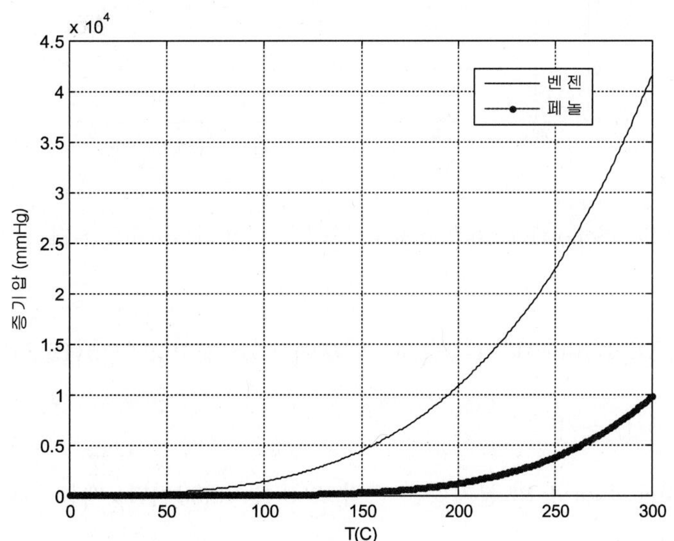

**14.** (풀이)

```
>> B = 1210.595; C = 229.664; R = 8.314; T = 0;
>> dHva = 2.3026*R*B*(T+273.15)^2 / (T+C)^2
dHva =
   3.2783e+04
```

즉 $\Delta H_v$ =32,783 J/mol을 얻는다.

**16.** (풀이) 함수 gfree를 이용한다.

```
>> T = 300:1500;
>> gf = gfree(T,'에탄');
>> plot(T,gf), xlabel('T(K)'), ylabel('에탄의 Gibbs free 생성열
   (kcal/gmol)'), grid on
>> axis tight
```

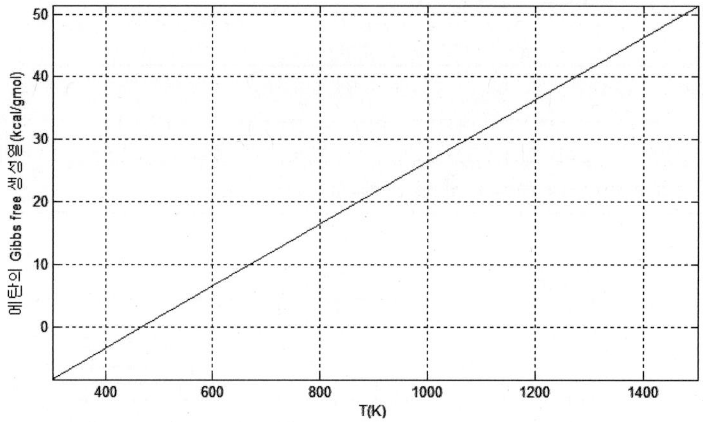


**18.** (풀이) Fuller-Schettler-Giddings 추정식을 이용한다. 표로부터 원자확산부피 $\sum v$의 값은

$$\sum v(\mathrm{Allyl\,chloride}) = 3(C) + 5(H) + Cl = 3(16.5) + 5(19.8) + 19.5 = 78.9$$

$$\sum v(\mathrm{Air}) = 20.1$$

공기와 allyl chloride의 분자량은 각각 29.0 및 76.53이다. 계산 결과 0.095227 $cm^2/s$를 얻는다.

# 제3장 열역학

**2.** (풀이) 1 bar=0.1 MPa이므로 다음과 같이 구조체 g를 설정하고 함수 zLK를 호출한다. 수행결과는 다음과 같다.

```
>> g.P=1; g.T=473.15; g.Pc=4.762; g.Tc=508.3; g.w=0.668;
>> Z = zLK(g)
Z =
    0.8842
```

참고문헌의 계산결과는 0.8866이다.

**4.** (풀이) 함수 cubicEOSZ를 이용한다.

```
>> [Z V] = cubicEOSZ('V','PR',310,8,304.2,73.82,0.228)
Z =
    0.9605
V =
  3.0944e+03
>> Vg = V/44
Vg =
  70.3282
>> [Z V] = cubicEOSZ('V','PR',310,75,304.2,73.82,0.228)
Z =
    0.4923
V =
  169.1616
>> Vg = V/44
Vg =
    3.8446
```

결과를 요약하면 다음과 같다.

| 부피($cm^3/g$) | P = 8 bar | P = 75 bar |
|---|---|---|
| 실험값 | 70.58 | 3.90 |
| 계산값 | 0.3282 | 3.8446 |

**6.** (풀이) 함수 deptfun을 이용하여 다음과 같이 수행한다. deptfun으로부터 얻어지는 $H-H_{ig}$의 단위는 $J/mol$이므로 분자량(Mw=58.123)으로 나누어 단위를 $J/g$으로 변환시킨다.

```
>> Tc = 408.1; Pc = 36.48; w = 0.181; state = 'v'; eos = 'pr'; T = 448.15;
>> P = [10 20 35 70]/0.986923; Mw = 58.123; delH = [];
>> for k = 1:length(P), Pv = P(k);
[Z V dH dS] = deptfun(state,eos,T,Pv,Tc,Pc,w); delH = [delH dH]; end
>> delH/Mw
ans =
  -16.6916  -35.5049  -69.9473 -176.9141
```

이를 정리하면 다음과 같다.

| P(atm) | | 10 | 20 | 35 | 70 |
|---|---|---|---|---|---|
| $H-H_{ig}(J/g)$ | 실험측정값 | −15.4 | −32.8 | −64.72 | −177.5 |
| | 계산값(PR) | −16.69 | −35.5 | −69.95 | −176.91 |

**8.** (풀이) 다음과 같은 스크립트 파일 numphi.m을 이용한다. 주어진 데이터에서 압력의 단위는 atm이지만 상태방정식을 이용하여 퓨개시티 계수를 계산하는 경우 입력으로 도입되는 압력의 단위는 bar임을 주의하자. 이 경우 1bar = 0.986923 atm의 관계를 이용할 수 있다.

```
% numphi.m: 데이터 수치적분에 의한 퓨개시티 계산
P = [1.374 3.537 5.832 8.632 11.352 14.567 19.109 22.84 26.12 30.47 ...
    33.21 36.47 40.41 45.19 51.09 58.28 100 200 300 400 500 600 700 ...
    800 900 1000 1100]; % (atm)
Z = [0.9928 0.9828 0.9728 0.9599 0.9468 0.9315 0.9085 0.889 0.8714 ...
    0.8471 0.831 0.8111 0.7864 0.7538 0.7102 0.6481 0.1158 0.2221 ...
    0.3212 0.4145 0.506 0.5955 0.6828 0.7684 0.8507 0.9333 1.014];
Tc = 405.7; Pc = 112.8; w = 0.253; T = 373.15; eos='pr'; state='v';
n = length(P); tp = 0.986923; % 1bar = 0.986923 atm
phit = exp(cumtrapz(P, (Z-1)./P)); % 수치적분에 의한 계산
phiv = [];
for i = 1:n
    [phig f] = phigas(state,eos,T,P(i)/tp,Tc,Pc,w); % 상태방정식
    phiv = [phiv phig];
```

```
end
plot(P,phit,P,phiv,'.-'), xlabel('P(atm)'),ylabel('\phi')
legend('Numerical Intg.','EOS')
```

이 스크립트의 수행결과는 다음과 같다.

```
>> numphi
```

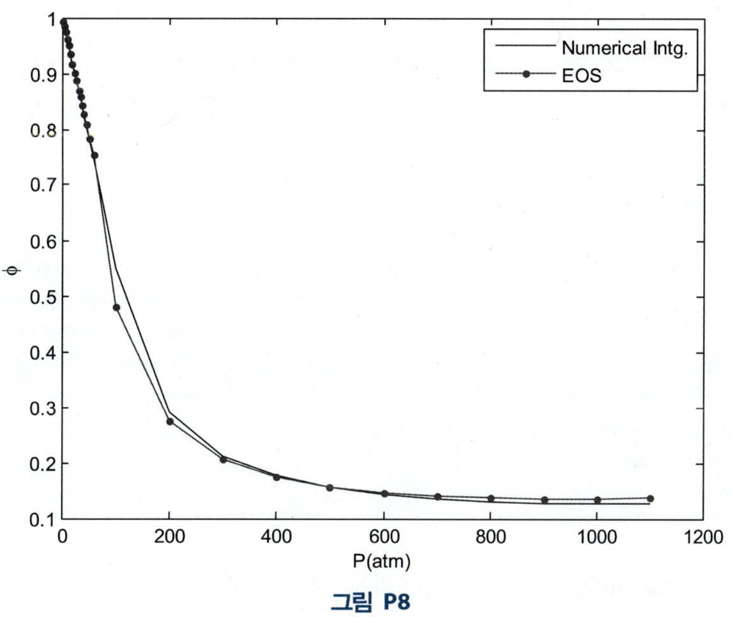


**그림 P8**

**10.** (풀이) 기능성 그룹은 $CH_3$(j=1), $CH$(j=2), $OH$(j=3), $H_2O$(j=4)의 4개임을 알 수 있다. i 성분에서 j 그룹의 수를 $\nu_j^{(i)}$라고 하면 참고문헌[1]으로부터 다음을 얻는다.

| 기능성 그룹 | j | $R_k$ | $Q_k$ | $\nu_j^{(1)}$ | $\nu_j^{(2)}$ |
|---|---|---|---|---|---|
| $CH_3$ | 1 | 0.9011 | 0.848 | 2 | 0 |
| $CH$ | 2 | 0.6744 | 0.540 | 1 | 0 |
| $OH$ | 3 | 1.0000 | 1.200 | 1 | 0 |
| $H_2O$ | 4 | 0.9200 | 1.400 | 0 | 1 |

1 Bruce E. Poling, John M. Prausnitz and John P. O'Connell, The Properties og Gases and Liquids, $5^{th}$ ed., p. 8.78-8.81, McGraw-Hill, 2001.

그룹$CH_3$ 및 $CH$는 주 그룹(main group) 1에 속하며 $OH$는 주 그룹 5, $H_2O$는 주 그룹 7에 속하므로 $a_{mn}$ 행렬은 다음과 같다.

| | | 주그룹 1 | | 주그룹 5 | 주그룹 7 |
|---|---|---|---|---|---|
| | | j = 1 | j = 2 | j = 3 | j = 4 |
| 주그룹 1 | j = 1 | 0 | 0 | 986.5 | 1318 |
| | j = 2 | 0 | 0 | 986.5 | 1318 |
| 주그룹 5 | j = 3 | 156.4 | 156.4 | 0 | 353.5 |
| 주그룹 7 | j = 4 | 300.0 | 300.0 | −229.1 | 0 |

UNIFAC 방법의 계산은 함수 unifgam.m에 의해 수행된다. 스크립트 useunifgam.m은 데이터를 설정한 다음 함수 unifgam.m을 호출하여 활동도 계수를 계산한다.

```
% useunifgam.m
Nc = 2; k = 4; % 성분 수(Nc) 및 기능성 그룹 수(k)
R = [0.9011 0.6744 1.0000 0.9200]; % k개의 기능성 그룹들 각각에 대한 부피 벡터
Q = [0.848 0.540 1.200 1.400]; % k개의 기능성 그룹들 각각에 대한 표면적 벡터
nu = [2 0; 1 0; 1 0; 0 1]; % 기능성 그룹들의 수(행: 기능성 그룹 k, 열: 성분 i)
amn = [0 0 986.5 1318; 0 0 986.5 1318; 156.4 156.4 0 353.5;...
    300.0 300.0 -229.1 0]; % 그룹간 간섭파라미터 행렬
x = [0.6854 0.3146]; % 혼합물의 조성
T = 353.52; % T(K)
gam = unifgam(k,R,Q,nu,amn,Nc,x,T)
```

스크립트 useunifgam.m의 수행결과는 다음과 같다.

```
>> useunifgam
2gam =
   1.0877   2.1416
```

**12.** (풀이) 스크립트 flashdrum.m에서 원료성분 데이터 부분과 온도값을 다음과 같이 변형시켜 수행한다.

```
% flashdrum.m: 플래쉬드럼 계산
% 원료성분 데이터
zf = [0.08 0.21 0.38 0.20 0.13];
A = [6.64380 6.82915 6.80338 6.80776 6.85296];
```

```
B = [395.74 663.72 804.00 935.77 1064.84];
C = [266.681 256.681 247.040 238.789 232.012];
P = [18 22 26]*760; % mmHg

% alpha의 계산
T = 40; % deg.C
```

스크립트 flashdrum.m의 수행결과는 다음과 같다.

```
>> flashdrum
ans =
    18    22    26
x =
    0.0215    0.0333    0.0466
    0.1652    0.1876    0.2000
    0.4138    0.4067    0.3982
    0.2396    0.2246    0.2147
    0.1599    0.1479    0.1404
y =
    0.3204    0.4059    0.4815
    0.3942    0.3664    0.3305
    0.2410    0.1938    0.1606
    0.0371    0.0285    0.0230
    0.0072    0.0054    0.0044
alpha =
    0.1958    0.1254    0.0768
Tdew =
   91.9634  102.0830  111.0384
Tbub =
  -11.7290   -0.1456   10.0753
```

## 제4장 유체역학

**2.** (풀이) 함수 nnhzpipe.m을 이용한다.

```
>> L=10; R=0.009; K=1.2e-2; n=0.46; delP=100;
>> avgv = nnhzpipe(L,R,K,n,delP)
avgv =
```

```
   0.0308
>> axis([0 0.06 -R R])
```

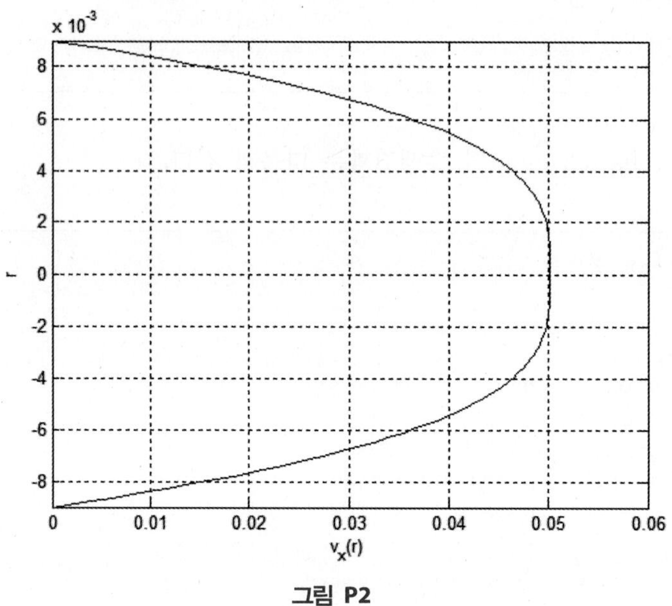


**그림 P2**

**4.** (풀이) $\triangle P_f = 2f\rho\dfrac{Lv^2}{Dg_c}$을 이용한다.

```
>> D = 0.1; L = 200; v = 0.5; rho = 997.92;
>> mu = 0.000982; gc = 1; Nre = D*v*rho/mu;
>> f = 0.0468*Nre^(-0.2);
>> delP = 2*f*rho*L*v^2/(D*gc)
delP =
  5.3475e+03
```

즉 $\triangle P_f = 5347.5\ N/m^2$을 얻는다.

**6.** (풀이) $\epsilon/D = 0$인 경우에 해당된다. 따라서 마찰인자 추정식으로 층류인 경우에는 $f = \dfrac{16}{N_{Re}}$, 난류인 경우에는 Nikuradse 식(NK) $\dfrac{1}{\sqrt{f}} = 4.0\log\left(N_{Re}\sqrt{f}\right) - 0.4$를 이용할 수 있다. 이 식을 다시 쓰면 $f = \dfrac{1}{\left[4.0\log\left(N_{Re}\sqrt{f}\right) - 0.4\right]^2}$와 같다. 유량

$Q = \frac{1}{4}\pi D^2 v$ 이므로 $v = \frac{4Q}{\pi D^2}$ 으로 주어진다.

이로부터 Reynolds 수는 $N_{Re} = \frac{Dv\rho}{\mu} = \frac{4Q\rho}{\pi\mu D}$ 로 표시된다. 마찰인자가 주어진 경우 층류 및 난류 흐름에서 마찰에 의한 압력강하 $\triangle P_f$는 $\triangle P_f = 2f\rho\frac{Lv^2}{Dg_c}$ 로 표시된다. 직경을 구하는 문제는 비선형 방정식을 푸는 문제로 귀결된다. 따라서 비선형 방정식을 정의하는 함수 funD.m을 먼저 구성한다.

```
function fv = funD(D,ro,mu,Q,L,delP)
v = 4*Q./(pi*D.^2); Nre = D.*v*ro/mu;
if Nre < 2100
    f = 16/Nre;
else
    f0 = 3e-3;
    fn = @(f) f - 1./(4*log10(Nre*sqrt(f)) - 0.4).^2;
    f = fzero(fn,f0);
end
fv = delP - 2*f*ro*L*v.^2./D;
end
```

함수 funD.m을 이용하여 직경을 구하기 위해서는 내장함수 fzero를 이용한다. 수행과정은 다음과 같다. D0는 직경의 초기 가정값이며 유량은 $3\times10^{-3}m^3/s$, 압력강하는 100,000 Pa로 입력한다. 직경의 단위는 m임을 유의하자.

```
>> ro = 994.6; mu = 8.931e-4; Q = 3e-3; L = 120; delP = 100000; D0 = 0.05;
>> >> D = fzero(@funD,D0,[],ro,mu,Q,L,delP), Nre = 4*Q*ro/(pi*mu*D)
D =
    0.0436
Nre =
   9.7566e+04
```

즉 직경은 0.0436m이고 Reynolds 수는 97,566이므로 난류임을 알 수 있다.

**8.** (풀이) 밀도는 $(62.37)(0.72) = 44.9\ lb/ft^3$ 이다. 계산은 스크립트 파일 eqplenQ.m에 의해 수행된다. eqplenQ.m에서 cfdat는 긴 반경(long radius)에 대한 $K_1$과 $K_\infty$ 값들을 나타낸다.

```
% eqplenQ.m: 파이프의 대등길이 및 실제길이 계산(부피유량)
cfdat = zeros(14,3); cfdat(2,1) = 6; cfdat(11,1) = 2;
cfdat(:,2) = 100*[10 8 5 3 5 10 15 10 8 15 1.5 1 1.6 0]';
cfdat(:,3) = 0.1*[3 2 1.5 1 1.5 2.5 40 20 2.5 15 0.5 0 5 10]';
g = 32.2; d = 6.065; D = d/12; pr = 1.5e-4; Q = 1026;
mu = 0.3; rho = 44.9; Lst = 78; z = 0;
Area = pi*D^2/4; Nre = 50.6*Q*rho/(d*mu); v = 0.408*Q/d^2;
if Nre <= 2100 % 층류
   f = 64/Nre;  % Darcy 마찰인자
else % 난류: Chen 식을 이용한 마찰인자 계산
   Av = pr/3.7/D + (6.7/Nre)^0.9;
   f = 4./(-4*log10(pr/D/3.7 - 5.02*log10(Av)/Nre)).^2;
end
Ksum = sum(cfdat(1:12,1).*cfdat(1:12,2));
Klsum = sum(cfdat(1:12,1).*cfdat(1:12,3));
Kt = Ksum/Nre + Klsum*(1 + 1/d);
Kee1 = sum(cfdat(13:14,1).*cfdat(13:14,2));
Kee2 = sum(cfdat(13:14,1).*cfdat(13:14,3));
K = Kee1/Nre + Kee2 + Kt; Kt = Kt + K + f*Lst/D;
Leq = K*D/f, L = Lst + Leq
```

스크립트 파일 eqplen.m의 수행결과는 다음과 같다.

```
>> eqplenQ
Leq =
  49.5577
L =
 127.5577
```

**10.** (풀이)

```
>> rhol = 61.8; rhog = 0.135; Wl = 6930; Wg = 1444; g = 32.2;
>> d = 6.065; D = d/12; A = pi*D^2/4;
>> Vl = Wl/(3600*rhol*A); Vg = Wg/(3600*rhog*A);
>> Frl = Vl * sqrt(rhol/(g*D*(rhol-rhog)))
>> Frg = Vg * sqrt(rhog/(g*D*(rhol-rhog)))

Frl =
   0.0385
Frg =
   0.1718
```

즉 6-in 파이프에서 액상 Froude 수 = 0.0385, 기상 Froude 수 = 0.1718이며 따라서 흐름은 self venting이고 진동문제는 없다.

**12.** (풀이) 유속 및 압력강하는 함수 dpcond.m에 의해 계산된다.

```
function [v dPt] = dpcond(W,Pc,Ph,d)
% 응축액 헤더에 대한 압력강하 계산

x = 6.122 - 16.919/log(Ph);
A = 0.00671*(log(Ph))^2.27; B = 1e-4*exp(x) + 0.0088;
Wf = B*(log(Pc))^2 - A; Wg = Wf*W; Wl = W - Wg;
Tf = 115.68*Ph^0.226;
rhog = 0.0029 * Ph^0.938;
rhol = 60.827 - 0.078*Ph + 4.8e-4*Ph^2 - 1.3e-6*Ph^3;
rhom = (Wg + Wl)/(Wg/rhog + Wl/rhol);
f = 0.25/(- log10(4.86e-4/d))^2;
v = 3.054*(Wg/rhog + Wl/rhol)/d^2;
dPt = 3.36e-4 * f * W^2/(d^5 * rhom);
end
```

함수 dpcond.m의 수행결과는 다음과 같다.

```
>> W = 10000; Pc = 114.7; Ph = 14.7; d = 6.056;
>> [v dPt] = dpcond(W,Pc,Ph,d)
v =
   3.1617e+03
dPt =
    0.2334
```

즉 6-in 응축액 헤더의 플래쉬된 응축액 혼합물의 압력강하는 0.2334 psi/100ft, 유속은 3161.7 ft/min 임을 알 수 있다.

# 제5장 반응공학

**2.** (풀이) 2차반응이라면 $-\dfrac{dC_A}{dt} = k' C_A^2$. 이를 적분하면 $\dfrac{1}{C_A} = \dfrac{1}{C_{A0}} + k't$. 이는 $y = c_1 t + c_2$의 직선 형태이다. 반응속도 상수는 $k' = c_1$과 같다. 주어진 데이터로부터 $y = \dfrac{1}{C_A}$로 두고 직선접합을 수행하여 계수들을 구하여 본다. 이는 스크립트 파일 rorder.m에 의해 수행된다.

```
% rorder.m
t = [0 50 100 150 200 250 300];
Ca = [0.05 0.038 0.0306 0.0256 0.0222 0.0195 0.0174];
y = 1./Ca; c = polyfit(t,y,1)
tv = [0:0.01:300]; yv = polyval(c,tv);
plot(tv,yv,t,y,'o'), xlabel('t(min)'), ylabel('1/C_A')
```

스크립트 파일 rorder.m의 수행결과는 다음과 같다.

```
>> rorder
c =
    0.1248   20.1175
```

즉 반응속도 상수는 $k' = 0.1248\ dm^3/(mol \cdot \min)$임을 알 수 있다.

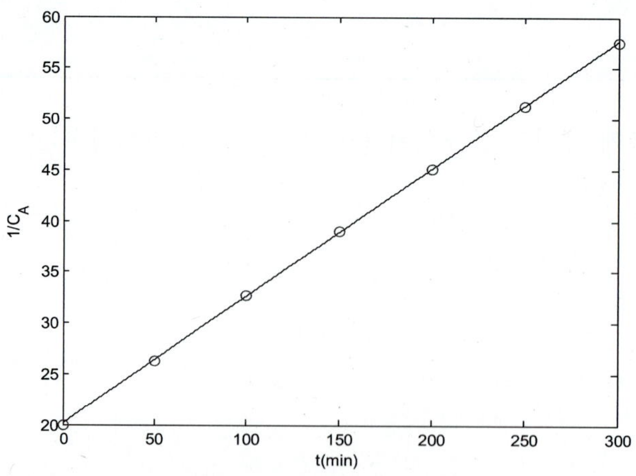


**그림 P2 2차반응 속도식**

**4.** (풀이) $\ln\left(\dfrac{3P_0 - P}{2P_0}\right) = -kt \Rightarrow \ln(3P_0 - P) = \ln(2P_0) + (-k)t$. 이는 선형접합 문제이다. 스크립트 dedcom.m은 선형접합을 수행한다.

```
% dedcom.m
t = [0 57 85 114 145 182 219 261 299];
P = [420 584 662 743 815 891 954 1013 1054];
P0 = P(1); n = length(t);
A = [log(2*P0)*ones(n,1) t']; b = (log(3*P0 - P))';
x = (A'*A)^-1*A'*b;
k = -x(2)
```

스크립트 dedcom.m의 수행결과는 다음과 같다.

```
>> dedcom
k =
   0.0048
```

**6.** (풀이) 먼저 비선형 방정식을 정의하는 함수(brfun.m)를 작성한다. 평형상수 및 초기농도들은 구조체(g)로 제공하여 준다.

```
function f = brfun(x,g)
% x(1)=A, x(2)=B, x(3)=C, x(4)=D, x(5)=X, x(6)=Y, x(7)=Z
K1 = g.K1; K2 = g.K2; K3 = g.K3;
CA0 = g.CA0; CB0 = g.CB0;
f = [CA0 - x(1) - x(4) - x(7);
   CB0 - x(2) - x(4) - x(6);
   x(3) - x(4) + x(6);
   x(5) - x(6) + x(7);
   x(3)*x(4) - K1*x(1)*x(2);
   x(5)*x(6) - K2*x(2)*x(3);
   x(7) - K3*x(1)*x(5)];
end
```

다음에 위의 함수를 호출하고 fsolve 내장함수를 이용하여 해를 구하는 스크립트 파일(nonbrxn.m)을 작성한다. 평형상수 및 초기농도들을 구조체(g)로 설정하여 준다.

```
% nonbrxn.m: 비선형 회분식 반응
```

```
g.K1 = 1.06; g.K2 = 2.63; g.K3 = 5; g.CA0 = 1.5; g.CB0 = 1.5;
x40 = 0; x50 = 0; x70 = 0;  % D, X, Z성분의 초기 추정치
x10 = g.CA0 -x40 - x70; x60 = x50 + x70;
x20 = g.CB0 - x40 - x60; x30 = x40 - x60;
x0 = [x10 x20 x30 x40 x50 x60 x70];
x = fsolve(@brfun, x0,[],g);
comp = {'A','B','C','D','X','Y','Z'};
fprintf('\nComp.\t C0\t     Conc.\n');
for k = 1:length(x)
    fprintf('%s\t %7.4f\t%7.4f\n',comp{k},x0(k),x(k));
end
```

농도 추정치를 $C_D = C_X = C_Z = 0$으로 했을 경우의 수행결과는 다음과 같다.

```
>> nonbrxn
Equation solved.
fsolve completed because the vector of function values is near zero
as measured by the default value of the function tolerance, and
the problem appears regular as measured by the gradient.
<stopping criteria details>
Comp.      C0          Conc.
A        1.5000 0.4207
B        1.5000 0.2429
C        0.0000 0.1536
D        0.0000 0.7053
X        0.0000 0.1778
Y        0.0000 0.5518
Z        0.0000 0.3740
```

추정치를 달리 하면(예: $C_D = C_X = C_Z = 1$, 혹은 $C_D = C_X = C_Z = 10$) 일부 성분들의 평형농도 값이 음수로 얻어진다.

**8.** (풀이) 성분 A, C, D의 초기 몰 수는 0(즉 $N_{A0} = N_{C0} = N_{D0} = 0$)이며 성분 B의 초기 몰 수는 $N_{B0} = C_{B0} V_0 = 200\ mol$이다. 미분방정식 시스템을 함수(smbmult.m)로 정의한다. 미분방정식 시스템에서 종속변수 벡터 N은 $N^T = [N_A N_B N_C N_D]$로 정의되며 초기값은 $N_0^T = [N_{A0} N_{B0} N_{C0} N_{D0}] = [0\ \ 200\ \ 0\ \ 0]$이 된다.

```
function fsm = smbmult(t,N,ka,kc,v0,V0,Fa0)
% N(1)=Na, N(2)=Nb, N(3)=Nb, N(4)=Nd
```

```
V = V0 + v0*t; C = N/V;
ra = -ka*C(1)*C(2)^2 - 2*kc*C(1)^2*C(3)^3/3;
rb = -2*ka*C(1)*C(2)^2;
rc = ka*C(1)*C(2)^2 - kc*C(1)^2*C(3)^3;
rd = kc*C(1)^2*C(3)^3/3;
fsm = [ra*V + Fa0;
       rb*V;
       rc*V;
       rd*V];
end
```

스크립트 usesmbmult.m은 미분방정식 시스템 정의함수 smbmult를 호출하고 내장함수 ode45를 이용하여 해를 구한다. 이로부터 각 성분의 시간에 따른 몰 수와 선택도를 계산한다. 선택도 $S_{C/D} = \dfrac{N_C}{N_D}$의 계산에서 $N_D$의 초기값은 0이므로 $N_D$가 매우 작을 때에는 선택도를 0으로 둔다.

```
% usesmbmult.m
clear all;
ka = 10; kc = 15; v0 = 10; V0 = 1000; Fa0 = 3;
N0 = [0 200 0 0]; tspan = [0 100];
[t N] = ode45(@smbmult,tspan,N0,[],ka,kc,v0,V0,Fa0);
Na = N(:,1); Nb = N(:,2); Nc = N(:,3); Nd = N(:,4);
n = length(t); Scd = zeros(1,n);
for i = 1:n
   if Nd(i) <= 1e-8
      Scd(i) = 0;
   else
      Scd(i) = Nc(i)/Nd(i);
   end
end
figure(1), plot(t,Na,t,Nb,':',t,Nc,'.-',t,Nd,'--')
xlabel('t(min)'),                                ylabel('N_i'),
legend('N_A','N_B','N_C','N_D','Location','best')
figure(2), plot(t,Scd), xlabel('t(min)'), ylabel('S_{C/D}')
fprintf('각 성분 몰 수의 최종값: \n');
fprintf('          Naf=%g,          Nbf=%g,          Ncf=%g,
Ndf=%g\n',Na(end),Nb(end),Nc(end),Nd(end));
fprintf('최종 선택도: Scdf = %g\n',Scd(end));
```

스크립트 usesmbmult.m의 수행결과는 다음과 같다.

```
>> usesmbmult
각 성분 몰 수의 최종값:
 Naf=206.893, Nbf=15.1986, Ncf=91.3414, Ndf=0.353109
최종 선택도: Scdf = 258.678
```

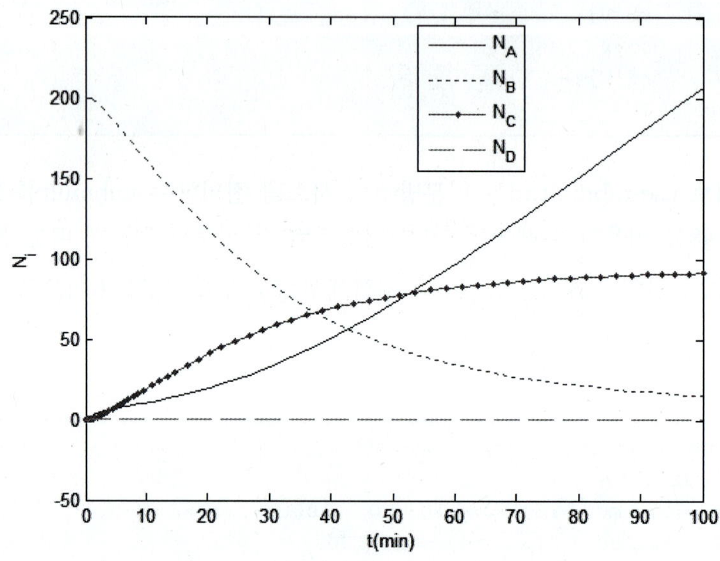


**그림 P8.1** 시간에 따른 성분 몰 수의 변화

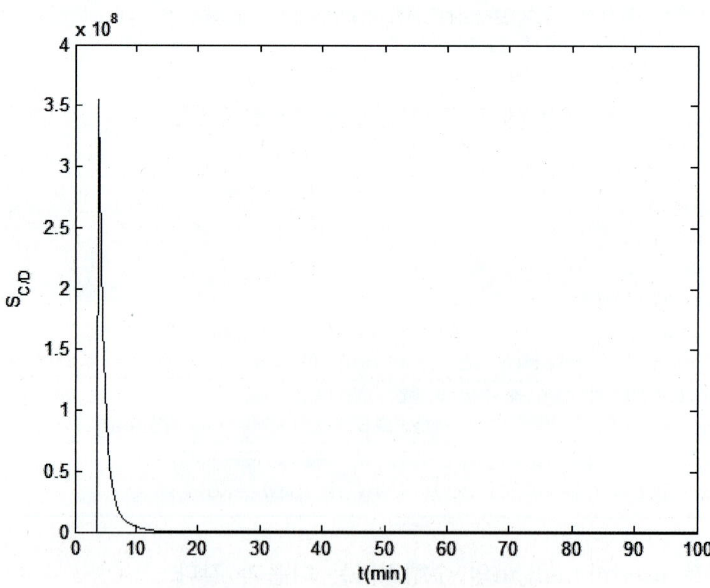


**그림 P8.2** 시간에 따른 선택도

**10.** (풀이) 각 데이터 값에 대하여 비선형방정식 시스템

$$r'_{CH_4}(i)[1+bP_{H_2}(i)^{\beta_2}]-aP_{CO}(i)P_{H_2}(i)^{\beta_1}=0$$

의 해를 구한다. 먼저 비선형방정식 시스템을 설정하는 함수 regcat.m을 구성한다.

```
function f = regcat(x,Pco,Ph2,rch4)
% x(1)=a, x(2)=b, x(3)=beta1, x(4)=beta2
n = length(Pco);
for i = 1:n
   f(i,1) = rch4(i)*(1 + x(2)*Ph2(i)^x(4)) - x(1)*Pco(i)*Ph2(i)^x(3);
end
```

위의 비선형방정식 시스템은 내장함수 fsolve를 이용하여 풀 수 있다. 얻은 결과를 데이터와 비교하기 위하여 데이터의 속도식 $r'_{CH_4}$를 이용한 $y=\dfrac{P_{CO}P_{H_2}^{1/2}}{r'_{CH_4}}$와 비선형방정식 시스템의 해로부터 얻은 파라미터들로부터 추정한 반응속도식 $\hat{r}'_{CH_4}$에 의한 $\hat{y}=\dfrac{P_{CO}P_{H_2}^{1/2}}{\hat{r}'_{CH_4}}$을 그래프로 나타내어 서로 비교하여 본다. 이 과정은 스크립트 useregcat.m에 의해 수행된다.

```
% useregcat.m
clear all;
Pco = [1 1.8 4.08 1 1 1]; Ph2 = [1 1 1 0.1 0.5 4];
rch4 = 1e-3*[5.2 13.2 30 4.95 7.42 5.25];
ydat = Pco.*sqrt(Ph2)./rch4;
x0 = [1 1 1 1];
[x fval] = fsolve(@regcat,x0,[],Pco,Ph2,rch4)
rch4est = (x(1)*Pco.*Ph2.^x(3))./(1 + x(2)*Ph2.^x(4));
yest = Pco.*sqrt(Ph2)./rch4est;
plot(Ph2,ydat,'o',Ph2,yest,'*'), xlabel('P_{H2}(atm)'), ylabel('y')
legend('Data','Estimates')
```

스크립트 useregcat.m의 수행결과는 다음과 같다.

```
>> useregcat
경고: Trust-region-dogleg algorithm of FSOLVE cannot handle non-square
systems; using Levenberg-Marquardt algorithm instead.
```

```
> In fsolve at 285
  In useregcat at 7
Solver stopped prematurely.
fsolve stopped because it exceeded the function evaluation limit,
options.MaxFunEvals = 800 (the default value).
x =
    0.0073    0.0006    0.1409    5.0718
fval =
   -0.0021
    0.0001
    0.0003
   -0.0003
    0.0008
   -0.0000
```

즉 $a = 0.0073$, $b = 0.0006$, $\beta_1 = 0.1409$, $\beta_2 = 5.0718$임을 알 수 있다. 그래프로부터 데이터에 의한 y와 추정 파라미터에 의한 y는 잘 일치함을 알 수 있다.

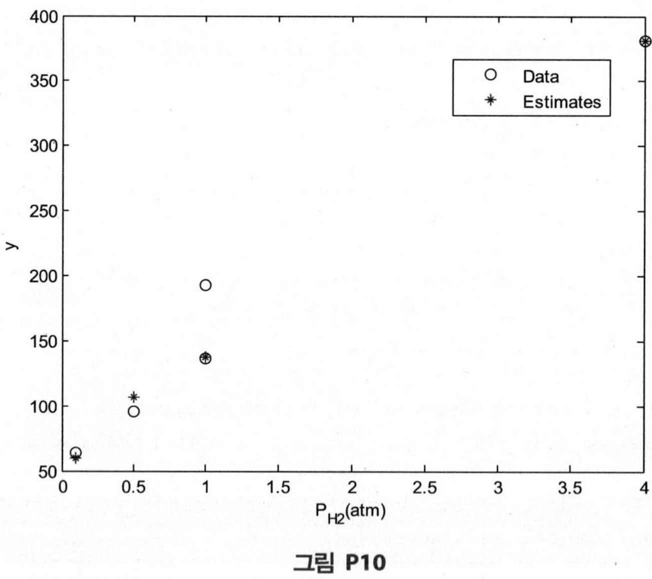


그림 P10

**12.** (풀이) (1) $y_0 = 0.05$, $\epsilon = y_0\delta = 0.05\delta = 0.05(3-1) = 0.1$이다. 미분방정식 풀이의 수행결과는 다음과 같다.

```
>> k = 0.08; v0 = 10; ep = 0.1;
>> dxdv = @(v,x) k*(1-x)/(v0*(1+ep*x));
>> [V x] = ode45(dxdv,[0 200],0);
>> plot(V,x), xlabel('V(dm^3)'), ylabel('X')
```

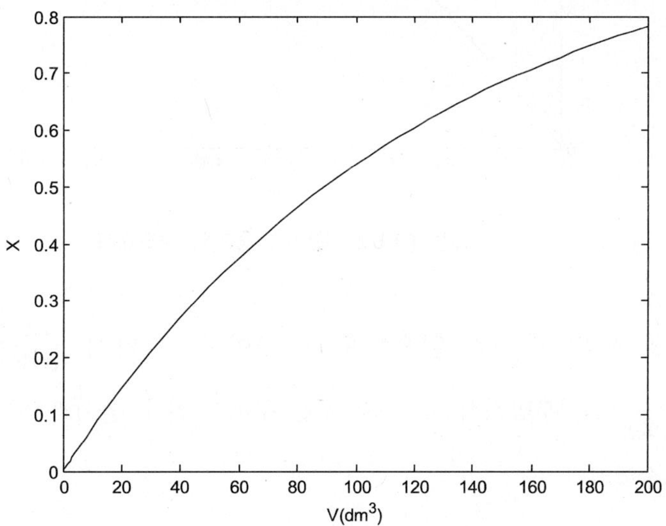


**그림 P12.1 관형 반응기의 농도분포**

(2) $y_0 = 1$, $\epsilon = y_0\delta = \delta = 1/3 - 1 = -2/3$이다. 수행결과는 다음과 같다.

```
>> k = 0.08; v0 = 10; ep = -2/3;
>> dxdv = @(v,x) k*(1-x)/(v0*(1+ep*x));
>> [V x] = ode45(dxdv,[0 200],0);
>> plot(V,x), xlabel('V(dm^3)'), ylabel('X')
```

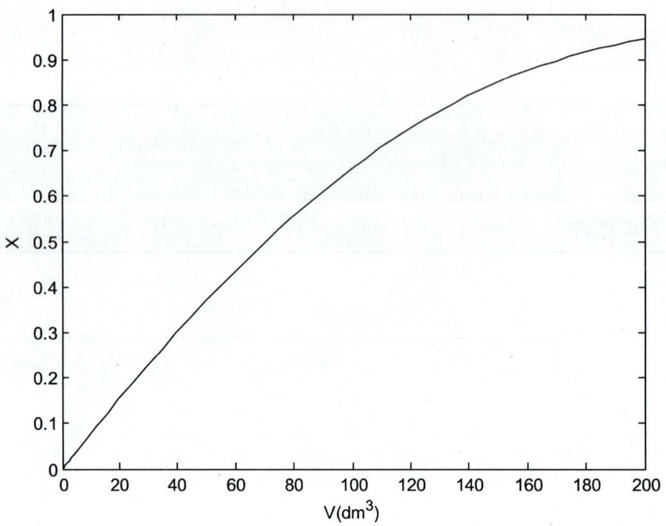


**그림 P12.2 관형 반응기의 농도분포**

**14.** (풀이) 몰 수의 변화가 없으므로 $\epsilon=0$이다. 따라서 $\frac{dX}{dW}=\frac{kC_{A0}(1-X)y}{F_{A0}}$, $\frac{dy}{dW}=-\frac{\alpha}{2y}$의 미분방정식 시스템을 푸는 문제가 된다. 풀이과정은 스크립트 pbrfs.m에 의해 수행된다.

```
% pbrfs.m
ca0=1; v0=1; fa0=ca0*v0; k=1; alp=0.12; wm=2; wint=[0 wm]; z0=[0 1];
% z(1) = X, z(2) = y
dzdw = @(w,z) [k*ca0*(1-z(1))*z(2)/fa0;   % X
               -alp/(2*z(2))]; % y
[w z] = ode45(dzdw,wint,z0);
x = z(:,1); y = z(:,2);
plot(w,x,w,y,':'), xlabel('W(kg)'), ylabel('X,y'), legend('X','y')
```

스크립트 pbrfs.m의 수행결과는 다음과 같다.

```
>> pbrfs
```

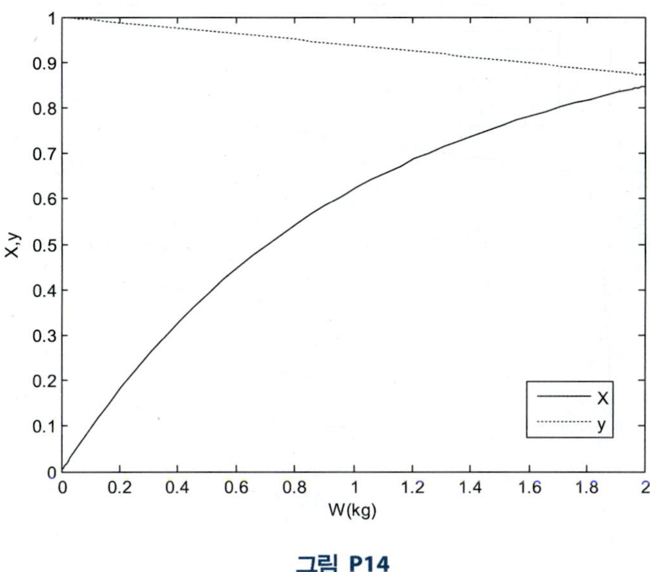


그림 P14

**16.** (풀이) (1) 스크립트 pbser3.m은 미분방정식 시스템을 구성하고 데이터를 이용하여 각 반응기에서의 A 성분의 농도를 계산한다.

```
% pbser3.m
% x1=Ca1, x2=Ca2, x3=Ca3, x4=a1, x5=a2, x6=a3
v0=5; V=10; Ca0=0.01; Cb0=0; k=0.9; a0 = 1; kd=0.01;
tspan = 0:0.01:60; x0 = [0 0 0 a0 a0 a0];
dxdt = @(t,x) [(Ca0-x(1))*v0/V - k*x(4)*x(1);
             (x(1)-x(2))*v0/V - k*x(5)*x(2);
             (x(2)-x(3))*v0/V - k*x(6)*x(3);
             -kd*x(4);
             -kd*x(5);
             -kd*x(6)];
[t,x]=ode45(dxdt, tspan, x0);
plot(t,x(:,1),'-',t,x(:,2),':',t,x(:,3),'--');
xlabel('시간(min)'),                          ylabel('농도(gmol/dm^3)'),
legend('C_{A1}','C_{A2}','C_{A3}');
```

스크립트 pbser3.m의 수행결과는 다음과 같다.

```
>> pbser3
```

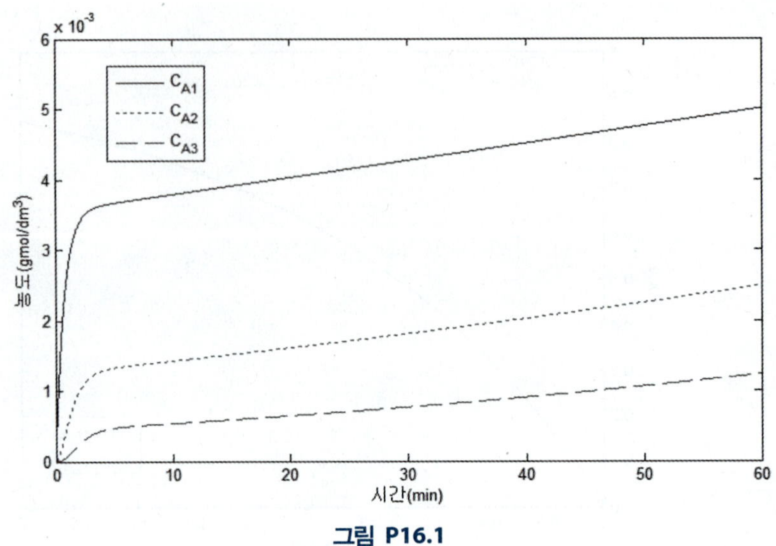


그림 P16.1

(2) 스크립트 pbser3b.m은 미분방정식 시스템을 구성하고 데이터를 이용하여 각 반응기에서의 A 성분의 농도를 계산한다.

```
% pbser3b.m
% x1=Ca1, x2=Ca2, x3=Ca3, x4=a1, x5=a2, x6=a3, x7=Cb1, x8=Cb2, x9=Cb3
v0=5; V=10; Ca0=0.01; Cb0=0; k=0.9; a0 = 1; kd=0.01;
tspan = 0:0.01:60; x0 = [0 0 0 a0 a0 a0 0 0 0];
dxdt = @(t,x) [(Ca0-x(1))*v0/V - k*x(4)*x(1);
               (x(1)-x(2))*v0/V - k*x(5)*x(2);
               (x(2)-x(3))*v0/V - k*x(6)*x(3);
               -kd*x(4)*x(7);
               -kd*x(5)*x(8);
               -kd*x(6)*x(9);
               (Cb0-x(7))*v0/V - k*x(4)*x(1);
               (x(7)-x(8))*v0/V - k*x(5)*x(2);
               (x(8)-x(9))*v0/V - k*x(6)*x(3)];
[t,x]=ode45(dxdt, tspan, x0);
plot(t,x(:,1),'-',t,x(:,2),':',t,x(:,3),'--');
xlabel('시간(min)'),                          ylabel('농도(gmol/dm^3)'),
legend('C_{A1}','C_{A2}','C_{A3}');
```

스크립트 pbser3b.m의 수행결과는 다음과 같다.

```
>> pbser3b
```

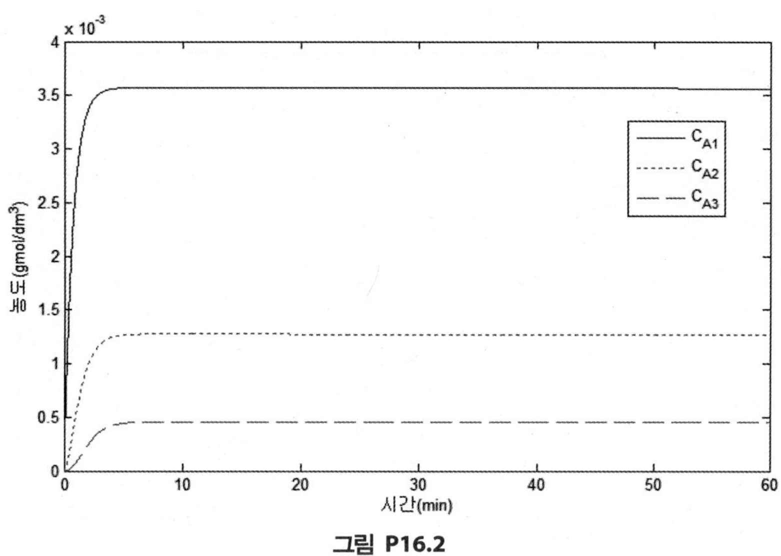


**그림 P16.2**

**18.** (풀이) 미분방정식 시스템은 함수 rxctpfr.m으로 정의되며 스크립트 userxctpfr.m은 내장함수 ode45를 이용하여 해를 구한다.

```
function dy = rxctpfr(z,y,Ta)
k1 = exp(-14.96 + 11070/y(2)); k2 = exp(-1.331 + 2331/y(2));
Ke = -11.02 + 11570/y(2);
r  =  (y(1)*sqrt(1-0.167*(1-y(1)))  -  2.2*(1-y(1))/Ke)/(k1  +
k2*(1-y(1)))^2;
dy = [-50*r;
     -4.1*(y(2)-Ta) + 1.02e4*r];
end

% userxctpfr.m
z0 = [0 1]; Ta = 673.2; y0 = [1 Ta];
[z y] = ode45(@rxctpfr,z0,y0,[],Ta); % y1=X, y2=T
figure(1), plot(z,y(:,1)), xlabel('z'), ylabel('X')
figure(2), plot(z,y(:,2)), xlabel('z'), ylabel('T(K)')
```

다음은 스크립트 userxctpfr.m의 수행결과이다.

```
>> userxctpfr
```

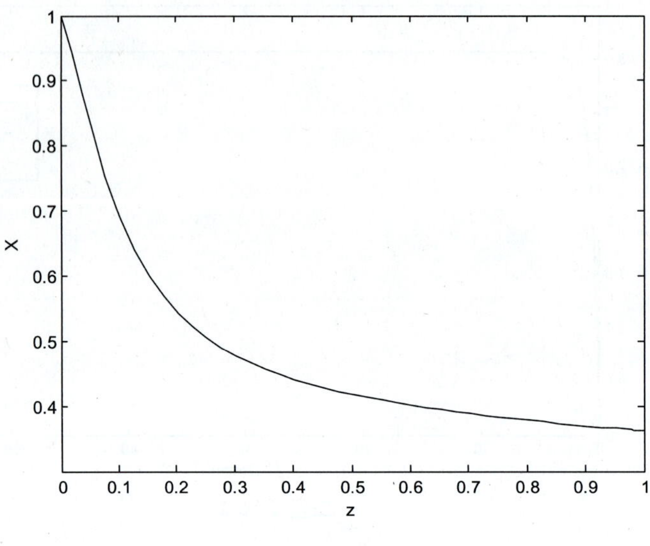


**그림 P18.1**

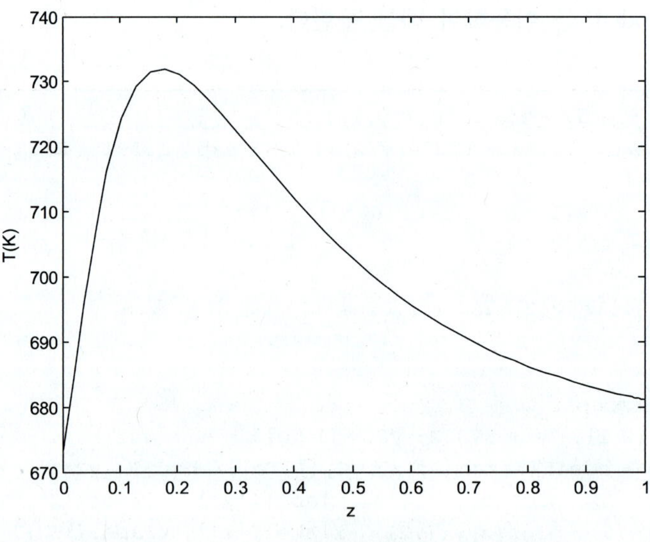


**그림 P18.2**

# 제6장 물질전달

**2.** (풀이) C는 정지하고 있으므로 $N_C = 0$이다. $N_B$를 가정하고 미분방정식을 풀어 얻은 결과로부터 $z_2$에서의 농도조건이 충족되는지를 조사한다. $N_B$의 초기 가정값은 기체 혼합물을 B와 C의 2성분계로 간주하고 $N_B = -D_{BC}(C_{B2} - C_{B1})/L$로부터 얻는다. 농도조건이 충족되지 않으면 $N_B$를 다시 보정하여 같은 과정을 반복한다. $N_B$의 보정은 이분법을 이용하여 수행할 수 있다. 기체 혼합물을 이상기체라고 가정하면 전체 농도는 $C_t = \frac{n}{V} = \frac{P}{RT}$로 주어진다. 먼저 미분방정식을 함수 mdif.m으로 정의한다.

```
function dcdz = mdif(z,c,D1,D2,D3,Na,Nb,Nc,Ct)
% c1=Ca, c2=Cb, c3=Cc, D1=Dab, D2=Dbc, D3=Dac
xa = c(1)/Ct; xb = c(2)/Ct; xc = c(3)/Ct;
dcdz = [(xa*Nb-xb*Na)/D1 + (xa*Nc-xc*Na)/D3;
        (xb*Na-xa*Nb)/D1 + (xb*Nc-xc*Nb)/D2;
        (xc*Na-xa*Nc)/D3 + (xc*Nb-xb*Nc)/D2];
end
```

이분법을 이용한 $N_A$의 계산은 스크립트 usemdifb.m에 의해 수행된다.

```
% usemdifb.m
% c1=Ca, c2=Cb, c3=Cc, D1=Dab, D2=Dbc, D3=Dac
Ca1=2.229e-4; Cb1=0; Cc1=7.208e-3; Ca2=0; Cb2=2.701e-3; Cc2=4.73e-3;
D1=1.075e-4; D2=1.245e-4; D3=1.47e-4;
P=0.2;T=328; R=82.057e-3; Ct = P/(R*T);
L=0.001; Na=2.115e-5;  Nc=0; Nb=-D2*(Cb2-Cb1)/L;
zspan = [0 L]; c0 = [Ca1 Cb1 Cc1]; critN = 1e-10; errB = 1;
Nb1 = Nb/2; Nb2 = 2*Nb; iter = 1;
while errB > critN
   Nbm = (Nb1+Nb2)/2;
   [z c1] = ode45(@mdif,zspan,[Ca1,Cb1,Cc1],[],D1,D2,D3,Na,Nb1,Nc,Ct);
   [z c2] = ode45(@mdif,zspan,[Ca1,Cb1,Cc1],[],D1,D2,D3,Na,Nb2,Nc,Ct);
   [z cm] = ode45(@mdif,zspan,[Ca1,Cb1,Cc1],[],D1,D2,D3,Na,Nbm,Nc,Ct);
   if (c1(end,2)-Cb2)*(cm(end,2)-Cb2) < 0  %Cb(z2)를 충족하는지를 조사
      Nb2 = Nbm;
   else
      Nb1 = Nbm;
   end
```

```
   errB = abs(Nb1 - Nb2); iter = iter+1;
end
c = cm; xa = c(:,1)/Ct; xb = c(:,2)/Ct; xc = c(:,3)/Ct;
plot(z,xa,z,xb,'.-',z,xc,':'), legend('x_A','x_B','x_C')
xlabel('z(m)'),ylabel('x')
iter, Nb = Nbm
```

스크립트 usemdifb.m의 수행결과는 다음과 같다.

```
>> usemdifb
iter =
   24
Nb =
  -4.1035e-04
```

즉 24회의 반복계산 후에 $N_B = -4.1035 \times 10^{-4}\ kgmol/(m^2 \cdot s)$(즉 $z_2$로부터 $z_1$으로 확산)를 얻었다.

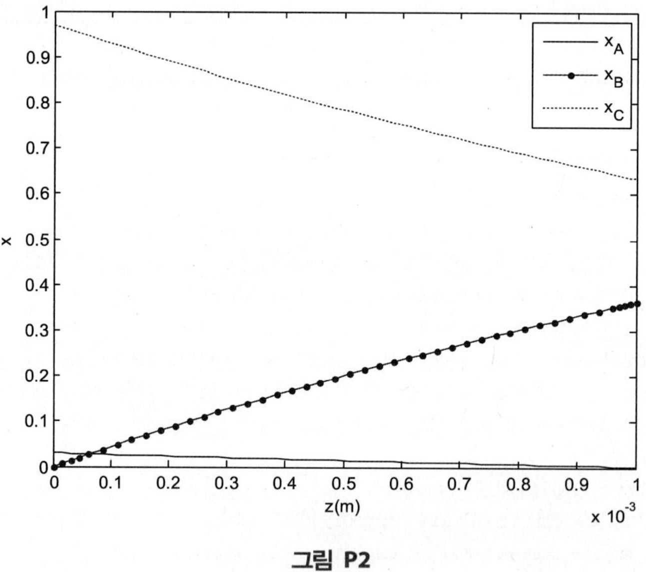


그림 P2

**4.** (풀이) 실린더형 촉매입자가 이용되는 경우 다음 식들을 이용한다.[2]

$$\frac{d}{dr}(N_A r) = -k_1 a C_A r, \quad N_A = \frac{(N_A r)}{r}, \quad \frac{dC_A}{dr} = -\frac{N_A}{D_e},$$

$$\eta = \frac{\int_0^R k_1 a C_A (2\pi r) dr}{k_1 a C_{As}(\pi R^2)} = \frac{2}{C_{As} R^2}\int_0^R C_A r dr, \quad \frac{d\eta}{dr} = \frac{2C_A r}{C_{As} R^2}, \quad \eta|_{r=0} = 0$$

초기조건 $C_A|_{r=0}$이 주어져 있지 않으므로 $C_A|_{r=0}$를 가정하여 미분방정식 시스템을 푼다. 이분법 등을 이용하여 $C_A|_{r=R} = C_{As}$인 조건이 충족되도록 초기조건 $C_A|_{r=0}$을 찾을 수 있다. 초기조건이 정해지면 다른 값들을 계산한다. 미분방정식이 아닌 위의 적분식에 따른 $\eta$의 엄밀해 계산은 적절한 적분공식(예: 사다리꼴 공식(MATLAB 내장함수는 trapz))을 이용하여 수행할 수 있다. 먼저 미분방정식을 함수 rcylf.m으로 정의한다.

```
function dxdr = rcylf(r,x,Cas,R,De,k1a)
% x1=Nar, x2=eta, x3=Ca
if r == 0, Na = 0; else Na = x(1)/r; end
dxdr = [-k1a*x(3)*r;
        2*x(3)*r/(Cas*R^2);
        -Na/De];
end
```

이분법을 이용한 초기조건 $C_A|_{r=0}$의 계산 및 농도분포와 유효인자의 계산은 스크립트 usercylf.m에 의해 수행된다.

```
% usercylf.m
Cas = 0.2; R = 0.5; De = 0.1; k1a = 6.4;
rspan = [0 R]; critN = 1e-6; errN = 1;
Ca1 = 1e-2; Ca2 = 3e-2;
while errN > critN
   Cam = (Ca1+Ca2)/2;
   [r x1] = ode45(@rcylf,rspan,[0,0,Ca1],[],Cas,R,De,k1a);
   [r x2] = ode45(@rcylf,rspan,[0,0,Ca2],[],Cas,R,De,k1a);
```

2 Michael B. Cutlip and Mordechai Shacham, Problem Solving in Chemical and Biochemical Engineering with POLYMATH, Excel and MATLAB, $2^{nd}$ ed., p. 402, Prentice-Hall, 2008.

```
    [r xm] = ode45(@rcylf,rspan,[0,0,Cam],[],Cas,R,De,k1a);
    if (x1(end,3)-Cas)*(xm(end,3)-Cas) < 0
       Ca2 = Cam;
    else
       Ca1 = Cam;
    end
    errN = abs(Ca1 - Ca2);
end
Na = xm(:,1)./r.^2; effc = xm(end,2); Ca = xm(:,3);
Car = Ca.*r;
effa = trapz(r,Car)*2/(Cas*R^2);
fprintf('r=R에서의 유효인자 계산값: %7.5f\n', effc);
fprintf('r=R에서의 유효인자 엄밀해: %7.5f\n', effa);
plot(r,Ca), xlabel('r(cm)'), ylabel('C_A(gmol/cm^3)')
```

스크립트 usercylf.m의 수행결과는 다음과 같다. 결과로부터 유효인자는 $r=R$에서 0.4317로서 엄밀해로부터 구한 0.43216과 유사하다.

```
>> usercylf
r=R에서의 유효인자 계산값: 0.43177
r=R에서의 유효인자 엄밀해: 0.43216
```

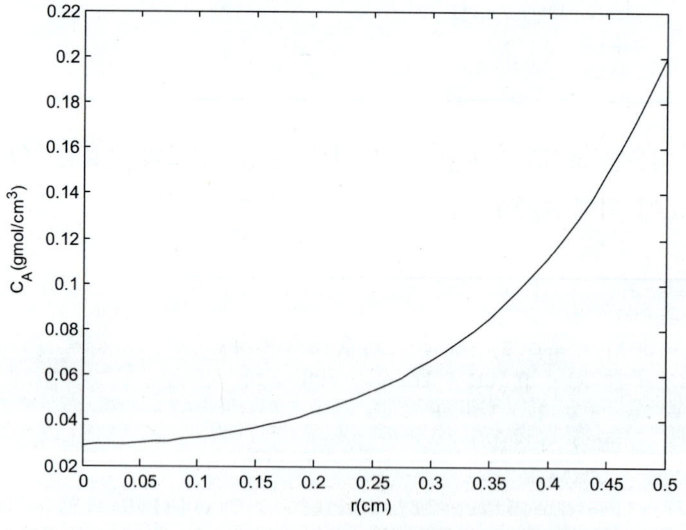


**그림 P4 실린더형 촉매입자에서의 농도분포**

**6.** (풀이) 함수 bindistMT를 이용한다. 주어진 데이터를 이용한 함수 bindistMT의 수행 결과는 다음과 같다.

```
>> alpha = 2.5; q = 1; zf = 0.5; xd = 0.98; xb = 0.01; R = 2.7;
>> [feedn, totaln] = bindistMT(alpha,q,zf,xd,xb,R);
Feed stage = 6
총 단수 = 14
```

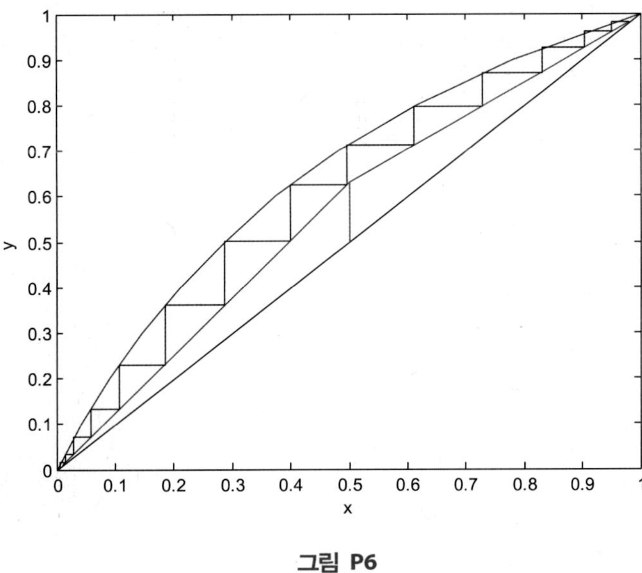


**그림 P6**

**8.** (풀이) 스크립트 파일 usedyndist2.m은 주어진 운전조건에 따라 구조체 dpar과 dels 들의 각 필드 값들을 설정하고 함수 dyndist2.m을 호출한 다음 내장함수 ode45를 이용하여 해를 구한다.

```
usedyndist2.m
% usedyndist2.m
dpar.alpha = 2.5; dpar.n = 20; dpar.nf = 10; dpar.F = 1;
dpar.zf = 0.5; dpar.q = 1; dpar.R = 3; dpar.D = 0.5;
dpar.md = 5; dpar.mb = 5; dpar.mt = 0.5;
dels.delR = 0.2; dels.delRt = 2; dels.delV = 0; dels.delVt = 0;
dels.delz = 0; dels.delzt = 0; dels.delF = 0; dels.delFt = 0;
t0 = 0; tf = 30; xi0 = 0.5*ones(1,dpar.n); nv = 1:dpar.n;
```

```
x0 = fsolve(@ssdist,xi0,[],dpar);
for i = 1:length(x0), if x0(i) <= 0, x0(i) = -x0(i); end; end
[t x] = ode45(@dyndist2,[t0 tf],x0,[],dpar,dels);
figure(1), plot(t,x(:,1)), axis tight, xlabel('t(min)'), ylabel('x_D')
figure(2), plot(t,x(:,end)), axis tight, xlabel('t(min)'), ylabel('x_B')
figure(3), plot(nv,x(end,:)), xlabel('n'), ylabel('x_i'), axis tight
```

**dyndist2.m**

```
function dx = dyndist2(t,x,dpar,dels)
% 이성분계 증류공정 미분방정식 시스템
% 상평형: y=alpha*x/(1+(alpha-1)*x)
% 입력 파라미터
alpha = dpar.alpha; n = dpar.n; nf = dpar.nf; Fi = dpar.F;
zfi = dpar.zf; q = dpar.q; Ri = dpar.R; D = dpar.D;
md = dpar.md; mb = dpar.mb; mt = dpar.mt;
delR = dels.delR; delRt = dels.delRt;
delz = dels.delz; delzt = dels.delzt; delF = dels.delF; delFt = dels.delFt;
% 운전조건의 변화
if t < delRt, R = Ri; else R = Ri + delR; end
if t < delzt, zf = zfi; else zf = zfi + delz; end
if t < delFt, F = Fi; else F = Fi + delF; end
% 액상/기상 유량 및 탑상/탑저유량
Lr = R; Ls = R + F*q; B = F - D; Vs = Ls - B; Vr = Vs + F*(1-q);
dx = zeros(n,1);
% 상평형
y = alpha*x./(1 + (alpha-1)*x);
% 응축기(탑상부 드럼)
dx(1) = Vr*(y(2)-x(1))/md;
% 정류부분(rectifying section)
for i = 2:nf-1;
   dx(i) = (Lr*x(i-1)+Vr*y(i+1)-Lr*x(i)-Vr*y(i))/mt;
end
% 원료단(feed stage)
dx(nf) = (Lr*x(nf-1)+Vs*y(nf+1)+F*zf-Ls*x(nf)-Vr*y(nf))/mt;
% 탈거부분(stripping section)
for i = nf+1:n-1;
   dx(i) = (Ls*x(i-1)+Vs*y(i+1)-Ls*x(i)-Vs*y(i))/mt;
end
% 재비기(reboiler)
dx(n) = (Ls*x(n-1)-B*x(n)-Vs*y(n))/mb;
end
```

스크립트 파일 usedyndist2.m의 수행결과는 다음과 같다.

```
>> usedyndist2
```

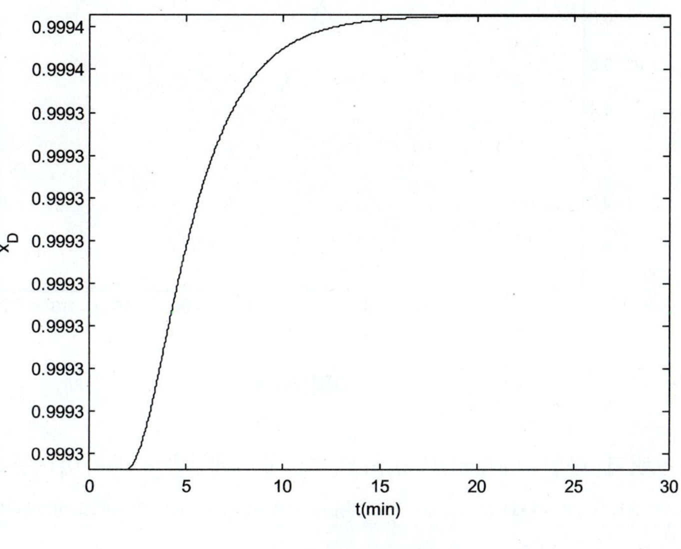


그림 P8.1

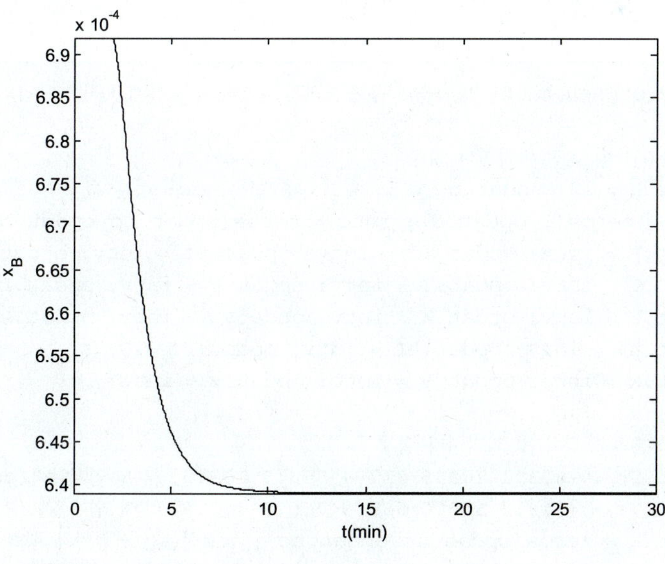


그림 P8.2

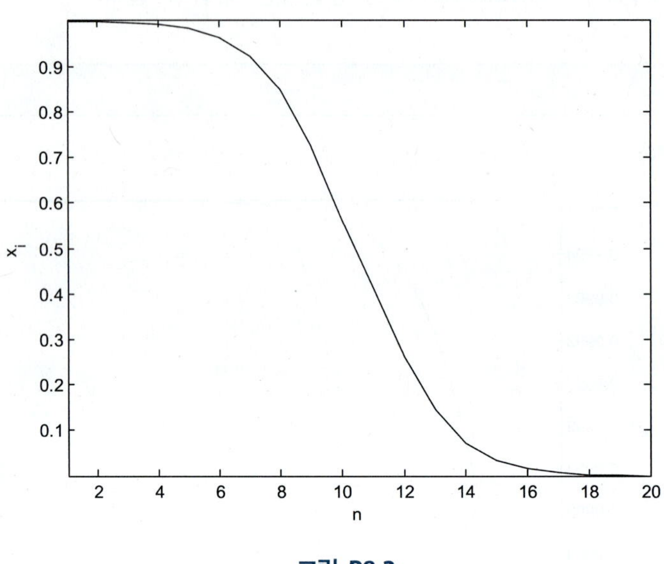


**그림 P8.3**

**10.** (풀이) 스크립트 파일 c5distBPeu.m은 각 성분에 대한 파라미터들과 운전조건들을 설정한 다음 함수 distBPeu.m을 호출하여 앞의 BP 방법 계산과정에 따라 계산을 수행한다. K 값은 $K_i = \dfrac{\phi_{iL}}{\phi_{iV}}$ 로부터 얻어지며 각 단에서의 기상과 액상의 퓨개시티 계수들 및 엔탈피는 함수 phiHeu.m에 의해 계산된다.

```
% c5distBPeu.m: BP 방법을 이용한 5성분 혼합물의 증류계산(공학단위)

% 운전조건 및 운전 파라미터 설정
opdat.N = 13; opdat.nc = 5; % N: 총 단수, nc: 성분 수
intv = zeros(1,opdat.N); intc = zeros(opdat.nc,opdat.N);
opdat.F = intv; opdat.Tf = intv; opdat.Pf = intv; opdat.hF = intv;
opdat.P = intv; opdat.T = intv; opdat.V = intv; opdat.L = intv;
opdat.U = intv; opdat.W = intv; opdat.Q = intv; opdat.eos = 'pr';
opdat.hV = intv; opdat.hL = intv; opdat.nf = 0;
opdat.x = intc; opdat.y = intc; opdat.z = intc;

% 각 성분의 물성치 및 파라미터 설정
mxdat.Pc = [673.1 709.8 617.4 550.7 489.5]; % 임계압력(psia)
mxdat.Tc = [343.9 550.0 665.9 765.3 845.9]; % 임계온도(R)
mxdat.k = zeros(opdat.nc,opdat.nc); % 2성분간 간섭인자 행렬
mxdat.w = [0.0 0.1064 0.1538 0.1954 0.2387]; % 이심인자
% Antoine식 파라미터
```

```
mxdat.Ant = [5.14135 1742.638 452.974; 5.38389 2847.921 434.898;
         5.35342 3371.084 414.488; 5.74162 4126.385 409.5179;
         5.853654 4598.287 394.4148];
% 비열 파라미터 (a(i))
mxdat.Afi = [8.24522 0.038063e-1 0.0886474e-4    -0.074612e-7    0.182296e-11;
    11.51606   0.140309e-1  0.0854034e-4 -0.110608e-7   0.316220e-11;
    15.58683   0.2504953e-1 0.1404258e-4 -0.352626e-7   1.864467e-11;
    20.79783   0.314329e-1  0.192851e-4  -0.458865e-7   2.380972e-11;
    25.64627   0.389176e-1  0.239729e-4  -0.584262e-7   3.079918e-11];

% 운전조건(P: psia, T: F, flow: lbmol/hr)
opdat.nf = 7;  % feed 주입단
opdat.fstate = 'V';  % feed의 상태
opdat.F(opdat.nf) = 800; opdat.opdat.U(1) = 0; opdat.L(1) = 1000;
opdat.Pf(opdat.nf) = 400; opdat.Tf(opdat.nf) = 105;
opdat.P = 400*ones(1,opdat.N);
opdat.z(:,opdat.nf) = [0.2 0.4625 0.3 0.03125 0.00625];

% 초기화 및 가정
opdat.T0 = (200/opdat.N)*[1:opdat.N]; % 각 단의 온도를 가정(F)
opdat.V = 800*ones(1,opdat.N); opdat.V(1) = 530;
opdat.criv = 1e-3;  % 수렴기준

% BP 계산
[x,y,T,L,V,iter] = distBPeu(opdat,mxdat);
fprintf('반복계산 횟수(수렴한계: %g): %d\n', opdat.criv, iter)
disp('온도: '), T
disp('각 단에서의 액상 조성: '), x
disp('각 단에서의 기상 조성: '), y
Nx  =  1:opdat.N;  plot(Nx,T),  xlabel('Stage'),ylabel('T(F)'),  axis
tight
```

스크립트 파일 c5distBPeu.m의 수행결과는 다음과 같다.

```
>> c5distBPeu2
반복계산 횟수(수렴한계: 0.001): 21
온도:
T =
   -7.0848   16.2844   24.1731   28.6932   34.2353   43.2390   57.0653
68.0897   74.8416   81.7632   91.9662  107.3503  128.3566
```

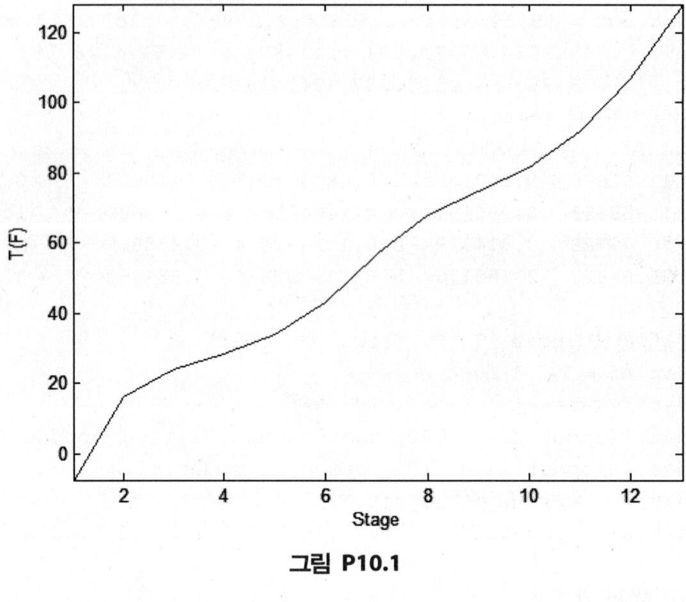


그림 P10.1

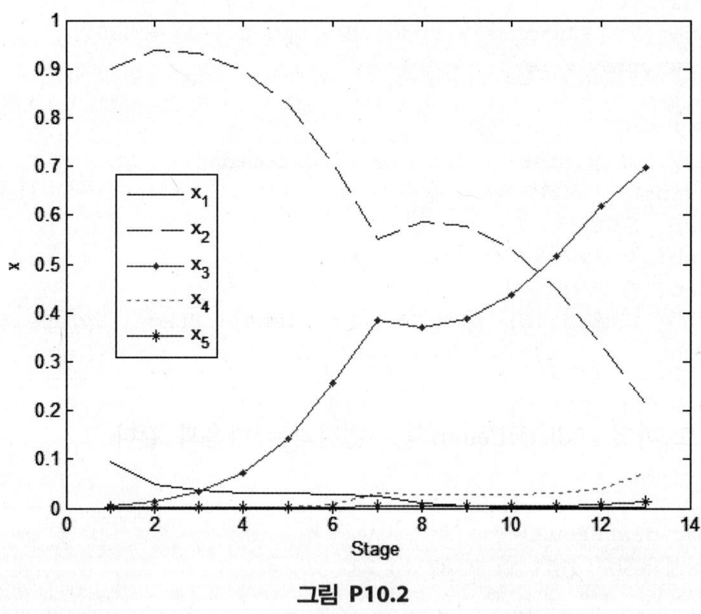


그림 P10.2

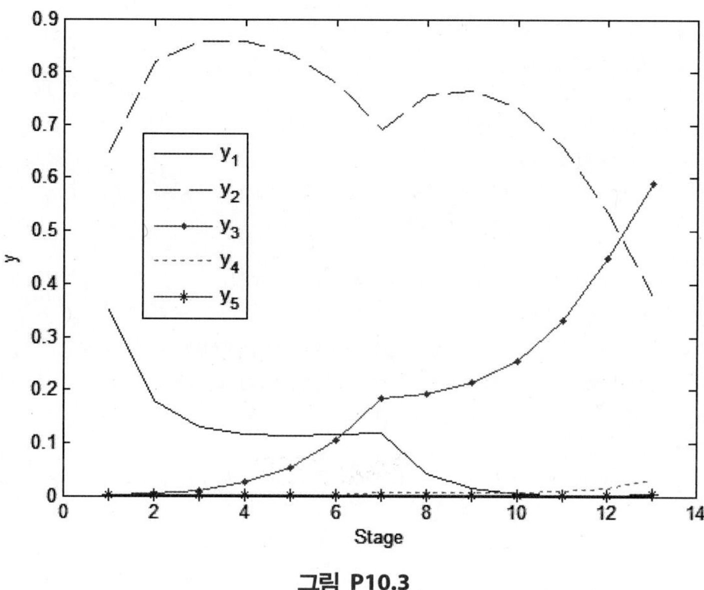


**그림 P10.3**

**12.** (풀이) 스크립트 crf2data.m은 막 데이터 및 운전조건을 정의하며 함수 mArea는 막 면적 계산에 필요한 적분함수를 정의한다. 함수 crf2ex.m은 먼저스크립트 crf2data.m을 호출하여 데이터 및 파라미터들을 설정한 다음 교차흐름 모델의 계산을 수행한다. Weller 및 Steiner의 해를 구하기 위한 비선형 함수는 함수 WSeqn.m에 의해 정의된다. 함수 crf2ex는 막 면적 계산을 위하여 함수 mArea를 호출하고 적분을 수행한다.

**crf2data.m**

```
% crf2data.m: 교차흐름(cross-flow) 모델계산 데이터
t = 0.00254; % 막 두께(cm)
Pm = [500 50]*1e-10;  % 투과도(cm^3*cm/(s*cm^2*cmHg)
alpa = Pm(1)/Pm(2);
ph = 190;  % 원료측 압력(cmHg)
pl = 19;    % 투과측 압력(cmHg)
r = pl/ph;   % 압력비(Plow/Phigh)
qf = 1e6;   % 원료 유량(cm^3/s(STP))
xf = 0.209;  % 원료 조성(몰분율)
theta = 0.2;  % stage-cut
xr = [];      % 원하는 잔류흐름 조성(몰분율)
```

**crf2ex.m**

```
function res = crf2ex
clear all;
crf2data;
```

```
Pa = Pm(1); Pb = Pm(2);
D1 = ((1-alpa)*r + alpa)/2;
F1 = -((1-alpa)*r - 1)/2;
E1 = alpa/2 - D1.*F1;
R1 = 1./(2*D1-1);
S1 = (alpa.*(D1-1) + F1)./((2*D1 - 1).*(alpa/2 - F1));
T1 = 1./(1 - D1 - E1./F1);

% 비선형 방정식의 풀이: xr의 초기값은 xf
i2 = xf./(1-xf);
uf = -D1.*i2 + sqrt((D1.^2).*i2.^2 + 2*E1.*i2 + F1.^2);
xr = fsolve(@(x) WSeqn(x,xf,uf,theta,D1,E1,F1,R1,S1,T1,alpa), xf);
yp = (xf - (1-theta)*xr)./theta;    % permeate 조성
i0 = xr./(1-xr);
Ami = quad(@(x) mArea(x,D1,E1,F1,R1,S1,T1,alpa,r,xf,uf), i0, i2);
Am = Ami*qf*t/(ph*Pb);
rc = theta*yp./xf;    % recovery ratio

% 계산변수: yp(투과측몰분율), Am(막면적), theta(stage-cut) 혹은 xr(reject 조성)
% Results: res = [yp, xr, Am, theta, rc]
res.yp = yp; res.theta = theta; res.Am = Am; res.rc = rc; res.xr = xr;
end

WSeqn.m
function f = WSeqn(x,xf, uf,theta,D,E,F,R,S,T,alpa)
i0 = x./(1-x);
u = -D.*i0 + sqrt((D.^2).*i0.^2 + 2*E.*i0 + F.^2);
f = (1-theta)*(1-x)./(1-xf) - ((uf-E/D)./(u-E/D)).^R...
    .*((uf-alpa+F)./(u-alpa+F)).^S .*((uf-F)./(u-F)).^T;
end
```

함수 crf2ex.m의 실행결과는 다음과 같다.

```
>> crf2ex
Equation solved.
fsolve completed because the vector of function values is near zero
as measured by the default value of the function tolerance, and
the problem appears regular as measured by the gradient.
<stopping criteria details>
ans =
      yp: 0.5689
   theta: 0.2000
      Am: 2.8996e+08
```

```
    rc: 0.5444
    xr: 0.1190
```

## 제7장 열전달

**2.** (풀이) (1) 단열재가 없을 경우에는 단위길이($L=1m$)를 가정하면

$$q=h_oA_s(T_s-T_a)=1.32\left(\frac{|T_s-T_a|}{D}\right)\pi D(T_s-T_a)=1.32\pi(T_s-T_a)^2.$$

```
>> Ts = 450; Ta = 300;
>> q = 1.32*pi*(Ts-Ta)^2
q =
   9.3305e+04
```

(2) $\frac{q}{A}=-k\frac{dT}{dr}$, $q=h_oA_o(T_o-T_a)$, $h_o=1.32\left(\frac{|T_o-T_a|}{2r_o}\right)^{1/4}$. 이로부터

$\frac{dT}{dr}=-1.32\left(\frac{|T_o-T_a|}{2r_o}\right)^{1/4}\frac{r_o(T_o-T_a)}{rk(T)}$. 이를 다시 정리하면

$$\int_{T_s}^{T_o}k(T)dT=-1.32\left(\frac{|T_o-T_a|}{2r_o}\right)^{1/4}r_o(T_o-T_a)\int_{r_s}^{r_o}\frac{dr}{r}$$

이로부터 비선형 방정식

$$f(T_o)=0=\int_{T_s}^{T_o}k(T)dT+1.32\left(\frac{|T_o-T_a|}{2r_o}\right)^{1/4}r_o(T_o-T_a)\ln\frac{r_o}{r_s}$$

를 얻는다. 위에서

$$k(T)=6.6667\times10^{-10}T^3-1.54\times10^{-6}T^2+1.08976\times10^{-3}T-0.14457.$$

$T_o$의 초기값을 가정한 다음 내장함수 fzero를 이용하여 위의 비선형 방정식으로부터 $T_o$를 구하고 이를 이용하여 열전달 플럭스 q를 계산한다.

```
>> c1 = 6.6667e-10; c2 = -1.54e-6; c3 = 1.08976e-3; c4 = -0.14457;
>> rs = 0.033/2; ro = 0.04+rs; Ts = 450; Ta = 300; x0 = (Ts+Ta)/2;;
>> f = @(x) c1*(x^4-Ts^4)/4+c1*(x^3-Ts^3)/3+c3*(x^2-Ts^2)/2+c4*(x-Ts)+...
   1.32*2^(-0.25)*ro^0.75*(x-Ta)^1.25 * log(ro/rs);
>> To = fzero(f,x0)
To =
  365.1436
>> ho = 1.32*((To-Ta)/2/ro)^0.25; Ao = 2*pi*ro; q = ho*Ao*(To-Ta)
q =
  149.5796
```

**4.** (풀이) 판의 규격 데이터 및 경계조건의 설정은 앞의 스크립트 파일 tempPDE.m에서 구현할 수 있는데 이 파일은 함수 ellipticPDE.m을 호출하여 편미분 방정식의 풀이를 수행한다. 주어진 경계조건에 따른 스크립트 파일 tempPDE.m의 수행결과는 다음과 같다.

```
>> tempPDE
판의 x 방향 길이(m): 1
판의 y 방향 너비(m): 1
x 방향 구간 수: 20
y 방향 구간 수: 20
f(방정식의 우변항): 0
경계조건:
Lower x 경계조건:
1: Dirichlet, 2: Neumann, 3: Robbins
경계조건을 선택: 1
Value = 250
Upper x 경계조건:
1: Dirichlet, 2: Neumann, 3: Robbins
경계조건을 선택: 2
Value = 0
Lower y 경계조건:
1: Dirichlet, 2: Neumann, 3: Robbins
경계조건을 선택: 1
Value = 500
Upper y 경계조건:
1: Dirichlet, 2: Neumann, 3: Robbins
경계조건을 선택: 2
Value = 0
```

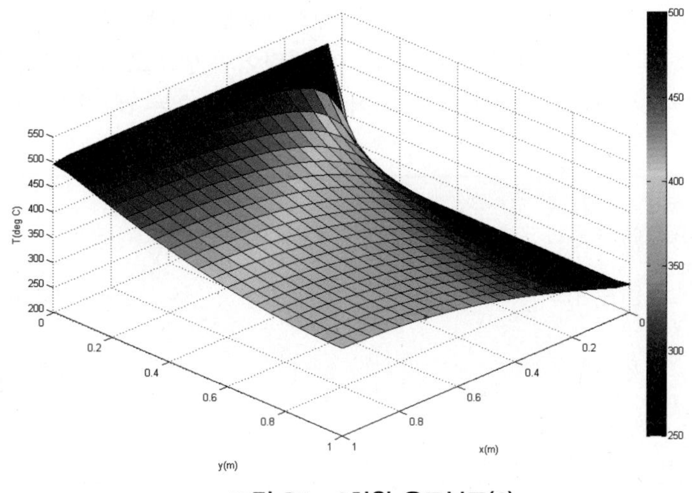


그림 P4 3차원 온도분포(2)

## 제8장 공정제어

**2.** (풀이) MATLAB 프로그램 및 출력은 다음과 같다.

```
>> n1 = 2; d1 = [1 1]; n2 = [2 1]; d2 = [1 3 2];
>> [nt, dt] = series(n1, d1, n2, d2);
>> gt = tf(nt, dt)
gt =
        4 s + 2
  ----------------------
  s^3 + 4 s^2 + 5 s + 2
Continuous-time transfer function.
```

$G_1$의 분자와 분모는 각각 n1과 d1에, $G_2$의 분자와 분모는 각각 n2와 d2에 저장된다. 두 블록의 합성은 분자가 nt, 분모가 dt인 전달함수이며 이들은 gt에 저장된다.

**4.** (풀이) 상태공간 함수로부터 전달함수를 구할 때에는 ss2tf 명령어를 사용한다. 주어진 행렬 A, B, C 및 D(위의 경우 D=0)를 이 명령어의 인수로 제공하여 주면 전달함수의 분모 및 분자에 대한 계수벡터가 얻어진다. 전달함수는 tf 명령어로부터 얻어진다.

```
>> A = [0 1 0; 0 -1 -3; 1 0 -7];
>> B = [0; 1; 1]; C = [1 0 0]; D = 0;
>> [n d] = ss2tf(A,B,C,D,1);
>> G = tf(n,d)
G =
         s + 4
  ---------------------
  s^3 + 8 s^2 + 7 s + 3
Continuous-time transfer function.
```

**6.** (풀이) MATLAB 프로그램 및 출력은 다음과 같다.

```
>> num = 3; den = [2 1]; t = [0:0.1:10]; x = 1.2 * t; y = lsim(num, den, x, t);
>> plot(t, y), grid, title('1차공정의 선형응답'), xlabel('t(초)'), ylabel('응답 y(t)')
```

MATLAB 명령어들의 기능은 앞에서와 같으며 응답곡선은 다음 그림과 같다.

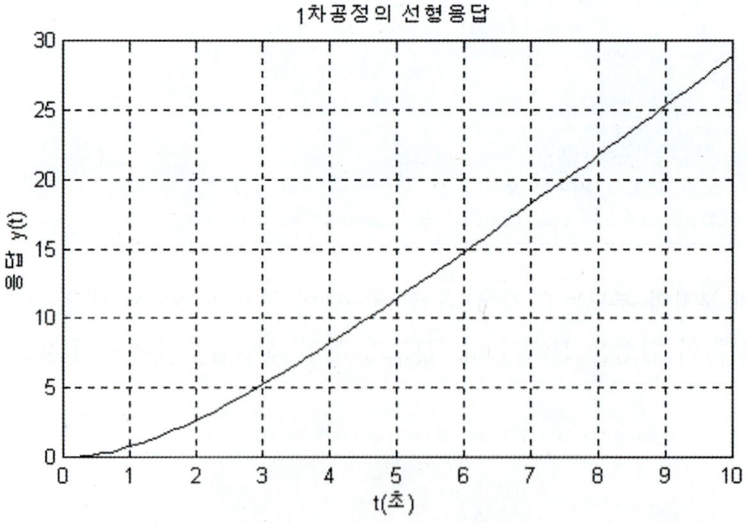


**그림 P6 1차공정의 선형응답곡선**

**8.** (풀이) 스크립트 pro2dyn1.m은 $\zeta \geq 1$일 때의 2차공정의 계단응답을 보여준다.

```
% pro2dyn1.m
tau = 2; k = 3; dm = 4; t = [0:0.1:40];
zeta = [1:0.5:2.5]; n = length(zeta); y = [];
for i = 1:n
   zt = zeta(i);
 if zt == 1
      ym = 1 - (1 + t/tau).*exp(-t/tau);
   else
      tau1 = tau/(zt-sqrt(zt^2-1)); tau2 = tau/(zt+sqrt(zt^2-1));
      ym = 1 + (tau1*exp(-t/tau1) - tau2*exp(-t/tau2))/(tau2-tau1);
   end
   y = [y ym'];
end
plot(t,y(:,1),t,y(:,2),'.-',t,y(:,3),'--',t,y(:,4),':')
legend('\zeta=1','\zeta=1.5','\zeta=2','\zeta=2.5')
xlabel('t'), ylabel('y/(k\deltam)')
```

스크립트 pro2dyn.m의 수행결과는 다음과 같다.

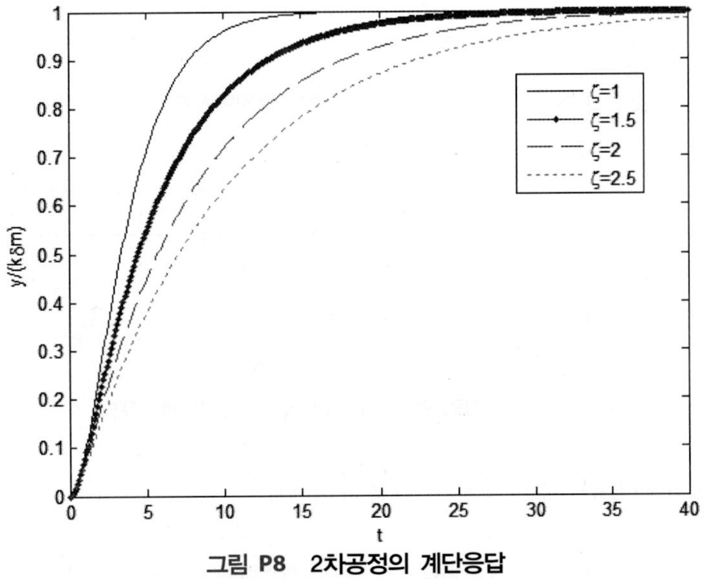


그림 P8 2차공정의 계단응답

**10.** (풀이) 스크립트 leadlag.m은 계단응답 계산을 수행하여 준다.

```
% leadlag.m
tau1 = 0; tau2 = 0.5; tau3 = 1; tau4 = 1.5; tau5 = 2; t = [0:0.1:10];
den = [1 1]; num1 = [tau1 1]; num2 = [tau2 1]; num3 = [tau3 1];
num4 = [tau4 1]; num5 = [tau5 1];
y1 = step(num1, den, t); y2 = step(num2, den, t); y3 = step(num3, den, t);
y4 = step(num4, den, t); y5 = step(num5, den, t);
plot(t, y1, ':', t, y2, '--', t, y3, '-o', t, y4, '-*', t, y5), grid
xlabel('시간 t(sec)'), ylabel('출력 y(t)'), title('lead/lag 요소의 계단응답
(Tg=1)')
legend('Td/Tg = 0', 'Td/Tg = 0.5', 'Td/Tg = 1', 'Td/Tg = 1.5', 'Td/Tg = 2')
```

스크립트 leadlag.m의 수행결과는 다음과 같다.

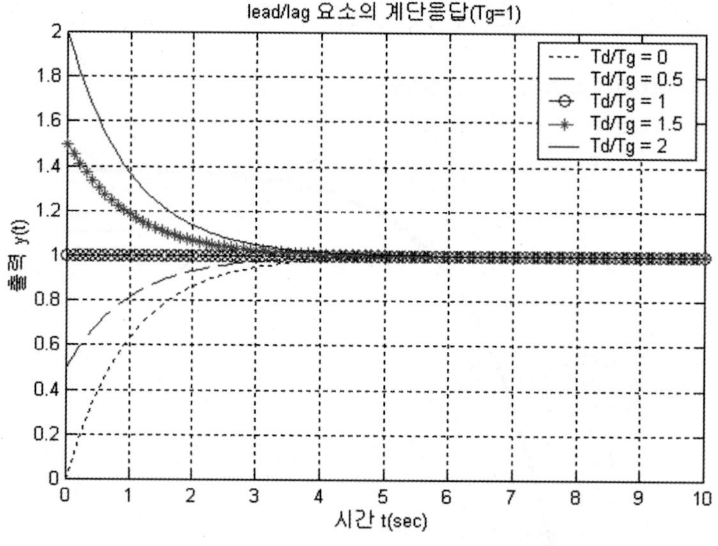


**그림 P10 Lead/lag 요소의 계단응답**

**12.** (풀이) MATLAB 수행과정은 다음과 같다.

```
>> Kc = 1; taui = 10; Gc = tf(Kc*[taui 1], [taui 0]);
>> Gp = tf(0.8, [5 1]); Gcl = feedback(Gc*Gp, 1);
>> step(Gcl), grid
```

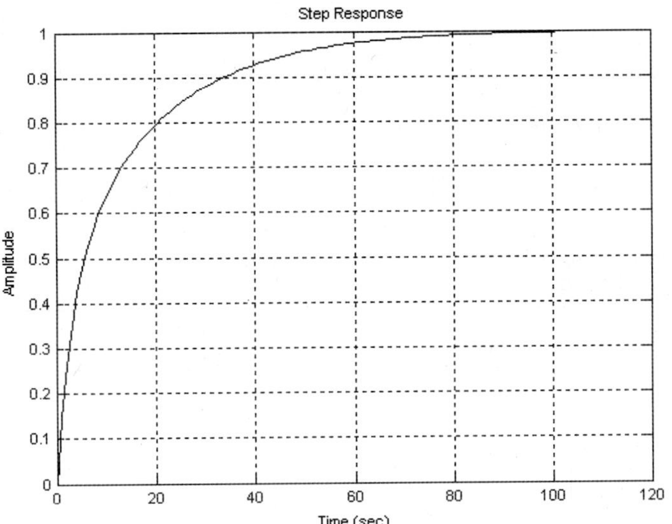


**그림 P12 PI 제어기를 이용한 1차공정의 제어응답**

**14.** (풀이) (1) 함수 lvcont.m은 PI 제어기를 사용하는 경우의 미분방정식 시스템을 정의하고 있다. 열린루프 동특성을 구하려면 함수 lvcont.m을 호출하는 스크립트 uselvcont.m에서 Kc = 0; 으로 설정한다.

**lvcont.m**

```
function dz = lvcont(t,z,C1,C2,Kc,tauI,hr,rm,qm,A)
% z(1) = h1, z(2) = h2, z(3) = Ce
if z(1) > z(2), q1 = C1*sqrt(z(1)-z(2)); else q1 = 0; end;
if z(2) > 0, q2 = C2*sqrt(z(2)); else q2 = 0; end;
qic = qm*(rm + z(3)*Kc/tauI + Kc*(hr - z(2)));
if qic > qm, qi = qm; elseif qic < 0, qi = 0; else qi = qic; end;
dz(1,1) = (qi - q1)/A;
dz(2,1) = (q1 - q2)/A;
dz(3,1) = hr - z(2);
end
```

**uselvcont.m**

```
% uselvcont.m
% z(1) = h1, z(2) = h2, z(3) = Ce
C1 = 61.8; C2 = 30.9; hr = 6; rm = 0.4; qm = 480; d = 12;
Kc = 0.2; tauI = 20;
A = pi*d^2/4;
tv = [0 50]; z0 = [0 0 0];  % 적분시간구간 및 초기조건
```

```
[t z] = ode45(@lvcont,tv,z0,[],C1,C2,Kc,tauI,hr,rm,qm,A);
h1 = z(:,1); h2 = z(:,2);
plot(t,h1,':', t,h2), xlabel('t(min)'), ylabel('h(ft)')
legend('h_1','h_2')
```

Kc = 0.0;으로 설정했을 때의 스크립트 uselvcont.m의 수행결과는 다음과 같다.

```
>> uselvcont
```

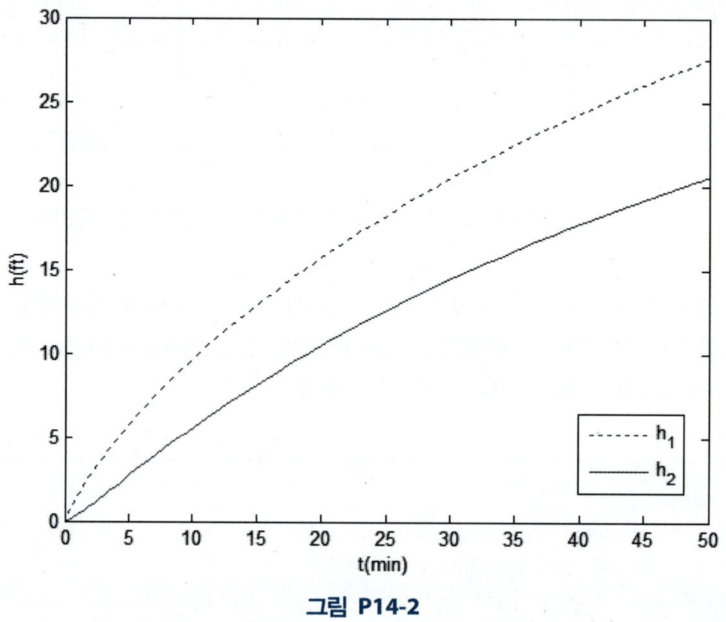


**그림 P14-2**

(2) 함수 lvcontp.m은 P 제어기를 사용하는 경우의 미분방정식 시스템을 정의한다.

```
lvcontp.m
function dz = lvcontp(t,z,C1,C2,Kc,hr,rm,qm,A)
% z(1) = h1, z(2) = h2
if z(1) > z(2), q1 = C1*sqrt(z(1)-z(2)); else q1 = 0; end;
if z(2) > 0, q2 = C2*sqrt(z(2)); else q2 = 0; end;
qic = qm*(rm + Kc*(hr - z(2)));
if qic > qm, qi = qm; elseif qic < 0, qi = 0; else qi = qic; end;
dz(1,1) = (qi - q1)/A;
dz(2,1) = (q1 - q2)/A;
end
```

스크립트 uselvcontp.m은 $K_c=2$ 및 $K_c=40$인 경우에 대하여 함수 lvcontp.m을 호출하여 응답을 계산한다.

```
uselvcontp.m
% uselvcontp.m
% z(1) = h1, z(2) = h2
C1 = 61.8; C2 = 30.9; hr = 6; rm = 0.4; qm = 480; d = 11;
A = pi*d^2/4; Kc1 = 2; Kc2 = 40;
tv = [0 60]; z0 = [0 0];  % 적분시간구간 및 초기조건
[t1 z1] = ode45(@lvcontp,tv,z0,[],C1,C2,Kc1,hr,rm,qm,A);
[t2 z2] = ode45(@lvcontp,tv,z0,[],C1,C2,Kc2,hr,rm,qm,A);
h12 = z1(:,2); h22 = z2(:,2);
plot(t1,h12,':', t2,h22), xlabel('t(min)'), ylabel('h_2(ft)')
legend('K_c=2','K_c=40')
```

$K_c=2$ 및 $K_c=40$인 경우의 스크립트 uselvcontp.m의 수행결과는 다음과 같다.

```
>> uselvcontp
```

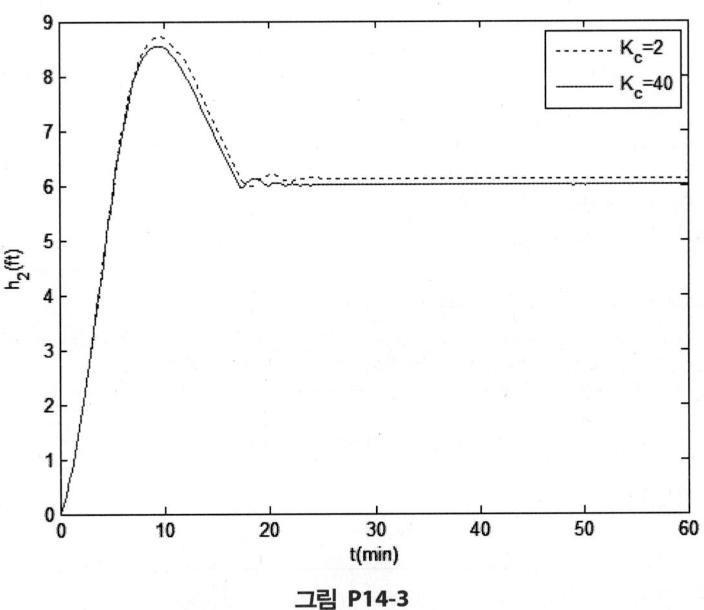


그림 P14-3

(3) 스크립트 uselvcont.m에서 $K_c = 0.2$, $\tau_I = 20$ min으로 설정하고 수행한 결과는 다음과 같다.

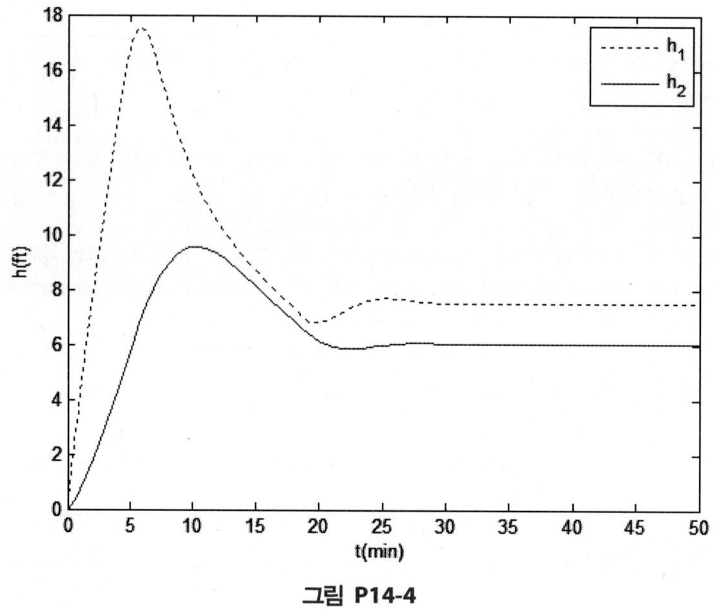


**그림 P14-4**

**16.** (풀이) 근 궤적도는 스크립트 파일 rootPID.m에서 작성하여 준다.

```
% rootPID.m :  PID  제어 loop의 근 궤적도
nump = 1; denp = [1 0 0];
Kd = input('Enter Kd = '); Kp = input('Enter Kp = '); Ki  = input('Enter
Ki  = ');
numc = [Kd Kp Ki]; denc = [1 0];
numol = conv(numc, nump); denol = conv(denc, denp); % open-loop 전달함수
rlocus(numol, denol); grid, title('PID 제어 loop의 근 궤적도');
```

스크립트 파일 rootPID.m의 수행결과는 다음과 같다. $K_D$, $K_P$, $K_I$는 각각 2.5, 2.2, 3.8로 하였다.

```
>> rootPID
Enter Kd = 2.5
Enter Kp = 2.2
Enter Ki  = 3.8
```

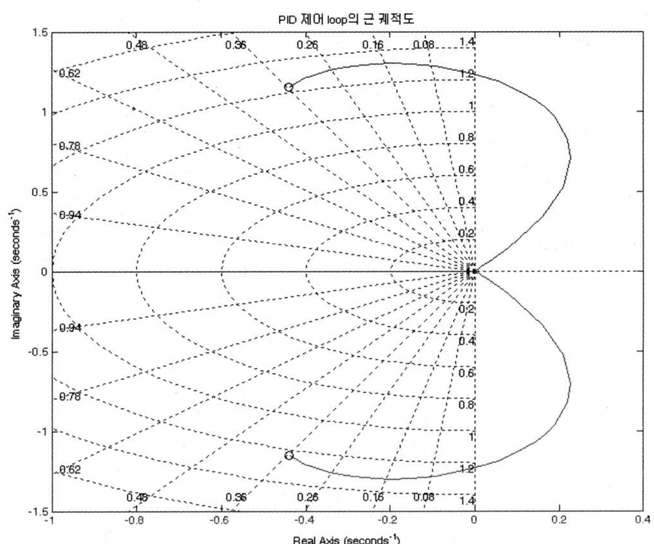


그림 P16 PID 제어루프의 근 궤적도

**18.** (풀이) MATLAB 프로그램 및 출력은 다음과 같다.

```
>> w = logspace(-1, 2, 300); num = 1; den = [1 2 2 1];
>> [r, i, w] = nyquist(num, den); plot(r, i), grid
>> xlabel('실수축'), ylabel('허수축'), title('3차공정의 Nyquist 선도')
```

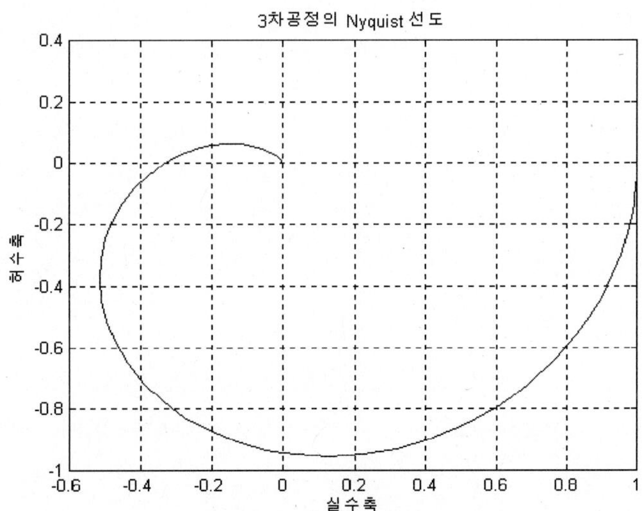


그림 P18 3차 공정의 Nyquist 선도

# 찾아보기


▸ ㄱ

가스오일 341
가역반응 299
가중 최소자승 22
가중행렬 22
개체증가모델 633
거칠정도 233
건구온도 95
격자 628
결합인자 133
경계조건 59
경계치 문제 59
경사함수 549
계단응답 550
계단입력 549
계수 605
계수벡터 7
고차공정 557
곡선 629
곱셈 연산자 596
공극도 388
공기 냉각기 533
과냉액체 82
과열증기 82
과잉 헤드손실 245
관형 반응기 319
교차흐름 모델 460
구조체 62, 85
구형입자 232
그래프 624
그룹기여 추정방법 123
그림창 625
근 궤적도 574
근의 궤적 574
글루코오스 351
기-액 평형계산 187
기-액-액 평형 212
기능성 그룹 181, 182
기댓값 17
기준상수 82
기질 24
기질 농도 350
기체 혼합물 103
기체상수 141
기체의 열용량 107
기호계산 613
기호변수 541

▸ ㄴ

낙하거리 47
난류 흐름 238
내림차순 7
내부에너지 83
내장함수 619
내적 600
냉각수 306

냉각재킷 306
노드 4, 254
누적 적분 46
뉴턴 유체 226
니트로메탄 188

▸ㄷ

다공성 촉매층 388
다성분 기체 376
다성분계 확산 379
다중반응 310
다중적분 계산 48
다중효용 증발기 404
다차원 안짐작 40
다차원 열전도 485
다차원 함수 42
다층 실린더 475
다층슬랩 474
다항식 8
다항식 안짐작 32
다항식 회귀방법 21
단순 증류계산 425
단열반응 354
단일효용 401
단일효용 증발기 401
닫힌 탱크 261
닫힌루프 전달함수 561
당량비 329
대각원소 603
대문자 592
대응상태 관계 117
대응상태 원리 106, 143
데스크탑 창 589
도움말 593
동축 환형 수평관 226
동특성 549
뒤틀림도 388
등엔트로피 83
등온관형반응기 319
디클로로벤젠 382, 465
디폴트 590

▸ㄹ

라벨 628
라플라스 변환 541
랜덤수 19
랭크(rank)결핍 행렬 31
레이아웃 590
로그평균 온도차 502

▸ㅁ

마우스 591
마찰손실 238
마찰인자 10, 232, 235
막 반응기 344
막 343
막 분리 457
메뉴바 551
메탄 75, 104, 150
메틸시클로펜탄 185
메틸에틸케톤 107
멱급수 105, 604
명령 창 589
모드 17
목적함수 13
몰 부피 8, 10
몰 플럭스 379
몰 확산도 376
문자열 628

물성치들 81
물질전달 계수 381

▸ㅂ

바이오매스 55
박테리아 350
반응 전환율 298
반응기 320, 329
반응물 57
반응속도 상수 293
반응속도식 293
반응평형 297
반회분식 반응기 315
발생확률 16
발열반응 306
발효반응 351
방사 열전달 475
방정식 64
배플 507
배플 누출 511
배플 컷 508
배플간격 509
백슬래시 620
백슬래시 연산자 2
벡터 1
벤젠 185
벤젠 디아조늄 클로라이드 293
벤젠 흡수탑 412
변수 정밀도 연산 610
보정인자 503, 509
보조관계식 82
복사 열전달 472
복소수 608
복소평면 574
부동 소수점 610
부분 응축기 425
부분분수 541
부분분수 전개 543
부식 280
부탄 355
부틸 아세테이트 367
부틸 페록사이드 369
부피 파라미터 181
분배계수 393
분산 17
분해반응 341
불규칙 Fibonacci 수열 634
브롬화 액상반응 313
블록선도 545
블록펄스 549
비가역 기상반응 78
비가역 액상반 303
비뉴턴 유체 226
비뉴턴 유체흐름 264
비등비 416
비등점 상승 404
비등점 압력 계산 192
비등점 온도 계산 192
비례제어기 563
비리얼 상태방정식 141, 151
비선형 모델 24
비선형 방정식 9
비압축성 뉴턴 유체 223
비정상상태 열전도 64, 485
비정상상태 확산 393
비특이 행렬 2

▸ㅅ

사각형 굴뚝 5
사산화질소 299

산술평균 17
삼중점 73
상 평형곡선 416
상대습도 94
상대휘발도 422, 425
상미분 방정식 49
상미분방정식 풀이함수 50
상태공간 547
상태방정식 159
상태변수 547
상태변화 155
상태함수 50
샘플 16
생성열 129
선 방법 397, 486
선택도 311
선형 시스템 1, 2
선형 안짐작 40
선형 회귀분석 20
선형대수 방정식 1
설정값 561
설정점 568
성장률 350
성장속도 350
세미콜론 593
소결 340
소문자 592
속도분포 229, 264
속도헤드 인자 246
수력학적 반경 246
수율계수 350
수정된 Raoult의 법칙 191
수증기표 34
수직 표면 229
수직축 626
수직튜브 증발기 404
수축인자 388
수치미분 44
수치적분 46
수평관 223
수평관 흐름 223
수평축 626
순수물질 155
스크린 592
스크립트 M-파일 616
슬랩 4
시간상수 549
시간지연 558
시간함수 541
시행착오법 249
실근 554
실수부 574


▸ㅇ


아세토니트릴 188
아세톤 322
아세틸렌 167
아음속 272
아이콘 589
안정성 574
안짐작 32
압력강하 238
압축성 등온흐름 273
압축성 유체 270
액체 체류량 419
액체 필름 398
엄밀 증류계산 431
엄밀증류모델 436
에너지 293
에탄 12

에탄올 185
에탄티올 118
에틸 아세테이트 367
에틸렌 337
에틸렌 옥사이드 337
엑셀 637
엑셀 파일 643
엔탈피 35
엔탈피 편차함수 151
엔트로피 83
엔트로피 편차함수 151
역 라플라스 변환 542
역행렬 2, 605
연산처리 590
연속교반 가열공정 567
연속교반 반응기 303, 306
열 교환기 502
열 전도도 109
열 추적자 530
열린 탱크 260
열용량 105, 149
열전달 4, 471
열전달 계수 471
열전도 4
염화벤젠 293
오차 허용한계 56
온도분포 66
완전혼합 모델 457
외부 물질전달 계수 394
외부교란변수 561
외적 600
요오드 313
원료 주입단 415
원료조건 425
위상각 577
위상마진 583
유동층 촉매반응기 57
유속분포 230
유체 267
유한차분 397
유효 확산도 387, 388
유효인자 388
음속 272
응축기 420
이동 촉매층 반응 340
이득 568
이득마진 583
이론평형단수 426
이분법 377
이산 랜덤변수 16
이산화질소 299
이상기체 129
이상기체 방정식 95
이상용액 187
이성분 간섭 파라미터 159
이성분계 증류 415
이성분계 확산 377
이소부탄으로 355
이슬점 계산 188
이슬점 압력 계산 192
이슬점 온도 계산 192
이심인자 127, 141
이중적분 48
익명함수 621
임계 흐름 270
임계밀도 83
임계압력 10, 82
임계온도 10, 82
임계점 73
입력 라인 596

입력 오류 596
입력 변수 549

▸ ㅈ

자유낙하 입자 231
작업공간 590
잔류물 457
잔류오차 21
잔류편차 562
잔류항 181
재비기 419
재순환 415
적응 Simpson 구적법 46
전기 전도도 479
전단응력 226
전달함수 544
전달함수 행렬 547
전치 605
전환반응 313
전환율 300
절대습도 94
정규 비등점 124
정규분포 19
정류부분 415
정방행렬 2
정상상태 6
정상상태 열전도 494
정상상태 흐름 248
정압비열 272
정적분 계산 46
정적비열 272
제 2 비리얼 계수 141
제3세대 언어 589
제4세대 언어 589
제동비 564
제약조건 13
제어기 이득 564
조성 합산식 442
조업선 415
조정기 제어 562
조합항 181
종말속도 231
종속변수 20
주 그룹 186
주파수 인자 293
중근 554
중앙차분 393
증기압 26
증발 401
증발 엔탈피 124
증발열 125
지수함수 13
직렬반응 300
진동응답 576
진동입력 576
진폭비 577
질량유량 223

▸ ㅊ

차등(미분)증류 453
초기치 문제 49
초음속 272
촉매 충진탑 287
촉매개질 반응 75
총괄 물질수지 419
총괄 압력강하 245, 248
총괄 열전달 계수 306
최소 단수 425
최소 환류비 계산 425
최소단수 계산 425

최소자승 접합 22
최적점 13
최적화 계산 42
충전탑 286
충진재 329
충진층 329
층류흐름 223
침식 280

▸ ㅋ

케텐 322
결레 전치 605
결레복소수 608
코우킹 340
콜론 597
크실렌 313
키워드 610

▸ ㅌ

탄화수소 135
탈거부분 416
탈거인자 441
탈착 329
탈활성화 340
텍스트 파일 615
투과기체 457
투과도 457
툴박스 613
튜브 피치 507, 508
튜브구배 510
튜브다발 508
특성방정식 573
특수변수 612

▸ ㅍ

파이프 플랜지 482
파이프라인 네트워크 254
페놀 104
편미분 방정식 63
편집기 615
편차함수 151
평균유속 224
평형 전환율 299
평형 혼합물 12
평형계산 214
평형데이터 38
포화상태 82
포화선 84
포화수증기 89
포화액체 밀도 97
포화액체의 점도 101
포화증기압 90
표면장력 114
표준편차 17
풀이함수 51
퓨개시티 계수비 201, 207
프로판 28, 157
프롬프트 589
플래쉬 계산 188
플래쉬 드럼 196
피독 340
필드 59

▸ ㅎ

하강 층류흐름 398
한계 주파수 574
한계이득 583
한계주기 574

함수 619
함수 M-파일 618
항등행렬 607
항력계수 231
행렬 1
행렬값 605
행렬곱 604
행벡터 7
향류 shell-and-tube 열교환기 502
향류 열교환기 361
허근 554
허수축 574
헤드 손실 237
혼합교반 탱크 53
혼합규칙 159
화살표 593
확률밀도 17
확률함수 16
확산계수 133
확산도 계수 376
확산식 64
확장된 Antoine 식 119
환류비 415
환형 수평관 225
활동도 계수 71, 175
활성도 340
회귀분석 16
회분식 반응 298
회분식 반응기 313
효소 24
효소 반응 24
흐름 반응 299
흐름 인덱스 264
흐름 영역 277
흡착 329

▸1

1차 Pade 근사 568
1차 공정 549
1차원 슬랩 471
1차원 안짐작 37
1차원 열전달 471

▸2

2,2,4-트리메틸 펜탄 172
2상 흐름 276
2상 흐름 modulus 278
2성분계 확산도 393
2차공정 553
2차원 안짐작 40

▸3

3중적분 48
3차 다항식 8
3차 상태방정식 145
3차원 객체 636
3차원 그래프 631
3차원 안짐작 40

▸A

Abs 608
Angle 608
Annular 277
Antoine 식 26, 118
Arrhenius 반응속도 상수 293
Awoseyin의 방법 135
Axis 626

▸ B

Baker 다이어그램 276
Baker 파라미터 276
Basic 589
Bernoulli 방정식 237
Bingham 플라스틱 유체 267
Blasius 식 234
Bode 577
Bode 선도 577
BP 알고리듬 443
Bubble or Froth 277
Bubble-point 442
Bvp4C 59
BWR(Benedict-Webb-Rubin) 방정식 143

▸ C

Cauchy 조건 65, 486
Chen 식 233
Churchill 식 234
Clausius-Clapeyron 식 127
Clear 611
Close 627
Colebrook 식 10, 233
Colebrook-White 식 233
Complex 608
Conj 608
Conv 544
COSTALD 방법 99
Crocker 식 271
Ctranspose 605
Cubic Spline 36
Cumtrapz 46
Curl-Pitzer 방법 143

▸ D

Darcy 마찰인자 233
Dblquad 48
Det 605
Diag 603
Dirichlet 조건 64, 486
Dispersed 277

▸ E

Eduljee의 추정식 427
Elliptic 64
Elliptic 편미분 방정식 495
Ergun 식 286
Exit 593
Eye 607
Ezplot 624, 629

▸ F

Fanning 마찰인자 232
Fanning 식 239
Feedback 546
Feedback 제어구조 545
Fenske 식 425
Fick의 법칙 376
Film 계수 526
Finned-tube 열교환기 526
Finned-튜브 528
Fitting 245
Flashing 285
Fminbnd 42
Fminsearch 42
For 623
For 루프 623

Format compact 592
Fortran 589
Fplot 628
Froude 수 284
Fsolve 9
Fzero 9

▸G

Gain 549
Gibbs 생성에너지 12
Gibbs-Duhem 방정식 175
Gilliland 추정식 426
GM 583
Gradient 44
Graetz 수 506
Grid 628

▸H

Haaland 식 233
Hagen-Poiseuille 식 457
Harg의 추정식 427
Harlecher-Braun 식 172
Heavy key 425
Hedstrom수 267
Helmholtz 방정식 495
Helmholtz 자유에너지 84
Hengstebeck 추정식 426
Hermitian 전치 608
Herning-Zipperer 식 102
Hoffmann-Florin 추정식 122
Hohman과 Lockhart의 추정식 427
Hold off 629
Hold on 629
Holdup 411
Huan-Yang Chang의 추정식 427
Humps 함수 47
Huntington 마찰인자 279
Hyperbolic 64

▸I

I-펜탄 355
IAPWS 81
If 623
If 문 623
Ilaplace 542
Imag 608
Impulse 550
In-line 정사각형 배열 508
Inline 621
Interp2 40
Interpn 40
Inv 605

▸K

Kirchhoff 식 120
Kirkbride 식 427

▸L

Lagrange 곱셈자 13
Lagrange 안집작 40
Lang-Miller 방법 256
Laplace 495, 541
Laplace 방정식 64
Lead/Lag 558
Lee-Kesler 방정식 143
Liddle 추정식 426
Light key 425

Linear 38, 63
Lobatto 구적법 46
Lookfor 610
Lscov 22
Lsim 550
L'Hopital의 정리 175

▸M

M-파일 615
Mach 수 270, 272
Margin 583
Margules 식 71
Maxwell-Stefan 방정식 376
McCabe/Thiele 방법 415
McCormick의 추정식 427
Mean 18
Median 18
MESH식 436
Michaelis-Menten 반응식 24
Mist 277
Mode 18
Molokavov의 추정식 426
Monod 방정식 350
Monod 상수 350
Moore-Penrose 의사 역행렬 2

▸N

N-헥산 100, 185
Nearest 38
Neumann 조건 64, 486
Nichols 577
Nichols 선도 577
Nikuradse 식 234
Nonlinear 64
Nusselt 수 506
Nyquist 577
Nyquist 선도 577

▸O

Ode113 50
Ode15S 51
Ode23 50
Ode23S 51
Ode23T 51
Ode23Tb 51
Ode45 50
Ones 607

▸P

Parabolic 64
Parabolic 방정식 486
Parallel 546
Pchip 38
Pdepe 65
Peng-Robinson 146
PI 제어기 565
PID 제어기 566
Pinv 2
Pitzer 추정식 127
Plot 627
Plot3 631
Plug 277
PM 583
Poisson 방정식 495
Polar 577
Polyfit 22, 34

▸Q


Q-라인 416
Quad 46
Quad2D 48
Quadl 46
Quasilinear 64
Quit 593


▸R


Rand 19
Randi 19
Randn 19
Rank 605
Raoult의 법칙 187
Rarey/Moller 추정식 123
Real 608
Redlich-Kwong 146
Reidel 식 172
Residue 543
Reynolds수 223
Rlocus 574
Robbins 조건 65, 486
Robertson 반응모델 78
Robertson 상미분 방정식 78
Roots 7, 8
Rowlinson/Bondi 액체 열용량 추정식 106


▸S


Schmidt 수 382
Series 546
Shacham 식 233
Shear 스트레스 224
Shell 502
Sherwood 수 381
Simulink 551
Slug 277
Slug 흐름 284
Smoker 식 428
Soave-Redlich-Kwong 146
Soave-Redlich-Kwong(SRK) 상태방정식 10
Spline 36, 38
Spray 277
Sprows와 Prausnitz 식 116
Ss2Tf 547
Std 18
Stefan-Boltzmann 법칙 472
Step 550
Stiff 시스템 51
Stratified 277
Subs 615
Sum 603
Surf 636
Syms 613


▸T


Tf 544
Tf2Ss 547
Thiele 모듈러스 387
Thomas 방법 439
Title 628
Transpose 605
Trapezoidal 적분규칙 46
Trapz 46
Tridiagonal Matrix 방법 439
Triplequad 48


▸U

Underwood 식 425
UNIFAC 180
UNIQUAC 180
UNIQUAC 방법 181

▸V

Van der Pol 방정식 52
Van der Waals 146
Van der Waals 상태방정식 8
Van Laar 방정식 179
Van-Winkle과 Todd 추정식 426
Var 18
Vpa 610

▸W

Wagner 식 73
Wagner 추정식 121
Watson 식 124
Wave 277
Weller 및 Steiner의 해 461
Whos 612
Wilke-Chang 방법 133
Wilson 방정식 178

▸X

xlabel 625

▸Y

ylabel 625

▸Z

zeros 607